비파괴검사 이론 & 응용 ❷

방사선투과검사

■

한국비파괴검사학회

주 광 태 著

| 머리말 |

1960년대 초에 도입되어 반세기의 역사를 지니고 있는 우리나라의 비파괴검사 기술은 원자력 발전설비, 석유화학 플랜트 등 거대설비·기기들에서부터 반도체 등의 소형 제품에 이르기까지 검사 적용대상도 다양해져 이들 제품의 안전성 및 품질보증과 신뢰성 확보를 위한 핵심 요소기술로서의 중심적인 역할을 분담하게 되었다.

특히 한국비파괴검사학회의 활동 중 비파괴검사기술자의 교육훈련 및 자격인정 분야에서는 그 동안 꾸준한 활동으로 산 · 학 · 연에 종사하는 많은 비파괴검사기술자를 양성하였고, ASNT Level Ⅲ 자격시험의 국내 유치, KSNT Level Ⅱ 과정의 개설을 위시하여 최근에는 ISO 9712에 의한 국제 표준 비파괴검사 자격시험의 도입을 준비 중에 있다.

이에 학회에서는 비파괴검사기술자들의 교육 및 훈련에 기본 자료로 활용하는 것 뿐만 아니라 비파괴검사 분야에 입문하는 분들이 비파괴검사를 체계적으로 이해하고 관련 실무지식을 체득할 수 있는 비파괴검사 이론 & 응용을 각 종목별로 편찬 보급하고 있다. 이 교재는 1999년도에 초판으로 발행된 비파괴검사 자격인정교육용 교재 2(방사선투과검사)의 개정판이다.

책은 마음의 양식이요 지식의 근본이라 했다. 지식정보화의 시대를 살아가는데 지식은 미래의 값진 삶을 지향하기 위한 원천이다. 특히 전공 교재는 특정 영역의 체계적이고 가치 있는 내용을 담고 있는 지식의 근원이요 터전이다

본 비파괴검사 이론 & 응용은 비파괴검사 분야에 입문하는 자 및 산업체의 품질보증 관련 업무에 종사하는 초 · 중급 기술자는 물론 고급기술자 모두가 필수적으로 알아야할 비파괴검사 기술의 개요와 타 전문 분야와의 연관성 등에 한정하여 기술하고 있다. 아울러 이 교재에서는 현재 산업 현장에서 적용이 시도되고 있거나 연구개발 중에 있는 각종 첨단 비파괴검사 방법의 종류와 특징도 소개하고 있다

끝으로 본 교재의 출판에 도움을 주신 노드미디어(구. 도서출판 골드) 사장님과 자료 및 교정에 협조하여 주신 분들게 심심한 사의를 표하는 바이다.

2011년 10월

저자 씀

| 목차 |

CONTENTS

제 1 장 방사선투과검사 개론

제 2 장 방사선투과검사용 장비

제 3 장 방사선투과사진 촬영 기술

제 4 장 감광 재료 및 현상 처리

제 5 장 방사선투과사진의 판독

제 6 장 투과사진의 결함

제 7 장 디지털 방사선투과 영상 기법

제 8 장 특수 방사선투과 시험법

제 10 장 규격 요약

기 타 – 부록, 찾아보기, 참고문헌

제 1 장 방사선투과검사 개론

제 1 절 방사선의 기초 이론

1. 방사선의 정의

방사선(放射線 rdiation)이란 파(wave)나 입자(particle)가 진공을 포함한 공간(space)을 진행하여가는 형태를 말한다. 국내 원자력법 제2조에 따르면 방사선이라 함은 전자파 또는 입자선 중 직접 또는 간접적으로 공기를 전리하는 능력을 가진 것으로서 대통령이 정한 것으로 ① 알파선, 중양자선, 양자선, 베타선 및 중하전 입자선, ② 중성자선, ③ 감마선 및 X선, ④ 5만 전자볼트 이상의 에너지를 가진 전자선을 포함하고 있는 것을 말하고 있다. 이와 같은 방사선은 자유 공기를 전리시킬 수 있는 에너지를 지녀야 하고, 진공 상태를 날아가야 함으로 에너지와 전리에 대하여 알아본다.

가. 에너지

에너지는 일(work)을 할 수 있는 능력을 말하며, 힘(F)이 작용하여 이동거리(x)가 있을 때에 일(W)을 하였다고 한다. 그러므로 에너지와 일과의 단위는 동일하다.

힘은 운동의 원인이 되고, 힘(F)은 물체의 질량(m)과 가속도(a)의 곱이므로

$$F = m\,a = m\,\frac{v}{t} = m\,\frac{s}{t^2} \quad \cdots\cdots (1\text{-}1)$$

이다. 힘은 MKS단위로는 $Kg.m/s^2$이며 N(Newton)이라 하며, cgs 단위로는 $g.cm/s^2$으로 dyne이라 한다.

어떤 질량(m)을 지닌 물체에 힘(F)이 가하여 이동(x)하였을 때에 한 일(W)은

$$W = F x \quad \cdots\cdots (1\text{-}2)$$

가 된다. 일의 MKS단위로는 $Newton.m = Kg\ m/s^2\ m = Kg\ m^2 s^{-2}$ 로서 J(Joule ; 주울)이라 하며, cgs 단위로는 $dyne\ cm = g\ cm/s^2\ cm = g\ cm^2\ s^{-2}$으로 erg(에르그)라 한다.

그리고 질량 m을 지닌 어떤 물체가 v속도로 움직일 때에 운동에너지(E_k)는

$$E_k = \frac{1}{2} m v^2 \quad \cdots\cdots (1\text{-}3)$$

으로 표현한다. 물론 단위는 일과 같이 Joule이나 dyne을 사용한다.

그러나 원자, 원자핵, 입자 및 방사선 분야에서는 이들의 에너지 단위가 너무 커서 전자(electron)을 기본으로 한 eV(electron Volt ; 전자볼트) 단위를 일반적으로 사용한다.

1 eV는 전자 1개가 1 Volt의 전위차로 얻은 운동에너지로서 정의하며, 전기에너지에서 1 Coulomb의 전하량(Q)에 1 Volt의 전위차를 주었을 때에 얻은 전기에너지(E)는 1 Joule 이므로

$$\begin{aligned} E &= Q\ V \quad \cdots\cdots (1\text{-}4) \\ &= 6.25 \times 10^{18}\ elecron \bullet Volt \end{aligned}$$

와 같이 된다. 그러므로 1 eV (electron Volt ; 전자볼트)는

$$1\,eV = \frac{1}{6.25 \times 10^{18}}\ Joule = 1.6 \times 10^{-19}\ Joule = 1.6 \times 10^{-12}\ erg \quad \cdots\cdots (1\text{-}5)$$

의 관계가 된다. 보통 원자 에너지는 KeV, 핵에너지는 MeV로 나타낸다.

나. 전리 (電離 ; Ionization)

전자파 방사선이나 하전입자 방사선은 물질을 지나갈 때에 물질을 전리시키면서 자신의 에너지를 잃거나 흡수된다. 전리(電離, 이온화 : ionization)란 중성이었던 분자나 원자가

어떤 원인으로 전기를 띠는 것, 즉 양이온이나 음이온을 형성하는 경우이다. 그러므로 이온(ion)이란 전기를 띤 알갱이로서 + 나 - 부호를 지닌 원자나 분자 또는 여러 가지 입자가 될 수 있다. 어떤 안정된 중성 원자가 방사선과 충돌하여 궤도전자 한 개가 제거되었다면, 그 원자는 전기적으로 + 전하를 띠고 불완전한 원자가 되는데 이를 양이온(positive ion : + 이온)이라 하고, 이탈한 궤도전자는 -부호를 띤 음이온(negative ion, : - 이온)이 된다. 이때에 양이온과 음이온은 전기적 하전량이 서로 같고 부호만 다르므로 이온 쌍(ion pair)이라 한다.

그림 1-1은 하전입자 방사선이 물질의 원자와 충돌로 궤도전자 한 개를 원자 밖으로 이탈시키며 날아가는 상태를 나타내고 있다. 중성이었던 원자는 궤도전자 한 개가 이탈하여 +원자인 양이온이 되고 원자로부터 이탈된 -전자는 음이온이 되어 이온 쌍(ion pair)을 이루고 있다. 충돌로 궤도전자가 원자 밖으로 이탈되려면 최소한 궤도전자의 결합에너지 이상의 에너지를 받아야 한다.

X선이나 γ선 같은 전자파 방사선은 물질의 원자와 상호작용으로 원자를 전리시키면서 자신의 에너지를 잃어 산란하거나 흡수되어 감쇄된다. 상호작용 현상은 광전효과, 콤프턴 산란, 전자쌍 생성이라는 과정으로 모두 양이온과 음이온을 형성하여 전리작용을 일으키는데, 상세한 것은 제3절의 물질과의 상호작용 현상에서 다루고자 한다.

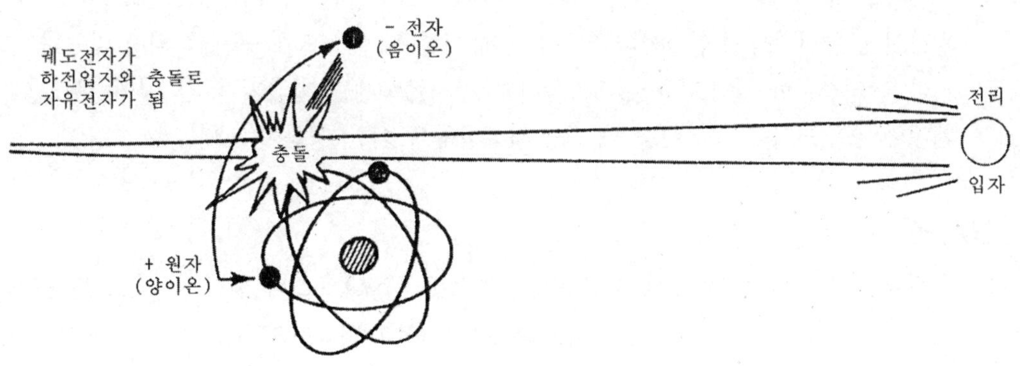

〔그림 1-1〕 하전입자 방사선에 의한 전리 (${}^{6}_{3}Li$원자)

다. 전자와 전하

전기를 이루는 기본 입자는 전자(電子 ; electron)로서 부(負 ; - ; minus)의 전하(電荷 : electric charge)를 띠고 있다. 전하량의 MKS단위로서는 1.6 x 10^{-19} [Coulomb]이고, CGS단위로는 4..8 x 10^{-10} [esu]이다. 그러므로 Coulomb(쿨롱)과 esu(electro static unit : 정전단위), 그리고 전자와의 관계는 다음과 같이 된다.

1 Coulomb = 3 x 10^{9} esu
1 esu = 3.3 x 10^{-10} Coulomb
1 Coulomb = 6.25 x 10^{18} electrons
1 electron = 1.6 x 10^{-19} Coulomb

라. 방사선의 종류

(1) α선

α(알파)선은 원자핵내에서 방출되는 ^{4}He(헬륨)핵을 말한다. α입자는 질량과 전하가 비교적 크므로 물질 속에서의 에너지 감쇠가 크다. 이 때문에 다른 방사선에 비해서 투과능이 약하여 물질에 흡수되기 쉽다. 도달거리는 공기 속에서 몇 cm, 물속에서는 10 μm를 넘지 않는 정도이다. 이와 같이 투과능이 약하기 때문에 생체조직에 대한 방사선 방호면에서 보면 α선의 외부피폭에 의한 장애는 크게 문제가 되지 않는다. 그러나 전리작용이 강하고 α선을 방출하는 방사핵종에는 반감기가 긴 것이 많으므로, 체내에 흡수되거나 섭취했을 때에는 내부피폭에 의한 영향이 크다.

(2) β선

원자핵의 β붕괴에 의해서 중성미자(中性微子 ; neutrino)와 함께 핵 외로 방출되는 고속도의 음전자선($^{-}β$선) 또는 양전자선($^{+}β$선)이다. 양전자의 방출은 인공방사성 핵종으로만 가능하다. 모두 1개의 전하를 가지나, 그 에너지는 α선과 달리 일정한 값을 취하지 않고 넓은 범위에 걸쳐 연속적인 에너지 분포를 가진다. 물질에 대한 투과력은 α선보다 크지만, 에너지가 연속적인 분포를 가지므로 전리시키면서 날아가는 거리를 결정하기가 어려우나, 수 MeV의 β선은 공기 속에서 수 m정도에 이른다. 그와 반대로 전리작용은 α선보다 떨어지며, 질량이 작기 때문에 물질원자에 의해서 산란되는 정도가 크다. 또, 원자핵 옆을 지나가면 핵 주위의 전기장에 의해서 방향이 갑자기 바뀌어 감속되며, 이 때 에너지의 일부가 보다 강한 X선이 되어 방출된다. 이 현상을

β선의 제동방사 또는 방사선손실 이라고 한다. β선의 에너지는 연속적인 분포를 이루기 때문에 최대값으로 나타낸다.

(3) x선 및 γ선

γ선, X선은 파장이 자외선(10^{-6}cm 정도)보다 짧은 전자기파이다. γ선, X선 자신은 직접 이온화작용을 가지지 않으나, 물질을 통과할 때 물질 속의 원자 ·분자와의 사이에서 광전효과, 컴프턴 효과, 전자쌍생성 등의 상호작용으로 원자에 묶인 궤도전자를 원자 밖으로 몰아내므로 간접 전리 작용이라 한다. 전리 능력을 나타내는 비전리(比電離, specific ionization ; 경로 당 발생하는 이온쌍의 수)는 α입자의 약 1/50 정도이지만, 투과력은 매우 강하여 차폐하기가 어렵다. 차폐라는 관점에서 γ선의 세기를 1/10로 줄이는 데 필요한 두께를 1/10 가층이라고 하는데, 예를 들면 2 MeV의 에너지를 가지는 γ선의 1/10 가층은 물 60 cm, 콘크리트 30 cm, 납은 약 6 cm 정도이다. 일반적으로 γ선이 물질에 흡수되는 양은 물질의 원자번호와 밀도가 높을수록 증가한다.

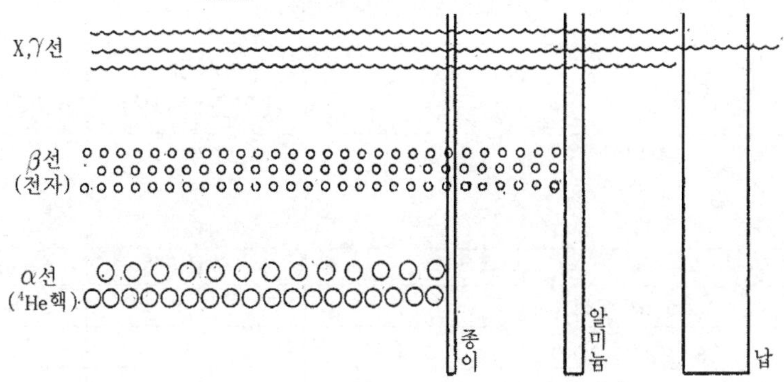

〔그림 1-2〕 방사선 종류에 따른 투과력 비교

2. 방사선의 분류

방사선은 전리성과 물질의 이중성 그리고 존재 형태에 따라 다음과 같이 분류할 수 있다.

가. 직접전리방사선과 간접전리 방사선

방사선투과검사는 방사선으로 인한 시험체의 투과강도차이 즉 흡수차이를 얻는 것이기에 근본 현상은 전리작용이라 볼 수 있다. 전리작용에 따라 전리방사선(電離放射線 : ionized radiation)과 비전리(非電離 ; non-ionized) 방사선으로 나눈다. 우리가 이용하는 방사선의 대부분은 전리작용을 응용하고 있기 때문에 전리방사선을 대상으로 하고자 한다.

전리방사선은 하전입자를 지닌 직접전리방사선(direct ionized radiation)과 하전이 없는 간접전리방사선(indirect ionized radiation)으로 구분한다.

직접 전리방사선은 물질의 원자나 분자와 상호작용으로 외각전자나 가전자가 유리되어 전기 띤 입자가 직접 발생하는 것을 말한다(그림 1-1).

간접전리방사선은 X선이나 γ선과 같이 물질과 상호작용으로 광전효과, 컴프턴 효과 및 전자쌍생성 결과 하전입자를 발생시키는 전자파 방사선이나, 물질의 핵과 상호작용으로 하전입자를 발생시키는 중성자선인 비하전입자들로서 전기적으로 중성인 방사선이다.

표 1-1에서와 같이 전리방사선을 분류하고 있으나, 이 책에서는 X선과 감마선을 이용한 투과영상을 주로 다루고, 특수 분야로서 중성자 투과영상과 전자선의 이용을 일부 삽입하고자 한다.

표1-1 방사선의 종류

종 류			기 호	전하 (기준:전자*)	질량 (기준:전자**)
광자 (photon)	자외선			0	0
	γ선		γ	0	0
	*X*선		X	0	0
중성미자			ν	0	0
경립자 (lepton)	전자(β^- 입자)		e, β^-	-1	1
	양전자(β^+ 입자)		e, β^+	+1	1
	μ 중간자		$\mu^\pm$	±1	206.77
중간자 (meson)	π중간자	전하	$\pi^\pm$	±1	273.18
		중성	π^0	0	264.20
	k중간자	전하	$k^\pm$	±1	966.6
		중성	K^0	0	974.2
핵자 (nucleon)	양성자		p	+1	1836.12
	중성자		n	0	1838.65
중양자			d	+1	3670
삼중양자			t	+1	5497
α 입자			α	+2	7294

*전자 전하 : 1.6×10^{-19}Coulomb **전자 질량 : 9.1×10^{-31}Kg

나. 입자방사선과 전자파 방사선

(1) 입자 방사선(粒子放射線)

모든 방사선은 질량의 유무에 따라 입자방사선과 전자파방사선으로 구분한다. 입자(particle)방사선은 질량이 있으면서 물질을 전리시킬 수 있는 것으로서 알파선, 베타선, 양자선, 중양자선, 중성자선, 전자선 및 기타 핵 들이며 운동에너지(kinetic energy) E_k(J)는

$$E_k = \frac{1}{2} m v^2$$

로 나타낸다. 여기서, m(Kg)은 입자의 질량이고, ν(m/sec)는 입자의 속도이다. cgs 단위로 한다면 E_k(erg), m(g) 및 ν(cm/sec)가 된다.

예제) 전자가 빛의 속도를 가질 때 전자의 운동에너지는 얼마나 될까?

풀이) 전자의 질량은 9.1 x 10^{-31}Kg이고, 빛의 속도는 3 x 10^8m/sec 임으로 운동에너지 E_k 는

$$\begin{aligned} E_k &= \frac{1}{2} m v^2 \\ &= \frac{1}{2} \times 9.1 \times 10^{-31} Kg \times (3 \times 10^8 m/s)^2 \\ &= 4.1 \times 10^{-4} Kg \cdot m^2/s^2 \\ &= 4.1 \times 10^{-4} J \\ &= 4.1 \times 10^{-4} J \times (6.25 \times 10^{18} eV/J) \\ &= 2.56 \times 10^{15} eV \\ &= 2.56 \times 10^9 MeV \end{aligned}$$

(2) 전자파 방사선(電磁波放射線)

전자파 (electromagnetic wave)방사선은 질량이 없고 진공을 전파하면서 자유 공기를 전리시킬 수 있는 능력을 가지고 있다. 그리고 자외선 보다 파장이 짧은 전자파로서 X선이나 γ선을 말한다. 전자파 에너지 E는

$$E = h\nu = h\frac{c}{\lambda} = \frac{1.24 \times 10^{-9}}{\lambda(m)}[KeV] = \frac{12.4}{\lambda(\text{Å})}[KeV] \quad \cdots\cdots\text{(1-6)}$$

가 된다. 여기서 h 는 플랑크 상수 $6.625 \times 10^{-34}\ Js$ 이고, ν 는 진동수이다. 진동수는 속도/파장으로서 $\frac{c}{\lambda}$ 이며, 전자파의 속도는 광속도($3 \times 10^{-8}\ m$)이다. 전자파 에너지는 진동수 ν(frequency, 또는 주파수)에 비례하고, 파장에 반비례한다.

전자파는 질량과 하전(荷電 : electric charge)이 없고, 에너지만 함유한 입자로 간주할 때에 최소의 에너지 덩어리를 광자(光子 : photon 또는 광양자)라 한다. 광자라는 용어 자체가 전자파의 입자성을 나타낸다. 광자의 개념은 1905년 아인슈타인이 광전효과를 설명하기 위해 도입했는데, 그는 빛이 전파되는 동안 불연속적인 에너지 다발이 존재한다고 제안했다. 이후, 1923년 미국 물리학자 컴프톤이 X선의 입자성을 밝힌 뒤 광자 개념이 널리 사용되었다. 식 1-6에서와 같이 광자 에너지는 진동수에 비례하고 파장에 반비례한다. 그리고 광자는 입자 개념임으로 모든 전자파에 대하여 개수를 헤아릴 수 있고, 광전 효과, 컴프톤 산란, 전자쌍생성 같은 전자파 방사선의 모든 물리적인 현상을 설명할 수 있다.

그림 1-3은 전자파의 파장과 광자 에너지에 따른 전자파의 종류를 나타내고 있다. 파장(波長)은 파(波 : wave)의 길이로서 마루와 마루 또는 골과 골 사이의 거리로서 Å(Angstron : 옹스트롱)단위를 사용한다. 1 Å는 10^{-10}m로서 원자크기 정도에 해당한다.

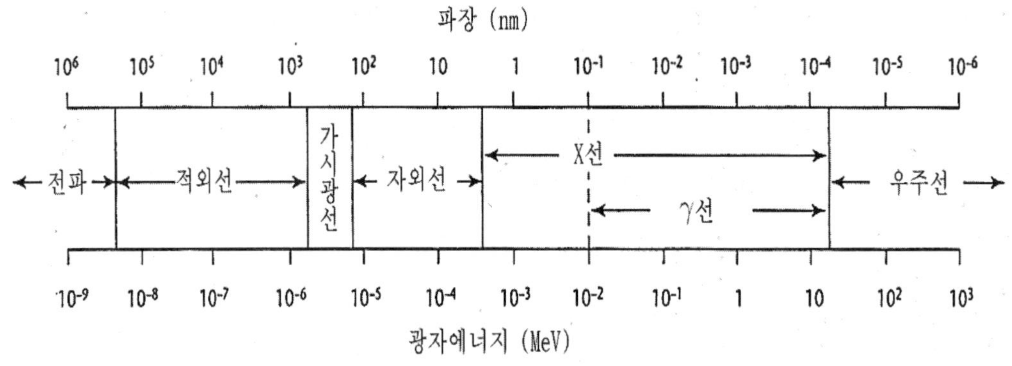

〔그림 1-3〕 전자파의 분류

다. 자연방사선과 인공 방사선

(1) 자연 방사선(自然放射線)

자연(natural)방사선은 천연에서 발생하는 방사선이다. 지구 생성시부터 존재한 방사성물질의 3개의 계열(토륨 계열 $^{228}Th \rightarrow {}^{208}Pb$, 우라늄 계열 $^{238}U \rightarrow {}^{206}Pb$, 액티

늄 계열 $^{235}U \rightarrow {}^{207}Pb$)이나 단독 방사성원소, 그리고 우주선에 의해 생성된 방사선으로 지각(地殼), 대기 및 동식물 등 다양하게 분포되어 있다. 대기 중에 ^{14}C는 우주선 중의 중성자가 대기 중의 질소(^{14}N)와 반응하여 생성된 $^{-}\beta$선원으로 81톤(Ton) 정도 존재한다. 인체는 자연방사선에 연간 200 mR 정도를 피폭 받고 있다. 방사선투과시험에 이용되는 Ra-226은 우라늄의 딸 핵종으로 α선과 γ선을 방출하는 자연 방사성 물질이다.

(2) 인공방사선(人工放射線)

인공 방사선(artificial radiation)은 인간이 인위적으로 발생한 방사선으로 핵변환이나 입자가속에 의한 인공 방사성물질이나 방사선 발생장치에서 방출하는 광자나 입자선 등이라고 할 수 있다.

1896년 A. H 베크렐(Becqurel)이 자연 우라늄에서 방사선을 발견한 이후, 1934년 큐리(Curie) 부부에 의해 폴로늄(polonium)에서 방출하는 α입자를 ^{27}Al에 조사하여 ^{30}P 방사성 핵종을 만들었는데 이것이 인공 핵변환으로 제조한 최초의 방사성 핵종이다.

오늘날에는 원자로에서 방출되는 중성자나 가속장치에 의해 가속된 하전입자 등을 충돌시켜(조사하여) 핵반응을 일으키는 방법으로 많은 새로운 방사성핵종이 발견되었고, 천수백종의 인공 방사성핵종이 생산되고 있다.

방사선투과에 사용하는 Co-60이나 Ir-192는 안정된 Co-59나 Ir-191금속에 중성자를 조사하여

$$^{59}_{27}Co + n = {}^{60}_{27}Co + \gamma$$

$$^{191}_{77}Ir + n = {}^{192}_{77}Ir + \gamma$$

질량수가 하나 증가하여 감마선을 방출하는 방사성핵종을 만들어 산업에 이용하고 있다. 자연에 있는 코발트 금속은 모두 Co-59로 존재하고, 이리듐 금속은 Ir-191이 37.4%, Ir-193이 62.6%가 자연에 존재하며 Ir-192를 생성할 때에 반감기가 짧은 Ir-194도 생성된다. 안정된 핵종에 중성자를 조사 하여 생성되는 방사성 핵종 A는

$$A = Nf\sigma(1 - e^{-\lambda t}) \quad \cdots\cdots (1\text{-}7)$$

$$= Nf\sigma(1 - e^{-0.693t/T})$$

의 관계가 된다. N은 안정핵종의 원자수, f 는 초당 단위 면적을 통과하는 중성자 수 ($n\ cm^{-2}\ s^{-1}$), σ는 방사화 단면적 또는 안정 원자핵에 의한 중성자 흡수 확률(cm^2), λ는 생성 방사성핵종의 붕괴상수, t은 중성자 조사 시간 그리고 T은 생성된 방사성핵종의 반감기이다. 여기서 (1 - $e^{-0.693t/T}$)을 포화 계수(飽和係數 : saturation factor) S라 하며, 조사 시간이 0 일 때는 0가 되고 조사시간이 무한대일 때는 1이 된다.

그리고, Cs-137은 핵분열에 의해 얻어진다. 원자로 내에서 U-235은 다음과 같이 핵분열을 한다.

$$^{235}_{92}U + ^{1}_{0}n \rightarrow 2\text{개의 핵으로 갈라짐} + 2.5n + 200\,MeV$$

핵이 갈라지는 핵분열 생성물(核分裂生成物 : fission product)은 80종 이상이 생기며, 질량수는 95에서 140에 걸쳐 있다. Cs-137은 사용된 우라늄 연료를 화학처리 또는 재처리하여 CsCl 화합물 형태를 얻는다.

이외에 인공 방사성동위원소는 하전입자를 가속하여 안정 핵종에 충돌시켜 얻는다. 반데 그라프, 선형가속기 및 사이크로트론(cyclotron)과 같은 고에너지 입자 가속기로 양자나 중양자 등을 안정 핵종에 충격시켜 방사성핵종을 생성한다.

3. 원자의 구조

가. 원자의 구성

모든 물질은 분자로 이루어졌고, 분자는 원자로 구성되어 있다. 분자(分子 : molecule)란 물질의 성질을 유지하는 가장 작은 입자이다.

원자란 말은 데모크리토스(Demodritos, 500BC경)에 의하여 처음 사용되었고, "그 이상 나눌 수 없는 것"이라는 뜻을 가지고 있다. 그러므로 원자(原子, atom)는 모든 물질의 기본적인 구성입자라고 정의할 수 있다.

원자 중심에는 +전하를 지닌 원자핵이 존재하여 원자 무게의 대부분을 차지하고 있다. 원자핵 둘레에는 질량이 작은 -전하를 지닌 전자가 운동하고 있다. 원자핵의 반지름은 $10^{-15} \sim 10^{-14}$ m이고 원자의 반지름은 10^{-10}m 정도이다. 그러므로 원자의 질량은 원자핵이 대부분 차지하고 있으며, 원자내의 핵은 매우 작아 원자 체적의 대부분은 전자들이 운동하는 공간으로 되어 있다.

그리고 화학적으로 더 이상 단순한 물질로 쪼개어질 수 없는 물질을 원소(元素, element)라고 정의하는데, 원자핵 내에 있는 양성자수 즉 원자번호가 바뀌면 원소가 바뀐다. 지구상에 천연으로 존재하는 원소는 원자번호가 1인 수소에서 원자번호가 92번인 우라늄에 이르기까지 총 92종의 원소가 있다. 원자번호가 93이상인 원소를 초(超)우라늄(transuranium) 원소라 하며 자연에 없는 인공원소이다.

나. 원자핵의 구성 요소

원자핵은 양성자(陽性子 또는 陽子, proton : p)와 중성자(中性子, neutron : n)로 구성되어 있다. 이들 구성 입자를 핵자(核子 : nucleon)라 한다. 핵 속의 양성자수를 원자번호(原子番號, atomic number : Z)라 하고, 전자의 전하량을 e라고 하면 원자핵은 +Ze의 전하를 가진다.

그리고 전기적으로 안정한 중성원자의 궤도 전자수는 Z와 같다. 핵 속에 있는 양성자의 수 Z와 중성자의 수 N와의 합(핵자의 수)을 그 원자핵의 질량수(質量數, mass number : A)라 한다. 그러므로

$$A = Z + N$$

가 된다. 핵 구성의 표시는 원소 기호를 X라 하면

$$^{A}_{Z}X_{N}$$

로 나타낸다. A를 원소 기호(X)의 왼쪽 위에, Z를 원소기호의 왼쪽 아래에 적는다. 예를 들면 원자번호 Z가 77, 중성자 수 N가 115인 핵의 질량수 A는 192가 된다. 원자번호가 77인 원소는 이리듐(iridium)으로서 $^{192}_{77}Ir_{115}$와 같이 표기 한다. 일반적으로 N를 생략한다. 왜냐하면 Z와 N이 결정되면 N = A - Z 이므로 N을 알기 때문이다. 즉, $^{192}_{77}Ir$와 같이 표기 한다. 그리고 원소를 알면 원자번호 Z가 결정됨으로, 단순히 ^{192}Ir 또는 Ir-192로 표기하기도 한다.

다. 핵종의 분류

원자번호(Z)와 중성자수(N)로 결정되는 원자핵의 종류를 핵종(核種, nuclide)이라 한다. 지금까지 알려진 핵종에는 안전한 핵종이 300여종 정도이고, 불안정 핵종까지 합하면 약

2,800여종이 되어 불안정한 핵종이 상당히 많다. 불안정한 핵종은 스스로 붕괴하여 핵종이 안정화되려고 한다. 붕괴할 때에 방사선을 방출하므로 불안정 핵종을 방사성 핵종(radioactive nuclide)이라 한다. 이들 핵종은 다음 표 1-2와 같이 분류한다.

표 1-2 핵종의 분류

분류	Z	N	A	예
동위원소(isotope)	같음	다름	다름	$^{190}_{77}Ir_{113}$, $^{191}_{77}Ir_{114}$
동중핵(isobar)	다름	다름	같음	$^{3}_{1}H_{2}$, $^{3}_{2}He_{1}$
동중성자핵(isotone)	다름	같음	다름	$^{15}_{7}N_{8}$, $^{16}_{8}O_{8}$
이성핵(isomer)	같음	같음	같음	$^{60}_{27}Co_{33}$, $^{60m}_{27}Co_{33}$

여기서 동위원소(同位元素, 또는 동위체 : isotope)는 원자번호(또는 핵 속의 양성자수)가 동일하고 중성자수와 질량수가 다른 원소를 말한다. 그리고 원소 기호나 궤도 전자수가 동일하고 중성자수가 다름으로서 핵에너지 상태가 차이가 나기 때문에 화학적 성질이 동일하고 물리적 성질이 다른 특성이 있다.

가장 간단한 원소인 수소의 동위원소에는 Z=1, N=0 인 $^{1}_{1}H$ 수소(水素, hydrogen), Z=2, N=1 인 $^{2}_{1}H$ 중수소(重水素, deuteriun), Z=3, N=1 인 $^{3}_{1}H$ 삼중수소(三重水素, tritium)가 있다. 여기서 $^{1}_{1}H$과 $^{2}_{1}H$ 핵은 안정하나, $^{3}_{1}H$ 핵은 불안정하여 방사선을 방출하며, 반감기 12.3년으로 붕괴한다. 이같이 핵종이 불안정하여 방사선을 방출하는 동위원소를 방사성동위원소(放射性同位元素, radioisotope : RI)라 한다.

원자핵의 에너지준위는 원자의 전자에너지 준위와 같이 비연속적인데, 가장 에너지가 낮은 상태를 기저상태(基底狀態 : ground state), 그리고 그 이상의 에너지 상태를 여기상태(勵起狀態 : excited state)라고 한다. 방사성핵종은 모두 불안정한 여기상태에 있으며, 방사선을 방출하여 보다 안정된 기저상태로 되려고 한다.

4. 방사성 원소

가. 방사성 붕괴

원자핵 중에는 자연에 존재하는 상태 그대로 변하지 않은 안정한 원자핵과 원자핵이 불안정하여 방사선을 방출하여 변하는 것이 있다. 핵종이 보다 안정한 상태로 되고자 변하는 상태를 원자핵의 붕괴(崩壞, disintegration 또는 decay)라 한다.

방사성핵종은 붕괴하여 방사선(α, β, γ선 등)을 방출하여 다른 핵종으로 변하는데, 이 방사능 현상은 시간에 따라 감소한다. 붕괴하는 원자핵의 수(dN) 는 붕괴시간(dt)과 방사성원자 핵 수(N)에 비례함으로

$$dN = -\lambda\, dt\, N \quad \cdots\cdots(1\text{-}8)$$

의 관계가 된다. 여기서 λ는 비례상수로서 붕괴상수라 한다. 이식은 다시

$$\frac{dN}{N} = -\lambda\, dt \quad \cdots\cdots(1\text{-}9)$$

$$\int_{N=0}^{N} \frac{dN}{N} = -\lambda \int_{t=0}^{t} dt$$

$$\ln N = -\lambda t + \ln N_0 \quad \cdots\cdots(1\text{-}10)$$

$$N = N_0\, e^{-\lambda t} \quad \cdots\cdots(1\text{-}11)$$

의 방사성붕괴 지수식(指數式, exponential law)이 성립된다. 여기서, N은 t시간 후에 붕괴하지 않고 남아 있는 방사성원자수이고, N_0는 붕괴 시간 t가 0일 때 방사성 원자수이고, ln은 자연 대수(natural log)이다.

식 (1-10)은 $\ln\frac{N}{N_0} = -\lambda t$와 같으므로 $\ln\frac{N}{N_0}$와 t와의 관계식을 반대수지에 도해 하면 그림 1-4(b)와 같이 -λ의 기울기가 직선이 된다. 그러나 $\frac{N}{N_0}$와 t와의 관계를 정수치의 선형 그라프에 작성하면 그림 1-4(a)와 같이 -λ의 기울기가 곡선이 된다. 이와 같이 방사성물질의 감쇠를 나타내는 도표를 방사능 감쇠곡선(減衰曲線 또는 방사능 붕괴곡선 : decay curve)이라 한다.

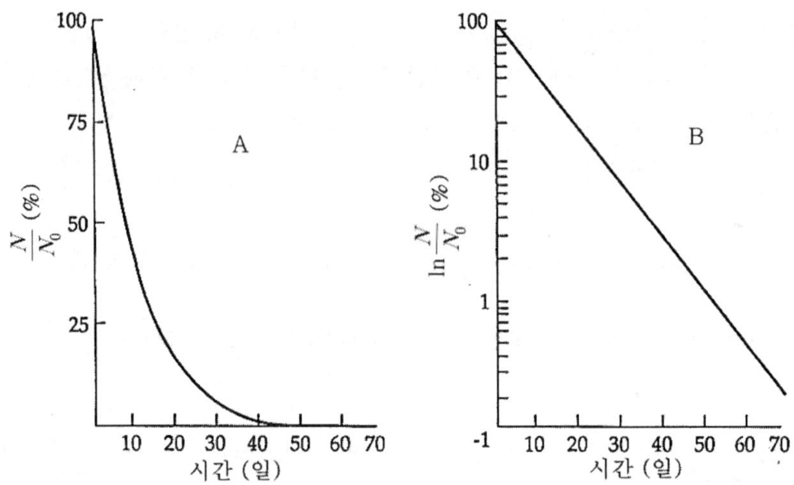

〔그림 1-4〕 선형 그래프(A)와 반 대수 그래프(B)에 나타낸 방사성 붕괴의 감쇠곡선의 한 예

나. 붕괴도(崩壞圖)

방사성 붕괴과정에서 일어나는 핵종 변화, 에너지 변화, 방출하는 방사선 및 반감기 등을 한꺼번에 볼 수 있도록 나타낸 그림을 붕괴도(decay scheme)라 한다.

붕괴도를 나타내는 몇 가지 규칙을 알아보면, 에너지 준위는 기저상태를 기준으로 수평선으로 표시하며, 에너지 준위의 간격은 에너지 차이를 나타낸다.

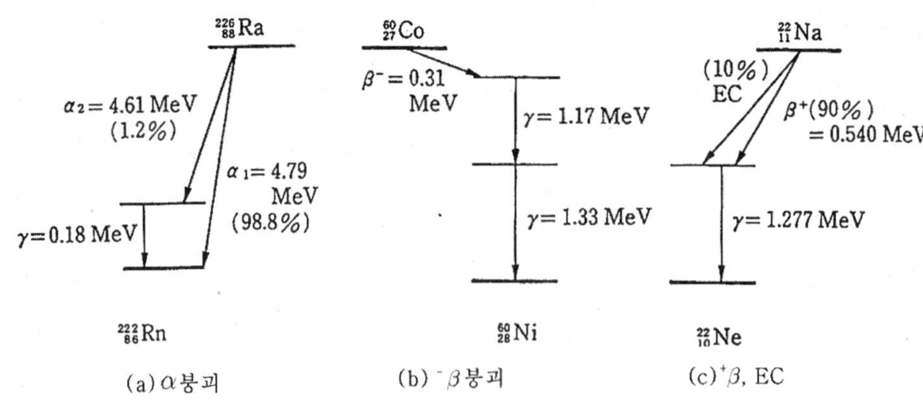

〔그림 1-5〕 방사성 원소의 붕괴도

그리고 핵종의 기호는 그 에너지 준위선 위에 표시하며 반감기는 핵종의 오른 쪽에 기록한다. α 붕괴, β^+ 붕괴 및 궤도전자 포획(electron capture)과 같이 원자번호(핵 전하)가 감소하는 붕괴는 왼쪽으로, 원자번호(핵 전하)가 증가하는 β^- 붕괴는 오른쪽으로, 그리고 원자번호(핵 전하)에 변화가 없는 γ 붕괴는 수직 아래 방향의 화살표로 표시한다. α, β 및 γ 선의 에너지는 화살표 옆에 MeV로 표시하며, 2종 이상으로 붕괴하는 분지 붕괴의 경우에는 %로 분지비를 표기한다.

다. 반감기

처음 방사성원자수가 붕괴 또는 다른 원자로 변하여 반으로 감소할 때 까지의 시간을 반감기(半減期, half life : T)라 한다. 식 (1-11)에서 $\frac{N}{N_0}$가 $\frac{1}{2}$일 때의 시간이 반감기(T)임으로 식 (1-10)은

$$\ln\frac{1}{2} = -\lambda T \quad \cdots\cdots (1\text{-}12)$$

$$\frac{1}{2} = e^{-\lambda T} \quad \cdots\cdots (1\text{-}13)$$

그러므로, $T = \frac{\ln 2}{\lambda} = \frac{0.693}{\lambda}$의 관계가 된다. 즉 반감기와 붕괴상수의 곱은 0.693이 된다.

그리고, 그림 1- 6 은 Ir-192의 방사능 감쇠곡선으로서 종측의 $\frac{N}{N_0}$가 $\frac{1}{2}$이 될 때 까지의 시간(t)이 반감기(T)이다. $\lambda = \frac{0.693}{T}$를 식 (1-11)의 붕괴 지수식에 대입하면

$$\frac{N}{N_0} = e^{-\frac{0.693}{T}t} \quad \cdots\cdots (1-14)$$

$$= \left(\frac{1}{2}\right)^{\frac{t}{T}} \quad \text{여기서 } \frac{t}{T} = n \text{이라하면} \quad \cdots\cdots (1-15)$$

$$= \left(\frac{1}{2}\right)^n = \frac{1}{2^n} \quad \cdots\cdots (1-16)$$

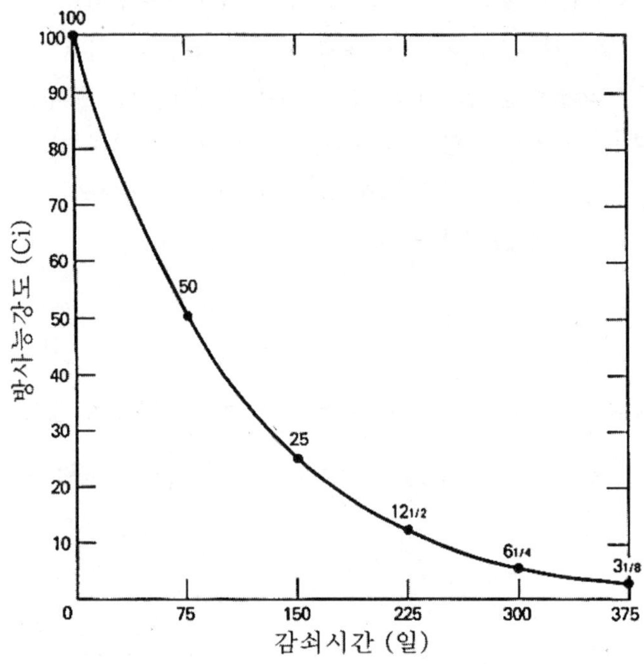

〔그림 1-6〕 선형그라프에 의한 Ir-192 감쇠곡선과 반감기

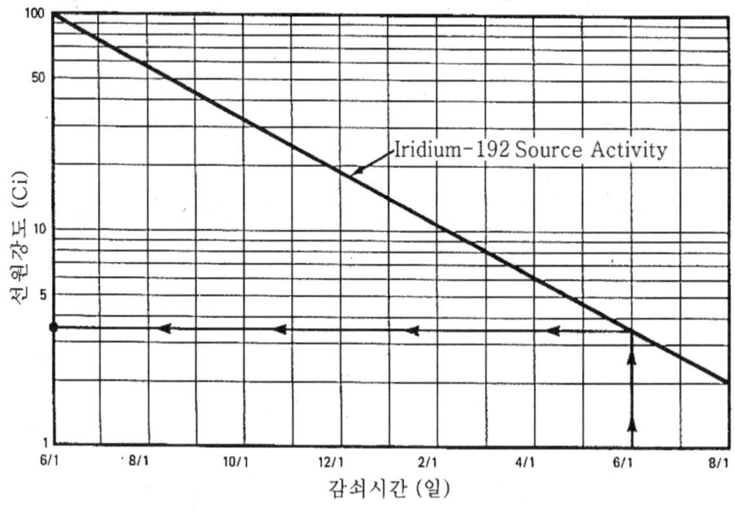

〔그림 1-7〕 반대수 그라프에 의한 Ir-192 감쇠곡선과 반감기

가 된다. 또는 $\frac{N_0}{N} = 2^n$ 로 간단한 식으로 된다. 여기서 n은 붕괴시간(t)를 반감기(T)로 나눈 값으로 반감기의 수가 된다.

라. 방사능 강도

(1) 방사능 단위

식 (1-8)을 시간적 변화에 대하여 식을 세우면

$$-\frac{dN}{dt} = \lambda N \quad \cdots\cdots (1-17)$$

$$= \frac{0.693}{T}\frac{W\,Mole}{A} \quad \cdots\cdots (1-18)$$

$$= \frac{W}{TA} 4.17X\,10^{23} \quad \cdots\cdots (1-19)$$

가 된다. 여기서 W은 방사성물질의 무게(g)이고, A는 질량수 이며, 1몰의 원자수는 아보가드로수인 6.023 x 10^{23}이다. 그리고 $\frac{dN}{dt}$은 시간당 붕괴하는 원자핵의 수인 dps(decay per second)로서 단위는 Bq(Becquerel, 베크렐)이다. 이를 방사능 강도라 하며, 종래 단위인 1 Ci(Curie, 큐리)와의 관계는 1 Ci = 3.7 x 10^{10} dps (또는 Bq) = 37 GBq = 2.2 x 10^{12}dpm(decay per minute) 1 Bq = 2.7 x 10^{-11} Ci = 27.03 ρCi 가 된다.

예제) Ir-192 50 Ci 의 무게는 몇 g이나 되는지 계산 하시오?

풀이)

$$W = \frac{50Ci\times3.7\times10^{10}dps/Ci\times74\text{일}\times24\text{시간}/\text{일}\times3600\text{초}/\text{시간}\times192}{0.693\times6.023\times10^{23}}$$

$$= \frac{2.27\times10^{21}}{4.17\times10^{23}} = 0.5446\times10^{-2}\,g = 5.446\,mg$$

예제) Co-60 10 Ci가 1분 동안에 방출하는 방사선과 개수는 얼마인가?

(단, 전환효과는 무시)

풀이)

핵내에서 방출하는 γ광자가 그 궤도전자와 충돌로 전환전자를 발생시키는 전환효과를 무시하고, 100% 광자가 방출한다고 가정한다. 그림 1-5(b)의 Co-60 붕괴도에서 1Ci는 1초 동안에 3.7 x 10^{10} 개의 핵이 붕괴하는 것이므로, 10 Ci는 3.7 x 10^{11}dps가 되고, 2.2 x 10^{13}dpm이 된다.

핵 한 개가 붕괴 할 때에 0.31 MeV $^{-}\beta$입자 1개, 1.17 MeV γ 광자 1개 및 1.33 MeV γ 광자 1개 총 3개가 방출한다.

그러므로, Co-60 10 Ci에서 60초 동안에 0.31 MeV $^{-}\beta$입자 2.2 x 10^{13}개와 1.17 MeV γ 광자와 1.33 MeV γ 광자가 각각 2.2 x 10^{13}개가 방출한다.

(2) 비방사능

방사성물질의 질량당 방사능 강도를 비방사능(比放射能, specific activity)이라 한다. 단위로는 Bq/g, Ci/g으로 표시한다. Ra-226은 1Ci가 1g임으로 비방사능은 1이다. 질량 대신에 부피를 사용하기도 하는데, 방사선투과검사에 사용하는 감마선원은 비방사능이 높을수록 좋다. 이는 동일한 방사능 강도에서 선원이 작을수록 비방사능은 높아지기 때문이다. 감마선원의 형태는 대부분 원기둥(cylinder)형태인데 가장 이상적인 것은 직경과 높이가 동일한 정원주(正圓柱 ; right cylinder)이다.

5. 방사선의 단위

가. 조사선량

조사선량(照射線量 : exposure dose)의 단위는 X선 및 γ선의 공기 단위 질량당 전리능력(C/Kg)을 나타내는 방사선의 강도로 표현하며, 일반적으로 R(Roentgen, 렌트겐)단위를 사용한다.

종래에는 cgs 단위로서 1 R은 표준상태(0 ℃ 1기압)의 건조한 공기 1cc (1 cm^{-3}= 0.001293g)내에서 생성된 이온쌍의 어느 한쪽 부호(+ 또는 -) 의 전하량이 1 esu(electro static unit, 靜電單位 : 2.08 x 10^{9} ion pair)가 되는 X선이나 γ의 조사선량으로 정의 하여, 다음과 같이 나타낸다.

$$X = \frac{dQ}{dm} \quad \cdots\cdots (1-20)$$

$$1R = \frac{1esu}{cm^3\ of\ air} \cdots\cdots (1-21)$$

$$= \frac{(2.08X\ 10^9 IP)X(34eV/IP)\ X(1.6X10^{-12}erg/eV)}{0.001293g}$$

$$= \frac{87.7\ erg}{g} \cdots\cdots (1-22)$$

의 관계가 된다. 상기식을 MKS단위로 환산하면,

$$1R = \frac{2.58X10^{-4}\ Coul.}{Kg} \cdots\cdots (1-23)$$

가 된다. 즉 공기 1 Kg에서 2.58 x 10^{-4} 쿨롱의 전하량을 생성하는 전자파 방사선의 조사선량을 말한다.

나. 흡수선량

방사선 흡수선량(吸收線量 : absorption dose)의 단위는 질량당 흡수한 방사선 에너지(J/Kg)로 나타내며, 종래에는 rad(라드 : radiation absorption dose) 단위를 사용하였으나 현재는 Gy(그레이 : Gray)를 사용하며, 다음과 같은 관계가 된다.

$$D = \frac{dE}{dm}$$

$$1rad = \frac{100\ erg}{1g} = \frac{0.01\ Joule}{1Kg}$$

$$1\ Gy = \frac{1\ Joule}{1Kg} = 100\ rad$$

여기서, 분모는 흡수 물질의 질량으로 물질의 종류에 관계없고, 분자는 흡수에너지로서 방사선의 종류나 선질에 관계없다. 조사선량(R)에서는 기준 물질이 표준상태의 공기이고, X선이나 γ선에만 적용하였으나, 흡수선량에는 흡수물질의 종류나 방사선 종류에 관계없이 질량당 흡수한 에너지로 나타낸다.

제 2 절 X선과 γ선의 특성

1. X선의 발생과 스펙트럼

가. 제동 X선의 발생

X선은 고속의 전자가 타깃 금속 물질과의 충돌로 발생한다. 고속의 전자가 타깃(target : 표적) 물질의 원자핵 근방에서 급격히 감속되어 방향을 바꿀 때 잃어버린 에너지가 광자로 방출되는 것을 제동 X선(制動 X線 : bremsstrahlung X-ray , breake ray ; 연속X선 continuous X-ray ; 백색 X선, white X-ray)이라 한다. 그림 1-8은 제동 X선의 발생을 나타낸 것으로 핵 주위에서 많이 꺽인 것은 많은 에너지를 잃어버린 것으로 적은 각도로 편향된 것 보다 파장이 짧은 X선 광자가 방출한다.

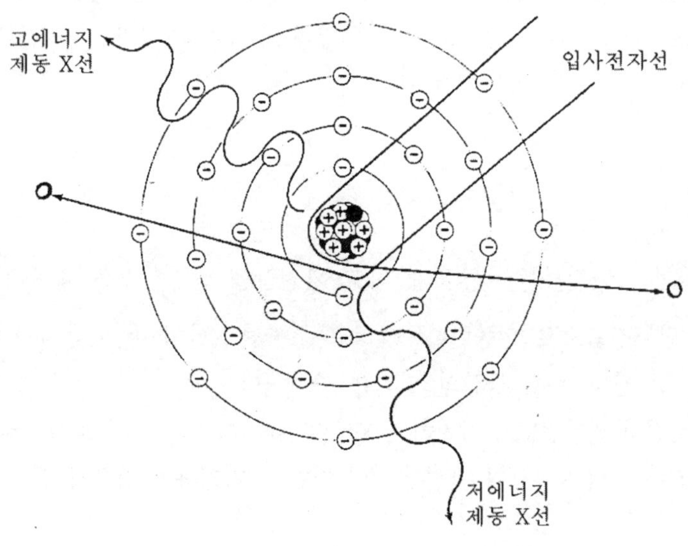

〔그림 1-8〕 제동 X선의 발생

제동 X선의 스펙트럼 최대 진동수 $\nu_{\max}$는 고속도의 전자가 타깃(target)원자와 상호작용 후 그 속도가 정지 상태에 이르렀을 때 고속전자의 운동에너지($\frac{1}{2}mv_1{}^2$)와 정지상태의 에너지($\frac{1}{2}mv_2{}^2$)의 차($\frac{1}{2}mv^2$)가 여러 가지 X선 광자에너지로 전환하였다고 생각하면 이해가 된다.

즉 고속전자가 방출할 수 있는 최대 에너지는 그 운동 에너지이고, 이것은 전기소량 e 와 관전압 V 의 곱에 비례하여

$$\frac{1}{2}mv^2 = e\ V = h\nu_{max} = \frac{hc}{\lambda_{max}} \quad \cdots\cdots(1\text{-}24)$$

$$\nu_{max} = \frac{e\ V}{h} \quad \cdots\cdots(1\text{-}25)$$

의 관계식이 성립된다. e V(electron Volt:전자볼트) 는 고속전자의 운동 에너지이며 h는 프랑크상수, c는 광속도이다. 타깃(target)이 얇고 고속전자의 에너지 흡수가 무시되는 경우 고속전자의 단일 에너지는 원자핵과 상호작용을 하지 않는 X선을 방사한다.

그리고 동일한 고속전자가 동일한 타깃원자에 입사하여도 원자 내에서 잃어버리는 에너지가 각기 다르므로 다양한 X선 광자가 방출하게 되어 연속스펙트럼을 이룬다. 그러므로 연속 X선이라고도 한다 연속스펙트럼에서 최강파장 λ_m와 최단파장 λ_0 간에는 대략

$$\lambda_s \fallingdotseq 1.5\,\lambda_0$$

의 관계가 성립된다.

그림 1-9의 곡선은 관전류를 일정하게 하고 관전압을 변경시켰을 때 최단파장(λ_0) 및 최강파장(λ_s)은 단파장측으로 이동한다. 그리고 주어진 X선의 총 에너지는 Z와 V^2에 강하게 의존하여 X선 강도 분포 곡선의 면적은 증가한다.

따라서 타깃 물질의 원자번호가 증가하면 X선 총 에너지 I_E는 타깃 물질 원자번호 Z, X선관에 흐르는 관전류 I 및 X선관의 관전압 V의 자승에 비례하여 다음과 같이 된다.

$$I_E = KIV^2Z \quad \cdots\cdots(1\text{-}29)$$

또한 이 관계에서 전기량은 고속전자(음극선)의 에너지는 매초 I·V가 되므로 결과적으로는 X선의 발생효율(production efficiency) η은

$$\eta = K \bullet \frac{IV^2Z}{IV} = KVZ\ [\%] \quad \cdots\cdots(1\text{-}30)$$

이 된다. 따라서 발생효율은 관전압과 원자번호에 비례하여 크게 된다. K값은 비례상수로서 측정자에 의하여 다소 차이가 있으나 V(volt) 단위에서는 1.1×10^{-7}정도이다.

그러므로 관전압 100kV에서 텅스텐(원자번호 74) 타깃에서의 X선 발생 효율은

$$\eta = KVZ\,[\%] = 1.1\times10^{-7}\times10^{5}\,Volt\times74 = 0.814\,\%$$

가 된다. 즉, 전자선(음극선)에너지의 0.8%정도만 X선 에너지로 변환되고, 99.2% 대부분의 에너지는 타깃내의 열에너지로 소비된다.

다음은 X선 스펙트럼의 최대진동수 ν_{max}와 최장파장 $\lambda0$ 사이에는

$$\nu_{max} = c\,/\,\lambda_0 \quad \cdots\cdots (1\text{-}31)$$

이 성립되므로 이 관계를 $\nu_{max} = \frac{e\,V}{h}$에 대입하면

$$\lambda_0 = \frac{12.4}{V}\times10^{-10}[m] = \frac{12.4}{V[KVp]}[\text{Å}] \quad \cdots\cdots (1\text{-}32)$$

가 된다. 여기서 최단파장(λ_0)과 관전압의 파고치(KVp)와의 곱은 12.4가 된다.

이와 같이 상기 결과에 의한 X선 스펙트럼 분포는 X선관의 구조, 관전압, 관전류의 파형, 부가 필터 등에 의해 많은 변화가 일어나므로 관전압 만으로는 결정할 수 없다.

예제) 100KVp의 관전압으로 가속하여 발생하는 연속 X선의 최대에너지와 최단파장을 구하시오.

풀이)

1) X선의 최대에너지는 X선관의 양음극간에 1V의 전위차에 의하여 전자가 얻는 운동에너지가 1eV이므로 100kV인 경우는 100keV가 된다. 타깃의 한 원자 내에서 입사 전자의 에너지를 전부 잃고 X선으로 변하였을 때가 X선의 최대 에너지에 해당하므로 100keV의 X선이 최대가 된다. (그림 1-16)

2) 100 KVp에서의 최단파장은

$$\lambda_{\min} = \frac{12.4\ \text{Å}}{100\ KVp} = 0.124\ \text{Å}$$

3) 0.124Å의 X선 광자 에너지는

$$E = \frac{hc}{\lambda} = \frac{6.6\times10^{-34}\ \text{J}\cdot\text{sec})(3\times10^{8}\ \text{m/sec})}{0.124\times10^{-10}\text{m}}$$

$$\fallingdotseq 1.6\times10^{-14}\ \text{J}$$

$$= \frac{1.6\times10^{-14}\ \text{J}}{1.6\times10^{-19}\ \text{J}\ /eV}$$

$$= 10^{5}eV \quad = 100\,\text{k}\,eV$$

나. 제동 X선의 스펙트럼 변화

X선의 강도(强度, intensity)는 질(質, quality)과 양(量, quantity)으로 구분하여 표현할 수 있다.

질은 X선 광자의 에너지에 해당되어 X선 관전압(KVp)에 의하여 결정되는데, 그 절대단위는 erg/㎠·sec로서 나타낸다.

양은 X선 광자수에 관계되는 X선 관전류(㎃)와 노출시간에 따르고 erg/㎠로 나타낸다.

X선 발생 총 에너지로 표현되는 X선 강도의 단위는 보통 "R"(Roentgen, 렌트겐) 단위가 사용된다. 식 (1-30)에서 X선 총 에너지는 관전압 제곱과 관전류에 비례함을 나타내고 있다. 또한 방출된 X선 광자에너지는 타깃(target) 원자 내에서 잃어버린 전자의 에너지 정도에 따라 최장파장(가장 긴파장)에서 최단파장(가장 짧은 파장)에 이루는 연속 스펙트럼을 이룬다. X선의 강도곡선은 관전압, 관전류, 노출시간, 필터, 타깃물질 및 전압파형 등의 인자에 의하여 변화한다.

(1) 관전압(KVp)의 영향

만약 다른 조건은 일정히 유지하면서 관전압만 변화시키면 최단파장과 최강도 또는 강도곡선의 크기와 형태는 변하게 될 것이다. 관전압을 증가시키면 그림 1-9와 같이 스펙트럼 면적 즉, 출력 X선 강도는 그 제곱만큼 증가할 것이며 최단파장과 최대강도는 단파장측으로 이동하게 된다.

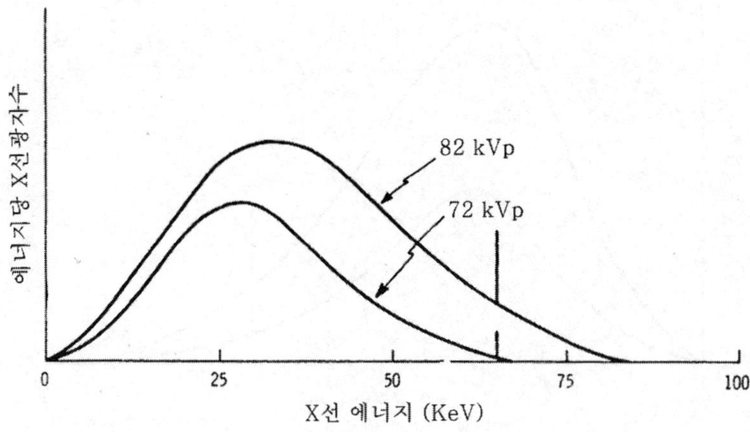

〔그림 1-9〕 관전압 변동에 따른 제동 X선의 스펙트럼 변화

예제) 그림 1-9에서 72 KVp 곡선의 총면적은 3.6㎠로서 125 mR/sec의 X선 강도를 나타낸다고 할 때에 82 KVp 곡선에서 예상되는 면적과 X선 출력강도는 얼마나 될까?

풀이) X선 강도곡선의 면적과 X선 출력강도는 관전압 제곱에 비례하므로 다음과 같이 구할 수 있다.

$$\left(\frac{82}{72}\right)^2 \times 3.6\text{cm}^2 = 1.3 \times 3.6\text{cm}^2 = 4.7\text{cm}^2$$

$$(1.3) \times (125\text{mR/sec}) = 163\text{mR/sec}$$

(2) 관전류(mA)의 영향

다른 조건은 일정히 두고 관전류만 변화시킨다면 X선 파장의 분포는 변화가 없고, 단지 상대적 광자수만 변하게 된다. 최단파장과 최대강도 또는 강도곡선의 형태는 변하지 않고 곡선의 크기만 변하게 된다. 다른 조건은 일정히 유지하면서 5㎃에서 10㎃로 증가시킨다면 X선관의 타깃에 입사되는 고속전자의 수는 2배가 되어 발생되는 X선 광자수도 2배로 증가한다. 그러므로 그림 1-10과 같이 강도면적 역시 2배로 될 것이다.

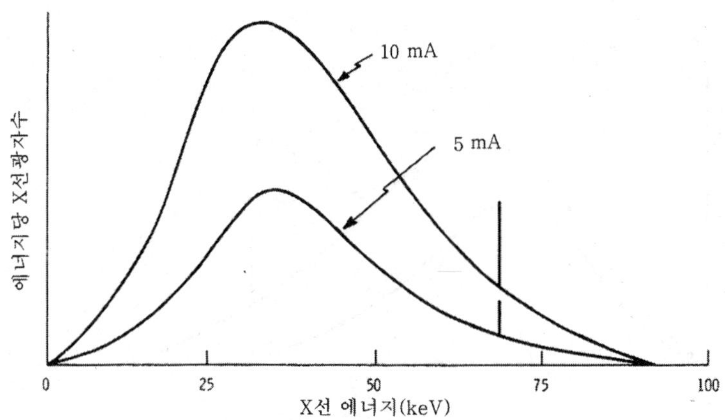

〔그림 1-10〕 관전류 변동에 따른 제동 X선의 스펙트럼 변화

이는 관전류 뿐만 아니라 mAm(milli Ampere munite)와 노출시간도 X선의 양에 관계되는 인자이므로 X선 강도(선량)는 정비례하게 된다.

예제) 그림 1-10에서 20mA 곡선 아래 총면적(직선 끝)이 4.2㎠이고, 이때의 X선 강도가 325mR/sec(8.4×10^{-5}C/kg · sec)이라고 하자. 다른 조건은 변하지 않고 관전류만 40mA로 증가하였다면 곡선의 아래 면적과 X선 출력강도는 얼마나 되겠는가?

풀이) 곡선의 아래 면적과 X선 출력강도는 관전류에 정비례하므로

$$4.2\text{㎠}\times\left(\frac{40}{20}\right) = 4.2\text{㎠}\times 2 = 8.4\text{㎠}$$

$$(325\,\text{mR/sec})\times 2 = 650\,\text{mR/sec}$$

(3) 필터의 영향

X선의 연속파장의 분포에서 장파장측은 투과에 기여하지 못하고 시험체 표면에 모두 흡수되어, X선 투과영상을 얻을 수 없고 산란선만 증가시킨다. 그러므로 X선이 방출되는 곳에 흡수체가 있게 되면 장파장측이 주로 흡수되어 평균파장이 짧게 되고 선질은 증가한다.

이와같이 장파장측을 흡수하여 평균파장을 흡수하여 선질을 증가시키는 흡수체를 필터(filter 또는 여과판)라 한다. X선관 자체에 있는 관유리, 절연유나 관창에 의하여 여과되는 고유필터(inherent filter)와 관창에 흡수체를 추가로 부착하는 부가필터

(added filter)가 있다

그림 1-11는 100 KVp에서 4 mm Al과 2 mm Al 두께의 부가 필터를 부착한 X선 스펙트럼 분포로서, 2 mm Al에 비하여 4 mm Al 필터에서 전체적인 X선 강도는 낮아졌다. 그러나 저에너지 부분의 광자가 고에너지 광자 부분보다 많이 흡수되어 최대강도가 단파장 측으로 이동함을 보여주고 있다. 즉, 평균파장이 짧아져 선질이 증가하고 반가층도 커지게 된다.

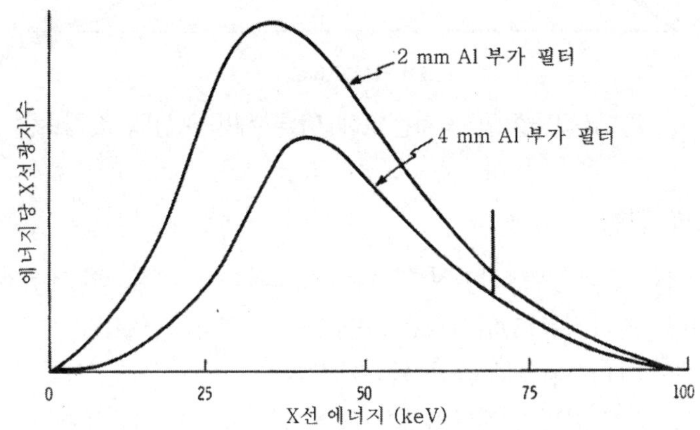

〔그림 1-11〕 여과에 따른 제동 X선의 스펙트럼 변화

예제) 3 mm Al의 반가층을 가지는 어떤 X선 장치의 조사선량이 초점에서 1m 떨어진 지점의 선량 40 mR (10 μC/kg)이다. 이 선속에 6 mm Al을 부가시켰을 때 선속의 강도는 얼마나 될까?

풀이) 2개의 반가층이 부가되었으므로 선속의 강도는 다시 1/4로 감소된다.
그러므로 40mR은 10 mR (2.5μC/kg)가 된다.

(4) 타깃물질의 영향

타깃(target 또는 표적)물질의 원자번호가 X선 스펙트럼에 미치는 효과는 식 (1-30)에서와 같이 원자번호 증가에 따라 X선 총 에너지와 X선 발생효율은 증가한다. 그림 1-12는 원자번호가 높은 타깃일수록 고에너지 X선 광자가 저 에너지 X선 광자보다 많이 증가하여 강도곡선의 면적이 증가하고 오른쪽으로 이동하고 있다. 즉, 타깃 원자번호가 높을수록 X선 진동수는 많아져 선질이 증가한다. 이러한 현상은 연속 X선보다 불연속 스펙트럼(또는 선 스펙트럼)을 이루는 특성 X선에서 변화가 더욱 크다.

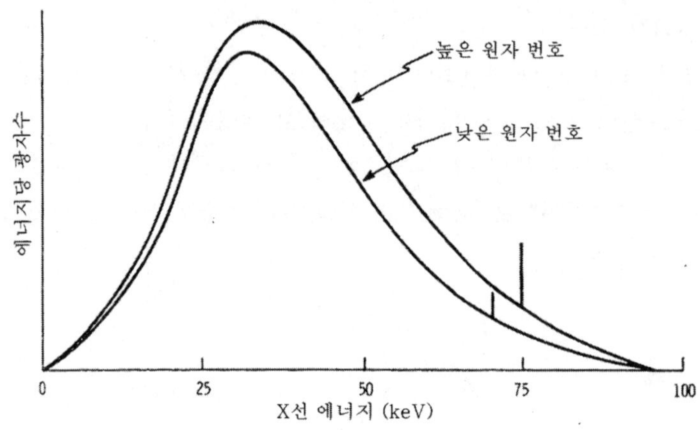

〔그림 1-12〕 표적물질의 원자번호에 따른 제동 X선의 스펙트럼 변화

(5) 전압 파형의 영향

전압 파형에는 반파정류, 전파정류, 3상 6펄스와 3상 12펄스의 기본적인 4종류가 있다. 반파정류와 전파정류 전압파형은 주파수를 제외하고는 같다.

그림 1-13은 100 KVp에서 작동하는 X선장치의 전파정류 전압파형을 나타내고 있다. 여기서 X선관에 걸리는 전압이 증가하면 X선 강도는 처음에는 천천히 증가하다가 급속히 증가하고 있음을 나타내고 있다. 즉 t=0에서는 X선관에 걸리는 전압은 0이다. 이 순간에는 전자들이 흐르지 않고 X선도 발생되지 않는다. 1/240초 지점에서 최대 관전압이 얻어지고, 이때 방출되는 X선이 최고에너지로서 최고 강도가 된다. 그리고 1/120초에서는 1/4주기에 따라 X선 강도와 실효에너지는 다시 0으로 된다.

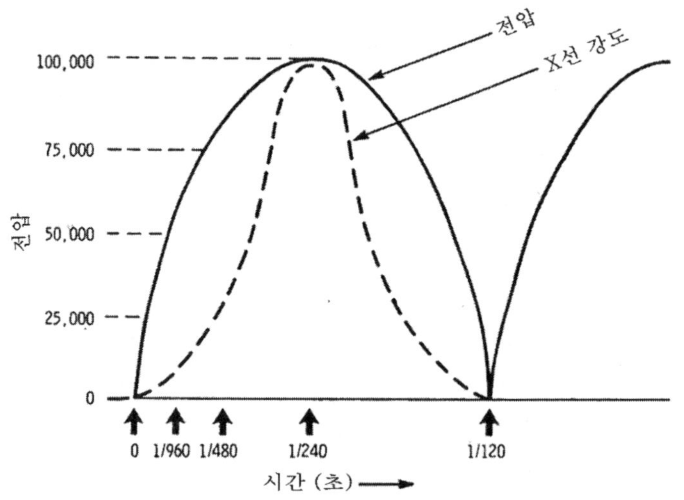

〔그림 1-13〕 전압파형에 따른 제동X선의 스펙트럼 변화

주기의 각 점에서 방출된 X선 광자수는 전압에 비례하지 않고, 전압에 따라 서서히 증가하다 급격히 증가하는 추세이다. X선 강도는 결론적으로 높은 전압에서 더욱 강하게 되어 3상 장치 때의 전압파형은 전파정류 파형 때보다 X선 방출이 강하게 된다. 3상(three-phase)장치는 단상(single-phase)장치보다 출력이 보통 12% 더 증가한다.

그림 1-14는 92 KVp의 전파정류장치에 발생되는 X선의 스펙트럼으로서, 단상과 3상에서 방출되는 X선 스펙트럼을 비교한 것이다. 3상이 단상보다 곡선 아래의 면적이 넓고 스펙트럼이 고 에너지 쪽으로 이동하고 있어 선질이 증가함을 나타내고 있다.

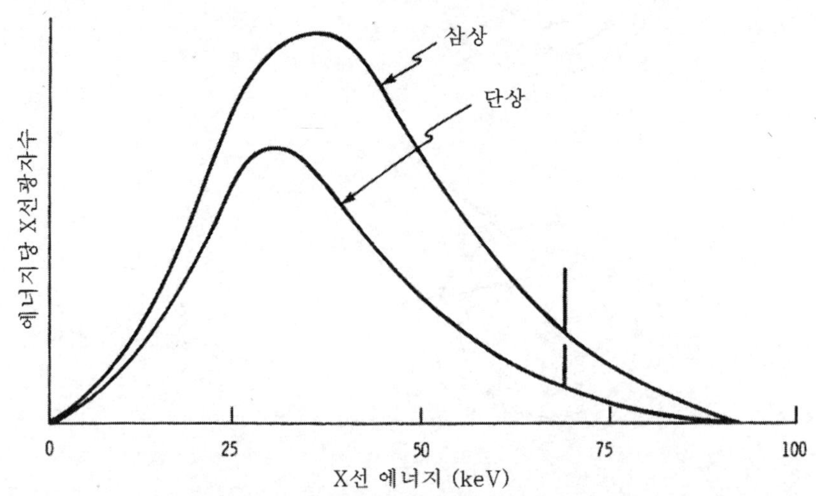

〔그림 1-14〕 92kVp에서 3상 장치와 단상장치의 제동X선의 스펙트럼 비교

다. 특성 X선의 발생과 특성

고속의 전자가 타깃 물질의 원자내 내각전자와 충돌하여 내각전자를 원자 밖으로 축출시킨다. 이때 원자는 불안정하여 보다 낮은 에너지 상태로 옮기고, 공위로 된 내각에 그 외각의 전자가 천이(遷移 ; transition)한다. 이때에 천이 전후의 에너지차가 광자 에너지로 방출되는 것을 특성 X선 (特性 X線 ; characteristic 또는 discete X-ray)이라 한다. 특성 X선은 타깃 물질의 원자번호에 따라 광자에너지(또는 파장)가 정해짐으로 고유(固有) X선이라고도 하며 선(線) 스펙트럼을 나타낸다.

그림 1-15는 특성 X선의 발생 과정을 3단계로 나타낸 것으로 (a) 입사 전자가 원자의 내각 궤도전자와 충돌한다 (b) 충돌 된 궤도전자는 원자 밖으로 축출되어 원자는 전리된

다. (c) L각 전자가 비어 있는 K각으로 천이 할 때에 K_α 특성 X선이 방출한다. 비어 있는 L각을 M각 전자가 채워줄 때에 L_α 특성 X선이 방출한다. 어떤 경우는 M각 전자가 비어 있는 K각으로 천이하여 K_β 특성 X선을 방출한다.

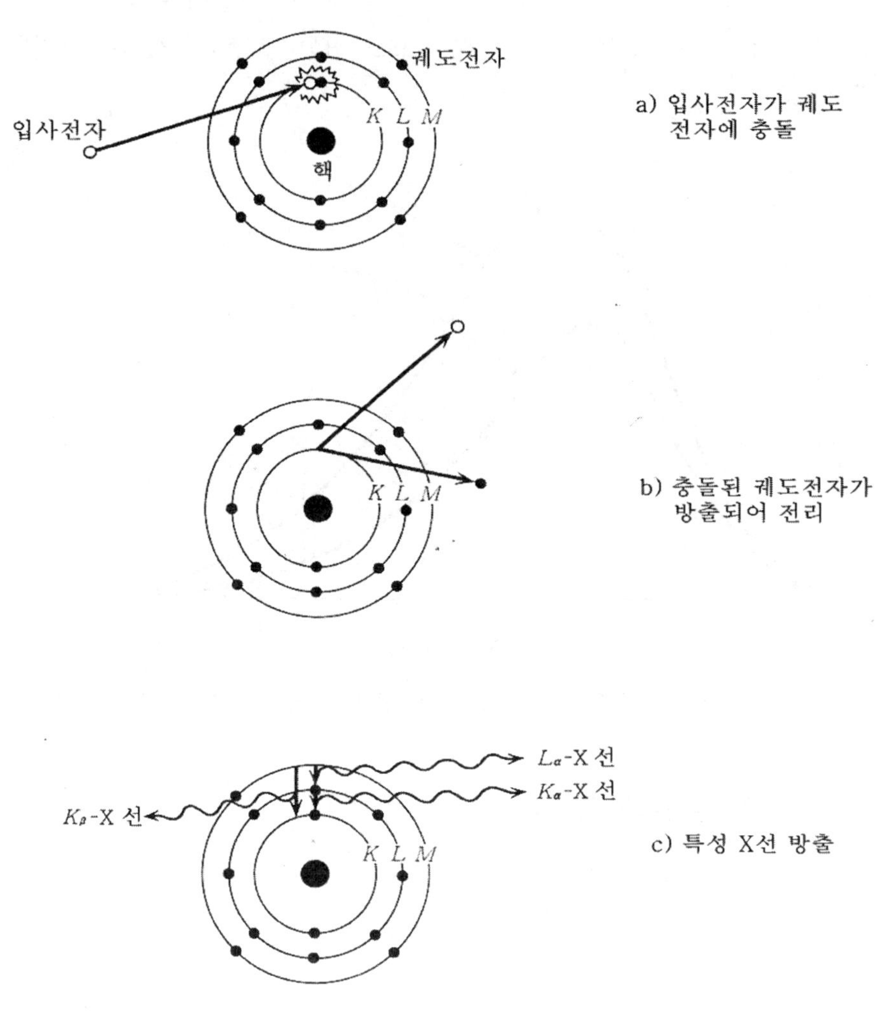

〔그림 1-15〕 특성 X선의 발생 과정

각 계열의 스펙트럼은 (L→K), (M→K), (M→L)…의 천이에 의하여

$$E_L - E_K = hv_{K\alpha}$$

$$E_M - E_K = hv_{K\beta}$$

$$E_M - E_L = hv_{L\alpha}$$

의 특성 X선이 된다.

여기서 E_K, E_L, E_M,……은 각 계열 상의 각에 전자가 채워진 후의 에너지이므로 K각이 공위가 되어 K각이 보충된 후의 원자 에너지를 E_K, 보충 이전의 원자 에너지를 E_L이라 하면 $E_K < E_L$ 이므로, 전자의 천이에 관하여 E_L-E_K 차에 해당되는 에너지가 X선 에너지 $hv_{K\alpha}$로 변환되었다고 할 수 있다. 특성 X선의 진동수는 원자번호의 2승에 비례하여 변화한다.

특성 X선은 물질의 원소의 종류에 따라 고유의 에너지를 지니어 단일 에너지의 선 스펙트럼(line spectrum)을 이루며, 형광X선 분석기나 X선 회절분석기에 이용하고 있다.

2. X선과 γ선의 특성 비교

이 교재에서 주로 다루고 있는 X선과 γ선의 물리적인 발생 기전의 차이와 더불어 방사선 투과검사에 적용 할 때에 다음과 같이 특성이 있다.

가. 물리적 특성

X선과 γ선은 전자파의 일종임으로 질량과 전하가 없고, 에너지만 지닌 광자(光子 ; photon)이다. 그러므로 진공 상태도 투과하고 광속도(3 x 10^8 m/s)로 진행한다. 그리고 물질의 분자와 원자를 전리시키면서 흡수와 산란하면서 투과한다.

단지, X선과 γ선의 차이점은 발생 근원이 다른 뿐이다. X선은 물질의 원자에서 방출된 광자(전자파)이고, γ선은 물질의 핵 내에서 방출된 광자(전자파)를 말한다.

γ선의 발생은 불안정한 핵이 안정핵으로 되고자 광자에너지를 방출하는 이성핵 전이(Isomeric Transition : IT)현상이다. γ선은 방사성물질에서 방출함으로 선원의 체적이 작고, 항시 360^0 방향으로 붕괴함으로 사용하지 않을 때에는 차폐하고, 사용 시에 만 필요한

선량을 노출하게 된다. 방사선투과검사에 이용하는 γ선원은 크기가 작아야 투과 영상의 상질이 좋으므로 비방사능이 높고, 오랫동안 사용 할 수 있게 반감기가 길어야하며 광자 에너지는 시험체에 적절한 투과력을 지녀야 한다.

X선의 발생은 2극관인 X선 관내에서 필라멘트를 가열하여 전자를 방출하고, 전자를 고 에너지로 가속하여 중금속을 충격함으로서 X선이 방출되는 전기적이 장치이다. 각종 변압기와 절연 및 냉각장치가 필요하기 때문에 감마선조사장치에 비하여 체적이 크고 무게가 무겁다. 그러므로 이동성이 불편하고 협소하거나 복잡한 형태의 시험체 적용에는 감마선에 비하여 매우 불편하다. 그러나 시험체의 투과력을 좌우하는 X선의 광자에너지(또는 파장)를 관전압(KVp)으로 자유롭게 조절할 수 있으므로 시험체 재질과 두께에 적절한 투과강도의 차이를 얻을 수 있는 장점이 있다. 그러므로 투과사진의 상질이 감마선투과 시험보다 우수하다.

나. 감마선투과검사의 장단점

(1) 장점

① 외부 전원이 필요 없기에 전원 없는 장소에서 작업이 용이하다.

② 4π방향으로 방출하기 때문에 파노라마식이나 극소 촬영 모두가능하다

③ 소형 경량으로 협소한 장소에 접근이 용이하다

④ 유연성이 있는 케이블로 촬영 배치함으로 촬영 위치 선정이 용이하다.

⑤ 장비가 견고하여 작동이 용이하고 유지비가 적다

(2) 단점

① 동위원소 종류에 따라 γ선 광자에너지가 고정되어 있기 때문에 투과력 조절이 불가능하다. 투과력을 조정하려면 γ선 광자에너지가 다른 동위원소를 선정하여야 한다. 그리고 투과두께에 따른 적합한 광자를 선정할 수 없기 때문에 투과사진의 콘트라스트가 X선투과검사에 비하여 떨어진다.

② 핵붕괴로 γ선을 항상 방출하기 때문에 사용하지 않을 때에는 선원이 이탈하거나 누설 선량이 안전관리 규정에 적합하도록 차폐체(조사기)내에 안전하게 관리 하여야한다.

③ γ선원은 4π방향으로 γ선을 방출하기 때문에 촬영시에는 필요 외의 조사부분은 차폐를 하거나 적합한 콜리메터(collimator)를 사용해야 하는 불편이 있고, 안전관리에 세심한 주의가 필요하다.

④ γ선원의 방사성 강도는 자연적으로 감쇠함으로 γ선 광자 방출율이 적어지면 선원을 교체하여야 한다. 선원 교체시에 비용이 수반되며, 폐기 선원은 별도 관리하거나 위탁 폐기해야하는 부담이 있다.

제 3 절 전자파 방사선의 흡수와 산란

1. X선 및 γ선의 투과시험 원리

원자나 핵의 구조 및 성질, 그리고 X선 및 γ선의 발생 및 특성에 대하여는 전장에서 이미 논의되었다. 이와 같은 전자파 방사선이 물질을 통과할 때 물질 내에서 흡수와 산란작용이 있고, 선원으로 부터 거리에 따른 기하학적 퍼짐에 의하여 방사선 강도는 감쇠한다.

X선이나 γ선 광자(전자파)가 물질에 조사되면 물질과 아무런 상호작용도 하지 않고 그대로 투과되는 광자도 있고, 물질을 구성하는 원자와 상호작용으로 흡수되거나 산란되는 광자도 있다. 이와 같이 물질에 입사하는 광자는 투과와 흡수가 일어나는데, 흡수 정도는 입사광자 에너지, 물질의 원자번호와 밀도 그리고 두께에 따라 차이가 있다. 즉 투과 강도의 차이를 얻는 원리를 이용하여 시험체내의 결함을 검출하는 것이 방사선투과검사의 원리라 할 수 있다.

그림 1-16은 방사선을 발생하는 선원, 시험체 및 필름의 관계와 시험체의 두께 차이와 결함 유무에 따른 투과 강도에 따른 필름 상에 어두운 정도를 나타내는 방사선투과 시험과정의 단면을 보여주고 있다.

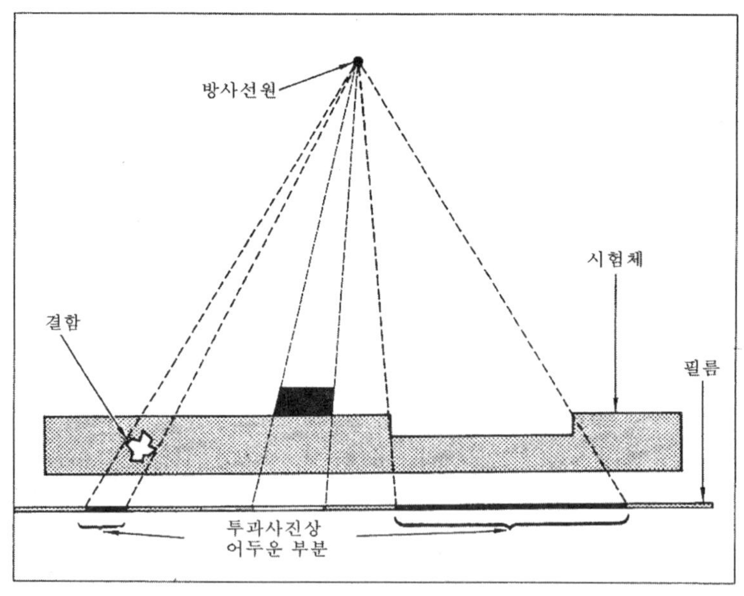

〔그림 1-16〕 방사선 투과시험 원리

X선이나 γ선 광자가 물질을 투과할 때에 흡수와 산란을 일으키는 현상은 물질의 원자 내에 묶인 에너지 정도에 따라 원자 내 궤도전자의 외각장이나 내각 또는 핵 크롬장에서 일어나는 확률이 각기 다르게 발생되며, 이와 같은 기본 상호작용에는 광전효과, 컴프톤 산란, 전자쌍생성 등으로 구분된다.

이러한 근본원리가 방사선투과시험, 방사선 측정, 의학, 이공학적 응용분야에 적용되는 것이며, 방사선과 물질과의 상호작용 관계가 방사선 물리학의 주가 될 것이다. 여기서는 X선 및 γ선과 물질과의 기본 상호작용 현상과 감약 원리 및 흡수계수에 대하여 알아본다.

2. 물질과의 상호작용 현상

가. 광전효과

입사광자가 물질에 입사하면 원자의 내각전자와 충돌하여 입사광자의 전 에너지(E_0)를 주어 입사광자는 없어지고, 에너지를 받은 궤도전자가 원자 밖으로 튀어나오는 현상을 광전효과(光電效果 ; photoelectric effect)라 한다. 튀어나온 전자를 광전자(光電子 : photoelectron)라 하며, 궤도전자가 원자 밖으로 튀어나오려면 입사광자의 에너지는 최소한 충돌전자와 핵과의 결합 에너지 E_b보다 커야 하므로 광전자의 운동에너지는 E_0-E_b의 에너지를 가지게 된다.

그림 1-17은 광전효과가 일어나는 과정을 잘 나타내고 있다. (a)은 입사광자가 원자의 내각 전자와 충돌하여 그의 모든 에너지를 궤도전자에게 준다. 에너지를 받은 궤도전자는 핵과의 전기적 쿨롱력을 제외하고 원자 밖으로 튀어나가 광전자가 된다. (b) 내각(K각)의 궤도전자가 비어 있어 원자는 불안정한 상태가 된다. (c) 원자가 안정되려면 내각부터 전자가 채워져야 한다. 이 때 채워 주기 전후의 에너지 차가 광자로 방출하는데 이를 특성 X선이라 한다.

발생한 특성 X선중에는 그 외각 전자와 충돌로 자신의 에너지를 전부 주어 충돌된 궤도전자가 원자 밖으로 튀어나가는 현상이 있는데, 이를 오제효과(Auger effect)라 하며, 튀어나간 전자를 오제전자라 한다.

광자 에너지가 K각 전자의 결합 에너지보다 크게 되면 모든 궤도전자에 대하여 광전효과를 일으킬 수 있다. 그러나 어떤 특정한 궤도전자가 원자 밖으로 이탈시키기 쉬운 광자에너지는 그 궤도전자의 결합에너지 근방의 결합에너지보다 큰 경우이다. 즉 K각 전자는 그 결합 에너지보다 약간 큰 광자에너지를 잘 흡수한다.

원자 내의 궤도전자는 핵과의 쿨롱력에 의한 결합에너지를 지니고 있어 핵에 가까운 궤도일수록 핵에 대한 결합에너지는 높다. 표 1-1은 각 원소에서의 핵과 각 궤도전자들 간의 결합 에너지를 나타내고 있는데 같은 궤도에서 원자번호가 높고, 내각일수록 결합 에너지는 높아진다.

그림 1-18은 산소, 구리, 납에 대한 전자 1개당 광전흡수 단면적으로서의 전자 충돌 단면적을 나타내고 있다. 구리를 예로 들면, 구리의 K각 결합에너지는 약 9.0 keV로서, 이 값보다 약간 낮은 광자 에너지에 대한 충돌 단면적은 120×10^{-24}㎠이지만 9.0 keV 이하에서는 K각 전자는 광전효과가 이 값을 넘으면 K각 전자는 광전효과에 가담하지 않고, 그 외각인 L각이나 M각의 전자와 각 전자한다. 그러나 광자에너지가 이 값을 넘으면 K각 전자를 포함한 모든 각 전자가 광전효과에 관여하여 흡수계수가 비약적으로 증가하게 되는데, 이러한 흡수계수의 비약을 흡수단(吸收端 : absorption edge)이라 부르며, K각 전자에 의한 흡수단을 K 흡수단이라고 한다. K각에 의한 광전 흡수계수는 L각 이상의 전자에 의한 흡수계수보다 커서 전 흡수계수의 80%에 미친다.

그리고 납에서 4개의 흡수단이 있는데, 장파장 측에 있는 3개의 흡수계수 비약은 L 흡수단인데, 장파장 측으로부터 L_3, L_2, L_1 흡수단이라 하며, 입사 광자 에너지가 약 16.0 keV로부터 88 keV 범위에서는 주로 L각의 광전흡수가 일어나며, 88 keV 이상에서는 K각 전자에 의한 광전 흡수가 관여한다.

이와 같이 전자쌍생성이 일어나지 않는 1 MeV이하의 X선 에너지 범위에서의 흡수계수는 장파장으로부터 단파장으로 됨에 따라 흡수계수는 대체로 파장의 3승(질량 흡수계수는 원자번호의 3승, 원자 흡수계수는 원자번호의 4승)에 따라 감소되는데, 어느 파장 부분에서 비약적으로 흡수계수가 크게 되고, 그것을 지나면 다시 3승에 비례하여 작게 됨을 알 수 있다.

납과 같이 원자번호가 큰 원소에서의 K특성 X선은 K각 전자의 결합 에너지는 88 keV에 해당하는 큰 광자 에너지를 갖고 있다. 그러므로 또 다른 광전효과를 일으키면서 물질의 상당한 곳까지 투과하게 된다. 그러나 원자번호가 낮은 경원소에서는 특성 X선이 발생하여도 매우 파장이 길어, 즉시 그 장소에서 흡수된다.

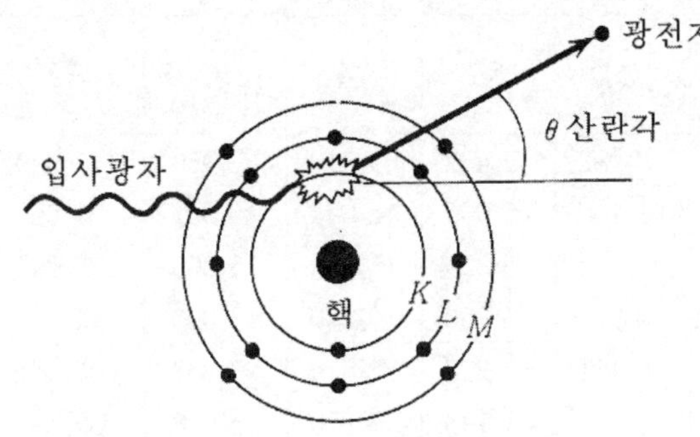

a) 입사광자가 K각 궤도전자와 충돌하여 에너지를 전부주고 궤도전자를 방출한다.

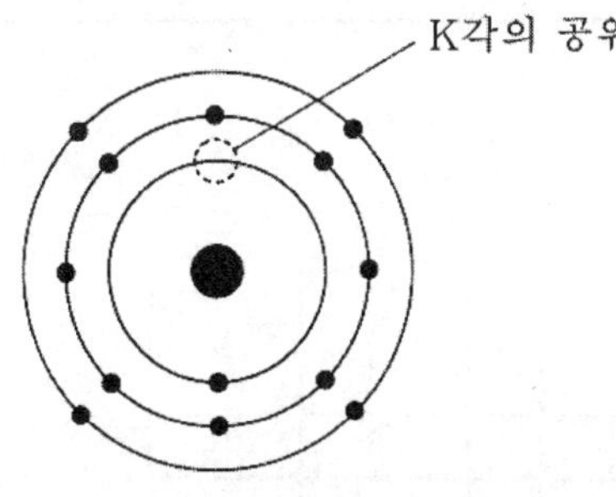

b) 방출된 전자의 궤도가 비어있는 상태이다

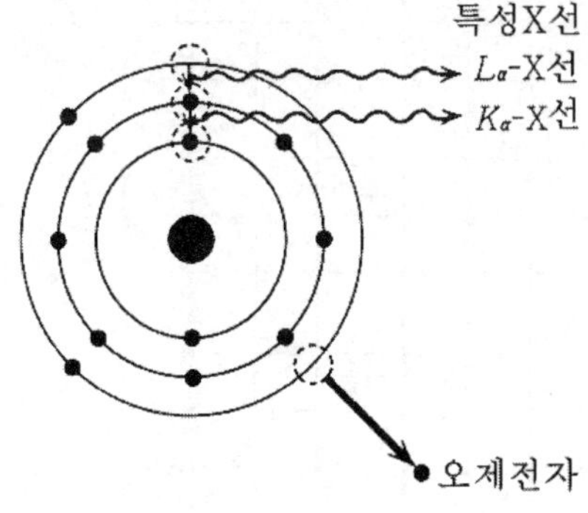

c) 공위된 곳을 그 외각전자가 채워질때 특성 X선을 방출

〔그림 1-17〕 광전 효과가 발생하는 과정

표 1-3 핵과 궤도전자간의 결합에너지

(단위:keV)

각 \ 원소	O	Al	Ca	Cu	Ba	W	Pb	U
Z	8	13	20	29	56	74	82	92
K	0.532	1.559	4.038	8.982	37.432	69.510	87.950	115.040
L_I		0.087	0.399	1.100	5.995	12.094	15.861	21.757
L_{II}		}0.072	0.350	0.954	5.629	11.538	15.200	20.944
L_{III}			0.346	0.935	5.250	10.200	13.033	17.163
M_I			0.047	0.121	1.297	2.814	3.852	5.546
M_{II}			}0.026	}0.077	1.143	2.570	3.558	5.179
M_{III}					1.068	2.274	3.067	4.301
M_{IV}					0.800	1.867	2.584	3.723
M_V					0.783	1.804	2.482	2.546

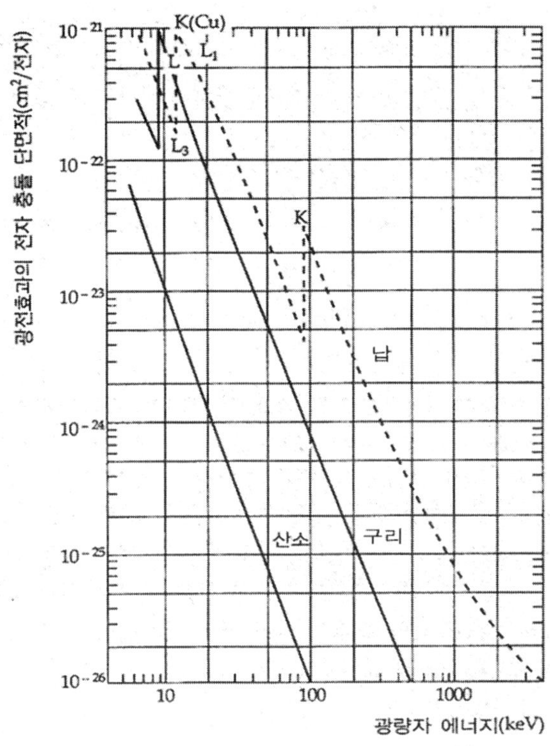

〔그림 1-18〕 산소, 구리, 납에 대한 광전효과의 전자충돌 단면적

나. 컴프톤 산란

광전효과는 입사 에너지 전부가 궤도전자에 흡수되는 경우로서, 주로 내각전자와의 상호작용이다. 그러나 컴프톤 산란(Compton scattering)은 핵과의 결합력이 매우 낮은 외각전자와 주로 상호 작용을 하기 때문에 입사 광자에 비하여 그 결합력은 무시할 정도로 작다.

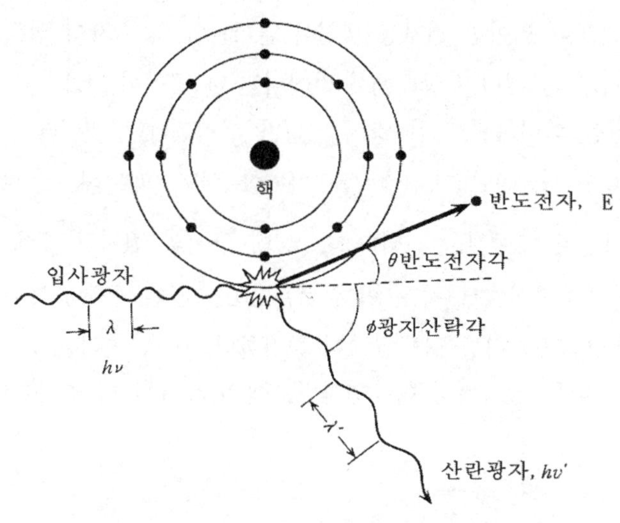

〔그림 1-19〕 컴프톤 효과

그림 1-19에서와 같이 컴프톤 산란은 자유전자나 결합력이 매우 약한 외각전자와의 충돌로 입사 광자 에너지($h\nu$)의 일부를 궤도전자에게 주어 원자 밖으로 축출시키고, 입사 광자는 에너지가 감소되어 산란광자(散亂光子 ; scattered photon : $h\nu'$)로 산란되는 현상을 말한다. 이때에 입사 에너지를 받아 원자 밖으로 튀어 나온 궤도전자를 반도전자(反跳電子 또는 되튐전자 : recoil electron, E)라 하는데, 물질을 통과하는 도중에 많은 전리를 생성하면서 그 운동 에너지를 소비한다. 이와 같이 입사 광자 에너지는 둘로 분배되는데, 일부분은 반도전자의 운동 에너지($E = hv - hv'$)로 주어지고, 나머지는 산란광자($hv' = hv - E$)가 지니게 된다.

입사에너지가 작을 때에는 산란광자는 입사 광자와 거의 같은 에너지를 가지나, 반도전자의 에너지는 작다. 이와 반대로 입사 광자가 큰 경우에는 입사에너지의 대부분이 반도전자의 운동 에너지로 이행한다. 또한 산란각이 커질수록 산란광자의 에너지는 약해지는 반면 반도전자에 부여된 에너지는 커지고, 반도각은 작아진다.

다. 전자 쌍 생성과 삼전자 생성

1.02 MeV 이상의 입사 광자 에너지($h\nu$)가 원자핵의 강한 쿨롱장을 받아 소멸되고 양전자와 음전자 한 쌍을 발생시키는 현상을 전자쌍생성(電子雙生成 : pair production, pair creation)이라 한다. 이 때 양전자와 음전자가 얻은 운동에너지를 각각 E^+, E^- 라 할 때 $E^+ + E^- = h\nu - 2m_0c^2$이 된다.

여기서 $2m_0c^2$는 2개의 전자 정지질량 에너지인 1.02 MeV에 해당하고 입사 광자의 에너지($h\nu$)는 1.02 MeV 보다 커야만 전자쌍 생성이 일어난다. 양전자의 생성은 $2m_0c^2$이상의 에너지를 가진 광자가 음 에너지 상태에서 없어지면 한 공혈이 남게 되는데, 이것은 한 개의 양전자가 나타남을 의미하므로 한 쌍의 입자가 생성된다는 것이다.

각 입자는 m_0c^2(0.51 MeV)인 정지질량을 가져야 하기 때문에 입사광자는 적어도 $2m_0c^2$(1.02 MeV) 이상의 에너지를 지녀야 하고, 핵 근처의 전기장 내에서 일어난다.

전자쌍생성에 관한 원자당의 단면적 a^k의 수치는 1.02 MeV 이하에서는 0이며, 에너지가 커짐에 따라서 늘어나다가 나중에는 급격히 증가한다. 이 단면적은 Z^2에 비례하므로 일정한 광자 에너지에 대한 전자쌍생성은 원자번호에 따라 급격히 증가한다.

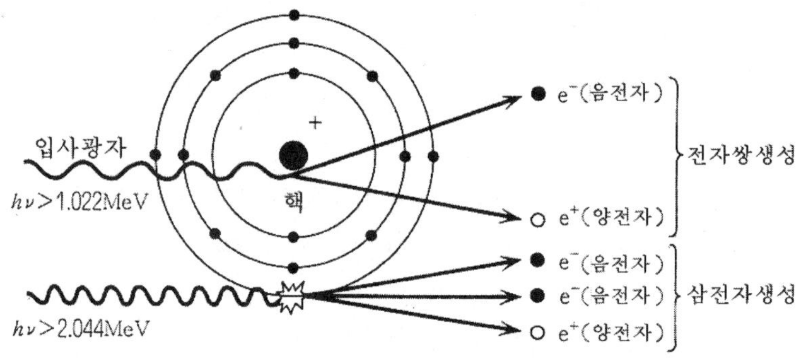

〔그림 1-20〕 전자쌍 생성과 삼전자 생성

전자쌍생성으로 생성된 양전자는 물질의 다른 원자와 충돌하여 그 에너지를 잃고 결국에는 정지하고 만다. 정지된 양전자는 존재하지 못하므로 주위의 전자와 화합하여, 양전자와 음전자는 소멸하고 서로 반대방향으로 각각 전자의 정지질량 에너지인 0.51 MeV의 에너지를 지닌 광자로 방출된다. 이와 같이 전자-양전자 소멸로 광자가 발생하는 것을 소멸복사(消滅輻射 ; annihilation radiation)라고 한다.

$2m_0c^2$(1.02MeV)이상의 입사 광자($h\nu$)는 양전자와 음전자를 생성하는데 $2m_0c^2$의 에너지가 소비되고, 나머지는 양전자와 음전자의 운동에너지로 각각 똑같이 나누어 갖게 되어

$$h\nu = 2m_0c^2 + T = (e^- + e^+) + (T^- + T^+) \quad \cdots\cdots(1\text{-}34)$$

로 나타낼 수 있다. 그리고 양전자는 운동에너지를 전부 잃으면 음전자와 화합하여 다음과 같이 0.51 MeV 2개의 광자를 방출한다.

$$(e^- + e^+) = 0.51\,MeV\text{ 광자} + 0.51\,MeV\text{ 광자} \quad \cdots\cdots(1\text{-}35)$$

그리고 입사 광자에너지가 $4\,m_0\,c^2$(2.04 MeV)이상일 때에는 원자의 외각 궤도전자와 충돌하여 음전자 2개와 양전자 1개를 방출하는 현상을 삼전자 생성(三電子生成 : triplete production)이라 한다

3. X선 및 γ선 강도의 감약

X선 초점이나 γ선원에서 방출된 전자파의 강도는 물질의 일정 거리를 통과하는 동안에 기하학적 원리에 의한 감쇠와 물질 내 원자와의 상호작용에 의한 전자파의 흡수에 의한 감쇠가 있다. 이에 관련된 거리 역제곱법칙, 흡수지수법칙, 흡수계수, 선질 및 축적인자에 대하여 알아본다.

가. 거리 역제곱 법칙(inverse square law)

X선 초점이나 감마선원에서 발생하는 방사선 강도는 거리 제곱에 반비례한다. 초점 F에서 r떨어진 곳의 X선 강도를 I_r라고 하면 초점 F를 중심으로 하여 반경 r의 구면상의 전체 강도는 $4\pi r^2 \times I_r$이다. 또 $2r$의 거리인 곳에서는 $4\pi(2r)^2 \times I_{2r}$, $3r$의 거리에서는 $4\pi(3r)^2 \times I_{3r}$로 된다.

이들 구면상의 전 강도는 물질에 의한 흡수가 없다면 똑 같다. 그러므로

$$4\pi r^2 \times I_r = 4\pi(2r)^2 I_{2r} = 4\pi(3r)^2 I_{3r}$$

의 관계가 되어 $\frac{I_r}{I_{2r}} = \frac{4}{1}$, $\frac{I_r}{I_{3r}} = \frac{9}{1}$가 된다. 거리가 2배, 3배로 늘어난다면 강도는 1/4, 1/9로 감쇠(減衰)한다.(그림 1-21)

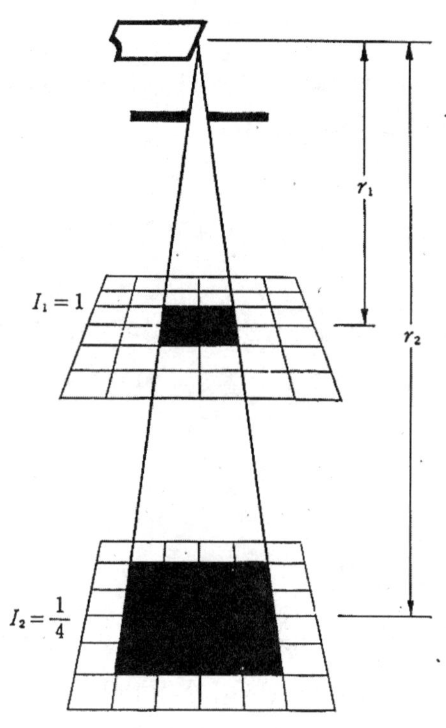

〔그림 1-21〕 거리 역제곱 법칙

이는 도중에 물질과의 상호작용이 없는 진공상태에서의 감쇠 방식으로 점선원(point source)일 경우에만 성립된다. 그림 1-21에서 r_1 거리에서의 강도 I_1과 r_2 거리에서의 강도 I_2 와의 관계는

$$I_1 / I_2 = (r_2)^2 / (r_1)^2 \quad \cdots\cdots (1\text{-}36)$$

가 된다.

나. 흡수 지수 법칙(attenuation exponential law)

X선이나 γ선이 물질을 통과하는 동안 물질과 상호작용으로 방사선 강도는 지수 함수적

으로 감쇠한다. 이는 광전효과, 컴프턴 산란, 전자쌍 생성 등의 현상을 일으키면서 입사광자의 에너지를 잃는데, 그 형태는 그림1-22와 같다.

연속 X선은 흡수 두께를 투과함에 따라 선질이 달라지기 때문에 단일 에너지의 좁은 평행선속인 X선이나 γ선에 대하여 논의하여야 한다. 이 단일 에너지의 광자속이 그림 1-23과 같이 흡수체에 수직으로 입사할 때의 입사 광자의 수(입사선의 강도)를 I_0로 하면, x 두께의 흡수체를 통과한 광자수(투과 강도)는 감소되어 I 로 된다.

이곳에서 다시 Δx의 얇은 층의 두께를 지나는 동안에 ΔI 만큼의 광자수가 감소되었다면

$$\Delta I = -\mu I \Delta x, \qquad \mu : \text{비례상수}$$

$$\frac{dI}{I} = -\mu\, d\chi \qquad \cdots\cdots(1\text{-}37)$$

$$\int_{I=0}^{I} \frac{dI}{I} = -\mu \int_{\chi=0}^{\chi} dx$$

가 되고, 치환적분의 공식에 의하여

$$\ln I = -\mu x + C$$

가 된다. 여기서 C 는 임의 적분상수이고 I 는 +값이다

초기조건으로서 $x=0$일 때 $I=I_0$이므로 $C=\ln I_0$ 를 대입하면

$$\ln I = -\mu x + \ln I_0$$

$$\ln I - \ln I_0 = -\mu x$$

$$\ln \frac{I}{I_0} = -\mu x \qquad \cdots\cdots(1\text{-}38)$$

의 식이 된다. 식(1-)은 대수함수와 지수함수의 혼합성에 의하여 다음 관계식으로 된다.

$$\frac{I}{I_0} = e^{-\mu x}$$

$$I = I_0 e^{-\mu x} \qquad \cdots\cdots(1\text{-}39)$$

여기서 물질의 흡수두께 x를 투과전의 X, γ선의 강도(intensity)를 I_0, 투과후의 강도를 I 로 표시하였다. e는 자연대수의 밑이고, 비례상수 μ는 단위 두께당 흡수의 비율을 나타내는 선흡수계수(線吸收係數 : linea absorption coefficient, cm^{-1})를 나타낸다. 식(1-39)은 흡수체 투과 전후의 X, γ선 강도의 관계로서의 흡수지수법칙(吸收指數法則 : attenuation exponential law)이라 한다.

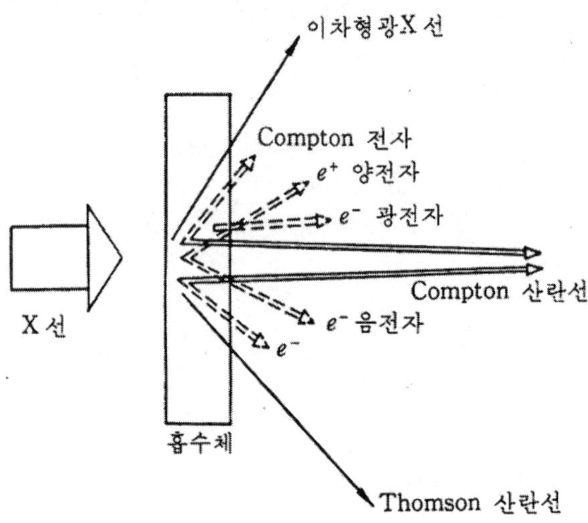

〔그림 1-22〕 X선의 흡수와 산란형태

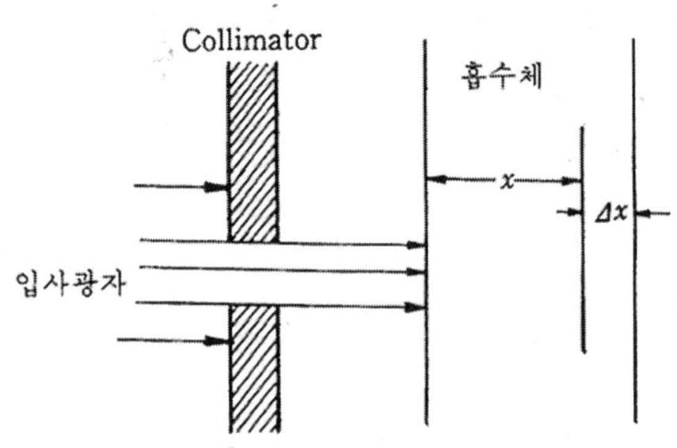

〔그림 1-23〕 흡수지수 법칙의 설명

다. 반가층(half value layer)

흡수체를 투과한 방사선 강도 I 가 투과전의 강도 I_0 의 반이 되는 흡수두께를 반가층(半價層 , half value layer : HVL, $x_{1/2}$: $\frac{1}{2}$ 가층)이라 하는데, 지수법칙 $I = I_0 e^{-\mu x}$ 로부터 다음과 같이 유도할 수 있다.

$$\frac{1}{2} I_0 = I_0 \, e^{-\mu x_{1/2}}$$

$$\frac{1}{2} = e^{-\mu x_{1/2}}$$

$$\ln \frac{1}{2} = -\mu x_{1/2} \qquad \cdots\cdots (1\text{-}40)$$

$$-\ln 2 = -\mu x_{1/2}$$

$$\chi_{1/2} = \frac{\ln 2}{\mu} = \frac{\log_e 2}{\mu} = \frac{\log_{10} 2 \times 2.3026}{\mu} = \frac{0.3010 \times 2.3026}{\mu} \quad \cdot (1\text{-}41)$$

$$= \frac{\log_{10} 2}{\log_{10} e \times \mu} = \frac{0.3010}{0.4343 \mu} = \frac{0.693}{\mu}$$

그러므로 μ대신에 $\frac{0.693}{x_{1/12}}$을 사용하면

$$I = I_0 \, e^{-\left(\frac{0.693}{x_{1/2}}\right) x}$$

$$= I_0 \left(\frac{1}{2}\right)^{\frac{x}{x_{1/2}}} \qquad \cdots\cdots (1-42)$$

$$= I_0 \left(\frac{1}{2}\right)^{n}$$

의 관계로 유도할 수 있다. 여기서 n은 반가층의 수이다. 식 (1-42)는 반가층을 이용하여 투과 전후의 강도나 선량률 및 차폐계산에 편리하게 이용된다.

또한 투과후의 강도 I 가 투과전의 강도 I_0 의 1/10이 되는 흡수 두께를 1/10가층(tenth value layer; TVL, $x_{1/10}$)이라 하며, 반가층을 유도한 것과 같은 방법으로 적용하면, 1/10가층 $x_{1/10}$는

$$x_{1/10} = \frac{\ln 10}{\mu} = \frac{\log_e 10}{\mu} = \frac{\log_{10} 10 \times 2.3026}{\mu} \quad \cdots\cdots(1\text{-}43)$$

$$= \frac{\log_{10} 10}{\log_{10} e \times \mu} = \frac{1}{0.4343\,\mu} = \frac{2.3026}{\mu}$$

의 관계가 성립한다.

즉, 1/10가층은 처음 방사선 강도를 1/10로 줄이는데 필요한 흡수두께로서 반가층의 3.3배가 되며, 두꺼운 흡수체를 취급하는데 많이 이용한다.

TVL = 3.3 HVL

예제) 어느 γ선의 입사 광자수 3,000개가 좁은 평행선 속으로 1.5cm 두께의 구리판을 투과 후 1,000개의 광자수로 감소하였다면 이 물질의 선흡수계수와 반가층은?

풀이) $\frac{1000}{3000} = e^{-\mu 1.5}$

$$\ln \frac{1000}{3000} = -\mu 1.5$$

$$\ln 1 - \ln 3 = -\mu 1.5$$

$$\mu = \frac{\ln 3}{1.5} = \frac{1.098}{1.5} = 0.732\,cm^{-1}$$

$$HVL = \frac{0.693}{\mu} = \frac{0.693}{0.732} \fallingdotseq 0.95\,cm$$

4. 흡수 계수

단색 X선이나 γ선 강도의 감쇠비율은 $e^{-\mu \chi}$ 에 따른다는 것은 주지한 바 있다. 이러한 감쇠비율은 입사 광자와의 상호작용 결과인 5가지 현상에 기인하나, 이 중 고전산란은 흡수

의 기여도가 적고, 삼전자 생성과 광괴변은 특수현상이므로 제외하면

$$e^{-\mu x} = (e^{-\tau x})(e^{-\sigma x})(e^{-\kappa x}) = e^{-(\tau+\sigma+\kappa)x} \quad \cdots\cdots(1\text{-}43)$$

가 된다. τ, σ, κ는 광전흡수, 컴프턴 산란, 전자쌍생성에 의한 흡수 단면적을 나타낸다. 그림 1-24는 물에 대한 이들의 흡수계수를 나타내며, 그림 1-25은 광자 에너지에 따른 납의 질량흡수계수 관계를 나타내고 있다.

광전효과가 일어날 때 입사광자의 에너지 $h\nu$의 일부는 궤도전자를 핵의 속박으로부터 이탈시키는 데 소비되는데, 이 에너지는 이탈된 궤도전자의 빈자리를 그 외각의 전자가 천이됨으로써 형광 X선(특성 X선보다 파장이 길어 형광을 띄기 때문)이 방출되므로 형광 X선의 에너지와 같다.

그래서 흡수된 광자 1개에 대한 특성 X선으로서 방출되는 평균 에너지를 δ라면, 광전효과에 의해 광전자에 주어지는 에너지의 비율은 $1 - \dfrac{\delta}{h\nu}$이다.

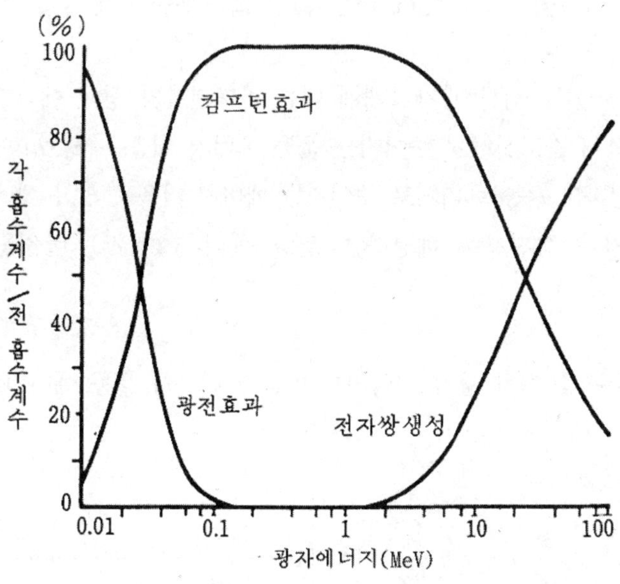

〔그림 1-24〕 물에 대한 흡수계수 관계

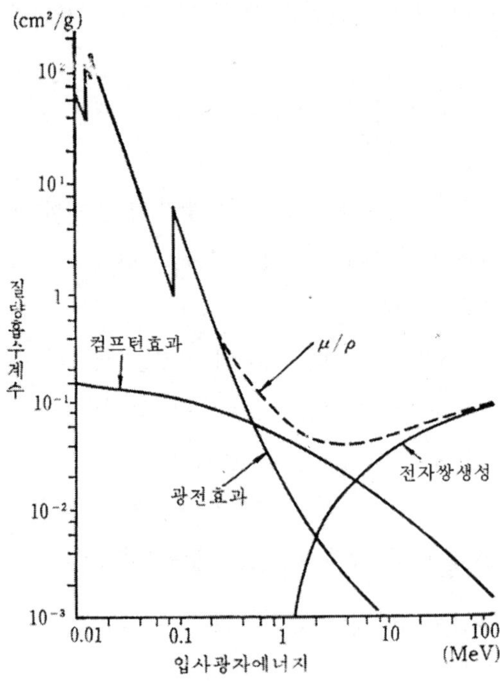

〔그림 1-25〕 납에 대한 질량 흡수계수 관계

컴프턴 효과인 경우에서는 입사 광자 1개에 대한 반도전자의 평균 에너지를 E_e라고 할 때 컴프톤 효과에 의하여 반도전자에 주어지는 운동 에너지 비율은 $E_e/h\nu$이다. 전자대 창생 시는 양전자와 음전자의 운동 에너지로 주어지는 에너지 비율은 입사 에너지로부터 입사 에너지에 대한 양전자와 음전자에 해당하는 질량 에너지($2m_0c^2$) 비율을 뺀 것이므로 $1-\dfrac{2m_0c^2}{h\nu}$이 된다.

그러므로 전 감쇠계수 중 입사 광자 에너지가 방출된 전자의 운동 에너지로 상실되는 에너지 비율 μ_κ는

$$\mu_\kappa = \tau\left(1-\frac{\delta}{h\nu}\right) + \sigma\left(\frac{E_e}{h\nu}\right) + x\left(1-\frac{2\,m_0\,c^2}{h\nu}\right) \quad \cdots\cdots(1\text{-}44)$$

이 되는데, μ_κ를 에너지 전이계수(energy transfer coefficient)라 한다.

이와 같이 입사광자 에너지의 흡수는 1차적으로 전자의 운동 에너지로 전이되고 운동 에너지를 가진 전자는 물질을 전리나 여기 시키면서 자신의 에너지를 잃어버리게 된다. 만일

운동 에너지를 가진 전자가 제동복사로 운동 에너지의 일부를 X선으로 방사할 때의 에너지 비율을 G라 하면

$$\mu_{en} = \mu_{\kappa}(1 - G) \quad \cdots\cdots (1\text{-}45)$$

가 된다. μ_{en}을 에너지흡수계수(energy absorption coefficient) 또는 진흡수계수(true absorption coefficient)라 한다.

흔히 표시하는 μ는 진흡수계수로서 물질의 두께 단위 길이당 감쇠되는 비율을 나타내는 선흡수계수(線吸收係數 : linea absorption coefficient)이다. 또한 물질이 단면적 1㎠의 질량 1g에 대한 광자의 감쇠비율을 질량흡수계수(質量吸收係數 : mass absorption coefficient)라 하고, 전자 1개당 및 원자 1개당 감쇠되는 비율을 전자흡수계수 및 원자흡수계수라 하며, 표 1-4로 나타낸다

.

표 1-4 흡수계수의 단위

흡수계수	두께 표시	기호	관 계	단 위
선흡수계수	cm	μ	μ	cm^{-1}
질량흡수계수	g/㎠	μ_m	μ/ρ	㎠/g
전자흡수계수	전자수/㎠	μ_e	$\frac{\mu}{\rho} \cdot \frac{A}{NZ}$	㎠/전자
원자흡수계수	원자수/㎠	μ_a	$\frac{\mu}{\rho} \cdot \frac{A}{N}$	㎠/원자

(ρ : 밀도, Z : 원자밀도, A : 원자량, N : avogadro 수)

5. 선질과 축적인자

현재까지는 단일 에너지의 X선이나 γ선에 대하여 논의되었으나, 많이 사용되는 연속X선(제동 X선)은 여러 파장을 가진 광자의 모임이다. 그러므로 어떤 투과물질에서 감쇠을 생각했을 경우에 장파장의 광자일수록 광전흡수가 일어날 확률이 커져 단파장보다 감쇠되기 쉽다. 즉 투과후의 X선 파장의 분포는 장파장 성분에 비하여 단파장 성분이 많아져 평균 파장이 짧아지는 선질의 변화가 있게 된다. 이 때문에 연속 X선의 감쇠비율은 광자수로 취급하

기가 어려우므로 조사선량("R"단위)이나 조사선량률("R/hr"단위)을 사용한다.

어떤 X선에 의한 조사선량(률) 또는 강도를 반으로 줄이는 데 필요한 흡수체 두께를 반가층이라 하며, 표 1-5는 단일 에너지의 X선이나 γ선에 대한 알미늄, 철, 구리의 반가층을 나타내고 있다.

어떤 물질에 대한 단일 에너지의 X선이나 γ선에 해당하는 반가층이 연속 X선의 반가층과 같은 경우, 그 단일 에너지를 연속 X선의 실효 에너지(effective energy)라 하며, 단일 에너지의 파장을 연속 X선의 실효 파장이라 한다.

만일 어떤 관전압으로 발생한 연속 X선의 알미늄에 대한 반가층이 12.8mm였다고 하면, 이 X선의 실효 에너지는 80keV이라 한다. 연속 X선의 실효 에너지는 관전압 값보다 반드시 낮으며 60~70%에 해당한다.

표 1-5 반가층과 $\frac{1}{10}$가층

Peak Voltage(kV)	Attenuation Material					
	Lead (mm)		Concrete (cm)		Iron (cm)	
	HVL	TVL	HVL	TVL	HVL	TVL
50	0.06	0.17	0.43	1.5		
70	0.17	0.52	0.84	2.8		
100	0.27	0.88	1.6	5.3		
125	0.28	0.93	2.0	6.6		
150	0.30	0.99	2.24	7.4		
200	0.52	1.7	2.5	8.4		
250	0.88	2.9	2.8	9.4		
300	1.47	4.8	3.1	10.4		
400	2.5	8.3	3.3	10.9		
500	3.6	11.9	3.6	11.7		
1,000	7.9	26	4.4	14.7		
2,000	12.5	42	6.4	21		
3,000	14.5	48.5	7.4	24.5		
4,000	16	53	8.8	29.2	2.7	
6,000	16.9	56	10.4	34.5	3.0	9.1
8,000	16.9	56	11.4	37.8	3.1	9.9
10,000	16.6	55	11.9	39.6	3.2	10.3
						10.5
Cesium-137	6.5	21.6	4.8	15.7	1.6	5.3
Cobalt-60	12	40	6.2	20.6	2.1	6.9
Radium	16.6	55	6.9	23.4	2.2	7.4

같은 연속 X선이라 하여도 두껍거나 흡수계수가 큰 물질을 투과하면 실효에너지는 증가하여 연속 X선의 관전압(kVp)치에 가까워진다. 그리고 반가층을 투과한 연속 X선은 투과전의 X선보다 평균 파장이 짧아 선질이 증가된 상태이다. 이 투과 X선의 선량을 다시 반으로 줄이는 데 필요한 물질의 두께인 반가층은 더 두꺼워진다.

여기서 최초의 반가층을 제 1반가층이라 하고 나중의 반가층을 제 2반가층이라 한다. 제2반가층과 제1반가층의 비$\left(\dfrac{HVL\,2}{HVL\,1}\right)$가 클수록 본래 X선의 파장은 불균등하여 지는데, 이 비를 X선의 불균등도라 한다. 또한 제1반가층과 제2반가층의 비 $\left(\dfrac{HVL\,1}{HVL\,2}\right)$가 클수록 본래 X선의 파장은 균등해지므로 이 비를 X선의 균등도라 한다.

이와 같이 단색 X선이나 γ선의 선질은 단적으로 파장이나 에너지로 표시할 수 있으나 연속 X선의 선질은 물질을 투과하는 정도에 따라 변한다. 물질을 투과하기 쉬운 X선 광자를 경 X선(hard X-ray), 투과가 어려운 X선을 연 X선(soft X-ray)라 표현하고, 정량적으로 나타낼 경우에는 실효 에너지나 반가층으로 표시한다. 표1-6은 경 X선과 연 X선의 관계를 비교하고 있다.

표 1-6 선질의 관계 비교

(전자쌍생성이 없는 광자에너지 범위에 적용)

특성 / 선질	투과력	광자 에너지	파 장	흡수계수	반가층
경 X 선	강하다	높 다	짧 다	작 다	두껍다
연 X 선	약하다	낮 다	길 다	크 다	얇 다

그리고 광자 에너지가 수 MeV 급 이상으로 되면 전자쌍생성에 의한 발생확률이 커지기 때문에 흡수계수는 오히려 커진다. 전자쌍생성이 발생하지 않는 저에너지 전자파 방사선에서는 입사 광자 에너지가 낮은 관계로 궤도전자와의 상호작용인 광전효과와 콤프톤 효과가 주로 관계되어 광자에너지가 높을수록 흡수계수가 낮아지나, 전자쌍생성이 발생하는 고에너지 전자파 방사선에서는 광자에너지가 높아질수록 흡수계수가 높아지는 것을 고려하여야 한다.

저 에너지 범위 내에서는 광자 에너지가 증가할수록 흡수계수가 작아지고 선질은 경하여진다. 또한 X선이나 γ선이 물질을 투과 시 투과강도는 지수 감쇠법칙에 따라 감소하는데, 이는 좁은 평행선속이거나 흡수체가 얇은 경우에 적용된다. 그림 1-26에서와 같이 넓은 선속일 때에는 흡수체내에서 직접 투과 광자 외에 많은 산란광자가 추가로 측정기에 도달되므로 지수법칙에 따른 값보다 많이 지시하게 된다. 또한 흡수체 두께가 얇은 경우에 비하여 두꺼울수록 산란선은 많아져 측정기에 도달하게 된다.

그러므로 흡수체가 두껍고 넓은 선속에서는 산란선의 영향을 고려한 축적인자(蓄積因子 : build-up factor 또는 재생 계수) B를 다음 식과 같이 보정하여야 한다.

$$I = BI_0 e^{-\mu x} \quad \cdots\cdots (1\text{-}46)$$

식 (1-31)에서 축적인자 B는 물론 1보다 크고, 피사체 산란선이 발생하는 영향인자인 입사에너지, 선속 넓이, 흡수체 두께, 흡수체 종류에 따라 달라질 것이다. 축적인자를 이론적으로 구하기는 어려우나 대략

$$\mu x < 1 \quad \text{일때는} \quad B \fallingdotseq 1$$
$$\mu x > 1 \quad \text{일때는} \quad B = \mu x$$

에 따른다.

그러나 2 MeV 이상의 에너지에서 납에 대한 값은 대략

$$B \approx 1 + \mu x \quad \cdots\cdots (1\text{-}47)$$

가 된다.

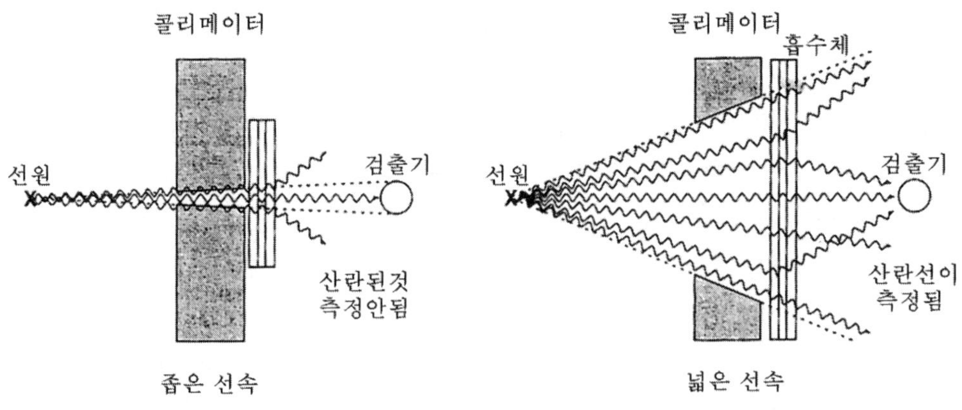

〔그림 1-26〕 좁은 선속과 넓은 선속에서의 산란선

【익 힘 문 제】

1. 원자의 구성 입자를 나열하고 각 각을 설명하시오!

2. 방사선을 크게 3가지로 분류하고 각각을 설명하시오!

3. 제동 X선과 특성X선의 발생 기전을 비교 설명하시오!

4. X선과 감마선의 근본적인 차이는 무엇인가!

5. 제동 X선의 강도를 좌우하는 인자를 나열하고 설명하시오!

6. 1R이 0.87 rad(8.7 mGy)가 됨을 1 esu/cc로 부터 유도하시오!

7. $\frac{I}{I_0} = e^{-\mu x}$ 가 $\frac{I_0}{I} = 2^n$ 로 됨을 유도하시오!

8. 방사선투과검사시에 X선과 감마선의 장단점을 비교하시오!

9. 전자파 방사선과 물질과의 상호작용 현상을 설명하시오!

10. 다음 용어를 설명하시오!

(1) 광자(Photon)
(2) 반감기(Half life)
(3) 반가층(Half Value Layer)
(4) 축적인자(Build up factor)
(5) 비방사능(Specific Radioactivity)
(6) 질량흡수계수(Mass Absorption Coefficient)

제 2 장 방사선투과검사용 장비

제 1 절 X선 발생장치

1. X선 발생 3대 요인

X선의 발생은 그림 2-2과 같은 2극관에서 일어나는데 다음과 같은 3대 조건이 필요하다.

첫째, 음극에서 유리전자(또는 열전자)가 방출되어야 한다. 이는 음극 측에 있는 필라멘트(filament)를 가열하면 열전자가 방출한다. 필라멘트 가열은 감압 변압기인 필라멘트 가열 변압기의 조절로서 행해진다.

둘째, 방출된 전자는 높은 운동 에너지를 가지도록 가속하여야 한다. 이는 고압변압기(hightension transformer)에 의하여 X선관의 두 극 사이에 KV급의 고전압(관전압)이 인가되어야 한다.

셋째, 고속으로 가속된 전자를 저지하는 물질이 존재하여야 한다. 저지물질을 타깃(target, 표적 또는 대음극)이라한다. 가속된 고속전자가 타깃에 부딪치면 타깃판에서 X선이 방출된다.

그림 2-1는 자기정류형의 X선 발생장치의 기본회로를 나타내고 있는데, 상기와 같은 3가지 조건이 X선관 내에서 발생하기 위해서는 X선관 외부에 필라멘트 가열 변압기, 고전압 변압기 및 자동변압기 등이 필요하게 된다.

X선의 에너지는 고속전자가 표적물질과 상호작용을 하여 그 에너지 손실만큼 발생한다. 표적 물질의 최소단위는 원자이기 때문에 고속전자와 원자와의 상호작용으로서 X선의 발생을 이해할 수 있다. 안정된 원자는 원자핵의 양전하와 궤도전자(전자각의 전자)의 음전하가 균형을 이루어 이들은 전기적 쿨롱력에 의하여 서로 당겨 결합상태(bound state)가 된다. 그 결합강도는 원자각의 전자를 분리하는 데 요하는 최소 에너지를 말하며 이것을 결합 에너지(binding energy)라 한다

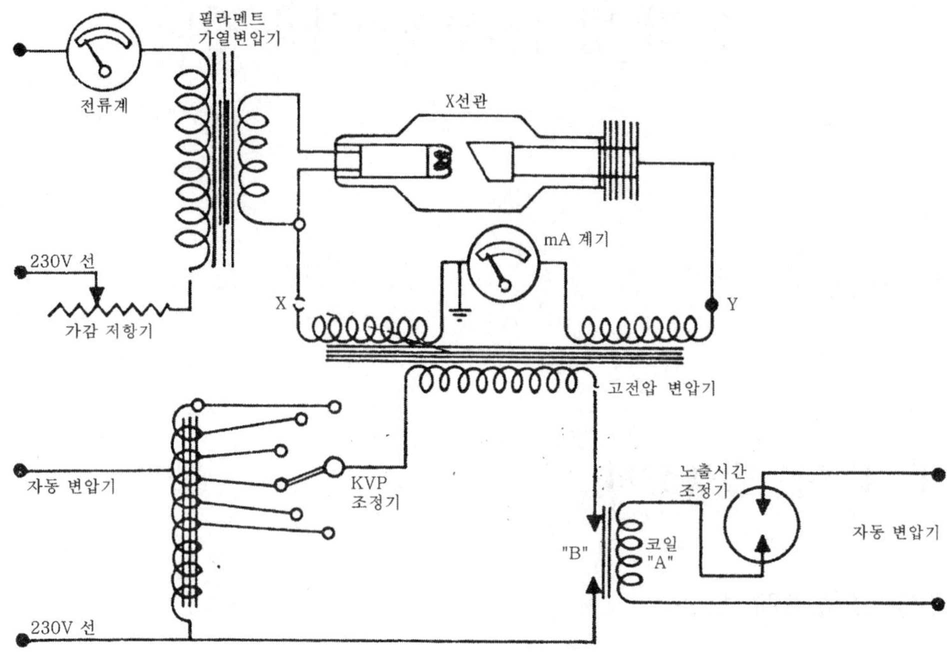

〔그림 2-1〕 X선 발생 기본회로

2. X선 발생장치의 구성

X선 발생장치는 X선관, 고전압 장치 및 제어장치로 크게 3 부분으로 구성하고 있다. X선관은 2극관으로서 X선 발생 부분이며, 고전압 장치는 전자를 가속하기 위한 것이고, 제어장치는 X선의 조사조건을 조절하는 장치이다.

가. X선관 (X-ray tube)

일반적으로 X선관은 음극과 양극이 있는 2극관이고 고진공 상태로 되어 있다. 그림 2-2는 유리 용기형 X선관의 구조이며, 그림 2-3은 금속 세라믹형 X선관의 구조를 나타내고 있다.

(1) X선관 용기 (X-ray tube envelope)

관 용기는 보통 유리관(glass tube)이나 금속-세라믹관(metal ceramics tube) 으로 되어 있다. 유리관은 열과 진공에 잘 견디는 경질 유리로 되어 있으나 금속에 비하여 열과 충격에 약한 것이 단점이다. 그러므로 최근에는 가볍고 견고한 금속-세라믹스관으로 대체되었다.

X선관 용기는 10^{-7} ~ 10^{-9} mmHg의 고진공상태(high vaccuume state)를 유지하고 있다. 그 이유는 첫째, 음극에서 방출한 전자가 고속도로 양극을 향해 달려갈 때에 기체전리에 의한 전자들의 에너지 손실을 방지하기 위한 것이다. 진공도가 높아질수록 관내의 기체 분자 수는 적어짐으로 전리에 의한 손실없이 발생한 전자들이 양극으로 잘 달려가게 된다. 둘째는 음극과 양극 및 필라멘트 금속 물질이 기체와 접촉하지 않으므로 산화 방지가 된다. 셋째는 전극간의 절연을 위함이다.

(2) 음극(cathode)

음극은 필라멘트(filament)와 집속컵(focusing cup)으로 구성되어 있다. 필라멘트는 텅스텐 와이어(wire)로 전류가 흐르면 열전자가 방출한다. 필라멘트에서 방출하는 열전자의 수는 필라멘트에 흐르는 전류의 세기(Ampere)에 따르고, 제어장치에서는 관전류(mA) 계기로 조절하게 된다.

(3) 집속 컵(focusing cup)

집속컵은 필라멘트에서 방출된 전자빔이 이탈하는 것을 방지하기 위하여 필라멘트를 둘러싸고 있는 것으로 순철과 니켈로 되어 있다. 집속컵은 전기장으로 전자빔을 둘러쌓아 한정된 형태의 빔으로 만들어 양극으로 안정하게 이동할 수 있게 빔을 집속함으로 정전집속(靜電集束, electrostatic focusing)이라 한다.

전자빔의 집속은 전자빔이 분산하지 않고 표적판으로 향하는 빔의 단면적을 결정하다. 그리고 X선을 발생하는 초점(focus)크기도 영향을 주게 된다. 소초점의 X선은 대초점보다 집속컵의 단면적이 작게 된다.

(4) 양극 (anode)

구리로 된 양극봉 끝단에는 가속된 전자빔이 충돌하는 표적(標的, target 타깃)이 부착되어있다. 표적판은 전자빔이 충돌하여 X선을 발생하는 곳으로 구비 조건은 다음과 같다.

① X선 발생효율을 높이기 위해 원자번호가 높아야 한다.
② 충돌한 전자빔 에너지의 대부분은 열로 변하기 때문에 용융점(熔融點, melting point)이 높아야 한다.
③ 표적판에 발생된 열을 빨리 외부로 전달하여야하기에 열전도도가 높아야 한다.
④ 증기압이 낮아야하고 괴산성이 낮아야 한다.

이러한 조건에 적합한 재질은 일반적으로 텅스텐(W)이 많이 사용하며, 금(Au), 백금(Pt) 및 몰리브덴(Mo)도 사용한다. 텅스텐은 원자번호가 72이고, 용융점은 3370℃이다.

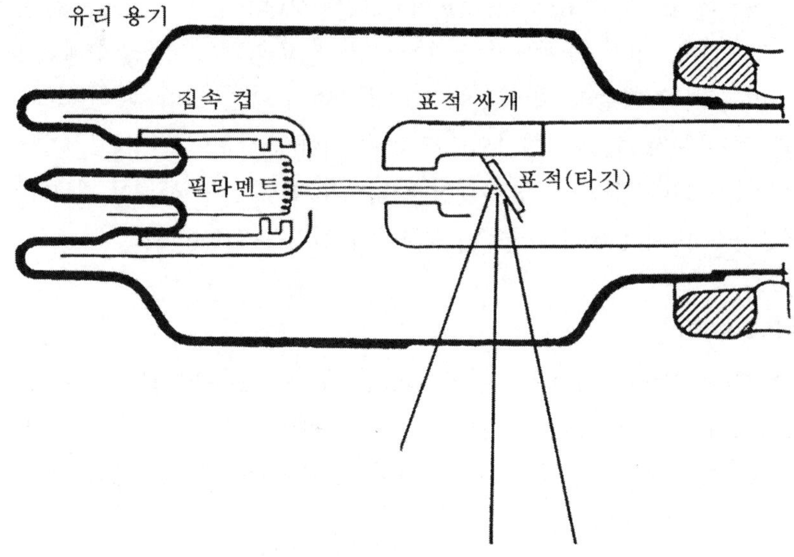

〔그림 2-2〕 유리 용기형 X선관의 구조

전자가 표적과 충돌하며 대부분 열로 변하기 때문에 열을 잘 조절하지 않으면 표적 표면이 침식하여 초점이 불명확하게 될 뿐더러 증기화된 표적물질이 관내의 고진공상태에 손상을 주기도 한다.

표적의 가열을 피하기 위하여 양극의 재질은 구리(Cu)와 같이 열전도성이 높은 물질로 되어야 하며, 별도의 냉각 장치도 필요하다.

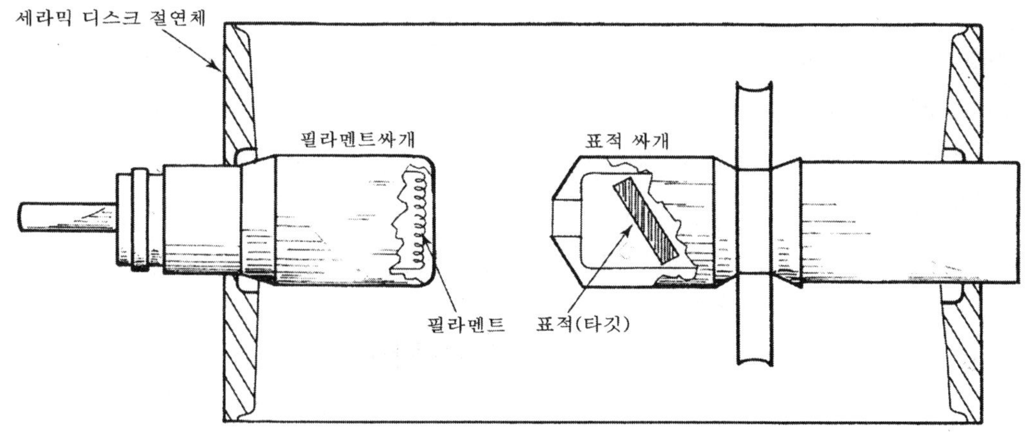

〔그림 2-3〕 금속 세라믹형 X선관의 구조

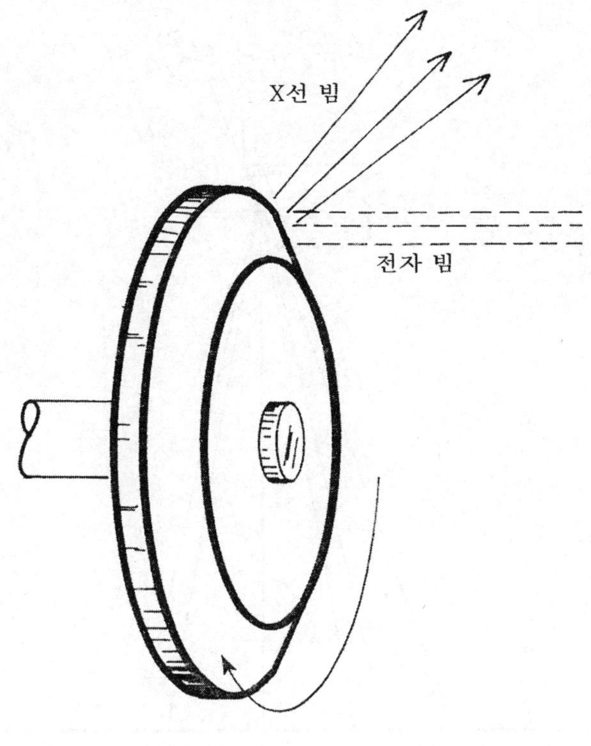

〔그림 2-4〕 회전 양극

국부적으로 집중 가열을 완화하기 위하여 그림 2-4와 같이 텅스텐 디스크 표적을 고안하여 회전시키는 회전 양극(rotating anode)이 있다. 이와 같은 회전 양극은 고정 양극에 비하여 관전류를 높일 수 있고, 초점 크기를 감소시킬 수 있다.

전자빔이 충돌하는 표적판의 방향은 촛점 크기와 초점 모양을 변화시키는데, 0 ~ 30° 까지의 경사를 가진다. 일반적으로 타깃판을 20° 기울여 사용하는데, 그림 2-5와 같이 x선관축의 직각 방향으로 x선이 분포된다. X선 중심축에서 20°까지의 각도에 따라 x선의 강도 분포가 달라지는데, 이러한 현상을 경사효과(傾斜効果, heel effect)라 한다. 실제 X선 강도는 +12°에서 최대 강도를 나타내며, X선 강도 분포는 음극 쪽보다 양극 쪽이 강하다. 그리고 가로의 길이가 초점과 필름간 거리의 1/2보다 작은 시험체에 대한 X선 투과시험에서는 경사효과의 영향이 적다.

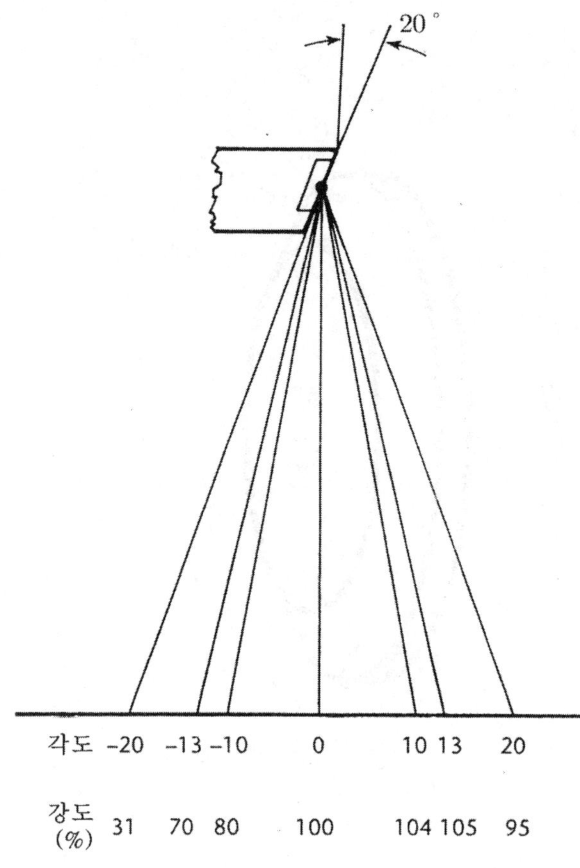

〔그림 2-5〕 X선 강도의 분포(Heel Effect)

(5) 초점(focus)

초점(焦點: focus)이란 X선 튜브 안에서 X선이 발생될 때에 전자가 충돌하는 타깃(target :표적)으로 부터 X선이 발생되는 면적을 말한다. 그림 2-6에서와 같이 X선이 발생되는 표적 면적을 시험체에서 보았을 때의 면적을 유효 초점(有效焦點 또는 실효초점, effective focal spot)이라 하고, 전자빔의 충돌로 X선이 발생되는 실제 표면적을 실 초점(實焦點 : 또는 진초점, true focal spot)이라 한다. 양극의 표적 면은 각도를 지니고 있으므로, 실 초점보다 유효 초점이 작게 보이고, X선 투과시험에서는 유효초점을 이용한다. 초점이 작을수록 사진의 선명도를 증가시키므로 방사선투과 영상의 질을 좋게 해준다.

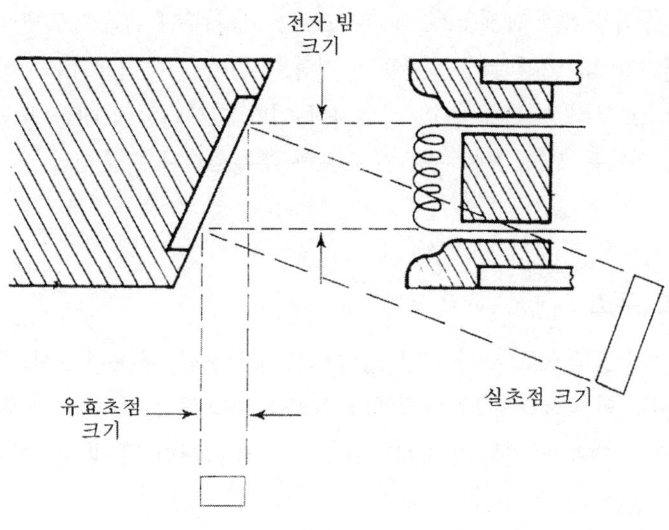

〔그림 2-6〕 유효초점과 실초점

(6) X선관 창, 후드 및 관체

X선관의 창은 표적에서 방출된 X선이 방사되는 출구를 말한다. 그림 2-7에서와 같이 양극에 후드(hood)를 부착하면 표적 중심축(X선관 창)으로부터 이탈된 불필요한 X선 광자를 흡수하고, 표적으로부터 발생한 전자들의 형성군들을 전기적으로 차폐하여 절연 효과를 얻게 된다. 보통 구리(Cu)를 사용하나, 흡수를 더욱 크게 하기위하여 원자번호가 높은 텅스텐(W)을 사용하기도 한다.

낮은 관전압의 X선 광자는 흡수계수가 높아 X선 관창에서의 흡수가 많기 때문에 원자번호가 낮은 베릴륨(^{9}Be) 창을 수 mm 두께를 사용한다.

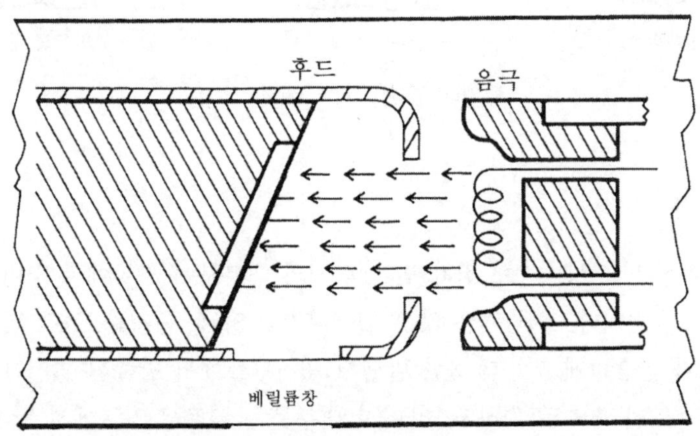

〔그림 2-7〕 양극에 후드가 있는 X선관

대부분 공업용 X선 관체(tube housing) 는 그 외부가 금속으로 된 틀로 싸여 있으며 이것은 저전압 및 고전압의 전원을 연결하기 위한 것뿐만 아니라 작업자를 고전압에 의한 충격으로부터 보호해 주고, 작업자나 기타 외부인들에 대한 불필요한 방사선으로 부터 차폐 역할을 하고, X선 광자를 필요한 부분으로만 방출시킬 수 있도록 하기 위한 것이다.

(7) X선 빔의 구조

X선은 양극의 표적으로 부터 모든 방향으로 방사한다. 유용한 X선의 방향은 X선관 양극의 타깃위치와 X선관의 납 차폐체의 위치에 따라서 결정된다. 설정하는 표적의 위치와 X선관의 차폐체 배치를 변화시키어 그림 2-8 에서와 같이 여려가지 원하는 X선 빔의 구조를 얻을 수 있다.

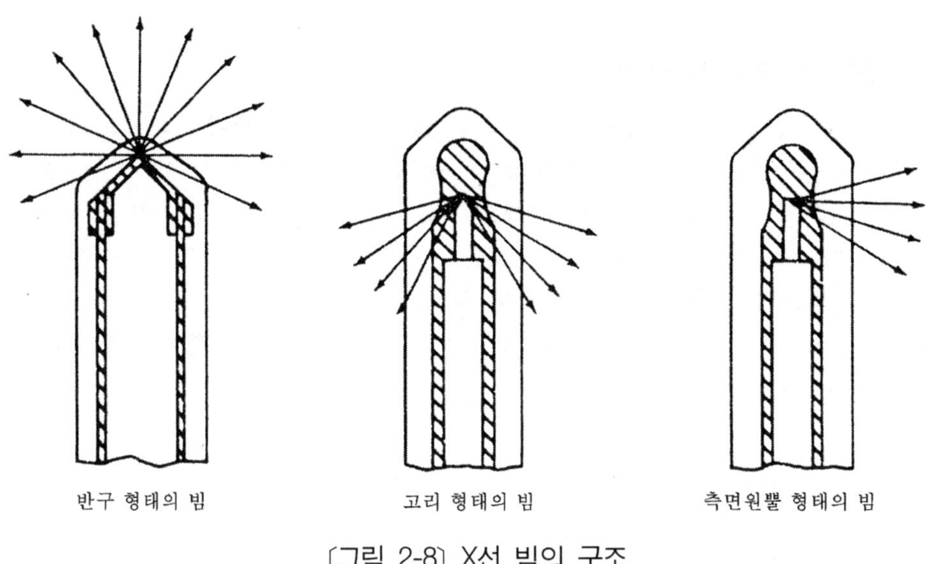

〔그림 2-8〕 X선 빔의 구조

나. 냉각장치

X선 발생 과정은 X선관 내에 전자 빔 에너지의 대부분이 양극에서 소비되어 열로 변하므로 매우 비효율적이다. X선 관은 많은 열에너지로 양극, 유리관, 표적 및 전극봉 접합부위 등의 온도가 상승하게 되는데 X선 발생시 필라멘트에서 방출된 열전자가 표적에 충돌하면 2%이하만 X선 광자로 변하고, 나머지 대부분은 열로서 양극에서 발생한다. 이 열을 충분히 외부로 분산시켜 항상 일정 준위를 유지시키기 위하여 냉각장치가 필요하게 된다.

냉각장치가 없거나 제대로 작동하지 않는 경우, 계속되는 전자의 충돌과 충분치 못한 열 방출로 인하여 표적의 열화를 가속하여 침식, 균열 등으로 관 수명이 단축될 뿐더러, X선 투과사진의 상질을 저하하게 한다. 냉각장치에는 팬(fan)을 이용하여 공기를 강제 순환시키는 공냉식, 냉각수를 이용한 수냉식 및 절연유를 사용하는 유냉식이 있다.

낮은 출력이나 중간정도의 X선 출력장치에서의 열분산은 열전도도가 좋은 물질을 양극에 연결하여 외부 방열판(external finned radiator)을 통하여 열을 배출하거나, 양극 표면에 기체나 기름을 순환하여 분산시킨다. 출력이 큰 X선 장치는 내부주입 냉각방식(injection cooling)을 사용한다. 외부에서 기름이나 물을 양극에 관통한 홀에 주입하여 열을 외부로 배출시키는 중공(中空) 양극관(hollow anode tube)이 있다.

다. 변압기

변압기(transformer)는 전압을 낮추거나 높이는 것으로 400 KV 이하에서는 철심 변압기(鐵心變壓器 : iron core transformer)가 사용되고 있다.

철심 변압기는 철심에 절연선으로 피복한 두 축의 코일로 구성되는데 입력 측의 코일을 1차 코일이라 하고, 출력 측을 2차 코일이라 한다. 상호유도 작용에 의해 1차 측 코일 권선수와 2차 측 코일 감은수의 비에 따라 전압이 비례하고, 전류는 반비례한다. 전압을 높이는 것을 승압 변압기라하고, 전압을 낮추는 것을 감압 변압기라 한다. X선 발생장치에는 다음과 같은 3개의 변압기가 있다.

(1) 자동 변압기(auto transformer)

자동(自動) 변압기는 외부 전원에서 공급되는 전압을 X선 발생 장치에 적절한 전압으로 보상해주는 역할을 한다. 즉, 필라멘트 가열 변압기와 고압변압기에 적절하게 조절하기 위한 것이다. 고압변압기의 2차 측에 인가되는 고전압이 관전압으로서 고압변압기의 1차 측인 자동변압기에서 조절한다. 이것이 관전압 조절기(KVp selector)이다.

(2) 필라멘트 가열 변압기(Filament Heating Transformer)

X선관의 음극 필라멘트를 가열하기 위하여 감압 변압기로 구성되어 있는 필라멘트 가열 변압기(加熱變壓器)가 있는데, 고전압 변압기와 마찬가지로 자동 변압기로부터 전원을 받는다. 음극의 필라멘트에서 열전자를 방출시키는데는 전압이 낮고 전류가 높아야 함으로 감압변압기가 이용된다. 예를 들면 감압변

압기 1차 측 전압이 자동변압기로부터 110 Volt 이었다면 2차 측은 10 Volt 정도로 감압시키는 역할을 한다. 반면에 2차 측 전류는 1차 측 전류보다 10배 정도 높아진다.

(3) 고전압 변압기(High-Tention Transformer)

음극에서 방출된 열전자를 고속도로 양극을 향해 가속시키기 위하여 전압을 높이기 위한 승압 변압기로 구성된 고전압 변압기(高電壓變壓器 ; HTT)가 있다. 예를 들면, 고전압 변압기의 1차 측이 100회 2차 측이 100,000회 코일이 감겼고, 자동 변압기로부터 110 Volt로 고전압 변압기의 1차 측에 공급받았다면, 2차 측의 출력은 110 KV가 되어 X선관 내의 양극을 향해 달려가는 고속 전자 1개의 운동에너지는 100 KeV로 가속된다. 이것이 제어판에서 100 KVP를 선정하는 경우이다. 고압 변압기의 2차 측에 전압이 인가되면 즉시 X선관 내에 있는 전자빔(음극선)은 표적에 충돌하여 X선이 방출되므로, X선 관에 고전압이 걸리는 시간이 X선 노출시간이 된다.

비파괴검사에 사용하는 이동형 X선장치의 대부분은 고전압을 발생시키는데 철심형 변압기(iron core transformer)를 사용하고 있다. 그림 2-9는 X선을 발생하기 위한 고전압회로가 전형적인 자기정류형으로서 음극 접지, 중심 접지 및 양극 접지 방식을 나타내고 있다. 300 KV정도 이하에서는 양극접지 방식이 채택되고, 중심접지 방식은 300 KV이상에서 채용하고 있다.

(a) 음극접지 방식

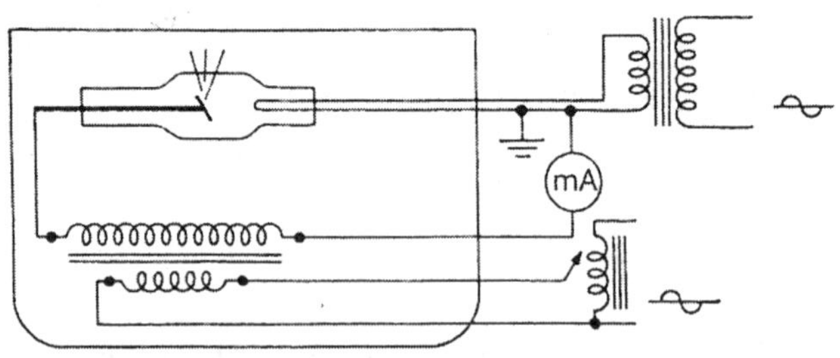

(b) 중심접지 방식

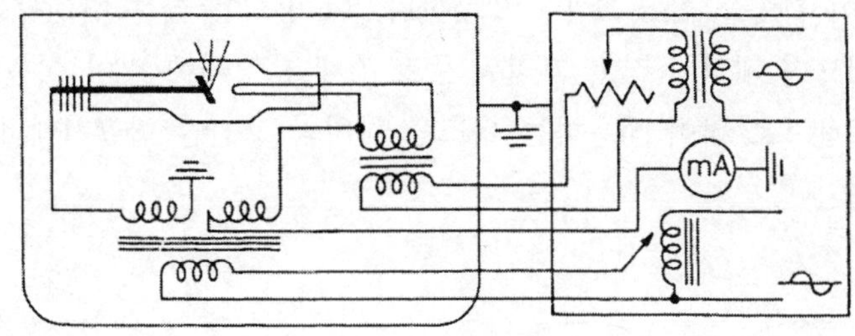

(c) 양극접지 방식

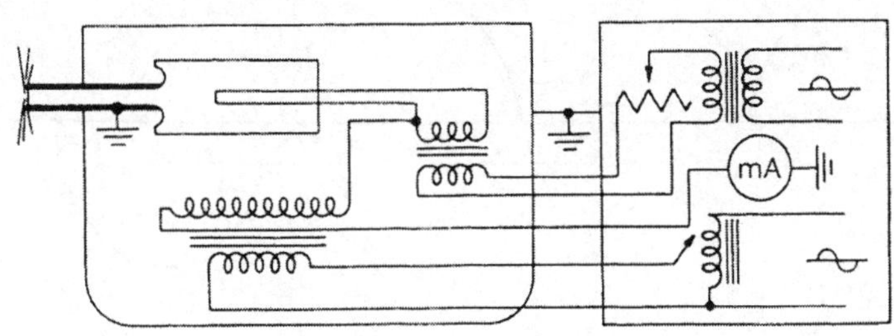

〔그림 2-9〕 휴대형 X선장치의 고전압 회로

라. 정류장치(整流裝置)

X선관은 2극관으로 음극에서 양극으로 전자가 이동하여야 함으로 직류가 필요하다. 그러나 외부 상용 전력은 교류임으로 교류를 직류로 바꿔주는 정류시스템(rectification system)이 필요하다.

정류 방식에는 자기정류 방식, 반파정류 방식, 전파정류 방식 등이 있다.

(1) 자기 정류 방식(自己整流方式)

자기정류(self-rectification)는 양극에 교류 전기에서 양(+)의 고전압이 가해지는 경우에만 관전류가 흘러 X선이 발생되는 방식이다. X선관은 이극 진공관 임으로 양극에 고전압이 걸리면 교류의 반주기에 해당하는 관전류가 흐르고 이 동안에는 X선이 방출하지 않는다. 정류기를 별도로 사용하지 않고 X선관 자체가 정류를 함으로 자기정류라 한다. 그림 2-10에서와 같이 교류는 극이 반주기 마다 바뀌므로 +인 반주기에서만 전자가 가속을 받아 X선이 발생한다.

예를 들면, 주파수가 60Hz인 교류는 1/120초마다 극이 바뀌므로 1/120초 주기로 음극선이 가속을 받아 X선이 발생한다. 이 방식은 높은 관전류를 사용할 수 없는 단점이 있으며 체적이 작고 가벼워 주로 휴대용 장치에 많이 이용하고 있다. 그림 2-11은 휴대용으로 많이 사용하는 탱크형 장비의 고전압 변압기에서 자기 정류를 나타내고 있다.

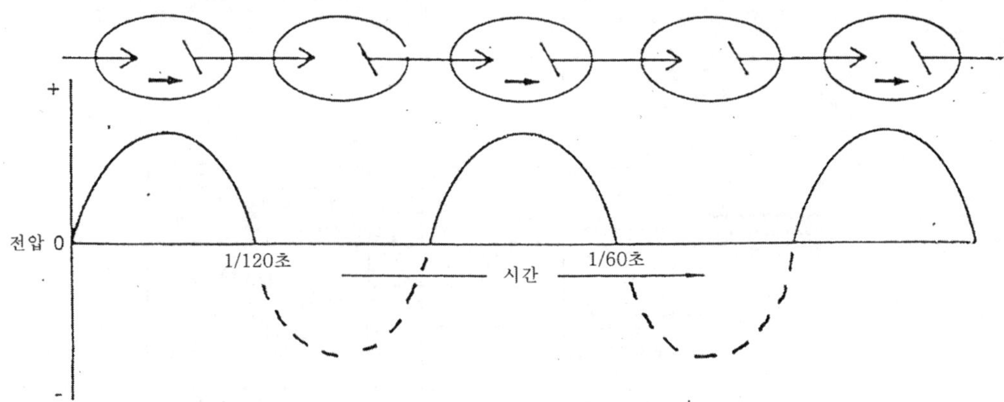

〔그림 2-10〕 교류의 자기정류 원리

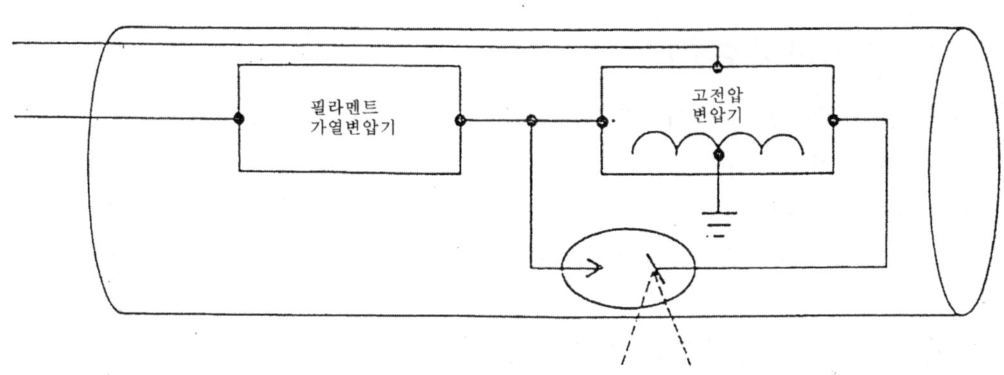

〔그림 2-11〕 자기 정류한 탱크형 X선 발생장치

(2) 반파정류 방식(半破整流方式)

반파정류(half wave rectification)는 정류관(다이오드)를 이용한 정류방식으로 그림 2-12에서와 같이 1개의 정류관을 사용하여 교류의 반파만 이용한다. 이 경우에는 역전류가 흐를 가능성이 낮아 자기정류방식보다 정류효과를 높이게 된다.

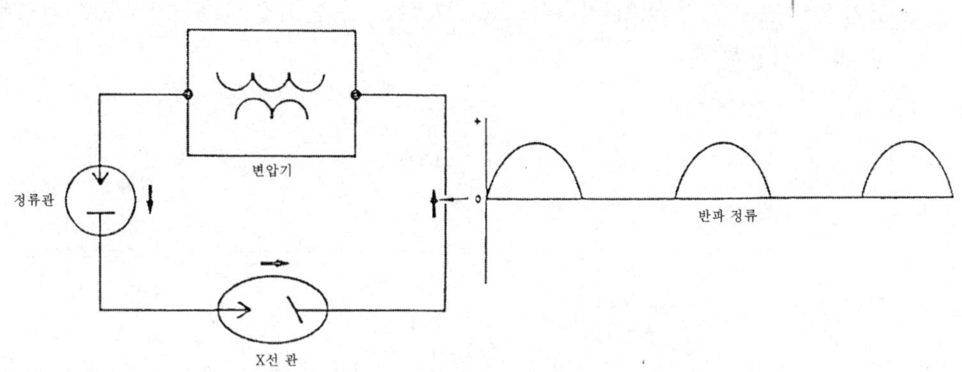

〔그림 2-12〕 교류의 반파정류 원리

(3) 전파 정류 방식(全波整流方式)

대칭으로 배열된 2개의 정류관과 한 개의 변압기를 사용한 정류방식이다. 그림 2-13에서와 같이 고전압 변압기에서 공급되는 교류가 +극으로 흐를 때는 1번 정류기(diode 1)을 통해 X선관에 전류가 흐르도록 되어 있고, -극으로 흐를 때에는 2번 정류기(diode 2)가 X선관에 전류가 흘러 +극 쪽의 파형을 얻게 된다. 즉, 2번 정류관이 -극 쪽의 파형을 +극 쪽으로 바꾸어 준 것이다. 그러므로 -방향의 파형을 +쪽으로 바꾸어 전파정류(full wave rectification)가 된다.

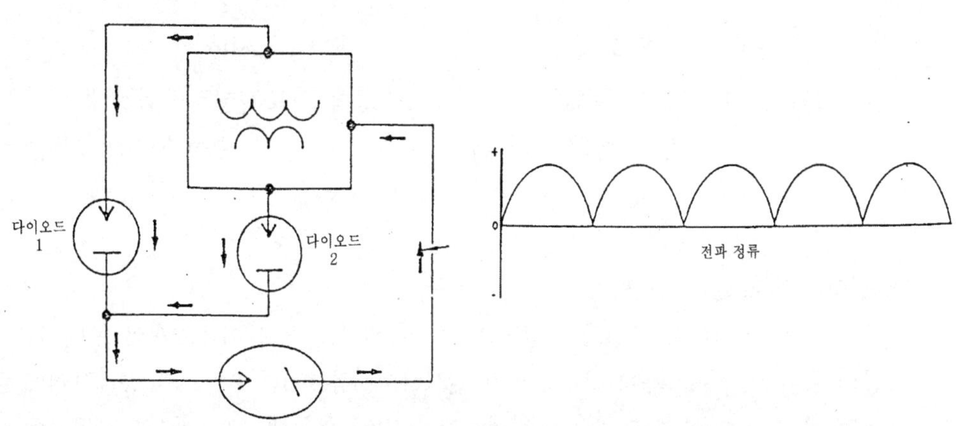

〔그림 2-13〕 교류의 전파정류의 원리

① 그래츠(Gratz) 결선 방식

그림 2-14 에서와 같이 4개의 정류기를 이용하여 -극 쪽의 파형을 +극 쪽으로 바꾸어 단락된 주기가 없이 지속적으로 전자선을 가속 시킬 수 있는 것으로 의료용에서 많이 사용한다.

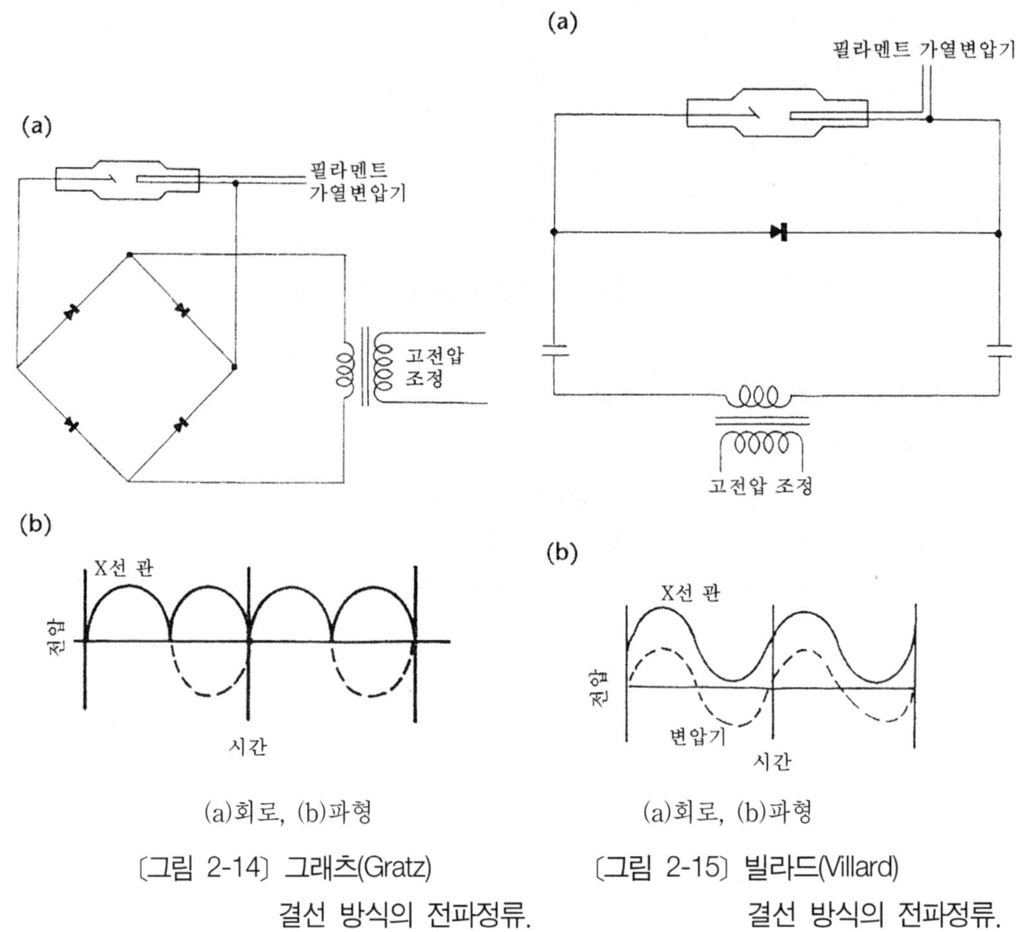

(a)회로, (b)파형

〔그림 2-14〕 그래츠(Gratz) 결선 방식의 전파정류.

(a)회로, (b)파형

〔그림 2-15〕 빌라드(Villard) 결선 방식의 전파정류.

② 빌라드(Villard) 결선 방식

그림 2-15와 같이 고전압 변압기의 2차 측과 X선관 사이에 2개의 콘덴서를 X선관의 음극 및 양극 측에 각각 1개씩 결선하고, 정류기는 X선관의 양극사이에 결선하는 방식이다. 이 회로에서는 콘덴서의 충전전압이 배전압 회로로 작동하여 전류의 파고치가 고전압 변압기 출력 전압의 2배가 된다. 이 방식은 충전기로 전류를

충전하여 관전압을 상승시키는 방식으로 200 KVp 이상의 고전압 발생에 많이 이용된다.

③ 그리네추어(Granacher) 결선 방식

2개의 정류관과 2개의 콘덴서를 그림 2-16과 같이 결선한 것으로 2개의 콘덴서가 교류의 반주기 마다 상호 충전되고, X선관 양측의 콘덴서로부터 충전 전압이 합해진 전압이 X선관에 공급하게 된다. 이 방식은 전압의 맥동이 아주 작고 관전압의 파고치가 고전압 변압기 출력 전압의 2배 정도이고, 직류 파형에 가까워 정전압 장치라고도 한다. 이 방식은 고전압 거치식 장비에 주로 이용하고 있다.

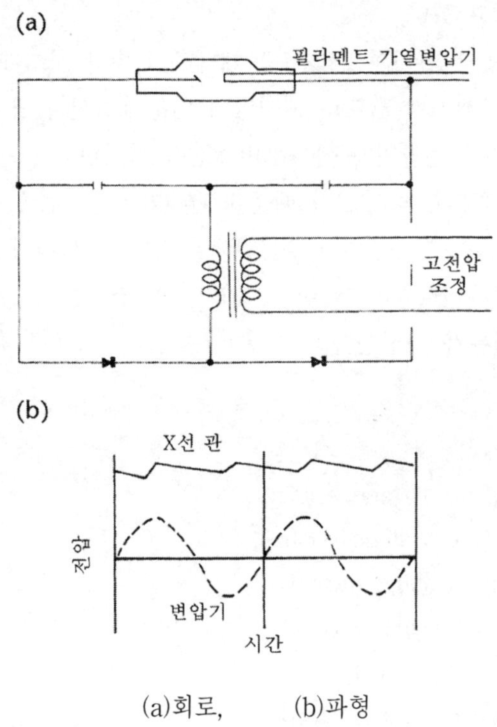

(a)회로, (b)파형

〔그림 2-16〕 그리네추어(Granacher) 결선 방식의 전파정류.

마. 제어판

제어판(制御瓣 : control panel)에는 X선 발생에 필요한 제어기와 각종 계기 그리고 전기적 방호 회로 및 X선 장치 보호 기구 등으로 되어있다.

X선 발생장치의 제어기는 개폐기, 조정기, 관전압 표시메터(킬로볼트, KV), 관전류의 표시메터(밀리암페어, mA), 타이머 및 X선 조사 중인 것을 표시하는 표시기로 구성되어 있다.

개폐기는 전원 및 주변압기의 1차측 회로를 개폐하는 것이며, 조정기는 X선관에 공급하는 관전압과 관전류를 정해진 범위로 조정하는 것이다. 제어기는 X선 발생기에 일정 전력을 공급하기 위한 전원의 개폐 및 조정, 관전류의 조정, 기타 필요한 제어를 하기 위한 기기로 X선 발생장치와 제어기는 저압 케이블로 접속되어 있다.

전원 개폐기는 X선 장치에 전력을 공급 또는 차단하는 것으로 개폐기를 닫으면 X선관의 필라멘트에 전기가 통하여 다른 회로와 함께 작동 상태에 들어간다. 이 상태에서 고전압변압기는 작동하지 않도록 되어 있다. 전원 전압조정기는 전원 전압이 정격치에 도달하지 않을 경우에 그것을 조정하기 위한 변압기이며 일반적으로 자동변압기(auto transformer)가 사용되고 있다.

X선 개폐기는 고전압 변압기의 1차 측을 개폐하기 위한 것이다. 전압 개폐기를 닫아도 X선관에는 고전압이 가해지지 않도록 되어있기 때문에 X선은 발생하지 않지만 X선 개폐기를 닫음에 따라 고전압 변압기가 작동하여 X선을 방사한다. X선 개폐기를 닫는 것만으로 관전압은 최저의 전압이 되고 있기 때문에 관전압조정기로 고전압 변압기의 1차측 전압을 조정함으로써 관전압을 조정한다. 관전류 조정기는 X선관에 흐르는 관전류를 조정하는 것으로 X선관의 필라멘트 가열용 변압기의 1차측 전류를 조정한다. 그 결과 필라멘트 전류가 변화하여 관전류가 조정된다

(1) 제어기 및 계기

입력 전압 선정기(Line voltage selector)
입력 전압 조정기(Line voltage control)
입력 전압 계기(Line voltage meter)
고전압 조정기(High voltage control)
고전압 계기(High voltage meter)
관전류 조정기(Tube current control)
관전류 계기(Tube current meter)
노출 시간 조정기(Exposure timer)
전원 스위치(Power on-off Switch)
전원 지시 램프(Power on indicator lamp)
고전압 스위치(High voltage on-off switch)
고전압 지시 램프(High voltage on indicator Lamp)
초점 선정 조정기(Focal spot s elector control)

(2) 전기적 방호 회로

과부하 회로 차단기(Over load circuit breaker)
과전압 보호 회로(Over voltage protection circuit)
과전류 릴레이(Over current relay)

(3) 장치 보호 기구

과열 온도계(Over temperature thermostat)
압력계(Pressure gauge)
플로우 스위치(Flow switches)

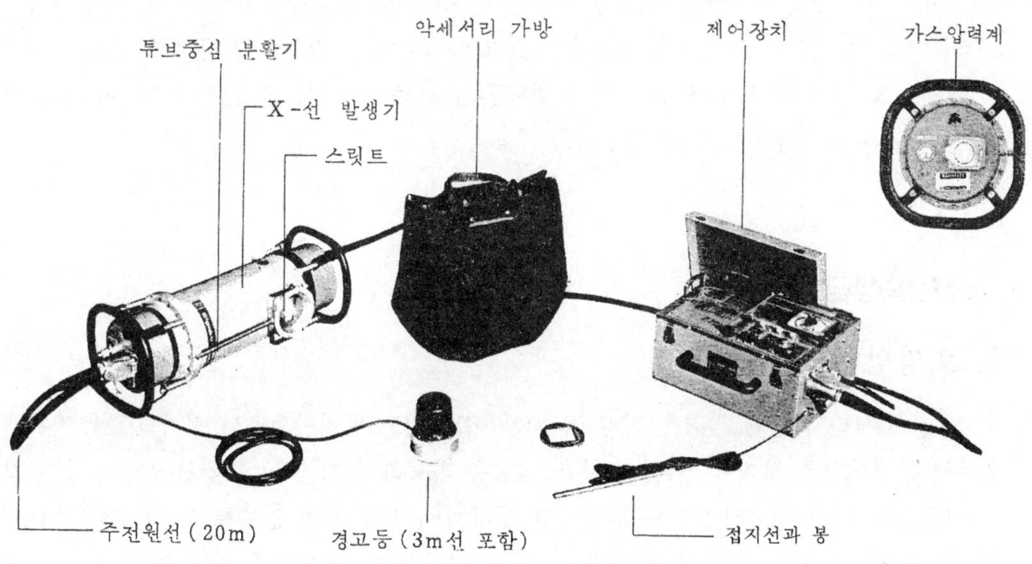

〔그림 2-17〕 일반적인 휴대용 X선 발생장치의 구성

바. X선 장치 부속품

(1) 조사통 및 조리개

조사통 및 조리개는 방사 X선속의 크기를 필요한 범위로 제한하여 조사범위와 산란선을 가능한 한 줄이고, 방사선을 안전하게 취급할 목적으로 사용하는 것이다. 조사통은 방사구에 장착하는 나팔 형태의 차폐체이다. 조사통을 가장 효과적으로 사용하기 위해서는 조사통의 끝부분이 시험체의 표면에 접하고 있어야 한다.

조리개는 슬리트(slit)라고 하여 방사구의 크기를 제한하기 위해 필요한 범위만 구멍을 뚫은 차폐 판으로서 방사구에 장착하여 사용한다. 효과는 조사통보다도 뒤떨어지는 경우가 있지만 조사통에 비해 상당히 소형, 경량이므로 간편히 사용 가능하다.

(2) 필터(filter)

필터는 방사구에 부착하여 투과에 그다지 도움이 되지 않는 파장이 긴 X선을 제거하고 유해한 산란선의 발생을 줄이기 위해 사용하는 판으로 여과판이라고도 한다. 필터는 알루미늄, 스테인레스강 및 동 등의 재질로서 적당한 두께의 것이 사용되고 있다.

(3) 중심지시기(봉)

투과사진 촬영할 때에 사용하는 지시봉은 X선속의 중심점 및 초점에서 시험체까지의 방향 및 거리를 측정하고 확인하기 위하여 사용하고, 방사구에 장착하여 분리가 가능하도록 되어 있다. X선 조사 중심 방향을 표시하는 지시기를 말하며 사용상 필요가 없는 경우에는 준비하지 않아도 된다.

3. X선 발생장치 작동

가. 워밍업(warming up)

X선을 조사하기 전에 전원을 미리 켜 놓아 어느 정도 방치함으로서 전기회로에 전원이 충분히 분포되도록 하여야 한다. 그리고 X선을 가동하기 전에 낮은 전압에서 부터 소정의 사용 용량까지 서서히 X선을 노출시켜 장치에 무리가 가지 않도록 하는 것이 중요하다. 이를 예열(aging) 또는 워밍업(warming up)이라 한다. 워밍업을 하지 않고 높은 관전압에서 X선을 노출하면 X선관 내에 있는 미량의 전리된 기체 분자나 전자의 운동에너지가 커진다. 이들이 관벽을 부딪쳐 검게 글로우(glow) 방전이 생기는 등 관벽에 손상을 주어 X선관의 수명을 단축시킨다. 그러므로 낮은 관전압에서 서서히 증가시키면 전리된 양이온이나 전자의 운동에너지가 낮아 관벽에 흡착하고, 관벽에는 손상을 주지 않는다.

나. 작동 주기(作動 週期)

X선을 작동하게 되면 열을 발생하게 되고, 열의 냉각 효율에 따라 X선 발생장치의 수명에 영향을 준다. 그러므로 X선 발생장치를 사용할 때에는 일정 시간 X선을 노출 시킨 후

는 일정시간 휴지시켜 주어야한다. 이와 같이 X선 장치의 사용시간과 휴지시간과의 비를 작동 주기(duty cycle)라 한다. 이를 식으로 나타내면

$$작동주기(\%) = \frac{사용시간}{총시간} \times 100$$

이 된다. 작동주기가 100%라면 휴지시간 없이 연속적인 사용을 의미하며, 작동주기가 50%라 한다면 X선을 노출할 때마다 노출시간 만큼 장비의 작동을 휴지시킨다는 뜻이다.

예제) 작동 주기가 25%인 X선 발생장치로 강 용접부를 촬영할 때에 노출시간을 3분 주었다면, 이 장치의 휴지시간은 얼마인가?

풀이) $25\% = \frac{3분}{총시간} X\ 100$ 이므로 총시간은 12분이다.

그리고, 총시간 = 작동시간 + 휴지시간 이므로

휴지시간 = 12분 - 3분 = 9분

이 장치의 휴지 시간은 9분 이상이어야 한다.

다. 휴대형 X선 발생장치의 조작

(1) X선 장치 접속

휴대용 X선 장치를 접속시켜 촬영을 하기 위해서는 체계적으로 다음 순서에 의해 관련된 주의 사항을 지켜야만 안전하게 모든 작업을 마칠 수 있다. X선 장치의 전원은 정격 전압(220V 또는 110V), 정격주파수(50 Hz 또는 60 Hz)에 적합한 전원인지 반드시 확인하여야 하며, 장치의 정격출력에 있어서 입력에 대한 충분한 전원 용량을 갖고 있는 가를 확인하여야 한다. 용량이 부족하면 전압 저하를 일으켜 정격 출력을 발생시키는 것이 불가능할 경우가 있고, 전원 변동이 크고 파형이 고르지 못하면 X선관에 이상 전압이 생겨 장치의 고장 원인이 될 수 있다.

X선 장치에 접속될 전원에 대한 확인이 끝나면 먼저 제어기를 접지선으로 접지한 후 제어기와 X선 발생기를 저압케이블로 접속시킨 다음 전원케이블로 제어기에 전원을 연결하는 순서로 X선 장치를 접속시키면 된다. 작업 장소와 전원과의 거리가 먼 경우 전압 강하가 생기므로 충분한 굵기의 저항이 적은 도선을 사용하여야 한다. 전원과 전압케이블과의 접속은 콘센트와 플러그의 사용 또는 전원 개폐기 단자에 케이블을 직접 설치하는데 어떠한 상황이라도 확실한 방법으로 접속·설치하여 안전사고가 발생하지 않도록 주의한다.

(2) 조작 순서

휴대용 X선 장치의 접속이 완료된 것을 확인한 후 X선 장치의 작동을 시작한다. 제어기의 조작순서는 다음과 같다.

① 전원 개폐기를 닫는다.

② 관전압을 일정 노출 조건의 값이 되도록 조정한다. 다만 장치를 장시간 사용하지 않을 때는 워밍업(warming up)을 해야 한다.

③ 타이머(timer)를 일정 노출시간의 값이 되도록 조정한다.

④ X선 개폐기를 닫는다. X선 개폐기를 닫음에 따라 X선관에 고전압을 걸려 X선이 발생하는 상태가 된다.

⑤ 일정 노출시간이 경과하면 타이머가 작동하여 X선 개폐기가 열리고 X선의 방사가 정지된다. X선 개폐기는 열려도 X선관의 냉각기가 작동하는 장치도 있으므로 잠시 전원 개폐기는 그대로 두는 편이 좋다.

⑥ 전원 개폐기를 연다.

(3) X선 장치에 대한 안전상의 주의

X선은 인체에 유해하다. 그러므로 X선 장치를 취급하는 경우에는 X선에 피폭되지 않도록 충분히 주의하여야 한다. 또한 보수점검의 경우에는 고전압, 고압가스에 의한 위험에 주의하여 사고를 방지하기위해 다음 사항을 준수하여야 한다.

① 조리개와 필터는 산란선이나 연 X선의 피폭을 방지하기 위해 부착한다. 사용 시에 이들 부품을 부주의하게 취급하거나 개조해서는 안 된다.

② X선 조사 중에는 직접선 및 산란선을 충분히 방호하고 작업은 방사선 안전관리 책임자의 지시에 따라 수행하여야 한다.

③ X선의 발생, 정지 호가인은 복수의 방법으로 해야 한다. 예를 들어 조사 종료는 경고음만이 아니고 경고등, X선 발생 표시 램프, mA 표시 램프 등 모든 것을 확인하야야 한다.

④ 인터록 도어 스위치 등의 외부 안전 회로와 연결하여 사용하는 경우는 정기적으로 안전 회로의 동작확인을 하여야 한다.

⑤ X선 발생기 및 제어기는 고전압이 인가되기 때문에 부주의로 커버를 분해하지 않는다.

⑥ X선 발생기는 고압가스나 절연유가 봉입되어 있기 때문에 조여 있는 나사의 부품을 불필요하게 풀지 않는다.

⑦ X선 장치를 사용 중에는 서베이메터 및 개인안전장구인, 도시메터, 알람모니터, 필

름뱃지, TLD 등을 휴대하여야 한다.

라. X선 장치의 고장과 대책

(1) 전원이 들어오지 않을 경우

① 전원 측 케이블에 전기가 통하지 않을 경우는 테스터(tester)로 배선을 따라 전압을 측정하고 개폐기나 휴즈의 접촉 상태나 단선 등을 확인한다.

② 전원 케이블과 콘센트의 접촉 불량으로서 콘센트나 핀의 각도를 바르게 하여 접촉을 좋게 하고 핀 표면을 깨끗이 한다.

③ 제어기의 휴즈 단선이나 접촉 불량을 테스터로 확인하여 교환하던지 홀더(holder)의 접촉을 좋게 한다.

④ 전원 개폐기의 접촉 불량은 개폐 기 접점을 보수하던지 교체한다.

(2) 제어기의 휴즈가 끊어지는 경우

전원 개폐기나 X선 개폐기를 넣거나 어떤 부하가 걸릴 때 휴즈가 끊어지는 경우로는 다음과 같은 때가 있다.

① 전원 케이블이나 저압 케이블의 각 단자 감의 전영 저항을 측정하여 절연력이 덜어지는 불량부품을 보수하던지 교환한다.

② X선관이 그로우 방전을 일으켜 X선관이 불량인 경우로서 예열(aging)하여 안정시키든지 교체한다.

③ 고전압 변압기의 불량으로 전류가 과대하게 흐르는 경우로 전원 입력전압 전류를 측정 확인한 후 고압변압기를 수리한다.

④ 전압계나 전류계의 지시 불량으로 규정이상의 전압 전류가 통하는 경우로 전압계나 전류계를 교정하고 보수 또는 교환한다.

(3) 전원 전압계가 지시하지 안했을 경우

① 전압계 리드선, 전압계 외부저항기 및 전압계 코일의 단선 유무를 테스터로 조사하고 단선된 것을 보수하거나 교체한다..

② 전압계 지침이 문자판이나 유리에 닿아 움직이지 않을 경우로서 지침을 바르게 잡고 먼지 등을 제거하거나 교체한다.

③ 제어기에 전기가 통하지 않는 경우로서 (1)의 전원이 들어오지 않을 때와 동일하게 대처한다.

(4) X선 개폐기가 안들어 갈 경우

① 장시간 연속적으로 사용하면 절연유 온도 상승으로 온도 릴레이(relay)가 작동하기 때문임으로 온도가 내려가는 것을 기다리거나 냉각 시켜야한다.

② 온도 릴레이 회로 접점의 접촉 불량, 저전압 케이블의 단선, 콘센트의 접속 불량 등의 원인이 될수 있기에 테스터로 점검 후 보수한다.

③ 관전압 및 관전류 조정기의 접촉면이 불량인 경우로서 점검 후 보수한다.

④ 타이머(timer)의 동작 상태가 불량인 경우로서 접점을 점검 후 조정한다.

⑤ X선 개폐기의 접촉 불량으로 점검 후 보수하거나 교체한다.

⑥ 표시등 회로나 온도 릴레이 회로의 휴즈가 단선인 경우로서 점검 후 교환한다

(5) 관전류가 움직이지 않을 경우

① 상기 (1) (2) (3) (4) 인 경우

② 관전류계 회로, 필라멘트 변압기 1차측 회로 및 고전압 변압기 1차측 회로의 단선이나 접촉 불량으로 점검 후 수리한다.

③ 관전류계나 관전류 조정기의 저항기가 불량으로 점검 후 보수 또는 교환한다.

④ 필라멘트 변압기나 고전압 변압기의 단선으로 수리 또는 교체한다.

⑤ X선관이 파손된 경우로서 X선관을 교체한다.

⑥ X선관의 필라멘트 단선인 경우로 확인되면 X선관을 교체한다.

(6) 관전류의 움직임이 이상할 경우

① 전원 전압의 변동이 큰 경우로서 다른 안정된 전원으로 바꾸어 주어야한다.

② 관전류 회로의 접촉 불량으로서 도통 시험한 후 보수 한다.

③ 관전류계의 불량으로 보수 또는 교환한다.

④ X선관의 진공도가 떨어진 경우로서 예열(aging)을 많이 하여도 감전이 된다면 X선관을 교체해야 한다.

⑤ X선관의 글로우(glow)방전이 발생하는 경우로서 X선관 창에서 청자색의 빛이 발견되면 X선관을 교체한다.

(7) 규정된 노출을 하여도 흑화도가 부족할 경우

① 전압계 및 전류계의 지시가 불량인 경우로 계기를 교정하여야 한다.

② 관전압 측정회로의 불량으로 저항기나 콘덴서의 불량으로 점검후 수리한다.

③ X선관의 성능 저하로서 X선관을 교체한다.

(8) 제어기에 닿으면 감전 될 경우

① 접지가 불안전한 경우로서 접지를 완전히 한다.

② 전원과 접지간 절연 불량으로 각 회로의 절연 저항을 측정하여 불량 개소를 보수 한다.

③ 제어기내에 관전류 회로의 단선으로 점검 후에 보수한다.

제 2 절 고에너지 가속장치(particle accelerator)

철심 변압기를 이용한 일반 X선 발생장치는 최대 400 KVp까지의 고전압 발생이 가능하다. 그러나 일반 X선 발생장치로 투과가 불가능한 두꺼운 재료의 검사에는 MeV급의 투과력이 높은 수준의 고에너지 X선 발생장치들이 필요하다. 가속기는 전기장이나 자기장을 이용해서 전자나 양성자, 이온 등의 하전입자를 가속해서 그 에너지를 크게 하는 장치이다. 가속된 고에너지의 하전입자는 그 자체가 방사선이지만 물질과의 충돌에 의해 다른 방사선을 발생시킬 수 있다. MeV급의 고에너지 전자선을 가속시켜 금속타깃에 충돌시키면 MeV급의 고에너지 X선을 얻을 수 있다. 가속기가 각광을 받은 것은 1932년에 콕크로프트 월턴이 고전압의 정류형 가속기에 의한 원자핵 변환에 성공하고서 부터이다. 최근 가속기의 이용이 눈부시게 발전하여 원자핵물리학이나 소립자물리학, 화학, 공학, 생물학, 의학 등 많은 분야에서의 기초연구나 응용연구에 널리 이용되고 있다. 가속기의 종류에는 반데그래프형 가속기, 전자 선형가속기, 양성자 선형가속기, 사이클로트론, 싱크로사이클로트론, 싱크로트론 및 베타트론 등이 있으며 중성자를 발생하는 가속기중성자원이 있다.

1. 반데그래프형 가속기(Van de Graff generator, 벨트형 고전압 발생장치)

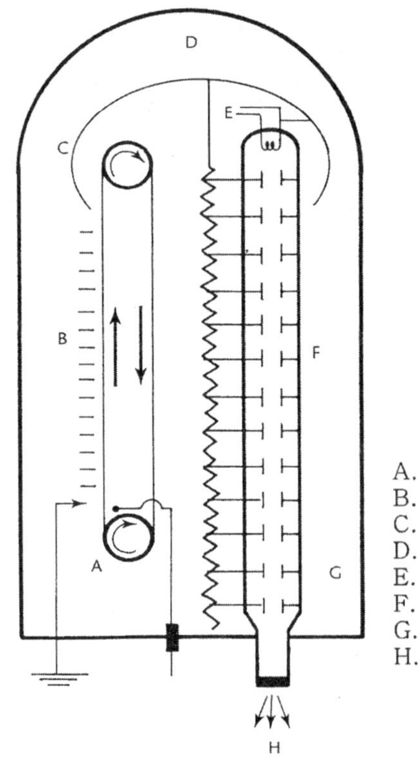

A. 전하가 벨트에 분사
B. 벨트는 터미널로 전하이동
C. 벨트에서 터미널로 이송된 전하는 낮은 전압을 만듬
D. 압축된 질소는 가속기 벽으로부터 터미널을 절연
E. 가열된 음극은 전기적으로 하전된 입자를 생성
F. 하전 입자가 진공관에서 달아 나갈 수 있는 통로
G. 터미널과 가속기 하단사이의 전위차가 입자를 가속
H. 가속 입자빔은 타깃충돌하여 X선 발생

〔그림 2-18〕 반데그래프형 가속기의 작동

1931년에 반데그래프(Van de Graff)가 고안한 가속기로서 고전압 전극으로 되는 위쪽의 구(球)속에 있는 활차와 이것에 상응하는 하단의 활차 사이에 전동기로 구동되는 엔드리스 벨트를 걸어둔다. 이 벨트의 하단에 코로나 방전에 의하여 주어진 정전하를 위쪽의 전극 안으로 운반해서 거기서 코로나 방전에 의하여 제거되는 것과 동시에 고압 전극표면에 축적되어 정전기적으로 고전압을 발생한다. 벨트방식 대신에 금속 펠릿방식의 개발에 의하여 20 MeV 정도까지의 고전압을 얻을 수가 있다.

2. 베타트론(betatron)

자기유도에 의하여 전자(電子)를 가속하는 장치로 전자석 사이에 원형자속관(doughnut 관)이라고 불리는 고리모양의 가속관을 끼고 있다. 자극은 축 대칭인 원형이다. 전자는 도너츠속을 자장의 방향에 수직인 면극에서 자장의 강도로 결정되는 원 궤도를 따라 운동한다. 이 때 궤도 반지름 r, 원내를 뚫는 전자속을 Φ라면 전장 E는

$$E=-\frac{1}{2\pi r}\cdot\frac{d\Phi}{dt}$$ 의 관계가 된다.

전자석이 교류로 여자되면 이 원 궤도내 자속의 시간적 변화에 비례한 전장이 원 궤도를 따라 생기기 때문에 이 전장에 의하여 전자는 가속된다. 베타트론은 필요한 에너지까지 가속된 전자를 그 궤도를 조금 바꾸어 금속 타깃에 부딪치게 해서 발생하는 제동 X선을 의료용이나 공업용 등의 방사선원으로 사용되고 있다. 베타트론은 자기유도 가속기라고도 한다.

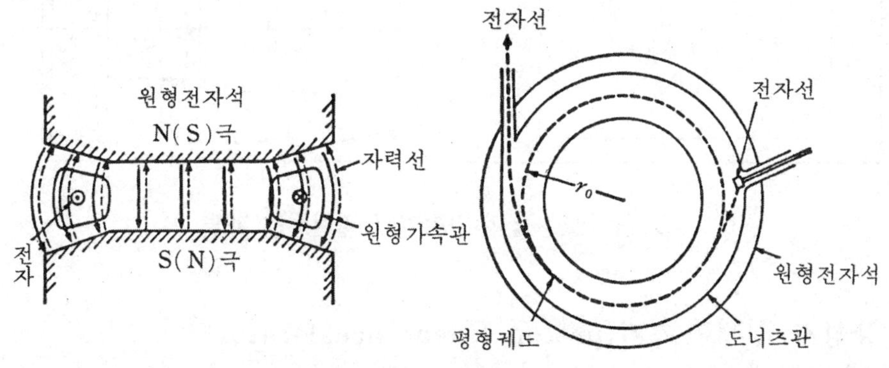

〔그림 2-19〕 베타트론의 구조

3. 선형 가속기(linear accelerator)

선형가속기는 베타트론이나 밴더그래프 장치보다 높은 출력을 얻을 수 있다. 선형 가속기로 1 MeV~30 MeV의 방사선에너지를 얻을 수 있으나 일반적으로 4 MeV, 8 MeV의 출력이 이용되고 있다. 선형가속기는 2 mm 이하의 작은 초점을 가지며 철심마그네트를 사용하지 않으므로 상대적으로 무게가 가볍다. 선형가속기는 같은 하전입자 일지라도 전자와 양성자·이온과는 그 구조가 달라 전자 선형가속기와 양성자 선형가속기가 있다.

가. 전자 선형가속기(electron linear accelerator)

전자 선형가속기는 주름 잡힌 것 또는 구멍 뚫린 원판을 어느 간격으로 나란히 한 원통상의 도파관이다. 이것을 축방향의 전기장 성분을 가지는 강력한 마이크로파(파장 3 ~ 30 cm)를 내보내면 전자(전자선, 베타선)는 그 파에 따라 직선으로 진행해서 가속되어 에너지를 증가시킨다. 전자의 진행방향으로 전기장 성분을 가지는 진행파의 위상속도를 전자가 언제나 가속의 위상으로 맞추어져 가속 전기장의 작용을 받도록 조정함으로써 좋은 효율로 가속할 수가 있다. 전자선형가속기에는 20 GeV와 같은 높은 에너지의 것도 있다.

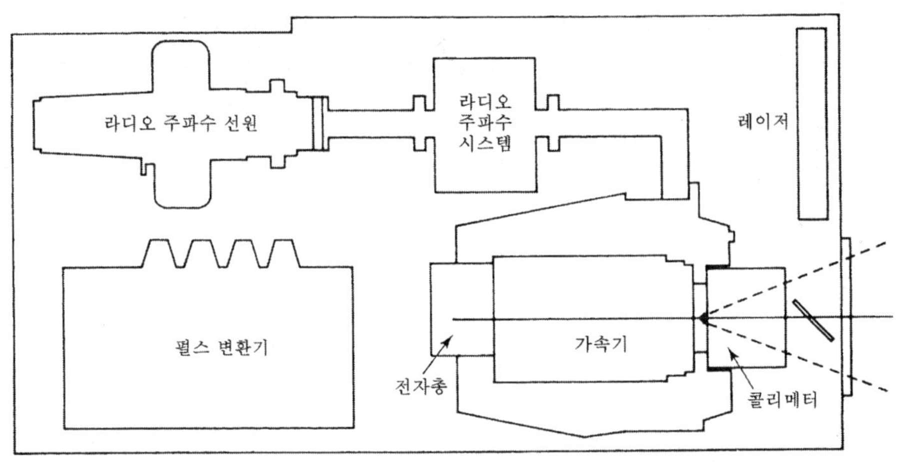

〔그림 2-20〕 선형가속기의 일반적인 배열

나. 양성자 선형가속기(proton linear accelerator)

가속부분은 교대로 전기적으로 연결된 가운데가 빈 가느다란 원통 모양의 전극이다. 원통전극의 길이는 후방으로 갈수록 길게 되어 있다. 이 원통전극에 고주파 전압을 가하면 양성자는 이웃 전극사이에 만들어지는 고주파 전기장에 의해 이 원통의 중심축을 따라 가속된다. 그 주파수 및 원통의 길이를 적당히 조절하여 하나의 원통 속을 달리는 시간이 고주파의 주기와 같도록 하면 1개의 간격에서 가속된 양성자는 각 간격에서 가속되기 때문에 단수를 많게 함으로써 높은 에너지까지 가속할 수가 있다. 고주파의 주파수는 약 200 MHz의 것이 잘 사용된다. 이 형으로는 가속 양성자의 에너지가 약 200 MeV 이상인 경우 가속 방식을 전자와 같은 방식으로 전환하는 것이 좋다. 양성자선 가속기에는 800 MeV의 것 까지 있다.

4. 사이클로트론(cyclotron)

직류 전자석 사이에 두 개의 반원형인 가운데가 빈 전극(Dee: 가속전극)을 서로 마주보게 둔다. 두 개의 전극을 고주파 발신기로 접속해서 중심부에 놓인 이온 원으로부터 이온을 발생시키면 전극간의 전기장에 의하여 이온은 가속된다. 전체가 강한 자기장 속에 놓여 있으므로 이 이온은 구부러져 재차 전극 간격을 통과한다. 이온이 반주기를 도는 사이에 고주파의 위상도 반주기만큼 변하면 이온은 재차 가속된다. 이와 같이 해서 주기성이 유지되는 한 이온은 나선형 궤도를 그리면서 되풀이 가속된다. 그러나 그 에너지에는 제한이 있어 양성자로 20 MeV, 중양자로 20~30 MeV, α입자로 45 MeV정도가 상한이다. 더 큰 에너지로 가속하자면 주파수 변조를 가한 싱크로사이클로트론이나 싱크로트론을 이용하여야 한다.

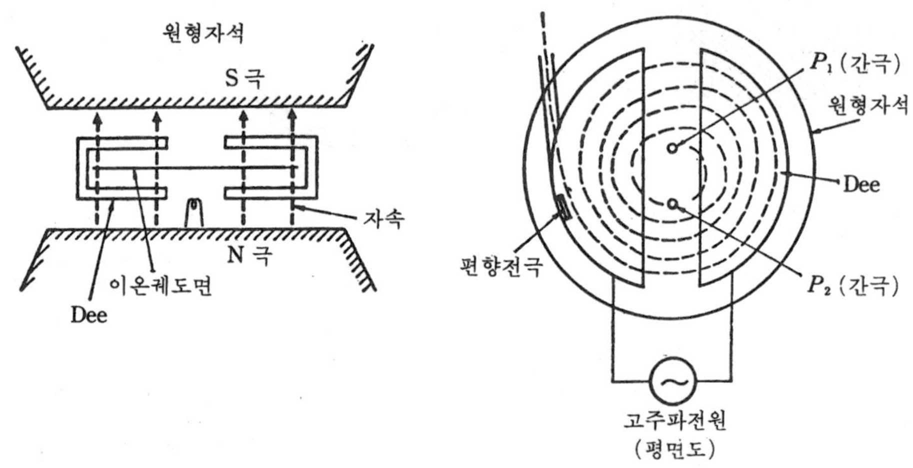

〔그림 2-21〕 사이클로트론의 구조

5. 기타의 가속 장치

가. 싱크로트론(synchrotron)

싱크로트론에서는 사이클로트론의 경우와는 달리 자기장을 강하게 하는 것과 동시에 가속 주파수를 변화시켜서 궤도 반경을 일정하게 유지하면서 이온을 가속시키고 있다. 도넛형의 진공 가속관을 사용하고 전자석은 중심부를 제외한 환상의 것이다. 이온은 도넛속을 회전하면서 가속관은 도부분에 설치된 고주파전장을 발생시키는 전극(고주파 공동 발신기)사이에서 가속된다. 싱크로트론은 전자 싱크로트론과 양성자 싱크로트론이 있는데 전자 싱크로트론은 비교적 낮은 에너지로 광속도에 가까운 속도를 가지기 때문에 가속 주파수은 변조는 거의 필요치 않다. 여기에 비해 양성자 싱크로트론은 넓은 범위에서 변조가 필요하게 된다. 전자에서는 6 GeV, 양성자에서는 400 GeV까지의 장치가 운전되고 있다. 고에너지 전자 싱크로트론의 전자가 방출하는 싱크로트론 방사광은 적외선부터 X선 영역까지 평탄한 스펙트럼, 강력광원, 높은 지향성, 편광성 등 우수한 특징을 가지고 있어, 기초연구나 응용연구에 많이 이용되고 있다.

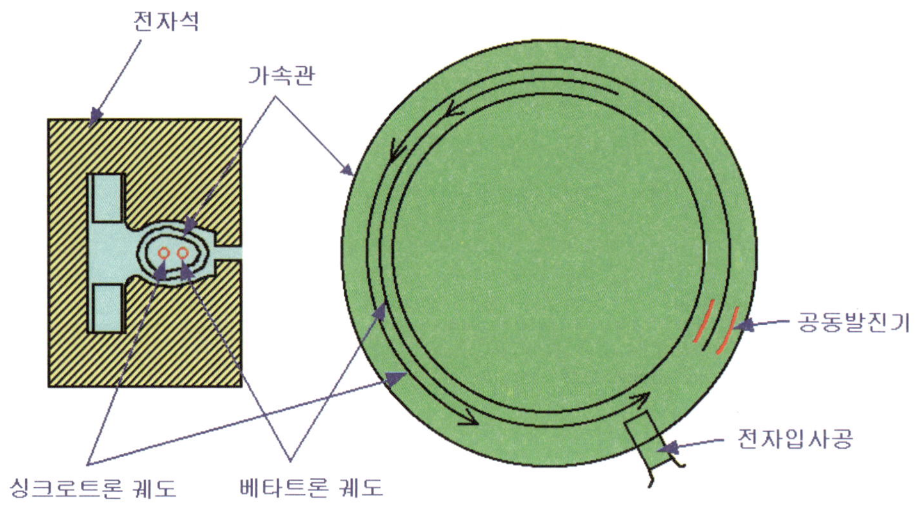

〔그림 2-22〕 싱크로트론

나. 싱크로사이클로트론(synchrocyclotron)

싱크로사이클로트론은 사이클로트론의 일종이다. 사이클로트론에서는 가속이온의 에너지가 높게 되면 상대론적 질량이 증가해서 이온의 회전과 가속 주파수와의 위상이 벗어나게 되어 가속할 수 없게 된다. 이 위상의 벗어남을 피하기 위해 자기장을 일정하게 하고 가속 주파수를 변화시켜 가속시키는 것이 싱크로사이클로트론이다. 이 가속기는 양성자이면서 수백 MeV까지의 가속에 알맞게 되어 있다.

다. 가속기 중성자원

양성자, 중양자, α^-입자에 의한 비교적 가벼운 원자핵과의 핵반응, 광핵반응 및 핵분열 반응을 이용해서고속중성자를 발생할 수가 있다. 이러한 반응 가운데 가속기 중성자원은 콕크로프트 월턴, 반데그래프, 사이클로트론 등의 가속기로 가속한 양성자나 중양자를 표적에 충돌시켜 핵반응을 일으켜 중성자를 발생하는 장치이다. 특히 양성자와 트리튬(삼중수소, H-3)이나 리튬 동위체(Li-7) 및 중양자와 중수소(H-2)나 트리튬 등 반응은 가속기를 이용하는 단일 에너지의 중성자원으로서 이용되고 있다. 또 베릴륨(Be)에 가속된 α^-입자를 충돌시켜 1 MeV로부터 10 MeV까지의 넓은 에너지 범위에 분포하고 있는 중성자를 발생시킬 수도 있다.

6. 가속기 시설의 방사선방호

방사선 차폐가속기시설의 방사선차폐 설계에서 검토해야 할 항목은 가속빔의 손실평가, 방사선 발생장치의 평가, 차폐의 방법, 스카이샤인(sky shine) 산란방사선 등이 있다. 또 차폐설계상 주목해야 할 방사선은 전자가속기의 경우 제동방사 X선과 중성자이다. 또 가속에너지가 수 GeV를 초과하면 전방 방향에 대해서만 뮤(μ) 입자가 문제로 된다. 양성자선 가속기에서는 중성자가 문제로 된다. 차폐체의 재료로서는 콘크리트, 철, 납 등이 사용된다. 납은 중성자에 대한 차폐효과가 적기 때문에 중성자의 기여가 큰 장소에서의 사용에는 주의가 필요하다. 출력이 수㎾이고, 가속에너지가 8 GeV 정도의 전자가속기인 경우 보통 콘크리트 차폐 체의 두께는 1~4 m가 된다

방사선 방호가속기 시설의 방사선원은 가속 중 궤도를 벗어난 입자와 가속기 구성 재료와의 상호작용 및 표적에 충돌했을 때 발생하는 2차 방사선이다. 이 방사선은 주로 제동방사 X선과 중성자이다. 가속기 시설에서의 개인 외부피폭의 관리는 가속에너지가 30 MeV 미만의 시설에서는 주로 X선, 그 이상에서는 X선 및 중성자의 관리가 필요하게 된다.

가속 에너지가 100 MeV를 초과하는 시설에서는 특히 중성자의 관리가 중요하게 된다. 내부피폭의 관리는 100 MeV 미만의 시설에서는 방사화된 생성물질의 생성량 및 표면밀도가 낮기 때문에 거의 문제로 되지 않는다. 100 MeV 이상의 시설에서는 비밀봉 방사선 취급시

설과 같은 오염관리가 필요하다. 시설의 관리도 개인피폭관리와 마찬가지이며 가속에너지가 100 MeV 미만의 시설에서는 주로 X선, 100MeV 이상에서는 시설주변의 스카이샤인(sky shine) 중성자 및 시설로부터 방출되는 방사화물의 관리가 중요하다.

제 3 절 감마선 조사장치

1. 방사선투과검사용 감마선원

수백 개의 방사성동위원소 가운데 극히 소수만 방사선투과검사용 선원으로 이용되고 있다. 그 이유로는 짧은 반감기, 부적절한 방사선의 강도와 에너지, 제조의 어려움과 가격이 비싸다는 등 때문이다.

방사선투과검사에 처음으로 사용한 감마선원은 Ra-226이다. Ra-226은 우라늄광의 딸 핵종으로서 자연에서 쉽게 얻을 수 있고, 반감기도 1,620년으로 길다. 그리고 0.6 MeV, 1.12 MeV, 1.24 MeV의 감마선을 포함하여 산업용 시험체에 적합한 투과력을 지니고 있다. 그렇지만, Ra-226은 α선(${}^{4}_{2}He$ 핵)을 방출하여 기체 상태인 Rn-222이 된다. 스테인레스 강으로 밀봉된 Ra-226 화합물은 부식 또는 균열을 발생하고, 압력이 높아진 캡슐(capsule)은 라돈 기체(Rn-222)가 누출되어 환경에 영향을 준다. Ra-226은 인체 내에서 칼슘과 같이 행동하여 피를 만드는 뼈 속에 침입하고, 라돈은 호흡기를 통해 인체에 오랫동안 영향을 준다. 이러한 이유로 Ra-226은 반감기가 긴 장점에도 불구하고 방사선 안전 관리상 사용하지 않는다.

가. Co-60(코발트-60)

Co(cobalt)-60은 원자로에서 지름 2mm와 길이 2mm의 안정한 Co-59 금속에 열중성자를 충격시켜서 만든다. Co-60 2.2 GBq(60 mCi)을 생성하기 위해서는 10^{14}n cm^{-2} s^{-1}의 중성자속으로 15일 간 조사시킨다.

코발트는 딱딱하고 회색인 자성금속으로 용융점이 1480℃이며, 밀도는 8.9 g cm^{-3}이다. 어느 정도는 철(Fe)과 그 물리적 성질이 유사하다. 이 동위원소는 반감기가 5.27년이며, 0.31 MeV인 약한 $^{-}\beta$선 1개을 방출 후 1.17 MeV 감마선 광자 1개와 1.33 MeV인 감마선광자 1개를 방출하여 안정된 Ni-60이 된다(그림 1-5 b). Co-60 핵 1개가 붕괴할 때에 $^{-}\beta$선 1개와 감마선 광자 2개(평균 에너지 1.25 MeV)가 방출되는 것이다. 비교적 높은 24barn의 열중성자 포획단면적을 나타낸다.

방사능 생성식 $A = Nf\sigma(1 - e^{-0.693t/T})$을 사용하여, 16일을 한 사이클로 1014 $n\,Cm^{-2}s^{-1}$ 의 중성자속에서 조사후의 1.6 × 1.6㎜ 크기의 코발트 펠릿에 기대되는 비방사능은 펠릿당 60mCi(2GBq) 또는 g당 약2Ci(70GBq)의 비방사능이 기대된다. 보통 방사선투과검사용 선원은 여러 조사주기 동안 코발트를 원자로에 둠으로써 높은 비방사능을 갖도록 한다. 1014 $n\,Cm^{-2}s^{-1}$ 의 중성자속에서 1년(17 싸이클)동안 두면 위의 펠릿은 약 1Ci(40 GBq)의 방사능을 나타낸다. 실제로는 이러한 작은 펠릿을 여러 개 합쳐서 사용하기도 한다. RHM값은 약 1.35R/hr · m/Ci 이며 반감기는 5.3년이다.

Co-60은 두께 2.5cm이상의 철, 황동, 구리 및 중금속의 검사에 주로 사용된다. Co-60은 3MeV X선 투과검사와 같은 등가의 효과를 나타낸다. 이는 20cm두께의 강에 대한 방사선투과검사에도 적용할 수 있음을 의미한다. 그리고 ASME에서 요구하는 Ir-192의 투과두께의 한계인 철강 75mm이상에서 Co-60을 권장하고 있다. Co-60은 투과력이 높은 고에너지 방사선을 내기 때문에 차폐하기가 매우 어려우며, 납의 평균 반가층은 13㎜이다.

나. Ir-192(이리듐-192)

반감기가 74.3일인 Ir(iridium)-192는 용융점이 2350℃이고, 밀도는 22.4g/㎤로 경한 편이다. Ir은 38%의 Ir-191와 62%의 Ir-193이 자연에 존재한다. Ir-191 동위원소는 1000 barn의 열중성자 포획단면적을 갖는다. 이와 같이 높은 단면적을 갖는 것은 많은 양의 Ir-192가 생산되는 것은 물론 모금속이 효과적인 중성자 흡수체임을 의미한다. 이러한 이유로 원자로 내에 놓이는 재질의 크기는 자기흡수를 최소화하기 위해 제한해야 한다. 즉 큰 펠릿의 경우 대부분의 중성자가 표층에서 흡수되어 펠릿의 내부에는 Ir-192를 거의 생성하지 못한다.

Ir-192는 β선을 방출하여 Pt-192로 되는 과정과 전자포획에 의한 Os-192로 되는 과정이다. 이들은 둘 다 안정한 원소이다. 적어도 24개의 감마선이 확인되고 있으며 그림 2-23은 붕괴과정을 나타낸 것이다. 그들 각각의 존재 비에 따라 계산하면 RHM(Roentgen per Hour at 1 Meter)값은 0.55R $hr^{-1}\cdot m^2$ Ci^{-1} (125μSv $h^{-1}m^2$ GBq^{-1})이 된다. 투과검사에는 주로 0.31 MeV, 0.47 MeV 및 0.6 MeV의 3개의 감마선이 작용한다.

Ir-192는 주로 3~75㎜ 두께의 강제품의 방사선투과검사에 주로 이용된다. 이는 600kV의 X선과 유사한 투과 결과를 나타낸다. 상대적으로 에너지가 낮기 때문에 2000 ~ 4000 GBq의 선원강도에 대해 납차폐 무게는 50kg이하로 할 수 있다.(50 ~ 100Ci 선원강도에 대해 100 lb). 따라서 이 동위원소는 크기를 소형 경량화 할 수 있어 이동성이 좋고, 현장작업에 이상적이다.

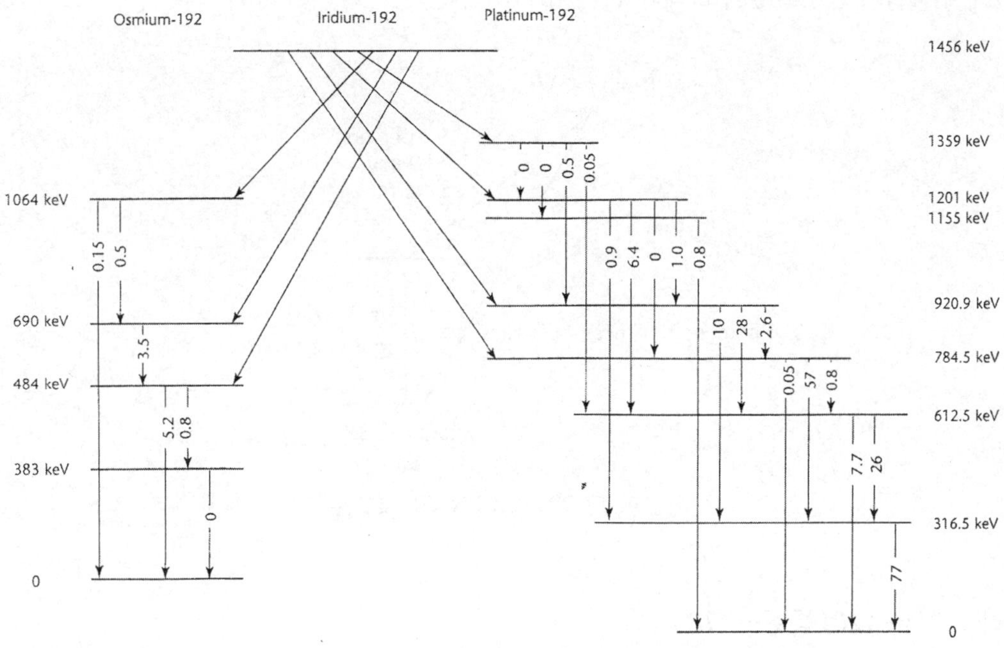

〔그림 2- 23〕 Ir-192의 붕괴도

다. Cs-137(세슘-137)

Cs(cesium)-137은 염화물(CsCl)의 상태임으로 스테인리스 강으로 밀봉할 때에는 응력부식 균열(sterss corrosion cracking)을 유발한다. CsCl은 밀봉하기 전에 부식이 잘 안되는 유리나 세라믹 형태로 바꾸어 밀봉하여야 한다. 그리고 내부 밀봉과 외부밀봉이 되도록 이중으로 용접 밀봉하여야 한다. 30.1년의 긴 반감기와 0.66 MeV의 r선 에너지를 가지고 있다.

Cs-137 선원은 Co-60이나 Ir-192보다 방사선투과검사 사용률이 적고, 두께측정이나 밀도측정 게이지로 많이 이용한다.

Cs-137은 Co-60이나 Ir-192와 같이 중성자 충돌로 생성하지 않고, 중성자에 의한 U-235 핵분열편(fission fragment)이다. Cs-137은 핵분열 생성물의 하나로서 핵분열 생성물의 약 6%를 차지하여 많은 량을 얻을 수가 있으나 분리하기가 어렵다.

CsCl은 Cs-137과 같이 Cs-133과 Cs-135를 포함한 사용 후 핵연료에서 재처리한다. Cs-137의 비방사능은 CsCl 1g당 925 GBq(25 Ci)로 제한되어 있다. 이중 밀봉에 따른 흡수나 자기흡수는 1,850 GBq(50 Ci)선원 강도의 30%정도에 이른다. 그리고, Cs-137의 RHM 값은 0.34 [$R\ m^2\ hr^{-1}\ Ci^{-1}$] 이다. 그리고 CsCl은 가용성 분말임으로 밀봉한 캡슐로부터 누설되지 않도록 조심하여야 한다.

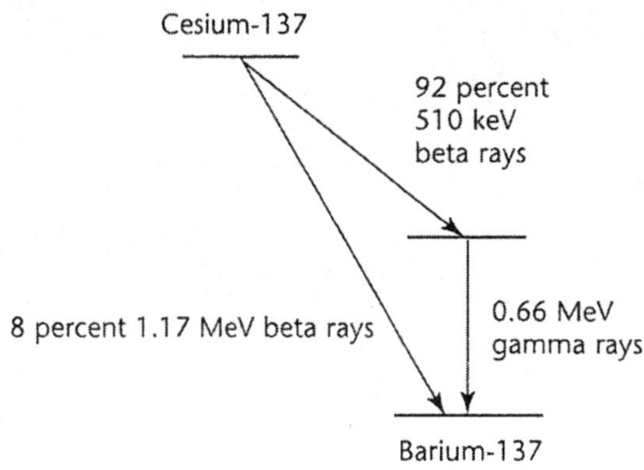

〔그림 2-23〕 Cs-137의 붕괴도

라. Tm−170(툴륨−170)

Tm(thulium)은 희토류원소로서 밀도가 약 9g/cm^{3}인 금속으로 Tm-169의 동위체이다. 일반적으로 Tm_2O_3의 산화물 형태로 4 g/cm^{3}의 분말로 밀봉하거나 약 7 g/cm^{3}의 소결 펠릿상태로 만들어진다. Tm-169은 열중성자 포획단면적이 120barn이며, 중성자 포획으로 반감기가 129일인 Tm-170 방사성원소를 얻는다.

Tm-170의 붕괴수는 76%가 1 MeV의 $^-\beta$선을 방출 후 안정된 Yb-170이 된다. 약 24%은 0.88 MeV의 $^-\beta$선을 방출 후 준안정상태가 되어 84 KeV의 감마선을 방출하여 안정된 Yb-170이 된다(그림 2-24 붕괴도). 24%의 감마선 핵붕괴 중에서 3.1%만 원자 밖으로 84 KeV 감마선이 방출되고, 나머지는 내부전환을 일으킨다. 이중 4.9%는 K각 궤도전자를 축출하고 16%는 L각이나 M각 궤도전자를 축출하여 안정화된다. 이때에 K각에서 52 KeV의 광자, L각에서 7 KeV의 광자 및 M각에서 1 KeV의 광자가 방출하는데 이를 Yb(ytterbium)의 특성 X선이라 한다. 방사선투과검사에 이용되는 것은 붕괴수 3.1 %인 84 KeV 감마선과 5% 정도인 52 KeV의 특성 X선이 이용되고, 나머지 광자는 너무 약해서 자체 흡수 등으로 사용할 수 없다.

그리고 1 MeV의 $^-\beta$선이 원자번호가 높은 자체나 캡슐과 상호작용으로 일정 비율의 제동 X선이 방출하는데, 선원 강도가 높을수록 많이 방출되고, 600 KeV의 X선의 선질에 해당한다.

Tm-170은 강도에 제한을 받으므로 방사선투과검사에 폭넓게 사용하지 않는다. Tm-170은 크기가 작고 이동성이 좋다는 점이다. 50 Ci 저밀도선원은 2.5cm 납이면 허용 기준 이하로 차폐가 된다. 이 선원은 0.8mm두께의 강 제품이나 13 mm 두께의 알루미늄에 적용할 수 있다.

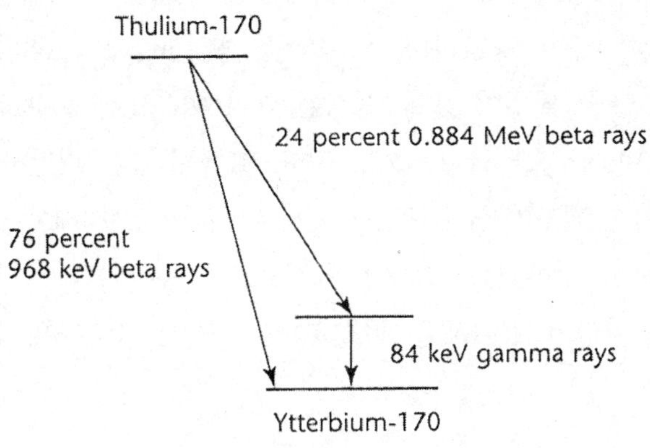

〔그림 2-24〕 Tm-170의 붕괴도

마. Se-75(셀렌-75)

Se(selenium)-75는 반감기가 119.8일, 에너지는 66~401 KeV(평균에너지는 260 KeV)로써 Ir-192와 Yb-169의 중간쯤인 γ선원이다. 원자로 조사로 방사화하는 경우 중성자포획 단면적이 다른 선원에 비해 작기 때문에 선원을 작게 만드는 것이 곤란하다. 실험적으로 상질은 Yb-169와 Ir-192의 중간정도이나, 그 적용이 아직 규격화되어 있지 않으므로 실용상 적용에는 어려움이 있다. 농축도는 99%이상의 Se-74 금속을 이용하여 직경이 0.5 ~ 3㎜, 길이 0.5 ~ 3㎜의 원통형의 표적을 티탄합금의 내부 캡슐에 봉입 후, SUS제 외부캡슐에 용접봉입한 방사능 강도 3 TBq의 선원이 개발되고 있다.

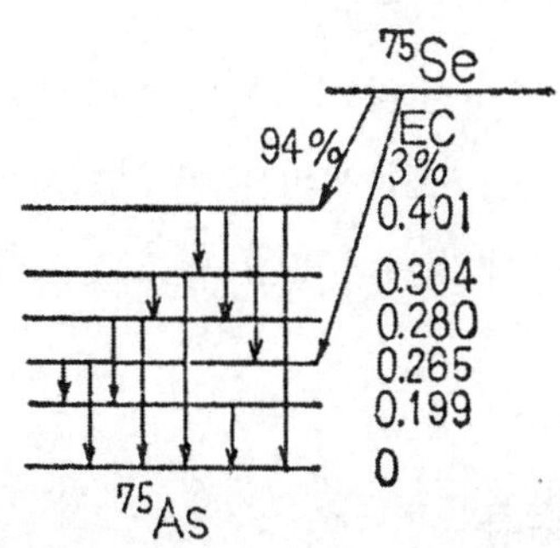

〔그림 2-25〕 Se-75의 붕괴도

바. Yb-169(이테르븀-169)

Yb(ytterbium)-169는 최근 주목되고 있는 γ선원이다. 에너지는 63 ~ 308KeV이고 반감기는 32일이다. 저에너지이고 따라서 휴대성이 좋다. 그러나 반감기가 비교적 짧기 때문에 선원의 안정적 공급이 중요하다. Yb-169를 생성하는 Yb-168의 열중성자 포획단면적은 대략 3400barn으로 알려져 있다. 생성된 Yb-169도 또한 3600barn의 높은 열중성자 포획단면적을 가지며, 안정한 Yb-170으로 된다. 효율이 높은 비방사능의 Yb-169를 얻기 위해서는 열 중성자속 밀도가 높은 원자로에서 단시간에 생성해야 한다. Yb-168의 천연의 존재 비는 0.14%로 낮아 이를 그대로 표적으로 사용하여 높은 비방사능의 Yb-169를 얻는 것은 어렵다. 따라서 Yb-168을 20.6%까지 농축한 Yb-168의 산화물을 표적원료로 사용한다.

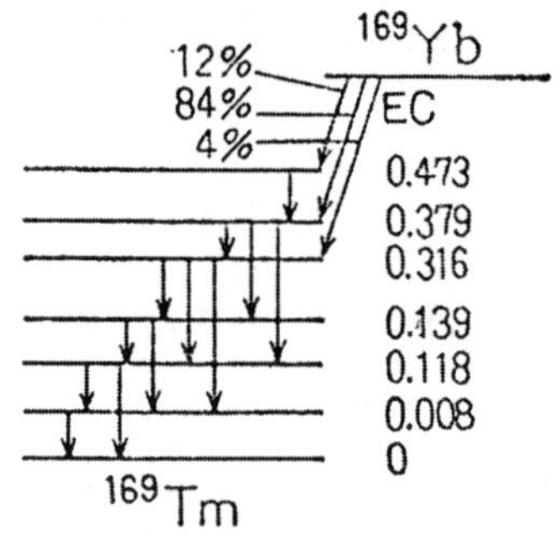

〔그림 2- 26〕 Yb-169의 붕괴도

2. 감마선조사기의 종류와 구성

방사선투과검사에 이용되는 감마선 조사장치는 감마선원과 선원을 수납하는 용기 및 조사를 위해서 조사구를 개폐하기도 하고 선원을 일정 위치까지 송출하는 원격조작장치로 구성되어 있다. X선 장치에 비하여 전원이 필요 없으므로 야외에서 수시로 이동하면서 많이 이용하고 있다.

가. 감마선 조사기의 종류

감마선 원격조사장치의 조사방식에는 조사용기의 개폐기를 열고 한정된 방향으로 조사하는 단일조사 방식(선원 고정식)과 용기에서 이탈시켜 촬영하고자 하는 위치까지 연결 케이블로 결합시켜 선원안내튜브 안을 이동시키는 선원 송출식이 있다. 선원 송출식은 모든 방향으로 조사하는 것이 가능한 전 방향 조사방식(파노라마 조사방식)이다. 또한 선원 용기 내에 선원을 내장시킬 때 외부 쪽으로 선원의 돌출이나 고에너지 방사선이 쉽게 흘러나오지 않도록 하기위해 선원의 조사입구를 셔터(shutter)로 닫는 방식과 용기 내의 행로를 S형태로 하여 용기의 중심부에 선원을 수납하고 감마선원이 유사시에 흘러내려 외부로 이탈하지 않도록 미연에 방지한 미로식이 있다.

(1) 선원 고정식(단일 조사 방식)

선원 고정식은 감마선원을 선원용기의 중심부에 고정하고 셔터 등에 의해 특정의 방향으로만 감마선을 조사할 수 있도록 한 방식이다. 그림 2-27과 같이 셔터가 부착되어 있어 촬영할 때에는 셔터를 열어 감마선을 조사하며, 셔터의 개폐는 원격조작에 의해 수행한다..

(2) 선원 송출식(전 방향조사, 파노라마 방식)

선원 송출식은 선원용기, 제어튜브, 안내튜브, 송출와이어 및 원격제어기로 구성되며, 송출와이어와 맨 앞 끝에 연결된 선원 홀더(픽테일:Source holder 또는 pigtail) 내에 감마선원이 들어 있어 원격조작에 의해 조사를 행한다. 안내튜브의 길이는 5 ~10 m이고 미리 촬영할 위치에 안내튜브의 앞 끝을 고정해 놓고 선원을 촬영 위치까지 이동시켜 감마선을 조사한다(그림 2-28 선원 송출식 구조).

방사선투과검사용 감마선 원격조사장치는 감마선원을 보관, 차폐, 운반하는데 사용되는 철-우라늄 선원용기 및 방사선 조사를 하기 위하여 조사구를 개폐하거나 선원(source)을 작업에 필요한 소정의 위치까지 내보내는 조작 장치로 구성되어 있다. 공업용에 사용되고 있는 용기는 납, 철로 차폐되어 있으며, 선원캡슐(capsule)은 스테인레스강으로 싸여 있는 밀봉선원을 사용한다. 이 밀봉선원은 물리적, 화학적으로 안정하며 열에 대해서서 강한 강도를 지녀 화재 시에도 충분히 견딜 수 있는 것이어야 한다. 선원 자체에서도 조사용에서부터 측정기를 겸하는 측정용까지 용도가 매우 다양하다. 감마선 조사장치는 X선 발생장치에 비교하여 특별히 전원을 필요로 하지 않는다는 장점이 있으며 소형, 경량이므로 휴대가 간편하다. 원격조사장치를 이용할 때에 수시 이동이 편리하고 야외에서의 변수가 많은 현장 작업에서 상대적으로 유리하고 두꺼운 피사체 촬영에도 많이 사용하고 있다

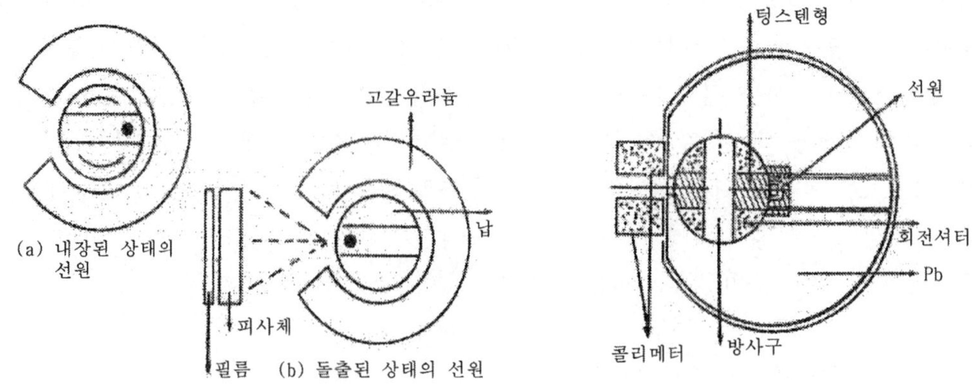

〔그림 2-27〕 선원 고정식 구조

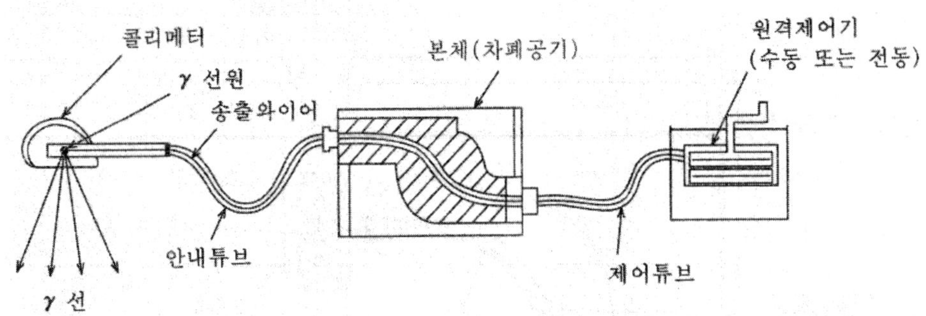

〔그림 2-28〕 선원 송출식 구조

나. 감마선 조사기의 구성

(1) 선원 용기

일반적으로 감마선 조사장치는 선원의 차폐용기와 운반용기를 겸용하고 있다. 차폐용기는 차폐의 효율을 고려하여 납 또는 감손(減損)우라늄(depleted uranium)을 이용하여 소형으로 만든다. 선원용기에 요구되는 기능으로써는 차폐능력 및 사용 또는 운반 중의 안전상의 기능 즉, 선원탈락방지 장치 등이 요구된다.

일반적으로 선원용기의 차폐체는 핵분열이 가능한 U-235를 제거하고 U-238만 남긴 감손우라늄이 사용되는데 감손우라늄 차폐체는 납으로 만들어진 차폐체보다 단위질량당 차폐효과가 크다.

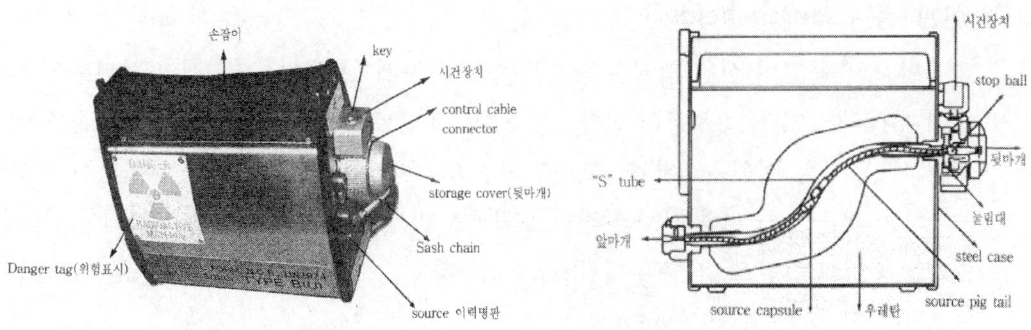

〔그림 2-29〕 Ir-192 선원 용기의 구조

차폐체는 알루미늄 또는 강으로 된 케이스에 넣어 사용된다. 용기 표면에는 제조자명, 제조 년 월 일, 방사능 표식, 선원의 종류, 수납 가능한 최대 Ci수, 선원에서 1 m 거리에 있어서의 누설선량률(RHM) 등이 표시되어 있다. 방사선 누설선량률은 선원 용기에서 1m 거리의 누설선량이 10 mR/hr이하로 규정하고 있으며 용기 표면에서는 200 mR/hr이하가 되어야 한다.

(2) 선원 캡슐(source capsule)

방사선투과검사에서는 보통 Co-60(cobalt), Ir-192(iridium), Cs-137 (cesium) 등의 감마 선원이 사용되고 있다. 그외 낮은 에너지 선원으로서 Se-75(Selenium), Yb-169(ytterbium), Tm-170(thulium) 등이 개발되어 있다. 이러한 방사성 동위원소는 오염을 방지할 목적으로 캡슐(capsule)이라 부르는 금속제 용기에 밀봉되어 있다. 이와 같은 선원을 밀봉 선원이라 부른다.

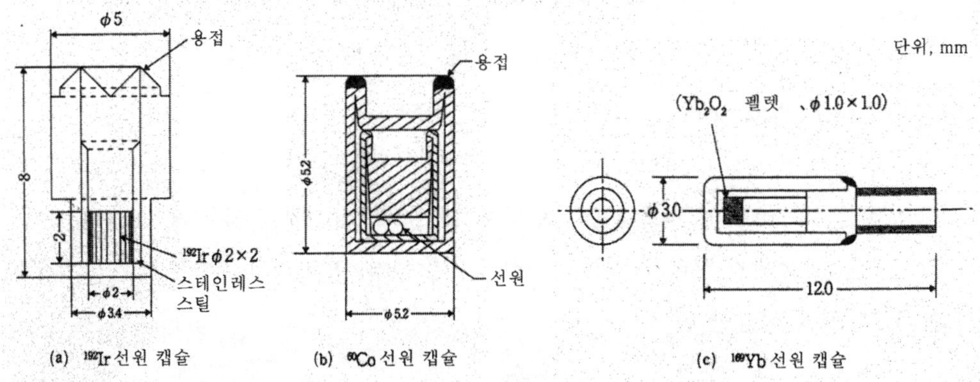

〔그림 2-30〕 방사선투과검사용 선원 캡슐

(3) 선원 홀더(source holder)

그림 2-30과 같이 선원 캡슐은 작은 원통형의 차폐체로 만든 합금재의 선원홀더 선단에 부착되어 있다. 선원홀더 한쪽 끝은 접속 조인트가 장착되어 있고 선원캡슐에 연결된 선원홀더를 선원용기에 수납할 때 선원조작용의 작은 구멍에서는 감마선이 직접 누설하는 것을 막기 위한 보조적 장치로 차폐용의 텅스텐 합금 링크가 설치되어 있다.

그림 2-31의 선원 홀더는 픽 테일(pig tail)이라고 부르며 유연성이 있는 굴곡 나선형으로 강도가 강한 와이어(wire)이다.

접속 컨넥터(connector)는 원격조작기의 와이어에 연결되는 부위의 재질은 스테인레스강으로 되어 있고, 안쪽에 돌출된 플런저 스프링(plunger spring)장치로 되어 있다. 스톱볼(stop ball)은 픽 테일이 조사기 내에서 후진하는 것을 방지하고 위치를 바로잡아주는 역할을 하는데, 재질은 스테인레스강으로 되어 있다.

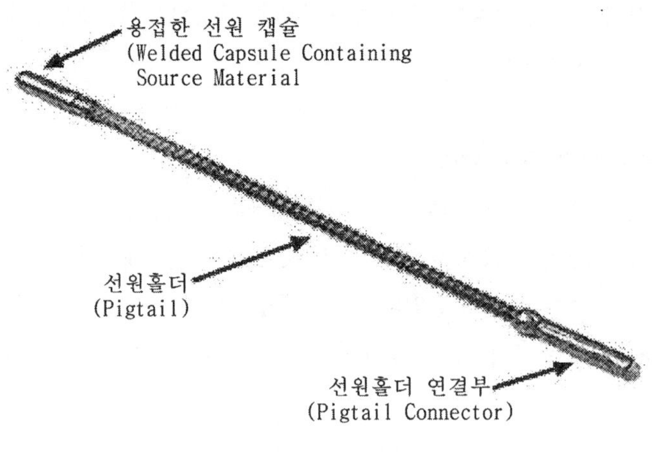

〔그림 2-31〕 선원 홀더(pig tail)

(4) 콜리미터(collimator)

선원 송출식 장치의 선원안내튜브 선단에 설치하여 촬영시 방사구의 범위를 제한하여 불필요한 감마선을 차폐하고, 작업자의 안전을 위하여 사용하는 납 또는 텅스텐 합금 등으로 만들어진 차폐기구이다. 일반적으로 콜리미터는 1/10 가층 정도의 차폐능력이 있는 것을 사용한다.

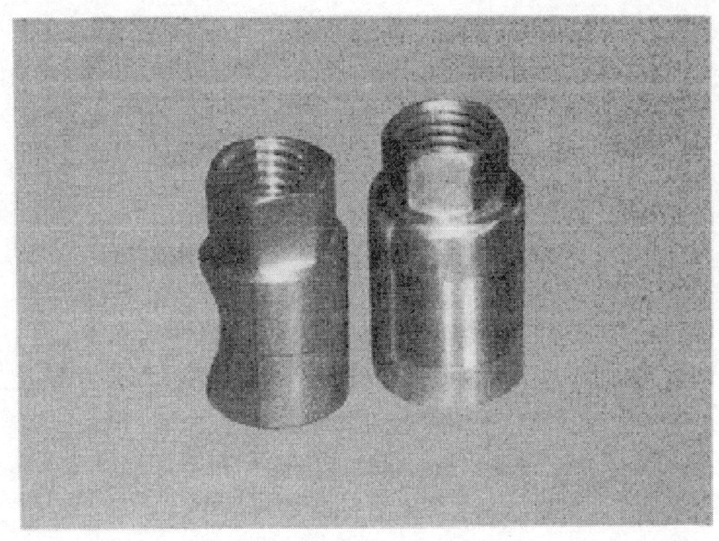

〔그림 2-32〕 콜리메터

3. 감마선조사장치의 작동과 점검

가. 조작순서

선원 송출식 감마선 원격조작장치 조작 순서는 다음과 같다.

① 작업 전 작업종사자는 법령에 명시되어 있는 방사선관리구역 경계의 선량률(R/hr)을 측정해야 하며 서베이메터(surveymeter)로 감마선조사기의 이상 유무와 공간 선량률을 확인한다

② 감마선조사기를 소정의 위치에 두고 선원안내튜브 앞쪽에 충분한 두께를 지닌 방사형태의 콜리미터를 부착시킨다.

③ 선원안내튜브를 감마선조사기에 정확히 접속시키고 표시등, 조작회로용 케이블을 연결시킨다.

④ 원격조작장치에 조작관 앞쪽을 연결하고 조작기의 선원송출용 조작핸들을 돌려서 감마선의 선단을 조작관으로 조금씩 내보내고 선원홀더(source holder 또는 pigtail)에 접속한다. 다음에는 조작관을 감마선조사기에 접속한다.

⑤ 촬영 작업중 감마선조사기를 이동하는 경우에는 반드시 셔터(shutter)를 닫고 나서 용기의 열쇠를 휴대한 후 이동하여야 한다.

⑥ 원격조작장치는 사용 전, 후 선원이 용기 내에 완전히 수납되어 있는지, 셔터가 완전

히 닫혀 있는지를 서베이메터로 반드시 확인 후에 다음 작업을 진행시켜야 한다.

⑦ 극히 짧은 작업구간인 경우라도 장치를 이동, 수송하는 경우에는 반드시 수송 용기함에 넣어서 운반함을 원칙으로 한다.

⑧ 촬영 작업이 끝난 후 일정장소에 장치를 보관 시에는 필수적으로 도난방지와 안전 확보를 위하여 열쇠를 사용하여야 하고 책임자가 보관하여야 한다.

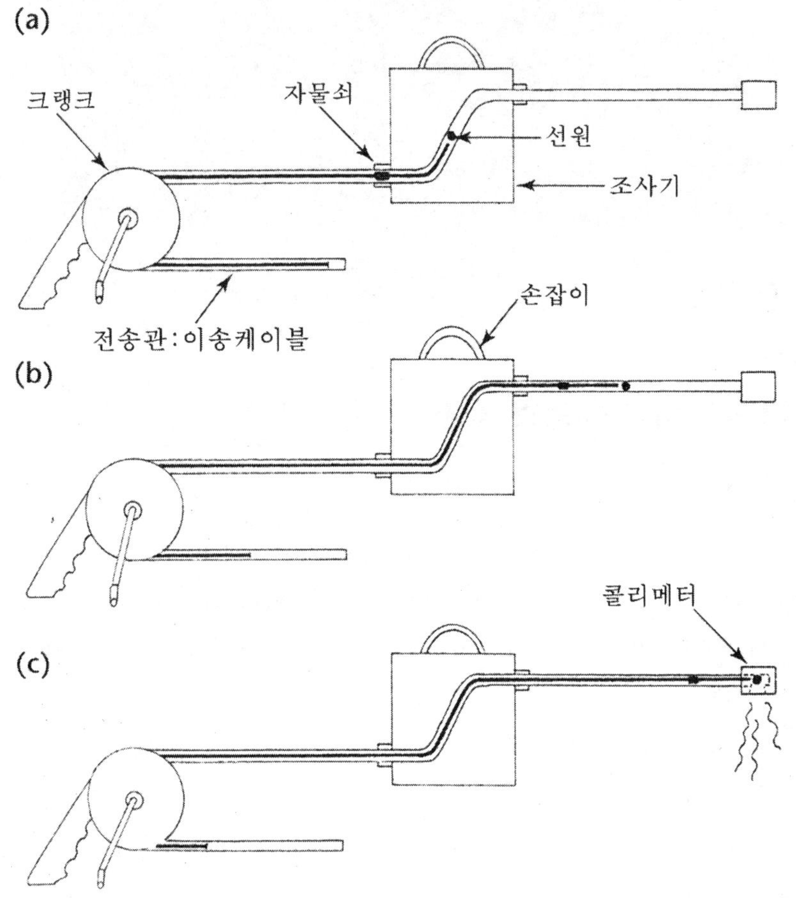

(a)저장된 선원, (b)이송중인 선원, (c)노출중인 선원

〔그림 2-33〕 감마선원의 원격 조작.

나. 점검사항

감마선 조사장치는 선원의 탈락, 장치의 고장 등 안전성에 관한 문제가 제기될 수 있는

소지가 X선 발생장치에 비교하여 상당히 많다. 그러므로 항상 정상 상태로 작동하도록 저장이나 운반할 때에 감마선원이 확실히 수납되어 사고를 미연에 방지할 수 있도록 충분한 점검을 할 필요가 있다. 점검요령은 다음과 같다.

(1) 정기 점검

감마선 조사장치의 정기점검은 1개월 이내마다 1회씩 셔터(shutter), 선원 홀더(pigtail), 선원안내튜브 등의 이상 유무를 철저히 점검하고, 6개월 이내마다 규정된 선량을 유지할 수 있는 차폐능력을 갖추고 있는지 점검하여야한다. 정비나 점검이 끝난 장치라도 사고방지의 측면에서 선원을 장착하기 전에 모의 선원홀더를 장착하고, 용기 표면이나 1 m 지점에서의 누설선량을 측정하여 기준 이하인 것을 확인하고 나서 촬영에 임하는 것이 바람직하다. 정기점검에 합격한 장치는 라벨을 부착하여 유효기간과 다음 점검시기를 명시하는 것이 선원관리에 유리하다.

(2) 출고 점검

출고점검은 공장에서 사용시설에 관한 정비를 마친 다음 장치를 출고할 때와 점검이나 저장시설부터 사용현장까지 운반할 때의 점검 사항을 의미한다. 이때 점검은 자동차로 대부분 장치를 수송하는데 셔터 또는 선원 탈락 방지장치 등에 이상이 생기지 않도록 완벽히 확인하여야 한다. 또한 장치 주변에 방사되는 공간오염도를 체크할 수 있도록 누설 선량률(mR/hr)의 측정도 실시한다.

(3) 일상 점검

일상점검으로는 사용 장소를 일시적으로 변경하거나 야외 등에서 작업을 행할 경우에 특별히 필요한 점검사항인데 이 점검은 주로 선원의 유무, 장치의 이상 등에 대해서 작업시마다 수행한다. 특히 연결부는 마모 등으로 유격이 있을 수 있으므로 게이지로 반드시 측정하여야 한다.

다. 감마선원의 작업관리

감마선원을 사용하여 방사선투과검사 작업을 하는 동안 X선에 비하여 외부 누설량이 많다. 방사선안전관리를 매우 중요시해야 하고 수시로 공기 중 누설선량과 개인피폭선량을 확인하여 작업자가 과피폭을 받지 않도록 하여야 한다.

(1) 사용 전 관리

① 방사선발생장치 및 원격조사장치의 점검에 만전을 기하고 특히 감마선조사기의 이상 유무, 선원 보호기구 준비 상태 및 안전장치가 정상적으로 작동하고 있는가를 사전에 점검하고 사용 중이라도 고장이 생기는 경우에는 일정한 조치를 취하고 난 후 작업에 임해야 한다.

② 방사선사용설비의 점검, 인터록장치의 성능점검, 작업구역과 관리구역 및 출입금지구역에 표지판 부착, 일반인을 위한 주의사항 게시, 야간작업이나 room 사용 시 경고등 설치, 작업 경계구역 표시 등을 확인한다.

③ 개인피폭선량측정에 필요한 필름뱃지(film badge), 포켓 도시메터(pocket dosimeter), 알람 모니터(alarm monitor) 등의 준비점검과 작업공간 선량률을 알 수 있는 서베이메터(survey meter) 등 측정기기의 정비, 점검을 실시하여 작업자 스스로 보호한다.

④ 작업개시 전에 작업 주변현황을 상세히 확인하고 순서 및 방법에 대해서는 준비된 작업절차서에 준하여 기록양식에 기재하고 모든 작업이 안전한 상태로 지정된 장소와 시간에 수행되도록 한다.

(2) 사용 중 관리

① 작업 수행 중에도 수시로 작업장 주변의 방사선 선량률을 측정하여 기록하는 것을 사용전 관리와 동일하게 한다. 방사선투과시험의 피사체의 크기 또는 형상, 주변상황이 바뀌어도 외부로 노출되는 선량과 산란선이 위의부로 에 영향을 받아 수시로 변하므로 이를 측정하는 것이 중요하다. 외부 선량 측정은 방사선작업이 것을 내에서 행해질 경우는 1개쬠하린다 측정하고 야외나 주에서 작업이 이루어지는 경우는 사용 시 마다 수시로 측정한다.

② 선원의 사용상태, 관리구역 주변에서 취해야 하는 기기사용상의 완성도, 경계범위, 표지 등을 점검하여야 한다.

③ 일반인이 무단으로 작업구역이나 관리구역 내에 함부로 출입하지 못하도록 한다.

④ 방사선작업종사자 및 일반인 등 관리구역에 일시적으로 출입하는 자는 피폭선량측정 기구를 착용하여 피폭선량을 정확히 측정하고 그 기록을 비치 서식에 기록하고 관리한다.

(3) 사용 후 관리

감마선을 이용해서 작업을 완료한 후 즉각 선원과 기기의 점검을 실시하고 저장시설 또는 일시 보관 장소에 즉시 운반하여 보관하여야 한다. 작업 후 점검 사항은 다음과 같다.

① 선원이 용기 내에 정확히 위하하여 격납되고 있으며 안전장치가 바르게 장착되어 있는가를 방사선측정기기를 이용하여 확인한다.

② 감마선조사기 주변의 방사선선량분포를 서베이메터로 점검하여 선원이 차폐함에나 선원홀더 밖으로 이탈되어 있는지는 재차 확인한다.

③ 감마선조사기를 보관상자 또는 저장 상자에 보관한 경우 서베이메터로 확실하게 보관되어 있는지 확인한다. 일시보관일 경우는 안전관리책임자가 용기 보관 장소를 결정하여 반드시 비치용 기록부에 기록하여둔다.

제 4 절 투과사진 촬영 용구

1. 필름 증감지 (film intensifying screen)

가. 증감지의 기능

X선이나 감마선 광자가 필름에 조사 될 때 99% 이상 대부분은 그대로 투과하고 1% 이하인 아주 일부만이 필름에 흡수되어 필름 감광작용에 관여한다. 필름에 노출된 대부분의 광자는 감광작용에 관여하지 않아 투과사진을 형성하는데 쓸모가 없게 된다. 이와 같은 불필요한 방사선을 흡수하여 필름 감광도를 증가시키는 것이 증감지(增感紙 : intensifying screen 또는 스크린)의 역할이다.

증감지는 종이 판지나 얇은 플라스틱판에 금속이나 형광물질 등을 얇게 도포한 것으로 필름 전면과 후면에 접촉하여 사용한다. 증감지는 불필요한 방사선을 흡수하여, 필름에 잘 흡수되어 감광에 기여하는 전자나 에너지가 낮은 광자(가시선)로 바꾸어 준다. 증감지의 물질이 금속일 경우는 대부분 전자로 변환시키고, 형광물질일 때는 가시광선으로 변환하여 필름의 감광유제를 전리시켜 투과사진을 검게 형성한다. 전자를 금속 증감지, 후자를 형광 증감지라 한다.

증감지를 사용하면 필름의 감광도를 증가시키므로 일정 사진의 농도를 얻기 위한 노출량(노출 시간)은 감소하게 된다. 필름 증감지를 사용하지 않고 일정 농도를 얻는데 필요한 노출량(노출 시간)을 t_0 라 하고, 증감지를 사용하고 동일 농도를 얻는데 필요한 노출량(노출 시간)을 t라 할 때에 t_0 /t를 증감률(增感率 : intensifying factor 또는 증감계수, 강화인자)라 한다. 증감률은 증감지의 종류, 방사선의 선질(관전압, r선 핵종) 및 필름 종류에 따라 다르다.

나. 증감지의 종류

(1) 형광 증감지 (螢光增感紙)

형광 증감지(fluorescent screen)는 X선이나 γ선 광자를 흡수하여 필름이 잘 흡수할 수 있는 파장이 긴 가시광선 광자(형광)로 바꾸어 주는 것이다. 형광 증감지의 구조는 그림 2-34와 같이 지지체와 형광체 및 보호막으로 되어있다. 지지체는 형광체를 지지 부착하고 형광 흡수 또는 반사 효과를 가지고 있으며, 보호막은 형광체를 보호하는 10 μm 전후의 투명한 셀루로스(cellulose)화합물이나 PET(poly ethylene terephthalate)로 되어있다. 형광체는 단파장의 방사선을 흡수하여 파장이 긴 가시광선으로 발광하는 역할을 하며, 형광체의 종류, 입자의 형상과 크기, 형광체 분포 및 두께는 발광량을 좌우하여 감광 정도를 달리한다.

형광체는 x선 흡수와 발광효율이 높고, 필름을 잘 감광시킬 수 있는 색광을 발하고, 잔광과 열화가 적어야 한다. X선 필름에 널리 이용되는 형광체는 $CaWO_4$(텅스텐산 칼슘)로서 X선 흡수가 높고, 필름 감광에 예민한 청자색(3500-5800Å: 4300Åpeak)를 발한다. $CaWO_4$의 형광효율은 5%정도로 알려졌다.

예로서 30 KeV X선 광자 1개가 광전효과로 $CaWO_4$에 흡수되었을 때에 몇 개의 빛이 나오는지 알아보자. $CaWO_4$에서 가장 많이 방출하는 빛의 파장은 4,300Å이다.

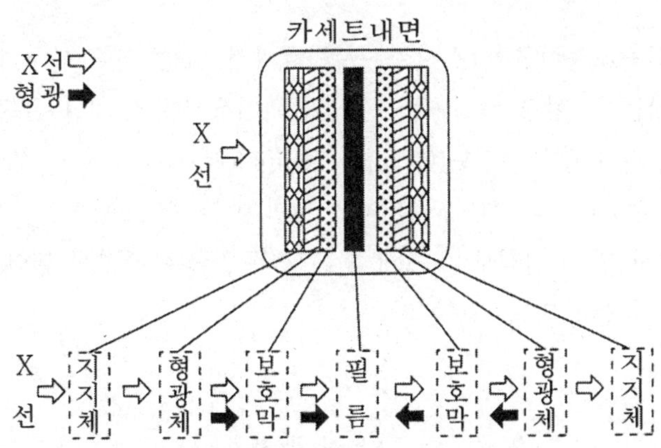

〔그림 2-34〕 형광증감지의 구조

이 파장만 방출 된다고 가정하자. 4,300Å광자 에너지는

$$\frac{12.4\,KeV}{4{,}300\,\text{Å}} = 0.0029\,KeV$$

이다. 30 KeV의 X선에 의해 방출되는 빛의 최대수는

$$\frac{30\,KeV}{0.0029\,KeV} = 10400$$

즉 10,400개이다. 그런데, $CaWO_4$의 형광효율이 5% 정도이므로 실제 발생하는 빛의 수는

$$10,400 \, X \, \frac{5}{100} = 520$$

개가 된다. 즉 감광에 기여하지 않는 30 KeV X선 광자 1개가 형광체에 흡수되어 필름 감광에 기여하는 2.9 eV의 빛 광자 520개로 변환시킨다고 할 수 있다.

이와 같이 필름 감광에 미치는 효과는 직접 X선에 의한 것과 형광 증감지에서 방출한 빛 광자가 합해짐으로 필름을 감광시키는 작용은 매우 크다. 증감률은 사용 전압과 필름 종류에 따라 10-60이 된다. 150 KV에서 1.3 cm(0.5 인치) 두께의 강을 촬영 할 때의 증감률은 125정도이며, 180 KV에서 1.9 cm(0.75인치) 강의 경우는 수백 배에 이르기도 한다.

형광 증감지는 노출량을 감소시키는 큰 효과가 있는 데도 불구하고 공업용에는 별로 사용하지 않는다. 형광 증감지는 증감지를 사용하지 않거나 금속 증감지를 사용할 때에 비하여 투과사진의 선명도(鮮明度 : definition, sharpness : 명료도)가 나쁘기 때문이다. 그림 2-35와 같이 형광 증감지는 형광체로부터 발광하는 빛이 확산되어 형광체가 흡수한 X선 빔의 면적보다 크게 되어 필름을 감광시키게 된다. 그러므로 영상의 윤곽이 희미하여 선명도가 저하된다.

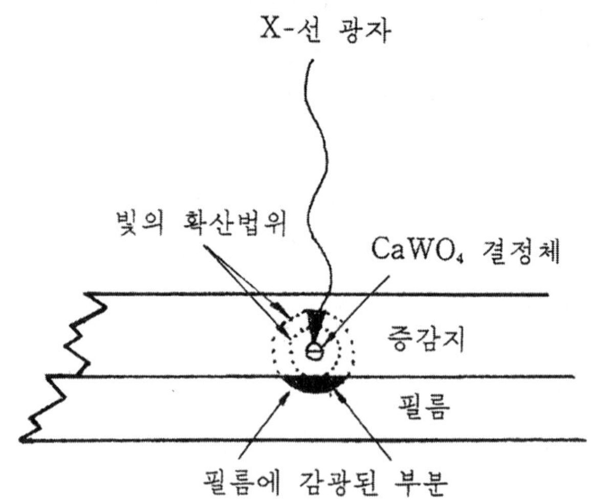

〔그림 2-35〕 형광 증감지에서 빛의 확산에 의한 필름 감광

그림 2-36은 형광 증감지를 조합한 필름에 납판을 촬영하였을 때에 콘트라스트 경계영역의 이행도를 나타낸 것이다. 고감도 형광증감지가 저감도 형광증감지보다 필름 흑화도 차이가 있는 영역의 이행도가 길어 선명도가 저하됨을 보여주고 있다.

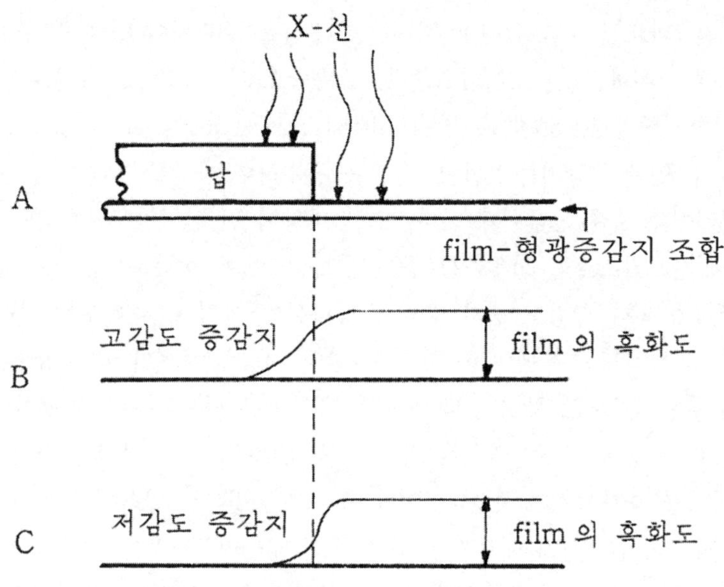

〔그림 2-36〕 형광증감지의 빛 확산에 의한 불선명도

공업용에서 별로 이용하지 않는 또 다른 이유는 투과사진에 스크린 반점(screen mottle)이 발생하기 때문이다. 이 반점은 필름 자체에 의한 입상성보다 크기가 훨씬 크고 윤곽이 부드럽다. 이와 같은 스크린 반점은 증감지의 한부분과 다른 부위에서 흡수된 광자 수에 의한 통계적 변화와 관련된 것이다. 개재된 X선 광자수가 적을수록 스크린 반점은 강하게 나타난다.

공업용에 형광증감지의 적용은 시험체 두께에 비해 X선 투과 능력이 적은 장치를 사용할 경우에 노출량을 감소시키기 위하여 사용 하는 경우가 있다. 대략 250 KV에서 5 cm, 400 KV에서 7.5 cm 및 1000 KV에서 12.5 cm 이상의 철강에 대하여 사용한다. 그러나 경금속의 방사선투과검사에는 사용하지 않는다.

그리고, r선에는 형광 증감지를 사용하지 않는다. 이는 스크린 반점 효과 외에 노출량과 사진농도 상호법칙을 따르지 않게 되어 낮은 증감계수를 나타내기 때문이다.

(2) 금속 증감지(金屬 增感紙)

금속 증감지(metal intensifying screen) 는 형광체 대신에 중 금속박을 판지나 프라스틱판으로 된 지지체에 금속박을 코팅한 것으로 그림 2-37과 같다. X선이나 감마선 광자는 원자번호가 높은 중금속에 잘 흡수되어 2차 전자를 방출한다. 흡수되는 주요 기전은 광전효과로서 필름 감광에 기여하지 못하는 투과력이 있는 방사선을 흡수하여 필름 감광에 기여하는 전자로 바꿔준다. 금속박으로는 원자번호가 높은 연박이 주로 사용되어 연박 증감지(鉛薄 增感紙 : lead foil intensifying screen : 납 스크린)라 한다.

이와 같이, 연박 증감지는 X선이나 r선을 흡수하여 방출한 전자가 필름의 감광작용을 증가시키어 노출량을 줄이게 한다. 또한 파장이 긴 산란방사선을 흡수하여 방사선 투과사진의 콘트라스트와 선명도를 증가시키는 역할을 한다.

연박 증감지에 의한 감광도 증가 효과는 방사선의 선질(관전압 또는 감마선 에너지), 필름 종류 및 시험체 종류에 따라 다르다. 만일 시험체 두께가 얇은 알루미늄 같은 경금속을 낮은 관전압으로 촬영할 때에 연박 증감지를 사용한다면, 발생한 전자에 의한 감광효과보다 파장이 긴 X선과 산란방사선 흡수로 필름에 도달하는 방사선 강도는 줄어 필름 감광을 증가시키지 못한다. 연박 증감지는 필름과 밀착이 잘되어 있다면 투과사진의 선명도나 입상성에 해로운 영향을 주지 않는다. 연박은 시험편 자체에서 발생하는 산란선을 거의 반 이상을 흡수하여 투과사진의 콘트라스트와 선명도를 증가시킨다. 또한 언더컷을 유발하는 산란방사선을 흡수하여 선명도를 증가시킨다.

후면 증감지는 투과하는 방사선을 흡수하여 발생한 2차 전자가 필름 감광도를 증가시키는 외에 후방 산란선을 흡수하여 필름에 도달하지 못하게 한다. 그러므로 후면 증감지는 촬영 작업에 지장이 없다면 두꺼울수록 좋다.

그림 2-38은 0.1 mm 금속박의 종류에 따른 증감율 관계를 나타낸 것이다. 전체적으로 금속의 원자번호가 높아질수록 증감율이 증가하고 있다. 관전압 100 KV 곡선의 오른쪽 아래가 내려가는 것은 연박이 X선 흡수로 발생한 2차 전자가 밖으로 방출하지 못하여 증감효과가 저하되었기 때문이다. 그리고 200 KV와 300 KV에서는 증감률이 증가한 반면에 에너지가 높은 ^{192}Ir과 ^{60}Co의 감마선은 증감률이 낮다. 이것은 0.1 mm 금속박의 두께가 300 KV에너지에서 최적의 두께가 되고, 이보다 높은 에너지의 감마선의 증감률을 높이기위해서는 더 두꺼운 금속박이 필요함을 제시하고 있다. 증감지에 사용하는 금속은 원자번호가 높은 것이 적합하며 가격, 압연성, 표면성, 유연성 등을 고려하여 5% 안티모니(Sn)나 주석(Sn)이 포함된 연합금을 많이 이용하고 있다. 통상 300 KV이하의 관전압에서는 0.03mm 두께의 증감지가 사용하고 있다.

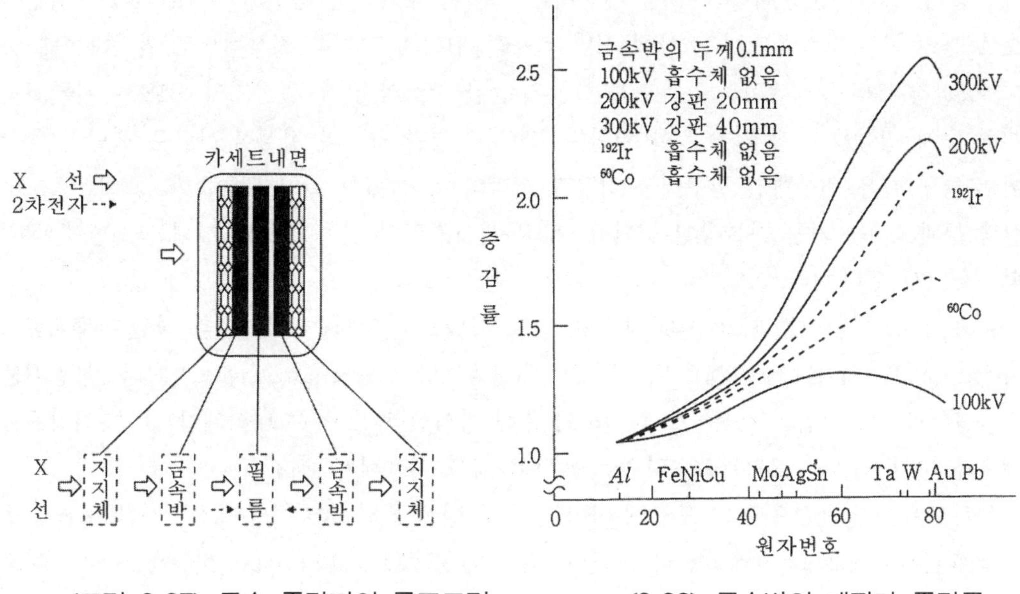

〔그림 2-37〕 금속 증감지의 구조그림

〔2-38〕 금속박의 재질과 증감률

(3) 금속 형광 증감지(金屬 螢光 增感紙)

금속형광 증감지(metal-fluorescent screen)는 금속박에 형광 물질을 도포한 것이다. 또는 지지체와 형광물질의 사이에 금속박이 삽입된 것으로 금속 증감지와 형광 증감지의 장점을 조합한 것이다. 금속박의 산란선 제거 효과와 형광증감지의 높은 증감효과를 얻기 위한 목적으로 개발한 것이다. 넓은 에너지와 두께 범위에서 사용되고, 증감률은 에너지에 따라 다르나, 스크린형 필름의 경우는 20 - 100정도이고, 논스크린형 필름에서는 3-10정도가 된다.

2. 상질계 (Image Quality Indicator, 투과도계 : Penetrameter)

방사선투과사진의 상질(像質 : Image Quality)이란 3차원 상태인 시험체 정보를 2차원 필름 음영을 통하여 인간이 얼마나 시험체 정보를 알 수 있는가를 표현 할 때에 사용되는 용어로서 투과사진에서 식별 가능한 최소의 크기를 나타내는 척도이다. 즉, 검출 가능한 불연속의 최소 크기에서얼느 정도인가를 가늠하는데 사용한다고 말 할 수 있다. 예를 들면, 동일 시험체에서 1mm 두께의 불연속을 검출 할 수 있는 투과사진은 2mm 두께의 불연속을 검출 할 수 있는 투과사진보다 상질이 좋다고 할 수 있다. 이 상질을 좌우하는 인자는 다양하나 주로 콘트라스트와 선명도의 영향이 크다.

선형 상질계(바늘형 투과도계)를 사용하는 목적은 투과사진 상질의 양부(良否)를 정성적으로 관리하는 것과 투과사진 상에 식별 가능한 결함의 크기를 정성적으로 판단하는데 있다. 상질 양부의 정성적이란 투과도계 식별은 관찰 장소의 밝기, 관찰기의 휘도 및 관찰자의 시력 등에 영향을 받게 되는 것을 말한다. 그리고 결함 크기의 정성적 판단은 결함의 형상이 바늘형 같은 원주형인 경우에는 직경과 결함의 폭이 필히 일치하여야 한다. 일반적으로 선형 투과도계는 가는 바늘상이 식별됨으로 투과사진의 상질이 좋으면 미세한 결함을 식별할 수 있게 된다.

이와 같이 방사선투과 영상의 상질이 좋고 나쁨을 평가하는 게이지를 상질계(像質計 : Image Quality Indicator, IQI) 또는 투과도계(透過度計 : penetrameter)라고 한다. 상질계는 방사선투과검사 기법의 적정성을 확인하기 위해 방사선투과사진에 나타내야 하며, 시험체의 재질과 동일하거나 방사선 흡수적으로 유사한 것을 사용해야 한다.

투과도계는 일반적으로 그 모양에 따라 판에 구멍이 뚫린 유공형(有孔形 : Hole type) 또는 판형(板形 : plaque type)과 피아노선과 같은 선형(線形 : Wire type, 바늘형) 투과도계로 분류되며, 검사할 시험체의 두께에 따라 투과도계의 두께, 구멍의 크기 및 선의 직경을 달리하여 구성한다.

방사선투과 사진에서 투과도계의 이미지는 시험이 적절한 조건하에서 시행되었는가에 대한 영구적인 증거가 된다. 코드(code), 규격(standard) 또는 시방서(specification)에서 상질계의 형태와 적용법을 규정하고 있다.

선형 투과도계는 한국(KS), 일본(JIS), 독일(DIN)이 채용 하였지만, 최근에는 미국에서도 선형 투과도계를 사용하고 있으며, 영국(BS)에서는 선형과 계단 및 유공형 투과도계를 동시에 사용하도록 하고 있다.

유공형 투과도계는 단순히 평판에 구멍이 있는 것과 계란형의 스텝웨지에 구멍이 있는 것이 있다. 전자는 ASTM(American Society of Testing and Material), ASME(American Society for Mechanical Engineers), API(American Petroleum Instutude) 등 주로 미국에서 채용하고 있으며 계단/유공형은 영국, 프랑스(AFNOR)에서 사용하고 있으며 러시아(GOST)의 경우 구형 상질계를 사용하고 있다.

EN 규격에서는 방사선투과시험의 상질 및 상질계에 관하여 EN 462-1, 462-2, 462-3, 462-4, 462-5에서 규정하고 있으며 상질계의 종류로는 선형(wire type), 계단/유공형(step/hole), 쌍선형(duplex wire) 상질계가 있다.

KS A4054 : 2000(방사선투과시험용 투과도계)에서는 바늘형 투과도계, 유공형 투과도계 및 유공 계단형 투과도계에 대하여 규정하고 있다.

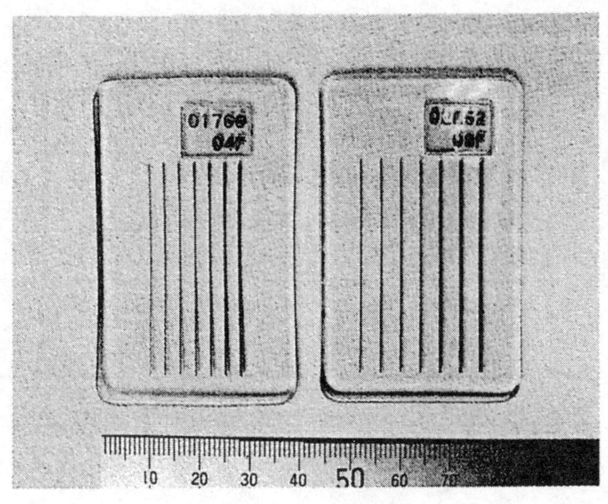

(a) 선형투과도계

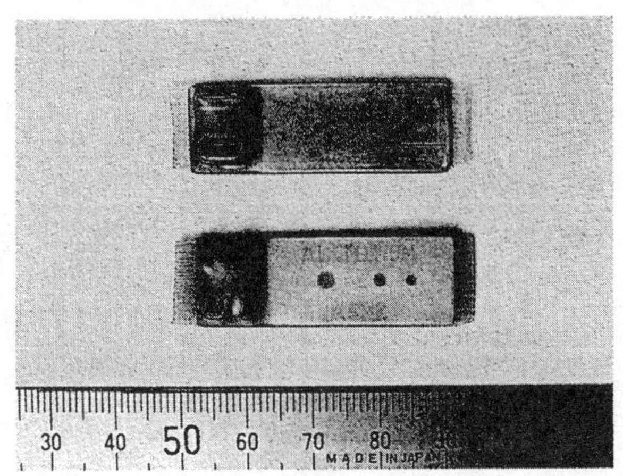

(b) 유공형투과도계

〔그림 2-39〕 투과도계의 예(KS A 4054)

가. 유공형 투과도계(有孔形 透過度計)

유공형 투과도계는 어느 면으로는 "Go-No go" 게이지라 할 수 있다. 즉 규정된 품질 수준(quality level)이 달성되었는지 또는 그렇지 않은지 만을 나타내며 요구사항에 대해 정량적으로 평가할 수는 없다. 그러나 선형 투과도계는 하나의 투과도계 내에 여러 개의 와이어를 가지므로 여러 개의 투과도계 역할을 행한다 할 수 있다. 따라서 얻어진 방사선 투과사진의 품질수준을 현상 처리된 방사선투과사진으로부터 직접 읽을 수 있다는 장점이 있다.

유공형 투과도계는 필요로 하는 어떠한 재질로도 만들어질 수 있는 반면 선형 투과도계는 단지 몇몇의 재질로 한정된다. 예를 들면 순수한 알루미늄과 2024알루미늄합금은 현저한 조성 및 방사선흡수에 차이를 갖는다. 유공형 투과도계를 사용하는 경우에는 각각의 재질로 만들어 사용할 수 있다. 그러나 선형 투과도계를 사용하는 경우에는 2024알루미늄에 대해서도 알루미늄 투과도계를 사용하게 된다.

따라서 이러한 경우 동일한 식별도를 나타내기 위해서는 최소 선지름을 별도로 규정해야 한다. 즉, 2024합금에 대해서는 실험을 통해 결정해야 될 것이다.

ASTM 유공형 상질계는 (E 1025 : Standard Practice for Design, Manufacture, and Material Grouping Classification of Hole-Type Image Quality Indicators(IQI) used for Radiology)에서 규정하고 있다. 상질계의 모양은 3가지가 있는데 두 가지는 직사각의 판형이고 하나는 원형 디스크 형상이다.

ASTM 상질계는 재질별로 8종류로 나누어져 있고 측면의 노치(notch) 위치 수에 의해 구별하도록 되어있다.

ASTM 상질계는 직경이 1T, 2T 및 4T(T는 상질계의 두께)인 3개의 구멍(hole)을 가진다. 얇은 재질의 경우 아주 미세한 구멍을 뚫기 어렵기 때문에 이들 구멍의 최소 직경은 각각 0.010, 0.020, 0.040인치 이하이다.

두꺼운 유공형 상질계의 경우 4T 구멍의 크기가 커지므로 아주 커지게 된다. 그러므로 두께가 0.180″보다 큰 상질계는 디스크형으로 하고 그 안쪽에 직경이 1T 및 2T인 두 개의 구멍만 갖도록 하고 있다. 각각의 상질계는 1/1000인치 단위로 나타낸 치수로 식별번호를 갖는다. 즉, 상질계의 고유번호가 "15"인 경우에는 상질계의 두께가 15mils (mili inch, 밀리인치; 1mils=$\frac{1}{100}$inch)를 의미한다.

유공형 상질계를 사용하여 상질계의 상질이 적정한지 여부를 결정하는 방법에는 검사규격상에 시험체의 두께에 따라 적용해야 할 상질계의 고유번호 및 투과사진상에 나타난 상질계의 영상에서 적정한 고유번호와 지정된 구멍(hole)이 나타났는지를 확인하면 된다.

또한 유공형 상질계를 사용하는 경우 투과사진의 기준 감도를 2-2T로 하는 경우가 많은데 이는 상질계의 두께(T)가 시험체 두께의 2% 이하가 되는 것을 사용하여 투과사진상에 직경이 2T인 구멍이 나타나도록 촬영해야 한다는 것을 의미한다. 기준 감도를 1-2T 이하로 하는 경우에는 동일한 방법으로 상질계의 두께(T)가 시험체 두께의 1% 이하가 되는 것을 사용하여 투과사진상에 직경이 2T인 구멍이 나타나도록 촬영해야 한다는 요구조건이다.

유공형 상질계를 사용하는 경우 상질계 두께와 기준구멍의 크기에 따라 상질계 등가감도

(等價感度 : EPS: Equivalent Penetrameter Sensitivity) α를 다음과 같이 구하게 된다.

$$\alpha = \frac{100}{X}\sqrt{\frac{TH}{2}} \quad \cdots\cdots (2\text{-}1)$$

α : 상질계 등가감도(%)

X : 시험체 투과 두께

T : 상질계 두께

H : 규정된 구멍(hole)의 직경

예를 들면, 시험체의 투과두께(X)가 0.5인치, 상질계의 두께(T)가 0.005인치 에서 투과 사진상에 나타난 최소 구멍의 직경이 0.0625인치(H)일 때에 식에 대입하면

$$\alpha = \frac{100}{0.5''}\sqrt{\frac{0.005'' X 0.0625''}{2}} = 2.5\%$$

가 되어, 등가 감도는 2.5%이다.

그리고, 상기 식은 다음과 같은 관계도 된다.

$$\alpha = \sqrt{\frac{AB}{2}} \quad \cdots\cdots (2\text{-}2)$$

여기서 $A = \frac{100\,T}{X}$[%]이고, $B = \frac{100\,H}{X}$ [%]로서 식 2-1과 같은 결과를 얻는다. 그리고, 여기서 A와 B를 구하면, 그림 2-4의 노모그라프(nomograph)에서 투과도계 등가감도를 다음과 같이 구할 수 있다.

$$A = \frac{100\,T}{X} = \frac{100\,X\,0.005}{0.5} = 1.0\%$$

$$B = \frac{100\,H}{X} = \frac{100\,X\,0.0625}{0.5} = 12.5\%$$

$$\alpha = \sqrt{\frac{1.0\ \ X\ 12.5}{2}} = \sqrt{0.625} = 2.5\ \%$$

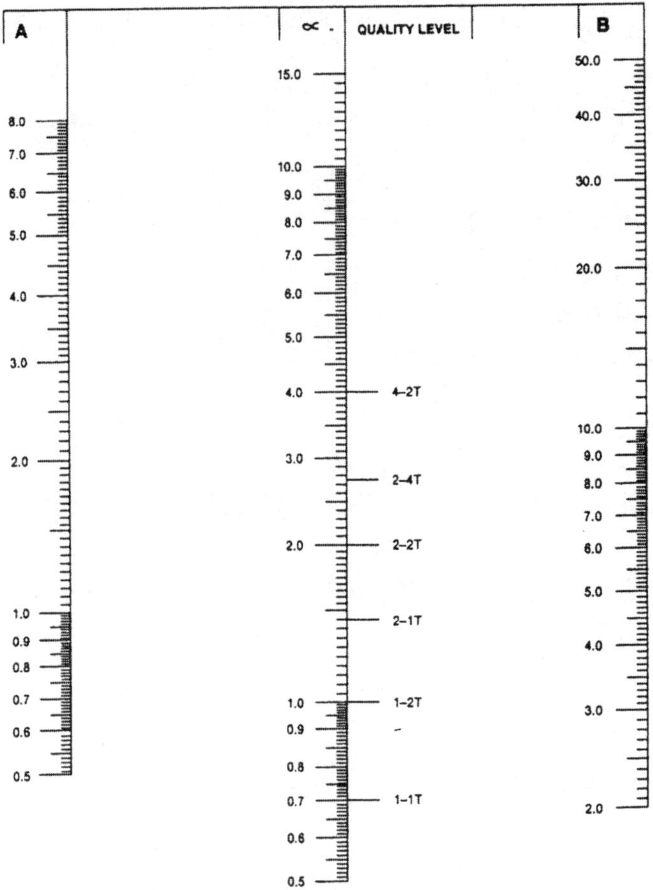

〔그림 2-40〕 투과도계 등가감도를 구하는 노모그라프

노모그라프에서 A(1.0 %)와 B(12.5 %)가 직선으로 만나는 중심선의 α 값인 2.5 %가 투과도계 등가 감도가 되어 같은 결과가 된다.

대표적인 기준 감도에 대한 방사선 투과사진 상질 기준은 표 2-1과 같다.

표 2-1 방사선투과사진 상질기준

기준감도	상질계두께(%) 시험체 기준두께	식별가능한 최소두께 직경	상질계 등가감도(%)
1-1T	1	1T	0.7
1-2T	1	2T	1.0
2-1T	2	1T	1.4
2-2T	2	2T	2.0
2-4T	2	4T	2.8
4-2T	4	2T	4.0

(a) #5～#20

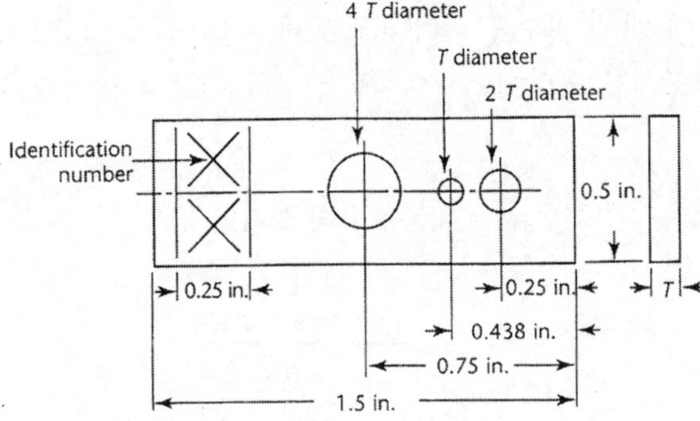

(b) #21～#59(± 0.0025in), #60～#179(± 0.005in)

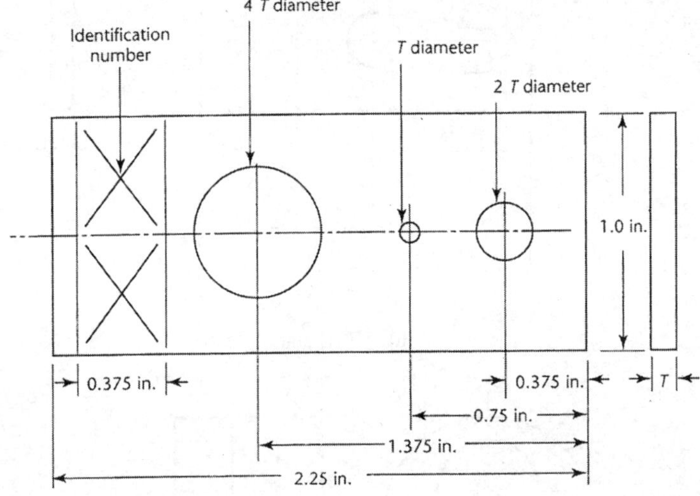

(c) #180이상

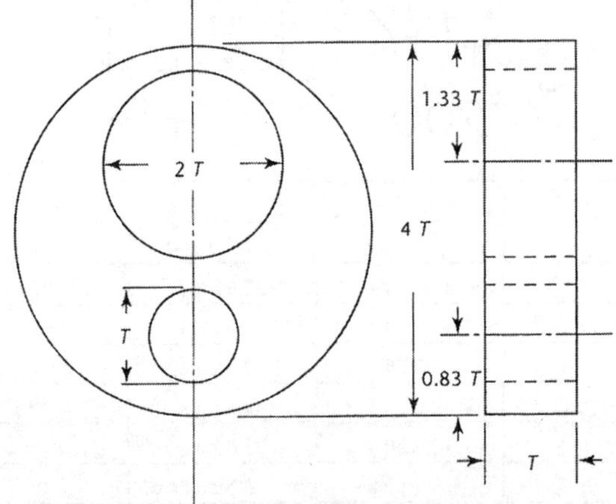

〔그림 2-41〕 유공형 상질계(ASTM E 1025)

KS A 4054(2000)에서 정하는 유공형 투과도계는 그림 2-42에서와 같이 사각형과 원형이 있으며 호칭번호에 대한 칫수를 나타내고 있다. 그리고 표 2-2는 유공형 투과도계 호칭번호에 따른 투과도계 두께와 1T, 2T, 4T 구멍의 지름을 나타내고 있다.

단위 : mm

a) 사각형(F10 의 보기)

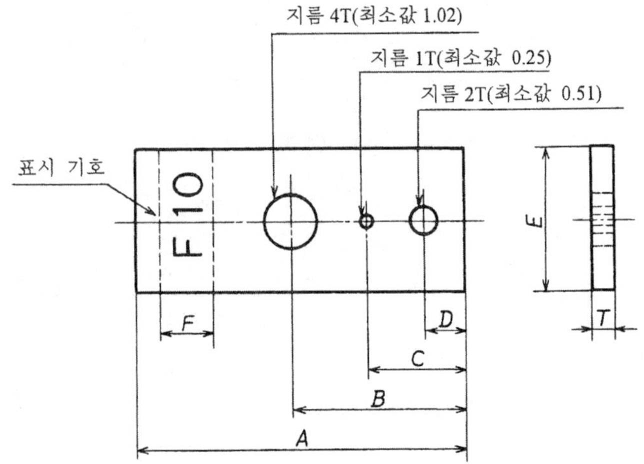

b) 원형(F200 의 보기)

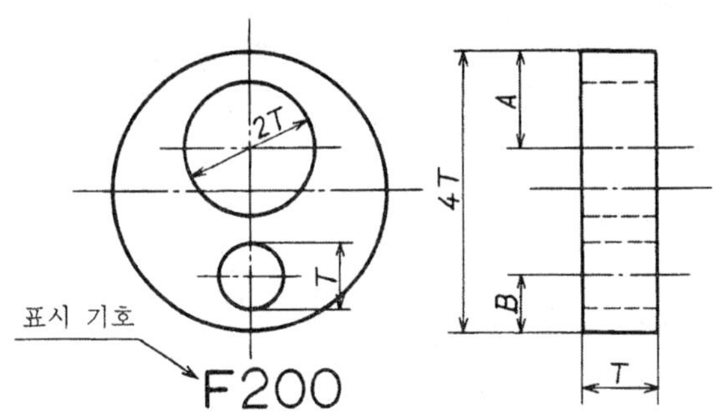

호칭 번호		사 각 형		원 형
		X5－X50	X60－X160	X200
치수	A	38.0±0.4	57.0±0.8	1.330T±0.13
	B	19.0±0.4	35.0±0.8	0.830T±0.13
	C	11.0±0.4	19.0±0.8	－
	D	6.4±0.4	9.5±0.8	－
	E	13.0±0.4	25.0±0.8	－
	F	6.4±0.8	9.5±0.8	－

〔그림 2-42〕 유공형 투과도계의 모양 및 치수

표 2-2 유공형 투과도계의 호칭 번호, 두께, 구멍의 지름 및 허용치

모 양	호칭 번호([1])	두 께	1T 구멍의 지름	2T 구멍의 지름	4T 구멍의 지름
사각형	X5	0.13	0.25	0.51	1.02
	X7	0.18	0.25	0.51	1.02
	X10	0.25	0.25	0.51	1.02
	X12	0.30	0.30	0.64	1.27
	X15	0.38	0.38	0.76	1.52
	X17	0.43	0.43	0.86	1.73
	X20	0.51	0.51	1.02	2.03
	X25	0.64	0.64	1.27	2.54
	X30	0.76	0.76	1.52	3.05
	X35	0.89	0.89	1.78	3.56
	X40	1.02	1.02	2.03	4.06
	X45	1.14	1.14	2.29	4.57
	X50	1.27	1.27	2.54	5.08
	X60	1.52	1.52	3.05	6.10
	X80	2.03	2.03	4.06	8.13
	X100	2.54	2.54	5.08	10.2
	X120	3.05	3.05	6.10	12.2
	X160	4.06	4.06	8.13	16.3
원 형	X200	5.08	5.08	10.2	-

나. 선형 투과도계 (線形透過度計)

선형투과도계(wire penetrameter)는 직경이 다른 여러 개의 선을 플라스틱이나 대지(臺紙)로 고정하고, 납으로 식별번호를 나타내고 있다. 선의 배열은 왼쪽으로 부터 오른쪽으로 점점 굵어지도록 되어 있고, 선의 지름에 따라 형의 종류가 다르다.

배열의 직경 변화가 일정한 등차급수형과 일정 비율로 변화하는 등비급수형으로 된 투과도계로 나눈다. 선의 지름에 따라 숫자가 정해지며, 재질이 철강일 때는 F, 알루미늄일 때는 A, 스텐인리스는 S, 티타늄은 T 기호를 사용한다. 재질 기호가 앞에 있을 경우는 등비급수이고 뒤에 있을 때는 등차 급수이다.

등비급수형 투과도계는 투과두께의 2%에 해당하는 값이 2선의 직경의 중간이 되는 경우에 가는 쪽 선이 나타나기 때문에 등차급수형보다 많이 사용한다. 예를 들면, 투과도계의 두선 중 굵은 쪽의 직경을 d_1이라 하고. 가는 쪽의 직경을 d_2라면 $2(d_2/d_1)$%에 가까운 식별도가 요구되는 경우에 등차급수보다 등비급수가 합리적이다. 예로서, 철강의 재질두께가 9.9mm인 경우 2%의 값은 0.198mm가되어 2F 투과도계를 사용하면 0.2mm선은 불충분하여 0.1mm선이 나타나야 함으로 식별도는 (0.1/9.9) x100% = 1.01 %가 되어 $2(d_2/d_1)$ = 2(0.1/0.2) = 1% 에 가깝다. 이 경우 1F를 사용하면 0.15mm선이 나타나야 하므로 식별도는 (0.15/9.9) x 100 = 1.51 %가 된다. 이와 같이 등차급수형을 사용하면 사용하는 투과도계에 따라 요구하는 식별도가 변화할 뿐 아니라 재질 두께에 따라 요구하는 식별도가 변하게 된다. 이에 비하여, 공비(公比)가 1.25인 등비급수형 투과도계를 사용하면 어떠한 경우에도 요구하는 투과도계 식별도가 $2(d_2/d_1)$ = 2(.1/1.25) = 1.6 % 이하로 되지 않는 장점으로 등차급수형보다 많이 이용한다.

ASTM 선형 상질계는 E747(Standard Practice for Design, Manufacture and Material Grouping Classification of Wire Image Quality Indicators(IQI) Used for Radiology)에서 규정하고 있으며 ASTM 선형 상질계 시스템에 의해 결정되는 품질수준은 ASTM E 1025의 유공형 상질계 시스템과 동등하다.

ASTM 선형 상질계의 형태는 6개의 선을 직경이 작은 것으로부터 순서대로 배열한 바늘형의 조합으로 구성된다.

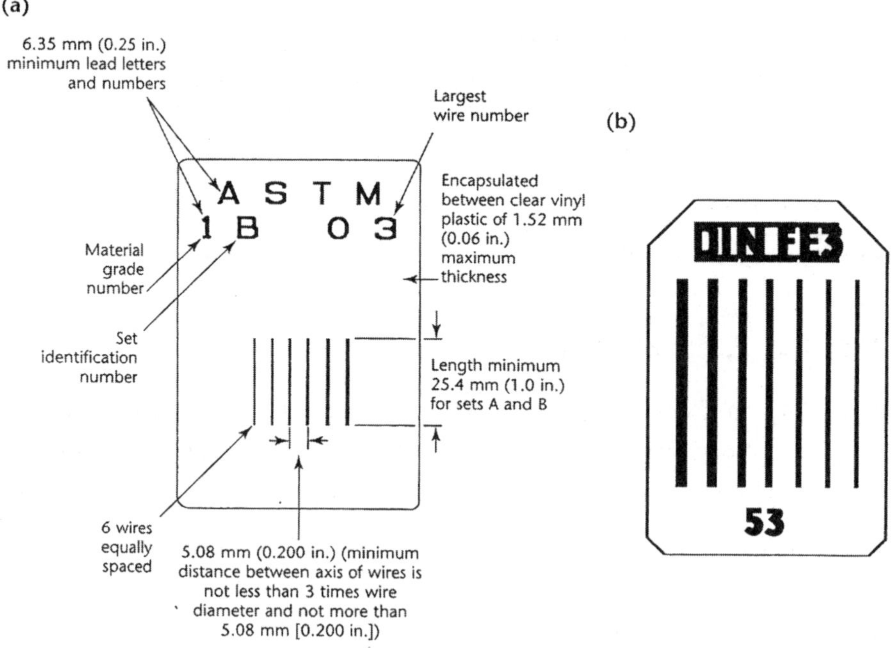

〔그림 2-43〕 선형 상질계(ASTM E 747)

표 2-3에서 규정한 직경의 치수는 ISO/R10시리즈(연속적으로 ISO/R10 시리즈는 등비수열이고, 어느 방향과도 제한 없이 10 $\sqrt{10}$: 1의 비율을 갖고, 전체구성을 포함한다.)로부터 일반적으로 취한 일관된 시리즈 번호로부터 설정한 것이며, 각 조는 ASTM의 재료를 나타내는 납 문자 또는 숫자에 의해 식별되어야 한다.

표 2-3 선형상질계의 종류(ASTM E 747)

형의 종류	SET A	SET B	SET C	SET D
선의 직경 IN(mm)	0.0032(0.08) 0.0040(0.10) 0.0050(0.13) 0.0063(0.16) 0.0080(0.20) 0.0100(0.25)	0.010(0.25) 0.013(0.33) 0.016(0.40) 0.020(0.51) 0.025(0.64) 0.032(0.81)	0.032(0.18) 0.040(1.02) 0.050(1.27) 0.630(1.60) 0.080(2.03) 0.100(2.50)	1.100(2.50) 0.126(3.20) 0.160(4.06) 0.200(5.10) 0.250(6.40) 0.320(8.00)

KS B 0845 :2005 (강용접 이음부의 방사선투과시험 방법)와 KS D 0242 : 2002 (알루미늄 평판 접합 용접부의 방사선투과시험방법) 등의 방사선투과시험 관계 규격에는 바늘형 투과도계를 채용하고 있다.

바늘형 투과도계는 일반형 투과도계와 띠형 투과도계로 구분하고 있다. 일반형 투과도계의 호칭 번호 및 선지름은 표 2-4와 같으며, 띠형 투과도계의 호칭 번호 및 선지름은 표 2-5와 같다. 그림 2-44은 일반형 투과도계의 하나인 04F를 예로 나타내고 있다. 통상적으로 일반형을 사용하고 있다. 그러나 원주용접부의 시험에는 원칙적으로 띠형 투과도계를 사용한다.

일반형 투과도계 바늘의 직경은 공비 1.25(= $\sqrt[10]{10}$)의 등비급수로 변화하고 있다. 바늘의 수는 7개이고, 띠형 투과도계는 동일 직경의 바늘 9개로 구성되어 있다. 바늘형 투과도계 표시의 기호는 [A], [F], [S] 등의 알파벳은 바늘의 재질 (A : 알루미늄, F : 탄소강, S : 스테인리스 강 등)로 표시한다. 기호 전후에 있는 숫자는 바늘(일반형은 가장 큰 바늘)의 직경을 표시하고 있다. 일반형 투과도계 7개의 바늘 직경은 다음과 같이 알려져 있다. 예로서 그림 2-43과 같은 04F형은 최대 지름이 0.4mm 이고, 중앙의 4번째는 최대 지름의 1/2이며, 최소 바늘선지름은 최대 지름의 1/4배이다. 바늘지름이 0.1, 0.2 및 0.4 mm에 인접한 지름은 큰 방향으로는 1.25, 가는 방향으로는 0.8을 곱하여 구할 수 있다. 그러므로 투과사진상에서 투과도계 표시 기호가 식별되면, 식별할 수 있는 지름을 알 수 있다.

표 2-4 KS A 4054 일반형 투과도계의 호칭 번호 및 선지름 (단위 : mm)

호칭 번호(1)	선지름 및 선지름의 계열							선의 중심간 거리
02X	0.05	0.063	0.08	0.10	0.125	0.16	0.20	3
04X	0.10	0.125	0.16	0.20	0.25	0.32	0.40	3
08X	0.20	0.25	0.32	0.40	0.50	0.63	0.80	4
16X	0.40	0.50	0.63	0.80	1.0	1.25	1.6	6
32X	0.80	1.0	1.25	1.6	2.0	2.5	3.2	10
63X	1.6	2.0	2.5	3.2	4.0	5.0	6.3	15

주(1) 호칭 번호 중의 X은 재질에 대응하는 표시 기호(F, S, A, T, C)로 한다

표 2-5 띠형 투과도계의 호칭 번호 및 선지름 (단위 : mm)

호칭 번호	선 지 름	선의 중심간 거리
X005	0.05	2.5
X006	0.063	2.5
X008	0.08	2.5
X010	0.10	5
X012	0.125	5
X016	0.16	5
X020	0.20	5
X025	0.25	5
X032	0.32	5
X040	0.40	5
X050	0.50	5
X063	0.63	5
X080	0.80	5
X100	1.0	5

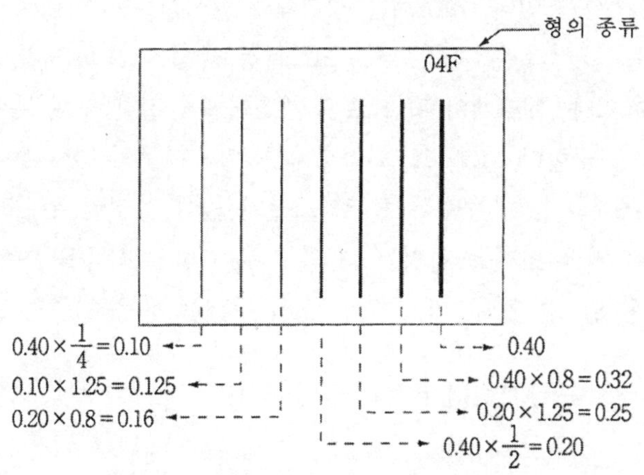

〔그림 2-44〕 일반형 투과도계 선지름의 한예

다. 투과도계와 불연속의 식별

유공형 투과도계의 어떤 구멍이 방사선투과사진에 비록 보인다 해도 동일한 직경 및 두께의 구멍이 보이지 않을 수 있다. 투과도계의 구멍은 잘 가공된 모서리로 되어 있으므로 금속의 두께가 비록 얇지만 농도변화가 잘 나타나는 반면에 자연결함은 두께가 점진적으로 변하므로 사진농도 변화 역시 점진적으로 변하게 된다. 그러므로 투과도계 구멍의 상은 자연구멍의 상에 비해 방사선투과사진에서 식별이 잘 된다. 마찬가지로 예리한 균열은 잘 나타나지만 사진농도가 점진적으로 변하는 결함은 잘 식별되지 않는다. 그러므로 투과도계는 방사선투과검사 기법의 질(quality)을 나타내는 것이지, 시험체내 불연속부의 공동 크기를 측정하는 것은 아니다.

선형 투과도계에서 어떤 직경의 선이 나타났는가 하는 것이 동일한 단면의 불연속이 보이리라는 것을 입증하는 것은 아니다. 사람의 눈은 비록 농도차 및 상의 명료도가 동일하다 해도 짧은 것보다 긴 쪽을 훨씬 쉽게 감지하기 때문이다.

3. 계조계 (階調計 : contrastmeter, contrast indicator)

방사선투과사진의 상질을 평가할 때에 투과도계의 관찰만으로는 관찰자의 판단에 따른 개인차와 관찰 조건 등에 따른 차이가 크다.

계조계는 방사선투과사진의 콘트라스트를 객관적으로 평가하기 위한 게이지이다. 그림 2-45는 KS B 0845 : 2005(강용접부 이음부의 방사선투과 시험 방법)에서 규정하는 평판 블록

(block)으로 두께별 3종류가 있다. 계조계는 시험체와 방사선 흡수적으로 동일한 재질이어야 한다. 계조계의 배치는 필름 측을 원칙으로 하고, 규정 값(KS B 0845 부속서 1 표6)을 만족하면 선원 측에 둘 수 있다. 계조계의 평가 값은 계조계에 근접한 모재 부분의 농도와 계조계 중앙 부분과의 농도차를 구한다. 그리고, 그 농도차를 모재 부분의 농도로 나눈 값을 계조계의 값으로 평가한다. 계조계의 값이 클수록 콘트라스트가 높아 상질이 우수하게 된다.

또한 계조계의 값은 촬영 조건을 결정할 수 있고, 동일한 시험품을 연속적으로 촬영할 때에 촬영조건의 변동을 알 수 있다. 계조계 1.0mm 두께에 대응하는 농도차 ΔD는

$$\Delta D \ = \ -0.0434\,\gamma\ \mu_p/(1+n)$$

의 관계식으로부터 근사적으로 구할 수 있다. 여기서, 계조계의 농도차 ΔD는 필름 감마 값 (γ)과 필름의 감도를 고려한 선질 μ_p 그리고 필름에 균일하게 도달한 산란선 선량율에 감도계수를 곱한 것을 투과선의 선량율에 그 감도계수를 곱한 것으로 나눈 값 n에 따른다. 즉, X선 필름과 증감지의 종류, 현상 조건, 사진 농도, 입사 광자 에너지 및 산란 선량 변화 등에 따라 계조계 농도차는 달라진다. 그러므로, 연속된 촬영 작업 중에 촬영 조건이 변화하지 않게 관리하려면 계조계의 농도차에 관심을 갖는 것이 편리하다.

그리고, 투과도계 선이 가리키는 농도차에는 선원 치수 및 촬영의 기하학적 조건에 따른 보정계수 σ를 고려할 필요가 있다. 또한, 식별한계 콘트라스트 $\Delta D_{\min}$은 사진 농도 및 투과 영상의 크기에 따라 변화한다. 그러므로 투과도계 식별도와 계조계 농도차와의 사이에 항상 일정한 관계가 있다고는 할 수가 없지만, $\Delta D_{\min}$가 크게 변화하지 촬영 조건 및 관찰 조건하에서는 밀접한 관계가 있다. 따라서 계조계의 농도차가 투과사진의 상질도 정량적으로 나타낸다고 할 수 있다.

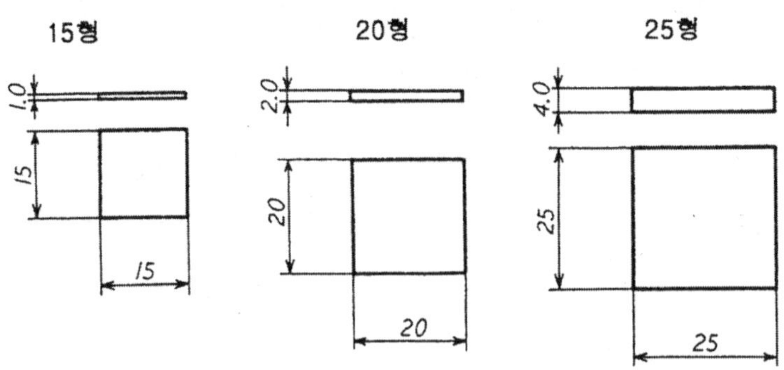

〔그림 2-45〕 계조계의 구조(KS B 0845-2005)

4. 농도계(濃度計)

가. 방사선투과사진의 농도

방사선투과사진의 농도(density)는 필름의 검은 정도(또는 흑화도,)를 정량적으로 나타낸 값으로 다음 식으로 정의한다.

$$D = \log \frac{I_0}{I_t}$$

여기서 D는 방사선투과사진의 농도, I_0는 필름에 입사된 방사선투과사진의 강도, I_t는 필름을 투과한 방사선의 강도이다.

표 2-6은 투과량과 농도의 관계를 나타낸 것이다. 표에서 나타난 것과 같이 농도가 0.3이란 입사 빛의 양을 1/2로 줄이는 필름농도이다. 일반적으로 농도는 로그값(logarithm)이기 때문에 농도의 증가에 따라 투과량은 지수값으로 감소한다. 농도가 4..0일 때 투과량은 10^{-4}이다.

표 2-6 방사선투과율과 사진농도와의 관계

투과율 $\left(\frac{I_t}{I_0}\right)$	투과백분율 $\left(\frac{I_t}{I_0}\times 100\right)$	농도 $\left(\log \frac{I_t}{I_0}\right)$
1.00	100	0
0.50	50	0.3
0.25	25	0.6
0.10	10	1.0
0.01	1	2.0
0.001	0.1	3.0
0.0001	0.01	4.0

나. 필름 농도계(film densitometer)

방사선 투과사진을 판독할 때 투과사진 흑화도의 적정성을 측정해야 한다. 필름의 흑화도는 농도계를 사용하여 측정하는데, 주의해야 할 점은 농도계는 항상 일정한 기준을 유지해야 하므로 일정 주기마다 표준 대비 필름을 이용하여 교정해야 한다. 농도는 투과사진의 품질을 점검하고 판독을 행하는 과정 또는 행하기 전에 측정한다.

농도계를 측정 방법에 따라 나누면 시각식과 광전식이 있다. 또한 광원을 농도계 자체가 내장하지 않고 필름 관찰기를 광원으로 이용하는 휴대용 간이 농도계 자체가 광원을 내장하고 있는 것이 있다. 아날로그 또는 디지털방식(그림 2-46)으로 농도 값이 숫자로 표시되는 광전식의 휴대용 간이형은 값이 비교적 저렴하기 때문에 현장에서 널리 이용하고 있다

〔그림 2-46〕 디지털 농도계

5. 기타 용구

가. 필름 관찰기(觀察器)

방사선투과사진을 관찰하기 위해서는 투과사진의 뒷면으로부터 투과사진의 농도에 적절한 균일한 빛을 조명할 필요가 있다. 이 조명기구를 필름 관찰기(film illuminator 또는 film viewer)라 하며, 그림 2-47은 $3\frac{1}{3}$ x 12인치용 투과사진을 관찰하는 데 많이 사용하는 관찰기의 한예를 보여주고 있다. 그리고 표 2-7은 관찰기 종류에 따라 관찰할 수 있는 투과사진의 최고 농도를 나타내고 있다.

관찰기는 보통 형광등과 빛을 확산시키기 위한 반투명의 아크릴수지판으로 구성된다. 공업용 X선 투과사진은 의료용 X선 투과사진에 비해 일반적으로 고농도인 경우가 많기 때문에 공업용 필름 관찰기의 밝기는 의료용 필름관찰기보다 약 4배 이상 밝다. 단, 농도가 낮은 경우는 눈이 부시기 때문에 밝기를 변경할 수 있도록 되어 있고 약 1/2 정도 어둡게 하는 것이 가능한 것이 많이 사용된다. 필름 관찰기를 장시간

사용하면 형광등이 열화 되어 휘도가 감소하기 때문에 사용한 시간에 따라 정기적으로 형광등을 교체해 주거나 내부 반사면을 청소해 주어야 한다. 촬영한 필름의 관찰에 대한 상세한 것은 제 5장 방사선투과사진의 판독에서 다시 다루고자 한다.

표 2-7 관찰기 에 따른 투과사진의 최고 농도(KS D 0845, 2005)

관찰기 종류	관찰면 중앙 휘도 cd/m^2	투과사진의 최고 농도
D10형	300이상 3000미만	1.5이하
D20형	3000이상 10000미만	2.5이하
D30형	10000이상 30000미만	3.5이하
D35형	30000이상	4.0이하

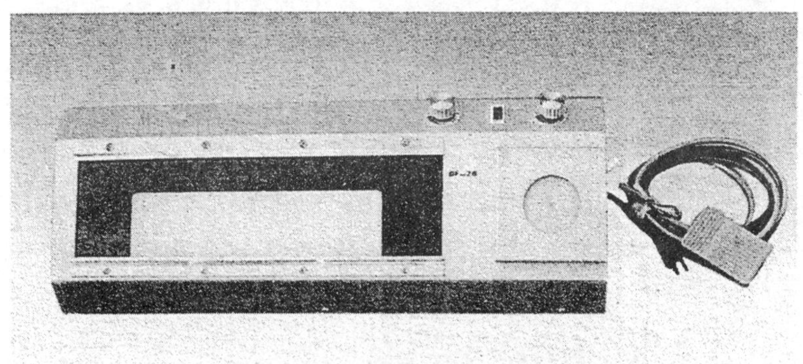

〔그림 2-47〕 필름 관찰기

나. 필름 카세트

필름 카세트(film cassette) 는 필름을 밝은 장소에서 사용하기 위한 차폐 케이스이다. 재질에 따라 금속카세트, 고무 또는 비닐 카세트가 있다. 금속카세트는 조사하는 면이 베크라이트 또는 알루미늄으로 되어 있다. 삽입구를 접는 형식의 고무나 비닐카세트는 접은 면이 없는 쪽으로 방사선을 조사한다. 최근에는 진공 팩으로 된 필름도 시판되고 있으며 이 경우 필름 카세트가 필요하지 않다. 그림 2-48에서와 같이 필름 카세트에는 고정판의 금속 카세트와 유연성이 있게 꺽일 수 있는 비닐 카세트나 진공 팩 필름 등이 있다.

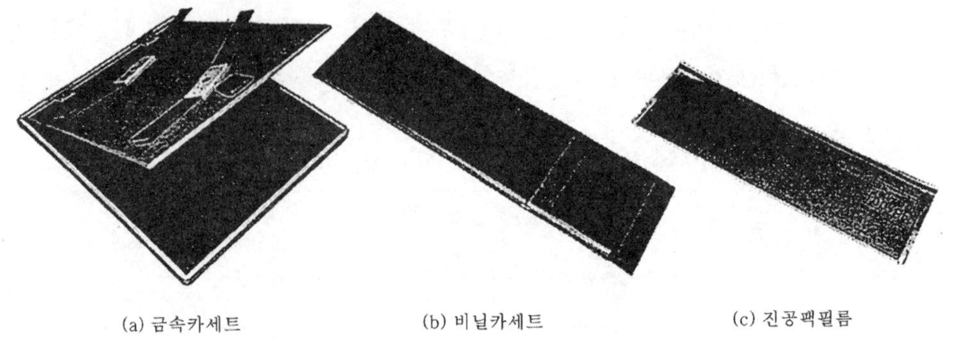

〔그림 2-48〕 필름 카세트 및 진공 팩 필름

다. 필름 마-크

필름 마-크(film mark)는 X선이나 감마선이 잘 투과하지 않는 납 글자나 납 기호로 되어 있어 있다. 마-크는 방사선 투과사진을 촬영한 일자, 고유번호, 명칭 재질 두께 등 투과 사진의 평가에 필요한 정보를 식별하는데 사용한다. 마-크는 시험체나 필름 카세트 윗면에 배치하여 필요한 숫자나 기호를 넣어 필름 평가할 때에 쉽게 식별하여 구분할 수 있게 된다.

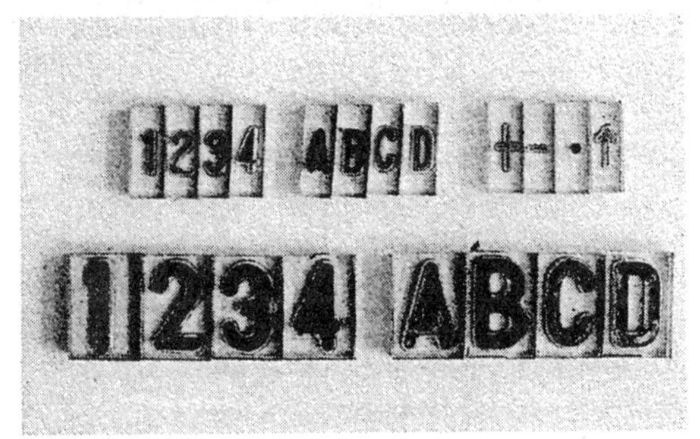

〔그림 2-49〕 필름 마-크

라. 심 (shim)

심은 유공형 상질계를 사용할 때 주로 사용한다. 용접부와 모재의 두께차이를 보상하기 위하여 사용하며 재질은 모재와 같은 재질로 하며, 두께는 용접 덧붙임 크기 정도로 한다. 상질계를 시험체 위에 놓기 곤란한 경우에는 투과두께 만큼의 심을 상질계 밑에 놓고 함께 촬영하며, 심의 크기는 상질계보다 커야 한다.

마. 자석물림

방사선 작업시 필름 카세트를 시험체에 부착시키기 위해 양 끝에 영구자석이 달린 장비로서 시험체가 강자성체일 때만 적용된다. 방사선 투과 사진 촬영시 필름 카세트가 흘러내리거나 움직이는 것을 방지해 주는 역할을 한다.

【 익 힘 문 제 】

1. X선 발생의 3대 요건은 무엇이지 쓰시오!

2. 휴대형 X선 발생장치의 기본 회로를 도해하고 각 기능을 설명하시오!

3. 필름 증감지의 종류를 나열하고 기능을 설명하시오!

4. Co-60 50Ci가 10분간 핵에서 방출하는 감마선 광자 수는 몇 개나 되는지 계산하시오!

5. Ir-192 감마선원 픽 테일(Pig Tail)을 도해하고 각 부위를 설명하시오!

6. 유공형 투과도계의 등가 감도(α)를 구하는 방법을 기술하시오!

7. 투과도계의 상질이 결함의 크기를 평가하는 것이 아니라는 이유를 설명하시오?

8. 선형투과도계에서 등차 급수형 투과도계보다 등비 급수형 투과도계를 많이 사용하는 이유를 설명하시오?

9. 계조계의 값이 상질을 평가할 수 있는 이유는 !

10. 다음 용어를 설명하시오

(1) Heel effect(경사 효과)
(2) Duty cycle(작동 주기)
(3) Effective focal spot(유효 초점)
(4) Rectifier(정류기)
(5) Densitometer(농도계)

제 3 장 방사선투과사진 촬영 기술

제 1 절 방사선투과 영상의 형성

1. 방사선투과검사의 개요

시험체를 투과한 X선 또는 감마선이 필름과 작용해서 만들어진 사진기록이 방사선투과사진(放射線透過寫眞 : radiograph)이다. 필름이 X선, 감마선, 광선 등에 노출되면 필름의 감광유제에 잠상(潛像 : latent image)이 나타난다. 필름을 현상하면 X선에 조사된 부위는 검게 나타나고 그 검은 정도는 방사선 노출량에 따라 변화한다. 방사선은 시험체를 투과하거나 흡수 되는데 이 때 투과되는 방사선의 양은 시험체의 특성과 두께에 따라 변한다.

그림 3-1(a)에서와 같이 두께 차이가 있는 시험체에 방사선을 조사하면 두께가 얇은 B부분은 두게가 두꺼운 A부분보다 투과량(E_B)이 많으므로 투과사진상에 검게 나타나고, A부분의 투과량(E_A)은 밝게 나타난다. 방사선 투과사진의 필름 상에 검게 나타나는 부분은 시험편중 더 많은 방사선이 투과된 부분이며 흰 부분은 방사선이 적게 투과된 것을 나타낸다. 따라서 필름에 나타난 어두운 부분과 밝은 부분을 서로 비교함으로서 시험편의 내부 상태를 확인할 수 있다.

그림 3-1(b)은 방사선에 노출된 필름을 현상 처리한 투과사진의 검은 정도를 관찰기에 넣고 눈으로 관찰한 결과로서 두께가 얇은 B부분은 주위보다 어둡기 때문에 관찰기의 빛이 적게 통과하고 있음을 보여주고 있다.

이와 같이 시험체내의 결함은 건전부의 물질과 원자번호 및 밀도의 차이가 있게 되고, 이는 X선 및 감마선의 흡수계수 차이가 발생하여 투과강도의 차이가 생긴다. 이 투과강도의 차이는 필름 상에 검은 정도의 차이를 나타내는 방사선투과사진의 콘트라스트를 형성하게 되어 결함을 검출할 수 있게 된다.

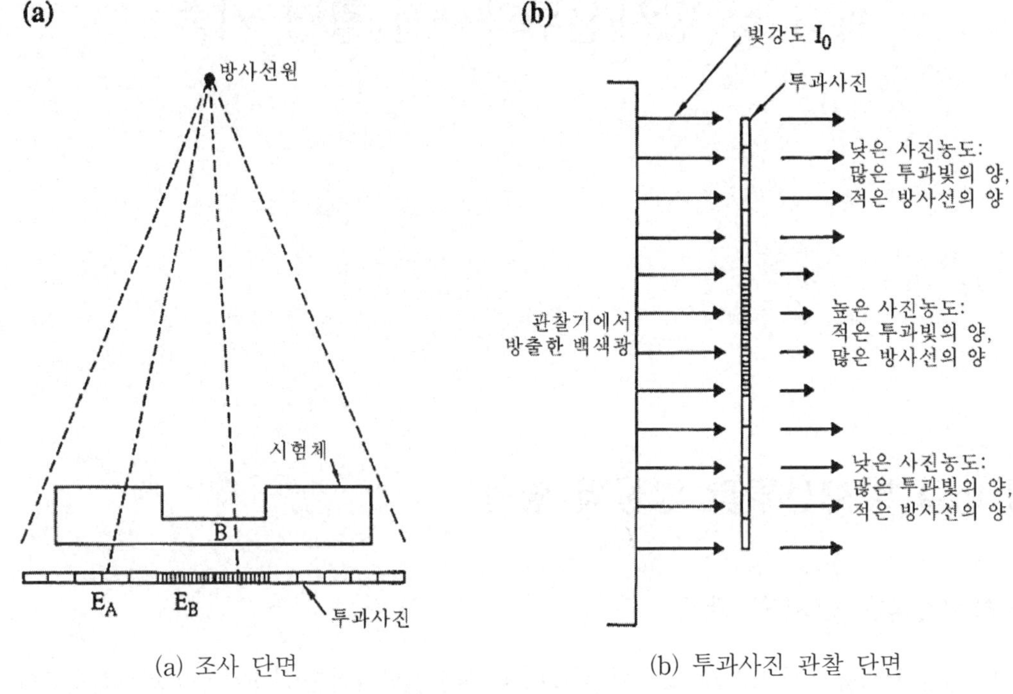

(a) 조사 단면 (b) 투과사진 관찰 단면

〔그림 3-1〕 방사선 투과영상의 콘트라스트 형성

2. 기하학적 음영 원리(geometric principles)

X선과 감마선의 시험체 투과영상은 빛의 음영 원리와 동일하게 설명할 수 있다. 그림 3-2에서 선원을 광원으로, 필름 면을 바닥으로 가정한다면, 광원으로부터 바닥으로 빛을 보내고 광원과 바닥 사이에 빛이 투과하지 못하는 시험체가 있으면 시험체의 그림자가 바닥위에 형성된다.

시험체로 인해 형성된 그림자는 물체가 바닥에 밀착되지 않으면 실제 크기보다 확대(擴大 : magnification)되어 나타나는데 광원으로부터 바닥까지의 거리가 증가할수록 더 확대한다. 시험체 크기와 그림자 크기의 비는 광원으로부터 시험체까지의 거리와 광원으로부터 방사선 필름까지 거리와의 비와 동일하다. 이것을 수식적으로 나타내면 다음과 같다.

$$\frac{D_0}{D_f} = \frac{d_0}{d_f} \qquad \text{(3-1)}$$

여기서 D_0와 D_f는 시험체의 크기와 그림자의 크기(또는 방사선 투과 사진상의 크기이고 d_0과 d_f는 선원-시험체간 거리와 선원-필름간 거리이다.

그림 3-3의 (a) ~ (f)는 선원의 크기의 영향을 나타낸 것이다. 그림3-3(a)와 같이 점광원일 때 선명한 그림자 윤곽을 나타낸다.

그림자의 선명도(鮮明度 : sharpness)는 그림 3-3의 (b), (c), (d)와 같이 광원의 크기와 필름-시험체간 거리에 따라 좌우된다. 광원 내의 각 점이 시험체에 그림자를 형성하므로 명료한 상이 형성되지 않는다. 시험체가 입사광과 이루는 각도에 따라 그림자의 상이 시험체의 실제 형상과 다르게 왜곡되어 나타날 수 있다.

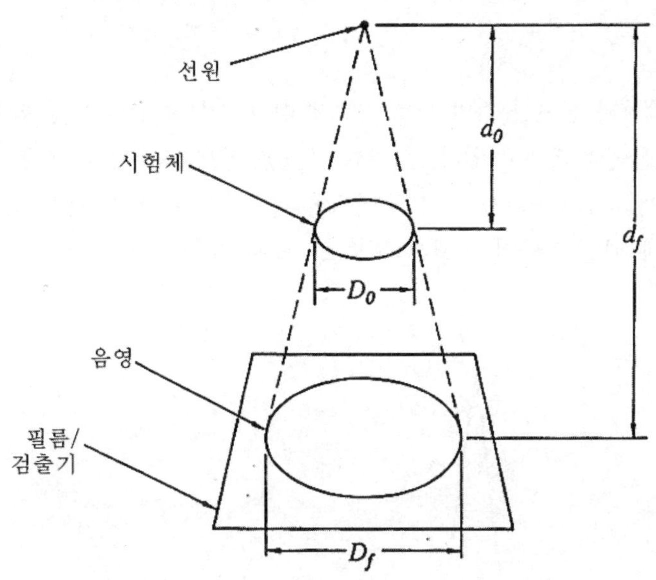

〔그림 3-2〕 시험체 투과 영상의 확대

시험체의 어떤 부분은 다른 부분보다 광원의 중심으로부터 필연적으로 더 멀리 위치하기 때문에 어느 정도의 왜곡은 모든 방사선투과사진에서 나타난다. 광원의 중심으로부터 가장 먼 거리에 위치하는 부분의 상이 가장 크게 확대된다.

그리고 방사선투과 시험에서 가장 선명하고 실물에 가까운 영상을 얻기 위한 조건은 다음과 같다.

① 초점은 가능한 한 작아야 한다. (그림3-3의 (a)와 (c)의 비교)

X선관의 초점크기와 방사선투과사진의 선명도(definition : 또는 명료도)는 밀접한

관계가 있다. 초점이 큰 X선관은 선명도가 낮으며, 초점이 크면 선원-필름간 거리가 증가되어야 선명도를 높일 수 있으므로 가능한 한 작은 초점을 가져야 한다.

② 초점과 시험체간의 거리는 가능한 한 멀어야 한다. (그림3-3의 (b)와 (c)의 비교) 두께가 두꺼운 재질의 경우 필름으로부터 먼 부위의 선명도가 저하되는 것을 최소화하기 위해 선원-필름간 거리를 길게 해야 한다. 선원-필름간 거리를 멀리 유지함으로써 선명도를 증가할 수 있고, 시험체의 실제 크기에 근접한 상을 얻을 수 있다.

③ 필름은 가능한 한 시험체와 밀착해야 한다. (그림3-3의 (b)와 (d)의 비교)

④ 방사선 빔은 가능한 한 필름과 수직이 되도록 한다. (그림3-3의 (a)와 (e)의 비교)

⑤ 시험체의 관심부위와 필름 면은 가능한 한 평행이 되도록 한다. (그림3-3의 (a)와 (f)의 비교)

그림3-4는 시험체와 방사선 빔의 상호 각도에 따라 방사선 필름에 형성되는 상의 왜곡(歪曲 : distortion)현상을 나타내고 있다. 그림3-4의 (a)와 같이 방사선이 시험체에 대해 수직에 가깝게 하면 두 개의 원형물체가 각각 구별되어 나타나지만 (b)와 같이 방사선이 시험체에 경사지게 입사하게 되면 하나의 연결된 상으로 나타나기도 한다.

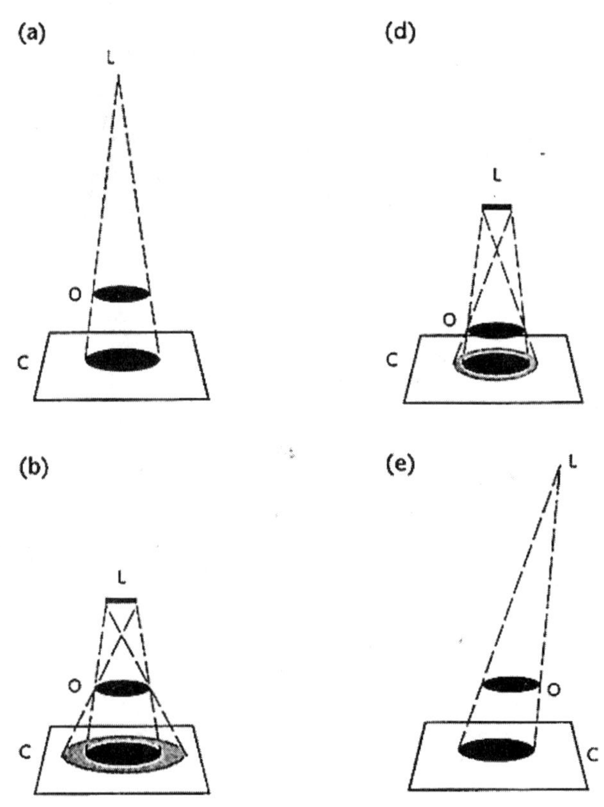

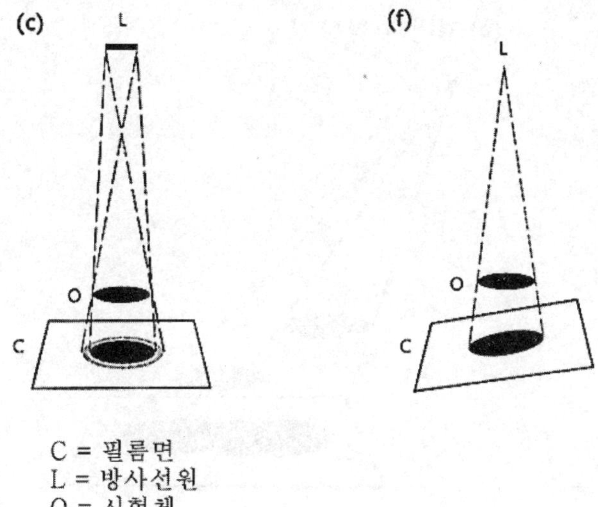

〔그림 3-3〕 음영 형성의 기하학적 원리

(a) 분리된 원형상

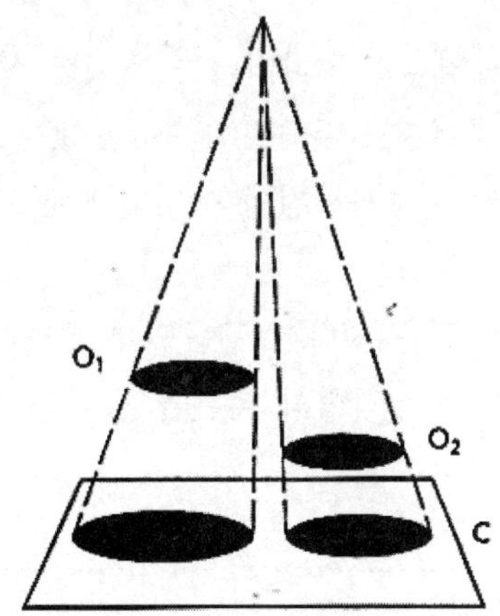

(b) 겹친 원형상

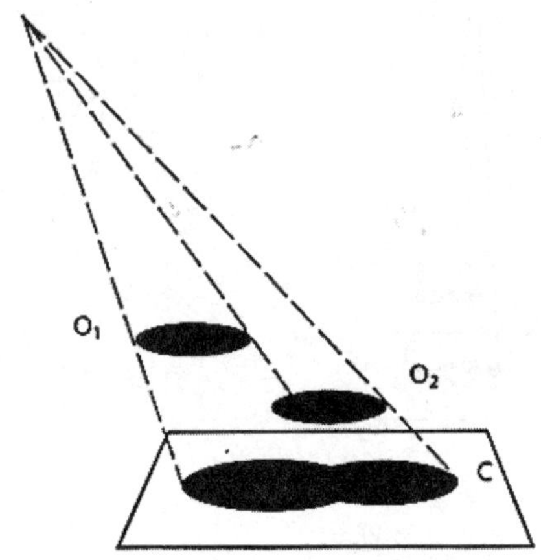

〔그림 3-4〕 시험체와 방사선빔이 이루는 각도에 따른 상의 형성

3. 기하학적 불선명도(geometric unsharpness, Ug)

시험체 주위 음영의 이중 영상으로 나타나는 흐릿한 부분을 반음영(半陰影 ; penumbra 또는 반영) 또는 기하학적 불선명도(幾何學的 不鮮明度: geometric unsharpness, U_g)라 한다. 기하학적 불선명도는 방사선투과사진의 선명도에 큰 영향을 주기 때문에 그 크기를 측정하는 것이 필요하다.

그림 3-5에서 시험체 양쪽 끝을 지나서 필름면에 형성하는 U_g가 반음영으로서 기하학적 불선명도라 한다. 반음영 U_g는 삼각형의 닮은꼴 법칙을 이용하여 다음과 같이 나타낸다.

$$U_g = f \cdot \frac{L_2}{L_1} \qquad \cdots\cdots (3\text{-}2)$$

여기서 U_g는 기하학적 불선명도, F는 선원의 크기, L_1은 선원-시험체간 거리 그리고 L_2는 시험체-필름간 거리를 나타낸다.

방사선투과검사 절차서에서 규정한 최대불선명도는 중요한 값이 되며, 시험체-필름간 거리는 보통 시험체의 선원쪽 면으로부터 필름까지의 거리를 의미한다. L_1은 L_2가 동일한 단위로서 측정되면 기하학적 불선명도는 선원의 크기를 측정할 때 사용된 단위로 나타낸다.

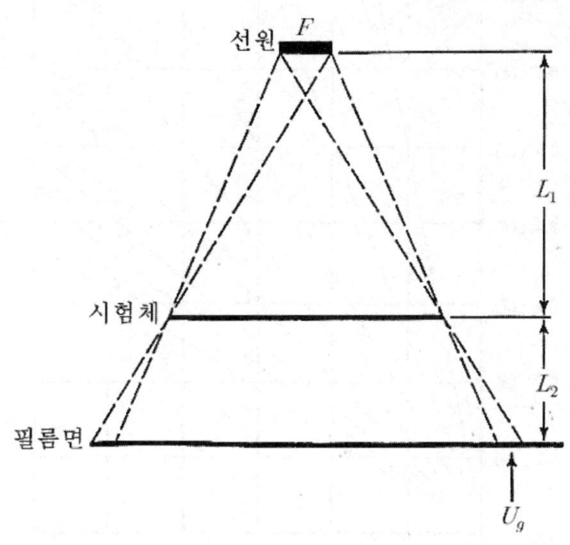

〔그림 3-5〕 기하학적 불선명도

U_g 값을 보다 빨리 구하고자 할 때에는 그림 3-6과 같은 그래프를 이용하기도 한다. 이 그래프는 앞의 식으로부터 만들 수 있다. 그래프에서는 선원-시험체간 거리, 시험체-필름간 거리(시험체 두께) 및 기하학적 불선명도의 관계를 나타낸다. 그림 3-6에 나타나는 선은 모두 직선이 됨으로 각각의 선원-시험체간 거리에 대해 단지 하나의 시험체 두께에 대해 U_g 값을 계산하여 그림에서와 같이 원점과 연결하면 된다. 그러나 선원의 크기에 따라 각각 별도의 그래프를 가져야 하는 번거로움이 있다.

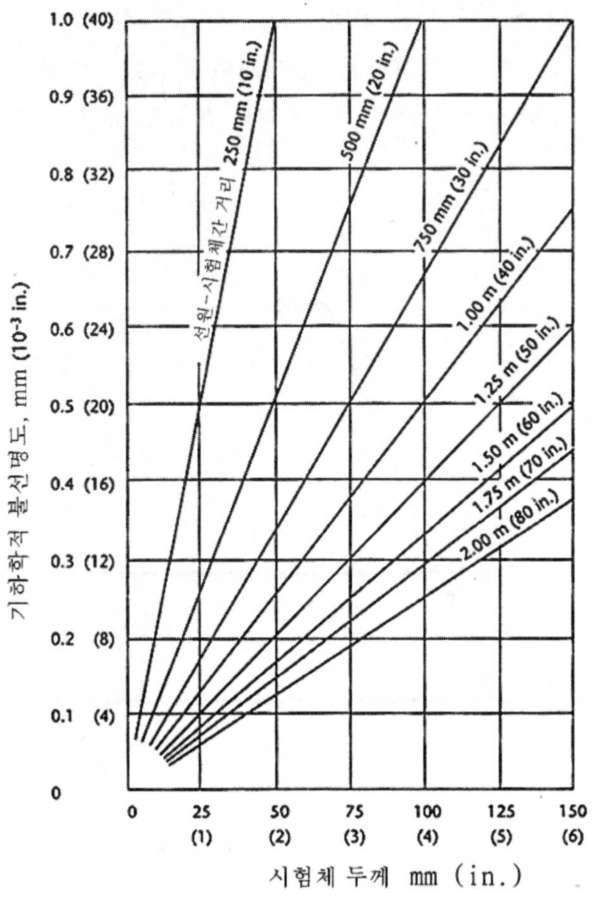

〔그림 3-6〕 선원크기 5mm에서 시험체 두께와 선원-시험체간 거리에 따른 기하학적 불선명도

4. 촬영 배치의 결정

방사선투과사진의 촬영에서 촬영 배치는 각종 규격에서 필요한 규정을 다루고 있다. 여기서는 가장 많이 사용 하는 KS B 0845(강 용접 이음부의 방사선투과 시험 방법, 2005)를 중심으로 알아보고자 한다.

가. 선원과 투과도계간 거리 및 시험부의 유효 길이

일반적인 방사선투과 시험에서 방사선 조사는 시험체를 투과하는 두께가 최소가 되는 방향으로 조사하고 있다. 균열과 같이 방향성이 있는 결함에서는 균열 방향과 방사선 조사 방향이 일치하지 않으면 검출이 곤란하게 된다. 이에 대하여 규격에서는 시험 대상이 되는 범위의 부분에 대하여 균열 같은 면상 결함의 검출은 투과사진의 중앙부와 끝 단부가 크게 변화하지 않도록 규정하고 있다.

강판의 맞대기 용접 이음부의 촬영 방법(KS B 0845 부속서1)에서 선원, 투과도계, 계조계 및 필름 관계 위치는 그림 3-7과 같다. 여기서, 선원과 시험체의 선원측 표면간 거리 L_1은 시험부의 유효 길이 L_3의 n 배 이상으로 규정하고 있다. 투과사진의 상질은 통상 촬영 조건인 A급의 상질과 미세한 결함의 영상을 검출을 목적으로 하는 B급의 상질이 있다. n의 값은 상질의 종류에 따라 표 3-1과 같다. 알루미늄판 평판 접합 용접부의 방사선투과 시험방법(KS D 0242)에서도 동일하게 적용하고 있다. 용접선에 대하여 직각으로 덧붙임 두께 방향으로 늘어난 가로 균열(횡균열)이 시험부 유효길이의 끝 단부에 있는 경우에 조사 각도는

A급의 경우 ($L_1 \geq 2L_3$)

$$\phi = \tan^{-1}\left(\frac{L_3}{2L_1}\right) \leq \tan^{-1}\left(\frac{1}{4}\right) = 14^0$$

B급의 경우 ($L_1 \geq 3L_3$)

$$\phi = \tan^{-1}\left(\frac{L_3}{2L_1}\right) \leq \tan^{-1}\left(\frac{1}{6}\right) = 9.5^0$$

가 된다. 즉, A급의 경우 가로 균열과 조사 각도는 약 14도 이하가 되고, B급의 경우는 약 9.5도 이하가 된다.

그림 3-7에서와 같이 조사각도 ϕ가 크게 되면 시험체를 투과하는 두께와 선원-필름간 거리가 멀어지게 된다. 유효길이의 중앙부와 비교하여 필름 농도가 낮아지게 됨으로 각도를 작게 하는 것이 좋다. 그러므로 시험부의 유효 길이를 제한할 필요가 있다. 실제로 연속된 용접부를 용접선 방향으로 분할하여 촬영할 때에 유효 길이의 L_3를 표시하는 기호는 그림 3-8에서와 같이 시험하지 않는 부위가 발생하지 않도록 선원 측에 마-크(mark : 표시)할 필요가 있다.

일반적으로 양질의 투과사진을 얻기 위하여 B급을 적용하는 경우에는 낮은 관전압을 사용하는 경향이 있다. 관전압이 낮아지면 조사선량율도 낮아지게 되어 노출시간을 길게 주어야 한다. 이러한 경우에는 시험부의 유효길이 L_3를 짧게 하고, 선원-시험체 표면간 거리 L_1을 적게 함으로서 효율적으로 상질이 좋은 투과사진을 얻을 수 있다.

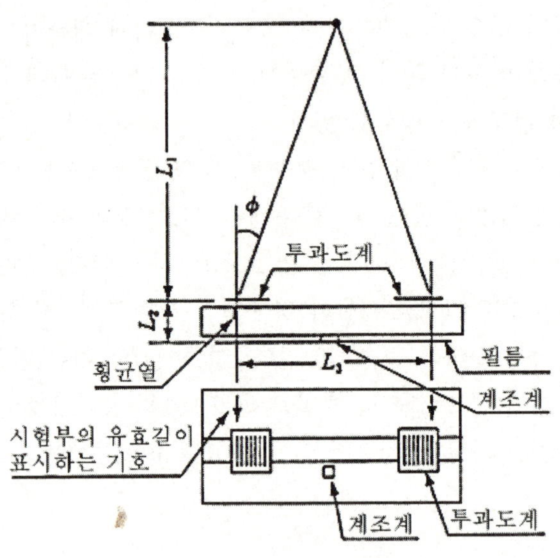

〔그림 3-7〕 촬영 배치

표 3-1 계수 m과 n의 값(KS B0845)

상질의 종류	계수 m([1]) ([2])	계수 n
A 급	2f/d 또는 6 중 큰 쪽 값	2
B 급	3f/d 또는 7 중 큰 쪽 값	3

주 ([1]) f : 선원 치수
([2]) d : 투과도계의 식별 최소 선지름(mm)

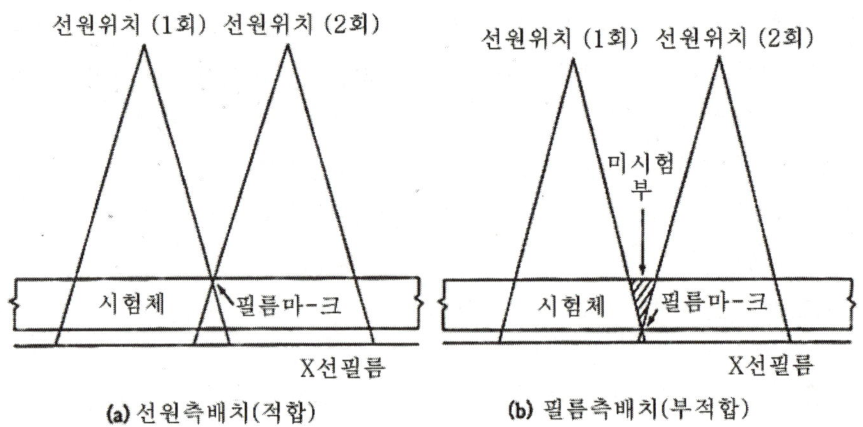

〔그림 3-8〕 시험부의 유효 길이를 표시하는 필름 마크의 배치

나. 선원, 투과도계 및 필름의 위치 관계

(1) 용접부의 경우

KS B 0845에서 촬영 배치는 그림 3-7에서와 같이 선원-필름간 거리(L_1 + L_2)를 시험부의 선원 측 표면 과 필름간 거리 L_2의 m배 이상으로 규정하고 있다. m의 값은 상질이 A급인 경우는 2f/d 또는 6의 큰 쪽 값이며, B급인 경우는 3f/d 또는 7의 큰 쪽 값으로 규정하고 있다. 여기서 f은 선원 치수이고, d는 투과도계의 식별 최소 선지름(mm)이다.

① A급의 상질인 경우

투과도계의 식별 최소 선지름 d의 값은 KS B 0845에서 표 3-2와 같이 규정하고 있다. 한 예로서 모재 두께가 16mm일 때에 d = 0.32mm가 되고, m의 값은

$$m = 2 \cdot f/d = 2 \times 2.0/0.32 = 12.5 \fallingdotseq 13.$$

이 된다. 이 값은 6보다 크기 때문에 m값은 13을 채용한다. 밀봉 팩필름(envelope pack film)을 사용 할 경우에는 시험부의 선원 측과 필름 간 거리 L_2는 모재 두께 16mm에 덧 붙임 두께 4mm를 고려하여 L_2 = 16.0 + 4.0 = 20.0mm가 된다. 선원과 필름간의 거리 (L_1 + L_2)은

$$L_1 + L_2 = m \cdot L_2 = 13 \text{ x } 20.0 = 260\text{mm}$$

를 만족하여야 한다. 한편, 시험부의 유효 길이 L_3 와의 관계도 만족할 필요가 있다. 표 3-1에서 계수 n은 2가 된다. 1회 촬영에서 시험부의 유효 길이 L_3을 250mm라면

$$L_1 \geqq n \cdot L_3 = 2 \text{ x } 250 = 500\text{mm}$$
$$L_1 + L_2 \geqq 500 + 20 = 520\text{mm}$$

가 된다. L_2에서 구한 260mm와 L_3에서 구한 520mm를 비교할 때에 큰 쪽인 520mm를 선원과 필름간거리로 설정하여야 한다.

② B급 상질의 경우

투과도계 식별 최소 선지름은 표 3-2에서 d = 0.2mm이다. m의 값을 다음과 같

이 구하면 $m = 3 \cdot f/d = 3 \times 2.0/0.20 = 30$ 이 된다. 이 값은 7보다 큼으로 m은 30을 선정한다. 시험체의 선원측 표면과 필름간의 거리는 밀봉 팩필름의 경우에 L_2 는 20mm임으로

$(L_1 + L_2)$은 $L_1 + L_2 \geqq m \cdot L_2 = 30 \times 20 = 600$mm가 된다.

한편 시험체의 유효길이 L_3가 250mm에서

$$L_1 \geqq n \cdot L_3 = 3 \times 250 = 750\text{mm}$$
$$L_1 + L_2 \geqq 750 + 20 = 770\text{mm}$$

가 됨으로 선원 필름간 거리는 770mm이상을 설정하여야 한다.

한 예로서, 선원과 필름간거리 $L_1 + L_2$가 750mm가 아닌 700mm라면 다음과 같이 시험부의 유효거리를 작게하는 것이 좋다.

$$L_1 = 700 - 20 = 680\text{mm}$$
$$680 \geqq 3 \cdot L_3$$
$$L_3 \leqq 226.7 \fallingdotseq 226\text{mm}가 된다.$$

시험부의 유효범위 L_3를 226mm이하로 촬영 작업을 수행할 때에 KS B 0845의 L_1, L_2, L_3의 관계를 만족시켜야한다.

표 3-2 투과도계 식별 최소 선지름(KS B0845)

모재두께		상질종류	
		A급	B급
4.0이하		0.125	0.10
4.0초과	5.0이하	0.16	0.10
5.0초과	6.3이하	0.16	0.125
6.3초과	8.0이하	0.20	0.16
8.0초과	10.0이하	0.20	0.16
10.0초과	12.5이하	0.25	0.20
12.5초과	16.0이하	0.32	0.20
16.0초과	20.0이하	0.40	0.25
20.0초과	25.0이하	0.50	0.32
25.0초과	32.0이하	0.50	0.40
32.0초과	40.0이하	0.63	0.50
40.0초과	50.0이하	0.80	0.63
50.0초과	63.0이하	0.80	0.80
63.0초과	80.0이하	1.0	0.80
80.0초과	100이하	1.25	1.0
100초과	125이하	1.25	1.0
125초과	160이하	1.6	1.25
160초과	200이하	1.6	1.25
200초과	250이하	2.0	1.6
250초과	320이하	2.0	1.6
320초과		2.5	2.0

(2) 주강품의 경우

KS D 0227-2005(주강품의 방사선투과시험방법)에서 투과사진의 상질은 용접이음부와 동일하게 A급과 B급으로 구분하고 있다. A급은 형상이 복잡하고 시험체의 두께 변화가 큰 것에 적용하고, B급은 시험부의 두께변화가 적은 평판 같은 것에 적용한다.

그림 3-9은 주강품에서 촬영배치의 한 예를 나타내고 있다. 선원과 시험체간 거리 L_1의 최소 값은 선원 치수 f와 시험체의 선원측 표면과 필름간거리 L_2로 결정한다.

선원과 시험체간 거리 L_1과 선원 크기 f와의 비 L_1/f의 값은 각 상질에 대하여 다음과 같이 산출한 값 이상이 되도록 규정하고 있다.

A급의 경우 $L_1/f \geqq 7.5\ L_2^{\ 2/3}$

B급의 경우 $L_1/f \geqq 15\ L_2^{\ 2/3}$

여기서 f, L_1, L_2의 단위는 mm, 거리 L_2가 시험체의 호칭 두께 t의 1.2배보다 적은 경우에는 L_2의 값은 호칭두께 t로 바꾸는 것이 좋다.

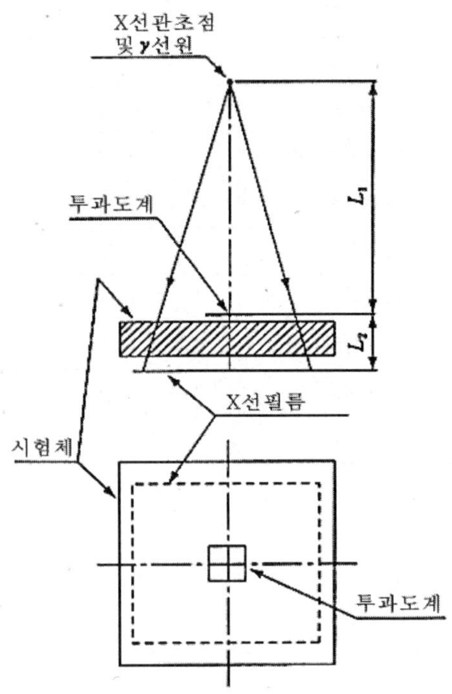

〔그림 3-9〕 주강품 촬영 배치의 한 예

L_1의 최소값을 결정하기 위해서는 그림 3-10에 있는 모노그램을 사용하는 것이 편리하다. 그림 3-10은 선원 치수 2 mm의 X선 장치로 호칭두께 40 mm의 시험체를 촬영하는 예를 나타낸 것이다. 좌측의 선원 치수 2 mm와 우측의 시험체 필름간 거리 40 mm지점을 직선으로 연결하면, 선원과 시험체간 거리 L_1의 최저 값은 A급에서 180 mm이고, B급에서는 350 mm가 된다.

그리고, 주강품은 시험체 형상이 복잡하여 용접 이음부처럼 동일한 촬영배치를 확보하기 어려워 규정을 만족시키지 못하더라도 투과도계 식별 최소 선지름의 규정은 만족하여야 한다.

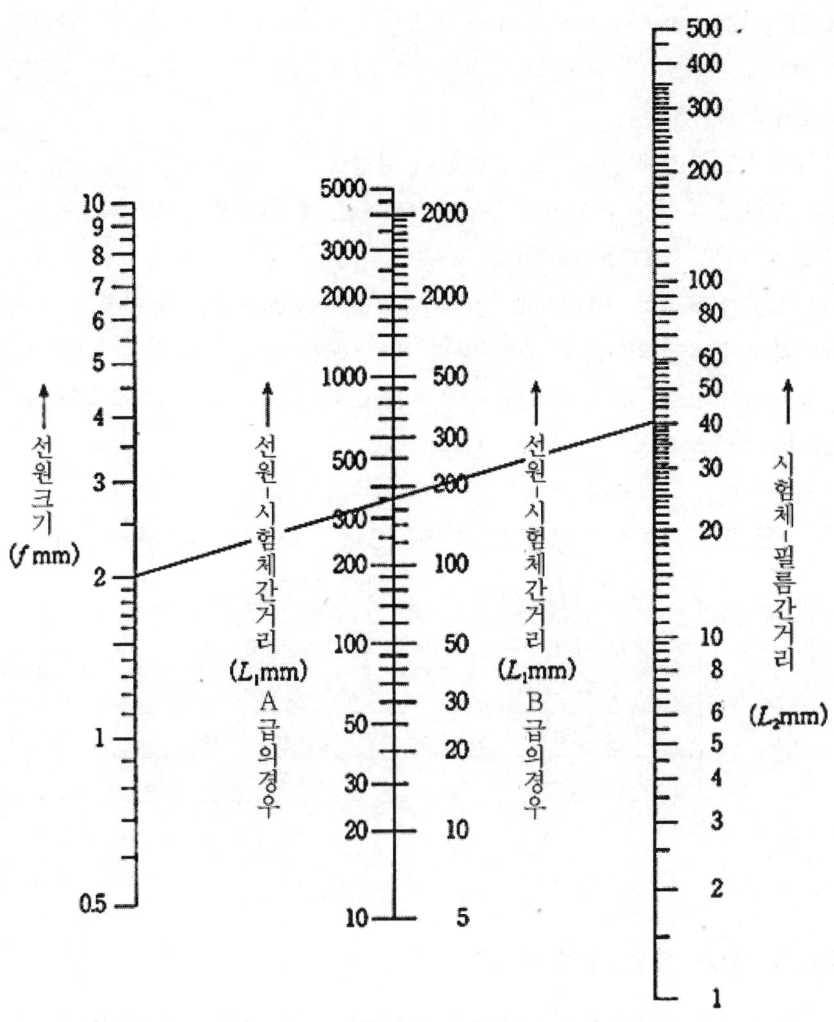

〔그림 3-10〕 시험체-필름간 거리와 선원 치수의 관계로 부터 선원-시험체간의 최소 거리를 결정하기 위한 모노그램

다. 촬영 배치의 기하학적 불선명도

X선 발생장치에서는 가속된 전자선의 타깃 충돌면의 크기를 초점 치수라 한다. 그러나

Ir-192나 Co-60 등의 γ선원에서는 방사성동위원소의 크기가 된다. 이 들을 총칭하여 선원 치수라 한다. 선원 치수는 그림 3-5에서와 같이 결함 영상의 반음영(penumbra : 또는 반영)을 발생하게 한다. 반음영의 크기 U_g는 f L_2 / L 의 관계가 되고, 기하학적 불선명도를 나타내며 촬영배치로 결정하게 된다.

ASME(The Amerian Society of Mechanical Engineering)의 보일러 및 압력용기 제조규격인 ASME Sec. V(2010)에서는 표 3-3과 같이 모재두께에 따른 최대 U_g를 규정하여 촬영배치를 요구하고 있다.

KS규격에서도 과거에는 이것을 고려하여 촬영배치를 규정하였으나, 현행 규격에는 촬영배치의 영향에 대한 투과사진의 콘트라스트가 크게 저하하지 않도록 규정(KS B 0845, KS D 0242, KS D 0227)를 배려하고 있다.

KS D 0237-1982(스테인리스강 용접부의 방사선투과시험 용접부의 방사선투과시험 방법 및 투과사진의 등급 분류 방법)에는 반음영의 크기가 현 규격 B급에 상당하는 0.2 mm이하, 현 규격 A급에 상당하는 0.4 mm이하가 되도록 촬영배치를 규정하고 있다.

표 3-3 기하학적 불선명도(ASME Sec. V-2010)[단위 mm(인치)]

모재 두께	최대 U_g
50(2) 이하	0.51(0.02)
50 초과 75(3) 이하	0.76(0.03)
75 초과 100(4) 이하	1.02(0.04)
100(4) 초과	1.78(0.07)

라. 투과도계와 계조계의 배치

투과사진의 상질을 평가하기 위하여 투과도계와 계조계를 그림 3-11과 같이 배치할 필요가 있다. 여기서는 KS B 0845 중심으로 용접 이음부를 알아보고자 한다. KS D 0242의 경우는 기본적인 순서는 동일하다

(1) 투과도계의 배치

투과도계(透過度計)는 용접이음부의 모재 두께에 따라 요구하는 투과도계 식별 최소

선지름을 표 3-2에서 구하여, 그 지름이 포함된 투과도계의 종류를 선택할 필요가 있다. 그리고 그림 3-7에서와 같이 투과도계는 시험부 선원측의 표면 용접이음부에 걸쳐 시험부 유효길이(L_3)의 양쪽 끝부근에 가는 선이 외측으로 가도록 각 1개씩 배치한다. 다만 시험부의 유효길이가 투과도계 폭의 3배 이하일 때에는 중앙에 1개의 투과도계를 배치한다.

투과도계 종류의 선정은 KS B 0845, KS D 0242, KS D 0237에서 모재두께에 대응하는 요구값이 식별최소 지름을 표시하기 때문에 그 지름을 포함하는 투과도계 형을 선정하는 것이 좋다. 종래에는 투과도계 식별도를 구할 필요가 있었다. 투과도계 식별도는 투과사진을 관찰할 때에 식별되는 투과도계의 최소 지름을 모재두께에 용접 덧붙임을 가산한 투과두께로 나눈 값의 백분률로 정의하였다.

예로서 재료 두께가 13 mm인 강용접부에서 투과도계 식별도 2.0 %가 요구될 때에 13.0 x 2/100 = 0.26 mm가 된다. 이 선지름보다 작은 0.25 mm 선지름을 포함하는 F02(KS D 0237에서는 04 F형)형을 선정하였다.

다음에 투과도계는 선원측에 배치하는 것을 원칙으로 하고 있으나, 투과도계 필름간 거리가 식별 최소지름의 10배 이상에서는 투과도계를 필름측에 위치시킬 수 있다. 이 경우 투과도계에 F의 기호를 붙여 투과사진상에서 필름측에 두었다는 것을 알 수 있도록 한다. 투과도계가 선원 측에 배치하였는지 필름 측에 배치하였는지는 투과사진상에서 투과도계 길이를 측정하여 확인할 수 있다. 그림 3-11에 나타난 촬영의 기하학적 관계에서 필름 측의 투과도계 선길이 I_b 와 선원 측에 위치한 투과도계 선길이 I_a와의 관계는

$$I_a = I_b \cdot \frac{L_1 + L_2}{L_1} \quad \cdots\cdots (3\text{-}4)$$

가 되어 I_a가 I_b 보다 확대하게 된다.

예로서, 용접 덧붙임 4 mm에 모재 두께 26. mm의 용접 이음부를 초점 필름간 거리 600 mm에서 촬영할 경우, 투과도계 필름간 거리는 33 mm이다. 04F형 투과도계의 길이 I_b 는 40 mm일 때에 I_a = 40 x 600/567 = 42.3 mm가 되어 용이하게 판별할 수 있다.

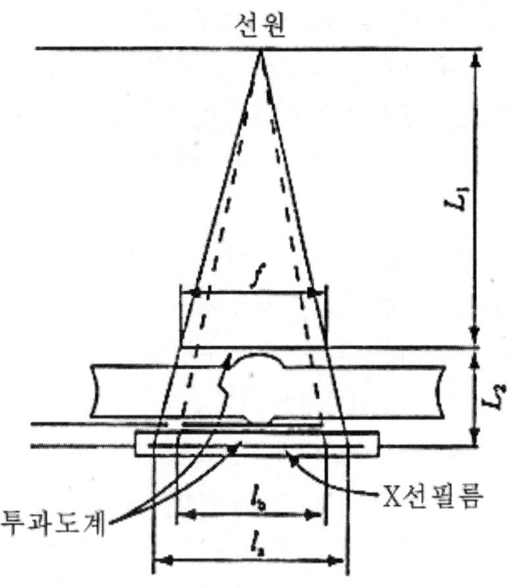

〔그림 3-11〕 투과도계 상의 확대

(2) 계조계의 배치

KS B 0845에서는 모재두께 50 mm이하의 용접이음부에 대해서 3종류형의 계조계(階調計)를 표 3-4와 같이 구분하여 사용하고 있다. 계조계는 시험부 유효길이의 중앙부근 용접 덧붙임에서 그다지 떨어지지 않은 모재부의 필름 측에 둔다. 계조계는 종래에 선원 측에 위치시켜 계조계의 규정치와 투과도계 식별 최소 지름과의 정량적 관계를 명확히 규정하였으나, 현재는 필름 측에 배치하도록 변경하였다. 계조계의 농도차는 계조계가 배치된 주변의 모재부와 계조계의 중앙 농도를 측정하여 양자의 농도차에서 구한다.

시험체에서 발생하는 산란선이 계조계의 중앙에 도달하는 선량에 유의하여 계조계의 크기를 결정할 필요가 있다. 그림 3-12(a), (b)에서와 같이 필름측에 계조계를 사용할 경우에는 선원 측에 사용하는 경우에 비하여 계조계를 작게하는 것이 가능하다. 필름 측에 사용하는 것을 전제로 규격에 규정하는 계조계의 치수가 결정된다.

KS D 0242에는 모재 두께를 배려하여 계조계의 형을 선택하고, 시험부 중앙부근의 선원 측 모재위에 배치하도록 되어 있어, 취급 방법이 다름에 유의할 필요가 있다.

표 3-4 계조계의 적용 구분(KS B 0845)

모재 두께 (mm)	계조계의 종류
20 이하	15형
20 초과 40 이하	20형
40 초과 50 이하	25형

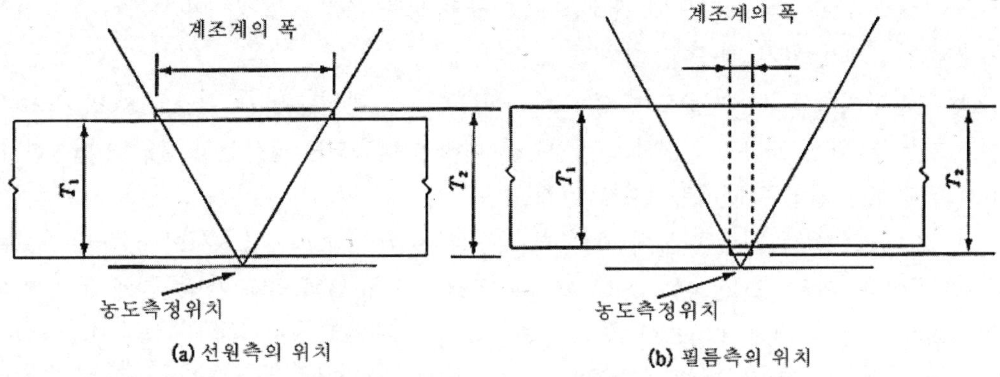

〔그림 3-12〕 계조계 배치에 필요한 폭의 관계

제 2 절 노출 조건 선정

적정한 상질의 투과 사진을 얻기 위해서는 투과사진의 필요조건을 만족하는 사진 농도가 되도록 노출조건을 선정할 필요가 있다. 그러기 위해서는 노출인자, 노출선도 및 X선 필름의 특성곡선을 이용해야 한다.

1. 관전압, 관전류와 X선의 선량율

X선관에 인가하는 관전압은 발생하는 X선 광자의 에너지에 대응하고, X선관에 흐르는 관전류와 노출시간은 X선 광자수에 관계한다. 이들이 노출 조건을 결정하며 투과사진의 상질과 밀접한 관계가 있기 때문에. 매우 중요하다.

X선 발생장치에서 X선의 강도(强度 ; intensity)는 X선 관전류(mA), 관전압(KvP), 노출시간에 따른다. 다른 조건은 일정하고 관전류만 변하면 방출되는 방사선의 강도도 변화한다. 이 때의 강도는 관전류에 대략적으로 비례한다.

그림 3-13은 X선 관전류 변화에 따른 각 파장(관전압이 좌우)에서 X선의 상대적 강도를 나타낸 것이다. 위쪽 곡선(높은 mA)이 아래쪽 곡선(낮은 mA)에 비해 전류가 2배 높은 경우이다. 파장이 같을 때에 방사선의 강도는 관전류에 비례한다. X선관에 흐르는 전류가 2배 증가하면 방사선의 강도도 2배로 증가한다. 낮은 전류에서 발생하지 않는 파장은 높은 전류에서도 발생되지 않는다. 즉 전류와 X선의 파장과는 무관하다는 것이다. 그러므로 X선관에 흐르는 전류가 변화하여도 X선의 선질과 투과력에는 차이가 없다. 전압과 전류가 일정할 때 X선관으로부터 방출되는 방사선의 총량은 시간에 비례한다.

X선의 출력은 전류와 시간의 곱에 비례하는데 이들의 곱을 노출량(露出量)이라고 하며 다음과 같이 나타낸다.

$$E = i \cdot t$$

여기서 E, i, t는 각각 노출량, 관전류, 노출시간이다. 관전류와 노출시간 중 어느 것이 변화해도 전체 노출량(E)이 일정하면 방사선의 양은 동일하다. 그러므로 일반적으로 X선의 노출은 관전류와 시간 각각의 값으로 나타내지 않고, mA-min과 같이 관전류와 노출시간의 곱으로 나타낸다. X선관에 적용되는 전압은 선질과 빔의 강도에 영향을 미친다. 전압이 증가할수록 짧은 파장의 X선이 발생되어 투과력이 증가한다.

그림 3-14는 동일한 관전류에서 다른 두 전압에서 작동하는 X선의 방출곡선을 나타낸 것이다. 높은 kV에서는 낮은 kV에서 나타나지 않는 짧은 파장이 존재한다. 또한 낮은 관전압

에서 존재하는 모든 파장이 높은 관전압에서도 존재하고 X선 강도도 훨씬 높게 된다. 그러므로 관전압을 올렸을 때에 발생한 X선의 투과력과 강도는 증가한다.

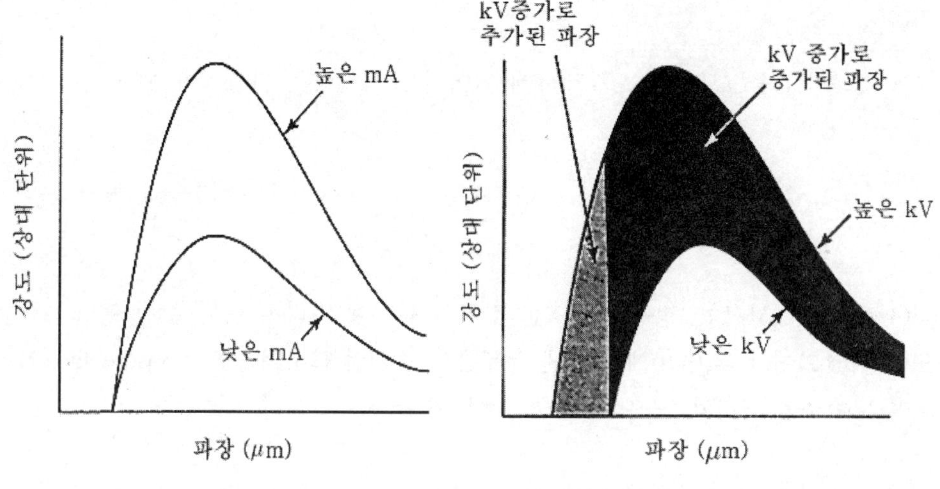

〔그림 3-13〕 X선 빔의 강도와 관전류의 변화

〔그림 3-14〕 X선 관전압 변화에 따른 X선 강도의 변화

2. 노출 인자

가. X선 노출 인자(exposure factor)

투과사진의 촬영에 있어서 X선 필름에 도달하는 X선의 선량율(시간당 선량)은 관전압, 관전류 및 초점-필름간의 거리에 의해서 변화된다. 관전압과 초점-필름간의 거리를 일정하게 한 경우에 X선의 조사 선량율은 관전류에 비례한다.

또한 관전압과 관전류가 일정할 경우에 선량율은 초점-필름간 거리의 2승에 반비례한다. 거리 1 m에 있어서 조사선량율이 I, 관전류가 i이고, 임의의 거리 d m에 있어서 조사선량율을 I' 로 하면 다음의 관계가 된다.

$$I = k_1 \cdot i \quad \cdots\cdots (3-5)$$

$$I' = k_2 \frac{1}{d_2} \quad \cdots\cdots (3-6)$$

따라서 k_1, k_2 를 k로 하면 다음의 관계가 된다.

$$I' = k \frac{i}{d^2} \cdots\cdots (3-7)$$

여기서, 노출시간을 t로 하면, 거리 d에 있어서 조사선량은 다음식이 된다.

$$I' \cdot t = k \frac{i \cdot t}{d^2} \cdots\cdots (3-8)$$

식(3-8)에 있어서 k는 정수이나, X선 장치의 종류에 따라서 다른 값이 된다.

또한 식(3-7)에서, 식(3-8)에 나타낸 부분은 노출인자(露出因子 : exposure factor))라고 부르며 노출량을 거리의 2승으로 나눈 값이 된다.

$$\frac{i \cdot t}{d^2} = \frac{(\text{관전압}) \times (\text{노출시간})}{(\text{거리})^2} \cdots\cdots (3-9)$$

$$\text{노출인자} = \frac{(\text{관전류}) \times (\text{노출시간})}{(\text{거리})^2}$$

$$= \frac{mA \times \text{min}}{cm^2} \cdots\cdots (3-10)$$

어느 X선 장치에 있어서 동일 관전압에서 노출인자의 값이 같으면 조사선량이 같게 되며 같은 농도의 투과사진을 촬영할 수 있다는 것을 의미한다. 즉, 노출인자는 촬영조건을 변경해서 동일농도의 사진을 얻는 경우에, 변경후의 촬영조건을 구할 때 이용한다.

방사선투과검사를 할 때 170 KV의 전압을 사용하면 두께 50 mm의 강은 두께 40 mm의 강에 비해 10배의 mA-min의 노출이 필요하다. 그러나 전압을 200 KV로 증가시키면 동일한 mA-min으로 비슷한 농도의 방사선투과사진을 얻을 수 있다.

전압은 가능한 한 낮게 적용하는 것이 바람직하다. 고전압 X선 장치로 노출조건을 선정할 때 전압은 가능한 한 낮게 고정하고 전류, 노출시간, 초점-필름간 거리만을 변경시키는 기법을 이용하기도 한다.

나. 감마선 노출인자

감마선의 노출인자는 선원의 강도, 노출시간, 선원-필름간 거리로서 구성된다. X선 노출인자와의 차이점은 관전류(mA) 대신에 선원의 강도((强度 activity : Ci 또는 Bq)를 사용한 점이다.

감마선원으로부터 방출되는 방사선의 총량은 선원의 강도와 노출시간에 의해 결정된다. 방사성동위원소의 감마선 강도는 선원의 강도에 대략 비례한다. 그러므로 감마선의 출력은 선원의 강도와 시간에 비례하며 그 곱에 비례한다. X선 노출의 경우와 마찬가지로 감마선의 노출은 다음과 같이 나타낼 수 있다.

$$E = m \cdot t$$

여기서 E, m, t는 각각 감마선 노출량, 선원의 강도 및 노출시간이다.

즉 선원의 강도와 시간의 곱이 일정하면 노출은 일정하므로 감마선의 노출량은 선원의 강도와 시간 각각의 값으로 나타내지 않고 Ci-hr 또는 Bq-sec와 같이 나타낸다. 감마선의 에너지는 각각의 방사성동위원소의 특성에 따라 달라지기 때문에 X선관의 경우에서와 같은 전압이 갖는 인자의 변수는 없다. 그러므로 감마선원의 노출인자는

$$\text{노출인자} = \frac{(\text{선원의 방사능}) \times (\text{노출시간})}{(\text{거리})^2}$$

$$= \frac{MBq \times \min}{cm^2} \cdots\cdots\cdots\cdots \quad (3-11)$$

와 같이 된다. 감마선을 사용할 때 투과력을 변경시키는 유일한 방법은 선원을 변경시키는 것이다. 예를 들면 보다 높은 투과력을 얻기 위해 Ir-192 대신에 Co-60을 사용하는 것이다.

3. 거리제곱 반비례 법칙(distance square inverse law)

X선은 빛의 음영 원리와 같으므로 X선관에서 방출되는 X선 광자는 분산된다. X선관의 표적으로부터 거리가 증가함에 따라 X선의 강도가 감소되며 넓은 범위로 확대된다.

X선관의 출력이 일정할 때 시험체에 도달하는 방사선 강도는 초점과 시험체 사이 거리의 제곱에 반비례한다. 그러므로 이를 거리제곱 반비례 법칙이라고 한다.

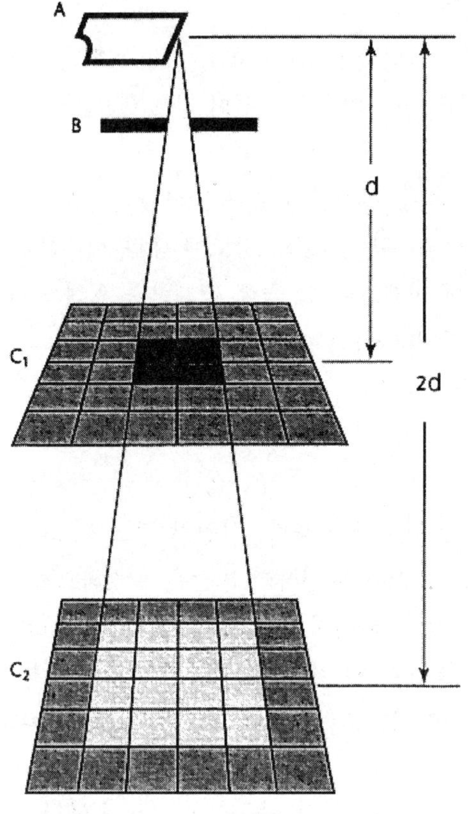

〔그림 3-15〕 거리 역제곱 법칙

그림 3-15는 역제곱 법칙의 원리를 나타낸 것이다. X선이 초점으로부터 거리 D만큼 떨어진 곳에서 면적이 C_1으로 나타나지만 초점과 필름간 거리가 2배인 2D가 되면, X선 영역은 C_1의 4배로 확대된다. C_2 표면의 단위면적당 방사선량은 C_1 표면의 1/4이다. C_2에서 C_1과 동일한 농도의 방사선투과사진을 얻기 위해서는 방사선강도를 4배로 증가시켜야 한다. 방사선 강도를 증가시키려면 노출시간이나 전류를 증가시켜야 한다. 거리제곱 반비례 법칙은 다음 식과 같다.

$$\frac{I_1}{I_2} = \frac{{d_2}^2}{{d_1}^1} \quad \cdots\cdots (3-12)$$

여기서 I_1, I_2는 각각 거리 d_1 및 d_2에서의 강도를 나타낸다.

다른 조건이 일정할 때 주어진 노출에 필요한 전류는 초점-필름간 거리의 제곱에 비례한다. 이는 다음 식으로 나타낼 수 있다.

$$I_1 : I_2 = d_1{}^2 : d_2{}^2 \quad \cdots\cdots (3-13)$$

$$\frac{I_1}{I_2} = \frac{d_1{}^2}{d_2{}^2} \quad \cdots\cdots (3-14)$$

여기서 I는 전류, d는 초점-필름간 거리이다.

감마선인 경우는 X선의 초점을 선원으로 바꾸면 된다.

4. 교환 법칙

X선이나 감마선의 노출인자는 관전류(선원의 강도), 노출시간, 선원-필름간 거리로서 구성된다. 이 세 가지 인자의 상호관계를 X선을 기준으로 알아보고자 한다. 감마선인 경우는 초점을 선원으로 표현하고, 관전류(mA)를 선원의 강도(Ci 또는 Bq)로 바꾸어 적용하면 된다.

가. 노출 시간과 거리 관계

다른 조건이 일정할 때 주어진 노출에 필요한 노출시간(t)는 초점-필름간 거리의 제곱에 비례한다. 이를 식으로 나타내면 다음과 같다.

$$t_1 : t_2 = d_1^2 : d_2^2$$

$$\frac{t_1}{t_2} = \frac{d_1^2}{d_2^2} \quad \cdots\cdots (3-15)$$

나. 거리, 시간 및 관전류(선원 강도) 관계

주어진 노출에 필요한 전류(I)는 시간(t)에 반비례한다. 이를 식으로 나타내면 다음과 같다.

$$I_1 : I_2 = t_1 : t_2$$

$$\frac{I_1}{I_2} = \frac{t_1}{t_2} \cdots\cdots\cdots\cdots\cdots\cdots\cdots\cdots \quad (3-16)$$

전압, 거리 등이 주어진 조건에서 동일한 노출효과를 얻기 위한 전류와 시간의 곱은 일정하며 다음의 식과 같이 나타낼 수 있으며 이를 상호법칙이라고 한다.

$$I_1 \cdot t_1 b = I_2 \cdot t_2 = I_3 \cdot t_3 = \text{일정} \cdots\cdots\cdots \quad (3-17)$$

예제) 어떤 X선 발생장치로 200 kvp, 5mA에 2분간 노출을 주었을 때에 초점에서 60cm 지점의 선량이 500mR으로 측정되었다. 다른 조건은 동일하고 단지 3mA에 3분간으로 노출을 변경하였을때 100cm 지점의 선량은 얼마가 될 것인지 계산하시오? 그리고 100cm 지점의 선량이 500mR이 되기 위해서는 3mA에 몇분간 노출을 하여야 하는가?

풀이) 선량(율)을 관전류와 노출시간에 비례하고, 거리제곱에 반비례 한다. 그러므로

$$500mR \times \frac{3mA}{5mA} \times \frac{3\text{분}}{2\text{분}} \times (\frac{0.6m}{1m})^2 = \frac{1620}{10} = 162mR$$

100cm 지점에서 162mR이 된다.
이 지점에서 500mR이 되기 위해서는

$$\text{노출시간} = \frac{500}{162} \times \frac{3mA \times 3\text{분}}{3mA} = \frac{4500}{486} \fallingdotseq 9.26\text{분}$$

제 3 절 노출표 및 노출량 변경

1. X선 노출표(X-ray exposure chart)

X선 노출표는 시험체에 적절한 X선 노출량을 설정하기 위하여 시험체의 두께, 전압 및 노출사이의 관계를 나타내는 그래프이다. 그림 3-16은 일반적으로 사용되는 X선 노출표의 한 예이다. 이 그래프는 일정한 두께를 갖는 판재의 방사선투과검사 시 노출을 결정하는 데에는 적당하지만 주조품과 같이 두께 변화가 큰 시험체의 경우에는 단지 안내 역할만을 제공한다.

노출표는 일반적으로 X선장치의 제조자로부터 제공받게 된다. 제조자에 의해 제공된 노출표는 적절히 교정되지 않으면 다른 X선 장치에서는 사용될 수 없기 때문에 각각의 장치마다 그 장치의 노출표를 작성하여 사용하여야 한다.

가. X선 노출표의 특성

노출표는 여러 계단(step)으로 된 그림 3-16의 스텝웨지(step wedge)에 대해 일련의 방사선투과촬영을 시행하여 작성한다. 스텝웨지를 여러 전압에서 노출시간을 달리하여 촬영한 후 동일한 현상조건으로 현상한다.

현상된 각각의 방사선투과사진은 스텝웨지의 두께에 따라 투과된 X선 강도와 관련된 농도를 나타내게 된다. 여기서 어떤 농도(예를 들면 2.0)를 노출표 작성의 기준으로 선정한다. 스텝웨지를 촬영한 방사선투과 사진상에서 이미 정해논 농도(예를 들면 2.0)가 나타나는 부위에 대해 노출(mA-min) 및 전압을 확인한다. 대부분의 경우 농도는 정해진 값에 정확히 일치하지 않지만 이 농도에 해당하는 정확한 두께는 스텝웨지의 두께 사이에서 보간법(interpolation)으로 구한다. 이상에서 얻은 값을 기준으로 두께, 노출 및 전압과의 관계를 그래프로 나타내면 그림 3-17과 같은 형태의 노출표를 얻을 수 있다.

다른 방법으로 스텝웨지 촬영회수를 줄이고 수학적 계산으로 노출표를 작성할 수 있다. 이 경우에는 각 전압에 대해 하나의 스텝웨지를 촬영한다. 촬영된 필름을 현상 처리하여 각각의 두께에 대해 농도를 측정한다. 사용한 필름의 특성곡선을 이용하면 기준으로 한 농도(앞 예의 2.0)를 나타내는 노출을 각 두께마다 계산할 수 있다.

일반적으로 노출표는 반대수(semi-log) 용지에 나타내며 노출(mA-min)이 로그 축이 된다. 로그 축을 사용하면 큰 값을 작은 값으로 나타낼 수 있으며, 각 전압에서 노출을 직선으로 나타낼 수 있다. 노출표 작성조건과 방사선투과검사의 촬영 조건은 일치하여야 한다. 노출표 작성 시 고정되는 조건은 다음과 같다.

(a) 사용된 X선 장치
(b) 선원-필름간 거리
(c) 필름의 종류
(d) 현상조건
(e) 기준이 된 필름농도
(f) 증감지의 종류

〔그림 3-16〕 스텝웨지

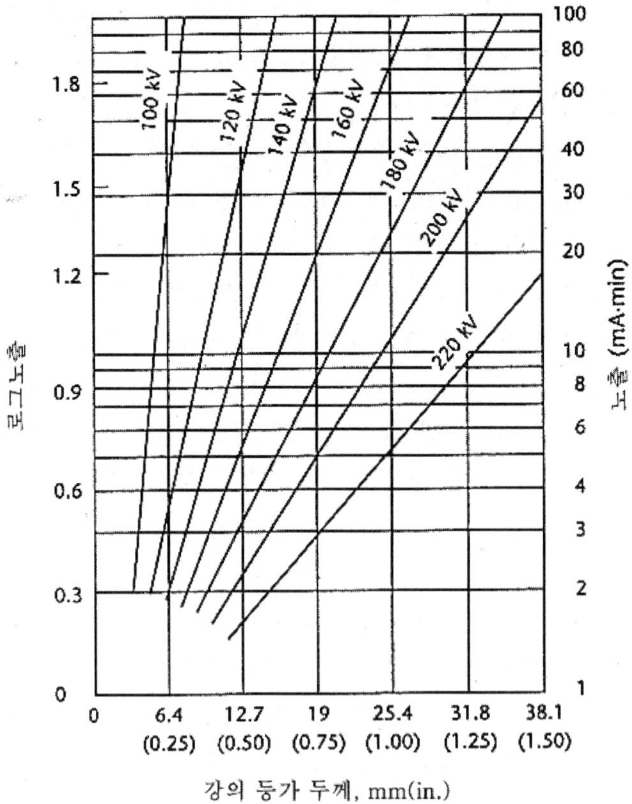

〔그림 3-17〕 강의 X선 노출표의 예

따라서 방사선투과검사 시 촬영의 조건이 노출표를 작성할 때의 조건과 일치하는 경우에만 노출값을 노출표로부터 직접 읽어서 사용할 수 있다. 이 조건과 다른 경우에는 필요한 보정(correction)을 해야 한다.

보정인자는 다음과 같다.

(a) 사용된 장치에 대해 다른 장치에도 적용되는 노출표를 얻기 위한 보정인자의 설정은 어렵다. 왜냐하면 X선 발생장치가 동일한 공칭전압 및 전류로 작동한다 하더라도 X선 발생장치에 따라 강도와 선질이 달라질 수 있기 때문이다.

(b) 선원-필름간 거리가 달라지는 경우에는 거리 역제곱 법칙을 이용하여 보정할 수 있다. 노출표에 따라서는 mA-min 대신 노출인자(exposure factor)로 나타내기도 한다. 이러한 노출표에서는 선원-필름간 거리가 달라지더라도 쉽게 적용할 수 있다.

(c) 사용하는 필름의 종류가 달라지는 경우에는 두 필름에서 동일한 농도를 나타내는데 필요한 노출량의 차를 비교하여 교정할 수 있다. 이는 필름 특성곡선에서 필름간의 노출 차이를 구한 후 로그 노출값을 선형 척도로 환산하여 교정인자로 사용함으로써 가능하다. 동일한 필름에 대해 농도를 변경할 때도 마찬가지로 적용할 수 있다. 필름의 특성곡선에서 새로운 농도값을 얻기 위해 필요한 노출차를 선형척도로 환산한 후 곱하거나 나누어주면 된다.

(d) 현상조건이 달라지면 유효 필름속도(effective film speed)에 변화가 초래된다. 현상조건이 노출표 작성 시와 달라지면 보정인자는 실험적으로 구해야 한다.

(e) 노출표는 어떤 특정 농도를 얻기 위한 노출을 나타내고 있다. 다른 농도를 얻기 위해서는 필름특성곡선을 이용하여 보정인자를 결정한다.

(f) 납증감지에서 형광증감지로 증감지의 종류가 달라지면 보정인자를 결정하기 보다는 새로운 노출표를 작성하는 것이 쉽고 정확하다.

경우에 따라서는 노출시간과 선원-필름간 거리가 경제적인 관점에서 또는 앞서의 경험이나 예비시험을 통해 결정되기도 한다. 물론 관전류도 X선 장치에 따라서는 제한을 받게 된다. 이렇게 되는 경우 시험체의 두께와 전압만이 변수로 남게 된다.

이러한 조건에서는 노출표를 그림 3-18과 같이 단순화 할 수 있다. 즉 특정 두께에 따라 단지 전압만을 선택하도록 되어 있다. 이 노출표는 그림 3-17과 같은 노출표에서 각 노출값에서 수평선을 그려 각 전압과 만나는 두께를 구해 그 두께와 전압을 상관시켜 얻을 수 있다.

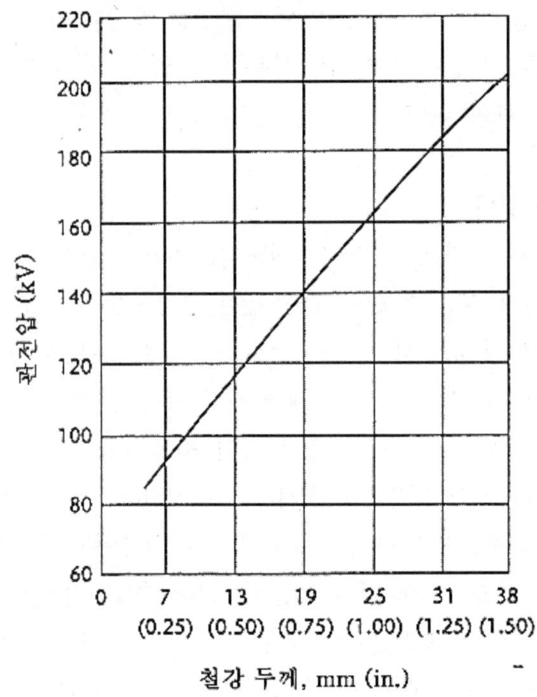

〔그림 3-18〕 시험체 두께에 따른 관전압 노출표
(X 필름, 연박 증감지, 농도 1.5, 선원-필름간 거리 1m)

나. X선 노출표의 작성 예

감마선원을 사용하는 경우의 노출표는 방사성 동위원소의 종류 및 시험체 재질에 따라 작성하면 동일 종류의 방사성 동위원소에 대해서는 새로운 노출표를 작성할 필요가 없다.

그러나 X선을 사용하는 경우에는 동일한 관전압에서도 X선 발생장치의 성능에 따라 노출조건이 달라지므로 발생장치를 구입하였을 때나 장기간 사용한 후에는 해당 X선 발생장치별로 노출 도표를 작성해야 한다.

노출도표를 작성하기 위해서는 우선적으로 사용하고자 하는 재질로 이루어진 스텝웨지와 사용하고자 하는 필름의 특성곡선이 준비되어야 한다. 그림 3-16과 같은 모양의 스텝웨지에서 최소 두께가 4 mm이고 최대 두께가 26 mm이며 계단두께는 2 mm씩 증가하는 강재로서 12계단으로 구성된 스텝웨지를 사용하였다. 이 스텝웨지를 촬영할 때는 필름의 종류, 현상조건, 선원-필름간 거리, 증감지의 종류 등 모든 촬영조건이 동일한 상태에서 해야 한다.

(1) 스텝웨지 촬영

노출조건은 임의로 조정할 수 있으나 여기서는 다음과 같은 조건으로 촬영하였다.

- 관전압 140 KV일 때 노출량 20 mA-min
- 관전압 180 KV일 때 노출량 15 mA-min
- 관전압 220 KV일 때 노출량 10 mA-min
- 관전압 300 KV일 때 노출량 5 mA-min

(2) 필름 농도 측정

촬영한 투과사진의 농도를 측정한다. 투과 사진상에 나타난 각 계단의 농도는 표 3-5와 같다.

(3) 상대 노출대수

각 계단의 농도에 따른 상대 노출대수를 그림 3-19의 특성곡선에서 구한다. 구해진 상대 노출대수는 표 3-6와 같다.

표 3-5 계단의 사진 농도

각 계단의 두께	140 KV 20 mA-min	180 KV 15 mA-min	220 KV 10 mA-min	300 KV 5 mA-min
6	2.82	-	-	-
8	1.20	-	-	-
10	0.65	2.76	-	-
12	0.26	1.70	3.52	-
14	-	1.00	2.51	3.52
16	-	0.66	1.53	2.63
18	-	0.39	1.11	1.77
20	-	0.28	0.74	1.26
22	-	-	0.52	0.92
24	-	-	0.33	0.71
26	-	-	0.29	0.54

표 3-6 상대 노출 대수

각 계단의 두께	140 KV 20 mA-min	180 KV 15 mA-min	220 KV 10 mA-min	300 KV 5 mA-min
6	2.35	-	-	-
8	1.96	-	-	-
10	1.60	2.33	-	-
12	1.10	2.12	2.47	-
14	-	1.87	2.28	2.47
16	-	1.61	2.08	2.30
18	-	1.38	1.90	2.15
20	-	1.13	1.70	2.00
22	-	-	1.52	1.82
24	-	-	1.33	1.67
26	-	-	1.14	1.54

(4) 기준 농도 설정

노출표를 작성하기 위한 기준 농도를 정한다. 여기서는 기준 농도를 2.0으로 하여 노출표를 작성하였다. 기준 농도란 노출표의 조건으로 검사하고 현상하였을 때 나타나는 투과사진의 농도를 의미하는 것으로 작성자 임의로 결정해도 무방하나, 일반적으로 2.0 또는 2.5정도를 기준으로 하여 작성하고 있다. 여기서 기준 농도의 상대노출대수는 2.2(그림 3- 19의 화살표시)가 된다.

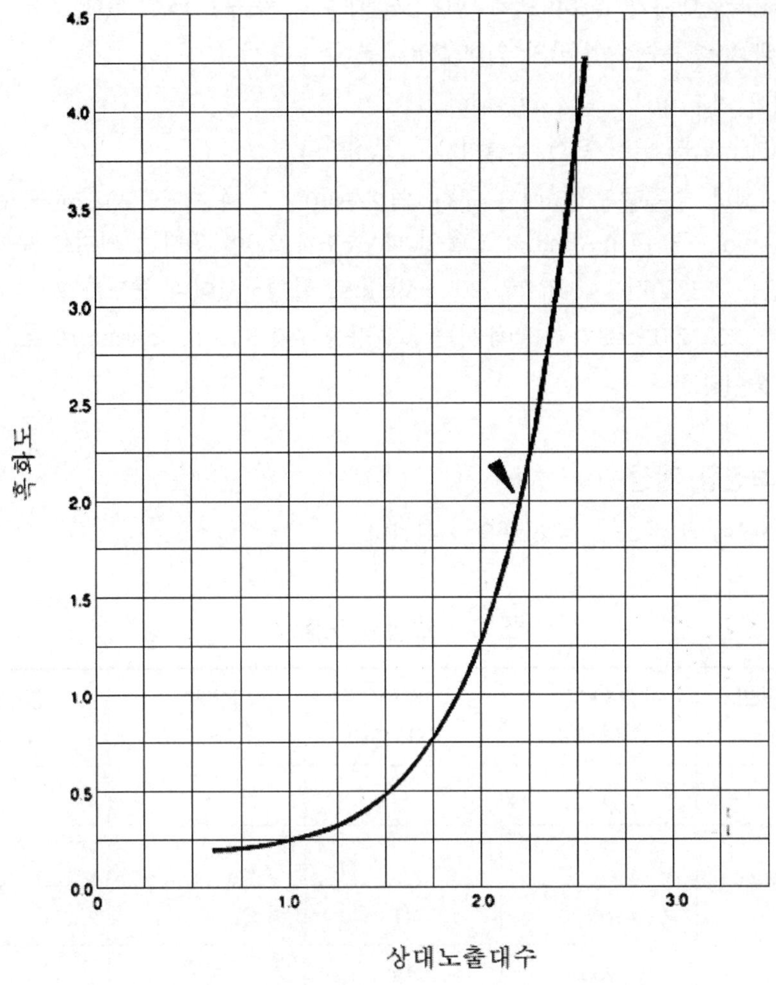

〔그림 3-19〕 상대 노출대수

(5) 노출 결정

노출표 작성 할 때에 매우 중요한 절차로서 각 계단의 농도를 기준 농도로 전환시키기 위한 노출을 결정한다. 스텝웨지를 임의로 촬영하여 얻어진 투과사진의 농도를 노출도표 작성하기 위한 기준 농도로 변경시키기 위한 절차이다.

(a) 각 계단의 농도와 기준 농도의 상대 노출대수의 차(a)를 구한다.

예를 들어 140 KV로 촬영한 때 두께 6 mm의 상대 노출대수와 기준 농도의 상대 노출대수의 차는 140 KV, 두께 6 mm의 상대 노출대수가 2.35이고 기준 농도의 상대 노출대수가 2.20이므로 상대 노출대수의 차는 0.15가 된다.

(b) 상대 노출대수의 차(a)의 역대수(10a)를 구한다.

위의 경우 $10^{0.15}$ = 1.4가 된다.

(c) 기준 농도를 얻기 위한 노출량으로 보정한다.

실제의 노출량을 (b)에서 구한 역대수(10^{a})로 나눈다.(20 mA-min/1.4 = 14 mA-min). 즉 14 mA-min의 노출일 때 농도가 2.0이 된다는 의미로 두께 6 mm인 철판을 노출조건을 140 KV, 20 mA-min로 촬영하였더니 농도가 2.82가 되었는데 이를 농도 2.0으로 하기 위해서는 노출량을 140 KV, 14 mA-min로 조정해야 한다는 뜻이다.

(6) 노출 보정량 계산

각 계단에 대한 노출 보정량을 기록한다.

표 3-7 보정된 노출량

각 계단의 두께	140KV 20mA-min	180KV 15mA-min	220KV 10mA-min	300KV 5mA-min
6	14	-	-	-
8	35	-	-	-
10	80	11	-	-
12	200	18	5.4	-
14	-	32	8.3	2.7
16	-	58	13	3.9
18	-	100	20	5.6
20	-	175	31	8
22	-	-	48	12
24	-	-	74	17
26	-	-	115	23

(7) 노출도표 작성

노출도표를 완성하기 위해 대수 스케일 모눈종이를 준비한다. 가로축은 시험체 두께, 세로축은 위에서 구한 보정된 노출량을 표시하여 직선으로 이으면 아래 그림 3-20과 같은 노출도표가 된다. 이와 같이 노출도표가 완성되면, 방사선 발생 장치명, 선원-필름간 거리, 필름의 종류, 시험체 재질, 기준 농도, 현상 온도 및 현상시간, 증감지의 종류 및 두께 등 모든 촬영 조건을 명시해야 한다.

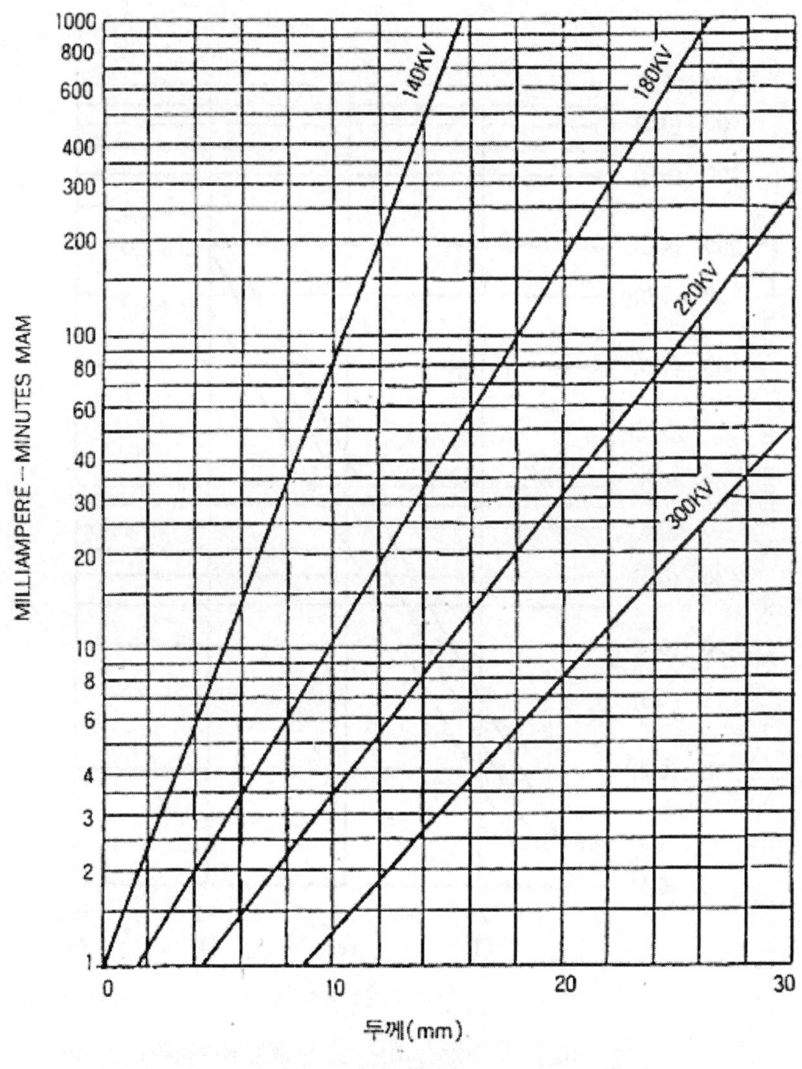

〔그림 3-20〕 노출도표의 작성 예

2. 감마선 노출표

그림 3-21은 대표적인 감마선의 노출표를 나타낸 것이다. 어느 정도는 X선 노출표와 유사하지만 감마선 노출표에서는 전압(KV)에 해당하는 변수가 없다.

그러므로 감마선 노출표에서는 하나의 직선이나 여러 개의 직선으로 나타내며, 그 각각은 필름의 종류, 필름농도 또는 선원-필름간 거리와 관련된다. 감마선과 관련된 노출은 계산자로부터 구할 수도 있다. 이 계산자에는 시험체두께, 선원의 강도 및 선원-필름간 거리가 포함되어 이들로부터 노출시간을 얻을 수 있다.

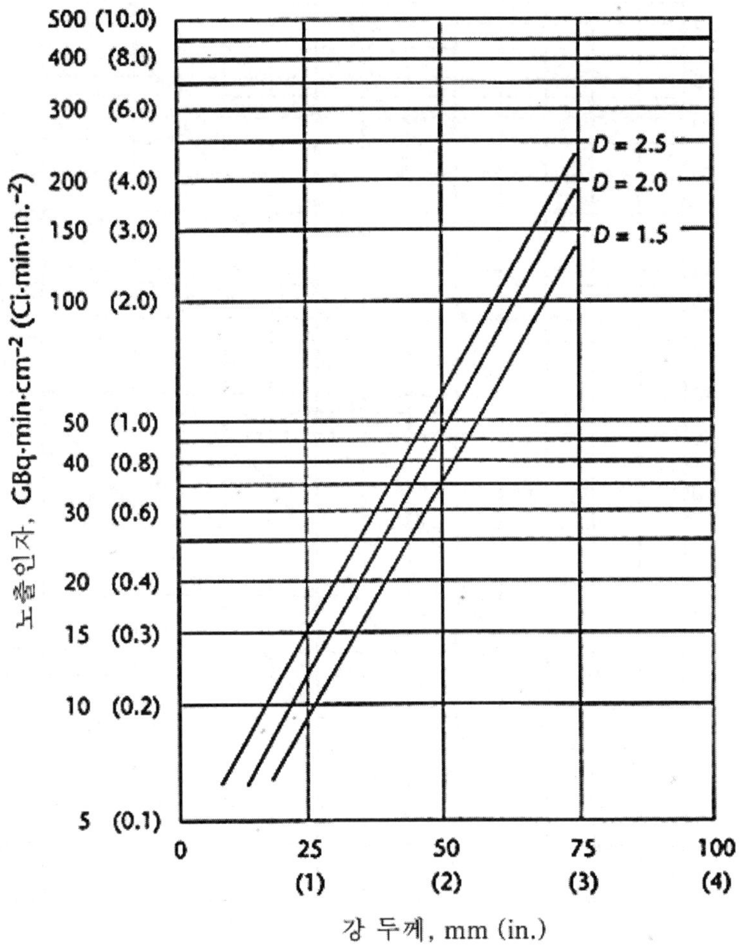

〔그림 3-21〕 Ir-192 감마선의 노출도표(X필름)

3. 등가 계수

가. X선 등가계수(等價係數, equivalent factor)

공업용 방사선투과검사가 단일 파장을 갖는 X선 빔, 즉 단일에너지의 방사선을 사용하고 전혀 산란이 없다면 시험체에 의한 X선의 흡수는 수학적으로 아주 정확히 나타낼 수 있을 것이다. 그러나 파장이 넓은 범위를 갖고 산란선이 필름에 도달하기 때문에 흡수법칙은 개략적으로만 적용할 수 있다.

시험체에 의한 X선의 흡수는 두께, 밀도 그리고 무엇보다도 재질의 원자적 특성에 크게 좌우된다. 유사한 조성을 가진 두 시험체의 경우에는 보다 두껍고 밀도가 큰 경우에 동일한 농도의 방사선투과사진 결과를 얻기 위해서는 전압을 높이거나 노출을 증가해야 한다.

그러나 일반적으로는 시험편의 구성 원소는 두께나 밀도보다도 X선 흡수에 대해 큰 영향을 미친다. 예를 들어 납(lead)은 보통 강보다 약 1.5배의 밀도를 갖는다. 그러나 220 KV에서 2.5 mm 두께의 납은 30.5 mm 두께의 강과 같은 정도의 방사선을 흡수한다. 황동(brass)은 강의 밀도의 1.1배 밖에 되지 않지만, 150 KV에서 6.4 mm 두께의 황동에 대한 노출은 8.9 mm의 강에 대한 노출과 같다.

표 3-8 등가계수

재 질	X 선								감마선			
	50 KeV	100 KeV	150 KeV	200 KeV	400 KeV	1000 KeV	2000 KeV	4~25 MeV	^{192}Ir	^{137}Cs	^{60}Co	라듐
마그네슘	0.6	0.6	0.5	0.08								
알루미늄	1.0	1.0	0.12	0.18					0.35	0.35	0.35	0.40
알루미늄 합금(2024)	2.0	1.6	0.16	0.22					0.35	0.35	0.35	
티 타 늄			0.45	0.35								
강(steel)			1.0	1.0	1.0	1.0	1.0	1.0	1.0	1.0	1.0	1.0
합금강 (18-8)		12	1.0	1.0	1.0	1.0	1.0	1.0	1.0	1.0	1.0	1.0
구 리		12	1.6	1.4	1.4			1.3	1.1	1.1	1.1	1.1
아 연		18	1.4	1.3	1.3			1.2	1.1	1.0	1.0	1.0
황 동			1.4	1.3	1.3	1.2	1.2	1.2	1.1	1.1	1.1	1.1
인코넬 ×합금		16	1.4	1.3	1.3	1.3	1.3	1.3	1.3	1.3	1.3	1.3
지 르 콘			2.3	2.0		1.0						
납			14	12		5.0	2.5	3.0	4.0	3.2	2.3	2.0
우 라 늄				25				3.9	12.6	5.6	3.4	

이와같이 등가계수(等價係數 : equivalent factor)란 투과 방사선에너지에 대한 재질의 방사선 흡수를 비교하여 나타낸 값으로 기준 재료(철과 일루미늄)와 비교하여 동일한 노출조건을 얻을 수 있는 다른재질의 노출조건을 구할 수 있는 인자를 말하며, 표 3-8에서 대략적인 등가계수를 나타내고 있다.

정확한 등가계수는 X선의 선질 및 시험편의 두께에 따라 실험에 의해 결정되어야 한다. 표 3-8을 통해 각 재질의 등가계수는 전압에 따라 변한다는 것을 알 수 있으며, 전압이 증가함에 따라 재질사이의 차이가 작아진다는 것을 알 수 있다. 즉, 전압이 증가함에 따라 재료의 방사선 흡수가 작아지고 구성원소의 영향도 작아진다.

전압은 X선 빔의 투과력에 영향을 미치므로 시험체를 투과한 방사선의 강도에 영향을 준다. 노출표에 의하면 두께 13 mm의 강에 대해 80 KV, 35 mA-min과 120 KV, 1.5 mA-min의 노출조건으로 동일한 농도의 방사선투과사진을 얻을 수 있다. 50%의 전압증가로 유효 X선 강도는 23배가 증가했음을 나타낸다.

다른 예로 두께 50.8 mm의 알루미늄을 검사할 때 같은 농도의 방사선투과사진을 얻기 위한 노출조건은 80 KV, 2.4 mA-min이다. 이 경우 50%의 전압증가로 7배의 유효 X선 강도에 크게 작용하고 있음을 알 수 있다.

나. 감마선 등가계수

방사선은 유사한 성질을 가지고 있기 때문에 기본적으로 X선에 대해 고려된 동일한 사항이 감마선 흡수계수에도 적용된다. 공업용 방사선투과검사에 사용되는 몇 몇의 방사성 동위원소는 단일 에너지(mono-energy)의 방사선을 방출한다(Co-60, Cs-137).

그러나 이러한 선원이라 할지라도 산란은 시험편의 크기, 모양 및 조성에 영향을 받게 된다. 따라서 흡수법칙을 단순히 적용하기는 어렵다. Ir-192의 경우와 같이 넓은 에너지 분포를 갖고 방출되는 경우에는 X선의 경우와 대단히 유사하다.

시험편의 감마선 흡수에서와 마찬가지로 두께, 밀도 및 조성에 영향을 받는다. 그러나 보통 일반적으로 사용되는 감마선 선원은 그 성질이 고전압 X선과 유사한 투과방사선을 방출한다. 표 3-8에 나타난 등가계수로부터 여러 재질에 대한 감마선의 흡수가 고전압 X선과 아주 유사함을 알 수 있다. 즉 원자번호가 유사한 재질에 대한 흡수는 밀도에 대체로 비례한다. 그러나 감마선의 경우에도 강과 납 같이 원자번호가 아주 큰 차가 있는 경우에는 비례 관계가 성립하지 않는다.

4. 특성곡선을 이용한 노출량 변경

가. 필름의 특성곡선

필름의 특성곡선(特性曲線 ; characteristic curve)은 필름에 조사한 노출량과 필름 농도와의 관계를 나타낸 그래프이다. 필름 특성곡선은 1890년에 최초로 이를 사용한 Hunter와 Driffield의 앞 글자를 따서 H&D 곡선(curve)이라고도 한다.

특성곡선은 감광물질에 적용된 노출(exposure)과 그 노출에 따른 사진농도(photographic density)와의 관계를 나타낸 그래프이다. 그림 3-22은 연박 증감지를 사용하고 X선에 의해 조사된 대표적인 필름의 특성곡선을 나타낸 것이다. 특성곡선은 필름에 대해 미리 정해논 노출을 행하고 이러한 노출에 의해 얻어진 농도를 측정하여 농도를 로그상대노출(log relative exposure)에 대해 나타낸 것이다.

상대노출은 모든 전압 및 산란조건에 대해 방사선투과검사의 노출을 나타내는데 알맞고 단위는 없다. 한 필름에 대한 노출은 다른 필름에 대한 상대척도로 나타낼 수 있으며 방사선투과검사에서는 노출 또는 강도의 값보다 노출 또는 강도의 비가 중요하다.

노출의 비가 동일하다면 절대 값에 무관하게 로그 상대노출의 비로써 등 간격이 된다.

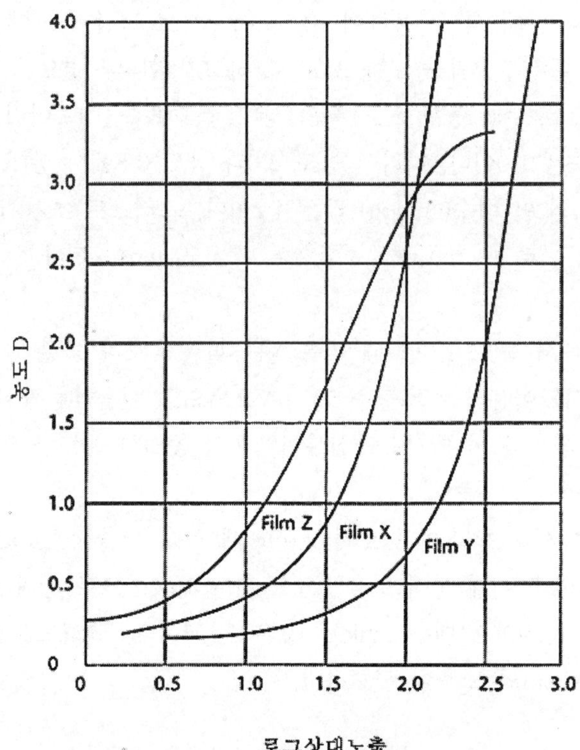

〔그림 3-22〕 필름 특성곡선(연박 증감지 사용)

표 3-9 로그 상대노출의 비교

상대 노출	Log 상대 노출	Log 상대 노출의 간격
1	0.0	0.70
5	0.70	
2	0.30	0.70
10	1.00	
30	1.48	0.70
150	2.18	

나. 필름 특성곡선을 이용한 노출 변경

필름 특성곡선은 방사선투과검사에서 발생하는 정량적인 문제, 노출표의 작성 및 연구의 목적 등에 사용된다. 다음은 특성곡선을 이용한 예를 나타낸 것이다.

예제 1) 그림 3-23의 필름 Z를 사용하여 10 mA-min으로 노출했을 때 관심부위의 농도가 0.8이었다. 관심부위의 농도를 2.0으로 하고자 할 때 필요한 노출은?

풀 이) 그림 3-23으로 부터 농도 2.0에서의 상대 노출대수는 1.6이며 농도 0.8에서의 상대 노출대수은 1.0이다. 따라서 농도 2.0과 농도 0.8에서 상대 노출대수의 차이는 0.6이며 0.6의 반 대수(antilog) 값은 4.2이다. 그러므로 초기 노출보다 4.2배의 노출이 필요하므로 10 mA-min × 4.2 = 42 mA-min이 된다.

예제 2) 그림 3-24에서 농도 2.0일 때 필름 X는 필름 Y보다 높은 콘트라스트를 나타낸다. 필름 Z를 이용하여 노출을 50 mA-min으로 했을 때 관심부위의 농도가 2.0이었다. 필름 X를 사용하여 관심부위에서의 동일한 농도를 얻고자 할 때 필요한 노출은?

풀 이) 그림 3-24에서 필름 X의 농도가 2.0일 때 상대 노출값은 logE = 1.91이고 필름 Z의 농도가 2.0일 때 상대 노출값은 logE = 1.62이므로 상대 노출차는 0.29가 된다. 그리고 0.29의 반대수(antilog) 값은 1..95이다. 그러므로 50 mA-min × 1.95 = 97.5 mA-min의 노출이 필요하다.

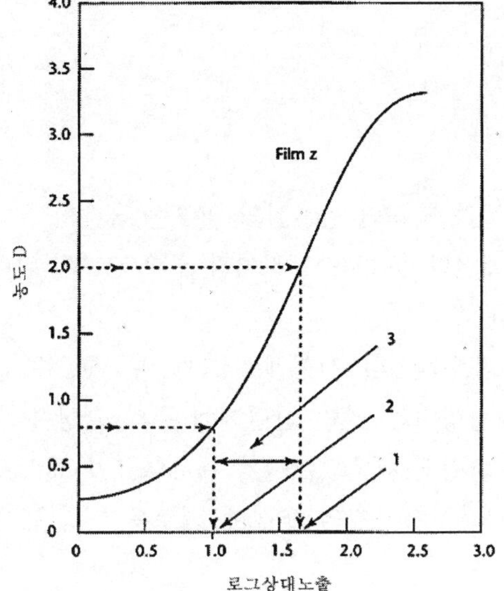

1. Log E = 1.62 at D=2.0.
2. Log E = 1.00 at D=0.8.
3. Log E의 차이 = 0.62

〔그림 3-23〕

필름의 특성곡선 이용(예1)

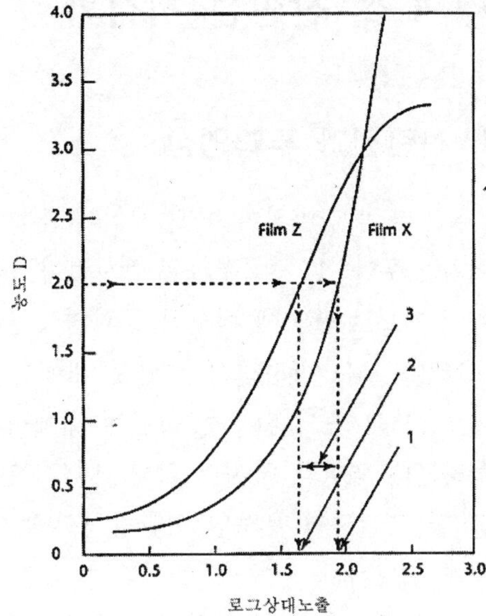

1. Log E = 1.91 at D=2.0.
2. Log E = 1.62 at D=2.0.
3. Log E의 차이 = 0.29

〔그림 3-24〕

필름의 특성곡선 이용(예2)

제 4 절 산란선 저감화

1. 산란선과 투과영상

X선 또는 감마선이 어떤 시험체(흡수체)와 충돌하게 되면 방사선의 일부는 흡수되고 나머지는 투과한다. 이 투과된 방사선이 시험체 내에서의 흡수 정도에 따라 투과 강도의 차이가 생기므로 필름에 방사선 투과영상을 형성한다.

그러나 모든 방사선이 시험체 내에서 완전히 흡수되거나 시험체를 모두 투과할 수 없다. 방사선 중의 일부는 시험체 내에서 초기의 방향과는 달리 산란되어 투과 영상을 형성하는데 역할을 하지 못한다. 이와 같은 산란 방사선(散亂放射線 : scattered radiation)을 잘 조절하지 못하면 산란방사선에 의해 방사선투과사진의 영상에 해로운 영향을 미치게 된다.

초기 빔 에너지의 일부는 흡수체내에서 자유전자를 만든다. 그러나 이러한 자유전자는 공업용 방사선투과검사의 경우 그다지 중요하지 않고, 다만 연박 증감지로부터 생성되는 전자가 매우 중요한 의미를 갖는다.

X선 또는 감마선이 어떤 물체에 부딪치게 되면 방사선의 일부는 흡수되고 일부는 산란되며 일부는 투과한다. 물체를 구성하고 있는 원자의 궤도전자에 의해 방사선은 산란된다. 방사선 중 많은 부분이 산란과정에서 파장이 길어진다. 그러므로 산란선은 산란되지 않은 1차 방사선에 비해 에너지가 낮아서 낮은 투과력을 갖는다.

시험체, 필름 카세트, 또는 벽과 같은 재질이 직접 방사선을 받게 되면 산란 방사선의 원인이 된다. 산란선을 적절히 측정하여 조절하지 않으면 상의 전체 또는 일부에 대해 콘트라스트가 감소하게 된다. X선 및 감마선은 어느 경우에도 방사선 투과검사시 산란선이 발생하며 또한 투과사진의 상질에 문제가 된다. 아래에서는 X선을 관점으로 서술하지만 똑같은 일반법칙이 감마선에 의한 방사선투과검사의 경우에도 적용된다.

두꺼운 재질의 방사선투과검사의 경우에는 산란방사선이 전체 방사선보다 훨씬 더 많은 양이 된다. 예를 들면 19 mm 두께의 강을 방사선투과 검사할 때에 시험체으로부터의 산란방사선은 일차 방사선 강도의 거의 2배가 된다. 50 mm 두께의 알루미늄을 방사선투과검사하는 경우 산란방사선은 일차방사선의 거의 2.5배에 해당한다. 이러한 산란방사선을 필름에 도달하지 못하게 함으로써 방사선투과사진의 상질을 현저히 개선할 수 있다.

필름에 영향을 주는 산란 방사선 중 가장 큰 부분은 시험체 자체로 부터의 산란이다(그림 3-25). 그러나 시험편이 이웃하고 있는 필름 홀더 또는 카세트의 부분은 X선 초점으로부터 직접 방사선을 받게 되고 이것이 필름에 영향을 주는 산란방사선의 원인이 된다. 이러한 종류의 산란선은 상의 경계 부분 바로 안쪽에서 가장 현저하다.

마찬가지로 시험편의 얇은 부분을 통과하여 필름 홀더나 카세트에 다다른 일차 방사선은 이웃하는 두꺼운 부분을 통과하여 필름 홀더나 카세트에 다다른 일차 방사선은 이웃하는 두꺼운 부분의 상의 안쪽으로 산란이 된다. 이러한 산란을 "언더컷(undercut)"이라 한다.

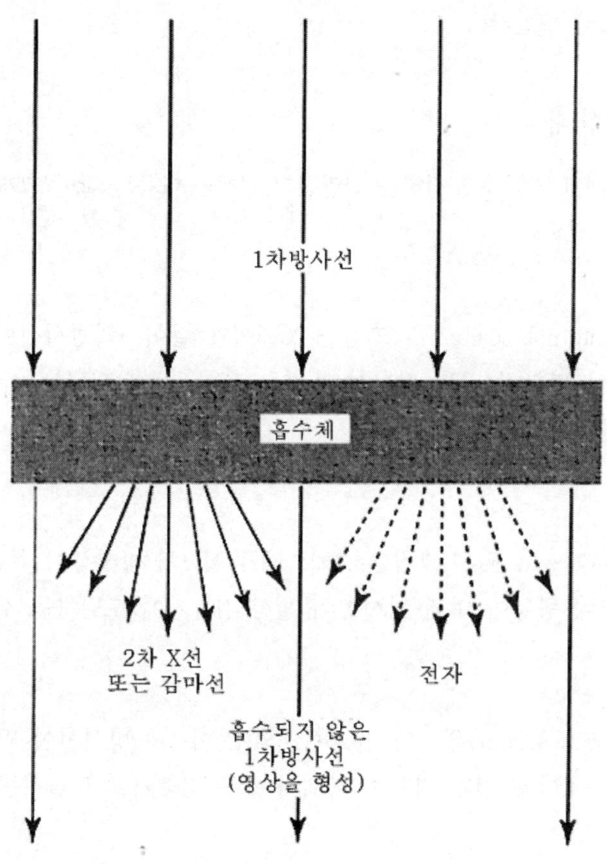

〔그림 3-25〕 X선 및 감마선의 흡수체에서 분산 작용

2. 산란선의 종류

방사선투과검사에서 산란선(散亂線 : scatter)은 백해 무익하다고 할 수 있는 비정보원이다. 산란선은 발생원으로터 조사된 X선이나 감마선이 물질과의 상호작용 결과 방향이 바뀐 것을 말하며, 주로 톰슨 산란이나 콤프톤 산란 현상이 될 것이다. 이외에 전자파 방사선이 물질의 원자와 상호작용 결과 발생하는 2차 전자나 2차 X선도 될 것이다(그림 3-25).

톰슨 산란(Thomson scattering)은 물질의 원자와 상호 작용 후 광자의 에너지 및 파장의 변화 없이 방향 만 바뀌어 탄성 산란(彈性散亂 : elastic scattering)이라 한다, 컴프턴 산란(compton scattering)은 물질 원자의 외각 전자와 충돌로 에너지를 잃고 파장이 길어져 방향이 바뀌는 현상으로 비탄성 산란(非彈性散亂 : inelastic scattering)이라 한다. 이와 같은 산란선은 투과 사진의 상질을 감소시킴으로 필름에 가능한 도달하지 않도록 산란선을 억제하거나 제거하는 기술이 필요하다.

가. 산란선의 형태

방사선투과검사에서 필름에 도달하는 산란선의 형태는 다음과 같이 크게 3가지로 구분한다.

(1) 내부 산란

내부 산란(internal scatter)은 그림 3-26에서와 같이 1차방사선이 시험체의 원자와 상호 작용 결과 방향이 바뀐 방사선이 필름/검출기에 도달하는 산란선을 말한다. 즉 시험체에서 발생한 산란선이다.

(2) 측방 산란

측방 산란(side scatter)은 그림 3-27에서와 같이 1차 방사선이 측면의 벽이나 시험체 측면에 조사하여 방향이 바뀐 방사선이 필름/검출기에 도달하는 산란선을 말한다.

(3) 후방 산란

후방 산란(back scatter)은 그림 3-28에서와 같이 1차 방사선이 필름 후면에 있는 물질의 원자와 상호작용 결과 방향이 바뀌어 필름/검출기에 도달하는 산란선을 말한다.

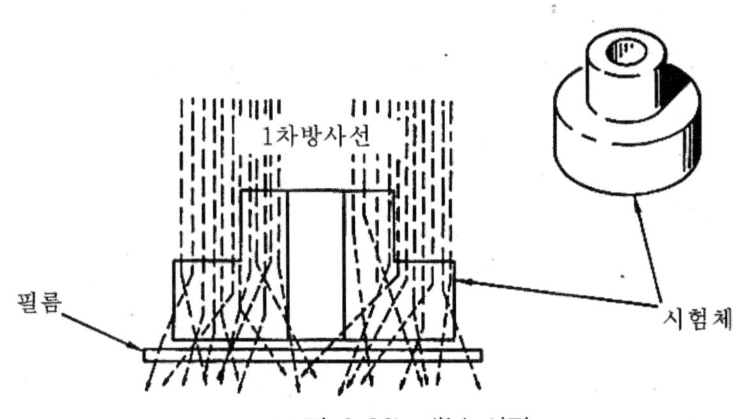

〔그림 3-26〕 내부 산란

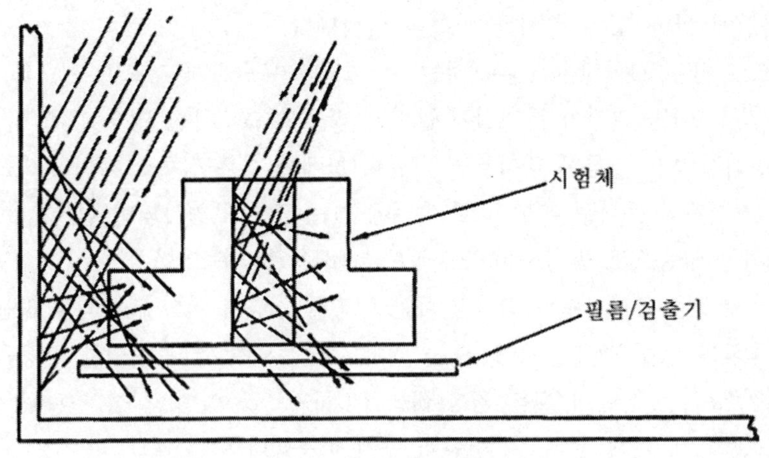

〔그림 3-27〕 측방 산란

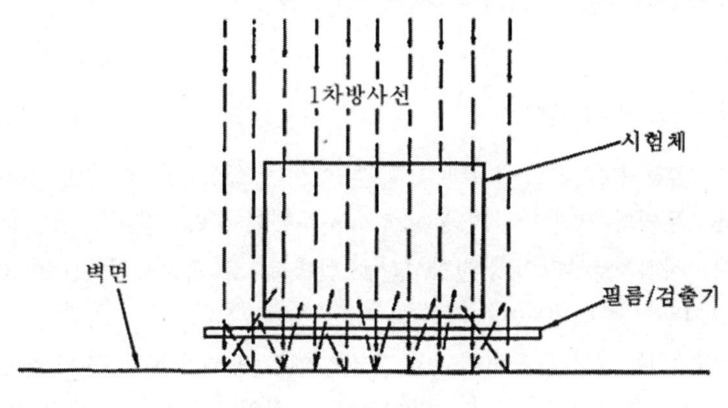

〔그림 3-28〕 후방 산란

나. 회절 반점

X선의 회절(回折 ; diffraction)에 의해 가끔 특별한 형태의 산란이 나타난다. 이는 대부분의 경우 시험체의 결정입자 크기(grain size)가 두께에 대해 상당한 비율이 될 정도로 크고, 두께가 아주 얇은 금속시험체의 방사선투과 검사 시에 관찰된다.

이 산란선은 방사선투과 사진 영상에 회절 반점(回折斑點 ; diffraction mottle)을 형성하여 기공이나 편석과 혼동된다. 이를 구별하기 위해서는 시험체을 중심 빔에 대해

1°~ 5°정도 회전하여 다시 촬영해 본다. 기공 또는 편석에 의한 상은 단지 약간 변하지만 회절에 의한 것은 현저한 변화를 나타낸다.

상대적으로 얇은 시험체내에 존재하는 큰 결정입자는 마치 조그만 거울과 같이 X선을 반사하게 된다. 이는 결정의 특정위치에 따라 방사선투과 사진 영상에 흰 점으로 나타나기도 하고, 회절 빔이 필름에 다다르면 다른 위치에서 검은 점으로 나타나기도 한다. 이러한 빔이 시험체의 두꺼운 부분 바로 아래에 있는 필름에 입사되면 검은 점이 두꺼운 부분에 존재하는 공동으로 착각하여 오판독(誤判讀)을 할 수 있다.

대부분의 공업용 방사선투과 검사 시에는 이러한 영향이 거의 관찰되지 않는데 이는 대부분의 시험체가 아주 미세한 결정 또는 입자로 구성되어 있고 랜덤한 방향을 이루고 있으므로 회절에 의한 산란이 필름 영상에는 균일하기 때문이며, 직접 투과된 빔이 회절에 의한 콘트라스트에 비해 훨씬 큰 영향을 주기 때문이다.

회절에 의한 반점은 전압을 올리거나 연박 증감지를 사용하면 감소되거나 어느 정도 제거할 수 있다. 전압을 올리는 경우에는 방사선투과 사진의 콘트라스트를 감소시키기는 하나 가끔 긍정적인 효과를 나타내기도 한다. 정확한 법칙을 설정하기 어렵기 때문에 전압과 증감지를 상황에 따라 고려해 주어야 한다.

다. 고에너지 X선의 산란

100만에서 200만 볼트의 고에너지 전압범위에서는 항상 납증감지를 사용해야 한다. 대부분 0.12 mm 두께의 전면 증감지와 0.25 mm 두께의 후방증감지가 사용된다. 그러나 경우에 따라서는 시험체로부터의 산란방사선을 선택적으로 흡수하기 위하여 0.25 mm 두께의 전면 증감지를 사용하기도 한다.

이 전압범위에서는 X선관 근처에서의 필터 삽입은 방사선투과사진의 상질에 아무런 도움을 주지 못한다. 필름근처에서의 필터의 이용이 균일한 두께의 시험체에서는 상질에 도움을 주지만 가장자리 부근에서는 필터 자체로부터의 산란방사선으로 인한 언더컷으로 상질을 해치게 된다.

그러므로 좁은 봉(bar)을 포함하는 시험편에는 필터가 사용되어서는 안 된다. 필터는 단지 후방산란선이 적절히 차폐된 곳에서만 사용되어야 한다. 고에너지 방사선투과 검사에서 납 필터가 가장 효과적이다. 시험체와 필름사이에 사용될 때는 필터가 기계적인 손상을 받기 쉽다. 이러한 손상을 최소화하도록 주의하여 시험체의 구조와 필터의 결함이 혼동되지 않도록 해야 한다.

고에너지 X선을 이용한 방사선투과 검사 시에는 시험체를 두께에 따라 구분하여 촬영하는 것이 바람직하다. 두께 40 mm 이하의 강에 대해서는 필터가 상질의 개선에 거의 도움을 주지 못한다. 40~100 mm 두께의 강의 경우 3 mm 까지의 납필터를 사용하면 노출시간을 상당히 감소시킬 수 있다.

매우 두꺼운 시험편에 대해서 고에너지 X선을 이용하여 방사선투과 검사를 하는 경우 지나치게 노출시간을 증가하지 않고 필터가 사용될 수 있는 정도로 사진속도를 증가하기 위해 형광증감지가 사용되기도 한다.

유효한 방사선 빔을 제외한 모든 방사선은 X선관 근처에서 두꺼운 납(13~25 mm)으로 모두 차단시켜야 한다. 그렇지 않으면 이 방사선이 벽이나 바닥으로부터 심각한 산란선을 초래하게 된다. 시험체이 두껍거나 시험체이 필름으로부터 상대적으로 멀리 떨어져 있는 경우 그 영향이 크다.

3. 산란선 저감화

산란 방사선을 완전히 제거할 수는 없지만 여러 가지 방법으로 이를 감소시킬 수는 있다. X선과 감마선의 산란 방사선 감소의 원리는 동일하다. 산란 방사선의 영향을 감소시키는 방법은 경제성과 효율성을 고려하여야 하며, 다음과 같은 방법이 있다.

가. 연박 증감지 사용

연박 증감지(납 스크린)는 필름의 농도(흑화도)를 증가시킬 뿐 아니라 산란선을 흡수하는 역할도 한다. 전면 증감지와 후면 증감지 사이에 필름을 밀착하여 필름 카세트(필름 홀더)에 넣어 일반적으로 사용한다.

연박 증감지의 두께가 두꺼울수록 산란 방사선의 흡수 효과는 커진다. 전면 증감지의 두께가 커지면 1차 방사선의 흡수가 커져 필름 농도 증가 역할을 못하므로 1차 방사선의 에너지에 따라 두께가 다르게 된다. 1차 방사선의 에너지가 클수록 전면 증감지의 두께는 커진다.

그러나 후면 증감지는 1차 방사선을 많이 흡수하여도 필름 농도에 영향이 없으므로 후방 산란선의 제거 효과를 크게하기 위해서는 후면 증감지가 두꺼워도 관계없다. 후면 증감지를 두껍게 쓰는 대신 필름 카세트 후면에 필요한 두께의 납 판을 배치하여 후방 산란선이 필름에 도달하지 못하게 한다. .

후방 산란선이 필름 흑화도에 얼마나 작용하였는지를 알기 위하여 필름 카세트 뒷면의 가장 자리에 납 숫자 B를 부착하여 촬영 후 투과사진의 영상에 B 숫자의 음영이 나타나면 후방산란선이 작용한 것이고, B의 음영이 없으면 후방 산란선이 작용하지 않은 것이 될 것이다.

나. 조사범위 제한 기구 사용

방사선투과검사시에 필요한 부분외의 방사선 조사는 산란선만 많아짐으로 필름 면적으로 조사범위(照査範圍 : irradiation field ; 빔의 조사 면적)를 제한 할 필요가 있다.

조사범위를 제한하는 방법으로는 X선 관체의 입사창 주위에 차폐체를 설치하는 다이아프램(diaphram)을 사용 한다. 또한 X선 입사창에 나팔(flare) 모양이나 원통(cylinder)의 차폐체를 설치하여 조사범위를 제한하는 콘(cone)을 사용한다.

그리고 X선관 창이나 감마선원에 조사범위를 조절하기 위해 설치하는 차폐체를 콜리메이터(collimator)라 한다. 이와 같은 조사범위를 제한하는 차폐체를 설치한다면 불필요한 1차 방사선을 많이 감소하여 산란선을 감소시킬 수 있게 된다. 시험체 이외의 물체로부터 기인된 산란방사선은 흡수도가 큰 시험편을 촬영할 때보다 심각한데 이는 외부로부터 기인된 산란선이 시험체을 통과하여 필름에 상을 형성하는 1차 방사선보다 더 큰 영향을 줄 수 있기 때문이다. 필름 면적에 필요한 X선 빔의 단면적으로 제한하여 1차방사선을 시험체에 조사한다면 내부 산란, 측방 산란 및 후방 산란 모두를 감소시킬 것이다.

조사범위 제한 기구는 가능한 선원 측에 설치하여야 적은 양의 재료로 큰 효과를 얻을 수 있다. 조사범위 제한 기구로는 그림 3-29에서와 같이 납 다이아프램(lead diaphram), 납 콘(lead cone) 및 콜리메이터(collimator)가 X선 빔의 폭을 제한하는데 효과적인 방법이다. 납 다이아프램은 원형, 직사각형 또는 정사각형과 같은 형상을 띠는 것이 보통이다. 감마선의 조사범위 제한기구로는 조사 각도가 다양한 텅스텐(W)이나 납(Pb)으로 된 콜리메이터를 이용하고 있다.

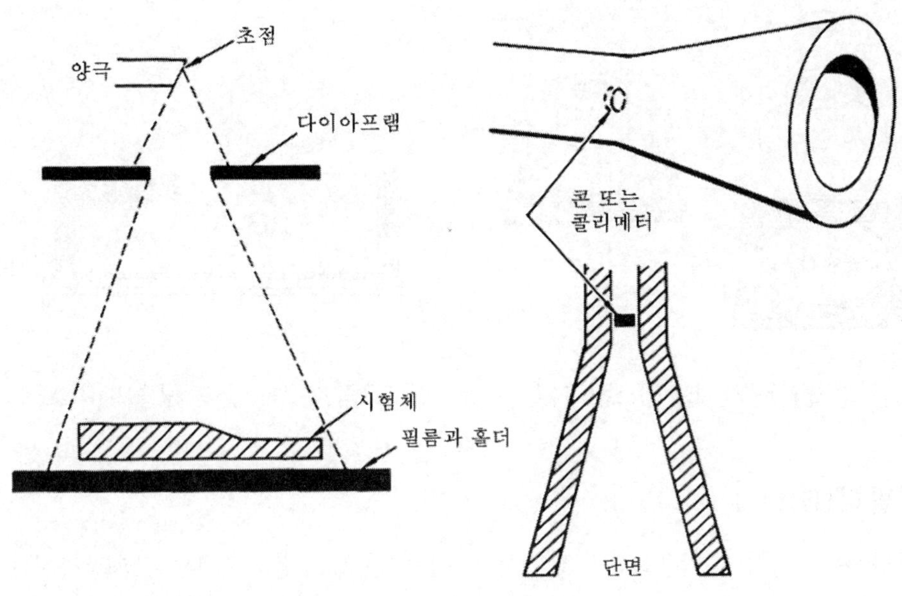

〔그림 3-29〕 다이아프램, 콜리메이터 및 콘을 이용한 조사범위 조절기

다. 마스크(mask) 사용

다이아프램의 사용이 바람직하지 못한 경우에 시험체 주위에 바륨 점토를 쌓아 같은 효과를 얻는 경우도 있다. 점토를 쌓는 경우에는 점토가 놓인 부분의 필름농도가 시험체 아래의 필름농도 보다 약간 작도록 충분한 두께가 되도록 해야 한다. 경우에 따라서는 점토 자체가 현저한 산란선을 만들기도 하기 때문이다. 시험체를 알루미늄 또는 얇은 강 용기에 넣고 액체 방사선 흡수체를 채워 산란선을 감소시킬 수 있다.

이 경우에 사용되는 액체 흡수체는 시험편에 해로운 영향을 주지 않는 것으로 선정하여야 한다. 보통 아세트산 연(lead acetate)과 질산 연(lead nitrate)의 혼합 포화용액이 사용된다. 효율성과 관리성이란 관점에서 가장 만족스런 배치중의 하나는 약 25 mm 이하의 직경을 갖는 구리 또는 강으로 된 구슬로써 시험체 주위를 에워싸는 법이다. 구슬(ball)은 유동성이 있으므로 두꺼운 부분을 기준으로 노출조건을 설정할 경우 얇은 부분에서의 과 노출이 생기는 주물품 등에서 시험체의 빈 공간을 채우는데 효과적이다.

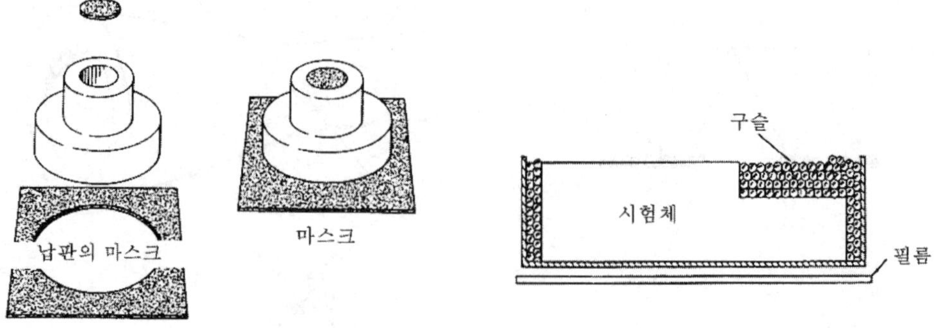

〔그림 3-30〕 납 마스킹 기술 〔그림 3-31〕 금속 구슬의 마스크

라. 필터(filter)

방사선투과시험에 이용하는 1차 X선은 연속X선으로 장파장에서 단파장까지 다양한 분포를 이룬다. 이 가운데 시험체를 전혀 투과하지 못하는 장파장 영역은 투과사진의 콘트라스트를 형성하지 못하므로 불필요하다. 이러한 장파장은 산란선만 발생함으로 X선관 근처에 적절한 흡수체를 설치하여 미리 흡수시킬 필요가 있다. 이와 같이 장파장을 흡수하여 평균 파장을 증가시키고, 산란선도 감소시키도록 X선관 창 근처에 배치한 흡수체를 필터(filter : 여과판)이라 한다(그림 3-32).

X선관에 인접한 필터도 X선을 산란하게 한다. 그러나 필터에서 발생한 산란선은 필름으로부터 거리가 멀기 때문에 필름에 그다지 영향을 주지 못한다.

금속 필터를 위치시켜 과 노출을 적당히 제어할 수 있다. 필터의 재료는 구리와 동이 많이 사용된다. 필터에 의해 감소된 방사선 강도를 보상하기 위해 노출을 증가시키거나 전압을 올려야 할 경우도 있다.

필터는 시험체의 얇은 쪽과 시험체 주변의 카세트에 도달하는 X선의 강도를 큰 비율로 감소시키므로 산란 언더컷(undercut)이 감소된다. 그러므로 강한 산란 언더컷이 발생될 수 있는 경우 필터를 이용하면 콘트라스트가 증가된다. 산란 언더컷이 적은 경우에는 필터를 사용하면 방사선투과 사진의 콘트라스트가 감소된다.

일반적으로 콘트라스트가 큰 필름 상이 바람직하지만 두께 변화가 큰 시험체 전체를 하나의 필름에 나타내야 하는 경우 콘트라스트가 너무 크면 좋지 않다. 얇은 부분을 기준으로 노출하면 두꺼운 부분은 노출 미달이 되고 두꺼운 부분을 기준으로 하면 얇은 부분은 과 노출이 된다.

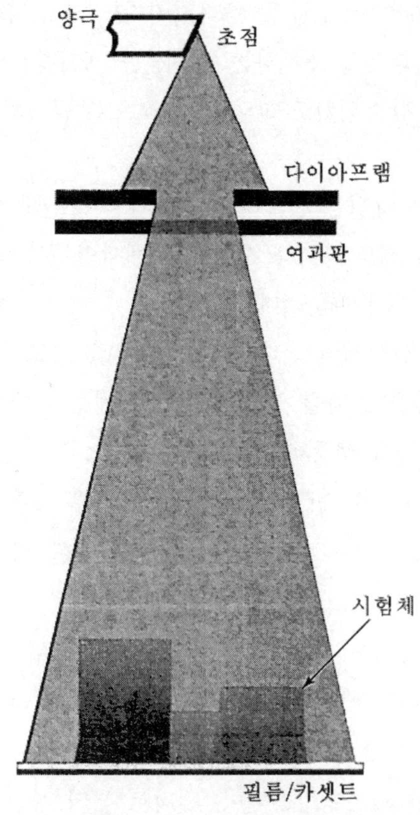

〔그림 3-32〕 X선관 근처에 배치한 필터

필터링을 하면 방사선이 경화(硬化 : hardening ; 평균 파장이 짧아짐)되어 시험체 콘트라스트를 감소시키게 된다. 필터를 투과한 방사선은 필터를 투과하지 못한 방사선보다 투과력이 높은 파장의 방사선이다. 투과력이 높은 단파장의 빔을 만든다는 관점에서 볼 때 필터는 전압을 올리는 것과 같은 효과가 있다. 그러나 필터의 경우에는 X선 빔의 경화정도가 작은데 비해 전압을 조정하는 경우에는 비교적 큰 변화가 생긴다.

비록 필터가 전체 방사선의 강도를 감소시킨다 하더라도 감소되는 파장의 대부분은 시험체의 두꺼운 부분을 투과하지 못하는 부분이다. 제거된 방사선은 단지 시험체 주변부위 및 시험체 내의 얇은 부분에서 산란, 언더컷 및 과 노출의 원인이 되는 강도를 갖는 부분이다. 여과에 의해 방사선 빔이 경화됨으로 투과사진의 콘트라스트를 줄이게 되어 두께 변화가 심한 시험체를 한 장의 필름에 나타내는 것이 가능하게 된다.

필터는 순 콘트라스트(net contrast)를 증가시키기도 하고, 감소시키기도 한다. 콘트라스트 및 상질계 식별도는 언더컷을 초래하는 산란선을 제거함으로 증가되는 반면 초기의 방사선 빔을 경화하게 되어 감소되기도 한다. 일반적으로 필터의 재질은 구리, 황동 등이 주로 사용된다.

필터의 두께를 결정하는 방법을 정확히 규정하기 어려운데 이는 필요한 여과의 양이 시험체의 재질 및 두께범위 뿐만 아니라 시험체 내에서의 재질의 분포 및 제거해야할 산란 언더컷의 양에도 영향을 받기 때문이다.

알루미늄 시험의 경우 시험체의 최대 두께의 약 4% 정도가 최대 필터의 두께가 된다. 강 시험체의 경우 가장 좋은 효과를 갖는 필터의 두께는 최대 시험체 두께의 약 20%이며 납필터의 경우에는 약 3 %가 보통이다.

250 KV까지의 X선을 이용한 방사선투과검사의 경우 보통 사용되는 0.125 mm 두께의 전방 납증감지는 시험체 자체로부터의 산란선에 대한 효과적인 필터의 역할을 수행한다.

시험체와 필름 사이에 사용하는 필터는 단지 필터 자체로부터의 추가적인 산란선만을 유발하는 경향이 있다. 산란 언더컷은 앞에 설명한 바와 같이 X선관 가까이에 적절한 필터를 사용함으로 감소시킬 수 있다. X선관 가까이에 놓은 필터는 비록 산란방사선을 유발한다 해도 산란선이 모든 방향으로 방출되며, 필터로 부터 상당한 거리에 위치하기 때문에 필름에 다다르는 산란선의 강도는 미미하다. 또한 필터를 사용함으로써 시험체-필름간 거리를 최소화할 수 있고, 필터 내의 스크레치나 흠이 희미해져서 이로 인한 상이 방사선투과사진에 분명하게 나타나지 않는다.

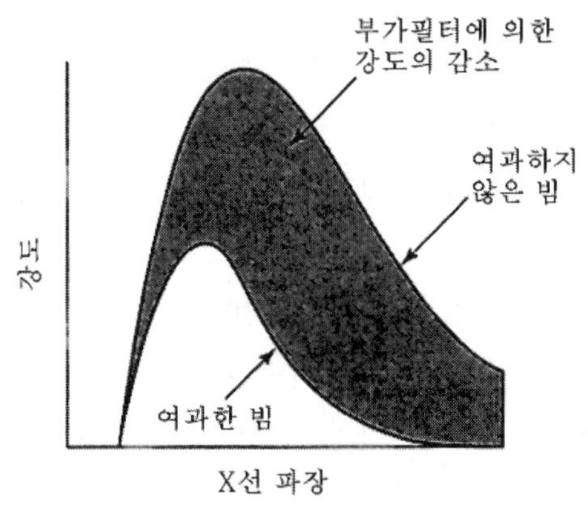

〔그림 3-33〕 X선 강도에 미치는 필터의 효과

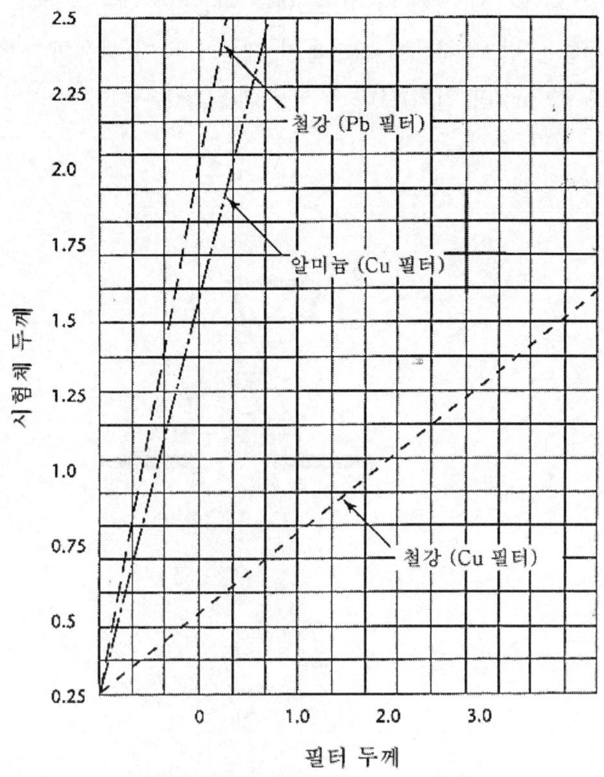

〔그림 3-34〕 알루미늄과 철강에 대한 필터의 최대 두께

마. 격자 다이어프램(grid diaphragm)

방사선투과 촬영시 필름 전면으로 입사되는 모든 산란선을 제거하는 가장 효과적인 방법이다. 그림3-35에서와 같이 필름 카세트와 시험체 사이에 초점을 향하여 납 격자판을 배치한 것을 격자(格子) 다이아프램(grid diaphragm) 또는 포터-버키 다이어프램(Potter-Buchy diaphragm)이라 한다.

격자 다이어프램은 연박 스트립(strip)이 X선 초점을 향하도록 경사진 격자상태로 구성되어 있다. 그러므로 X선 초점으로 부터 방향이 바뀌지 않은 1차선만 연박 스트립 사이를 통과하여 필름에 도달하고, 방향이 바뀐 모든 산란선은 연박 스트립에 흡수되어 산란선이 필름에 도달하지 못하게 한다. 납 스트립(연박)의 높이 h와 연박 사이의 간격 D와의 비(h/D)를 격자비(格子比 : grid ratio)라 하는데, 격자비가 높을수록 산란선 제거 효과는 크다. 그림 3-35에서 X선이 노출하는 동안 격자가 화살표 방향으로 평행 이동 함으로서 납 스트립의 음영이 희미하여 투과 사진에는 나타나지 않는다.

공업용 방사선투과검사에 격자 다이어프램을 이용하는데는 X선관, 시험체 및 필름의 배치의 유연성에 제한을 받기 때문에 번거롭기 때문에 많이 사용하지 않고 의료용에서 많이 사용한다. 그러나 75 mm(3 인치)보다 두꺼운 베릴륨(Be)이나 두께가 두껍고 흡수가 낮은 물질에는 산란선 제거 효과가 크다.

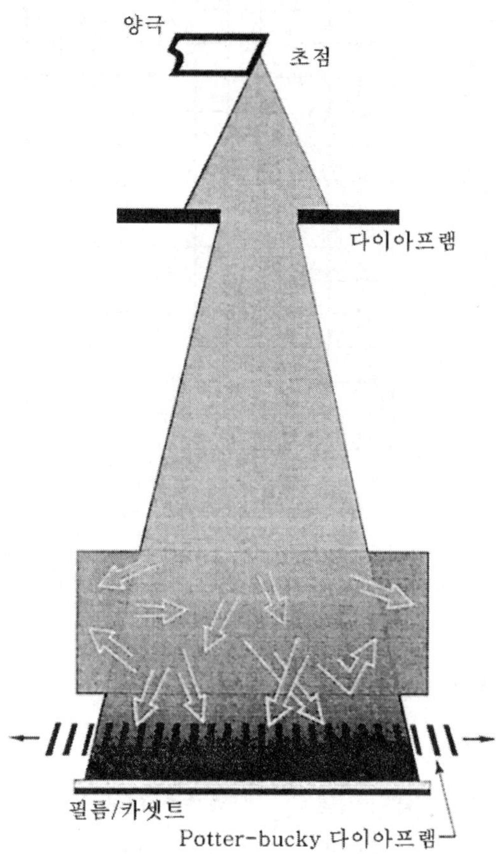

〔그림 3-35〕 Potter-Buchy 다이어프램의 산란선 흡수

제 5 절 방사선투과사진의 상질

1. 투과사진의 상질 개요

방사선 투과사진은 시험체를 통과한 방사선의 동요가 어떤 정보체를 통하여 필름 농도차 해석으로 시험체의 불연속부(不連續部 : discontinuities)를 인지하는것이기 때문에 상질을 높이는 것은 무엇보다 중요하다. 투과사진의 상질은 표 3-10과 같이 크게 콘트라스트와 선명도로 구성된다. 이들의 영향인자들간의 관계는 직접 또는 간접으로 복합적 관련성이 있으므로 이론적으로 종합 평가하기란 어렵다.

표 3-10 방사선투과사진의 감도에 영향을 미치는 인자

콘트라스트		선명도	
시험체콘트라스트	필름콘트라스트	기하학적 인자	입 상 성
· 시험체의 두께차 및 흡수계수차 · 방사선 선질 · 산란방사선	· 필름의 종류 · 현상 시간, 온도 및 교반 · 농도 · 현상액의 강도	· 초점크기 · 초점-필름간 거리 · 시험체-필름간 거리 · 시험체의 급격한 두께 변화	· 필름의 종류 · 증감지의 종류 · 방사선 선질 · 현상

방사선투과사진의 감도는 방사선투과사진에서 나타낼 수 있는 가장 작은 윤곽의 크기, 또는 윤곽의 상이 검출될 수 있는 용이성과 관련된 총체적인 또는 정성적인 용어이다.

즉, 사진에 나타난 상의 윤곽에 대한 선명도(definition)와 사진의 검고 흰 부분을 구분하는 콘트라스트(contrast : 명암도)가 조화된 상태를 나타내는 척도로서, 사진의 감도가 좋다 나쁘다 하는 것은 사진의 콘트라스트와 선명도에 따라 결정된다.

방사선투과사진의 콘트라스트는 투과사진의 두 영역 사이의 농도차를 말한다. 이는 시험체 콘트라스트(subject contrast)와 필름 콘트라스트(film contrast)에 의해 영향을 받는다. 시험체 콘트라스트는 시험체의 두 부분을 투과한 X선 또는 감마선의 강도비이며 시험체의 특질, 사용된 방사선의 에너지 그리고 산란방사선의 강도 및 분포의 영향을 받고 노출시간, 전류 또는 선원의 강도, 거리 및 필름의 특성과 현상처리와는 독립적이다.

필름 콘트라스트는 필름 특성곡선의 기울기를 말한다. 이는 필름의 종류, 현상도 및 농도의 영향을 받는다. 또한 사용된 증감지의 종류의 영향을 받는다. 필름 콘트라스트는 방사선의 파장 및 분포와는 독립적이다. 즉, 시험체 콘트라스트와는 무관하다.

선명도(definition)는 상의 윤곽이 얼마나 뚜렷한(sharpness)가를 말한다. 이는 사용된 증감지의 형태 및 필름, 방사선에너지 및 촬영의 기하학적 인자에 의해 영향을 받는다.

방사선 투과사진은 콘트라스트가 높아도 선명도가 낮아지는 경우와 그 반대가 되는 경우도 있는데 그림 3-36은 이와 같은 현상을 나타내고 있다. 그림(a)는 그림(b)에 비하여 검은 것과 흰 것(시험체)과의 음영 차이가 크나, 시험체 주위나 구멍 주위가 뚜렷하지 않다. 다시 말하면, 투과사진 (a)는 콘트라스트는 높으나 선명도가 낮은 경우이고, 투과사진 (b)는 선명도는 높으나 콘트라스트가 낮게 나타난 경우이다.

(a) 낮은 선명도에 높은 콘트라스트

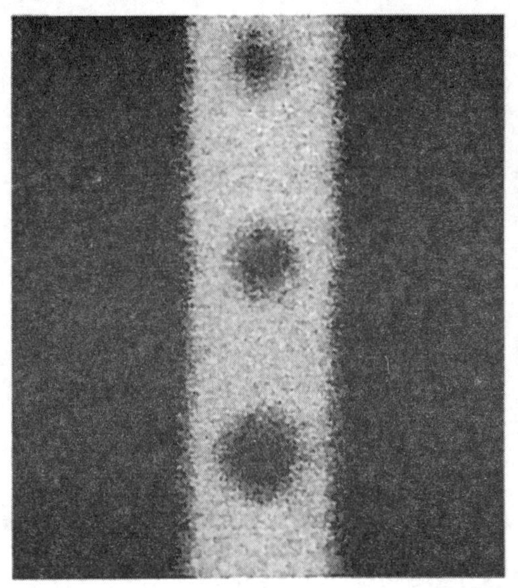

(b) 높은 선명도에 낮은 콘트라스트

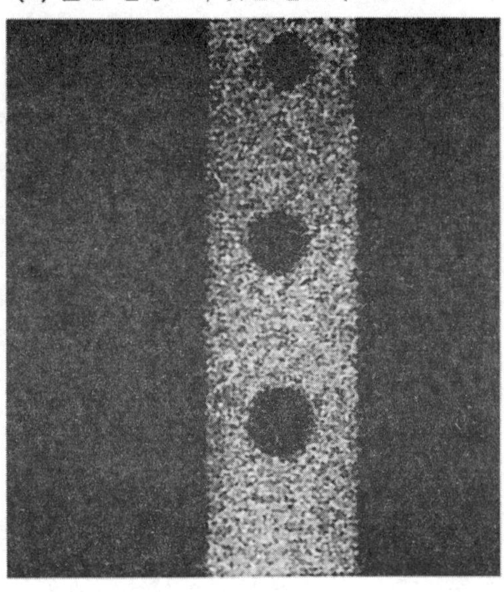

〔그림 3-36〕 방사선투과사진의 콘트라스트와 선명도

2. 투과사진의 콘트라스트

가. 개요

투과사진상에서 농도가 다른 두부분이 있는 경우 각각의 농도 D_1 및 D_2의 농도차 $|D_2-D_1|=\Delta D$를 투과사진의 콘트라스트로 정의하며, 명암도(明暗度)라고도 한다. 방사선 투과사진에 의해 어느 시험부의 결함을 검출하는 경우, 건전부의 농도 D_1과 결함부분의 농도 D_2와의 농도차 $|D_2-D_1|=\Delta D$, 즉 투과사진의 콘트라스트 의 대소가 결

함의 식별성에 크게 관계한다.

다시 말하면, 콘트라스트는 방사선 사진의 각기 다른 면적에 대한 필름농도의 차를 비교하는 것으로 시험체 콘트라스트와 필름 콘트라스트로 나누며, 산란선 및 촬영배치 등의 인자에 의해서 변화된다.

(1) 시험체 콘트라스트

시험체의 형태, 사용하는 방사선에너지 및 촬영배치 등에 따라 농도 차이가 달라지는 것을 시험체 콘트라스트(specimen 또는 subject 콘트라스트)라 한다. 시험체 콘트라스트에 영향을 주는 요인으로는 시험체 두께 차이, 방사선 에너지, 산란방사선 등이 있다. 시험체 두께 차이가 클수록 두께가 서로 다른 부위에서의 방사선 투과량의 차이가 커지므로 투과 사진상에 나타나는 농도 차이가 커져 콘트라스트는 높아진다. 시험체 콘트라스트는 시험체의 밀도와 원자번호에 따라 달라진다.

관전압이 올라가면 시험체 콘트라스트는 감소한다. X선 노출표에서 관전압이 증가함에 따라 직선의 기울기가 감소하는 것은 방사선의 투과력이 증가할 때 시험체 콘트라스트가 감소하는 것을 보여주는 것이다.

표 3-11에서 두께 2 cm, 2.5 cm인 시험체를 전압 160 KV와 200 KV로 방사선투과시험 한 결과를 비교하였다. 표 3-11에서 세 번째 칸은 각 전압에서 두께별 농도 1.5에 필요한 노출을 mA-min으로 나타낸 것이다. 그림 3-37에서 A는 200 KV이고 B은 160 KV의 촬영사진으로 스텝웨지의 콘트라스트가 다르다.

어떤 KV에서 주어진 농도를 나타내는데 필요한 mA-min은 시험편의 각 두께를 투과한 X선의 강도에 반비례한다. 160 KV에서 2 cm를 투과한 X선의 강도는 2.5 cm를 투과한 X선의 강도에 비해 3.8배가 높다.

반면 200 KV에서는 얇은 쪽을 투과한 X선 강도가 두꺼운 쪽에 비해 2.5배가 높다. 이와 같이 전압이 증가하게 되면 두께 차이에 따른 X선 투과비는 감소하여 시험체 콘트라스트가 감소하는 것이다. 그림 3-37에서 A는 높은 관전압, B는 낮은 관전압에서 촬영한 것으로 콘트라스트는 B가 A보다 높다. 그림 3-38 역시 관전압에 따른 농도차를 나타내어 (a)낮은 관전압이 (b)높은 관전압보다 콘트라스트가 큼을 보이고 있다.

표 3-11 관전압에 따른 시험체 콘트라스트

KV	두께 (cm)	농도 1.5에 필요한 노출(mA-min)	상대강도	강도비
160	2	18.5	3.8	3.8
	2.5	70.0	1.0	
200	2	4.9	14.3	2.5
	2.5	12.0	5.8	

〔그림 3-37〕 콘트라스트의 예

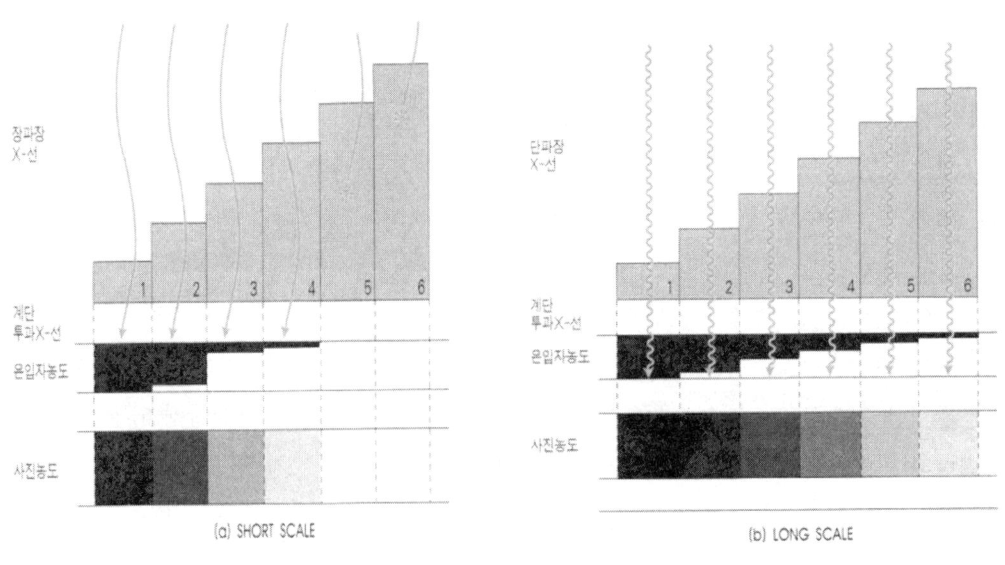

(a) 낮은 관전압　　(b) 높은 관전압

〔그림 3-38〕 시험체의 두께에 따른 시험체 콘트라스트

(2) 필름 콘트라스트

필름 콘트라스트(film contrast)는 필름의 종류, 현상처리(현상시간, 온도, 교반), 농도 및 현상액의 강도에 영향을 받는다. 필름 특성곡선은 X선 필름에 조사된 X선의 양(노출량)과 사진농도와의 관계를 나타내는 곡선으로 감도, 콘트라스트, 뿌염(fog)등의 필름특성을 알기 위해 이용한다. 노출량은 상대값을 사용하는데 이 상대값을 E로 나타낼 때, 그 상용대수 log E와 사진농도의 관계를 나타낸 것이 특성곡선이다.

직접촬영용 X선 필름은 증감지(增感紙 : screen : 스크린)용과 비증감지(非增感紙 : non-screen : 논-스크린)용으로 구분된다. 증감지용은 형광 증감지와 더불어 사용하도록 만들어진 것이고, 비증감지용은 연박 증감지와 더불어 사용하거나, 증감지 없이 사용하도록 만들어진 것이다. 필름 특성곡선에서 보면 농도가 달라지면 곡선의 기울기가 달라짐을 알 수 있고 필름 특성곡선의 기울기가 필름 콘트라스트를 나타내기 때문에 농도가 달라지면 필름 콘트라스트도 달라진다.

필름 특성곡선에서 필름농도가 달라지면 곡선의 기울기가 달라짐을 알 수 있고, 필름 특성곡선의 기울기가 필름 콘트라스트를 나타내기 때문에 농도가 달라지면 필름 콘트라스트가 달라진다.

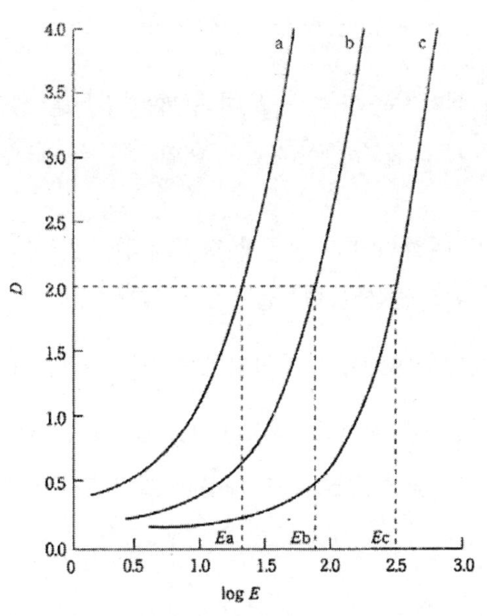

〔그림 3-39〕 비 증감지용 X선 필름의 특성 곡선

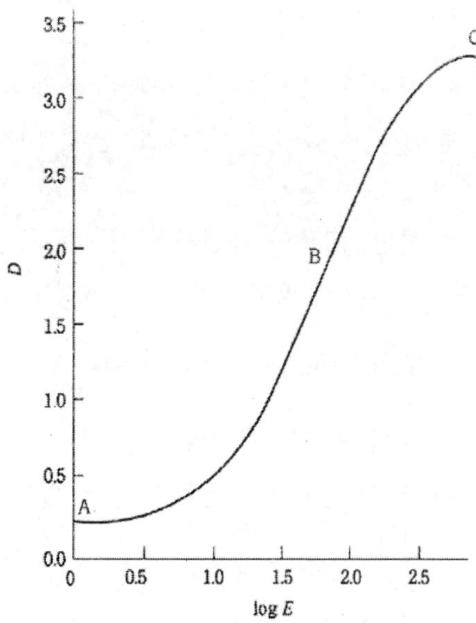

〔그림 3-40〕 증감지용 X선 필름의 특성 곡선

그림 3-39는 종류가 다른3개의 비중감지용 필름의 특성곡선을 나타낸 것으로 농도 D가 작을 때는 log E의 증가에 따라 농도의 증가가 완만하고 농도가 높아지면 급격하게 상승하는 특성을 가지고 있다.

그림 3-40은 증감지용 필름의 특성곡선을 나타낸 것이다. 농도범위가 낮은 범위(A, B)에서는 비증감지용과 유사하나 B점을 지나서는 log E의 증가에 따른 특성곡선의 특징이 전혀 다르다.

나. 두께차와 콘트라스트

시험체를 촬영하는 경우에 X선 필름에 도달하는 X선은 투과 X선외에 산란선이 포함되어 있으나, 우선 산란선을 함유하지 않는 X선에 대해서 알아본다.

(1) 그림 3-41에서 강도 I_0의 입사 X선이 시험체의 두께가 다른 T_1 및 T_2의 부분을 투과한 후의 P_1점 및 P_2점의 투과선의 선량율을 각각 I_1 I_2로 하고, 노출시간을 t로 하면 X선 필름 상의 각각의 P_1, P_2점의 X선량 E_1, E_2는 식(15.1)과 같이 나타낸다.

$$E_1 = I_1 t$$
$$E_2 = I_2 t \quad \cdots\cdots (3\text{-}18)$$

이 경우, T_1과 T_2를 투과한 투과 X선의 에너지는 T_1이 충분히 두꺼운 경우를 생각하면 거의 같다고 생각해도 좋다. 따라서 T_1, T_2를 투과한 X선에 대한 필름의 에너지 감도 k는 같다.

한편, 필름의 특성곡선 형상은 에너지가 변화되어도 실용적 범위에서는 변화되지 않는 성질이 있다. 즉 어느 일정농도에서의 노출량의 변화율

$\log E_1 - \log E_2 = \log(\frac{E_1}{E_2})$이 같으면 농도의 변화량은 바뀌지 않는다. 여기서 사용한 X선 필름의 특성곡선, 그림 3-42에서 P_1, P_2 점의 각 농도는 D_1 및 D_2로 된다. D_1과 D_2간의 X선 필름의 평균 필름 콘트라스트를 $\bar{\gamma}$로 하면 다음과 같은 관계가 얻어진다.

$$\bar{\gamma} = \frac{D_1 - D_2}{\log E_1 - \log E_2}$$

$$\therefore D_1 - D_2 = \bar{\gamma}(\log E_1 - \log E_2) \cdots\cdots (3-19)$$

한편 식(3-18)의 관계에서

$$\log E_1 - \log E_2 = \log\frac{E_1}{E_2} = \log\frac{I_1 t}{I_2 t} = \log\frac{I_1}{I_2} = \log I_1 - \log I_2$$

가 된다. 따라서 식(3-20)의 관계를 얻는다.

$$\bar{\gamma} = \frac{D_1 - D_2}{\log I_1 - \log I_2} \quad \cdots\cdots \quad (3-20)$$

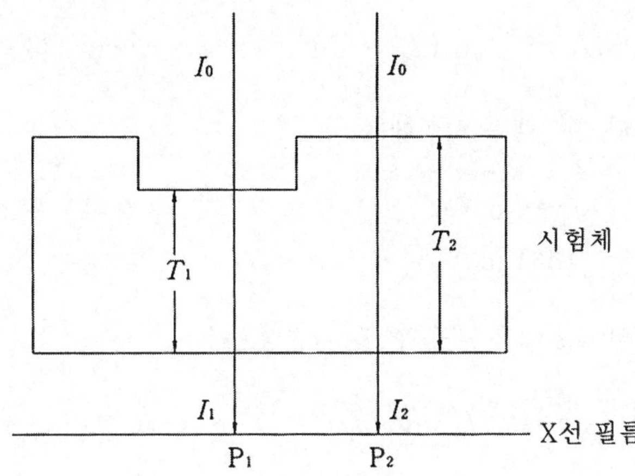

〔그림 3-41〕 두께 차와 투과사진의 콘트라스트

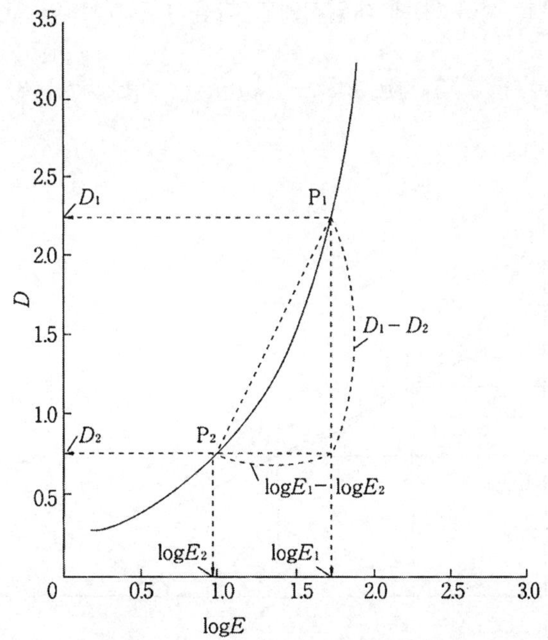

〔그림 3-42〕 X선 필름의 특성곡선과 평균 필름 콘트라스트 $\bar{\gamma}$

(2) 다음으로 이때의 시험체의 재질에 대한 X선 감약곡선을 그림 3-43으로 하면, P_1, P_2 점에 대응하는 투과두께 T_1, T_2에서의 투과 선량율은 I_1과 I_2가 된다. 감약곡선상의 2점 P_1, P_2를 연결한 직선구배에서의 평균 감약계수를 $\overline{\mu_p}$로 나타내면 식 3-21과 같이 된다.

$$\frac{\ln I_1 - \ln I_2}{-(T_1 - T_2)} = \overline{\mu_p}$$

$$\ln I_1 - \ln I_2 = -\overline{\mu_p}(T_1 - T_2) \cdots\cdots\cdots\cdots \quad (3-21)$$

한편 상용대수와 자연대수 사이에는

$$\log X = \log \cdot \ln X$$

$$\therefore \log X = 0.434 \ln X$$

가 된다. 따라서 식3-21은 다음과 같이 변형된다.

$$D_1 - D_2 = \bar{\gamma}(\log I_1 - \log I_2)$$

$$= 0.434\,\overline{\gamma}(\ln I_1 - \ln I_2) \cdots\cdots\cdots\cdots \quad (3-22)$$

여기서 식(3-21)를 식(3-22)에 대입시키면 다음의 관계가 얻어진다.

$$D_1 - D_2 = -0.434\,\overline{\gamma}\,\overline{\mu_p}(T_1 - T_2) \cdots\cdots\cdots\cdots \quad (3-23)$$

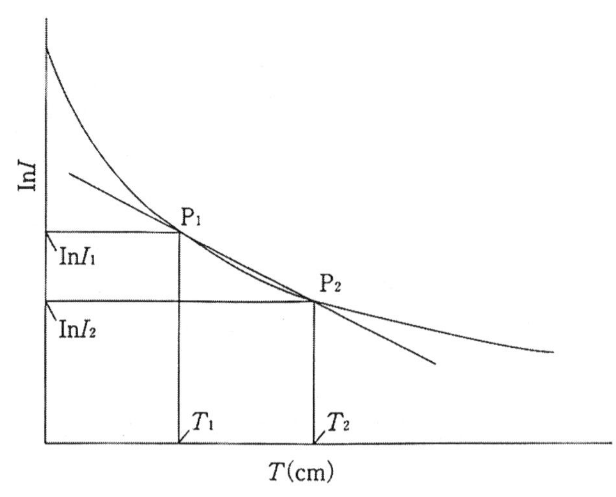

〔그림 3-43〕 X선 감약곡선

다. 미소두께 차이와 콘트라스트

(1) 그림 3-41에서 시험체의 두께 T_1과 T_2의 차이 T_1-T_2가 대단히 적게 되어 ⊿T로 된 경우의 콘트라스트를 알아본다. 이때에 투과 X선 에너지가 같다고 보면 I_1과 I_2의 차이는 대단히 적게 되고, 그 차를 ⊿I로 놓고 I_2를 I로, I_1를 I+⊿I로 치환시키면 그림 3-44와 같다.

P_1 및 P_2 점에서 X선 필름 상의 X선량은 노출시간을 t로 하면 P_1점에서는

$$E_1 = (I + \Delta I)t,$$

가 되고, P_2점에서는

$$E_2 = It$$

로 된다.

따라서 식 3-19는 식 3-24와 같다.

$$D_1 - D_2 = \bar{\gamma}\,[\log(I + \Delta I)t - \log - i\,t\cdot] \cdots\cdots \quad (3-24)$$

그러나 이 경우 E_1과 E_2의 차가 대단히 적으므로 D_1과 D_2의 차이도 대단히 적다. 적은 차이를 ⊿D로 하면 P_2를 P로 치환하고, 그 농도 D_2를 D로 하면 P_1의 농도 D_1은 D+⊿D로 되어, 그림 3-42의 특성곡선은 그림 3-45의 특성곡선으로 치환할 수 있다.

따라서 평균 필름 콘트라스트 $\bar{\gamma}$은 P에 있어서 접선의 구배, 즉 tan a로서 나타내는 농도 D에 있어서 필름 콘트라스트 γ로 된다.

식 3-24에서 D_1-D_2를 ⊿D로 하면 다음 식과 같다.

$$\Delta D = 0.434\,\gamma\,[(\ln(I + \Delta I) - \ln I)] \cdots\cdots\cdots\cdots\cdots \quad (3-25)$$

특성곡선에서 각 농도에 대한 접선의 구배 γ는 농도에 따라 변화되고, 논스크린 필름에서의 γ(감마)값은 그림 3-46과 같이 거의 농도에 비례해서 크게 된다.

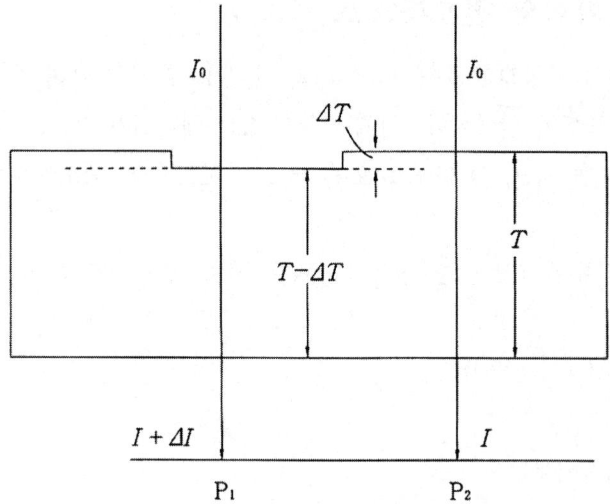

〔그림 3-44〕 미소두께차와 투과사진 콘트라스트

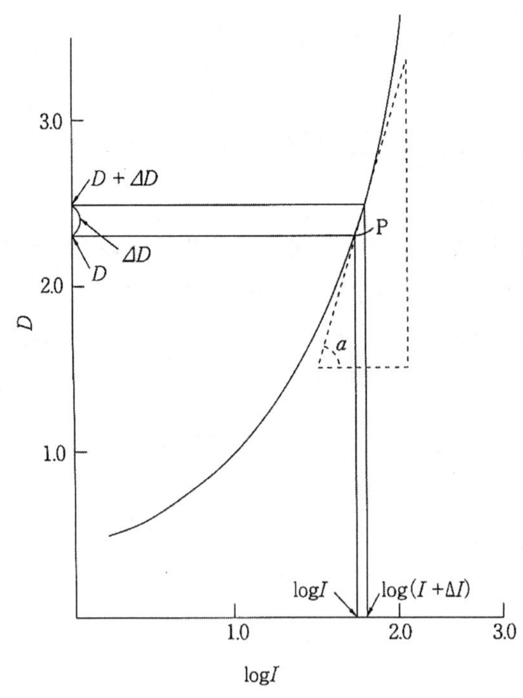

〔그림 3-45〕 X선 필름의 특성곡선과 필름 콘트라스트 γ

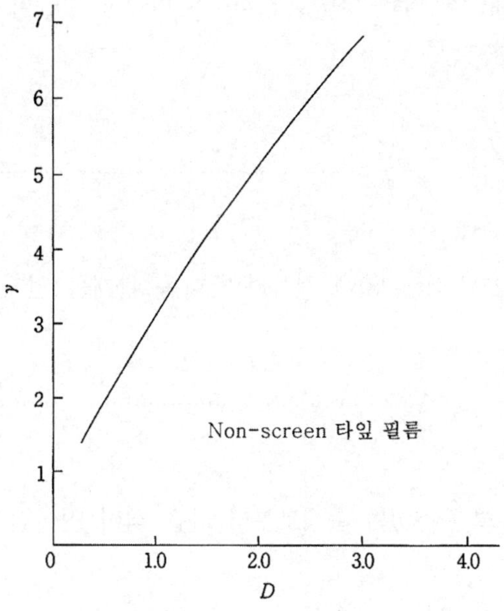

〔그림 3-46〕 X선 필름 농도와 콘트라스트

(2) 그림 3-43의 감약곡선에서 T_1과 T_2의 두께차이 ΔT가 작은 경우는 그림 3-47과 같이 식 3-21은 다음과 같다.

$$\frac{\ln(I+\Delta I) - \ln I}{-\Delta T} = \overline{\mu_p}$$

$$\therefore \ln(I + \Delta I) - \ln I = \overline{\mu_p}\,\Delta T \cdots\cdots\cdots\cdots \quad (3-26)$$

여기서 $\overline{\mu_p}$는 P_1과 P_2를 연결한 직선의 구배를 나타내는 평균 감약계수이다. 그러나 ΔT가 대단히 작은 경우에 직선의 구배는 두께 T의 P_1점에서 감약곡선의 접선구배 tan a, 즉 감약계수 μ_p와 같아진다. 따라서

$$\ln(I + \Delta I) - \ln I = -\mu_p\,\Delta T \cdots\cdots\cdots\cdots \quad (3-27)$$

로 된다. 여기서 좌변을 변형하면 다음식과 같다.

$$\ln(I + \Delta I) - \ln I = \ln(\frac{I + \Delta I}{I}) = \ln(1 + \frac{\Delta I}{I}) \cdots \quad (3-28)$$

여기서 ΔI가 대단히 작은 경우, 즉 ΔI/I에 비해서 대단히 작은 경우에 식 (3-28)은 다음과 같이 된다.

$$\ln\left(1+\frac{\Delta I}{I}\right) \fallingdotseq \frac{\Delta I}{I} \quad \cdots\cdots \quad (3-29)$$

이 관계를 식(3-27), 식(3-28)에 적용하면 다음 관계를 얻게 된다.

$$\frac{\Delta I}{I} = -\mu_p \Delta T \quad \cdots\cdots \quad (3-30)$$

따라서 식(3-25) 및 (3-30)의 관계로부터 다음 식이 얻어진다.

$$\Delta D = -0.434\gamma \mu_p \Delta T \quad \cdots\cdots \quad (3-31)$$

식 (3-31)는 미소한 두께의 차이가 있는 경우의 투과사진 콘트라스트를 나타내고 있다. 단, 이 식은 산란선을 함유하지 않는 투과선만의 경우이다.

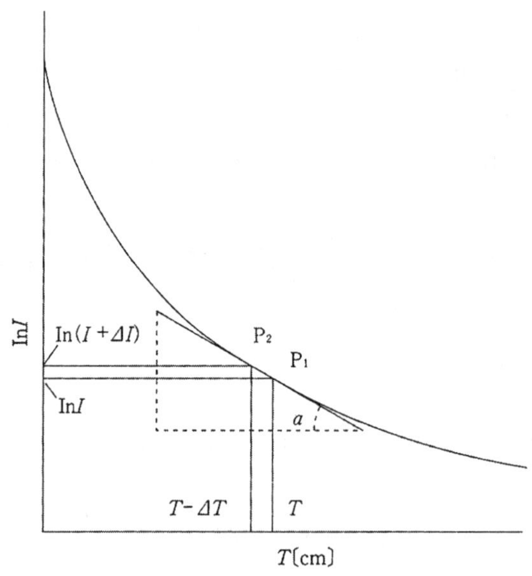

〔그림 3-47〕 X선 감약곡선과 감약계수 μ_p

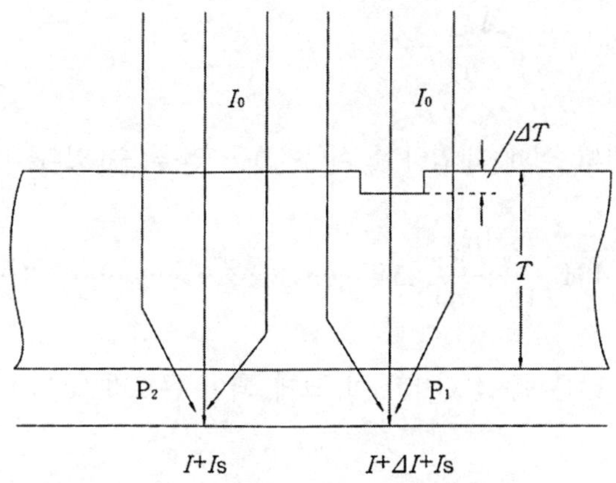

〔그림 3-48〕 투과선과 산란선

라. 산란선과 투과사진의 콘트라스트

방사선투과 촬영에서 직접투과선외에 산란선이 대부분 발생한다. 특히 시험체내에서 발생한 전방 산란선은 X선 필름 상에 도달한다.

두께의 차 ΔT가 미소한 경우는 X선 필름 상의 P_1, P_2 각점에 도달하는 산란선의 선량율은 같다고 보면 된다. 그림 3-48과 같이 산란선의 선량율을 I_s로 하면 P_1점에서의 선량율은 I+ΔI+I_s이고, P2점에서는 I+I_s,가 된다. 여기서 I_s/I을 산란비 n로 하면 I_s = nI로 되어 다음과 같이 나타낼 수 있다.

$$P_1 : I + \Delta I + I_s = I + \Delta I + nI = I(1+n) + \Delta I$$
$$P_2 : I + I_s = I + nI = I(1+n)$$

여기서 식(3-25)에서 산란선을 고려하고, 식(3-25) 우변의 I를 I(l+n)에, I+ΔI를 (1+n)+ΔI에 두면, 식(3-25)은 다음과 같이 된다.

$$\Delta D = 0.434\,\gamma\,[\ln((1+n)I + \Delta I) - \ln(1+n)I]$$
$$\Delta D = 0.434\,\gamma\,\ln\frac{(1+n)I + \Delta I}{(1+n)I}$$
$$= 0.434\,\gamma\,\ln(1 + \frac{\Delta I}{(1+n)I})$$

여기서 ΔI/I는 대단히 작으므로 다음과 같다.

$$\Delta D = 0.434\,\gamma\,\frac{\Delta I}{(1+n)I}$$

식(3-30)의 관계를 위의 식에 대입하면 식(3-32)을 얻을 수 있다.

$$\Delta D = -0.434\,\frac{\gamma\,\mu_p}{(1+n)}\,\Delta T \cdots\cdots\cdots\cdots \quad (3-32)$$

식(3-31)은 산란선이 많은 쪽 산란비 n이 크게 되어 콘트라스트 ⊿D는 작아지는 것을 나타내고 있다.

마. 선원치수와 콘트라스트

X선의 경우 선원치수는 X선관의 초점치수로 된다. X선관의 초점이 완전히 점으로 되면 초점-시험체-필름 간의 상호거리가 변화되어도 결함의 투과상에는 초점치수에 따른 반음영(penumbra)이 생기지 않는다. 그러나 실제로는 초점치수의 크기에 따라 투과상에는 반음영을 일으킨다. 그 반음영상은 초점-시험체-필름간의 상호 촬영배치에 따라서 크게 변화되고 그 결과 투과상의 콘트라스트에 변화를 준다.

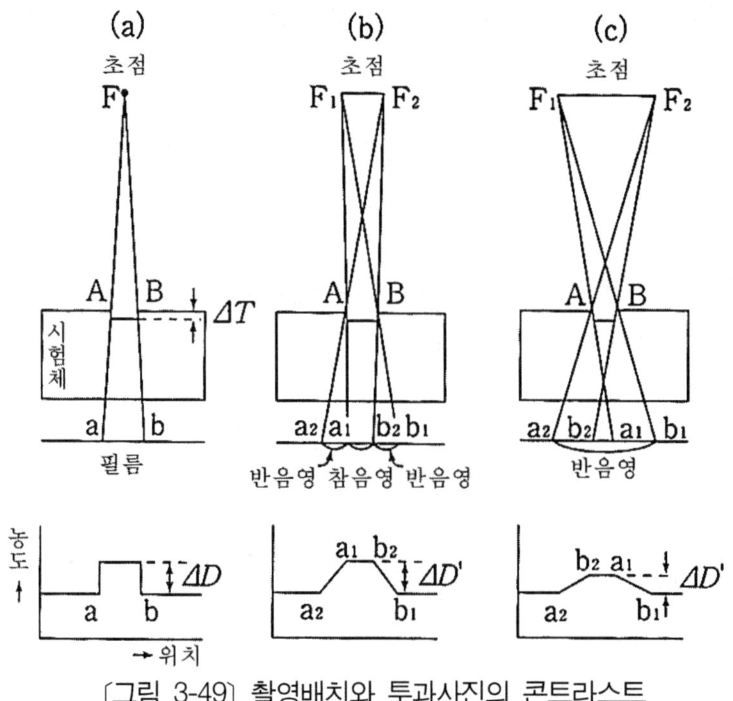

〔그림 3-49〕 촬영배치와 투과사진의 콘트라스트

(1) 그림 3-49는 시험체 표면의 도랑모양의 상처인 투과상과 그 콘트라스트 상태를 나타낸다. 그림 3-49(a)는 초점이 점(point)의 경우로 반음영상은 없고 그 상의 콘트라스트 $\Delta D'$는 촬영배치에 영향이 없는 경우의 콘트라스트 최대값 ΔD에 거의 같다.

그림 3-49(b)는 초점 치수법의 영향에 의한 반음영의 부분이 크게 되고 참영상의 부분은 작게 되지만, 콘트라스트 $\Delta D'$는 최대값 ΔD와 거의 같다.

그림 15.9(c)는 초점치수가 크기 때문에 참영상의 부분이 없게 되어 모두 반음영상이 되어 상의 폭은 확대되고 콘트라스트 $\Delta D'$는 최대값 ΔD보다 작다.

여기서 투과사진의 콘트라스트 최대값 ΔD에 대한 $\Delta D'$의 비를 σ로 하면, σ의 값은 초점치수의 크기, 초점, 시험체간거리, 시험체, 필름간거리 등의 촬영배치에 따라서 변화하지만 최대값은 1로된다.

따라서 이 σ를 투과사진의 콘트라스트에 영향을 미치는 기하학적 보정계수로서 a를 식(3-32)에 적용하면 식(3-33)을 얻게 된다.

$$\Delta D = -0.434 \frac{\gamma \ \mu_p \ \sigma}{(1+n)} \Delta T \cdots\cdots\cdots\cdots \quad (3-33)$$

그림 3-50(a)에서 초점치수를 f로하고, 초점에서 흠집까지의 거리를 L_1, 흠집에서 필름까지의 거리를 L_2로 하고 흠집의 위치에 투영된 겉보기 초점치수의 크기를 f로 하면 d'은 식(3-34)과 같다.

$$d' = \frac{f \ L_2}{L_1 + L_2} \cdots\cdots\cdots\cdots \quad (3-34)$$

여기서 도랑모양의 결함과 같이 단면의 형상이 구형인 경우, 도랑모양의 결함폭을 d로 하고, d'/d의 값에 대한 σ값을 구하면 그림 3-50(b)와 같이 다음 관계가 된다.

$$d \ge d' \text{ 의 경우 } \sigma = 1$$
$$d < d' \text{ 의 경우 } \sigma = d/d' \cdots\cdots\cdots\cdots \quad (3-35)$$

(2) 여기서 d'/d에 대하여 σ의 값은 투과상의 대상이 되는 결함 또는 투과도계의 단면형상에 따라 달라진다. 그림 3-51는 바늘형 투과도계의 원형 단면을 가진 원주형 결함

이나 투과도계의 상의 기하학적 보정계수 σ를 나타낸다.

그림 3-51(a)는 투과도계를 시험체 표면에 설치한 상태이다. d는 투과도계의 직경, d'은 투과도계의 설치 위치에 투영된 겉보기 초점치수이며, 원형단면 σ의 값은 도랑 모양의 경우에서 복잡한 식이 되어 다음과 같다.

$d \geq d'$의 경우

$$\sigma = \frac{1}{2}[(1-(\frac{d'}{d})^2)^{\frac{1}{2}} + (\frac{d'}{d})^{-1}\sin^{-1}(\frac{d'}{d})] \cdots\cdots\cdots\cdots \quad (3-36)$$

$d < d'$의 경우

$$\sigma = \frac{\pi}{4}(\frac{d'}{d})^{-1} \cdots\cdots\cdots\cdots\cdots\cdots \quad (3-37)$$

식 (3-36) 및 식 (3-37)을 도시하면 그림 3-51(b)가 된다. d'/d값이 0.5보다 작은 범위에서는 σ≒1이지만, 0.5를 초과하면 σ값은 급격히 작아진다.

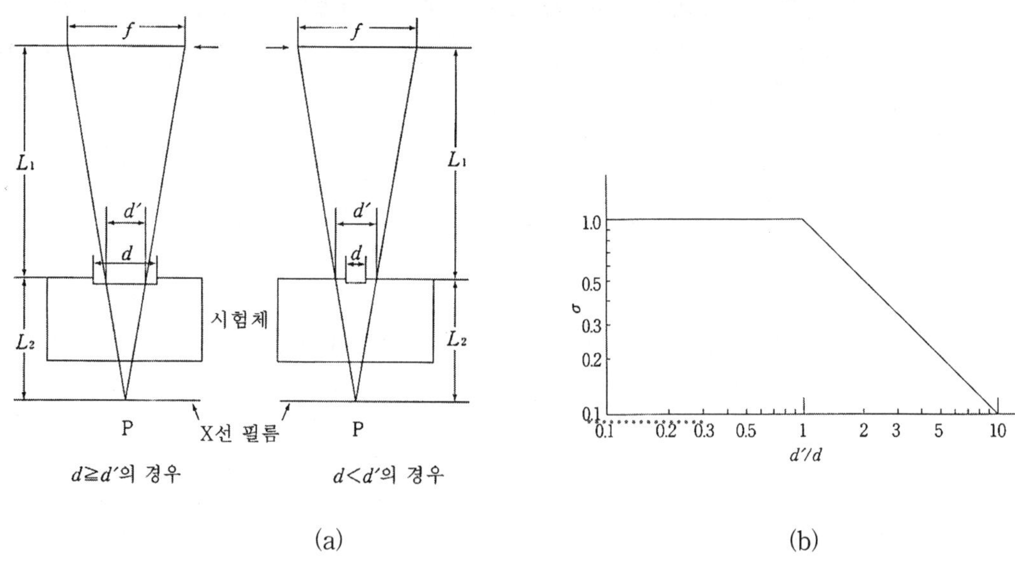

〔그림 3-50〕 고랑형 결함상의 기하학적 보정계수(ρ)

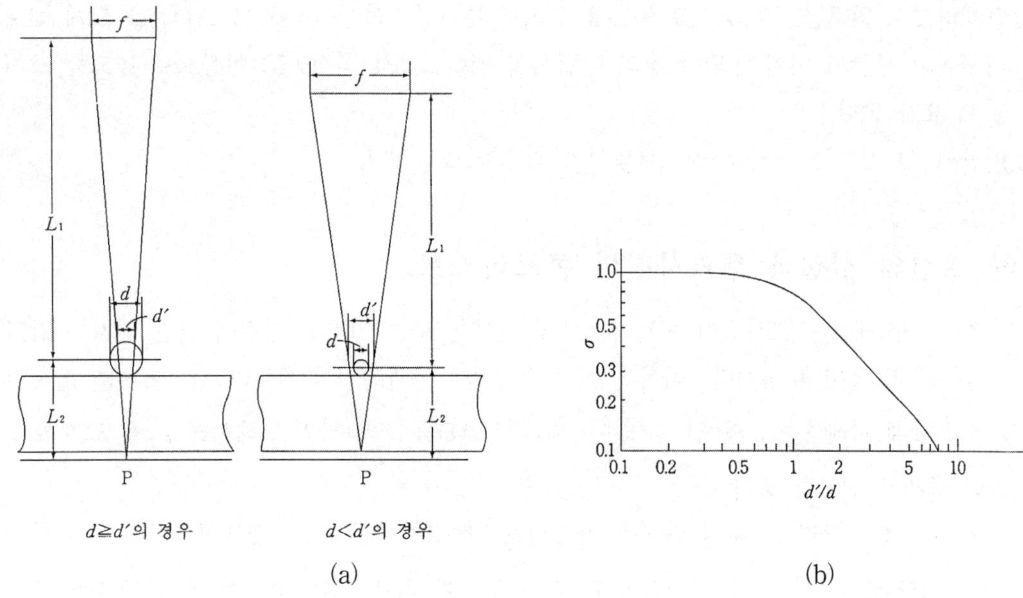

〔그림 3-51〕 바늘상의 기하학적 보정계수(ρ)

바. 콘트라스트 영향 인자

투과사진의 콘트라스트 ΔD는 식 (3-33)에서와 같이

$$\Delta D = -0.434 \frac{\gamma \ \mu_p \ \sigma}{(1+n)} \Delta T$$

로 나타낸다. 여기서 오른편에 있는 것이 콘트라스트에 영향을 주는 여러 인자 로서 γ, μp, σ, n는 촬영조건에 의해 변화된다. 따라서 실용조건하에서는 투과사진의 콘트라스트 ΔD가 가급적 크게 되도록 촬영조건을 선택해야 한다.

사. 사진농도와 필름 콘트라스트

투과사진의 콘트라스트 ΔD에 영향을 주는 인자로서 μp, σ, n가 바뀌지 않을 경우에 투과사진의 콘트라스트 ΔD를 크게 하기 위해서는 식 (3-32)의 관계에서 γ를 크게 할 필요가 있다.

한편 그림 3-46에서 보는바와 같이 γ는 거리농도 D에 비례하기 때문에 D를 크게 하면 좋다. 그러나 투과사진을 관찰할 경우 방의 밝기 및 관찰기의 밝기에 적합한 최적농도가 존재하므로 최적농도 이상으로 농도를 올려서 투과사진의 콘트라스트 ΔD만을 크게 해도 바꾸어서 관찰이 어렵게 되어 상의 식별성이 저하되므로 최적농도 이상으로 농도를 크게 할 필요가 없다.
따라서 이 경우는 최적농도가 실용성의 최고농도로 된다.

아. X선의 선질과 투과사진의 콘트라스트

식 (3-33)에서 투과사진의 콘트라스트에 영향을 주는 인자중 선질에 관한 인자는 감약계수 μ_p 및 산란비 n이다. 여기서 식 (3-33)에서 투과사진의 콘트라스트 ΔD는 μ_p / (/n)의 값에 비례하는 것을 알 수 있다. 따라서 ΔD를 크게 하기 위해서는 μ_p를 크게하고, n을 작게할 필요가 있다.

μ_p는 X선 관전압을 낮게 할수록 커지지만 X선장치의 종류, 시험체의 재질, 두께 등에 의해 변화된다. 따라서 μ_p / (1+n)의 값이 될수록 크게 되는 조건을 선택해야한다.

X선의 관전압을 변화시킨 경우에 철(iron)에 대한 감약계수를 구하는 일예를 그림 3-52에 나타낸다. 관전압을 증가시키면 μ_p가 급격히 감소하는 것을 알 수 있다.

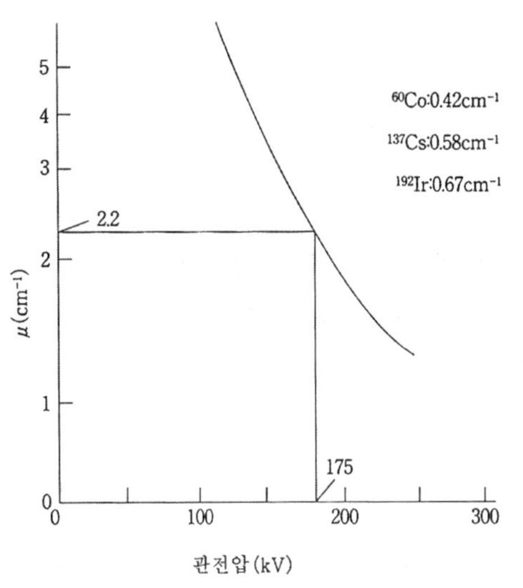

〔그림 3-52〕 관전압과 철의 감약계수 μ와의 관계

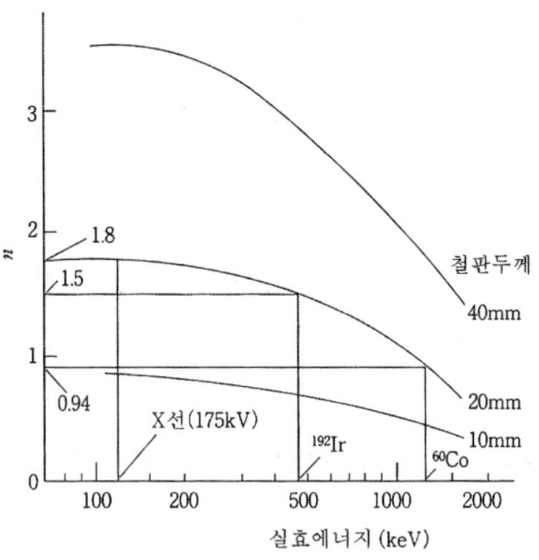

〔그림 3-53〕 실효 에너지와 산란선비와의 관계

그리고 ^{60}Co, ^{137}Cs, ^{192}Ir의 γ선원에서 철에 대한 감약계수를 함께 나타냈다. 그림 3-53에 실효에너지와 산란비 n와의 관계를 계산에 의해서 구한 일예를 나타낸다. 따라서 그림 3-52 및 그림 3-53에서 μ_p 및 n을 구하면, 표 3-12와 같이 μp/(1+n)의 계산이 가능하다.

표 3-12 선원의 종류와 $\mu_p/(1+n)$과의 관계(시험체 강판 20mm)

선원종류	$\mu(Fe)(cm^{-1})$	kV_{eff}	n	$\mu_p/(1+n)$ (cm^{-1})
X선장치 (175kVp)	2.2	120	1.9	0.76
192Ir	0.67	450	2.1	0.22
60Co	0.42	1,250	1.2	0.19

3. 선명도(definition)

선명도(鮮明度)란 투과사진상에 나타난 영상의 각기 다른 농도의 경계면에 대한 명확도 또는 섬세도를 나타내는 용어로서, 보다 정확하게 정의하면 투과사진의 선명도는 물리적인 형상을 구분할 수 있는 최소거리로 나타낼 수 있다. 윤곽이 매우 선명한 경우 선명도가 높다고 표현한다.

방사선투과사진의 선명도에 영향을 주는 요인은 기하학적 불선명도와 공간분해능으로 나눌 수 있는데 이를 세분하면 고유 불선명도에 의한 요인, 기하학적인 요인, 산란방사선에 의한 요인, 필름 입상성에 의한 요인 등으로 분류할 수 있다.

가. 고유 불선명도(inherent unsharpness)

X선이나 감마선은 어떤 물질을 통과할 때 광전효과, 콤프턴 산란, 또는 전자쌍생성 등과 같은 상호작용에 의하여 이온화 과정에 의해 흡수되는데, 방사선이 필름을 투과할 때도 필름과 상호작용으로 인한 이온화 과정에서 생성된 전자들로 인해 필름의 영상이 불선명하게 되는데 이를 고유 불선명도라고 한다.

나. 기하학적 불선명도(geometric unsharpness)

선원이 점이 아니고 어떤 면적을 가질 때 그림자의 윤곽이 선명하지 못하고, 선원과 필름이 수직으로 위치하지 않을 경우 시험체의 상이 늘어난 형태가 되는 현상을 말한다. 선명도에 영향을 주는 기하학적 요인으로는 선원의 크기, 선원-필름간 거리, 시험체-필름간의 거리, 선원-시험체-필름의 위치, 시험체의 두께변화, 증감지-필름 접촉상태 등이다.

선원의 크기는 작을수록, 즉 점선원에 가까워질수록 선명도는 좋아지며 선원-필름간 거리는 멀수록 선명도는 좋아진다. 일반적으로 사용하는 선원은 점선원이 아니기 때문에 투과사진상에 어느 정도의 음영이 형성될 수밖에 없으나, 선원-필름간의 거리가 짧아질수록 음영의 형성이 커지므로 선명도는 낮아지게 된다.

시험체-필름간 거리는 가능한 밀착시켜야 선명도가 좋아지며 시험체-필름간 거리가 커지면 음영이 확대되어 선명도는 낮아지게 된다.

선원-시험체-필름의 위치의 관점에서 볼 때 방사선은 가능한 한 필름과 수직을 이루어야 하며, 시험체의 두께변화가 심한 경우는 시험체의 일부가 필름과 각도를 이루어 음영이 형성되어 선명도는 낮아지게 된다. 증감지와 필름은 완전히 밀착될수록 선명도가 좋아지는데 필름홀더 자체에 연박 증감지가 붙어있는 경우 필름과 증감지의 접촉상태가 불량하여 선명도가 낮아지는 경우가 많다.

또한 필름은 가능한 한 시험체와 가깝게 밀착시키는 것이 좋으며 가능한 한 시험체, 선원 및 필름의 배치가 방사선의 중심에 수직이 되도록 하며 시험체와 필름은 평행하게 배치되어야 선명도가 좋게 된다.(3장 1절 4 참조)

4. 입상성(graininess)

X선 필름에 나타나는 검은 영상은 수많은 미세한 은(銀 : silver)입자들의 모임으로 형성되며, 각각의 입자들은 아주 작아서 단지 현미경을 통해서만 볼 수 있다. 그러나 이 조그만 입자들은 상대적으로 큰 덩어리를 형성하여 육안 또는 저배율의 확대를 통해 볼 수 있다. 이와 같이, 가시적인 효과를 형성하는 최소의 검은 덩어리를 필름 입상성(粒狀性 :graininess) 이라 한다(그림 3-41). 입상성은 시각적 감각인데 반하여 물리적으로 추정한 수치로 나타낸 것을 입상도(粒狀度 : graularity 또는 물리적 입상성)라 한다.

모든 필름의 입상성은 필름 종류, 방사선의 선질, 현상 조건 및 형광 증감지 사용 유무에 영향을 받는다. 그림 3-41은 필름 결정 입자가 작은 것(fine grain: small grain)과 큰 것(coarse grain : large grain)을 비교 한 것으로 입자가 클수록 입상성이 커지고 경계가 불분명함을 보여 선명도가 저하된다. 일반적으로 필름 속도가 느릴수록 낮은 입상성을 나타내고, 방사선의 선질(광자 에너지)이 증가함에 따라 증가율은 각각 다를지라도 입상성은 증가한다.

그리고 입상성은 현상조건에 의해 영향을 받는다. 필름 감도를 높이기 위해 정상 현상시간보다 증가시키면 입상성은 증가한다. 반면에 입상성을 감소시키는 현상액 또는 현상기법은 필름 감도를 떨어뜨린다. 그러나 온도 또는 현상액의 강도 변화를 보상하기 위해 현상기법을 조정하는 것은 입상성에 거의 영향을 주지 않는다.

입상성이 크면 필름 불선명도의 원인이 된다. 필름 불선명도는 필름의 종류, 증감지의 종류, 방사선질, 현상조건 등에 의해 달라진다. 일반적으로 감광속도가 낮은 필름의 입상이 미세한데 입상이 미세한 필름일수록 선명도가 좋다. 또한 현상 시 현상액의 강도, 현상시간, 현상온도, 교반상태 등에 따라서도 선명도가 달라진다.

연박 증감지의 사용이 필름 입상성에 현저한 영향을 주지는 않는다. 그러나 형광증감지를 사용하면 입상성이 커지고, 선명도도 나빠진다. 그 이유는 일차적으로 칼슘 텅스테이트(Calcium tungstate : CaWO4)의 결정입자가 필름의 감광유제인 브롬화 은(Silver Bromide : AgBr))의 입자보다 크기 때문이다. 따라서 형광증감지에 있는 형광물질 입자가 형광을 발생하면, 밀착되어 있는 필름의 브롬화은 입자만을 감광시키기 때문에 영상자체가 흐려져 선명도는 불량해진다.

(a) 고감도 필름(큰 결정입자) (b) 저감도 필름(작은 결정입자)

〔그림 3-41〕 필름 결정 입자의 변화.

5. 관용도(latitude)

관용도(寬容度)란 시험체 콘트라스트를 투과사진의 흑화도로서 정확하게 나타 낼 수 있는 필름의 노광역(exposure range : 광량비의 범위)을 말한다. 필름 특성곡선의 직선부에서 노광량의 범위가 넓은 것이 관용도가 좋은 것이다. 필름 콘트라스트(또는 필름 감마값)가 큰 것은 관용도가 좁고, 필름 콘트라스트가 작을수록 관용도가 넓다. 필름 특성곡선에서 일정한 사진 농도 범위를 얻는데 필요한 노출량의 범위를 말한다.

그림 3-42는 관용도를 설명한 것으로 A필름보다는 B 필름이 관용도가 넓다. 일정 사진 농도 범위를 얻기 위한 노출량 범위가 큰 필름이 관용도가 좋다(넓다)고 할 수 있다. 즉, 판독 가능한 투과사진의 필름 농도를 얻을 수 있는 시험체의 두께의 범위를 결정할 수 있으며, 콘트라스트가 낮은 필름이 관용도가 넓다. 두께차이가 큰 시험체를 한 필름상에서 필름 농도 차이를 줄이려면 관용도가 좁은 필름을 사용한다.

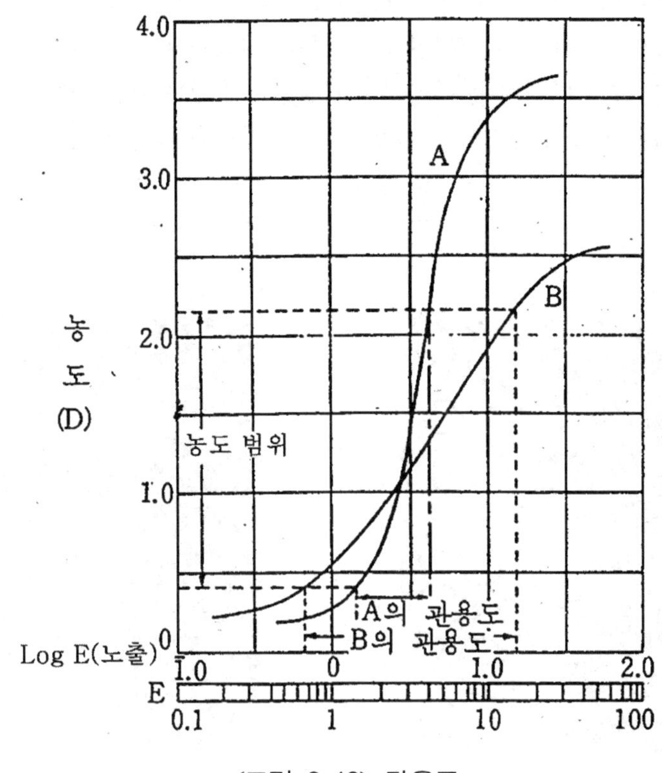

〔그림 3-42〕 관용도

6. 기타 인자

가. 필름 감도(感度 : sensitivity)

방사선 노출로 투과영상을 만들 때에 원하는 필름 농도를 적은 노출량으로 얻게 될수록 필름 감도가 높다고 한다. 즉, 필름 감도는 노출량 역수의 함수로 나타내는 것이 된다. 일정한 사진 농도를 얻는데 있어서 감도가 높은 필름이 감도가 낮은 필름보다 노출량을 적게 주어도 된다.

나. 필름 포그(film fog)

빛에 노출이 안된 필름을 현상하면 필름 농도가 0이 되어야 한다. 그러나 필름 전체가 흐릿하여 낮은 흑화도를 나타내는 것을 필름 포그(film fog)라 한다. 이것은 필름 제조시나 물리적 화학적 원인 등으로 발생 한 것이다. 필름 특성곡선에서 아래쪽 최소 농도치로서 횡측으로 평행한 부분이 포그가 포함되어 기본 농도를 나타내고 있다.

포그 농도는 현상하거나 미노광부의 사진 농도에서 기본 농도를 공제한 값을 가리키지만 포그와 같은 의미로 흔히 사용 한다.

【 익 힘 문 제 】

1. 시험체의 형태와 크기가 동일한 방사선투과 사진을 얻기 위한 기하학적 요건과 관계를 설명하시오!

2. 방사선투과사진의 콘트라스트(ΔD) 관계식을 쓰고 설명하시오!

3. 증감지의 종류를 나열하고 역할을 기술하시오!

4. 방사선 투과사진의 상질구성인자를 나열하고 관계를 설명하시오!

5. 산란선이 방사선투과 사진에 미치는 영향을 기술하시오!

6. X선 투과검사에서 필름에 도달하는 산란선을 억제 또는 제거하는 방법을 기술하시오!

7. 필름 입상성(graininess)을 좌우하는 요인을 기술하시오!

8. X선과 감마선의 노출표 작성 절차를 기술하시오!

9. 다음 용어를 간략히 설명하시오!

(1) 노출인자(exposure factor)

(2) 등가 계수(equivalent factor)

(3) 필름 특성곡선(film characteristic curve)

(4) 영상의 언더컷(undercut)

(5) 관용도(latitude)

10. 그림과 같은 특성곡선을 지닌 3개의 필름이 있다. 모두 조건이 일정하다고 할 때에 다음 물음에 답하시오!

(1) Fuji IX 100+Pb0.03에 5mA-min로 촬영했을 때 이 시험부의 농도가 0.60이었다. 시험부의 농도를 1.80으로 하고자 할 때 노출량을 몇 mA-min로 수정하여야 하는가?.

(2) 재질두께 15.0mm의 촬영조건을 구하면 초점-필름간 거리 600mm,에서 노출량이

4.2mA-min 이다. 거리만 900mm로 변경했을 경우 동일농도의 투과사진을 얻기 위한 노출량은?.

(3) 판두께 19.0mm의 시험체를 필름 #100과 Pb 0.03mm의 경우 8.3mA-min의 노출을 주었을 때에 농도가 1.5였다. 필름을 #80으로 변경하여 동일한 농도를 얻기 위해 필요한 노출량은?.

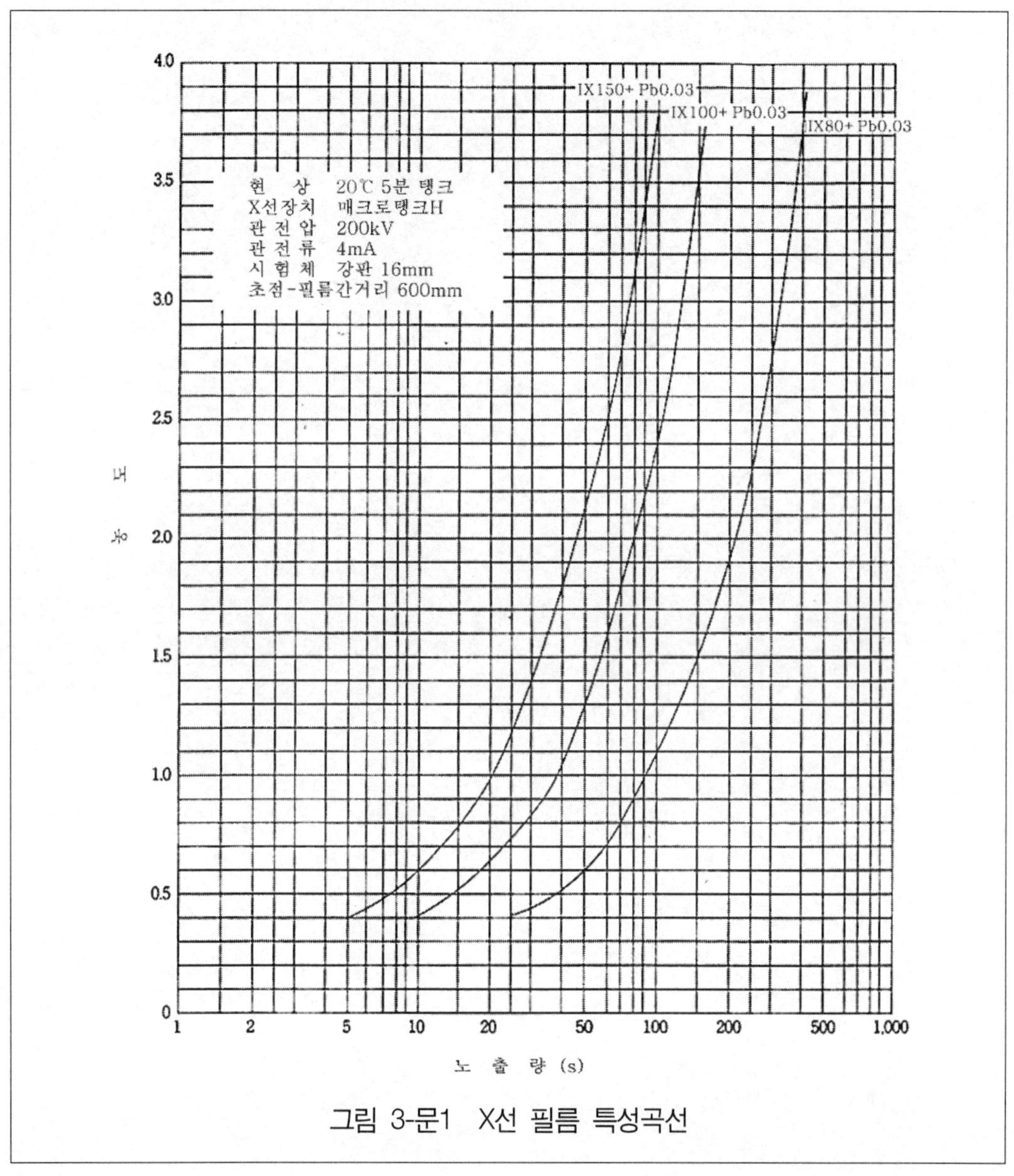

그림 3-문1 X선 필름 특성곡선

제 4 장 감광 재료 및 현상 처리

제 1 절 감광 재료

1. 필름의 구성

방사선투과시험에 사용되는 *X*선 필름은 그림 4-1과 같이 중앙에 유연하고 투명한 기저부분이 있고, 기저부분 양면에 감광유제(感光乳劑 : elmulsion)가 코팅되어 감광층이 있다. 기저부분은 아세테이트(acetate) 또는 폴리에스텔(polyester) 계통으로 150 ~ 250μm 두께이고, 투과영상을 형성하는 감광 유제층은 할로겐화 은입자(보통 AgBr이 이용됨)로서 5 ~ 25 μm 두께가 양면으로 접착되어, 감광유제가 한 면인 경우에 비하여 할로겐화은이 2배가 되어 감광 속도를 증가시킨다. 필름의 외층은 외부 스크레치(scratch)로 부터 감광 유제층을 보호하기 위하여 젤라틴(gelatine)으로 보호층을 이루고 있다.

X선 필름은 일반 카메라 필름과 마찬가지로 빛이나 방사선이 감광유제에 닿으면 AgBr이 전리되어 잠상(潛像: latent image)을 형성한다. 잠상은 인간이 인식할 수가 없으므로 필름 현상처리 과정을 거치면, 잠상은 검은 금속 은으로 변하여 감광 정도에 따른 검은 정도를 인식할 수 있게 된다.

가. 기저부(base)

필름 기저부(基底部)로 사용되고 있는 플라스틱은 폴리에틸렌 테리프살레이트(polyethylene terephthalate)로 만들어진다. (Dimethyl terephthalate + Ethylene glycol= polyethylene terephthalate). 에틸렌 테리프살레이트가 에스테르(ester)가 되며, 따라서 이를 폴리에스테르(polyester)라 한다.

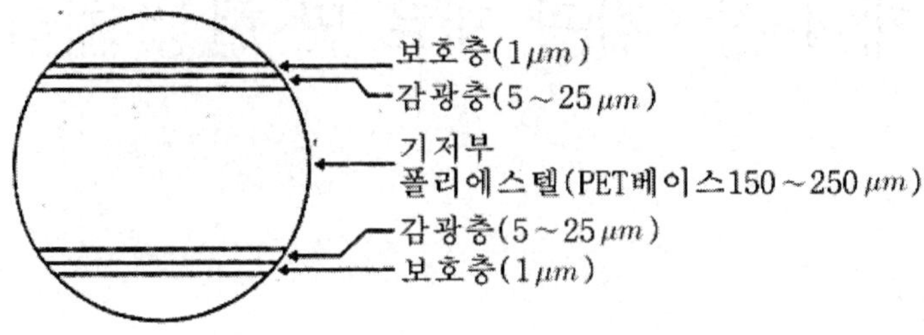

〔그림 4-1〕 필름의 구성

이는 방사선투과사진용 필름의 기저부분에 현재 널리 사용되고 있다. 그의 중요한 특성으로는 강도가 좋고, 빛이 잘 투과하며, 안정성잘 투물을 흡수하지 않는 성질 등이다.

폴리에스터 기저부에는 감광유제가 매끈(smooth)한 표면에 잘 접착할 수 있도록 접착제가 이용된다. 접착제는 기저부분의 양면에 바르게 된다. 기저부분 전체는 옅은 색을 띠는 것이 보통이다.

나. 감광 유제

감광유제(感光乳劑 : emulsion)는 기록매체인 할로겐화은(silver halide)과 교원질(膠原質, collagen)로 제조된 젤라틴 결합제로 구성된다. 교원질은 천연의 섬유상 단백질(fibrous protein)로써, 이는 동물의 피부, 뼈 및 조직의 주성분이다. 교원질을 석회석(lime) 또는 산(acid)으로 처리하여 단백질을 분해시켜 아주 순수한 젤라틴을 얻게 된다.

젤라틴은 물과 대단한 친화성이 있으므로 부풀음에 의해 상당량의 물을 흡수한다. 이는 필름의 현상처리과정에서 나타나는 아주 중요한 현상중의 하나이다. 이 젤라틴에 감광될 할로겐화은을 혼합한다. 여기서의 할로겐화은은 통상 브롬화은(silver bromide)이다. 할로겐족 중에서 사용되는 다른 것으로는 염소(Cl)와 요드(I)가 있다. 할로겐화합물은 클로르 브로마이드(chlorobromide)나 아이도 브로마이드(iodo bromide)와 같이 조합되기도 한다.

브롬화은(AgBr)은 다음과 같이 만들어진다.

$$2\ Ag^0 + 2\ HNO_3 \rightarrow 2\ AgNO_3 + H_2$$

$$AgNO_3 + KBr \rightarrow AgBr \downarrow + KNO_3$$

브롬화은은 황화합물과 더불어 보다 민감해지므로 이를 젤라틴내에 혼합한다. 감광유제를 기저부분에 코팅하기 전에 여러 번의 세척과정을 거친다. 물론 이러한 모든 과정은 완전히 어두운 암실에서 행해져야 한다.

2. 필름 분류

필름은 표 4-1에서와 같이 사용용도에 따라 공업용, 의료용 및 기타로 크게 구분한다. 공업용 필름은 대부분 직접촬영에 사용하며 스크린형(screen type)과 논 스크린형(non-screen type)으로 나눈다.

그리고 공업용 방사선투과검사에 사용하는 필름은 표 4-2와 같이 스크린 사용 유무, 입상성, 감도(sensitivity) 및 속도(speed) 등에 따라 다양하게 분류하고 있다. 그러나 보통 속도에 따라 4종류로 분류한다. 즉, Type I , Type II, Type III, Type IV이다(ISO class).

Type I 은 극히 미세한 입자로 되어 있고 높은 콘트라스트를 나타낸다. 이 필름은 고전압 *X*선 장치와 더불어 사용하여 높은 상질을 얻고자 하는 경우나 알루미늄과 마그네슘과 같은 경금속에 대해서 사용된다. 가장 정밀한 방사선투과시험이 요구될 때 권고되며, 증감지를 사용하지 않거나 또는 연박 증감지(lead foil screen)와 더불어 사용한다.

Type II는 미세한 입자로 구성되어 있고, 높은 콘트라스트를 나타낸다. 상대적으로 낮은 전압으로 경금속 방사선투과시험에 사용되며, 1,000 KV이상에서는 중금속 부품에 대해 사용하기도 한다. 이 필름의 입자는 Type I 의 입자만큼 미세하지는 못하지만 속도가 빠르므로 보다 폭 넓게 이용된다. 증감지를 사용하지 않거나 연박증감지와 더불어 사용한다.

Type III는 감마선 또는 고전압 *X*선이 증감지를 사용하지 않거나 연박증감지와 더불어 사용될 때 가장 빠른 속도를 나타낸다.

Type IV는 형광 증감지와 더불어 사용했을 때 가장 빠른 속도를 얻을 수 있고 높은 콘트라스트를 나타낸다. 한정된 전압으로 철강, 황동과 같은 시험체를 시험하고자 할 때 사용된다. 그러나 증감지를 사용하지 않거나 연박증감지와 더불어 사용하면 콘트라스트가 낮아진다. 따라서 두께차가 큰 시험체의 경우 상대적으로 농도차를 줄일 수 있다.

표 4-1 용도에 따른 필름의 분류

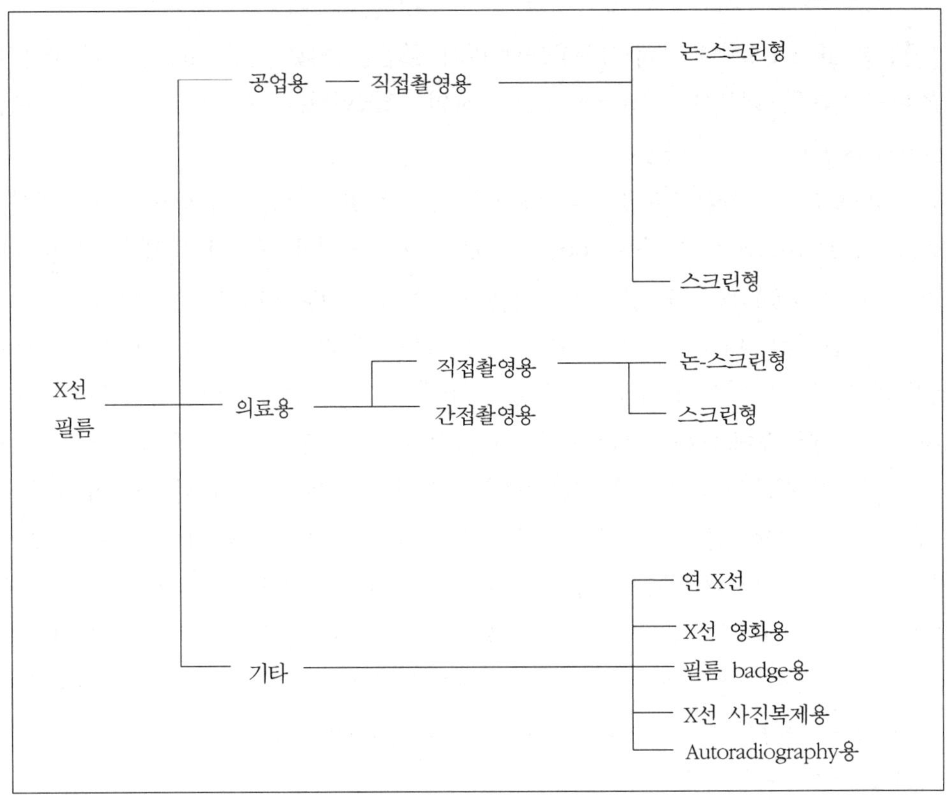

표 4-2 공업용 필름의 종류

	감도 입상성	ISO class	Fuji	KODAK	AGFA
비중감지형 (non-screen type)	저감도 미립자 ↕ 고감도 조립자	T-1	IX-25	DR	D2 D3
		T-2	IX-50 IX-80	M T	D4 D5
		T-3	IX-100	AA	D7
		T-4	IX-150		D8
증감지형 (screen type)	형광 증감지		IX-300 IX-400		D6

3. 필름 선정 조건

앞 절에서 언급한 바와 같이 오늘날의 공업용 방사선투과시험은 아주 넓고 다양한 분야에 적용된다. 따라서 최상의 방사선투과사진 결과를 얻기 위해서는 여러 가지 인자를 고려해야 한다. 예를 들면

① 시험체의 조성, 형상, 크기 및 무게 등
② 방사선의 형태 및 *X*선 사용전압 또는 감마선 강도
③ 단순한 전수검사인지 또는 특별히 중요한 부위의 부분검사인지 등의 여부
④ 콘트라스트, 선명도, 농도 및 노출시간에 대해 상대적으로 강조되는 부분

이와 같은 모든 인자가 방사선투과시험 기법과 *X*선 필름의 가장 효과적인 조합을 결정하는데 중요하다.

어떤 특정 시험체의 방사선투과시험을 위한 필름의 선정은 시험체의 두께와 재질 그리고 사용 *X*선장치의 전압 영역에 따라 좌우된다. 이외에 얻고자 하는 방사선투과사진의 상질과 노출시간의 상대적 중요성이 선정에 영향을 미친다.

그러므로 이 두 상반되는 인자를 조화시키는 미립자 필름이 빠른 필름에 대신하여 사용되야 한다. 예를 들면 120～150 KV에서 두께 0.64 ㎝(0.25 in)의 강을 방사선투과시험하고자 할 때, 필름 *X*보다 필름 Y(그림 4-3)를 사용해야 한다. 만약 노출시간을 짧게 하고자 하면, 보다 빠른 필름을 사용해야 한다.

예를 들면 4 ㎝(1.5in) 철강 시험체는 납증감지와 더불어 직접 노출형 필름을 사용하기보다는 특히 청색광에 민감한 필름과 형광 증감지를 조합하여 200 KV정도로 촬영하는 것이 좋은 결과를 기대할 수도 있다.

그림 4-2는 필름 선정시 상질과 속도와의 관계를 나타낸 것이다. 형광스크린과 더불어 사용하지 않는 직접 노출형 필름은 사용전압 및 시험체의 두께와 형상에 따라 납증감지와 같이 사용하거나 납증감지 없이 사용한다.

형광증감지(螢光增感紙 : fluorescent intensifying screen)는 가능한 최대의 속도가 요구되는 경우에만 사용되어야 한다. 증감지에 의해 방출된 빛은 *X*선 단독으로 또는 납증감지로부터 방출된 것과 합해진 것보다 훨씬 큰 사진작용을 갖는다. 적당한 시간내에 적절한 노출을 얻기 위해 형광증감지 사이에 위치시킨 필름은 250 KV에서 5 ㎝(2in)이상 두께 및 400 KV에서 7.5 ㎝(3in)이상 두께의 철강 시험체에 적용할 수 있다.

그림 4-4은 공업용 *X*선 필름을 시험체의 두께, 재질 및 방사선 에너지에 따라 선정하는 방법의 예를 나타낸 것이다.

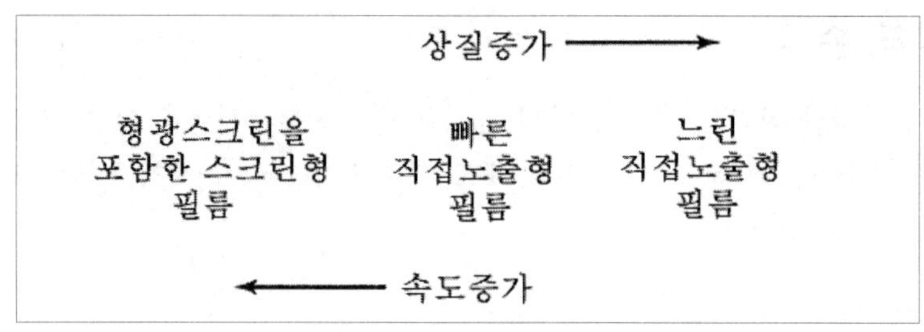

〔그림 4-2〕 속도와 상질에 따른 필름이 선정

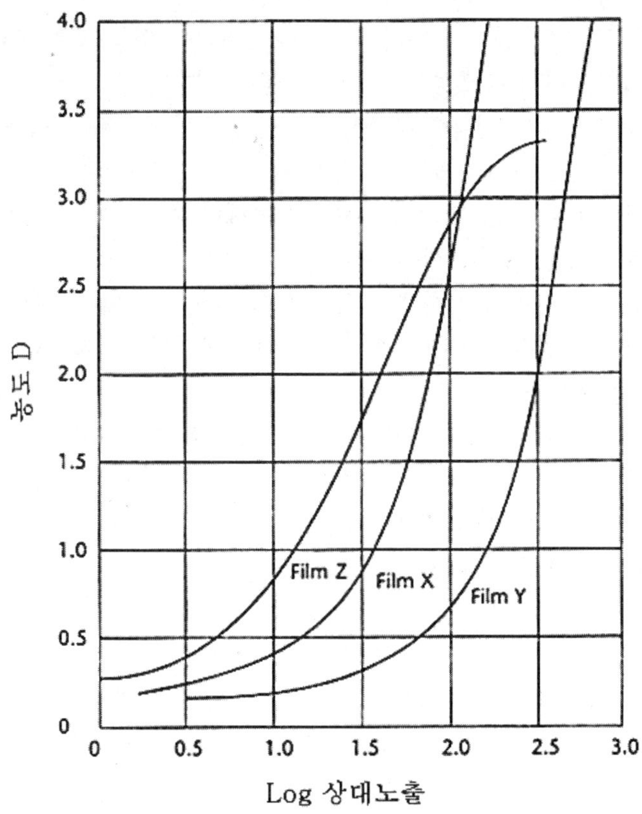

〔그림 4-3〕 연박 스크린을 사용한 전형적인 필름 특성곡선

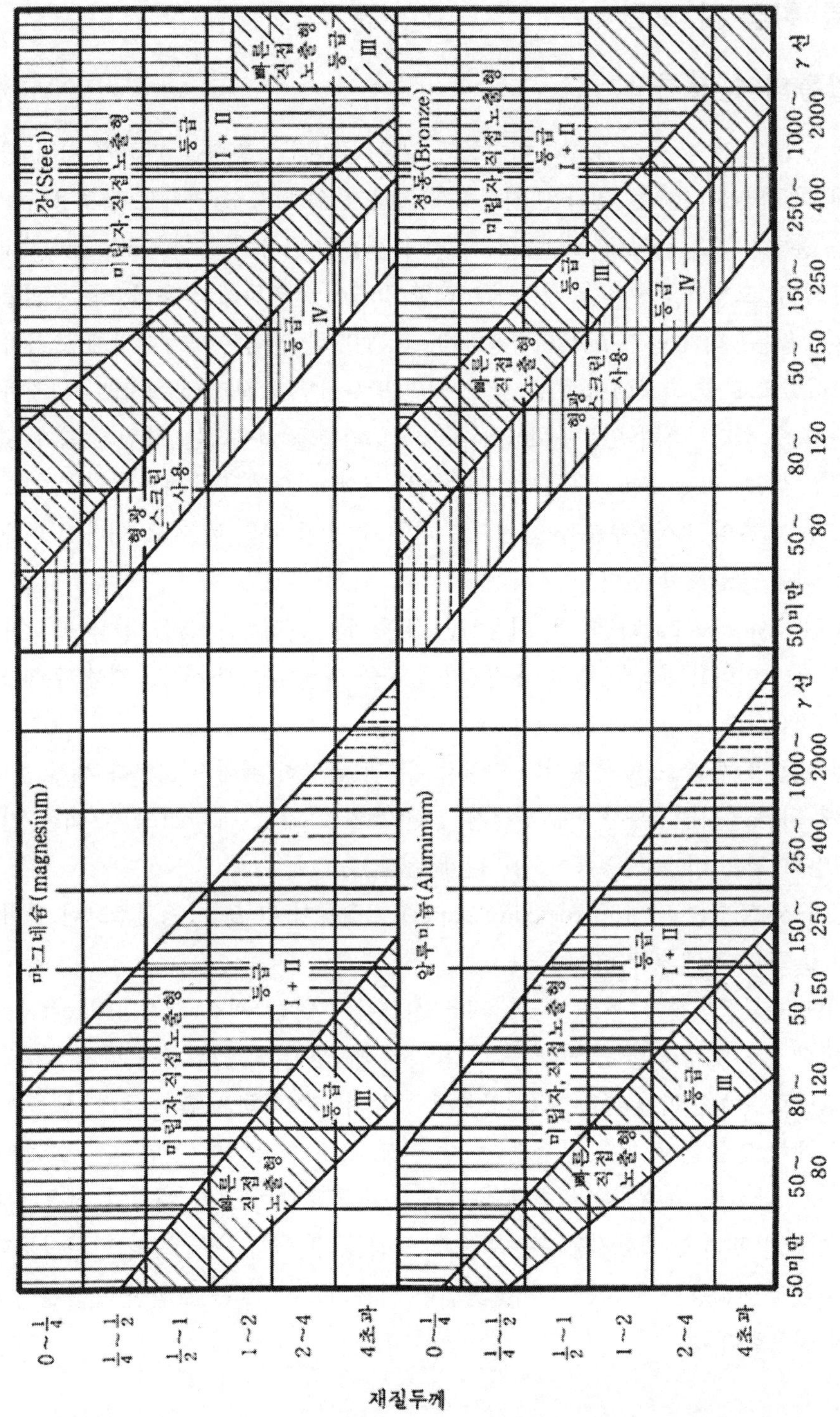

〔그림 4-4〕 재질과 두께 및 방사선 에너지에 따른 X선 필름의 적용

4. 필름 취급 및 보관

가. 필름의 안전취급

*X*선 필름은 압력, 구겨짐, 휨, 마찰등과 같은 물리적인 변형을 피하기 위해 항상 조심스럽게 취급되어야 한다. 밀착을 적절히 유지하기 위해 통상 카세트에 적용하는 압력정도로는 필름에 흠을 나타내지 않는다. 그러나 필름을 반유연 홀더(semiflexible holder)에 넣거나 외부 고정쇠를 사용할 때에는 이러한 압력이 균일하게 작용되도록 주의를 기울여야 한다. 필름홀더가 용접부위를 평평하게 그라인딩한 압력은 곳에서하게 그라약간 높은 부분그라있고 또한 그곳에 압력을 받게 되면 방사선투과 사진 상에 감도가 저하하는 원인그라될 수 있다. 특히 밀봉된(envelope pack)필름을 사용하는 경우 주의가 필요하다.

주름진 마크(crimp mark)나 습기 또는 현상용액에 오염된 손가락이 접촉함으로 생기는 마크는 필름의 모서리부분을 잡음으로 피할 수 있다. 이러한 것을 피하기 위해 깨끗한 수건을 자주 공급해야 한다.

밀봉된(envelope pack)필름을 사용하는 경우에는 촬영된 필름을 현상하기 위해 개봉할 때까지는 이러한 우려는 없다. 물론 이 필름을 사용하는 경우에도 개봉 후에는 똑같은 주의가 필요하다.

또한 필름을 필름통, 필름홀더나 카세트로부터 급작히 빼내지 않도록 해야 한다. 그렇게 하게 되면 방사선투과사진에 정전기 방전(static electric discharge)에 의한 원형 또는 나무모양의 검은 마크가 필름에 나타나게 된다.

필름을 싸고 있는 간지(interleaving paper)는 필름이 납 또는 형광스크린 사이에 장진(loading) 하기 전에 제거해야 한다.

그러나 필름홀더를 사용하여 증감지을 사용하지 않는 직접 노출법(direct exposure)에서는 간지가 빛에 의한 우연한 포-그나 습기 찬 손에 의한 위험을 방지할 수 있기 때문에 그대로 놓아두어야 한다. 고전압에서 증감지을 사용하지 않는 직접 노출법을 사용하면 앞에서 언급한 문제가 발생한다. 즉 카세트 또는 홀더의 뒷면 납판으로부터 방출된 전자가 간지를 통과하여 필름에 다다라서 필름상에 이러한 재질의 상을 나타낼 수 있다. 이러한 결과는 증감지을 사용함으로 방지할 수 있다. 경금속의 방사선투과시험에서는 증감지을 사용하지 않는 직접노출법이 사용되고, 간지를 포함한 필름을 홀더에 장진하여 사용한다.

나. 노출 안된 필름의 운반

노출 안된 필름을 운반하고자 할 때에는 포장물이 어떠한 방사성물질로부터도 분리될 수 있도록 포장물에는 내용물을 정확히 나타내는 표지를 부착한다.

또한 주요 시설이나 공항 출입 등 X선을 투시하는 검색기를 통과 할 때에는 필름이 손상받지 않도록 필름을 포함한 포장물에 명확하게 표시하여 검수자가 내용물에 관심을 가질 수 있도록 해야 한다.

다. 노출 안된 필름의 보관

대부분의 *X*선 필름은 습기가 차단된 상태로 밀봉시켜 포장한다. 밀봉이 터지지 않는 한 습기나 증기로부터 보호된다. 열은 필름에 해로운 영향을 주기 때문에, 모든 필름은 서늘하고 건조한 밀봉 보관해야 한다. 그리고 필름은 항상 새로 들어온 것을 사용할 수 있도록 필요한 정도만을 공급받도록 한다.

습도 조절이 가능한 경우는 20 - 30 %의 상태 습도를 유지하는 것이 좋으며, 온도는 낮을 수 록 좋으며, 필름을 따듯한 곳으로 가져 갈 때에는 워밍업 시간이 필요하다. 필름이 캔이나 박스에 보관되어 있더라도 가능한 직사광선은 피하도록 한다.

화공약품 저장실, 빛을 내는 가스가 누설되는 장소 또는 다른 어떠한 형태의 가스가 존재하는 곳 또는 포르마린(formalin)증기, 황화수소(H_2S), 암모니아가스(NH_3), 과산화수소와 접촉할 가능성이 있는 곳에서는 필름을 개봉해서는 안된다.

넓은 판 모양의 필름(sheet film)은 통을 길이방향이 수직하게 되도록 보관해야 한다. 수평으로 보관하면, 맨 밑부분의 필름은 충격이나 상부필름의 무게로 인해 해를 받을 수 있다. 더불어 필름을 세워서 보관하면 오래된 필름을 먼저 사용하기가 쉬워진다.

X선 사용시설이나 감마선 사용시설 근처에 필름이 있을 때에는 방사선에 노출되지 않도록 방사선 차폐 상태에서 보관하여야 한다.

라. 현상 처리된 필름의 보관

여러 가지 인자가 방사선투과사진의 보관수명에 영향을 미치지만 가장 중요한 인자중의 하나는 현상 후 건조된 필름에 잔류된 티오황산염(thiosulfate, 잔류정착액)이다. Methylene blue test에 의한 경우, 한쪽 면에만 거친 입자의 유제가 도포된 경우, 단위 면적당 2㎍이 최대허용치이다. 짧은 기간 동안 보관하는 경우에는 물론 잔류티오황산염의 량이 더 많아도 된다. 그러므로 보관과 관련하여 현상, 정착후의 수세는 대단히 중요하다.

일반적으로 현상 처리된 필름 저장 시에는 다음 사항이 고려되어야 한다.

(1) 화학증기가 존재하는 곳을 피해야 한다.

(2) 온도와 습도가 자주 변하는 곳은 피해야 한다.

(3) 각 방사선투과사진은 저장용봉투를 만드는데 사용된 접착제에 의한 화학오염의 가능성을 방지하기 위하여 본래의 필름포장에 넣어 보관해야 한다. 각각 필름이 간지에 쌓여 있으면 여러 장의 필름을 하나의 봉투에 넣어 보관해도 된다.

(4) 가시광선이 있는 곳에 방사선투과사진을 보관해서는 안된다.

(5) 하나의 파일에 지나치게 많은 량의 필름의 보관으로 인한 압력에 의한 해를 입지 않도록 해야 한다.

제 2 절 감광 이론

1. 잠상 형성 이론

방사선 투과검사에 사용되는 필름은 할로겐화 은(silver bromide : AgBr)의 입자가 방사선과의 상호작용에 의해 잠상(潛像 : latent image)을 형성하도록 제작되어 있다. 사용되는 할로겐 원소는 주로 브롬(Br)이며, 여기에 소량의 요오드(I) 화합물을 첨가하고 있다.

잠상은 입자 또는 결정에 방사선에 의해 생겨난 변화로, 현상제의 화학작용에 의해 반응할 수 있도록 변화된 상태를 말한다. 잠상에 대한 설명은 1839년 다게르(Daguerre)에 의해 알려졌으나, 1938년에 이르러서야 비로소 잠상의 형성이 만족스럽고 합당한 이론이 제안되었다. 잠상의 형성은 실제로 할로겐화은 입자내에서의 아주 미묘한 변화이기 때문에 연구에 장애가 되었다. 할로겐화 입자들 중에 실제로 방사선에 반응하여 잠상을 형성하는 입자의 수는 10^9 내지 10^{10}개 중에서 한 두 개에 불과하기 때문에 이러한 변화를 물리적 또는 화학적 방법으로 분석해 내는 것은 현재까지 불가능하기 때문이다.

이런 이유로 잠상의 형성에 대해서는 추론하는 방식으로 이론을 정립할 수밖에 없었고, 다행이 몇 가지 물리적 현상이 밝혀지면서 설명이 가능하게 되었다. 예를 들면, 잠상은 할로겐화 입자내의 어떤 위치에 집중된다는 것이 밝혀졌는데, 사진유제를 빛에 조사시키고, 현상, 정착 과정을 거친 후에 현미경으로 관찰을 해보면, 현상 과정에서 할로겐화은이 금속은으로 환원되고, 이러한 현상은 결정 내의 극히 작은 부분에서 발생한다는 것이 알려졌다.

입자표면에서 극히 일부인 황화은으로 높은 감도를 얻은 수 있기 때문에, 잠상이 형성된 부위는 황화은이 집중된 것으로 관찰된다. 계속된 연구 결과, 잠상의 성분은 은이라는 것이 알려지게 된다. 또 한 가지는 은을 산화시키는 화학작용은 잠상을 파괴한다는 것이다. 또한 장시간 빛에 노출된 사진 유제는 현상을 하지 않아도 검게 변한다는 것이다. 이러한 상을“Print-Out Image"라고 하는데 이것 역시 현미경 시험으로 입자의 어떤 부분에 국부적으로 집중된 은성분임이 밝혀졌다.

가장 최근에 알려진 잠상이론은 1938년에 R.W. 거니(R. W. Gurney)와 N. F. 모트(N. F. Mott)에 의해 제안된 “거니-모트 이론(Gurney-Mott theory)”이며, 이의 이해를 위해서는 브롬화은의 결정구조에 대한 이해가 필요하다.

사진 유제내 고체상의 브롬화은(AgBr)에 존재하는 각각의 은원자는 하나의 궤도전자를 브롬원자에게 준다.

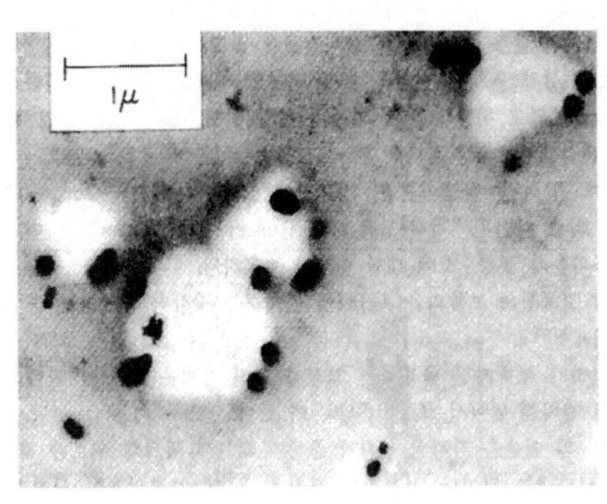

〔그림 4-5〕 잠상의 현미경사진

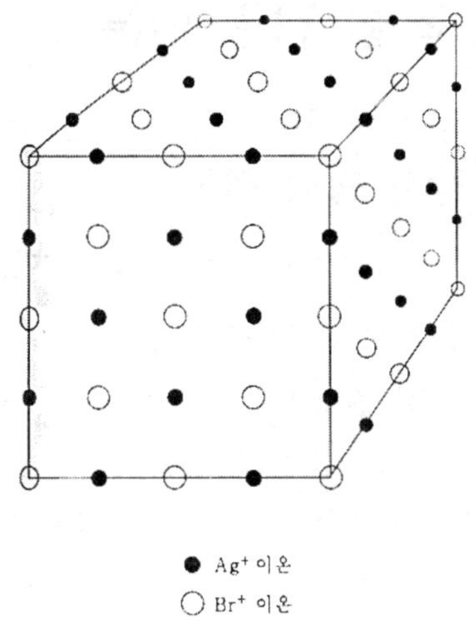

〔그림 4-6〕 AgBr 결정 구조

하나의 음전하가 부족해진 은원자는 양전하를 띤 은이온(Ag^{+})이 된다. 반대로 브롬원자는 하나의 전자를 받아서 브롬이온(Br^{-})이 된다.

여기서 +와 -의 이온은 각각의 원자가 중성이 되는데 필요한 수보다 하나 적거나 많은 전자수를 나타내는 것이다. 브롬화은 결정은 은 및 브롬이온이 규칙적으로 배열된 입방체 배열을 갖는다. 방사선 사진에 사용되는 입자의 크기는 직경이 약 0.001mm정도인데, 이러한 미세한 입자 내에 수억개의 이온이 들어있다.

사진유제내의 브롬화은 결정은 다행히도 완전한 것이 아니며, 많은 결함이 존재한다.

결정 내에는 그림 4-6과 같이 격자위치를 점유하지 못하고, 격자 사이의 공간에 은이온이 위치한다. 이러한 이온을 "침입 은이온(interstitial sliver, Agi^{+})"이라 한다. 침입 은이온의 수는 결정 내의 전체 이온수에 비해서는 적은 수이다.

또한 결정구조 자체의 왜곡 현상이 존재한다. 이에 해당되는 것으로는 결정내 또는 위에서의 유제의 다른 구성요소와 반응에 의해 형성된 외부분자 또는 그림에 나타난 것과 같은 이온의 규칙적 배열의 일탈로 인한 왜곡 현상이다. 이와 같은 현상이 존재하는 부위를 잠상부위라 한다.

거니-모트 이론은 잠상의 형성을 두 단계의 과정으로 설명한다.

그림 4-7(a)에서, 빛 또는 X선이 브롬화은 입자에 입사되면 광전효과에 의해 Br^{-} 이온으로부터 전자가 이탈된다.

자유롭게 돌아다니던 전자는 잠상부위에 포획되고, 이부분을 - 이온화 시킨다. 자유전자에 의해 전하가 이동하는 여기까지를 1단계라 한다. [그림 4-7의 (b)] 참조

이렇게 음전하를 띤 잠상부위는 양전하를 띤 은이온에 인력을 미치게 되고[그림 4-7의 (c)참조], 반응을 일으키며 은원자가 잠상부위에 착상하게 된다[그림 4-7의 (d)참조].

이 과정이 수차례 반복되면서(그림 e, f, g, h) 잠상부위에 은원자가 집중되게 된다. 즉, 이렇게 집중된 은원자가 잠상을 형성하게 되는 것이다. 이러한 이론으로 여러 사진현상에 대해 적절한 설명이 가능하게 되었다.

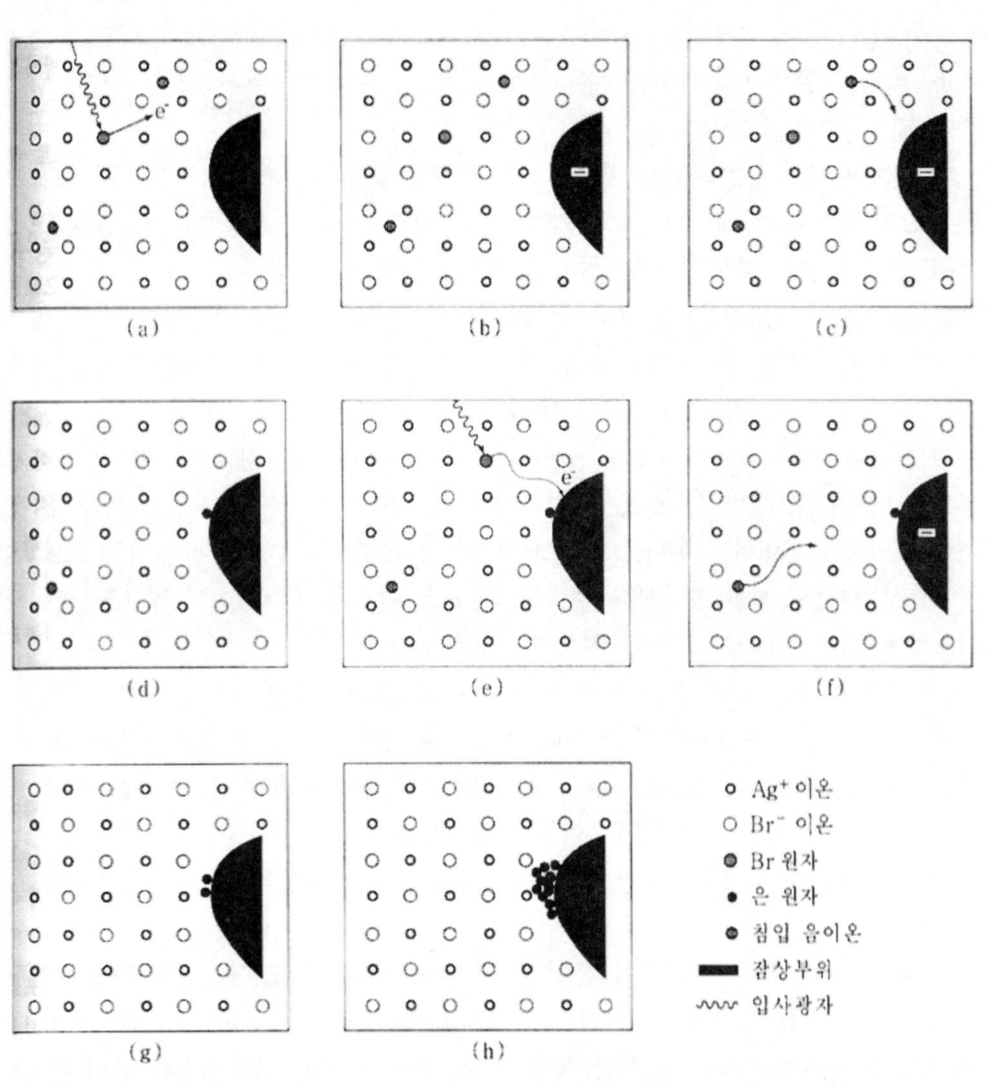

〔그림 4-7〕 잠상 형성 이론

2 잠상의 영향 인자

공업용 방사선투과시험에서는 광선이 아닌 *X*선 또는 감마선이 어떻게 상(像 : image)형성에 영향을 미치는가가 주요 관심사항이다.

실제로 필름유제(유제내의 브롬화은결정)를 조사하는 것은 *X*선 광자 자체가 아니라 흡수과정에서 광전효과 및 컴프턴 효과로 발생한 전자이다.

방사선사진과 가시광선에 의한 노출사이의 가장 현저한 차이는 에너지와 관련된 것이다. 단일 광자의 광선의 흡수는 아주 적은 량의 에너지를 결정에 전이한다. 즉 단지 브롬이온(Br^-)으로부터 하나의 전자만을 자유전자로 하는데 필요한 정도의 에너지가 된다. 따라서 현상 가능한 하나의 입자(粒子 : grain)를 만들기 위해서는 여러 개의 연속된 빛 광자가 필요하다.

*X*선광자의 흡수로 인해 발생한 전자가 입자를 통해 통과함으로 빛 광자의 흡수의 경우보다 수백 배의 에너지를 전달하게 된다. 비록 이러한 에너지가 비효율적으로 사용되지만 그 량은 현상 가능한 입자를 형성하는데 충분하다.

실제로 광전효과나 콤프턴 효과에 의한 전자는 필름유제를 통해 상당히 긴 비정을 가지며 많은 입자를 현상가능토록 하게 할 수 있다. 광자 상호 작용당 조사된 입자의 수는 하나(약 10kev의 *X*선)로부터 50개이상(1 MeV광자)까지 다양하다.

보다 높은 에너지의 경우에는 전체에너지를 유제내의 입자에 전달하는 상호작용의 확률이 낮아진다. 일반적으로 높은 광자에너지는 연속적인 콤프턴작용에 의해 많은 전자에 에너지를 전이하게 된다. 또한 고에너지 전자는 보통 그들의 에너지를 모두 전달하기 전에 필름유제를 통과한다. 이러한 이유로 해서 고에너지에서 평균적으로 광자 상호작용 당 5~10개의 입자가 현상가능하게 된다.

상대적으로 낮은 노출 값에 대해, 각각의 노출간격에 대한 동일한 수의 입자가 조사된다. 이는 노출에 대한 실농도(net dinsity)곡선이 원점을 지나는 직선이 됨을 의미한다(그림 4-8). 이 곡선은 노출이 커서 이미 조사된 입자에 현저한 에너지를 손실할 때만이 직선성을 상실한다. 예를 들면 상업적으로 얻을 수 있는 미립자(fine grain)의 방사선투과사진필름의 경우에는 노출에 대한 농도곡선은 2.0이상까지도 직선이 된다.

노출과 농도 사이의 직선성이 현저히 연장되는 것은 노출량을 결정하는데 있어서 그리고 최종 필름 상에서 관찰되는 농도의 해석에 매우 유용하다. 그림 4-8에 나타낸 곡선을 특성곡선(노출에 대한 농도)으로 다시 그리면, 그림 4-9와 같이 두 특성곡선은 동일한 형상이 되고 로그 노출 축에 서로 간격을 갖고 위치하게 된다. 기저부(toe)에서의 형상이 유사한 것은 많은 상업용 필름에서 현상을 통해 실험적으로 관찰되고 있다.

입자가 에너지를 띤 전자의 통과에 의해 조사되기 때문에 각각의 입자로 한정하여 생각해 보면 모든 방사선사진 노출은 극히 짧게 된다. 전자가 입자 내에 실제로 존재하는 실제시간은 전자의 속도, 입자의 크기 및 충돌의 정확성에 따라 좌우된다.

그러나 대체로 10^{-13}초 정도가 보통이다(빛의 경우, 한 입자에 대한 노출시간은 일정한 하나의 잠상을 형성하는데 필요한 최초의 광자의 도착과 마지막 광자의 도착사이의 간격으로 정의된다.

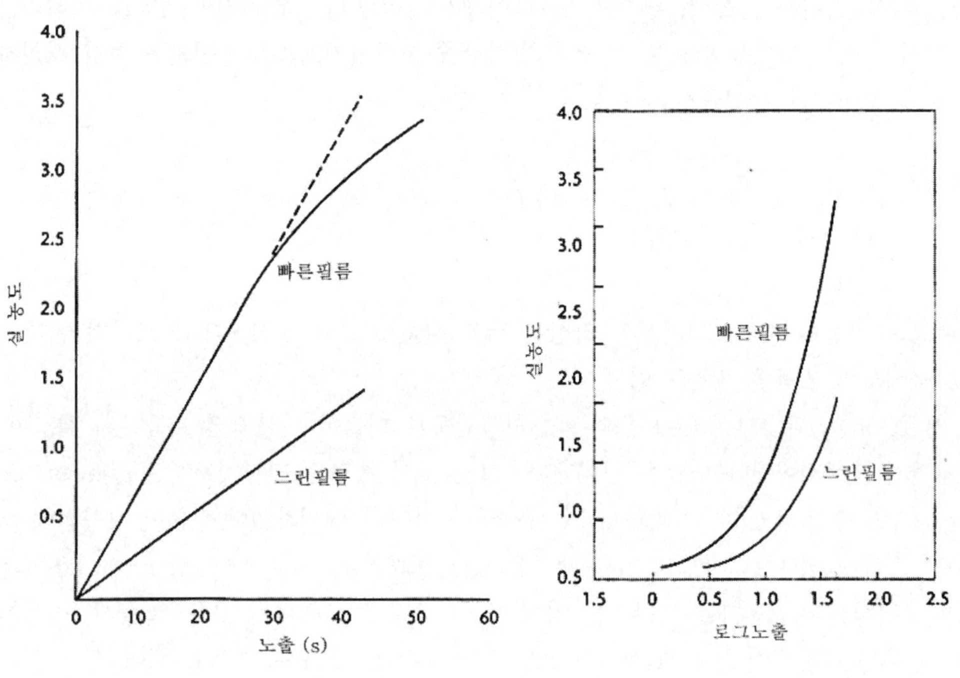

〔그림 4-8〕 직접 노출과 실농도 관계 곡선

〔그림 4-9〕 그림 4-8 데이터로부터 작성한 필름 특성곡선

3. 현상 이론

가. 잠상과 현상

필름이 방사선에 의해 노출되면 잠상(潛像 : latent image)이 형성된다. 이 노출된 필름을 현상용액으로 처리하면 가시상으로 나타난다. 간단히 말하자면 이것이 방사선투과시험의 화학이다. 실제에 있어서 화학이 방사선투과시험을 가능케 하기 때문에, 이를 잘 이해하는 것은 매우 중요하다.

방사선투과시험 화학은 필름의 화학적 구성원소 및 화학적 메카니즘, 현상화학(現像化學) 및 노출 중에 일어나는 모든 반응을 모두 포함하여 일컫게 된다.

방사선투과사진용 필름은 기저부분(base)과 감광유제 부분(emulsion)으로 구성되어있다. 현상처리에는 현상액, 정착액 및 세척수가 포함된다. 전체적인 개념을 이해하는데 있어서는 이론 필름을 만들고, 그것을 방사선에 조사시켜, 그 노출필름을 현상 처리하는 과정을 화학이란 관점에서 살펴보면,

$$\underset{(\text{브롬화은})}{Ag\,Br} + \underset{(\text{에너지})}{h\nu} \rightarrow \underset{(\text{잠상})}{Ag\,Br + Ag_i^0}$$

와 같은 반응이 된다. 여기에서 잠상은 금속은(金屬銀)과 정상상태의 브롬화은 결정으로 구성되어 있음을 알 수 있다.

거니(Gurney)와 모트(Mott)는 외부의 황화합물과 더불어 민감해진 브롬화은 결정이 보다 쉽게 조사되어진다는 것을 알아냈다. 그들은 이와 같은 민감제를 " sensitivity speck [이를 감광중심(感光中心 : sensitivity site)이라 함] "라 명명하였다. 필름이 방사선에 노출되는 순간에 조사에너지가 자기 촉매작용(自己 觸媒作用 : autocatalytic reaction)을 일으킨다. 결정은 잉여전자를 포함하는 잉여 브롬이온으로 도포되어 있다. 노출시 이 전자중의 일부가 해방되어 "sensitivity speck" 에 부착된다. 브롬은 가스로 되어 젤라틴에 흡수된다. 감광중심은 많은 전자를 포함하게 되어 음(-)의 값을 띠게 됨으로 결정격자 내에 유동하는 은이온을 끌게 된다. 전자가 부족한 이러한 결정격자를 이루고 있지 않은 은을 침입 은(侵入銀)이온(interstitial sliver, Agi^{+})이라 한다. 그러므로 이 은이온은 감광중심으로 이동하여 전자를 얻게 된다. 이러한 하나의 결정이 조사되면, 적어도 5개의 은원자(Agi^{0})가 증착하여 현상핵(現像核 : development site)을 만들게 된다. 따라서 이러한 현상핵이 존재하지 않으면 현상되지 않는다.

나. 현상 원리

많은 물질들은 빛에 노출됨에 따라 변색한다. 따라서 이러한 현상(現象)을 이용하여 상(像 : image)으로. 기록할 수 있다. 이러한 재질의 대부분은 빛의 노출에 대해 일대일로써 반응한다. 즉 하나의 빛 광자는 한 분자 또는 원자를 변화시킨다.

필름의 현상은 근본적으로 할로겐화은을 금속으로 바꾸는 화학 환원작용이다. 그러나 사진의 상으로 유지하기 위하여 반응은 잠상을 포함한 입자로만 한정시켜야 한다. 즉 규정된 최소 방사선노출 이상을 받은 입자만을 반응시켜야 한다.

사진 현상제로서 사용될 수 있는 화합물은 할로겐화은을 금속 은으로의 환원이 잠상 내의 금속은의 존재에 의해 촉매작용이 되어지는(속도가 빨라지는)것이다. 잠상의 촉매효과 없이 할로겐화은을 환원시키는 화합물은 현상된 필름에 일정한 전체적인 농도를 나타내기 때문에 적절한 현상제가 되지 못한다.

실제로 많은 현상제는 그림 4-10과 같이 간단한 유기화합물의 형태이고, 강도(activity)는 분자구조와 조성에 의해 강하게 영향을 받는다. 따라서 특정화합물의 현상강도는 보통 그 구조로부터 예견될 수 있다.

현상할 때에 잠상이 갖는 역할의 가장 간단한 개념은 전자-전도 다리(electron-conducting bridge)로서의 작용이다. 현상제로부터의 전자가 그것에 의해 잠상의 안쪽면에 존재하는 은이온에 도달할 수 있다. 이와 같은 간단한 개념은 실제로 필름 현상에서 일어나는 현상을 설명하는데는 불충분하다.

할로겐화은 또는 은과 할로겐화은의 계면에서의 현상제의 흡수는 현상제의 현상률을 결정하는데 매우 중요하다. 예를 들면 하이드로퀴논(hydroquinone)에 의한 현상률은 상대적으로 은의 표면적과는 독립적인데 반해 은과 할로겐화은의 계면영역에 의해 지배된다.

대부분의 현상제의 정확한 메카니즘은 상대적으로 복잡하며 여전히 그 주제에 대한 연구가 활발히 진행되고 있다. 그러나 그 대체적인 윤곽은 어느 정도 규명되었다 할 수 있다.

현상제 분자는 조사된 브롬화은입자(잠상을 갖는)에게는 쉽게 전자를 주는 반면, 조사되지 않은 입자에게는 주지 않는다. 이 전자가 결정내의 은이온(Ag^{+})과 결합하여, 양전하를 중화하여 금속 은을 만들게 된다. 이 과정은 사진유제내의 수억개의 모든 은이온이 금속 은으로 될 때까지 반복된다.

현상과정은 잠상형성 과정과 유사성과 상이성을 동시에 갖는다. 두 경우 모두 은이온과 전자가 결합하여 금속은을 만든다. 잠상을 형성하는 경우에는 전자는 방사선의 작용에 의한 자유전자가 은이온과 결합한다. 현상시에는 전자는 화학적 방법에 의해 공여된 전자가 결정격자내의 은이온과 결합한다.

현상된 은의 물리적 양상은 그것이 빠져나온 할로겐화 은입자의 형상과는 거의 관계가 없다. 보통 금속은 엉킨 섬유상(tangled filamentary form)을 띠며, 그것의 외부 경계는 초기 할로겐화은입자의 한계이상으로 확대될 수 있다. 이러한 섬유상을 형성하는 메카니즘은 아직 규명되지 않은 상태이다. 그것은 아마도 다른 현상 즉 적당한 핵에 은원자를 진공 증착함으로 섬유상 은을 만드는 것과 같은 현상에 의한 것인지도 모른다.

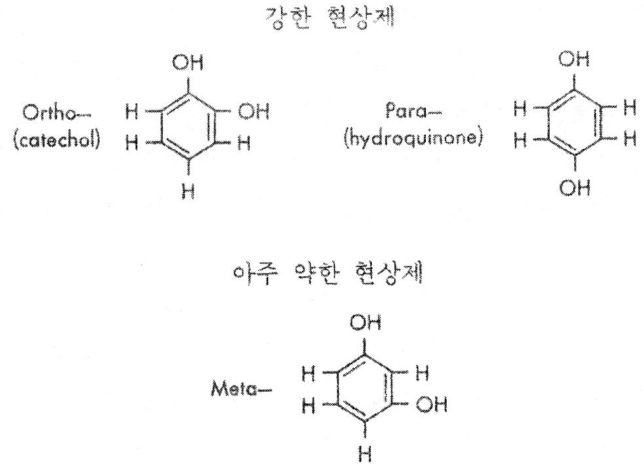

강한 현상제

Ortho— (catechol)

Para— (hydroquinone)

아주 약한 현상제

Meta—

〔그림 4-10〕 현상액의 구조에 따른 강도변화(dihydroxybenzene)

4. 필름 특성곡선

가. 특성곡선의 구성

필름에 조사된 방사선량과 사진농도의 관계를 표시한 곡선을 필름 특성곡선(特性曲線 : characteristic curve 또는 H & D curv)이라 한다. 필름의 감도, 필름 콘트라스트, 필름 농도 등을 알기 위해 사용되는데 노출량으로서 절대치를 사용하지 않고 보통 상대치를 많이 이용한다.

필름의 특성곡선은 크게 다섯 부분으로 나눠진다. 아래쪽에 위치한 최소 농도치 A(D-min)부분은 필름의 최소농도(기존 베이스 농도 + fog)로써 필름이 빛에 노출되지 않고 그대로 현상 과정을 거치게 되면 나타나는 부분이다.

다음은 족부(足部 : toe portion 또는 기저부) B로서 적은 양의 광이 필름에 닿은 부분으로 필름이 빛에 반응하기 시작하는 지점이다. 노출량이 증가함에 따라 그 각도가 증가한다. 족부의 변화율이 높으면 높을수록, 족부의 특성 곡선이 직선에 가까울수록 필름은 어두운 부분을 기록하지 못하고 곧바로 검게 나타낸다. 반대로, 족부가 크게 휘어져서 기울기가 크게 변화할수록 아주 미세한 광량 차이에 의한 암부 표현이 가능해진다.

그림 4-11에서 왼쪽 아래 부분인 족부(toe portion)을 지나면 직선부(straight line portion) B에서 C가 된다. 이 부분은 노출이 증가함에 따라 농도가 증가하는 부분으로써 노출에 따른 농도의 변화가 일정하다. 대부분의 중요한 이미지 정보가 이 부분에 기록되며 감마(γ : gamma)라 하며 필름 콘트라스트를 나타낸다.

다음은 어깨(D : shoulder) 부분으로써 필름이 빛에 반응하는 정도가 감소하는 부분이다. 중요한 영상 정보가 이 부분에 표현되는 예는 거의 없다. 가장 위쪽에 위치하는 부분은 최대 농도치 (E : D-max)부분으로써 이 부분에서는 광량이 증가하더라도 필름에 나타나는 농도의 변화가 없다. 흑백 필름은 하나의 특성곡선을 갖는다. 그러나 칼라 필름은 색기록 감광 유제층에 따라 적어도 세 개 이상의 특성곡선을 갖는다.

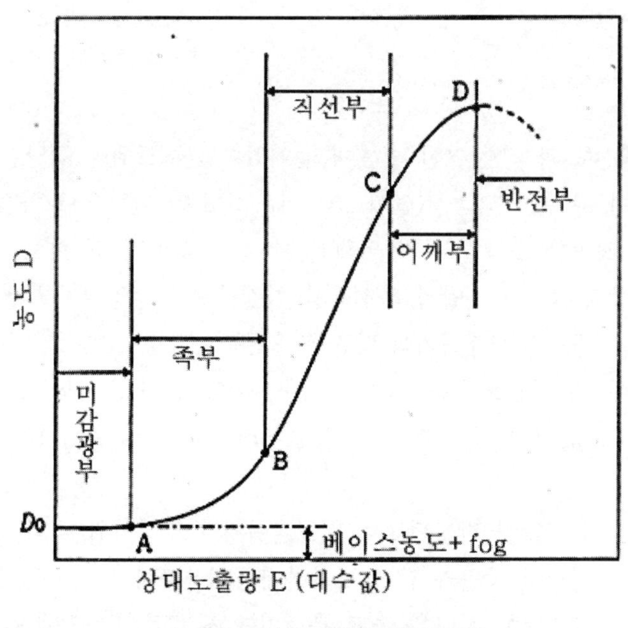

〔그림 4-11〕 필름 특성곡선

나. X선 필름의 특성곡선 작성

X선 필름의 특성곡선은 그림 4-12와 같이 노출량을 대수눈금으로 횡축에 잡고 농도를 보통눈금으로 종축에 표시한다.

이 특성곡선의 작성 방법으로서는 정규법과 간편법의 두 가지가 있다.

(1) 정규법

정규의 방법은 그림 12-13과 같이 조사범위(radiation field)의 중심에 10 mm정도의 슬릿(slit)이 있는 납판을 아래로, X선 필름을 넣은 카세트를 이동할 수 있도록 설치하고, 슬릿 위에 적당한 두께의 시험체를 둔다.

X선 장치의 방사구에는 셔터(shutter)를 설치하거나 납판을 적당한 방법으로 이동하여 X선 조사조건이 일정하게 되기까지 X선 필름에 노출되지 않도록 준비한다.

표 4-3와 같이 촬영조건을 정하고, 노출시간이 1.4배씩 증가되도록 설정하고 1회마다 노출하는 것으로 필름 카세트를 20 mm정도 이동시키고 1매의 X선 필름에 10개 이상 조건을 조사한다. 전부의 노출이 종료되면서 정규의 현상방법으로 사진처리를 하며, X선 사진의 각 부분에 대한 농도를 측정한다. 이 방법에서는 조사범위 중심의 동일위치에서 조사되므로 X선 조사량은 완전히 노출시간과 비례한다. 그러나 시간이 걸리는 결점이 있다.

(2) 간편법

간편법은 그림 4-14과 같이 X선 필름에 들어있는 카세트위에 적당한 두께의 시험체를 놓고, X선 필름의 6부분 이외는 X선이 조사되지 않도록 납판으로 차폐한다.

이 방법에서는 정확한 조사를 하기 위해서는 X선장치의 방사구에는 셔터(shutter)를 설치하는 것이 바람직하다. 관전압과 관전류를 설정값으로 맞추고, 첫 번째의 노출을 예로 들면 10초로한다. 다음에 시험체위의 납판을 오른쪽으로 옮기면서 그림의 6부분과 5부분에 노출되도록 두 번째의 노출을 10초로 한다. 이와 같이 순차적으로 납판을 옮기면서 10초씩 합계 6번 노출하면 표4-4과 같이 10초부터 60초의 노출이 1부분에서 6부분 모두 완료된다.

이 방법은 각각의 노출이 적산되므로 효율적이지만 조사범위 내의 X선강도 분포는 똑같지 않기 때문에 정규의 방법과 같이 정확하게는 X선조사량과 노출시간이 비례하지 않은 결점이 있다. 그러나 이 결점은 농도 측정치를 세미로그 용지에 플롯(plot)해서 선을 그을 때에 매끈(smooth)한 곡선이 되도록 주의하여 보완하여야 한다. 노출시간을 10초씩 하는 예로서 설명했으나 15초를 2회, 36초를 10회 순차 노출하면 15초에서 350초까지의

12단계의 노출을 할 수가 있다. 이 경우 X선 필름이 2매로 되지만 현상은 2매를 함께 할 필요가 있다.

한 예로써, 알루미늄 10 mm 시험체에 X선 필름 IX80을 사용하고, 증감지 없이 초점-필름간 거리 600 mm 및 60 KV, 5 mA의 노출조검으로 X선을 조사한 결과, 표4-5과 같은 데이터가 나타났다. 이 데이터를 이용하여 얻어진 X선 필름의 특성곡선을 그림 4-15에 나타내었다.

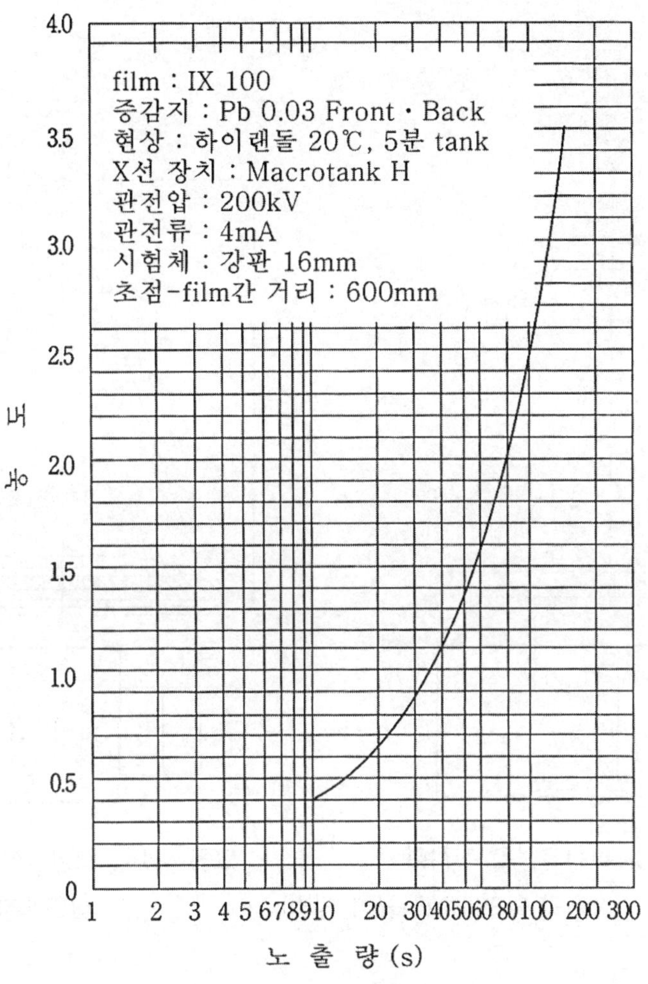

〔그림 4-12〕 X선 필름의 특성곡선

표 4-3 노출시간과 농도의 관계(시험체 : 강판 16mm의 경우)

노출시간(s)	10	14	20	28	40	60	80	120	160
농도	0.42	0.50	0.64	0.82	1.10	1.54	1.96	2.86	3.62

촬영조건 X선 필름 IX100, 증감지 Pb 0.03 전면, X선 장치 마크로탱크H,
관전압 200kV, 관전류 4mA, 초점 · 필름간 거리 600mm, 현상 하이랜돌 20℃, 5분 탱크

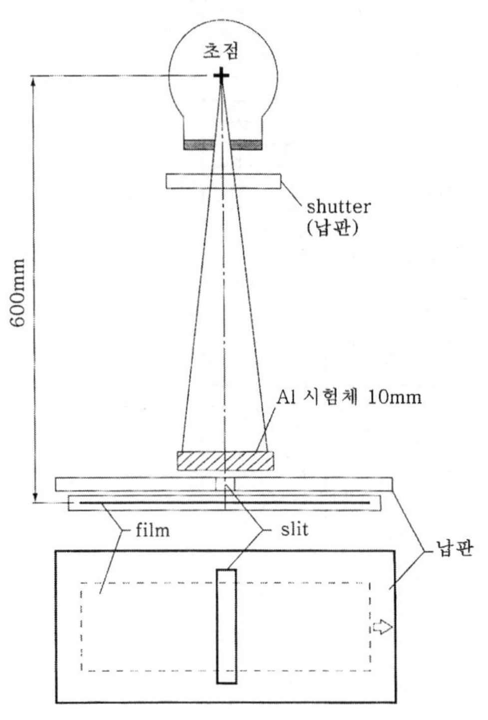

〔그림 4-13〕 특성곡선을 작성한 경우의 촬영배치(정규적 방법)

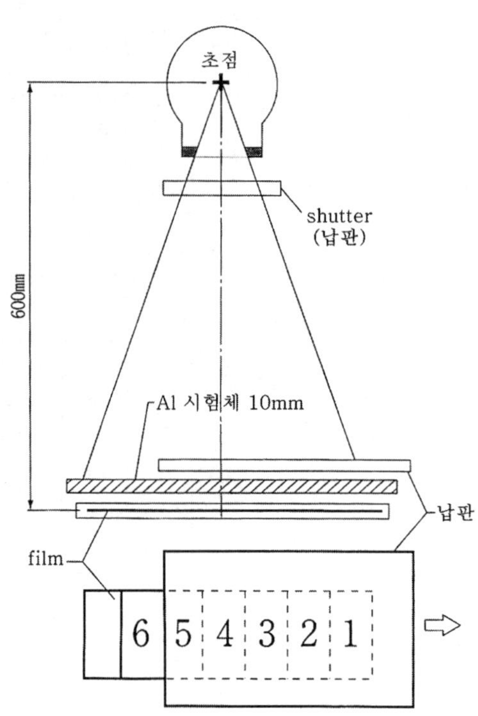

〔그림 4-14〕 특성곡선을 작성할 경우의 촬영배치(간편법)

표 4-4 X선 필름의 각 부분 노출량

노출부분	1	2	3	4	5	6
노출량 (초)	10	20	30	40	50	60

표 4-5 X선 필름의 선량특성곡선용 데이터

관전압 (KV)	두께 (㎜)	번호	노출시간 (초)	농도	참고
60	Al 10	1	15	0.27	15
		2	30	0.45	15
		3	66	0.82	36
		4	102	1.19	36
		5	138	1.54	36
		6	174	1.79	36
		7	210	1.88	36
		8	246	2.27	36
		9	282	2.62	36
		10	318	2.89	36
		11	354	3.10	36
		12	390	3.25	36

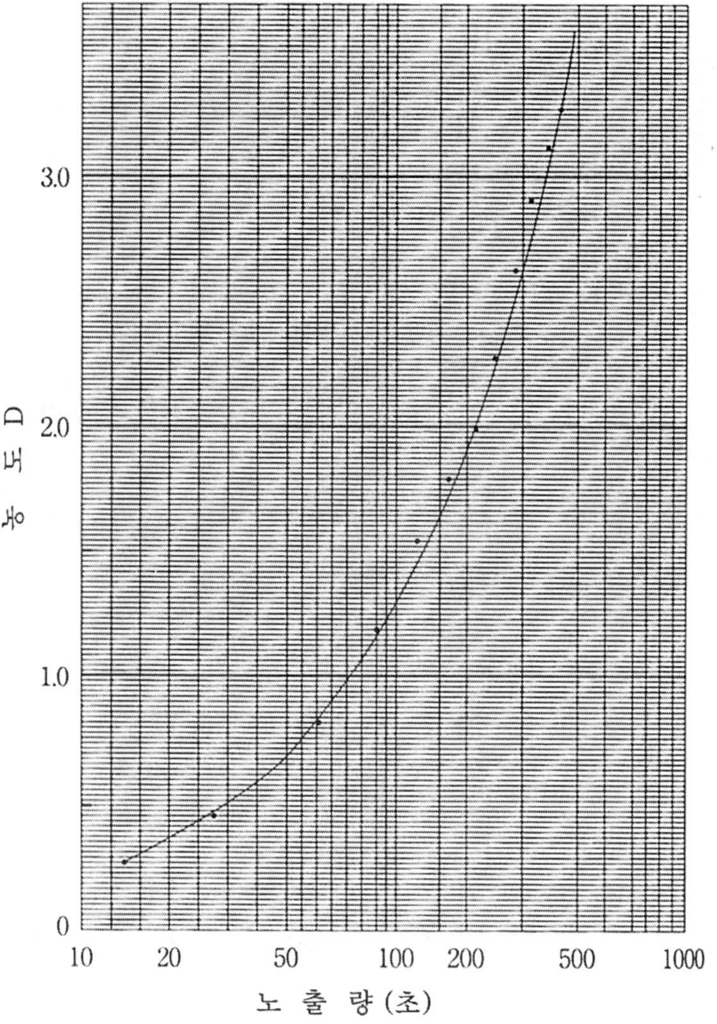

〔그림 4-15〕 X선 필름의 특성곡선

제 3 절 현상 방법

1. 수동 탱크 현상

가. 현상 처리

일단 노출이 되었으나 현상이 되기 전에는 필름 감광 유제내에는 조사된 브롬화은(exposed AgBr)과 조사되지 않은 브롬화은(unexposed AgBr)이 공존하고 있다. 이러한 상태가 잠상이다.

조사된 결정은 격자를 형성하고 있는 음이온(AgBr상태)을 금속은(Ag)으로 환원하고, 조사되지 않은 결정을 제거함으로써 검은 금속은이 눈에 보이게 된다. 이 과정이 현상처리의 근간에 해당되며, 방사선투과시험의 매우 중요한 부분이 된다. 즉 노출은 방사선투과시험의 출발에 불과하고, 현상으로써 완결하게 된다는 것을 기억해야 한다.

(1) 현상액의 역할

노출에 의해 필름감광유제는 조사되지 않은 결정과 조사된 결정의 두가지 형태로 나누어지게 된다. 현상제는 5개의 침입 은이온으로 형성된 "현상핵"을 포함하고 있는 조사된 결정을 선택적으로 찾아내어 그들을 검은 금속 은으로 변환시킨다. 이는 산화(oxidation)-환원(reduction)반응의 결과인데, 현상제는 산화되고, 결정은 환원된다.

이러한 일련의 과정을 식으로 나타내면 다음과 같다.

$$\underset{(\text{브롬화은})}{AgX} + \underset{(\text{광자에너지})}{h\nu} \rightarrow \underset{(\text{잠상})}{AgX + Ag_i^0}$$

여기서 X는 Br, Cl 및 I가 되고, $h\nu$는 X선, γ선, 가시광선 및 열에 해당된다. Ag_i^0는 침입은을 나타낸다.

$$AgX + Ag_i^0 + \text{현상제} \rightarrow Ag^0 + \text{산화된 현상제}$$

5원자	e^-	시간	10^9원자	e^-
		온도	가시상	
		강도		

이러한 반응은 모든 화학반응에서 그러하듯이 시간, 온도 및 강도(용액의)에 따라 조절하게 된다. 현상제의 화학적 강도를 일정한 수준으로 유지하기 위하여 때때로 보충하는 것이 필요하다.

(2) 현상액의 구성

방사선투과시험용 현상제의 대표적인 구성성분과 기능은 표 4-6과 같다.

현상제의 일차적인 기능은 은이온을 검은색의 금속은으로 환원시키는 것이다. 그러나 오늘날의 현상제는 다음의 다섯 가지 기준을 갖추고 있다.

① 은이온에 대한 환원제가 되어야 한다. 즉 은이온(Ag^+)을 검은 색의 금속은(Ag^0)으로 환원시키기 위한 전자(e^-)의 공급원이어야 한다.
② 조사되지 않은 결정에 비해 조사된 할로겐화은을 선택적으로 환원시켜야 한다.
③ 수용성이거나 또는 알칼리 용액에서 용해성을 갖어야 한다.
④ 대기산화에 대한 현저한 안정성 및 저항성을 갖어야 한다.
⑤ 무색이고 용해성인 산화물을 만들어야 한다.

표 4-6 현상제의 구성성분

성 분	주 기 능	부 기 능
페니돈(phenidone)	환원제	회색으로 급히 만든다.
하이드로퀴논(hydoquinone)	환원제	천천히 검게 한다
탄산나트륨(sodium carbonate)	촉진제	알칼리, 감광유제를 부플림.
브롬화칼륨(potassium bromide)	억제제	조사안된 결정의 환원을 방지
아황산나트륨(sodium sulfate)	보항제	화학적 균형을 유지
물(water)	용매	화학물질을 용해
글루터알데히드(Gluteraldehyde)	경화제	부풀음 조절하여 필름운반

(a) 환원제(還元劑 : reducing agents)

메톨(metol)과 하이드로퀴논(hydroquinone)으로 된 현상제를 MQ현상제라 하고, 페니돈(phenidone)과 하이드로퀴논으로 된 현상제를 PQ현상제라 한다. 기본반응식은

$$AgBr(조사됨) + 현상제 \rightarrow Ag^0 + 현상제(산화됨) + HBr$$

와 같다. 여기서 현상제가 산화되어 나타난다는 것이 중요하다. 산화된 현상제는 진한 갈색을 띠며, 이것은 현상제로서의 수명이 다했음을 나타낸다. 현상율(rate of development)은 pH에 의존하기 때문에 pH는 종류가 다른 물의 공급이나 사용조건에 대해 완충시켜 표준화 해야한다. 완충이란 추가로 공급되는 H^+ 또는 OH^-가 내부적으로 재배열하여 pH가 현저히 변하는 것을 방지하는 것을 의미한다. 현상제의 가장 중요한 기능중의 하나는 환원작용(reducing action)이다. 환원제는 현상의 주반응이 가능하도록 전자를 공급한다. 클로로하이드로퀴논(chlorhydroquinone) 환원제는 하이드로퀴논보다 알칼리용액에서 보다 잘 녹지만 값이 비싸기 때문에 많은 양이 필요한 경우에는 보통 사용하지 않는다. 그러나 그의 안정성으로 인해 미량원소로써 사용된다. 방사선투과시험용으로는 메톨이 표준이다. 이는 빨리 작용하고 낮은 콘트라스트 및 농도에서 높은 감광속도를 나타낸다. 그러나 브롬의 집적으로 인해 나쁜 영향을 준다.

페니돈이 메톨을 대신하여 하이드로퀴논과 더불어 사용되는데 높은 알칼리용액에서 보다 안정하기 때문에 오늘날의 보다 빠른 현상처리용으로 사용된다. 그러나 보다 중요한 이유는 페니돈은 하이드로퀴논과 더불어 사용함으로 메톨에 비해 탁월한 첨가물 특성(superadditivity)을 나타낸다.

(b) 첨가물 특성

현상제의 첨가물특성이란 두 개의 기본 환원제가 그들의 각각의 값을 단순히 더한 것보다 함께 사용할 때 보다 탁월한 효과를 나타내는 독특한 현상을 말한다. 이를 상승효과(synergistic effect)라고도 한다. 위에서 언급한 것과 같이 페니돈은 조사된 할로겐화은 결정과 아주 빠르게 반응하여 검은 금속은으로 만들어 회색의 상을 만든다. 이 반응은 낮은 콘트라스트와 농도를 만들며 높은 감광속도를 갖는다.

반대로 하이드로퀴논은 그의 현상기능을 아주 느리게 수행하여 검은 상을 만든다. 즉 최대감광속도(max, emulsion speed)를 줄이지 않고 최대농도에서 높은 콘트라스트의 상을 만든다.

페니돈과 하이드로퀴논의 곡선을 단순히 합치게 되면 그들이 서로 균형을 유지한다. 그러나 페니돈과 하이드로퀴논이 함께 작용하게 되면 전체효과가 각각의 단순한 합보다 큰 상승효과를 나타낸다.

현상제는 상대적으로 산화되기 쉽고, 산화되면 현상행위가 일어나지 않는다. 현상제가 공기 중에 노출되면 공기중에서 산화가 일어난다.

위의 반응에서 나타난 것과 같이 하이드로퀴논은 산화하여 퀴논이 되며, 그 과정에서 2개의 전자를 방출하여 은원자를 안정화시킨다. 은원자가 축적하여 상을 만들 때마다 브롬이온(Br^-)이 생성된다. 현상률(환원제의 반응률)은 브롬이온의 집적에 따라 증가하나 사용된 필름의 종류에 따라 영향을 받는다. 브롬의 집적량은 또한 용액의 pH에 영향을 주며 더 나아가 반응률에도 영향을 주게 된다. 환원제에 과잉의 브롬이온이 존재하면 브롬침하(bromide depression)가 발생하여 결국 현상미달(underdevelopment)과 같은 현상이 초래된다. 브롬침하는 보충액 미달(underreplenishment), 용량이 큰 롤필름의 현상처리, 또는 부적절한 혼합, 저장 또는 오염으로 인한 요인 등에 의해 원인이 될 수 있다. 그러나 현재 사용하는 PQ현상제는 거의 브롬 침하현상이 나타나지 않으며 따라서 사용수명이 현저히 연장되었다. MQ현상제는 때때로 브롬침하에 의해 영향을 받는다. 현상제의 기능은 현상의 필수반응이 일어나는데 필요한 전자를 공급하는 것이다. 이러한 기능은 탄산나트륨(Na_2CO_3)과 같은 알칼리매질에 의해 가속시키거나 촉진할 수 있다. 가속제(accelerator)는 현상제의 능력을 증가시켜 전자를 공급케 한다. 통상의 pH는 9.8~1.5사이가 된다. 사용용액의 pH가 10.5인 경우 보충액은 대략 11.0 이상으로 한다. 일반적으로 pH값이 높고 온도에 영향을 받으므로 측정이 어렵다. 그러므로 그것은 화학적 상태에 대한 상대적인 지시치에 불과하다. 따라서 전체적인 상태를 파악키 위해서는 감광도시험(sensitometric test)을 행한다. 억제제가 없거나 오랫동안 저장하면 산화가 제품에 나쁜 영향을 준다. 산화물은 일반적으로 젤라틴에 얼룩을 만들고 침전물을 형성하여 용해도를 떨어뜨린다.

(c) 억제제(抑制劑)

억제제(restrainer)로는 무기질 브롬화칼륨(potassium bromide, KBr)과 같은 용해성 브롬화합물이 사용된다. 이를 포그 방지제라고도 한다. 보통 억제제는 현상액에 포함되지만 또한 감광유제에 포함시키기도 한다.

일반적인 유기질 억제제로는 벤조트라이어졸(benzotriazole), 6-니트로벤지미다졸(6-nitrobenzimidazole) 및 페닐메르캡토테트라졸(phenylmercaptotetrazole, PMT)이 있다. 포그(fog)의 현상(現像)은 잠상의 경우와 유사하다. 그러나 현상액내의 브롬량에 훨씬 더 영향을 받는다. 포그는 조사되지 않은 할로겐화은 결정이 현상제에 의해 영향을 받았을 때 초래된다. 물론 여기서는 포그란 단지 현상 포그만을 말한다. 브롬화칼륨과 같은 용해브롬화합물은 조사안된 결정을 보호함으로 포그 형성률을 감소한다. 이러한 과정이 현상을 선택적으로 하게 하여 포그 형성률을 잠상의 현상보다 상당한 수준까지 감소시킨다.

개시용액(starter solution)을 사용하면 이것이 화학적 균형을 유지해 주기 때문에 새 용액을 즉시 사용하는 것을 가능케 한다.

(d) 보항제(保恒劑)

대표적인 보항제(preservative)로는 황산나트륨(sodium sulfite)이 사용된다. 그의 주기능은 현상제가 공기로부터 산화되는 것을 지연시켜 준다. 단지 한 화학물질만 사용되는 것이 아니라 여러 화학물질이 있다. 여기에 해당하는 다른 시약으로는 주석염(stannous salt), 디하이드로피로가롤(dehydropyrogallol) 및 아스코르빈산(ascorbic acid)이 있다. 이러한 시약의 어느 것도 하이드로퀴논에 대한 보항제로써 사용될 보항제로써 이를 또한 완충제(buffering agent)라 부르기도 한다. 정상조건 아래에서 전(buf롤(을 돕거나 조절하는 외에 산화 및 다른 용매와 관련한 영향을 감소시킨다. 일반적으로 용매로는 수돗물이 사용되며, 이 수돗물은 도시에 따라 pH 및 일반적인 경도가 다르다는 점에 유의해야 한다.

(e) 용매(溶媒 : solvent)

물이 용매가 되며 현상용액의 80%이상을 차지한다. 물은 탄산염의 함량이 백만분의 40~150정도인 사람이 마실 수 있는 정도여야 한다. 물속에 존재하는 금속은 현상제의 산화를 가속시켜 높은 포그현상을 초래한다.

$Ca(HCO_3)_2$ (Calcium bicarbonate)는 탄산나트륨(Na_2CO_3)이나 아황산나트륨($NaSO_3$)과 반응하여 탄산칼슘($CaCO_3$)이나 아황산칼슘($CaSO_3$)의 석출물을 만들게 된다.

$$Ca(HCO_3)_2 + Na_2CO_3 \rightarrow CaCO_3 \downarrow + 2NaHCO_3$$

이 석출물은 현상탱크의 벽, 온도계 및 열교환기튜브에 피복하여 절연체로서 작용하여 결과적으로 현상에 영향을 미친다. 물속에 존재하는 금속은 통상 구리와 철이다. 다른 화합물로는 $Mg(HCO_3)_2$, $MgSO_3$ 및 $CaSO_3$ 등이다. 그러나 왜 증류수나 광물을 제거한 물을 사용하는 대신에 수돗물을 사용하는가 하는 의문이 생길 것이다. 이는 수돗물이 갖는 어떤 바람직하지 않은 면에도 불구하고 값이 싸고 편리하기 때문이다. 덧붙여서 증류수 또는 연수는 감광유제내의 젤라틴을 너무 연하게 하는 경향이 있다. 어떤한 물이나 사용이 가능하도록 하기 위하여 격리제(sequester)를 첨가하여 칼슘이나 마그네슘이 탄산염이온이나 아황산염이온과 반응하지 못하게 한다. 많이 사용하는 유리격리제로는 EDTA(ethylene diamine tetraacetic acid)가 있다.

(f) 경화제(硬化劑)

자동현상기(automatic processor)의 경우에는 장치를 소형화하기 위해 일차 행굼 또는 산정지액의 단계를 생략한다. 그러나 여전히 포그를 방지하기 위해 현상작용을 조절하는 것이 바람직하다. 그러므로 알데히드화합물(aldehyde compound)과 같은 경화제(hardener)를 첨가한다. 포름알데히드(Formaldehyde)는 해로운 증기를 내기 때문에 보통은 글루타알데히드(glutaraldehyde)가 가장 많이 사용된다. 경화제의 일차적인 기능은 젤라틴이 너무 부푸는(swelling)것을 방지한다. 이 화학물질은 호산성(acidphillic)이고, 따라서 혼합시에 고갈되기 시작한다. 그러므로 현상제를 혼합한 후 2~3주가 되면, 필름이 과현상되거나 선명하지 않게 될 수 있으며, 하이포(hypo)의 잔류가 많아지거나 물리적 인공결함이 생길 수 있다.

(g) 온도(溫度)

현상제는 온도에 영향을 받는다. 매 10℃마다 약 ±0.05 pH의 변화가 발생한다. 감광도를 고려한 최적의 현상온도는 그 값이 최대일 때가 된다. 여기서 최적이라 함은 최대 콘트라스트를 갖기 위한 최상의 속도, 최대농도(Max. D) 및 최저농도(Min. D)를 달성한다는 것을 의미한다. 최적온도 이외에는 일반적으로 콘트라스트가 낮아진다(그림 4-16)

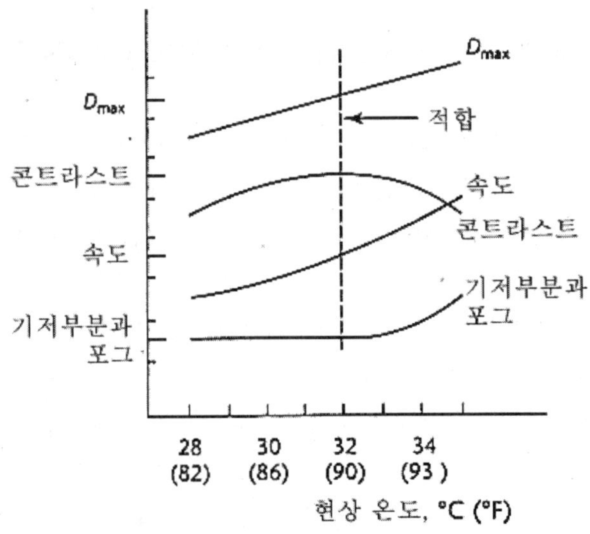

〔그림 4-16〕 감마(γ)- 온도 응답곡선

(h) 교반(攪拌)

교반(agitation)함으로 현상률 및 환원률이 증가한다. 교반하게 되면 용액을 일정한 혼합의 상태로 유지하며, 브롬 및 산화된 현상액을 감광유제로부터 분리하는데 도움을 주게 됨으로 현상률이 증가한다. 교반은 환원제를 할로겐화은 결정격자 안 또는 주위로 일정하게 소용돌이치게 함으로 환원을 돕는다. 보충액을 넣고 교반하게 되면 용액과 적절히 혼합하는 것을 돕는다. 교반은 또한 현상액의 온도를 일정하게 유지해 준다.

(i) 보충액(補充液)

보충의 방법에는 보통 2가지로 나누어 소모법(消耗法 : exhaustion method)과 조절법(調節法 : regulated method)이 있다. 소모법(batch법이라고도 함)은 모든 현상제가 소모된 후 현상액을 보충(replenishment)하는 것을 의미한다. 조절법은 감광유제에 의해 소모된 약간의 양만을 보충하는 것을 의미한다. 대체로 공업용 Type II 필름, 14×17 in 당 60*ml*정도의 현상제가 감광유제에 잔류하게 된다. 바람직하고 만족스런 현상처리를 위해서는 단지 조절법만이 사용돼야 한다. 화학적으로 정의하면, 보충이란 미리 설정된 용액의 양을 유지하기 위한 단지 양을 대치하는 것을 의미한다. 재생(regeneration)은 보충시스템이 갖는 두 번째 기능으로써 이미 소모된 화학물질을 대체함으로써 만족스런 강도(activity)를 유지하는 것이다. 현상제의 재생의 목적은 최종 방사선투과사진의 특성, 예를 들면 속도, 콘트라스트, 포그 및 최대농도 등이 근본적으로 일정하게 유지하도록 하기 위함이다.

보충-재생시스템은 화학물질의 수명을 연장하게 되고, 만족스런 품질을 유지하는데 도움을 주게 되며, 감광도질(sensitometric quality)을 증대시켜 준다. 바람직한 보충-재생시스템이란 현상기내에서 화학물질이 결코 변동되지 않고 일정하게 유지되는 것을 의미한다.

(j) 개시용액(開始溶液 : starter solution)

이는 브롬화합물(bromide)을 포함하고 있는 산용액(acid solution)으로 약 PH2 정도이며 자동현상기에 채우는 최초 현상액에 첨가한다. 보통 1 *l* 의 현상제당 20~25 *ml* 를 제조자의 권고에 따라 첨가한다. 그러나 보충액에는 개시용액을 첨가하지 않는다. 개시용액(starter solution)이란 이름은 최초로 사용하는 현상액에 사용하기 때문에 붙여진 것이다. 그의 산성특성은 주로 현상액의 활동성을 감소시켜 포그의 발생을 제어하게 된다. 브롬화합물이 첨가됨으로써 기 사용된 현상액과 유사하게 되어 결과적으로 Type I 필름의 경우, 개시용액은 pH를 낮출 뿐만 아니라 현상률을 증대시킨다.

(3) 수동 현상처리

현상은 X선, 감마선 또는 빛에 노출됨으로써 필름에 만들어진 잠상을 가시화하여 영구 기록하는 것을 말한다. 현상처리는 필름이 영향 받지 않도록 암실 내에서 행한다. 필름을 현상용액에 넣으면 방사선에 조사된 부위는 검게 된다. 필름이 검게 되는 정도는 노출량에 따라 달라진다. 현상후 정지액에서 현상을 정지한 후 필름을 정착액으로 이동한다. 정착액은 방사선에 노출이 안된 부위를 분해하여 제거한다. 그리고 필름에 부착된 정착액과 용해성염을 제거하기 위해 수세한 후 건조시킨다.

현상처리는 보통 수동현상(manual processing)과 자동현상(automated processing)으로 나뉜다.

처리할 필름의 양이 작고 시간이 상대적으로 덜 중요한 경우에는 수동 현상을 한다. 공업용 방사선투과사진의 가장 일반적인 현상법은 탱크현상법이다. 이 시스템에서 현상처리용 용액 및 수세용 물은 필름을 수직으로 위치할 수 있도록 충분한 깊이의 탱크에 넣는다. 그렇게 함으로 현상용액이 필름의 양면에 닿게 되어 두 면의 감광유제가 동일한 상태로 일정하게 처리된다. 가장 중요한 인자인 온도는 현상탱크를 에워싸고 있는 물의 온도를 조절함으로 조절한다. 그림 4-17은 일반적으로 많이 사용하는 형태의 탱크형의 수동 현상처리 시스템을 나타내고 있다.

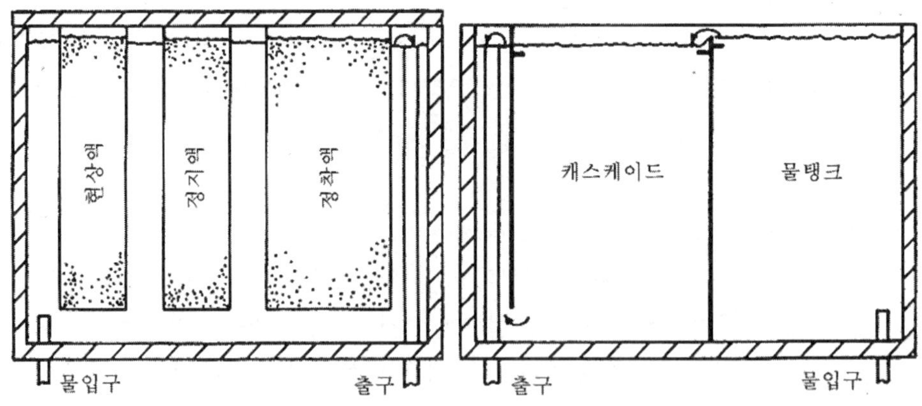

〔그림 4-17〕 일반적인 탱크형 수동현상처리 시스템

처리할 필름이 많거나 상대적으로 시간이 중요한 경우에는 자동현상기가 사용된다. 이것을 사용하게 되면 암실 요원을 줄일 수 있고, 노출 후 판독시까지의 과정을 짧은 시간 내에 행할 수 있으며, 따라서 검사한 시험체를 보다 빨리 다음 공정으로 진행시킬 수 있다. 자동현상기에서는 미리 정해진 과정으로 필름이 여러 용액을 거쳐 이동한다. 자동현상처리과정에서는 다만 현상할 필름을 수거하는 일만 수동으로 하면 된다.

X선 필름을 취급하는데 있어서 청결은 매우 중요하다. 부품이나 장비는 물론 암실자체도 아주 청결히 유지해야 하며 그들이 의도된 목적에 의해서만 사용돼야 한다. 엎질러진 어떠한 용액도 즉시 씻어내야 한다. 그렇지 않으면 증발하여 필름에 어떤 인공결함을 만든다. 온도계와 필름걸개(film hanger)와 같은 부품은 사용 후 즉시 깨끗한 물로 깨끗이 씻어주어야 한다. 현상용액이 묻은 상태로 건조하게 되면 다시 사용할 때 용액의 오염이나 방사선투과사진에 줄무늬를 만드는 원인이 된다. 모든 탱크는 새 용액을 넣기 전에 철저히 청소하여야 한다.

현상용 용액의 혼합은 제조자의 지시에 따라 혼합하여야 한다. 물의 온도 및 화학물질의 첨가순서를 조심스럽게 따라야 하고, 제조자가 표시한 안전취급요령도 또한 준수해야 한다. 필요한 용기는 2~3%의 몰리브덴(molybdenum)을 포함한 AISI Type 316 스텐레스강 또는 에나멜용기, 유리, 플라스틱, 경고무(hard rubber) 또는 유약을 칠한 도기(earthen ware) 등으로 만들어야 한다. 알루미늄, 아연도금한 철, 주석, 구리, 및 아연과 같은 금속은 오염의 원인이 되어 방사선투과사진에 포그를 형성함으로 사용하지 않는다.

용액을 휘젓기 위해 교반기(agitator)가 사용되며, 경고무나 스텐레스강과 같은 현상용액을 흡수하거나 반응하지 않는 재질로 만들어야 한다. 교반기는 사용 후 깨끗이 씻어 건조해야 한다. 그렇지 않으면 다시 사용될 때 오염의 원인이 된다.

(4) 수동 현상시 주의사항

탱크법으로 현상하는 경우, 우선 노출된 필름을 카세트 또는 필름홀더로부터 분리하여 필름걸개에 건다. 필름걸개에 건 필름은 정해진 시간의 스케줄에 따라 현상액, 정지액, 정착액, 및 수세탱크로 차례로 이동한다.

현상처리 중에는 방사선투과사진 필름을 적절히 교반해 주어야 한다. 교반하지 않으면 감광유제에 용액이 균일하게 적용되지 않아 현상률 또는 정착률의 일정성이 상실된다.

또한 보충액을 첨가하여 현상용액의 양을 항상 일정하게 유지시켜야 한다. 보충액의 첨가는 필름과 필름걸개에 의해 소모된 용액을 보충하는데 필요할뿐더러 현상액의 강도를 일정하게 유지하는 데에도 필요하다.

현상탱크는 새 용액을 채우기 전에 철저히 세척하여야 한다. 특히 따뜻한 기후에서는 탱크를 때때로 소독해 주는 것이 바람직하다. 곰팡이균에 대해서는 0.1%의 하이포아염소산염 나트륨(sodium hypochlorite) 용액으로 탱크를 채우고 수시간 유지한 후 탱크를 전체적으로 씻어준다. 이때 공기 중에 염소(chlorine)의 농축으로 인한 금속장치의 부식을 피하기 위해 암실을 환기해 주어야 한다.

(a) 현상액

현상액은 물에 녹이는 분말형태나 물로 희석시키는 용액형태가 있으며, 이들은 모두 유사한 화학식을 갖고 같은 결과를 나타낸다. 사용법과 유효수명에서 차가 있지만 만들기가 용이한 액체형태가 처리량이 많은 실험실에서는 극히 유용하다. 반면에 분말형은 값이 훨씬 싸다.

노출된 필름을 현상액에 넣으면 용액이 감광유제와 반응하여 조사된 할로겐화은을 금속은으로 바꾼다. 현상시간이 길어지면 길어질수록 더 많은 은이 생성되고 따라서 상의 농도는 더 높아진다.

현상률은 용액의 온도에 의해 영향을 받는다. 즉 온도가 상승함에 따라 현상률은 증가한다. 현상액의 온도가 낮아지면 반응이 느려지므로 정상온도에서 권고하는 현상시간으로는 현상이 부족(under development)할 수 있다. 반대로 온도가 높아지면 반응이 빨라지므로 동일한 시간에서 과다한 현상(over development)이 초래된다. 어떤 제한된 범위 내에서 온도에 의한 현상률의 변화는 현상시간을 증가하거나 감소하므로 어느 정도까지 보완이 가능하다.

현상 시에는 온도/시간 보상시스템이 모든 방사선투과시험 작업의 경우에 사용 되어야한다. 이 시스템에서는 온도의 편차를 항상 작게 유지하고, 현상시간은 현상도(degree of development)가 일정하도록 온도에 따라 조정한다. 이러한 절차를 주의 깊게 적용하지 않으면 아무리 정확한 노출기법에 의해 촬영됐다 해도 불만족스런 결과가 초래될 수 있다. 현상원의 추측으로 행하는 실수를 필름에서 구별하기는 어렵다.

특히 "시각현상(視覺現像 : sight development)"을 피해야 한다. 즉 현상시간을 결정하는데 현상중인 필름을 중간에 안전등 아래에서 꺼내보고 결정해서는 안된다. 현상은 되었지만 정착되지 않은 투과사진필름의 외양이 정착 후 완전히 건조된 상태에서의 것과 동일하다고 판단해서는 안된다. 비록 그렇게 현상 처리된 최종 방사선투과사진이 분명히 만족스럽다 할지라도, 현상이 필름콘트라스트의 요구되는 정도로 수행되었는지를 보증할 수는 없다. 더구나 시각현상은 현상 중 안전등에 의한 과노출로 인해 높은 포그 상태가 되기 쉽다.

표준화된 시간-온도현상법의 이점은 현상도를 일정하게 유지시킴으로써 항상 노출시간의 점검을 가능케 한다. 이렇게 함으로써 방사선투과사진을 만드는데 발생될 수도 있는 많은 실수를 배제할 수 있다. 현상인자가 정확했음에도 방사선투과사진의 농도가 낮다면 노출미달(under exposure)로 추측되며, 농도가 너무 높다면 과노출(over exposure)을 줄임으로 교정할 수 있다. 노출에서의 필요한 변화량은 특성곡선을 이용하여 교정될 수 있다.

(b) 온도와 시간

현상용액의 온도는 강도에 결정적인 영향을 미치기 때문에 온도를 주의 깊게 관찰하는 것은 매우 중요하다. 필름을 용액 속에 넣기 바로 직전 현상액을 교반하고 온도를 점검하는 것이 기본법칙이며, 그렇게 함으로써 용액 내에 넣어두는 시간을 알 수 있다.

이상적인 현상용액의 온도는 20℃(68°F)이다. 16℃ 이하의 온도는 화학물질의 작용을 감퇴하므로 현상미달을 초래하기 쉽다. 반면 지나치게 온도가 높게 되면 포그를 만들어 필름의 질에 나쁜 영향을 주거나 감광유제가 기저부분으로부터 떨어질 정도로 연화되기도 한다.

수돗물로써 용액을 권고된 온도까지 냉각시킬 수 없을 때에는 기계적인 냉각법(mechanical refrigeration)이 가장 효과적이다. 반대로 추운 기후에서는 가열이 필요하게 된다. 어떠한 환경아래에서도 온도를 떨어뜨리기 위해 직접 얼음을 넣어서는 안된다. 왜냐하면 얼음이 녹아 용액을 희석시키고 또한 오염의 원인이 되기 때문이다.

온도와 시간의 직접적인 관계로 인해 표준현상 절차에 있어서 둘다 똑같이 중요하게 취급해야 한다. 그러므로 현상용액의 온도가 결정된 뒤에 요구되는 정확한 시간동안 필름을 용액내에 유지토록 해야 한다. 절대로 추측작업이 행해져서는 안된다. 알람을 울리는 시계(timer)를 사용하는 것이 시간을 측정하는데 매우 유용하다.

(c) 교반(攪拌)

필름의 전 부위가 균일하게 현상되어지도록 하는 것이 필수적이다. 이는 현상과정에서 필름을 교반(agitating)해 줌으로써 달성될 수 있다. 필름을 현상용액에 놓고 전혀 교반 없이 현상하면 필름의 각 부위는 그 바로 아래 부위의 현상에 영향을 준다. 즉 현상의 반응생성물이 현상제보다 비중이 높기 때문이다. 이러한 방응물이 감광유제의 면을 따라 아래쪽으로 흘러내리므로 그들이 흘러내린 부분은 현상이 감소하게 된다. 상부의 농도가 높으면 높을수록 그 아래 부분은 더욱 농도가 낮게 나타난다. 그러므로 필름의 수평방향으로의 농도차가 커지면 커질수록 그 아래 부분에 불균일상을 만드는 줄무늬(streak)의 원인이 된다.

현상중 필름의 교반은 현상액이 필름의 표면에 고루 작용하여 불균일한 현상을 방지해 준다. 적은 양의 필름을 현상하는 작은 설비에서는 손으로 교반하는 것이 가장 좋다. 필름걸개를 현상액에 조심스럽게 내린 후 곧 걸개의 윗부분을 탱크의 위쪽 모서리에 탁탁 2~3번 두드려 감광유제에 붙어있는 기포를 제거한다. 그 후에 필름은 현상과정 중 주기적으로 교반해 준다.

다른 교반방법은 "기체파열 교반법(gaseous burst agitation)이다. 설치 및 작동이 경제적이고, 자동이기 때문에 현상요원이 현상과정 내내 관심을 두지 않아도 된다. 불활성이고 값이 저렴한 질소가스(N_2)를 가장 많이 사용한다. 이는 현상탱크의 바닥에서 많은 작은 구멍을 가진 분배기를 통해 기 설정된 간격으로 개스의 다발을 방출한다.

휘젓는 형태의 교반기(stirrer)나 또는 순환펌프(ciculating pump)와 같은 수단으로 현상액을 교반해서는 안된다. 이는 현상액이 교반방향에 따라 일정한 방향으로만 순환되기 때문이다. 그렇게 한 방향으로만 순환되는 것은 교반하지 않는 것보다 더 불균일한 현상의 원인이 될 수 있다.

(d) 강도

현상액은 사용함에 따라 한편으로 조사된 브롬화은을 금속은으로 변환시킨다. 다른 한편으로는 현상과정의 반응 부산물이 집적하여 현상력이 감소하게 된다. 강도의 감소크기는 현상 처리된 필름의 양 및 그들의 평균농도에 좌우된다. 비록 현상액이 전혀 사용되지 않는다 해도 현상제의 대기산화로 인해 강도는 서서히 감소한다.

현상을 통해 일정한 질의 방사선투과사진을 얻으려면 현상력의 감소에 따른 어떤 보상이 이루어져야 한다. 이 보상법의 하나가 보충시스템(replenishment system)이다. 이 방법을 통해 용액의 강도가 감소되지 않고 유지토록 한다. 여기서 사용되는 보충이란 초기용액보다 강한 용액을 첨가하여 대략 초기수준의 강도로 재생하거나 회복시키는 것을 의미한다. 그러므로 보충액은 현상탱크내의 용액의 양을 유지하는 것과 용액의 강도를 일정하게 유지하는 2가지 기능을 갖는다. 단지 초기강도의 현상액을 첨가하면 재생효과를 얻지 못하므로 일정한 현상도를 얻기 위해서는 현상시간이 점차적으로 증가하게 된다.

현상액의 성질을 유지하기 위한 필요한 보충액의 양은 현상처리된 방사선투과사진의 평균농도에 따라 좌우된다. 감광 유제내 은의 90%이상이 현상되어 농도를 9 내는 경우라면 더 많은 현상제가 소모되었으리라는 것은 분명하다. 그러므로 낮@ 경우라의 경우 보다 더 많은 현상액이 소모된다. 다만 보충액의 정확한 양은 현상액에 대해 실제적인 실험과 점검을 통해서만 결정될 수 있다.

보충액은 자주 그리고 충분한 양을 첨가해야 한다. 보충액이 아주 드물게 첨가되면 보충액을 첨가한 후 필름의 농도가 크게 증가한다. 매번 첨가하는 보충액의 양은 탱크내 용액의 부피의 2~3% 정도가 바람직하다.

실제로 무한히 보충액을 첨가할 수는 없으며, 사용된 보충액이 초기 현상액의 2~3배가 되면 용액은 폐기되어야 한다. 어떤 경우에도 대기중의 산화 및 젤라틴, 침전물 등의 축적으로 3개월이 경과하면 폐기하여야 한다.

나. 정지 처리

(1) 정지액(停止液)

보통 2~3%의 빙초산(氷醋酸 : acetic acid)용액인 정지액(stop bath agent)은 여러가지 기능을 가진다. 이는 현상액을 중화시켜 현상이 멈출 때까지 급격히 pH를 낮춘다. 현상제의 대기산화를 방지함으로 얼룩을 방지한다.

또한 칼슘찌꺼기의 형성을 분해하거나 늦춘다. 그리고 정착액의 산도를 유지하고 젤라틴의 부풀음을 조절하도록 돕는다. 일반적으로 사용되는 정지액에는 아세트산(acetic acid), 구연산(citric acid), 디글리콜산(diglyclic acid) 및 황산나트륨(sodium sulfate)등이 있다.

(2) 현상 정지

현상이 종결된 후 감광유제에 잔류된 현상액은 산성의 정지욕(停止浴 : stop bath)을 거치거나 깨끗한 흐르는 물로 헹궈야 한다. 이 단계를 생략하게 되면 정착시에 처음의 약 1분 동안은 현상이 계속 진행되어 교반이 불충분한 경우에는 필름에 줄무늬를 형성하게 된다. 또한 이 단계를 생략하고 필름을 정착액으로 이동하게 되면 젤라틴에 잔류된 현상 용액으로부터의 알칼리가 정착액내의 산의 일부를 중화한다. 어느 정도 이상으로 산이 중화되면 정착액의 화학적 균형이 깨져 정착액의 효능이 감소한다. 즉 경화작용이 약화되고 방사선투과사진에 얼룩의 원인이 된다. 정착 전에 가능한 한 현상액을 제거함으로써 정착액의 수명을 연장할 수 있을뿐더러 양질의 방사선투과사진을 얻을 수 있다.

(a) 정지욕(停止浴 : stop bath)

정지 용액의 28% 아세트산을 125ml/l로 하여 사용한다(1갤런당 16온스). 빙초산(glacial acetic acid)을 사용하는 경우에는 3ml/l(1갤런당 $4\frac{1}{2}$온스)로 하여 사용한다. 빙초산은 적절히 환기되는 곳에서만 취급하여야 하며, 피부나 옷에 묻지 않도록 각별히 주의해야 한다. 혼합시에는 항상 물에 빙초산을 천천히 저으면서 첨가해야 하며 물을 빙초산에 첨가해서는 안된다.

그렇지 않으면 용액이 끓게 되고 손이나 얼굴에 산이 튀게 되어 심각한 화상을 입을 수 있다.

현상이 끝난 후 필름을 현상액으로부터 꺼내 1~2분 동안 유지시켜 현상액이 어느 정도 빠진 후 정지액에 넣는다. 필름으로부터 흘러내린 현상액이 정지액에 들어가지 않도록 해야 한다. 1~2분 유지하는 대신 필름을 흐르는 물에 몇 초 동안 담근후 정지액에 넣는 방법을 사용할 수도 있다. 이 방법은 정지액의 수명을 연장하는데 도움이 된다.

필름을 정착액 내에서 부드럽게 교반하면서 30~60초 동안 담가놓는다. 이때 용액의 이상적인 온도는 18~21℃(65~70℉)이다. 정지욕이 끝나면 정착액으로 이동한다. 5갤런의 정지액은 14〃×17〃크기의 필름 약 100매 정도 처리할 수 있다. 탄산나트륨을 포함하는 현상액이 사용되는 경우에는 정지액의 온도를 18~21℃로 유지시켜야 한다. 그렇지 않으면 탄산가스(CO_2)를 포함한 기포가 정지액의 작용에 의해 감광유제에 형성될 수 있다.

(b) 헹굼(rinsing)

정지액이 사용되지 않는 경우에는 적어도 2분 동안 흐르는 물에 헹궈 주어야 한다. 흐르는 물을 사용한다는 것이 중요하다. 정착 후에 최종 수세에 사용하는 물에 이 헹굼을 해서는 안된다. 헹굼 탱크내의 물의 흐름이 완만한 경우에는 조심스럽게 교반해 주는 것이 좋다. 그렇지 않으면 동일 노출부위가 현상 불균일로 인해 줄무늬를 만들 수 있다.

다. 정착 처리(定着 處理)

표준 정착액(standard fixer)은 표 4-7에 나타난 것과 같은 화학물질로 구성된다.

표 4-7 정착액의 구성성분

성 분	주 기 능	부 기 능
티오황산암모늄 (Ammonium Thiosulfate)	정착제	노출되지 않거나 현상되지 않은 AgBr의 제거
염화알루미늄(Aluminum Chloride)	경화제	감광유제를 수축, 경화
아세트산(Acetic Acid)	촉진제	현상액의 중화
아황산나트륨(Sodium Sulfate)	보항제	화학적 균형을 유지
물(Water)	용매	화학물질을 용해

(1) 정착제(定着劑)

정착제(fixer)의 기능은 감광유제로부터 쉽게 제거될 수 있도록 용해되는 안정한 은염(silver salt)화합물을 형성하는 것이다. 정착제는 감광유제 결합제나 이미 현상된 은에 대해서는 어떠한 영향을 주어서는 안된다. 나트륨이나 암모늄염의 형태인 티오황산염이 보통의 정착제이다. 티오황산나트륨이 가장 잘 알려진 하이포, 정착액, 크리어링제(clearing agent) 및 티오황산염(thiosulfate)등의 모든 용어는 일반적으로 동의어로 사용된다. 티오황산염과 할로겐화은과의 기본적인 반응은 현상안된 은을 분해하여 제거하는 것이다. 그러나 티오황산염은 pH가 감소하게 되면(pH가 중성 또는 염기쪽으로 이동하면), 현상된 은을 침식하게 된다. 그러므로 화학적 강도를 재생시키기 위한 보충은 매우 중요하다.

정착액내로 넘어 들어온 현상액은 정착액을 소모시키게 된다. 또한 pH가 약간 감소한다. 정착액이 감광 유제내에 남게 되면, 티오황산염이 은입자와 반응하여 황화은(Ag_2S)을 형성하게 되는데 이것이 필름의 황갈색(yellow brown)의 얼룩의 원인이 된다. 이를 잔류하이포라 한다.

(2) 경화제(硬化劑)

경화제(hardner)는 감광유제를 수축시켜 경화한다. 염화알루미늄이 가장 많이 사용되나 실제로는 어떠한 알루미늄 화합물(potassium alum. 또는 chrome alum.)도 사용된다. 경화제의 목적을 좀 더 부연하면, i) 마모(abrasion)에 대한 저항을 증가시키고, ii) 젤라틴에 의한 물 흡수를 최소화하여 건조시간을 줄이고, iii) 부풀음을 감소시켜 롤러를 통한 이동을 가능케 하는 것 등이 있다.

(3) 촉진제(促進劑)

촉진제(activator)는 pH 4 정도의 이세트산으로 감광유제의 경화에 도움을 준다. 그러나 가장 중요한 기능은 묻혀온 현상제 및 감광유제 내에 포함되어온 현상제의 중화작용이다. 현상액내의 환원제는 높은 염기성으로 심지어는 필름이 현상용액으로부터 꺼낸 뒤에도 그들이 중화될 때까지 계속하여 반응한다. 아주 적은 양의 정착액이 많은 양의 현상액을 중화하거나 또는 적어도 pH를 낮추기 때문에 정착액이 현상액을 오염시키지 않도록 화학물질을 혼합할 때에는 대단한 주의가 필요하다.

약한 산성용액인 아세트산이 일반적으로 사용된다. 그것은 완충역할을 잘 수행하며, 약산이므로 알루미늄 경화제의 사용을 가능하게 한다.

(4) 보항제(保恒劑) 및 용매(溶媒)

아황산나트륨이 또한 정착액에 사용되는 보항제(preservative)이다. 그러나 그것의 일반적인 기능은 촉진제가 존재하는 곳의 자유 황(free sulfur)과 반응하여 티오황산염 화합물을 재생함으로 정착액내 티오황산염의 수명을 연장하는 것이다.

$$Na_2CO_3 \ + S \ \rightarrow Na_2S_2O_3$$

물이 용매가 되며, 현상액에서와 마찬가지로 마실 수 있는 정도의 질이 요구된다.

(5) 정착률(定着率)

정착률은 주로 다음에 영향을 받는다. ① 정착제가 감광유제내로 확산하는 비율 ② 할로겐화은 입자의 용해도 ③ 감광유제로부터의 화합물 은이온의 확산률, 그러므로 적절한 교반과 보충은 정착률에 대단히 중요하다.

정착률은 감광유제를 "정착(fix)"하는데 필요한 시간이다. 이 경우 정착이라 함은 감광유제로부터 조사되지 않은 모든 은을 제거하는 것(clearing)과 감광유제를 경화시키는 것까지 포함한다. 따라서 총 정착시간은 "크리어링 시간(clearing time)" 의 2배로 한다. 크리어링 시간을 간단히 측정하는 방법은 3×1 in 크기의 조사되지 않고, 현상되지 않은 필름의 양면에 한 방울의 정착액을 떨어뜨린다. 10초 동안 기다린 후 필름을 정착액에 담그고 부드럽게 교반하면서 그 점이 사라지는 것을 관찰한다. 크리어링 시간은 전체필름이 처음 만들어진 점과 같이 깨끗해지는(clear)데 필요한 시간이 된다. 시간을 더 오랫동안 지속한다고 더 청정해지는 것은 아니다. 크리어링 시간은 공업용 필름의 경우, 특히 침지시간(immersion time)이 고정되는 자동현상에서 중요하다. 통상 필름은 20℃ 정착액에서 필름의 상품 및 등급에 따라 20~60초의 크리어링 시간을 갖는다.

(6) 정착 시간

정착의 목적은 감광 유제내의 현상안된 은염을 제거하고 현상된 은을 영구상으로 만드는 것이다. 정착액의 또다른 중요한 기능은 젤라틴을 경화시켜 다음의 건조공정에서 손상을 입지 않도록 한다. 정착액에 필름을 넣고 초기의 노란 우유빛이 사라질 때까지의 시간을 "크리어링 시간(clearing time)"이라 한다. 이 시간동안에 정착액은 현상 안된 할로겐화은을 분해한다. 그러나 분해된 은염이 감광유제로부터 분리되고 젤라틴이 적절히 경화되는 데에는 더 많은 시간이 필요하다. 그러므로 전체 "정착시간(fixing time)"은 크리어링 시간보다 상당히 길어야 한다.

일반적으로 신선한 정착액에서의 정착시간이 15분을 넘지 않도록 해야 한다. 정착시간이 15분을 넘게 되면 저농도 부분의 일부에서 농도가 손실될 수 있다. 필름을 정착액에 넣은 후 초기에는 강하게 교반해 주고 그 후에는 매 2분마다 정착액이 필름에 골고루 작용하도록 교반해 주어야 한다.

정착액은 사용함에 따라 용해은염을 축적하여 노출되지 않은 할로겐화은을 분해하는 능력이 감소하게 된다. 또한 필름에 의해 운반된 수세용 물이나 정지액에 의해 강도가 저하된다. 결과적으로 정착률이 감소하고 경화작용이 손상받는다. 필름을 정착액에 넣기 전에 필름에 묻은 용액을 흘러내리게 하여 묽어지는 것을 예방하거나 필요하다면 정착액을 보충하여 용액의 강도를 회복시킬 수 있다.

정착액이 그 산성을 상실하거나 크리어링 시간이 현저히 길어지면 수명이 다한 것으로 본다. 정착액의 수명이 다되면 감광유제가 비정상적으로 부풀어 열악한 경화를 초래하고, 건조시간이 길어지고, 고온에서 그물모양의 주름살(reticulation)이 생기거나 감광유제가 떨어져 나가거나 하기 때문에 사용을 피해야 한다. 또한 정착액이 중화되면 현상된 방사선투과사진에 색깔을 띤 얼룩의 원인이 된다.

라. 수세 처리

(1) 수세의 목적

수세(水洗 : water wash)에 사용되는 물도 하나의 사진현상용 화학용액이다. 수세의 목적은 잔류정착액을 희석 또는 씻어내는 것이다. 물은 감광유제를 부풀어 오르게 한다. 유속은 보통 11 *l* /min으로 한다.

사진현상과정에서의 수세단계에서는 다음에 오는 작용에 대해 나쁜 영향을 미치는 반응물을 제거한다. 그리고 현상처리의 마지막 단계에서는 필름의 안정성에 해가 되는 모든 용해성 화합물을 제거한다.

물은 티오황산염의 복합체의 형태인 용해된 은화합물로 오염된 정착염을 제거한다. 궁극적으로 이러한 은화합물을 제거하지 못하게 되면 밝은 부분 및 조사되지 않은 부위에 얼룩의 원인이 된다. 반면 티오황산염이 존재하는 곳에서는 그의 산화물인 테트라티오네이트(tetrathionate)와 폴리티오네이트(polythionate)가 시간이 경과함에 따라 따라서서히 황화(sulfide)시킨다. 이 얼룩이 황화은(Ag_2S)이며, 하이포 잔류얼룩이라 한다. 감광유제로부터 티오황산염의 확산률은 은이미, 하존재량, 정착액의 pH, 티오황산염의 형태, 정착액의 소모정도, 수세액의 온도, 교반률, 유속 및 수세장치의 형태 등에 영향을 받는다.

하이포잔류는 필름이 현상 처리된 후 감광 유제 내에 남은 잔류하이포 또는 티오황산염의 양을 말한다. 하이포잔류 허용기준은 필름의 종류에 따라 다르다. 현상기의 형태, 현상 사이클 및 화학물질의 상태도 하이포의 잔류에 영향을 준다. 보관시 질에 영향을 미치는 잔류하이포의 양은 필름의 단위면적당 티오황산염의 양으로 측정한다.(㎍/in^2). 5년 이상의 장기간의 보관이 필요한 경우 ANSI의 상한기준은 25 ㎍/in^2이다. 이보다 더 많은 양이 잔류하게 되면 전체적으로 갈색을 띠는 얼룩이 필름상에 나타나는 원인이 된다. 500 ㎍정도의 필름은 보통 1년 이내에 얼룩이 나타난다.

그러나 황화은이 형성되는 가장 중요한 요인 중의 하나는 보관조건이다. 장기간 저장이 필요한 경우에는 생필름의 저장조건과 같은 주변조건이 필요하다. 즉 21℃이하로 서늘하게 하고, 상대습도를 60%이하로 한다. 비록 잔류된 하이포의 양이 적다해도 저장조건이 부적절하면 원하지 않는 얼룩이 초래될 수 있다. 물의 기계적 기능-물은 주로 필름으로부터 정착액을 씻어내는데 이용되며, 이것은 바로 물의 화학적 기능이라 할 수 있다. 현상기에서 현상액의 온도안정제의 역할이다. 수동현상기에서 현상액 탱크 및 정착액 탱크는 순환하고, 온도가 적절히 유지되는 물로 채워진 큰 탱크 안에 위치한다.

이 물이 다른 용액의 온도를 조절한다. 자동현상기에서 수세용 물은 현상액 온도보다 약 3 ℃이하로 한다. 낮은 온도의 물과 높은 온도의 현상액은 서로 철판벽을 통해 인접해 있다. 낮은 온도의 물이 현상용액으로부터 열을 빼어감으로써, 현상용액의 온도조절장치 및 가열기가 좀더 빨리 응답케 하여 보다 큰 안정을 얻도록 한다. 자동현상장치에서의 정착용 탱크는 한 쪽은 현상액으로 가열되고 다른 쪽은 수세용 물에 의해 냉각된다.

*X*선 필름은 순환되는 유수(流水)로써 수세하여 모든 감광유제 부위가 신선한 물로써 씻기도록 해야 한다. 필름걸개의 클립 부분을 포함하여 모든 부위가 물속에 완전히 잠기도록 하여 수세해야 한다.

효과적으로 수세하기 위해서는 충분한 양의 물로써 빨리 정착액을 제거하고 필름으로부터 정착액이 분산되어 나올 수 있는 충분한 시간동안 유지시켜야 한다. 15.5~26.5℃(60~80℉)의 수온의 물이 시간당 4번 정도 교환되는 경우의 수세시간은 보통 30분이다. 필름은 처음에 배수구 쪽의 수세탱크에 위치시킨다. 그렇게 함으로 정착액이 가장 많이 묻은 필름이 앞에서 기 오염된 물로써 씻겨지게 된다. 계속 필름이 탱크 내에 놓임에 따라 이미 부분적으로 씻긴 필름을 물의 주입구 쪽으로 이동시켜 최종적으로는 오염되지 않은 신선한 물로써 수세가 되도록 한다.

(2) 불충분한 수세

필름이 앞의 다른 용액을 통해 정상적으로 진행될 수 있도록 수세 탱크는 충분한 크기의 용량을 가져야 한다. 지나치게 용량이 커지면 물이 낭비되고, 이때 유속이 소형 탱크에서와 같게 되면 정착액을 감광유제로부터 제거하는 효율이 떨어진다. 반대로 용량이 불충분하면 수세가 불충분하여 나중에 상이 바래는 원인이 된다. 가장 경제적이며 동일한 시간에 가장 좋은 수세를 얻는 방법이 캐스케이드법(cascade method)이다.

이 방법은 그림 4-17(탱크 현상 시스템)의 오른쪽에 수세탱크가 두 부분으로 구분되어 있다. 필름을 정착액으로부터 꺼내 처음에는 배수구 쪽(A)에 위치시킨다. 필름이 부분적으로 수세된 후 입구 쪽(B)으로 이동한다. 그렇게 되면 A부분에는 정착액으로부터 꺼낸 필름을 계속 넣을 수 있게 된다. 이 방법에서는 정착액이 많이 묻은 필름은 어느 정도 오염된 물로써 수세되고, 일차 수세된 필름은 신선한 물로써 종결하게 된다.

온도가 낮아짐에 따라 수세효율은 급격히 떨어지며, 60°F이하에서는 극히 저조하다. 반대로 더운 기후에서는 수세가 끝나자마자 필름을 수세 탱크로부터 꺼내는 것이 중요하다. 왜냐하면 68°F 이상의 물에서 장시간 유지시키면 젤라틴이 현저하게 연화되기 때문이다. 그러므로 수세용액의 온도는 65~70°F로 유지해야 된다.

수세중 탱크내에서 필름에 미세한 기포가 형성되는 경우가 있다. 이들 기포가 존재하는 부분은 수세가 방해받게 되어 변색이나 반점(mottle)의 원인이 된다. 이를 방지하기 위해 필름표면을 부드러운 셀롤로우스 스폰지로 수세중 적어도 2번 정도 문질러 준다. 필림걸개를 탱크상단부에 강하게 두드려 기포를 제거하기도 한다.

(3) 물자국의 방지

필름을 수세탱크로부터 꺼냈을 때 미세한 물방울이 감광유제 표면에 달라붙게 된다. 만약 필름이 급격히 건조되면 물방울이 묻은 부위는 주변보다 서서히 건조하게 된다. 이와 같이 건조행위가 일정치 않으면 젤라틴이 왜곡되거나 상의 농도가 달라져 최종 방사선투과사진에 물자국(water spot)를 만들게 된다.

그러한 물자국은 수세처리된 필름을 계면활성제(wetting agent)에 1~2분간 담금으로 방지할 수 있다. 필름을 건조기내에 넣기 전에 대부분의 물이 흘러내리게 해야 한다. 계면활성제는 물이 균일하게 흘러내리게 하여 표면에 달라붙는 물방울의 수를 감소하게 된다. 이렇게 하므로 건조시간이 단축되고, 최종 방사선투과사진에 물자국이 나타나는 것을 방지하게 한다.

마. 건조 처리

현상처리 되는 양이 적은 경우에는 자연 건조하고, 양이 많은 경우에는 팬(fan), 필터 및 가열기를 포함하는 건조기를 이용하여 건조한다.

2. 수동 접시 현상(tray processing)

이 방법은 *X*선 필름의 수동현상으로써 탱크현상법만큼 효과적이지는 못하다. 그러나 탱크가 설치되지 않은 곳에서 접시(tray)를 사용하여 필요한 주의를 기울인다면 만족스런 결과를 얻을 수 있다. 접시현상법에서도 탱크현상에서 권고된 시간과 온도가 적용된다.

사용되는 접시의 재질로는 유리, 경고무(hard rubber), 플라스틱 또는 에나멜을 칠한 용기가 사용될 수 있다. 접시는 사용하는 최대크기의 필름의 크기를 적용할 수 있어야 한다. 첫째 접시에는 현상액, 두 번째가 정지액 또는 헹굼물, 세 번째가 정착액 그리고 네 번째에 수세용 물을 넣는다.

접시에는 현상처리 직전에 적어도 1 인치(25.4mm) 깊이가 되도록 하여 필름이 충분히 잠길 수 있도록 해야 한다.

현상중 용액이 감광유제에 골고루 묻지 않으면 용액이 묻지 않은 곳은 검은 선으로 나타난다. 마찬가지로 현상 안된 감광유제에 현상액의 방울이 튀게 되면 검은 반점으로 나타난다. 현상하는 동안 필름은 자주 움직여주고, 밑 부분이 접시에 밀착되어 현상되지 않는 것을 방지하기 위하여 자주 뒤집어 주어야한다. 정착액의 경우에도 마찬가지로 교반해 주어야한다. 수세용 접시에는 물이 계속하여 흐르도록 하고 수세중 필름이 서로 붙거나 바닥에 붙지 않도록 주의해야 한다.

3. 자동 현상

가. 자동현상 이론

자동현상처리(自動現像處理)에는 현상기와 특별히 조합된 현상용액 및 자동현상에 적합한 필름이 필요하며, 일반적으로 자동현상기는 필름주입구, 필름현상처리부 및 필름건조부로 구성된다.

자동현상의 필수요건은 화학적 및 기계적 제어이다. 자동현상기로써 짧은 시간에 방사선투과사진을 현상, 정착, 수세 및 건조하기 위해서는 특별히 조제된 용액이 사용되어야 한다. 현상기는 적절한 온도로 용액을 유지해야 하고, 자동적으로 용액을 교반하고 보충해야 하며, 전 현상과정을 통해 잘 통제된 속도로 필름이 기계적으로 이동돼야 한다. 사용필름이 짧은 현상시간 및 기계적 이동시스템에 부합하는 특성을 지녀야 한다.

나. 자동현상 시스템

(1) 운반 시스템

자동현상기(automated processor)는 필름을 운반하고, 현상처리하고, 건조하는 시스템과 용액을 보충하고, 재순환시키는 등의 여러 시스템으로 구성된다. 그림 4-18은 자동현상기의 구조를 나타낸 것이다.

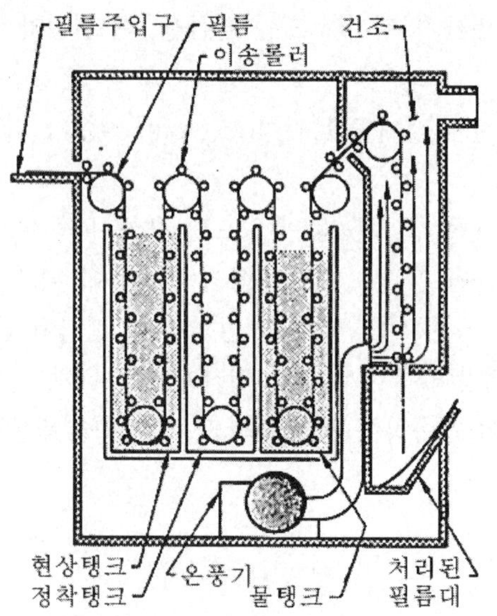

〔그림 4-18〕 자동현상기의 구조

운반시스템의 기능은 필름을 현상액, 정착액, 수세용 탱크 및 건조부를 통해 이동하는 것으로써, 필름을 각 단계마다 정해진 시간동안 정확히 유지되도록 하여 방사선투과사진을 얻도록 하는 것이다.

현재 사용되고 있는 대부분의 현상기에서는 모터로 작동하는 롤러에 의해 이 기능을 수행한다.

필름이 현상기내에서 일정한 속도로 이동하지만 현상기에 따라서는 이 속도가 다를 수 있다. 필름을 주입구에 넣고 출구까지 나오는데 걸리는 시간은 일반적으로 15분 미만이 된다. 현상처리과정에서 어떤 단계에서 다른 단계보다 더 오래 유지하고자 할 때는 rack의 크기로써 교정한다.

비록 운반시스템의 주기능이 필름을 정확히 조절된 시간내에 현상기를 통해 이동시키는 것이지만 고품질의 투과사진을 빠른 속도로 얻기 위해 중요한 두가지의 다른 기능을 수행한다. 우선 롤러가 필름의 표면에 용액을 강하고 일정하게 교반해 준다. 다음으로는 롤러에 의해 필름의 표면으로부터 용액을 효과적으로 제거하여 한 탱크로부터 다른 탱크로 들어가는 용액의 양을 감소시켜 용액의 수명을 길게 하고 수세효율을 증대시켜 준다. 압착롤러는 필름표면의 수세용 물의 대부분을 제거하여 현상 처리된 필름을 균일하고 빠르게 건조할 수 있도록 해준다.

(2) 수세시스템(water system)

이 시스템은 자동현상기의 두 번째 기능으로써 필름을 수세하고 용액의 온도를 안정화하는 도움을 준다. 더운 물과 차가운 물을 섞어 적절한 온도가 되도록 하여 유량조절기를 통해 일정한 흐름이 되도록 한다.

(3) 순환시스템(recirculation system)

정착액 및 현상액의 순환시스템은 용액 및 보충액을 일정하게 혼합해 주고, 그들을 일정한 온도로 유지해 주고, 잘 혼합되고 교반된 용액이 필름에 접촉하도록 해준다.

용액을 탱크로부터 펌프로 퍼내어 온도조절장치를 통과시켜 탱크로 되돌린다.

(4) 보충시스템(replenishment system)

현상액과 정착액을 정밀하게 보충하는 것은 수동현상에서보다 자동현상에서 훨씬 더 중요하다. 어느 방법에서나 정밀한 보충은 필름의 적절한 현상처리 및 처리 용액의 수명을 연장하는데 필요하다. 그러나 자동현상기에서는 용액이 적절히 보충되지 않으면 필름이 너무 많이 부풀고(swell) 미끄럽게 되어 롤러에 달라붙을 수 있다.

필름이 현상기에 들어갈 때 저장 탱크로부터 현상탱크로 보충액이 들어가도록 펌프가 작동한다. 필름이 입구부분을 통과하면 펌프의 작동은 중지된다. 즉 보충액은 단지 필름이 입구부분을 통과하는 동안만 첨가한다. 그러므로 첨가된 보충액의 양은 필름의 크기와 관계된다. 새로이 첨가된 보충액은 순환펌프에 의해 현상기내 용액과 혼합된다. 과잉용액은 탱크 상단부를 통해 배수구로 흘러나간다.

X선 필름의 종류에 따라 용액의 양이 달라진다. 그러므로 현상될 필름의 종류 및 방사선투과사진의 평균농도에 따라 용액은 적정한 비율로 보충하는 것이 중요하다. 보충비율은 정확하게 측정되어야 하고 주기적으로 점검되어야 한다. 현상액을 지나치게 많이 보충하게 되면 콘트라스트가 증대되지만 지나치게 미달되면 둘다 상실된다. 현상액의 보충이 심각하게 미달되면 농도와 콘트라스트의 저하뿐만 아니라 운반시스템의 어느 부위에서 필름이 운반중 실종되는 경우가 발생된다. 정착액의 지나친 보충은 작동에 영향을 주지 않지만 정착액의 낭비를 초래한다. 그러나 정착액의 보충이 미달되면 정착이 나빠지고, 경화가 불충분하고, 세척이 부적절하게 되고 정착액내 롤러에서 필름이 실종되는 원인이 된다.

(5) 건조시스템(dry system)

현상된 방사선투과사진의 빠른 건조는 압착롤러에 의한 표면용액의 효과적인 제거와 필름 양면에 대한 건조용 공기의 적절한 공급에 의해 수행된다.

다. 자동현상의 특징

자동현상이 갖는 특징의 하나는 짧은 시간 내에 현상 처리된 방사선투과사진을 얻을 수 있다는 점이다. 조사된 필름이 현상기 내로 투입된 후 대략 12~14분이 경과하면 필름은 현상, 정착, 수세, 건조되어 현상의 전 과정이 완결된다. 수동현상의 경우에는 이러한 전 공정에 약 1시간이 걸리게 된다. 그러므로 현상시간은 적어도 45분 이상 단축되고, 따라서 그만큼 빨리 검사된 부품이 다음 공정으로 진행시킬 수 있다. 이는 시험체가 차지하는 공간을 그만큼 줄일 수 있음을 의미한다.

둘째로는 자동현상은 아주 정밀하게 조절되는 시간 - 온도 현상법이다. 이는 용액을 정밀하게 자동 보충하는 시스템과 더불어 수동현상에서는 거의 불가능한 투과사진의 균질성을 가능하게 해준다.

셋째로는 자동현상기는 단지 약 1 m^2 ($10ft^2$)정도의 공간이면 족하다.
탱크와 건조기의 설비가 별도로 필요로 하지 않기 때문에 현상실의 크기를 줄일 수 있다.

라. 자동현상의 화학

자동현상은 수동현상을 단지 기계화하는 것만을 의미하는 것만은 아니고, 기계적, 화학물질 및 필름의 이동에 영향을 받는 시스템이라 할 수 있다.

수동현상에 있어서 X선 필름을 현상용액에 담그면, 조사된 할로겐화은입자는 금속 은으로 바뀌고, 동시에 감광 유제층이 부풀고 연화된다. 정착액은 현상 안된 할로겐화은입자를 제거하고 감광 유제층을 수축하고 경화시킨다. 수세과정을 통해 용액의 흔적을 제거하고 필름을 약간 부풀린다. 건조에 의해 감광유제를 더욱 경화하고 수축한다. 그러므로 필름이 현상처리과정에서 한 단계에서 다른 단계로 이동됨에 따라 두께와 경도가 변한다. 수동현상에서는 필름이 독립적으로 유지되고 다른 필름이나 롤러 등과 같은 다른 표면과 접촉하지 않으므로 이러한 변수가 그다지 중요하지 않다.
그러나 자동현상의 경우에는 현상용액에 대해 추가적인 요구사항이 필요하다. 상을 아주 빨리 현상, 정착하는 외에 현상용액은 감광유제가 부풀어 오르는 것 또는 미끄러워지거나,

연화하거나 또는 끈끈하여 롤러에 달라붙는 것을 방지할 수 있어야 한다. 또한 현상된 필름이 빨리 세척되고 건조될 수 있어야 한다. 자동현상기에 있어서 필름이 미끄럽게 되면 운반시스템이 느려지게 되어 필름이 서로 중첩되는 경우가 생긴다. 또는 너무 끈적끈적하게 되면 롤러에 달라붙거나 롤러를 감싸게 된다.

감광유제가 너무 연화되면, 롤러에 의해 흠이 생기기 쉽다. 물론 이러한 현상을 완전히 막을 수는 없다. 그러므로 자동현상기에서 사용하는 용액은 필름의 물리적 성질을 어떤 좁은 한계내로 조절될 수 있도록 만들어져야 한다. 물론 이러한 용액의 혼합도 지침을 정확히 따라야 한다.

이와 같은 조절은 빠른 수세와 건조를 위해서 뿐만 아니라 운반시스템의 원활한 작동을 위해 감광유제의 두께와 접착성을 필요한 제한범위내로 유지할 수 있도록 현상액 및 정착액에 경화제를 사용해야 한다.

자동현상에서의 빠른 처리는 현상용액의 조성 및 수동현상에서의 온도보다 높은 온도를 채용하므로 달성된다.

경화제를 포함한 현상액은 통상의 작동온도에서 필름의 현상 속도가 빠르다. 더구나 용액의 조합이 정확히 균형을 유지하게 되므로 경화제가 감광유제를 경화하는데 필요한 시간에 아주 정확히 최적현상이 이루어지도록 해준다. 너무 많은 경화제가 용액 내에 존재하면 감광유제가 너무 빨리 경화하여 현상제가 충분히 침투하지 못하게 되어 현상 미달을 초래한다. 경화제가 현상액 내에 너무 적게 존재하면 경화과정이 느려져 과현상이 초래되고 이동에 문제가 발생한다. 적절히 균형을 유지하기 위해 현상될 필름의 종류 및 평균 사진농도에 따라 적절한 비율로 보충해주는 것이 필수적이다.

투과사진의 수세, 건조 및 성질의 유지는 정착과정의 효과와 밀접하게 연관되기 때문에 자동현상에서는 특별한 정착액이 필요하다. 정착액은 빨리 작동되어야 할 뿐만 아니라 효과적인 필름의 이동을 위해 적당한 경화도를 갖추어야 한다. 또한 정착액이 필름 표면으로부터 쉽게 제거될 수 있어야 한다.

일반적으로 현상기내 탱크는 50,000매의 처리 또는 3개월의 기간에 따라 교환해 주어야 한다.

마. 수동현상과 자동현상의 비교

자동 현상제에는 감광유제(젤라틴)의 부풀음(swelling)을 조절하기 위하여 경화제로써 글루터알데히드(gluteraldehyde)를 포함한다. 수동현상액에는 경화제를 포함하지 않기 때문에 젤라틴이 훨씬 많은 양의 현상제를 소모한다.

수동현상에서는 현상액과 정착액 사이에 정지액(first rinse 또는 acid bath)을 사용하여 현상을 정지시키고, 현상액이 정착액으로 운반되어 정착액을 묽게 하거나 오염을 방지하여 정착액의 수명을 연장한다.

현상액에 경화제를 첨가하는 외에 자동현상에서는 현상기의 압착롤러에 의해 과잉현상액을 제거하며, 자동보충시스템(automatic relpenishment system)이 모든 화학물질의 양과 강도를 자동적으로 유지한다. 물론 현상기에는 정지액을 포함하지 않으며, 이로써 현상기 전체크기의 20% 정도를 줄일 수 있다. 자동현상액은 일반적으로 수동현상액보다 고온에서 작동한다. 정착액은 자동현상과 수동현상에서 일반적으로 동일하다.

수동 및 자동현상의 화학에서의 차이는 현상액내의 경화제이며, 기계적으로는 기계에 의한 일관성의 증대라 할 수 있다.

수동현상도 자동현상과 같이 빠르게 할 수 있으나 시간, 교반, 보충 등을 조정하는 현상원이 규정된 변수를 임의로 변경시킬 가능성이 높다. 반대로 비록 일관성은 있지만 자동현상기가 완전한 자동화는 될 수 없으며, 작동자의 지식이나 조절방법에 따라서는 일관되게 나쁜 필름을 만들 수도 있다.

이와 같이 현상처리(processing)는 잠상(latent image)을 가시상(visible image)으로 변환시키는 화학반응이다. 조사되지 않고 현상되지 않은 결정은 정착액내에서 제거된다. 그리고 수세과정에서 잔류 화학물질을 씻어내고, 건조시키게 된다.

제 4 절 암 실

1. 암실의 구조

방사선투과시험용 암실은 두 가지 복합적인 기능인 " 과학실험실"로써의 기능과 "어두운 방"으로써의 기능을 가져야한다. 따라서 항상 어두움을 잘 유지하는지 점검해야 한다. 그 이유는 말할 것도 없이 빛이 X선 필름을 감광시키기 때문이다. X선 필름은 열, 습도, 정전기, 압력, 화학증기 및 방사선에 의해 영향 받을 수 있다. 위의 여러 인자에 의해 영향을 받기 때문에 과학실험실로의 기능도 고려하여 암실 내에서의 장해를 일으킬 수 있는 모든 인자를 밝혀내어 제거해야 한다. 또한 이러한 변수가 존재하는지의 여부를 주기적으로 점검해야 한다.

가. 암실 설계

암실(暗室 : dark room)을 설계하는데 최초로 고려될 사항은 허용공간이다. 암실설계와 관련하여 가장 잘못되는 점은 암실의 중요성을 과소평가하여 받침이나 바닥부위를 비좁게 처리하는 경우가 있다. 암실은 매끄럽게 하고, 질서 있는 작업흐름이 되도록 설계하여야 한다.

암실의 배치는 무엇보다도 편리하고 안전해야 한다. 암실요원의 이동거리를 짧게하고, 시간은 줄일 수 있도록 해야 한다. 암실은 실험실이기 때문에 그 기준에 합당해야 한다. 암실은 습식부(wet area)와 건식부(dry area)로 분리하여 일정한 거리로 분리시켜야 한다. 표면은 건조하고 청결해야 한다. 신선하고 청결한 공기가 충분히 공급될 수 있도록 필요한 환기장치를 해야 한다. 먼지는 필름, 증감지 및 장치에 스크래치를 만들어 영구적으로 나타나기 때문에 대단히 해롭다. 또한 암실요원의 머리나 옷에 의해 암실로 운반된 금속가루는 현상액에 나쁜 영향을 주며, 때때로 필름의 인공결함의 원인이 되기도 한다.

보통 암실 가까이에 판독실(viewing room)이 위치하며, 여기서는 현상 처리된 필름을 분류, 정리하고 필요한 암실용 공급재를 저장하기도 한다. 판독실에서 가장 중요한 것은 관찰기이다.

나. 암실 배치도

작업량이 그다지 크지 않은 경우에는 하나의 방에 모든 설비를 포함하여 암실로 사용한다(그림 4-19및 그림 4-20). 그러나 작업량이 상대적으로 많게 되면 상황에 따라 몇 개의 부분으로 분리하게 된다.

일반적으로 수동현상실은 붐비지 않고, 모든 필요한 장치를 갖출 수 있는 정도의 크기를 가져야 한다. 그러나 여분의 넓은 공간이 있다 해도 장래의 확장이 필요한 경우 외에는 이점이 없다.

현상실은 X선 조사실 옆에 두는 것이 가장 효과적이다. 그러나 높은 투과방사선을 사용하는 곳에서는 사람 및 필름을 방호하기 위한 차폐시설에 많은 비용이 필요하다. 그러한 경우에는 암실을 안전거리 이상 떨어진 곳에 위치토록 해야 한다.

암실 출입구는 외부 빛이 통과하지 못하는 그림 4-20과 같이 이중문이나 미로식으로 한다.

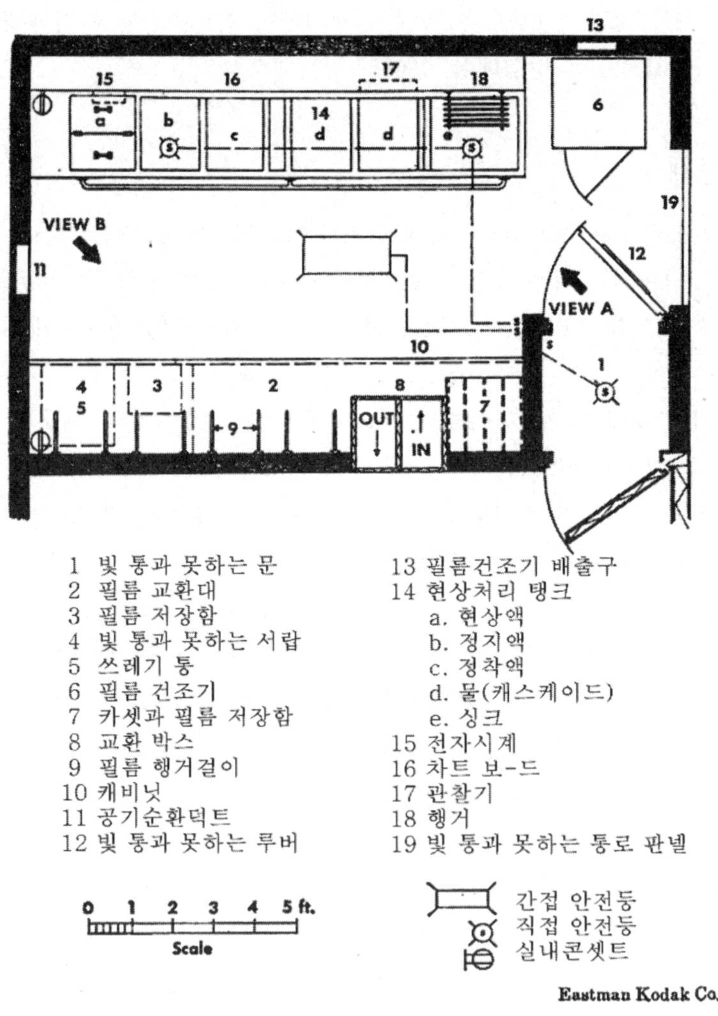

〔그림 4-19〕 암실 배치도

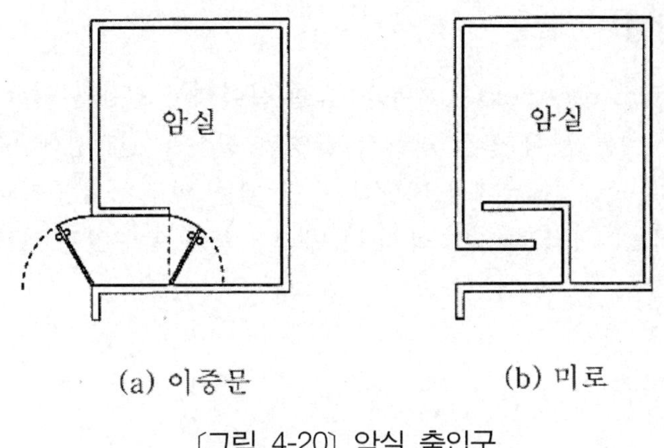

〔그림 4-20〕 암실 출입구

2. 암실 용구

가 필름 처리 탱크

필름 처리 탱크는 현상, 정지, 정착, 세척이 이루어지는 곳으로 화학 용액에 부식이 되지 않는 재질을 사용하여 제작하여야 한다. 보통 AISI type 316 스텐인레스강으로 2-3%의 몰리브덴(Mo)이 함유된 것을 사용한다. 배수관 역시 부식이 되지 않는 스테인레스강이나 플라스틱 제품을 사용하여야한다. 필름 행거의 크기에 따라 탱크 크기가 달라지고, 필름 크기에 따라 필름 처리의 양이 달라질 수 있다. 정지 탱크의 크기는 현상태크의 크기와 동일한 것이 좋으며, 정착 탱크는 현상탱크의 약 두배 정도의 크기가 좋다. 그리고 세척 탱크는 현상 탱크를 기준으로 현상 탱크에서 수용할 수 있는 필름 행거 갯수의 최소 4배 정도 처리할 수 있는 크기로 제작하는 것이 좋다.

나. 필름 건조기

필름건조기는 필름을 신속히 건저 시킬수 있어야 한다. 보통 겂기의 구조는 뜨거운 열풍이 필름에 닿아 건조 시키는 방식이다. 이 때에 외부의 불순물이 필름에 부착하지 않도록 공기가 흡입되는 곳에 필터를 설치하는 것도 좋다. 그리고 건조기 밑바닥에는 물받이를 두어 필름에서 떨어지는 물을 수시로 제거하고 청결을 유지해야한다. 열풍을 만들기 위한 히터(heater)는 팬(fan)과 함께 작동하여야 한다. 만일 팬이 돌지 않고 히터만 작동된다면 과열로 필름에 손상을 줄 수 있기 때문이다.

다. 필름 전달함

필름 전달함(film pass box)은 외부와 암실 사이에서 필름을 전달할 수 있도록 고안된 시설이다. 예를 들어 암실 밖에서 촬영된 필름을 전달함에 넣을 때에는 암실 쪽에서는 열리지 않고, 암실에서 전달함을 열 때는 외부에서 열리지 않도록 고안하여야 한다. 그리고 전달함은 외부의 빛이 암실로 들어가지 않는 차광함의 구조로 하여야 한다.

라. 암등

암등(暗燈 : dark lamp)은 암실에서 작업하는데 필요한 최소의 밝기를 제공하는 것으로 안전등이라고도 한다. 암등은 공업용 X선 필름에 가장 감도가 낮은 적색(red color)이여야 한다. 암등으로 부터의 빛이 필름에 도달하여 필름을 감광시키거나 뿌염(fogging)현상을 일으킬 수 있으므로 조도에 주의하여야 한다.

암실내 작업 위치에 따라 암등의 조도의 밝기를 달리할 수 있다. 필름교환대(필름을 교환하거나 행거를 끼우는 작업대)가 있는 곳은 조도가 낮아야하고, 현상과 정착이 진행하는 곳은 중간 정도의 조도, 그리고 세척 탱크와 건조기가 있는 곳은 조도가 다른 곳보다 밝아도 된다. 암등은 전력량과 필터의 종류 등에 따라 다르나 보통 Ⅰ, Ⅱ, Ⅲ type 필름을 사용 할 때에는 15와트(Watt)의 암등을 사용하고, Ⅵ 타입 필름에서는 7.5와트 암등이 필름으로 부터 1.2 m거리에 위치하는 것이 좋다. 그리고 감광되지 않은 필름은 암등 1.2 m거리에서 약 1분간 노출되지 말아야 하고, 90 Cm거리에서는 약 30초 이상 노출되지 않는 것이 좋다.

암실에서 필름을 처리할 때에 가능한 필름이 암등에 직접 노출하지 않는 것이 좋으며, 암등의 안전성이 유지되는지 정기적으로 확인하는 것이 좋다. 한 예로서 사용한 필름 중 감도가 가장 높은 필름으로 스텝웨지를 촬영하고, 암실에서 평소와 똑같은 절차로 필름 카세트내에서 뽑은 필름의 일부를 암등의 광선이 투과하지 못하도록 두꺼운 종이 같은 것으로 가리고, 평소 암등에 노출시키는 최대 시간동안 방치한 후에 정상적인 현상 절차를 거친다. 현상 결과 가리부분과의 흑화도 차이가 나타나면 안등의 안전성이 유지되 않는 것이며, 흑화도의 차이가 없으면 안전성이 유지되고 있다고 볼 수 있다.

암실에 출입하여 작업할 때에는 5분정도 어두운 곳에 적응하면 조도가 낮은 암실내에서 작업하기가 용이하게 된다.

마. 기타 용구

(1) 타이머 : 현상시간를 측정하는 시계

(2) 필름 행거 : 필름을 현상 처리 탱크에 넣기 위한 필름 걸개

(3) 온도계 및 습도계 : 암실내 온도와 현상처리액의 온도 측정 및 실내 습도 측정

【익 힘 문 제】

1. X선 필름의 구성을 도해하고 각각의 기능을 설명하시오.

2. 잠상형성 이론을 설명하시오.

3. X선 필름의 현상이론을 설명하시오

4. X선 필름특성곡선의 작성절차를 기술하시오

5. X선 특성곡선에서 무엇을 알 수 있는지 나열하시오.

6. 탱크현상시 필름처리 과정을 설명하시오

7. 자동현상기의 구조와 처리과정을 설명하시오

8. 탱크(tank) 현상과 트레이(tray)현상의 장단점을 비교하시오

9. 암실내 암등의 구비조건과 안전성 점검법을 쓰시오

10. 다음 용어를 설명하시오

(1) Print Out Image
(2) 현상핵(development site)
(3) 크리어링 시간(clearing time)
(4) 비증감지형 필름(non screen type film)
(5) 시각 현상(sight development)

제 5 장 방사선투과사진의 판독

제 1 절 투과사진의 판독 개요

1. 판독 개요

필름 판독(判讀 : film interpretation)이란 시험체에 있는 3차원의 정보를 2차원의 투과사진 상에서 알아내는 기술이다. 판독는 판독자의 주관적인 판단에 따르기 때문에 판독자는 ① 시험체 재질, 정보 및 결함 ② 방사선 선원 및 에너지와 필름특성 ③ 기하학적 촬영 기술, 상질 및 필름처리 ④ 적용 규격 및 시방서 등에 대한 충분한 지식과 경험을 지닐 때에 신뢰성 있는 판독이 될 것이다.

또한 판독자들은 지식 및 경험의 정도가 다르기 때문에 훈련을 통해서 판독자 사이의 합일점을 증가시키는 것이 중요하다.

아무리 좋은 훈련이나 경력을 갖고 있는 기량이 풍부한 필름판독자라해도 개인의능력 즉, 관련 지식, 경험, 물리적 및 심리적 상태 등 판독에 영향을 주는 많은 요소들이 다르기 때문에 90%이상의 일치율을 나타내기란 쉽지 않다. 그러므로 안정성과 신뢰도가 필요한 고품질의 제품에 대해서는 최소한 기량을 획득한 2명 이상의 판독자가 방사선투과사진을 평가(評價 : evaluate)하고 판정(判定 : judge)해야 신뢰성을 높일 수 있다.

판독 훈련이나 실제 판독에서 대비(對比) 방사선투과사진(reference radiogragh)은 매우 유용하다. 또한 방사선투과사진과 불연속부를 포함한 시험체의 단면(斷面)을 관찰하는 것도 매우 중요하다.

또한 비파괴검사는 그 적용과 관련하여 다음의 특성을 갖는다. 즉 모든 종류의 재질, 부품 또는 구조에 적용되는 총제적인 비파괴검사가 없을 뿐만 아니라, 그들의 모든 기능 또는 사용조건에 적용되는 총체적인 비파괴검사도 없다. 따라서 각각의 비파괴검사는 검사할 부품의 성질 및 기능 그리고 그 부품 사용조건에서의 성질 및 기능에 대한 철저한 이해가 바탕이 되어야 한다.

각각의 경우에 대해 특정 절차서(節次書 : procedure)가 작성되고, 검사과정 및 결과의 판독에 그 절차서가 적용되어야 한다. 이러한 절차서는 시방서(示方書 :specification), 코드(code) 및 규격(規格 : standard)을 기준으로 해야 하며, 판독자는 영상과 제품의 질을 정확히 평가하기 위하여 절차서의 요구사항을 충분히 숙지해야 한다.

필름판독의 첫 단계는 필름자체가 갖는 질의 평가이다. 즉 ① 방사선투과사진이 요구되는 모든 식별정보(識別情報 : identification information)를 포함하고 있는지 ② 불연속의 판독에 방해되는 인공결함(artifact)이 없는지, ③ 적정 투과도계 및 품질수준(品質水準 : quality level)을 나타내는지, 그리고 ④ 위치표시가 정확한지 확인해야 한다.

다음 단계는 방사선투과사진의 관심부위에서의 제품의 질을 평가하는 것이다. 이 단계는 방사선투과사진을 얻는 과정에 대한 이해뿐만 아니라 판독자의 시력 및 경력이 지배적인 인자가 된다.

사람의 눈은 움직이는 물체에 더 민감하기 때문에 방사선투과사진을 앞뒤로 가끔 움직여줌으로 미세한 상의 윤곽도 검출할 수 있다. 또한 필름이나 눈의 관찰각도를 변경해줌으로써 낮은 콘트라스트의 상의 판독에 도움을 준다. 관찰범위를 상대적으로 작게 함으로써 작은 상의 윤곽을 보다 잘 관찰할 수 있다. 또한 확대경을 사용함으로 판정에 도움을 얻을 수 있다.

반대로 시편의 형태가 복잡하고 큰 방사선투과사진의 경우에는 관찰범위를 넓게 하는 것이 유리하다. 필름에 나타난 지시가 표면지시일 가능성이 있으면 시험체에 대한 육안검사를 해야 한다. 불연속이 나타난 방향이 바람직하지 못하거나 필름의 중심으로부터 상당한 거리로 떨어져 있으면, 촬영의 기하학적 배치를 변경하는 등으로 다시 촬영해야 한다.

그림 5-1은 필름면의 위치에 따라 유효 초점의 크기와 모양이 어떻게 변하는 가를 나타낸 것으로, 양극 쪽이 가장 초점이 작고 음극 쪽으로 갈수록 초점의 크기가 커짐을 나타내고 있다.

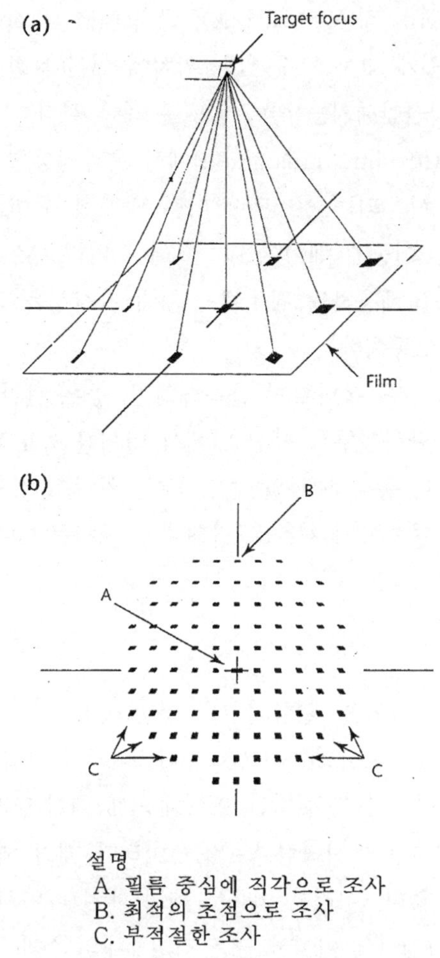

〔그림 5-1〕 위치에 따른 투시 초점의 크기와 모양

가. 필름 관찰 조건

방사선투과사진의 관찰은 판독자가 가장 안락하고, 가장 피로를 적게 느끼도록 하여 상의 윤곽에 대한 가시성(可視性 : visibility)이 최대가 되는 조건에서 행해져야 한다. 판독실은 완전히 껌껌한 것보다는 제어된 상태(subdued light)가 보다 바람직하다. 판독실의 빛은 판독할 필름의 표면으로부터 어떠한 반사광도 생기지 않도록 배치되어야 한다.

판독용 책상은 판독기와 판독 결과를 기록할 수 있을 정도에 필요한 여분의 공간이 있어야 한다. 필름 농도계(濃度計 : film densitometer), 대비 방사선투과사진(對比 放射線透過

寫眞 : reference radiogragh), 적용 코드(code), 규격(規格 : standard) 및 시방서(示方書 : specification) 등은 항상 쉽게 찾아볼 수 있는 위치에 있어야 한다. 특히 판독자가 정신을 집중할 수 있도록 주의가 산만해지는 일이 없도록 해야 한다.

실시간 방사선투과검사(real-time radiograph)에서 투과영상을 관찰할 때에도 일반조건이 동일하게 적용되지만, 사용되는 시스템에 따라 달라질 수 있다. 일반적으로 직접관찰(direct viewing)할 때에는 어둡게 해야 한다. 그러나 비디오로 나타내는 원격관찰시스템(remote viewing system)을 채용하는 경우에는 최대 가시성을 얻도록 밝기와 콘트라스트 조절기를 포함하는 것이 보통이다.

그리고 방사선투과사진 상을 올바르게 판독하려면, 좋은 관찰 조건하에서 적절한 관찰장치가 사용되어야 한다. 방사선투과 사진 내에서 미세한 농도차가 관찰되어지지 않으므로, 불합격될 조건이 그대로 통과하게 될 수도 있다. 최적의 검사기법과 미립자의 필름이 사용되었다 해도 많은 불연속이 실제로 구별해내지 못하는 경우가 있다.

나. 관찰자 시력

보통 방사선투과사진의 판독은 결함의 ① 검출(檢出 : detection) ② 판독(判讀 : interpretation) ③ 평가(評價 : evaluation)로 나눈다. 여기서 시력은 결함 검출에서 매우 중요하다. 개인의 시력은 생리적 및 정신적인 요소에 의해 매일 달라질 수 있고, 실제로 달라진다. 정기적으로 매년 실행하는 시력검사로써는 이러한 매일 매일의 변동이 판독에 미치는 영향까지 확인할 수는 없다. 이러한 이유로 해서 매일 매일의 시력검사의 필요성이 대두하게 되었다. 방사선투과검사에 이어서 눈은 시험체내의 실제 불연속과 얼마나 상이한가에 상관없이 필름에 나타난 상태로써의 불연속을 대상으로 한다.

일반적으로 코드나 시방서에서 요구하는 시력은 Jaeger Number 2를 읽을 수 있는 정도이다. 또한 각 시험법에 사용하는 색을 구별할 수 있는 능력을 요구한다. 즉 색맹이 없어야 한다.

다. 규격 및 시방서

연구개발을 위한 목적을 제외하고는 모든 방사선투과검사는 계약자의 요구에 따라 적용규격, 코드 및 시방에 따라 작성된 절차서에 의해 수행되어야 한다. 이는 방사선투과사진 판독자가 방사선투과검사 및 제품이 요구하는 품질수준을 입증하기 위해 작업과 관련한 지식뿐만 아니라 필요한 참고지식을 가져야 함을 의미한다.

그러나 방사선투과검사요원은 규정된 품질수준이 실제로는 시방에 따라 변할 수 있고, 그리고 나타낸 품질수준은 단지 최소 요구사항이라는 것을 이해해야 한다.

제품의 품질수준은 코드나 시방서에 항상 규정되지 못하며, 시험할 제품의 사용상황을 고려하여 결정해야 한다. 이상적으로는 제품의 품질수준을 방사선투과검사 전문가(specialist)가 참여하여 결정되어야 한다. 그렇게 함으로서 검사도(degree of inspectability)를 최대로 하여 대부분의 불연속이 검출되리라는 것을 입증할 수 있다.

제품의 설계(design), 제작(fabrication) 및 시험(examination)에 관계하는 모든 사람은 단지 단결정(single crystal)만이 결함이 없고 균질한(homogeneous) 재질이라는 것을 기억해야 한다.

Carlton H.Hastings는 "재질(材質 : material)"을 다음과 같이 정의하였다. 즉 재질은 결함의 집합체(集合體 : collection of defects)이며, 다만 합격 재질(合格 材質 : acceptable material)이란 결함이 다행히도 운이 좋게 배열된(fortunate arrangement) 것이고, 불합격 재질(不合格 材質 : rejectable material)이란 결함이 운이 나쁘게 배열된(un-fortunate arrangement)것을 말한다.

다시 말하면, 사용된 방사선투과검사 기법에 상관없이 전혀 불연속이 없는 부품은 결코 없다는 것이다. 그러므로 방사선투과검사가 갖는 한계를 철저히 이해하는 것만이 가능한 한 최상의 방사선투과검사의 품질수준을 달성하기 위한 최적의 기법을 설정할 수 있다.

라. 보고서

방사선투과사진 필름의 판독결과에 대해 보고서(報告書 : report)를 작성할 때에는 방사선투과사진에 대한 완전하고 정확한 정보를 포함해야 한다. 이렇게 하는 이유는 고객(顧客 : customer) 및 검정기관(檢定機關 : regulating agency)에서 다시 검토(review)하기 때문이다. 이러한 검토는 방사선투과검사가 완결되고 제작자(製作者 : fabriactor)나 공급자(供給者 : supplier)에 의해 합격된 후 상당기관이 지난 후에 실시될 수도 있다. 설명 가능한 정보가 문서화되어 있지 않으면 방사선투과 사진의 지시들을 다시 확인해야 함으로서 공정이 지연되어 비용의 손실이 초래될 수 있다.

예를 들어 주물 주형(casting mold)에 있는 표면결함이 많은 주강품에 동일한 결함이 발생했다고 가정하자. 주강품을 연속해서 방사선 투과 검사할 경우 방사선투과사진에는 계속 동일한 지시를 나타내게 될 것이다. 최초의 필름 판독자가 주형의 상태를 알았음에도 보고서에 내용을 기록하지 않으면, 다음의 판독자는 이러한 기본정보를 갖지 못하게 되어 다시 그것을 확인해야 한다. 일반적으로 이 과정은 shooting sketch의 작성 및 주물의 육안검사를 요구하게 되어 많은 시간이 필요하게 된다. 특히 shooting sketch가 관련지점을 정확히 나타내지 못하거나 지시가 내부표면에 존재하는 경우에는 더욱 그렇다. 더욱 곤란한 경우는 주물품에 대해 일상의 육안검사가 곤란한 경우이다. 판독 후 문서화해야 되는 최소의 내용은 다음과 같으며, 이 외에도 다른 항목이 추가될 수 있다.

① 계약서 또는 구매서에는 적용 코드, 규격, 시방서 및 절차서를 분명하게 기술해야 한다. 여기에는 물론 합격기준(acceptance standard) 및 검사요원의 자격기준(資格基準 : personnel qualification requirement)이 포함되어야 한다. 코드, 규격 및 시방서의 예외조항이 있다면 또한 명기되어야 한다.

② 적용코드로부터는 요구되는 품질수준(quality level) 및 촬영기법(technique), 그리고 복수필름기법(multi-film technique) 및 시험체의 두께에 따른 투과도계의 선정을 참고해야 한다.

③ 촬영에 사용된 노출기법

a. 필름이 나타내는 범위 및 식별번호를 포함한 shooting sketch.

b. kV, mA, 표적-필름간 거리 및 표적의 크기(X선), 선원의 종류 및 강도, 선원-필름간 거리 및 선원의 크기(감마선)

c. 필름형 및 사용된 스크린

d. 기하학적 불선명도의 계산값

e. 블록킹(blocking) 또는 마스킹(masking)

f. 수동 또는 자동현상처리

g. 요구되는 품질수준 및 얻어진 품질수준

h. 요구되는 농도 및 측정된 농도

④ 보수(補修 : repiar)에 관한 사항을 문서화함으로서 최종 점검자가 원인 및 시정행위를 알 수 있도록 해야 한다. 보수 후에 촬영된 방사선투과사진에는 보수되었음을 나타내는 표시가 있어야 한다. 또한 시험체의 표면 상태로 확인된 지시도 시정방법과 더불어 표면지시임을 기록해야 한다. 시정행위 후에 방사선투과검사가 행해지지 않았다면 그 사실을 기록해야 한다.

⑤ 각 방사선투과사진의 배치상황을 명시해야 한다. 기록하도록 되어있는 모든 지시는 분류하여 크기를 측정 기록해야 한다(결함번호 및 결함 길이 등)

2. 투과 사진의 관찰 방법

가. 관찰 방법과 투과도계의 식별

투과사진에 나타난 투과도계의 선이나 식별은 그 투과사진의 농도, 사용하는 필름 관찰기의 밝기, 관찰 장소의 밝기 및 관찰자의 시력 등에 따라서 영향을 받는다.

표 5-1은 관찰방법을 바꾸는 경우의 투과사진 농도와 투과도계의 선, 식별개수와의 관계를 구한 예이다. 실험에 사용한 10매의 투과사진은 두께 100 mm의 Al 판의 위에 투과도계를 놓고, 기타 촬영조건은 모두 같게 하고, 노출시간 만을 변화시켜서 농도가 다른 투과사진을 작성한 것이다.

이들의 투과사진을 KS-3형 및 SF-54형, 2대의 필름관찰기로 암실 및 약 300룩스(Lux)의 실내에서 관찰하고, 식별할 수 있는 투과도계의 선, 개수를 구한 결과이다. 또한 KS-3형은 SF-54의 약 4배 밝기이다.

(1) 관찰기 휘도의 영향

표 5-1의 사진번호 1에서 7까지는 농도가 높아짐에 따라 식별개수가 증가하고 있음을 보이고 있다. 그러나 사진번호 9 및 10의 고농도 투과사진에서는, KS-3형의 쪽이 식별개수가 많은 것을 알 수 있다. 이것은 고농도가 되면 필름 관찰기가 밝은 것, 즉 투과광이 큰 것이 유리하다는 것을 나타내고 있다. 표 5-1의 결과를 그린 것이 그림 5-2이다. 저농도 범위에서는 관찰기의 밝기에 따른 차이가 없으나 고농도에서는 관찰기의 밝기의 영향이 있음도 나타내고 있다. 특히 밝은 필름 관찰기를 사용해서 암실에서 관찰하는 경우가 가장 양호한 것으로 나타나고 있다.

(2) 실내 밝기의 영향

표 5-1 및 그림 5-3의 결과에서 알 수 있는 바와 같이 암실 내에서 관찰하는 쪽이 밝은 실내에서 관찰하는 것보다 식별 상황이 좋은 것을 알 수 있다.

이것은 투과사진을 밝은 실내에서 관찰하는 경우, 관찰자의 눈에 들어오는 빛은 투과사진으로부터의 투과광 강도, 그 이외 외부로부터의 빛의 강도가 더해지게 되므로, 외관상 투과사진의 콘트라스트가 작게 되어 암실 내에서 관찰하는 것보다도 보기가 어려워진다. 낮은 농도 범위에서는 실내 밝기의 차이에는 그다지 변화가 없으나, 높은 농도범위에서는 약 300룩스(lux) 실내가 암실에 비해서 투과도계의 식별 상황이 나쁘게 된다.

표 5-1 투과사진의 촬영조건, 농도 및 관찰 방법과 투과도계, 선의 식별 개수
(두께 10mm Al 판의 중앙에 배치한, A02의 투과도계선의 식별개수)

관찰방법			I	II	III	IV
관찰위치			암실내		약 300룩스의 실내	
사진 번호	노출 시간 sec	농도 \ film관찰기	KS-3형	SF-54형	KS-3형	SF-54형
1	30	0.33	3	4	3	4
2	42	0.41	4	4	4	4
3	60	0.52	5	5	5	5
4	85	0.69	5	5	5	5
5	120	0.93	6	6	6	6
6	170	1.26	7	7	7	7
7	240	1.70	7	7	7	7
8	340	2.26	7	7	7	6
9	480	2.98	7	6	6	5
10	680	3.66	6	5	5	3

[공통의 촬영조건]　X선 필름 : R　증감지 : 없음　초점 · 필름 간의 거리 : 80cm
X선 장치 : MG150　관전압 : 45kV　관전류 : 4mA
현상 : 코니돌X 20℃ 6분(탱크)

[공통의 관찰조건]　필름 치수(8.5cm× 30.5cm)에 맞춘 고정 마스크 사용

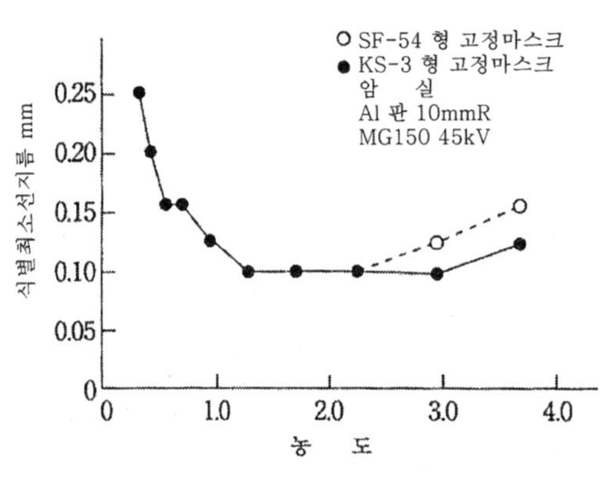

〔그림 5-2〕 농도와 투과도계 식별 최소선 직경과의 관계 (관찰기 휘도의 영향)

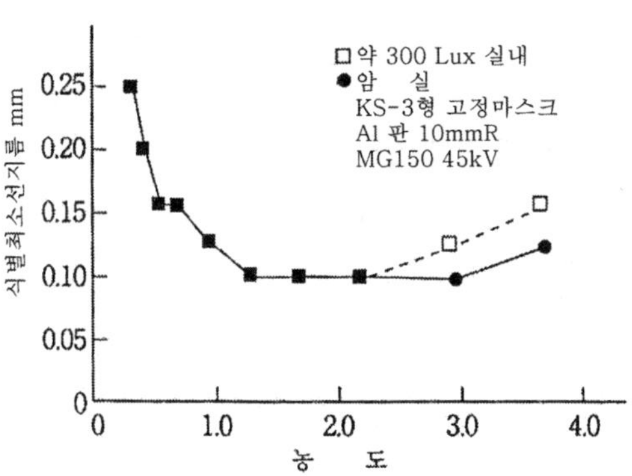

[그림 5-3] 농도와 투과도계 식별 최소선 직경과의 관계 (실내 밝기의 영향)

나. 용접부에서 투과도계의 식별

용접부의 투과사진을 관찰하는 경우에 마스크 사용유무에 따라서 투과도계의 식별에 큰 차이가 있다. 한 예로서 모재의 두께 19 mm 강판의 맞대기 용접 시험편(덧붙임의 높이 4 mm)을 표 5-2에서와 같이 6조건으로 촬영하였다. 따라서 농도가 다른 6매의 투과사진을 작성하고, 그들의 투과사진에 대해서 통상 실내에서 KS-3형 관찰기를 이용하였다.

그리고 그림 5-2와 같이 고정마스크에 이동마스크를 병용한 경우(관찰방법 I)와 고정 마스크만을 사용한 경우(관찰방법 II), 나아가서 SF-54를 쓰고 고정마스크에 이동마스크를 병용한 경우(관찰방법 III)와 고정마스크도, 이동마스크도 모두 사용하지 않는 경우(관찰방법 IV)의 4가지 관찰방법으로서 58명의 관찰자에 의해서 투과도계선의 식별개수를 구한다.

그 결과로 부터 촬영 조건, 농도 및 관찰 방법과 식별 개수와의 관계를 나타낸 것이 표 5-2이다. 더욱이 여기서 사용한 2F형 투과도계는 0.10 mm에서 1.0 mm까지에 걸쳐, 0.10 mm 굵기의 차이를 지닌 10개의 바늘로 구성되어 있다.

(1) 이동 마스크 사용의 영향

표 5-2에 있어서 관찰방법 I과 II를 비교하고 이동마스크 사용의 영향을 조사하였다. 이동마스크는 그림 5-4와 같이 덧붙임의 폭에 가까운 창을 열고, 이 창을 나머지 눈금상에서 투과도계의 선지름이 적은 쪽에서 큰 쪽으로 주의 깊이 이동하면서 관찰한다.

농도가 2.0이하의 사진번호 1~4에서는 이동마스크를 사용한 경우는 고정마스크만을 사용한 경우보다도 식별개수가 적은 것을 나타내고 있다.

한편, 농도가 높은 사진번호 5 및 6을 비교하면 9개를 식별한 사람 수는 이동마스크를 사용한 경우의 쪽이, 고정 마스크만의 경우 3인에 대해서 5인, 6인으로 많아지고 있다. 이들은 이동마스크의 사용에 의해서 적은 창 이외로 부터 투과광을 차단하는 것이 고농도의 투과사진 관찰에 있어서 유리하다는 것을 나타내고 있다.

(2) 고정 마스크 사용의 영향

표 5-2의 관찰방법 IV는 SF-54형에서 마스크를 사용하지 않는 경우이지만 0.6정도의 저농도에서 필름 관찰기 밝기가 어두운 쪽이 식별 개수가 증가하는 것을 나타내고 있다. 다음으로 농도가 높아짐에 따라서 식별 개수가 감소하고 더욱 식별개수의 흐트러짐이 많게 된다. 이것은 마스크를 사용하지 않았을 때는 필름 관찰기로부터 관찰자의 눈에 직접 들어오는 빛이 투과도계의 식별을 곤란하게 하는 것을 나타내고 있다. 투과사진의 농도가 높을수록 그 영향은 크게 받게 된다.

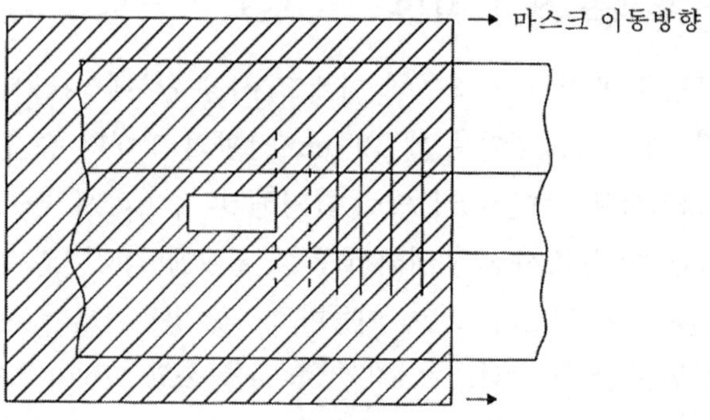

〔그림 5-4〕 이동 마스크를 사용할 경우 선의 식별

표 5-2 투과사진의 농도 및 관찰방법과 투과도계 선의 식별

표 중의 숫자는 58명의 관찰자 중 A02형(04A형)의 투과도계의 선을 식별한 사람 수를 나타낸다. 재료의 두께 19mm의 가판의 맺대기용접시험편(덮붙임의 높이 4mm)의 중앙에 배치한 투과도계에 대해서 측정

관찰방법				I					II				III					IV									
film 관찰기				KS-3형									SF-54형														
mask				고정마스크 이동마스크 병용					고정마스크만 사용				고정마스크 이동마스크 병용					마스크 없음									
사진번호	관전압 (kvp)	노출시간 sec	농도 \ 식별 개수	5개	6개	7개	8개	9개	6개	7개	8개	9개	5개	6개	7개	8개	9개	0개	1개	2개	3개	4개	5개	6개	7개	8개	9개
1	188	30	0.6	4	37	13	1		19	25	8	6		32	15	11								21	27	10	
2	178	120	1.2			7	50	1		2	54	2		1	8	44	5								7	49	2
3	188	120	1.6		1	9	46	2		4	44	10			7	46	5								16	39	3
4	195	120	2.0			4	50	4		2	47	9			8	48	2						1	1	19	36	1
5	188	200	2.5		1	4	48	5		1	54	3		1	4	46	7						2	8	20	26	2
6	215	120	3.0			3	49	6		3	52	3	2	1	22	31	2	1	1	2	8	10	4	9	7	6	

공통의 촬영조건	X선필름 IX 100, 연박증감지 전면, 후면 두께 0.03mm, 초점 · 필름간거리 60cm, X선장치 MacrotankH, 관전류4mA, 현상 렌돌20℃, 6분(탱크)
공통의 관찰조건	통상의 실내, 고정마스크는 필름 크기법(8.5×30.5cm)에 맞춘 것 사용, 이동마스크의 창은 16×19mm
농도의 측정	일정위치에서 측정, 촬영조건이 같은 투과사진 3매에 대해서 평균한다.

3. 관찰 용구

가 . 필름 관찰기

규정된 농도조건에 맞는 방사선투과사진은 입사광중 단지 일부만이 필름을 투과한다. 방사선투과사진 필름의 농도는 다음 식으로 나타낸다.

$$D = \log\left(\frac{I_0}{I_t}\right)$$

여기서 D는 필름 농도(濃度 : film density)를 나타내며, 이는 방사선 노출로 필름을 검게한 흑화도(黑化度 : 검은 정도, degree fo darkness)가 된다. I_0는 필름에 입사할 광(光 : 빛 light)의 강도, I_t는 필름을 투과한 광의 강도이다.

1000룩스의 광이 필름에 입사하여 1000룩스 모두 투과하였다면, 즉 필름에서 빛을 전혀 흡수하지 않아 완전히 투명함으로 농도는 0이 된다.

$$D = \log(1000/1000) = \log(1) = 0$$

여기에서 입사광의 1%만이 투과되는 필름은 2.0의 농도가 된다. 마찬가지로 3.0의 농도를 갖는 필름은 입사광의 0.1%만이 투과하게 되며, 4.0의 농도를 갖는 필름은 0.01%만이 투과하게 된다. 보통 관심부분에서의 농도 범위는 2.0~4.0이다. 따라서 고강도의 광원이 필요하게 된다.

고강도의 광원을 갖는 관찰기에는 여러 종류가 있지만, 일반적으로 ① 일점 관찰기(spot viewer), ② 일반필름 관찰기(trip film viewer), ③ 광역 관찰기(area viewer) ④ 복합형 관찰기(combination viewer)의 4가지로 분류할 수 있다.

일점 관찰기는 어떤 제한된 부분만을 관찰하도록 되어 있으며, 보통 직경이 7.5~10 cm이다. 이 관찰기는 이동성이 좋고 값이 싼 것이 장점이다.

일반필름 관찰기(그림5-5)는 보통 9×43 cm, 10×25 cm 및 13×18 cm의 필름크기의 관찰에 적합하다. 필름의 크기에 따라 필요한 부분 이외에는 마스크(mask)를 사용하여 가리우고 관찰한다. 광역 관찰기는 35×43 cm(14×17 in)와 같이 크기가 큰 필름을 관찰할 수 있다.

관찰기에 사용하는 광원은 형광등(螢光燈 : fluorescent light)이나 일광등(溢光燈, photo-flood bulb)을 사용한다. 형광등의 경우는 고농도의 필름의 경우 적절한 밝기를 나타내지 못함으로 곤란한 경우가 있다. 복합형 관찰기(그림5-6)는 판독자가 큰 필름뿐만 아니라 특정의 한정된 한 부분을 조도를 조절하여 관찰할 수 있도록 조합된 형태로 되어 있다.

〔그림 5-5〕 일반 필름 관찰기

〔그림 5-6〕 복합형 관찰기

나. 확대기

보통은 확대장치의 도움 없이도 방사선투과사진을 효과적으로 평가할 수 있다. 그러나 그러한 장치의 도움이 필요한 경우가 있다. 예를 들면 방사선 투과검사된 시험체가 아주 미세한 변화를 갖거나 미립의 구성요소로 되어 있다면 확대가 요긴하다. 확대기는 미립자의 필름을 사용한 경우에만 사용되어야 한다. 입자가 큰 필름에 대해 적용하면 입상성이 또한 확대되기 때문에 관찰시 혼동의 원인이 된다. 즉 이러한 입상성이 미세한 농도 차의 구별을 방해한다.

여러 가지 형태의 확대기가 사용되며, 그림5-7과 같이 눈금이 새겨진 확대기를 사용하면 편리하다. 확대기는 확대기의 적용이 반드시 요구되는 경우에만 제한적으로 사용되어야 한다.

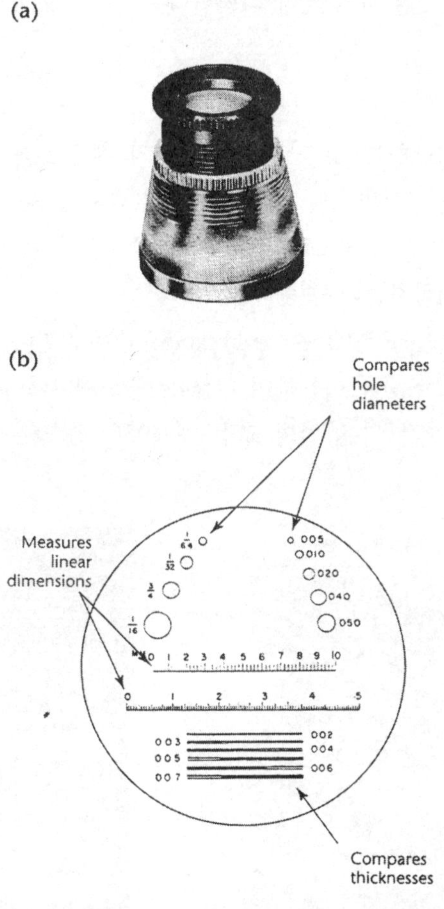

〔그림 5-7〕 눈금을 가진 확대기

다. 농도계

농도계(濃度計 : densitometer)는 필름의 농도 즉, 검은 정도를 측정하는 장치이다(그림5-10 및 그림5-11). 휴대형 농도계가 발명되기 전에는 방사선투과사진의 농도는 비교필름의 농도와 서로 비교하여 농도를 추정하였다.

최근에 이르러 아주 소형이고 작동이 간편한 농도계가 개발되었다. 이미 알고 있는 농도 차이가 단계적으로 구성된 농도 필름(density strip)을 사용하여 교정한 후 사용한다. 보통 필름의 농도는 농도계 아래의 광원과 광증배관(光增配管 : photomultiplier tube)을 포함하고 있는 헤드(head)사이에 방사선투과 사진을 위치시켜 측정한다. 투과된 광선의 강도는 방사선투과사진의 농도가 증가함에 따라 감소하며, 이 빛이 광증배관의 출력전압에 연계되어 고농도로써 나타난다. 반대로 방사선투과사진의 저농도 부위에서는 많은 양의 빛이 투과하게 되고, 낮은 농도로써 나타난다.

(1) 농도계사용법

농도계를 바르게 사용하는 첫 단계는 사용전의 예열(豫熱 : warming-up)이다. 오늘날의 대부분의 장치는 고상회로를 채용하여 예비 작동을 최소화하고 있다. 농도계를 켠 후 농도를 측정하기 전에 적어도 5분정도 기다리는 것이 바람직하다. 이 시간이면 농도계의 전자회로가 안정화하는데 충분하다.

두 번째로는 농도계는 교정(較正 : calibration)되어야 한다. 교정은 기 교정된 농도필름(calibrated density strip)을 이용하여 행한다. 농도계마다 교정에 필요한 조정법과 절차가 다르기 때문에 각각 그 장치의 교정 매뉴얼을 참고해야 한다.

〔그림 5-8〕 농도계(디지탈형)

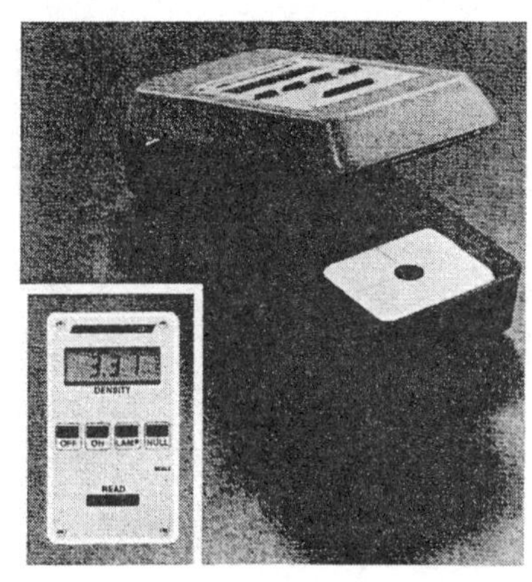

〔그림 5-9〕 농도계(메터형)

일일 기록지에 매 교정값을 기록해 두는 것이 좋다. 코드나 시방에 따라서는 공인기관의 교정 농도필름을 사용토록 규정된 경우도 있다. 이 공인기관의 교정 농도필름(master density strip이라함)을 이용하여 다른 농도필름을 교정한다.

(2) 농도계의 사용상 주의

① 농도계는 아주 민감한 전자장치이므로 조심스럽게 취급해야 한다.
② 농도계는 항상 청결하게 닦아 주어야 한다.
③ 필름이 완전히 건조되지 않은 상태에서는 결코 농도를 측정해서는 안된다.
④ 전구를 교체할 때는 극히 조심해야 한다.
⑤ 일일 교정 필름 및 마스터 교정 필름은 조심스럽게 취급 보관해야 한다.

농도계가 정상적으로 작동할 때 ±0.2의 정밀도로 농도가 측정되리라고 기대한다. 일반적으로 중복 측정함으로 정밀도를 ±0.01까지로 할 수 있다. 읽은 값이 이 오차와 상당한 거리가 있으면 시정(是正 : corrective action)해야 한다.

(3) 종이 방사선투과사진(paper radiograph)의 농도

방사선투과사진 필름의 농도는 투과형 농도계(透過形 濃度計 : transmission densitometer)를 사용하여 측정한다. 그러나 종이 방사선투과사진은 광선이 효과적으로 투과하지 못하므로 반사형 농도계(反射形 濃度計 : reflection densitometer)를 이용하여 측정한다. 반사농도(D_R, reflection density)는 다음 식으로 나타낸다.

$$D_R = \log\left(\frac{I_0}{I_R}\right)$$

여기서 D_R은 반사농도, I_0는 입사광의 강도, I_R은 반사광의 강도를 나타낸다. 이 식은 방사선투과사진 필름에서 투과농도를 측정하는데 사용된 식과 유사하다. 그러나 종이 방사선투과사진의 경우에는 투과광이 아닌 반사광을 이용한다는 점이 다른 점이다.

(4) 주사형 마이크로 농도계(scanning microdensitometer)

보통 방사선투과사진의 농도측정은 투과형 농도계에 의한다. 이러한 장치로도 방사선투과사진의 촬영기법이 적절한지를 입증하는데 적합하다. 그러나 방사선투과사진을 특별히 분석하고자 하는 경우에는 반드시 충분한 정보를 제공한다고 말할 수는 없다.

투과형 농도계는 상대적으로 투과된 빛이 통과하는 구경(口經 : aperture)이 크고, 필름을 자동적으로 주사하지 못하며, 영구 기록을 얻는데 한계가 있다. 이로 인해 상대농도의 측정값의 정밀도가 현저히 떨어진다. 특히 필름의 관심부위가 작은 경우(2~3 mm)에 그렇다. 기록식 마이크로 농도계(recording microdensitometer)라고 불리기도 하는 주사 마이크로 농도계(Scanning Micro Densitometer : SMD)는 이러한 제한점을 극복하기 위해 고안되었다. SMD는 미리 정해진 필름상의 부위를 자동으로 주사하여 나타나는 농도의 변화를 그래프로 나타낸다(그림5-10 및 그림5-11).

SMD는 적용구멍의 크기에 따라 정밀도를 현저히 향상시킬 수 있으며, 구멍을 3 ㎛까지 작게 하는 것이 가능하다.

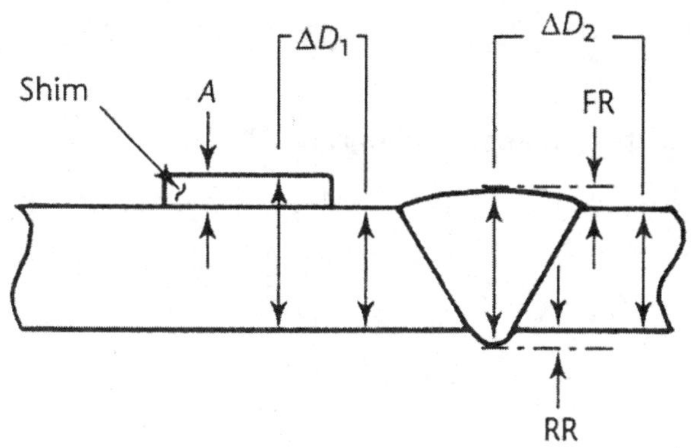

Legend

- A = shim thickness
- B = total material thickness difference between weld area and base metal
- FR = additional thickness at face reinforcement
- RR = additional thickness at root reinforcement
- ΔD_1 = film density change from base metal to shim
- ΔD_2 = film density change from base metal to total weld thickness

〔그림 5-10〕 주사단면

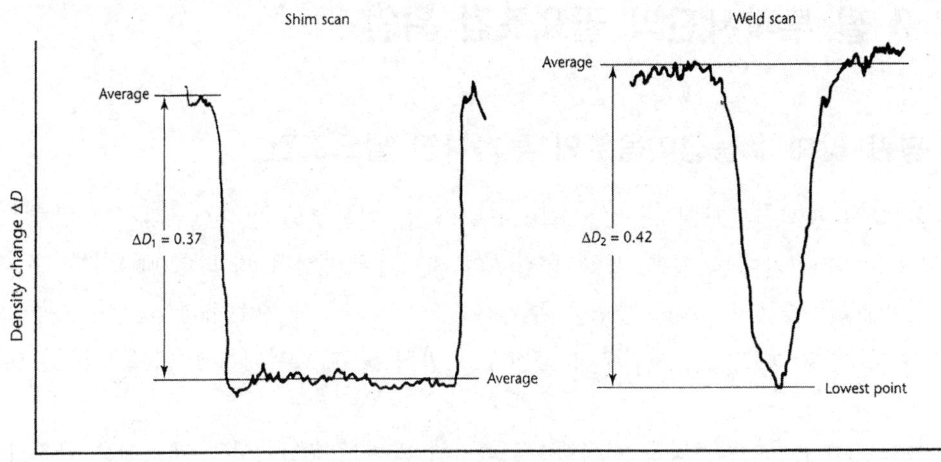

〔그림 5-11〕 SMD 측정그래프

라. 기타 용구

기타 필요한 판독용 기구들은 다음과 같은 것들이 있다.

(1) 필름에 필요한 표시를 하는데 사용하는 왁스 연필(wax pencil)

(2) 투명하고 유연한 플라스틱 자

(3) 스크래치, 롤러자국, 먼지 등과 같은 표면 인공결함을 확인하는데 사용하는 손전등

(4) 필름 취급 시 사용하는 면 또는 나일론 장갑

(5) 농도변화를 나타낸 표, 기하학적 불선명도 등 코드나 시방에서의 필요한 데이터나 판독용 차트(chart) 등.

제 2 절 투과사진의 필요조건 확인

1. 평판 맞대기 용접이음부의 투과사진 필요조건

용접부의 방사선투과검사는 KS B 0845(강용접 이음부의 방사선투과시험 방법, 2005)과 KS D 0242(알미늄 평판 접합 용접부의 방사선투과시험 방법, 2002)에서 "투과사진의 필요조건" 항목이 있다. 촬영한 투과사진은 규정된 상질이 유지되는지 판독시에 투과도계의 식별 최소지름, 시험부의 사진농도 범위 및 계조계의 최소값을 확인할 필요가 있다.

그러나 KS D 0227(주강품의 방사선투과시험 방법, 2005)에서는 계조계를 규정하지 않고 있다. 용접이음부의 형상에 따라 상질의 종류는 KS B 0845에서는 표 5-3에서는 표 5-3에서와 같이 A급, B급, P1급, P2급 및 F급 5종류가 있다. 그리고 KS D 0242(2002)에서는 알미늄 평판 접합 용접이음부에 극한되어 있으므로 표 5-4에서와 같이 A급과 B급으로 되어 있다.

표 5-3 투과사진의 상질 적용 구분(KS B 0845)

용접 이음부의 모양	상질의 종류
강판의 맞대기 용접이음부의 및 촬영시 기하학적 조건이 이와 동등하다고 보는 용접 이음부	A급, B급
강관의 원둘레 용접부	A급, B급, P1급, P2급
강판의 T용접 이음부	F급

표 5-4 투과사진의 상질 적용 구분(KS D 0242)

용접 이음부의 모양	상질의 종류	촬영 기술
알미늄 평판 접합 용접이음부 및 촬영시 기하학적 조건이 이와 동등하다고 보는 용접 이음부	A급	일반적 촬영
	B급	흠집 검출이 특별히 높을때 촬영

그리고 긴 용접선을 나누어 촬영할 때에 1회 촬영에 대하여 규정하고 있는 시험부의 유효 길이를 만족할 필요가 있다. 또한 투과사진의 평가 및 결함에 방해가 되는 현상 얼룩같은 인공 결함이 없어야한다.

가. 투과도계 식별 최소 선지름

투과사진상에 투과도계 식별 최소 선지름의 확인는 다음 순서대로 하여야 한다.

(1) 투과도계의 종류가 시험부 모재 두께에 적정여부

강용접 이음부는 KS B 0845 부속서1 표4, 부속서2 표3, 부속서3 표1의 어느 이음부에 대해서 선택하게 된다. 요구하는 상질의 모재두께에 따라 규정하는 투과도계의 식별 최소 선지름의 바늘이 있는 투과도계를 사용하였는지를 체크한다.

(2) 투과도계 배치와 방향의 적정여부

2개의 투과도계를 시헙부의 선원측 면상에 용접부를 놓고, 유효범위의 양단에 위치시키여 투과도계의 가는 선이 외측으로 가도록한다. 선원측에 위치하였음을 확인하는 것은 투과 사진상에 가장 큰 지름의 바늘상 투과도계선의 길이를 측정하여 확대정도를 확인하는 것이 좋다. 투과도계를 선원측에 배치하지 않는 경우는 필름측의 면상에 위치시킨 경우임으로 F 마크를 하여 분간하도록 규정하고 있다.

(3) 투과도계 식별 최소 선지름이 상질에 대한 시험부의 모재두께에 대한 규정치의 지름을 만족하고 있는지 여부.

해당하는 규격의 표에서 규정한 선지름의 바늘상이 투과사진의 시험부 전길이에서 식별되는지를 확인한다.

표 5-5(KS B 0845)와 표 5-6(KS D 0242)은 모재두께와 상질 종류에 따라 요구하는 투과도계의 식별최소 선지름을 나타내고 있다.

표 5-5 투과도계의 식별최소 선지름(KS B 0845-2005)

단위 mm

<table>
<tr><th rowspan="2">모재 두께</th><th colspan="4">상질종류</th></tr>
<tr><th>A급</th><th>B급</th><th>P1급</th><th>P2급</th></tr>
<tr><td>4.0이하</td><td>0.125</td><td rowspan="2">0.10</td><td rowspan="2">0.20</td><td rowspan="2">0.25</td></tr>
<tr><td>4.0초과 5.0이하</td><td rowspan="2">0.16</td></tr>
<tr><td>5.0초과 6.3이하</td><td>0.125</td><td>0.25</td><td>0.32</td></tr>
<tr><td>6.3초과 8.0이하</td><td rowspan="2">0.20</td><td rowspan="2">0.16</td><td rowspan="2">0.32</td><td rowspan="2">0.40</td></tr>
<tr><td>8.0초과 10.0이하</td></tr>
<tr><td>10.0초과 12.5이하</td><td>0.25</td><td rowspan="2">0.20</td><td>0.40</td><td rowspan="2">0.50</td></tr>
<tr><td>12.5초과 16.0이하</td><td>0.32</td><td>0.50</td></tr>
<tr><td>16.0초과 20.0이하</td><td>0.40</td><td>0.25</td><td>0.63</td><td>0.63</td></tr>
<tr><td>20.0초과 25.0이하</td><td rowspan="2">0.05</td><td>0.32</td><td>0.80</td><td>0.80</td></tr>
<tr><td>25.0초과 32.0이하</td><td>0.40</td><td>1.0</td><td rowspan="3">-</td></tr>
<tr><td>32.0초과 40.0이하</td><td>0.63</td><td>0.50</td><td>1.25</td></tr>
<tr><td>40.0초과 50.0이하</td><td>0.80</td><td>0.63</td><td>1.6</td></tr>
</table>

표 5-6 투과도계의 식별최소 선지름(KS D 0242-2002)

단위 : mm

모재 두께	상질 구분	A 급	B 급
	6.3 미만	0.125	0.10
6.3 이상	8.0 미만	0.16	0.125
8.0 이상	10.0 미만	0.20	0.16
10.0 이상	12.5 미만	0.20	0.16
12.5 이상	16.0 미만	0.25	0.20
16.0 이상	20.0 미만	0.32	0.25
20.0 이상	25.0 미만	0.32	0.25
25.0 이상	32.0 미만	0.40	0.32
32.0 이상	40.0 미만	0.50	0.40
40.0 이상	50.0 미만	0.50	0.40
50.0 이상	63.0 미만	0.63	0.50
63.0 이상	80.0 미만	0.80	0.63
80.0 이상	100 미만	0.80	0.63
100 이상	125 미만	1.00	0.80
125 이상	160 미만	1.25	1.00
160 이상	200 미만	1.60	1.25

나. 투과사진의 농도

시험부의 결함상 이외 부분의 사진농도에 대하여 KS D 0845는 표 5-7과 같이 상질의 종류에 따라 규정하고 있다. 구체적으로 최고농도 및 최저농도를 사진상의 어느 위치에서 측정하는 것이 좋은지 알아보자. 일반적으로 덧붙임이 있는 용접부의 단면은 그림 5-12에 나타난 것과 같이 시험부에 열영향부가 포함된다. 이 시험부에서 투과두께가 가장 작아지는 부분은 열영향부로서 모재두께와 일치한다. 방사선 방향은 그림 5-13과 같이 시험부의 중심에 수직이 된다. 양쪽 끝부분은 경사를 이루어 방사선 투과두께가 중앙부분보다 크게 된다. 그러므로 시험부의 최고 농도는 시험부 중앙부근의 모재부분을 측정하여 확인하는 것이 좋다. 그리고 최저농도는 시험부의 양쪽 끝부분 용접부의 농도가 가장 낮은 부분을 선택하여 측정 확인하는 것이 좋다.

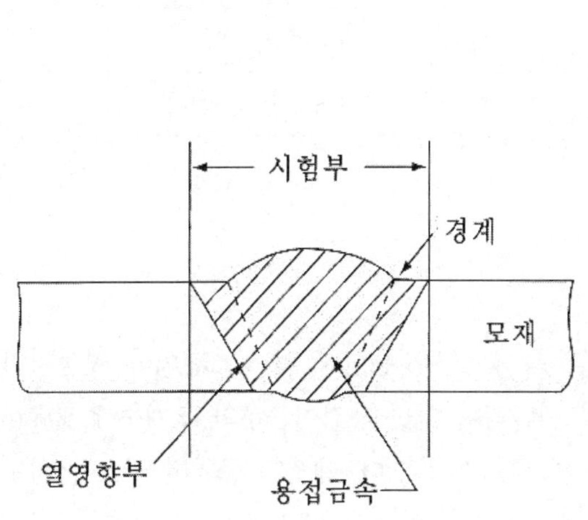

〔그림 5-12〕 시험부의 범위(용접 단면)

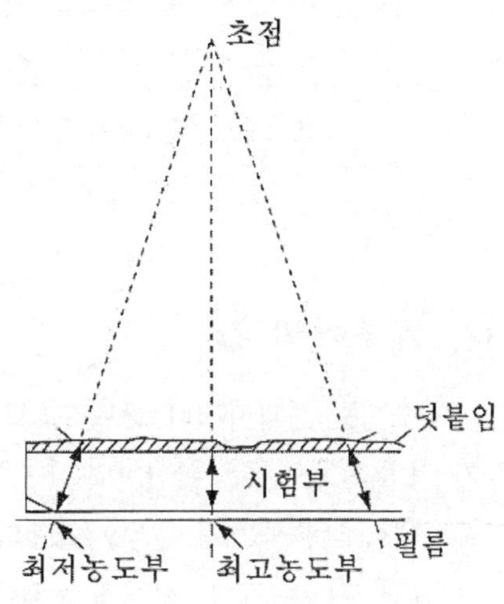

〔그림 5-13〕 시험부의 범위(조사방향)

KS D 0242(알미늄 평판 접합 용접부의 방사선투과시험 방법, 2002)에서 상질의 종류에 따른 사진농도 범위는 표 5-8과 같으며, KS D 0227-2005(주강품의 방사선투과시험방법)의 투과사진에서의 사진농도 범위는 표 5-9와 같이 규정하고 있다. 주강품은 형상이 복잡하고 두께 변화가 커서 표 5-9의 농도 범위를 만족하지 못할 경우에는 규격에서 규정하고 있는 투과도계 식별 최소 선지름을 식별할 수 있어도 된다.

표 5-7 투과사진의 농도 범위(KS B 0845)

상질의 종류	농도 범위
A 급	1.3이상 4.0이하
B 급	1.8이상 4.0이하
P1급	1.0이상 4.0이하
P2급	
F 급	

표 5-8 투과사진의 농도 범위(KS D 0242)

상질의 종류	농도 범위
A 급	1.3이상 4.0이하
B 급	1.8이상 4.0이하

표 5-9 투과사진의 농도 범위(KS D 0227)

상질의 종류	농도 범위
A 급	1.0이상 4.0이하
B 급	1.5이상 4.0이하

다. 계조계의 값

계조계는 투과사진의 콘트라스트를 조사할 목적으로 사용한다. 촬영조건이나 현상처리가 적정하다는 것을 판단한다. KS B 0845의 덧붙임이 있는 용접이음부의 모재두께 50mm 이하에서 적용하는 두께별 계조계의 종류는 표 5-10과 같으며, 계조계 종류별 구조와 치수는 그림 5-15와 같다. 원둘레 용접이음부는 외경 100mm이상에서 상질 A급 및 B급의 경우에만 계조계를 사용한다.

그리고 KS D 0242(2002)에서는 모재두께 80mm이하의 용접이음부에 대해 서는 덧살을 측정하지 않은 경우에는 용접부 형상과 모재 두께에 따라 계조계 종류를 표 5-11과 같이 계조계를 선택하며, 덧살을 측정하는 경우에는 덧살 두께와 모재 두께에 따라 계조계를 표 5-12에서와 같이 선택한다. 그리고 계조계의 종류는 9가지이며, 그림 5-16에 계조계 종류별 구조와 치수를 나타내고 있다.

그림 5-14는 KS B 0845 및 KS D 0242에서 계조계에 근접한 모재부분의 농도와 계조계 중앙 부분의 농도를 측정하여, 그 농도차를 모재부분의 농도로 나눈 값(농도차/농도)을 계조계의 값으로 정의하고 있으며, 계조계 값을 확인하는 순서는 다음과 같다.

(1) 모재 두께로부터 사용한 계조계의 모양이 적정한지 확인한다. KS B 0845는 표 5-8, KS D 0242는 표 5-9를 확인한다.

(2) 농도차/농도의 값이 요구하는 상질에 대한 규격치를 만족하고 있는지 KS B 0845의 덧붙임이 있는 용접이음부의 경우는 표 5-13, KS D 0242의 경우는 표 5-14를 확인한다.

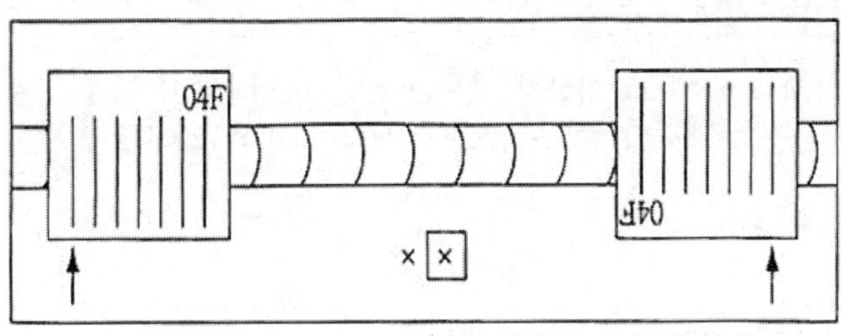

〔그림 5-14〕 계조계 농도차의 측정

표 5-10 계조계의 적용구분(KS B 0845)

모재 두께(㎜)	계조계의 종류
20.0이하	15형
200초과 40.0이하	20형
40.0초과 50.0이하	25형

표 5-11 KS D 0242 계조계의 적용 구분(덧살을 측정하지 않은 경우)

모재 두께(mm) / 용접부 형상	10 미만	10 이상 20 미만	20 이상 40 미만	40 이상 80 미만
담은 높이 덧살 없음	D1형	E2형	F0형	G0형
한쪽면 덧살 있음	D2형	E2형	F0형	G0형
양쪽면 덧살 있음	D4형	E4형	F0형	G0형

표 5-12 KS D 0242 계조계의 적용 구분(덧살을 측정하는 경우)

모재 두께(mm) / 덧살 합계	10 미만	10 이상 20 미만	20 이상 40 미만	40 이상 80 미만
2.0 미만	D1형	E2형	F0형	G0형
2.0 이상 3.0 미만	D2형	E2형	F0형	G0형
3.0 이상 4.0미만	D3형	E3형	F0형	G0형
4.0 이상 5.0 미만	D4형	E4형	F0형	G0형

* 덧살 높이의 합계가 5.0 mm 이상인 경우는 1.0mm 정수배의 두께로 계조계와 같은 치수의 KS D 6701에 규정한 재질의 알루미늄 판을 D4,E4,F0 또는 G0형의 계조계의 아래에 더하여 사용한다.

표 5-13 계조계의 값(KS B 0845-2005)

<table>
<tr><th rowspan="3">모재의 두께</th><th colspan="2">계조계의 값
(농도차/농도)
상질 종류</th><th rowspan="3">계조계
의 종류</th></tr>
<tr><th>A급</th><th>B급</th></tr>
<tr></tr>
<tr><td>4.0이하</td><td>0.15</td><td rowspan="2">0.23</td><td rowspan="8">15형</td></tr>
<tr><td>4.0초가 5.0이하</td><td rowspan="2">0.10</td></tr>
<tr><td>5.0초과 6.3이하</td><td>0.16</td></tr>
<tr><td>6.3초과 8.0이하</td><td rowspan="2">0.081</td><td rowspan="2">0.12</td></tr>
<tr><td>8.0이하 10.0이하</td></tr>
<tr><td>10.0초과 12.5이하</td><td>0.062</td><td rowspan="2">0.096</td></tr>
<tr><td>12.5초과 16.0이하</td><td>0.046</td></tr>
<tr><td>16.0초과 20.0이하</td><td>0.035</td><td>0.077</td></tr>
<tr><td>20.0초과 25.0이하</td><td rowspan="2">0.049</td><td>0.11</td><td rowspan="3">20형</td></tr>
<tr><td>25.0초과 32.0이하</td><td>0.092</td></tr>
<tr><td>32.0초과 40.0이하</td><td>0.032</td><td>0.077</td></tr>
<tr><td>40.0초과 50.0이하</td><td>0.060</td><td>0.12</td><td>25형</td></tr>
</table>

표 5-14 계조계의 값(KS D 0242-2002)

모재 두께		6.3미만	6.3이상8.0미만	8.0이상 10.0 미만	10.0 이상 12.5 미만	12.5 이상 16.0 미만	16.0 이상 20.0 미만	20.0 이상 25.0 미만	25.0 이상 32.0 미만	32.0 이상 40.0 미만	40.0 이상 50.0 미만	50.0 이상 63.0 미만	63.0 이상 80.0 미만
계조계 종류		D형			E형			FO 형			GO 형		
농도차/농도	A급	0.09	0.07	0.05	0.11	0.09	0.07	0.08	0.07	0.06	0.09	0.08	0.07
	B급	0.11	0.09	0.07	0.13	0.11	0.09	0.09	0.08	0.07	0.10	0.09	0.08

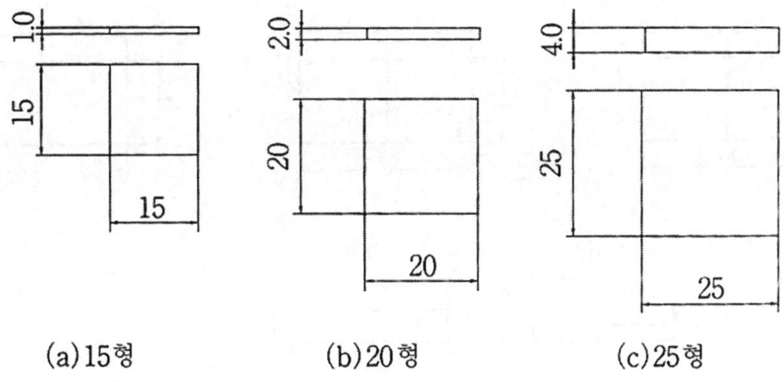

(a)15형 (b)20형 (c)25형

〔그림 5-15〕 KS B 0845(2005) 계조계의 종류 및 구조

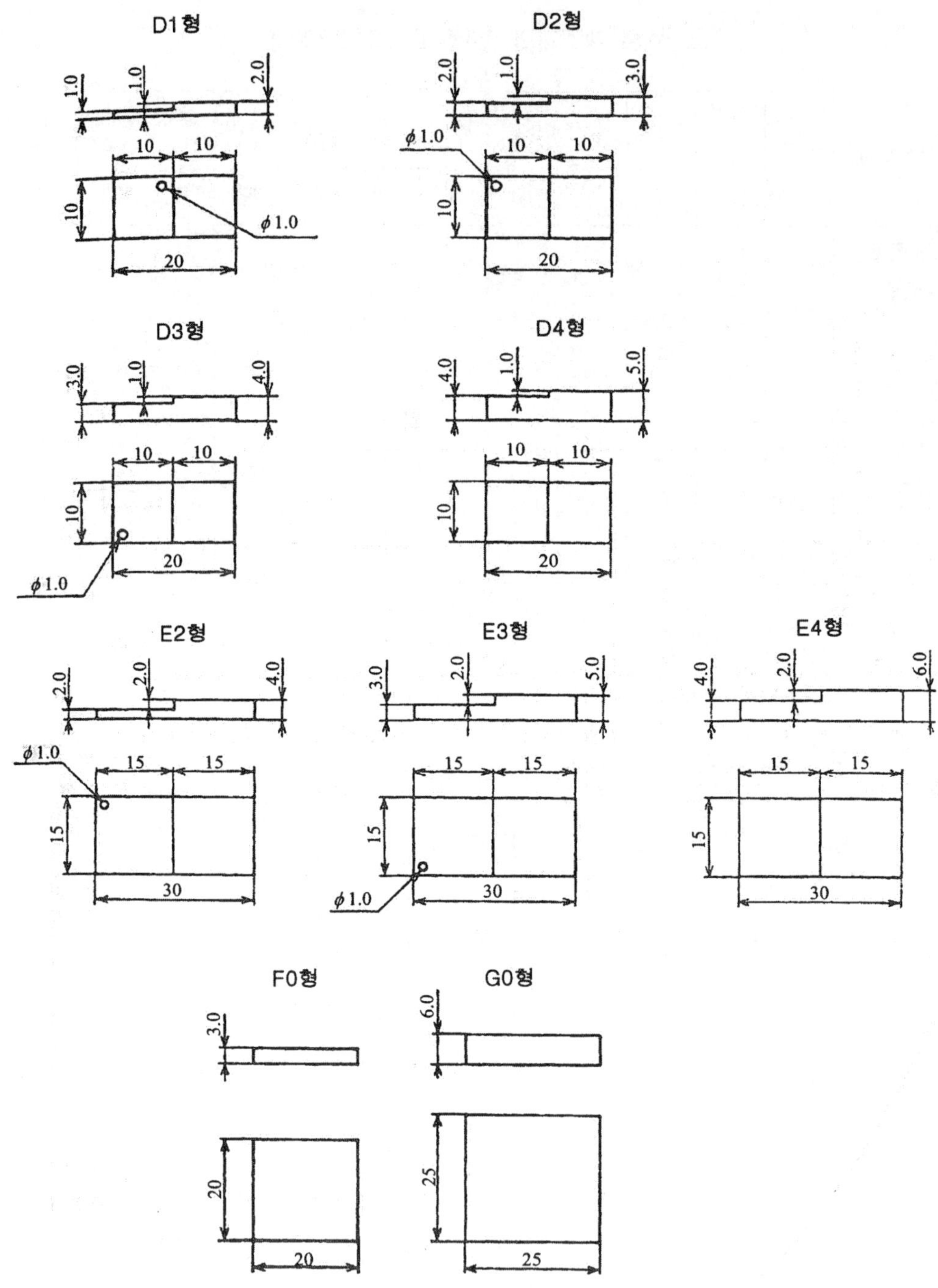

〔그림 5-16〕 KS D 0242(2002) 계조계의 종류, 구조 및 치수

2. 관의 원둘레 용접이음부 투과사진의 필요조건

관의 원둘레 용접이음부 투과사진의 상질로서 갖추어야 할 필요조건은 투과도계의 식별 최소선 직경, 투과사진의 농도범위 및 계조계의 값으로 다음과 같다.

가. 투과도계의 식별 최소 선지름

KS B 0845(강용접 이음부의 방사선투과시험 방법)-2005에서는 촬영한 투과사진에 있어서 시험체의 모재 두께에 대응해서 식별 최소지름을 각 상질과 함께 표 5-5의 규정을 만족해야 한다.

나. 투과사진의 농도 범위

평판용접이음부와 동일하게 표 5-7의 KS B 0845에 적합하여야 한다.

다. 계조계의 값

KS B 0845(2005)에서 계조계는 바깥 직경이 100 mm 이상의 원주 이음부에 대해서는 평판 용접부에서와 같이 상질의 종류가 A급 또는 B급의 경우에 사용한다. 그러므로 모재 두께에 따라서 표 5-10의 적용구분에 의한 종류가 정해진다. 원둘레 용접부에서의 계조계는 상질이 A급 및 B급에 대해서만 적용하고 있다. 계조계를 사용한 투과사진에서 계조계 중앙부의 농도와 계조계에 근접한 모재부의 농도를 측정하고, 그 농도차를 모재 농도에서 나눈 값이 표 5-13의 값 이상이 되어야 한다.

3. 관의 원둘레 용접이음부의 시험부 유효길이

시험부의 유효길이 L_3의 쪽은 기본적으로 상질의 투과사진의 필요조건을 만족하고 있는 범위를 의미하지만, 가로 갈라짐(횡균열 : 横龜裂 : longitudinal crack)의 검출을 특히 필요로 하는 경우에 가로 갈라짐에 대한 조사각도의 관계를 고려하여 제한을 두고 유효길이로 한다. 관의 원둘레 용접이음부의 시험부 유효길이는 아래와 같다.

가. 각각의 촬영방법에 따라서 얻어진 투과사진의 필요조건을 만족하는 범위를 유효길이로 한다. 즉, 투과도계의 식별최소선 직경, 사진의 농도 범위 및 계조계의 값의 3조건을 만

족하고 있는 범위를 유효길이로 하고 있다.

나. 가로 갈라짐의 검출을 고려한 경우, 유효길이에서 투과사진의 필요조건을 만족함과 함께, 다음 표 5-15와 같이 제한을 만족하는 범위를 유효길이로 한다. 이것은 방사선의 조사방향과 가로 갈라짐 방향과의 각도가 클수록 가로 갈라짐의 검출이 어려우므로 유효길이 양단에서 가로 갈라짐에 대한 조사각도를 제한하여야 한다.

KS B 0845의 강관의 맞대기 용접이음부의 촬영배치에서 L_1과 L_3의 관계는 L_3의 양단에서 가로 갈라짐을 고려하면 A급인 경우는 가로 갈라짐에 대한 조사각도는 약 14°로 되며, B급의 경우는 약 9°로 된다. 이들에 대한 관의 원둘레 용접이음부에 대해서는 다음과 같다.

(1) 내부선원 촬영방법

내부선원촬영방법에서는 L_1과 유효길이 L_3의 관계는 평판의 맞대기이음부의 A급 경우 L_1과 유효길이 L_3의 관계와 같다.

(2) 내부 필름 촬영방법

원주이음부의 유효범위로서 유효길이로 나타내지만 그림 5-17과 같이 원의 중심각 2a로 나타낼 수 있다. 가로 갈라진 방향은 관의 중심으로부터 반경 방향으로 되고 유효범위의 끝에 있어서 조사각도를 ϕ로 하면 다음 식을 얻는다.

$$a = (\phi - \eta)$$

따라서 유효범위의 2a는 다음식으로 된다.

$$2a = 2(\phi - \eta)$$

유효범위의 끝에 있어서 조사각 ϕ를 일정하게 한 경우 유효범위 a가 가장 크게 되는 것은 선원 · 필름간 거리를 변화시킨 경우에 그림 5-17에서 알 수 있는 바와 같이 O에 가까운 경우, 즉 선원을 무한 멀리한 경우이며 η을 O에서 a는 최대 a_{max}로 되어

$$a_{max} = \phi$$

로 된다. 여기서 ϕ=15°(KS B 0845 A급 상당)로 되고 $2a_{max}$ = 30°로 된다.

즉, 선원을 무한으로 멀리한, 이상적인 촬영배치에서 1회의 촬영에 있어 유효범위의 중심각은 30°이다. 따라서 전원주 길이에 대해서는 30/360=1/12로 된다. 이상의 것으로부터 표 5-15에 나타난 바와 같이 1회 조사에 대해서 유효길이는 전원주의 1/12이하가 되어야 한다. 따라서 전원주를 촬영하기 위해서는 적어도 12매 이상의 촬영이 필요로 된다. 이것은 옆으로 갈라짐에 대한 조사각도에 대해서는 KS B 0845의 A급에 대응하고 있는 것이 된다.

(3) 이중벽 한쪽면 촬영방법

가로 갈라짐(횡균열)에 대한 조사각도를 ϕ로 하면 그림 5-18에서 유효길이를 중심각 2a에 치환시키고 유효범위를 나타내면, 2a는 다음식이 된다.

$$2a = 2(\phi + \eta) \quad \cdots\cdots (5\text{-}1)$$

조사각도 ϕ를 일정하게 하고, 2a를 크게 하기 위해서는 선원을 될수록 관벽에 가깝게 η을 크게 할 필요가 있으며, 선원이 관에 밀착한 경우에 2a는 최대가 된다.

선원이 관에 밀착하고 더욱이 관의 두께가 얇은 경우를 고려하면 η가 $\eta max=\phi$으로 되어 a도 최대가 된다. 따라서 식(5-1)에서 식(5-2)가 얻어진다.

$$2a_{max} = 4\phi \quad \cdots\cdots (5\text{-}2)$$

여기서 조사각도 ϕ를 KS B 0845 A급의 제한에 상당하는 15°로 하면 유효범위는

$$2a_{max} = 4\phi = 4\times15^\circ=60^\circ$$

따라서 전원주 길이에 대해서는 60/360=1/6로 된다. 그러므로 1회의 조사에 대해서 유효길이는 전원주의 1/6이하가 되어야 한다.

따라서 전원주를 촬영하기 위해서는 적어도 6매 이상의 촬영이 필요하다. 다음에 반대로 선원을 관에서 먼 경우를 생각하면 유효범위 a가 가장 적은 것은 선원을 무한으로 멀리한 경우이며, $2a_{min} = 30^\circ$가 된다. 전원주 길이에 대해서 유효길이는 30/360 = 1/12로 되어 전원주가 작아도 1/12이하로 할 필요는 없고, 12매 이상의 촬영을 할 필요가 있다.

표 5-15 시험부의 유효길이 L_3(KS B 0845)

촬영 방법	시험부 유효길이
내부선원 촬영방법 (분할 촬영법)	선원과 시험부의 선원측을 표면간 거리 L_1의 1/2 이하
내부필름 촬영방법	관의 원주길이의 1/12 이하
이중벽편면 촬영방법	관의 원주길이의 1/6 이하

4. T용접 이음부의 투과사진의 필요조건

투과도계의 식별은 T 1 재료와 T 2 재료의 양쪽 영향을 받으므로 KS B 0845에서는 표 5-16(KS B 0845 부속서 3 표1)과 같이 식별최소 선지름은 T 1 재료와 T 2 재료의 합계 두께를 기준으로 규정하고 있다.

투과사진의 농도범위는 T 이음부의 모양을 고려해서 평판 용접이음부에 비해 좀 더 넓게 규정하고 있다.

즉, 시험부의 결함이외 부분의 사진농도는 1.0 이상 4.0 이하가 되어야 한다. 한편, 1회 촬영에 있어서 시험부의 유효길이는 투과도계의 식별최소 선지름 및 투과사진의 농도범위 규정을 만족하는 범위로 하고 있다. 그러나 계조계는 적용하지 않으므로 계조계의 규정값은 없다.

표 5-16 투과도계의 식별최소 선지름(KS B 0845 부속서3 표1)

단위 mm

T 1 재료와 T 2 재료의 합계 두께	상질의 종류
	F급
8.0 이하	0.20
8.0 초과 10.0이하	
10.0 초과 12.5이하	0.25
12.5 초과 16.0이하	0.32
16.0 초과 20.0이하	0.40
20.0 초과 25.0이하	0.50
25.0 초과 32.0이하	
32.0 초과 40.0이하	0.63
40.0 초과 50.0이하	0.80
50.0 초과 63.0이하	
63.0 초과 80.0이하	1.0
80.0 초과 100.0이하	1.25

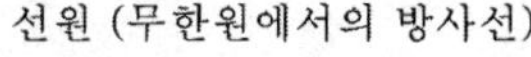

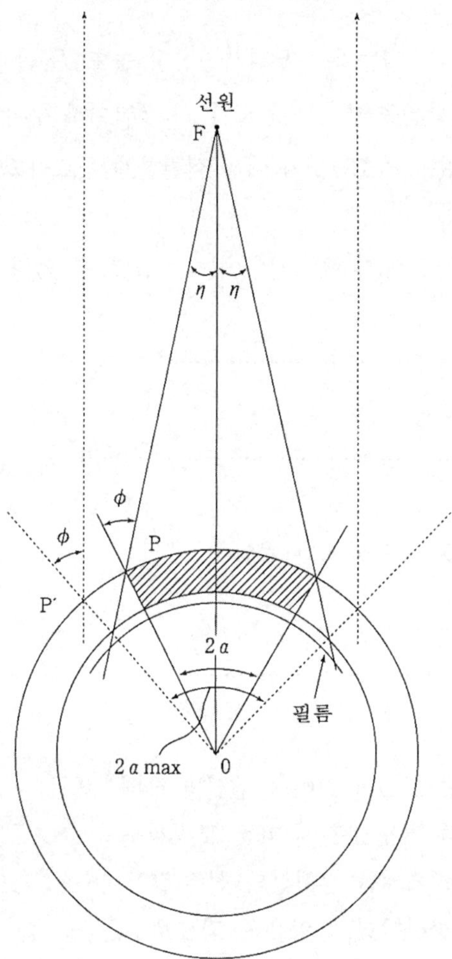

〔그림 5-17〕 내부 필름 촬영방법의 유효범위 (가로 갈라짐과의 관계)

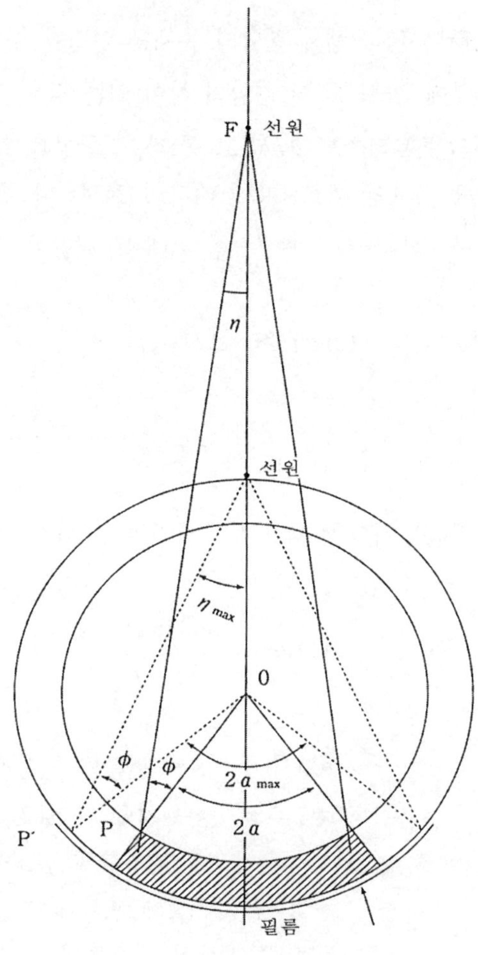

〔그림 5-18〕 이중벽 한쪽면 촬영방법의 유효범위 (가로 갈라짐과 조사각도 관계)

제 3 절 식별한계 콘트라스트

투과사진상에서 결함의 존재를 인정할 수 있는가, 없는가는 투과사진상의 농도 D_1의 건전부에, 농도 D_2의 결함의 상이 있는 경우, 그 결함상을 보이는 농도차 D_2-D_1(이하 투과사진의 콘트라스트 ΔD라고 함)과, 결함상을 알수 있는 최소농도차(이하 식별한계 콘트라스트 $\Delta D_{\min}$)과의 대소관계에 따라서 결정된다.

즉, 식 (5-3)을 만족하는 경우에 결함이 식별되고 식(5-4)의 경우에는 식별할 수 없다.

$$|\Delta D| \geq |\Delta D_{\min}| \quad \cdots\cdots(5\text{-}3)$$

$$|\Delta D| < |\Delta D_{\min}| \quad \cdots\cdots(5\text{-}4)$$

투과도계의 바늘상 투과사진의 콘트라스트 ΔD는 다음 식과 같다.

$$\Delta D = \frac{-0.434\gamma\,\sigma\,\mu_p\,d}{1+n} \quad \cdots\cdots(5\text{-}5)$$

여기서 γ : X선 필름의 특성곡선 농도 D에 있어서 접선의 구배

σ : 선원치수 및 촬영의 기하학적 조건에 따른 보정계수

μ_p : X선 필름의 감도계수를 고려한 방사선의 선질(감약계수)

n : X선 필름에 도달한 산란선의 선량율에 감도계수를 곱 한 것을 투과선의 선량율에 그 감도계수를 곱한 것에서 뺀 것(산란비)

한편, 식별한계(識別限界) 콘트라스트 $\Delta D_{\min}$은 상의 크기와 농도분포, X선 필름의 입상성, 증감지, 방사선선질, 투과사진의 농도, 투과사진의 관찰조건 및 개인차 등이 관계한다.

따라서 결함의 식별을 정량적으로 취급하기 위해서는 ΔD와 $\Delta D_{\min}$을 밝힐 필요가 있다.

1. 식별한계 콘트라스트

투과도계 바늘상의 식별한계 콘트라스트를 구하기 위해서는 투과사진상의 바늘상의 투과사진 콘트라스트를 식별한계까지 저하시키지 않으면 안된다. 그 방법으로서 이중 노출법을 이용하는 방법 및 감약계수를 바꾸어서 투과사진 콘트라스트를 저하시키는 방법이 있다.

식별한계 콘트라스트를 구하는 순서는 다음과 같다.

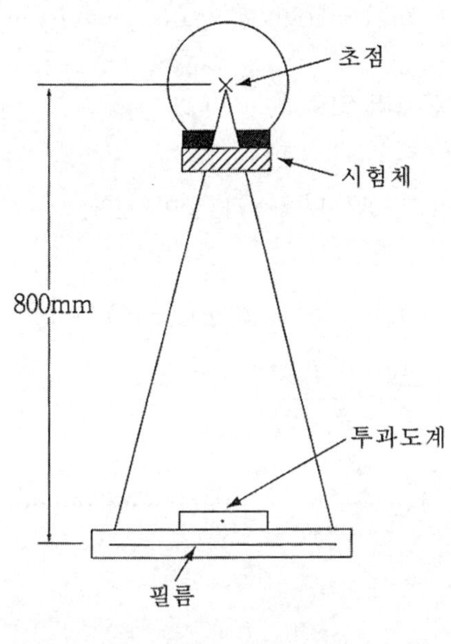

〔그림 5-19〕 촬영배치

가. 이중노출법과 투과사진의 콘트라스트

그림 5-19는 촬영배치이며, 먼저 t_a분간 투과도계 바늘을 촬영하고, 다음으로 바늘을 빼고 t_b간 이중으로 촬영한다(이와같은 촬영방법을 이중노출법이라 한다). 이때의 시험체 및 바늘에 대한 노출량을 각각 E_1 및 E_2로 하면 다음식이 성립된다.

$$E_1 = I_1 t_a + I_1 t_b \quad \cdots\cdots (5\text{-}6)$$

$$E_2 = I_2 t_a + I_1 t_b \quad \cdots\cdots (5\text{-}7)$$

여기서 I_1 : 시험체를 투과한 X선 선량율

I_2 : 시험체와 바늘을 투과한 X선의 선량율

따라서 이중노출법에 의한 투과사진의 콘트라스트 ΔD는 다음식과 같다.

$$\Delta D = \gamma(\log E_1 - \log E_2)$$
$$= \gamma \log(I_1 t_a + I_1 t_b) - \log(I_2 t_a - I_1 t_b) \quad \cdots\cdots (5\text{-}8)$$

여기서 γ : 필름 콘트라스트

I_1 - I_2 = ΔI 로 되는 식(17.6)은 다음식과 같이 된다.

$$\Delta D = \gamma[\log I_1(t_a + t_b) - \log I_1(t_a + t_b) - \Delta I \bullet t_a]$$
$$= -\gamma \log 1 - \left(\frac{\Delta I}{I_1}\right)\left(\frac{t_a}{t_a + t_b}\right)$$
$$\fallingdotseq 0.434\gamma\left(\frac{\Delta I}{I_1}\right)\left(\frac{t_a}{t_a + t_b}\right) \quad \cdots\cdots (5\text{-}9)$$

한편 t_b = 0의 경우는 식(17.7)에서 $\left(\frac{t_a}{t_a + t_b}\right)$은 1로 돼서 투과사진의 콘트라스트 ΔD는 다음과 같다.

$$\Delta D \fallingdotseq 0.434\gamma\left(\frac{\Delta I}{I_1}\right) \quad \cdots\cdots (5\text{-}10)$$

식(5-9) 및 식(5-10)을 비교하면, 이중 노출법에 의한 투과사진의 콘트라스트는 바늘을 빼지 않는 경우(t_b=0)의 투과사진의 콘트라스트 $t_a/(t_a + t_b)$로 된다.

이중노출법에 따른 투과사진의 콘트라스트는 다음 식에서 구할 수 있다.

$$\Delta D = -0.434\gamma\mu_p \sigma d\left(\frac{t_a}{t_a + t_b}\right) \quad \cdots\cdots (5\text{-}11)$$

식 (17.9)는 다음식이 된다.

$$\Delta D = -0.434\gamma\,\mu_p \sigma d \frac{1}{1 + t_b/t_a} \quad \cdots\cdots(5\text{-}12)$$

식 (5-12)의 t_b/t_a는 식(5-5)의 n에 상당하므로 이중 노출법에 의해서 n을 정량적으로 취급할 수 있다.

(1) 그림 5-19의 촬영배치에서 투과사진의 사진농도가 1.0, 1.5, 2.0, 2.5, 3.0 및 3.5로 되는 노출시간$(t_a + t_b)$을 정한다.

(2) $t_a / (t_a + t_b)$가 1/1.25, 1/1.6, 1/2.0, 1/2.5, 1/3.2, 1/4.0, 1/5.0, 1/6.4, 1/8.0, 1/10, 1/12.5, 1/16, 1/20, 1/25, 1/32로 되는 t_a와 t_b 를 계산한다.

(3) 그림 5-19의 촬영배치에서 필름 카세트상에 투과도계를 두고 t_a분간, 다음에 투과도계를 빼고 t_b분간 노출한다.

(4) 동일 목표농도의 사진에는 식(5-11)을 이용하고 각각의 선지름의 투과사진 콘트라스트를 계산한다.
이 때, 미리 준비하고 있는 농도와 필름콘트라스트 γ와의 관계 그림 및 시험체의 두께와 감약계수 μ_p와의 관계 그림을 이용한다.

(5) 각각의 투과사진의 바늘상을 관찰하고 식별할 수 있는 정도에서 식별할 수 있는 정도에서 예로서 식별상황을 다음에 표시하는 것과 같이 ○, △, × 의 3종류로 분류한다.

○ : 뚜렷이 식별할 수 있다.
상의 윤곽이 거의 불명료한 것도 요함되고 바늘이 전길이가 끊기지 않고 식별할 수 있다.

△ : 불명료 하지만 식별할 수 있다.
바늘의 전길이 일부를 식별 할 수 있다.
상의 윤곽은 불명료

× : 식별할 수 없다. 바늘상의 존재가 인정되지 않는다.

여기서 예를들면 5사람이 관찰한 경우의 종합판정은 다음과 같다.
○ : 2점, △ : 1점, × : 0점으로 하고 각 선 직경은 5사람의 관찰결과의 종합점수를 내고 종합점수에 따라 다음과 같은 기준을 적용해서 평가한다.

7점 이상 : 명료하게 식별할 수 있다. ○
5~6점 : 불명료하지만 식별할 수 있다. △
4점 이하 : 식별할 수 없다. ×

(6) 종합판정의 결과를 그래프(graph)화 하고 각 선 직경을 ○표를 선에서 연결, 선지름 0.125mm의 예는 그림 5-20과 같다.

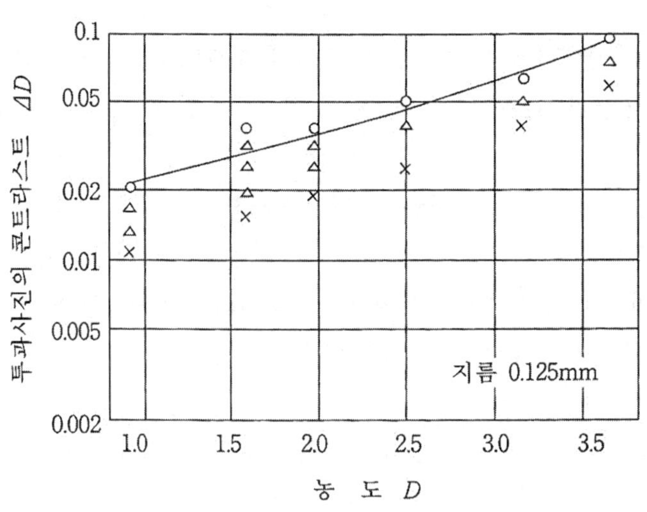

〔그림 5-20〕 바늘상의 식별상황

나. 투과도계의 식별한계 콘트라스트

바늘형 투과도계의 식별한계 콘트라스트의 일례를 그림 5-21 및 그림 5-22에 나타낸다. 그림 5-21은 투과사진의 농도와 식별한계 콘트라스트 ΔD_{min}의 관계이고, 그림 5-22는 선지름과 식별한계 콘트라스트 ΔD_{min}과의 관계를 나타낸다.

또한 식별한계 콘트라스트 ΔD_{min}은 감광재료에 따라서 다르다. 그림 5-23은 X선을 사용해서 여러 가지 감광재료에 대해서 식별한계 콘트라스트 ΔD_{min}을 측정한 결과의 한 예이지만 같은 선지름의 바늘상에 대해서 입상성이 양호한 감광재료 쪽이 입상성이 나쁜 것이다. ΔD_{min}이 적은 것을 나타내고 있다.

그림 5-22와 5-23에서 동일한 감광재료에서도 값에 차이가 인정 되는 것은 여러 가지 실험조건 차이에 의한 것도 있다.

나아가서 방사선 에너지에 대해서도 높은 에너지에서 사용한 경우는, 투과사진의 입상성이 나쁘므로 식별한계 콘트라스트 ΔD_{min}이 변화된다. 참고로 γ선원으로서 사용빈도가 높은 ^{192}Ir과 ^{60}Co의 경우에서 식별한계 콘트라스트를 실험에 의해서 구한 결과 각각 그림 5-24 및 그림 5-25에 나타낸다. 두 그림의 비교에서 밝혀진 바와 같이 방사선 에너지가 높은 ^{60}Co에서는 식별한계 콘트라스트 ΔD_{min}은 ^{198}Ir 보다 큰 값을 나타내고 있다.

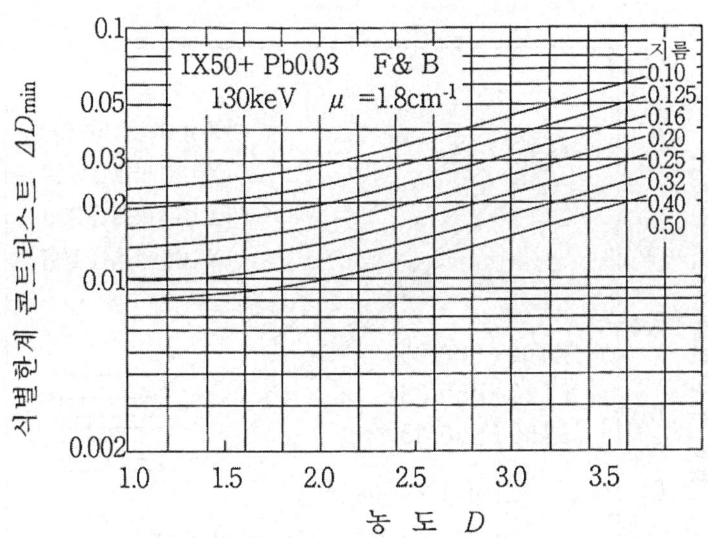

〔그림 5-21〕 농도와 식별한계 콘트라스트와의 관계

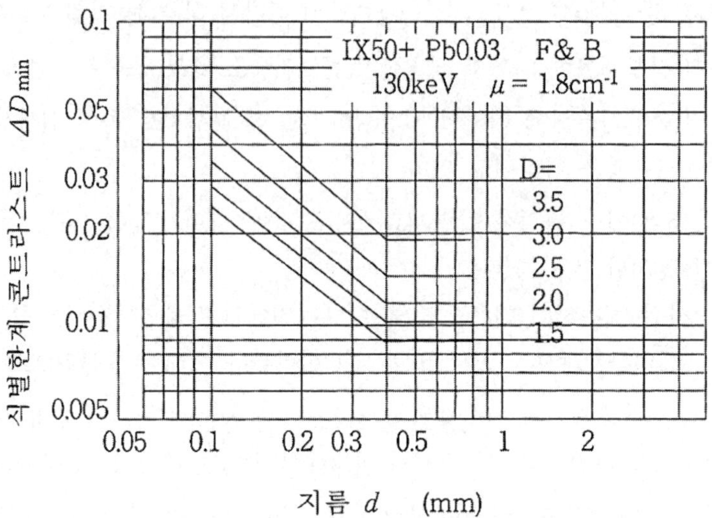

〔그림 5-22〕 지름과 식별한계 콘트라스트의 관계

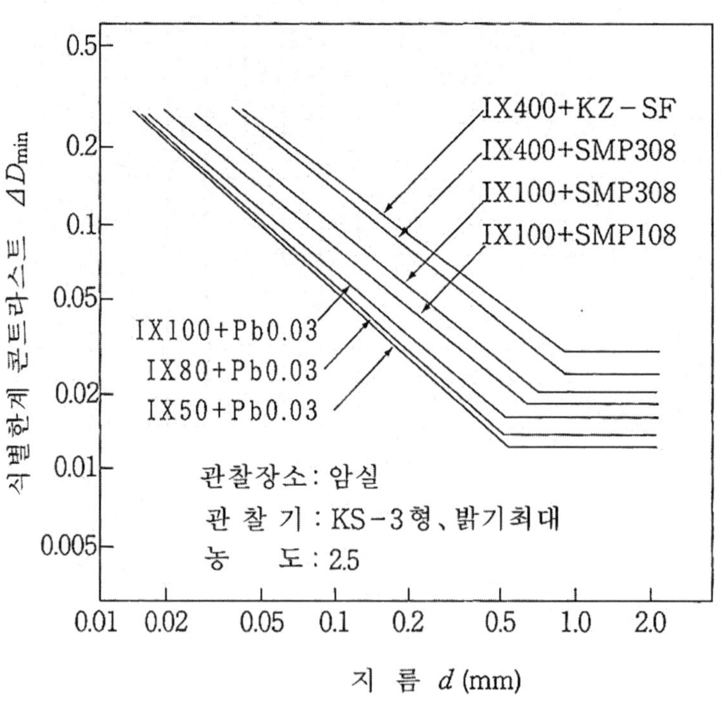

〔그림 5-23〕 식별한계 콘트라스트

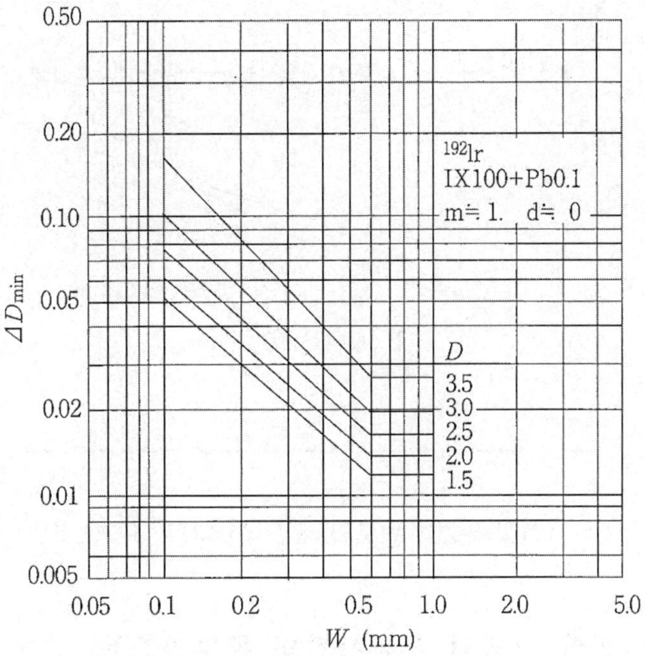

〔그림 5-24〕 ^{192}Ir 선원에 대한 식별한계 콘트라스트

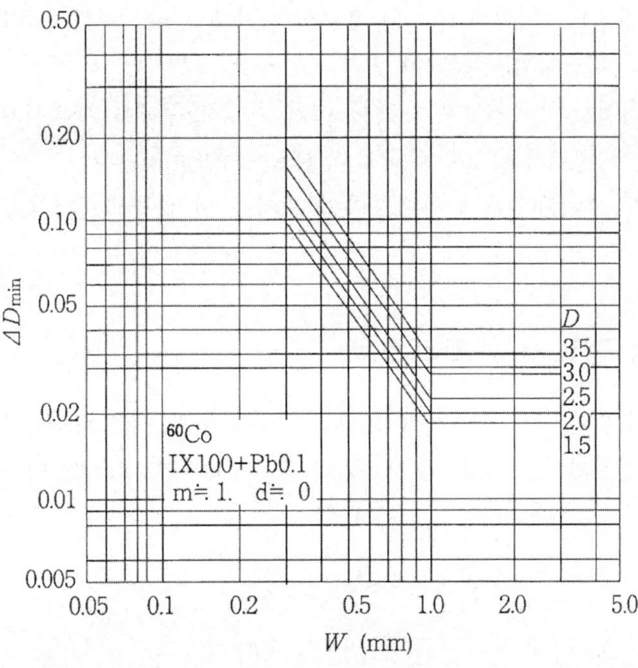

〔그림 5-25〕 ^{60}Co선원에 대한 식별한계 콘트라스트

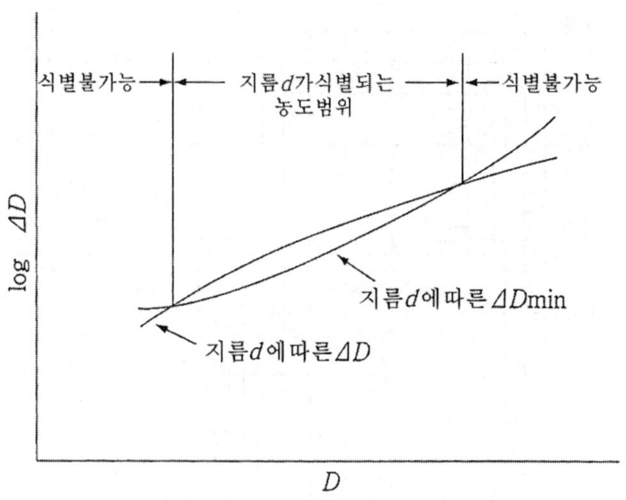

〔그림 5-26〕 농도와 ΔD 에 따른 ΔD_{min}

다. 감약계수 변화 방법과 투과사진의 콘트라스트

식별한계 콘트라스트를 구하는 방법으로서 제3절 1. 가. 에서 보는 바와 같이 산란선에 상당하는 노출량을 투과선량으로 주는 이중노출법에서 투과사진의 콘트라스트를 한계까지 저하시키는 방법의 다른 식 (5-5)의 우변의 감약계수 μ를 변화시킴에 따라서 투과사진의 콘트라스트를 저감시키는 방법이 있다.

구체적으로는 일정의 관전압에 대해서 여러 가지 판두께를 투과시켜서 μ를 변화하고, 그 값을 식별한계 콘트라스트의 계산에 이용하는 방법이 있다.

여기에는 감약곡선에서 μ와 판두께 T와의 관계를 먼저 구해 둘 필요가 있다.

2. 투과사진의 겉보기 콘트라스트

관찰하는 실내가 밝은 경우에는 눈에 들어오는 빛은 투과사진으로부터의 투과빛이 강도 L 외에 산란광 L_{s1}이 추가되고 있다. $D_1 > D_2$의 경우의 농도차 ΔD 는 다음과 같이 나타낸다.

$$\Delta D = D_1 - D_2 = \log\left(\frac{L_0}{L_1}\right) - \log\left(\frac{L_0}{L_2}\right)$$

$$= \log\left(\frac{L_2}{L_1}\right) \quad \cdots\cdots (5\text{-}13)$$

여기서 $L_1 = L, L_2 = L + \Delta L$로 하면, 식(5-13)은 다음과 같이 된다.

$$\Delta D = \log\left(\frac{L_2}{L_1}\right) = \log\left(\frac{L + \Delta L}{L}\right)$$
$$= \log\left(1 + \frac{\Delta L}{L}\right)$$
$$= 0.434 \cdot \ln\left(1 + \frac{\Delta L}{L}\right)$$
$$\fallingdotseq 0.434\left(\frac{\Delta L}{L}\right) \quad \cdots\cdots (5\text{-}14)$$

L_1과 L_2에 각각 L_{s1}이 더해진 경우, 콘트라스트 ΔD 가 겉보기상 변화된 것 같이 눈에 인지된다. 거기서 그 콘트라스트를 투과사진의 겉보기 콘트라스트 ΔD_a로 하면 ΔD_a는 다음과 같이 나타낸다.

$$\Delta D_a = \log\left(\frac{L_2 + L_{s1}}{L_1 + L_{s1}}\right) = \log\left(\frac{L + \Delta L + L_{s1}}{L + L_{s1}}\right)$$

여기서, L_{s1} / L를 n으로 하면

$$\Delta D_a = \log\left(\frac{1 + \frac{\Delta L}{L} + \frac{L_{s1}}{L}}{1 + \frac{L_{s1}}{L}}\right)$$
$$= \log\left(1 + \frac{\frac{\Delta L}{L}}{1 + n}\right)$$
$$= 0.434 \cdot \ln\left(1 + \frac{\frac{\Delta L}{L}}{1 + n'}\right)$$
$$\fallingdotseq 0.434\left(\frac{\frac{\Delta L}{L}}{1 + n'}\right)$$

$$= \frac{\Delta D}{1 + n'} \quad \cdots\cdots (5\text{-}15)$$

식 (5-15)에서 밝혀진 바와 같이 L_{s1}이 가해짐에 따라 투과사진의 겉보기 콘트라스트 ΔD_a 는 ΔD의 1/(1+n')이 된다.

또한 마스크(mask)를 사용하지 않는 경우에는 투과사진의 주위로부터 빛의 강도 L_{s2}가 추가되므로 식(17.12)에 있어서 n'는 투과광이외의 강도L_s(L_s와 L_{s2}의 합계)와 투과광의 n'는 농도가 높을수록 커진다. 즉 고농도의 투과사진을 관찰하는 경우에는 실내의 밝기 및 마스크 유무의 영향을 가장 받기 쉽고, 투과사진의 겉보기 콘트라스트 ΔD_a를 작게 하지 않기 위해서는 투과 빛 이외의 빛의 강도 L_s를 가급적 적게 해야 한다.

3. 투과사진의 관찰방법과 투과도계의 식별

투과사진은 검출해야할 결함을 식별하는 충분한 상질을 가져야 한다. 그러므로 KS B 0845(강판 용접이음부의 방사선 투과 시험방법)에서 방사선 투과시험에 관한 규격으로서 투과사진의 필요조건을 규정하고 있다.

한편 상질의 필요조건을 충분히 만족하고 있는 투과사진에서도 관찰방법이 적정하지 않는 경우에는 그 투과사진이 불합격되며 또는 결함이 있는 상을 잘못 분류하여 일으킬 수도 있다. 따라서 투과사진은 적정한 관찰방법에 의해서 관찰해야 한다.

가. 농도와 바늘상의 식별

저감도, 초미립자의 X선 필름(non screen용)의 경우에는 농도의 상승에 따라서 필름 콘트라스트 γ는 거의 직선적으로 증가한다. 따라서 농도가 상승하면 ΔD도 증가한다.

한편, 저농도 범위에서는 식별한계 콘트라스트 $\Delta D_{\min}$은 거의 일정하나, 고농도 범용에서는 농도의 상승과 함께 $\Delta D_{\min}$은 증가한다.

이상의 관계를 조합해서 나타낸 것이 그림 5-26이다

여기서 선지름 d에 대해 ΔD가 $D_{\min}$보다 위에 있는 범위에서는 선지름 d의 바늘율이 식별되지만 저농도 범위에서는 γ가 적으므로 투과사진의 콘트라스트 ΔD가 적고, $D_{\min}$보다 아래로 되므로 식별할 수 없다. 한편 고농도 범위에서는 농도에 의한 $\Delta D_{\min}$의 증가가 ΔD의 증가보다도 크기 때문에 바늘상은 식별할 수 없다.

나. 필름관찰기 밝기의 영향

어느 일정한 밝기 L'_o의 필름관찰기를 사용한 경우, 선지름에 대해 ΔD와 ΔD_{min}과의 관계를 그림 5-27의 실선으로 나타낸다.

다음 밝기 L''_o의 필름관찰기에서 농도 D_1의 투과사진을, 밝기 L''_o의 관찰기에서 농도 D_2의 투과사진을 관찰할 경우, 농도 D_1와 D_2는 다음식과 같다.

$$D_1 = \log\left(\frac{L_0}{L_1}\right)$$

$$D_2 = \log\left(\frac{L''_0}{L_2}\right)$$

농도차 $D_2 - D_1$은 다음 식으로 된다.

$$D_2 - D_1 = \log\left(\frac{L'_0}{L_2}\right) - \log\left(\frac{L_0'}{L_1}\right)$$

$$= \log\left(\frac{L_0''/L_2}{L_0'/L_1}\right) \quad \cdots\cdots(5\text{-}16)$$

여기서 투과 빛의 강도 D_1과 D_2가 같게 되는 경우는 다음 식과 같다.

$$D_2 - D_1 = \log\left(\frac{L''_0}{L'_0}\right) \quad \cdots\cdots(5\text{-}17)$$

투과광의 강도가 같은 경우, 식별한계 콘트라스트 ΔD_{min}을 같은 것으로 하면, 밝기 L''_o의 필름과 관찰기에 따른 식별한계 콘트라스트 ΔD_{min}은 식(5-17)에서 그림 5-24과 같이 $\log(L''_o/L'_o)$만 ΔD_{min}곡선(실선)을 평행 이동한 파선이 된다. L''_o가 L'_o에 비해서 4배 밝기 경우를 예로 들면 L''_o에 대응하는 ΔD_{min}은 농도에 대해서 log4 =0.6만 오른쪽으로 평행 이동하는 것이 된다.

다. 실내의 밝기 영향

암실에서 관찰하는 경우의 선지름 d에 대응하는 ΔD와 $\Delta D_{\min}$과의 관계를 그림 5-18의 실선에서 볼 수 있다. 실내에서 관찰하는 경우에 투과 빛 외에 일정한 밝기 L_{s1}이 눈으로 들어오는 것도 있다. 저농도에서는 투과광의 강도가 크기 때문에 n'은 적고 식(5-15)에서 밝아지게 된다. 겉보기 콘트라스트 ΔD_a가 그다지 감소하지 않는다.

그러나 고농도에서는 투과광의 강도가 작아지므로 n'은 크고 ΔD_a는 더욱 감소한다. 이와 같은 관계를 보면 그림 5-18의 파선과 같다. 따라서 일반적으로 실내에서 관찰하는 경우 선지름 d의 바늘을 식별할 수 있는 농도범위는 암실에 비해서 좁다.

이때에 투과사진을 관찰하는 경우는 투과광이외의 빛이 관찰자의 눈에 들어오지 않도록 주의해야 한다.

라. 관찰방법과 투과도계의 식별

실내의 밝기. 필름관찰기의 밝기(휘도) 마스크의 유무등의 관찰조건에 따라서 투과사진의 ΔD와 $\Delta D_{\min}$이 변화되므로 투과도계의 식별은 변한다. 어느 강습회의 실습에 참가한 187명의 관찰자에 대해서 관찰방법과 투과도계의 식별에 대해 조사한 결과는 다음과 같다. 관찰자의 근거리 시력을 측정하는 Jaeger test chart를 이용하여 조사한 결과 그림 5-29와 같이 가장 좋은 시력인 J1과 그 다음 J2가 대부분이었다.

(1) 관찰기

관찰기는 표 5-18에서 D_{20}형 및 D_{35}형을 사용하여 관찰하였다. 관찰면의 중앙부 밝기가 약 3,000 cd/m^{2}와 약 30,000 cd/m^{2}에 대해서 농도 0.8, 2.0 및 3.5의 3종류 투과사진을 관찰하였다. 관찰기의 휘도의 단위에는 cd/m^2(캔들/평방미터)가 사용되지만, 이것은 광원 방향에서 투영 면적당의 광도이다.

또한, 관찰조건의 영향을 보기위해 고정 마스크를 사용하고 명실과 암실에서 관찰하였다.

(2) 관찰 결과

관찰결과는 그림 5-30에 보인다. 그림에서 밝아지는 투과사진농도가 0.8 및 2.0에서는 투과광의 밝기가 30 cd/m^{2}이상이 되므로 명실과 암실에서 투과도계의 식별 상황에 거의 차이가 없다.

한편, 농도가 3.5이상으로 되면 투과광의 휘도가 10 cd/m^{2}이하로 돼서 관찰실의 밝기에 영향이 있다. 특히 저휘도의 관찰기로 명실에서 관찰할 경우가 가장 식별상황이 나쁘고, 고휘도의 관찰기로 암실에서 관찰할 경우에 비해서 약 2개정도 식별개수가 작게 된다. 다시 말해서 고농도의 투과사진이 될수록 고휘도의 관찰기를 사용해서 암실에서 관찰하는 것이 바람직하다.

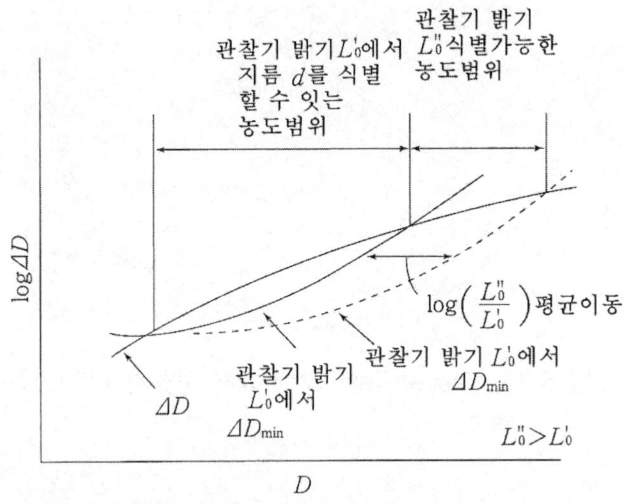

〔그림 5-27〕 농도와 투과도계의 식별관계 (관찰기 밝기의 영향)

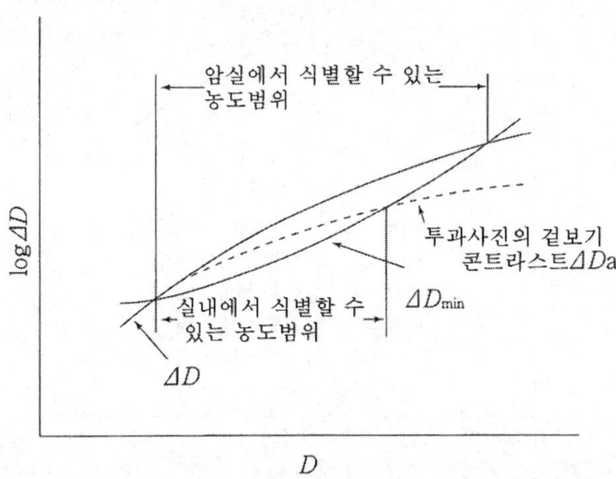

〔그림 5-28〕 농도와 ΔD 및 ΔD_{min}과의 관계 (실내의 밝기영향)

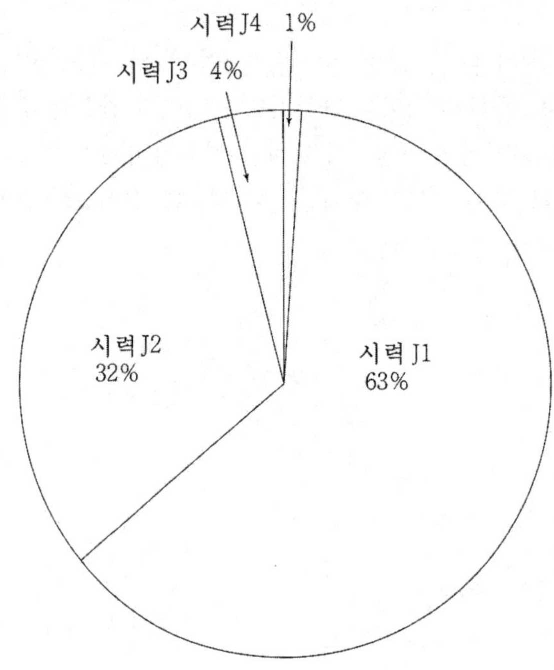

〔그림 5-29〕 Jaeger Test Chart에서 관찰자 시력(187명)

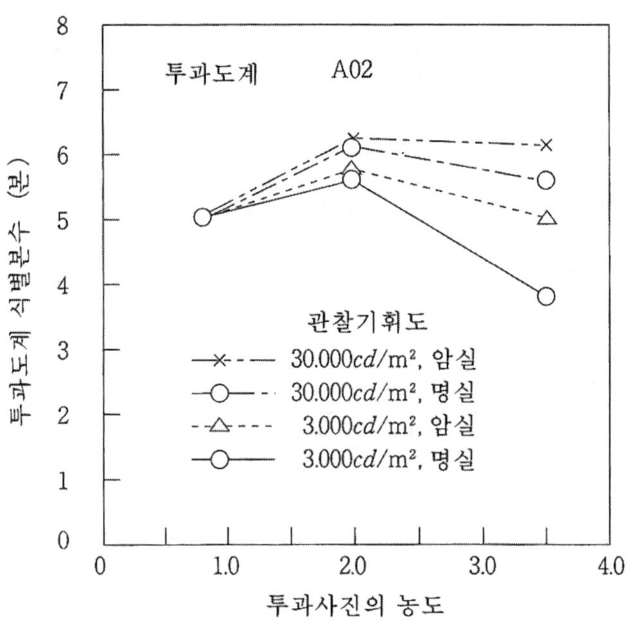

〔그림 5-30〕 식별된 투과도계 평균 본수

4. 필름 관찰기의 특성

가. 관찰기의 휘도

ISO 5580의 관찰기의 휘도 요구값은 표 5-17과 같다. ISO 5580의 1985를 참고해서 KS A 4918(공업용 방사선투과사진의 관찰기)-1994에서는 관찰기의 관찰면 중앙의 휘도를 표 5-18에서와 같이 분류하고 모양의 종류를 4종류로 구분한다.

각각의 종류에 대해서 적용하는 투과사진의 농도 상한을 표 5-18의 우측과 같이 정하고 있다. 현재 일반적으로 사용하고 있는 형광등을 광원으로 하는 경우는 D20형에 상당하고, 고휘도의 사진관찰기에는 할로겐 전구등을 광원으로 하는 관찰기가 적합하다.

표 5-17 필름농도와 스크린면의 휘도(ISO 5580)

필름농도	최소 스크린면 휘도 cd/m^2
1	300
1.5	1000
2	3000
2.5	10000
3	10000
3.5	30000
4	100000
4.5	300000

표 5-18 관찰면 취도와 농도 상한 값

종류	관찰면 중앙의 휘도 cd/m^2	적용농도 상한치
D10형	300이상 3000미만	1.5
D20형	3000이상 10000미만	2.5
D30형	10000이상 30000미만	3.5
D35형	30000이상	4.0

나. 관찰기의 확산성

KS A 4918-1994에서는 관찰기의 성능으로서 상기의 관찰면 중앙의 휘도외에 빛의 확산성을 나타내는 평가값 S가 0.7이상인 것으로 정하고 있다.

이 평가법은 관찰면의 수직 방향과 5도이내의 휘도(cd/m^2)를 L_s, 관찰면과 20도 및 45도의 기울기를 가진 방향에서의 휘도를 L_{20} 및 L_{45}로할 때의 평가값 S는 다음 식 (5-18)과 같다.

$$S = \frac{L_{20} + L_{45}}{2L_s} > 0.7 \quad \cdots\cdots (5\text{-}18)$$

또한 관찰면이 원형인 경우 L_5, L_{20} 및 L_{45}의 측정은 원형 중심을 포함하는 관찰면에 수직인 임의의 면내에서 실시한다.

다. 관찰기의 휘도 균일성

관찰면을 35 mm × 35 mm로 분할하고, 관찰면내에서 정방향을 얻는 부분의 중앙 휘도를 측정한다, 다음 식에 의해서 휘도의 균일성을 나타내는 평가값 g를 구하고, 평가값 g가 0.5이상이 되어야 한다.

$$g = \frac{L_{\min}}{L_{\max}} > 0.5 \quad \cdots\cdots (5\text{-}19)$$

여기에 $L_{\min}$, $L_{\max}$는 각각 측정한 휘도의 최소값 및 최대값을 포함한 하위 4번째까지 평균값(cd/m^2)이다. KS A 4918-1994에서는 상기 규정 이외에 고정 ask의 차광성이 10 cd/m^{2}이하일 것, 전격 방지기능, 내전압, 방열 기능 등이 각각 규정되어있다.

제 4 절 투과도계의 식별 최소 선지름

1. 식별 최소 선지름

방사선투과시험에 있어서 투과사진상에서 투과도계의 선을 식별하기 위해서는 식(5-3) 및 식(5-4)의 관계가 성립되어야 한다.

한편, X선을 사용하는 경우, 바늘상의 식별한계 콘트리스트 $\Delta D_{\min}$은 다음식과 같이 나타낸다.

$$|\Delta D_{\min}| = C \cdot W^{-A} \quad (0.1 < W \leq 0.4)$$

$$|\Delta D_{\min}| = C \cdot (0.4)^{-A} \quad (0.4 < W) \cdots\cdots (5\text{-}20)$$

단, C와 A는 농도에 의해서 정한 정수, 여기서 W는 바늘상의 폭을 나타낸다. 초점치수의 영향을 무시할 경우, 즉 투과도계의 위치에서 겉보기 초점 치수법 d' ≒ 0 및 확대율 m ≒ 1인 경우, 바늘상의 폭 W은 m(d + d')에서 W≒d로 된다. 식별한계가 되는 최소의 선지름(이하, 식별최소선 직경이라 함) $d_{\min}$은 $\Delta D = \Delta D_{\min}$의 관계에서 농도 D가 결정되면 γ, C 및 A가 정해지면서 농도 D와 $\mu_p/(1+n)$의 값에 의해 구해진다. 여기서 투과사진의 농도와 식별 최소 선지름과의 관계에 대해서 $\mu_p/(1+n)$을 파라메터로 구한 결과의 한 예가 그림 5-31이다.

그림 5-31에서 밝혀진 바와 같이 농도 약 2.5에서 식별최소 선지름이 최소(파선)로 되어 이 농도를 최적농도로 생각할 수 있다.

이상과 같이 해서 구해진 최적 농도는 시험체의 재질에 관계없이 적용할 수가 있다. 또한 식별 최소선 직경은 농도로 $\mu_p/(1+n)$값에 의해서 정해지고, X선 필름과 증감지의 조합 및 관찰조건이 같으면, 시험체의 재질이 달라도 $\mu_p/(1+n)$의 값이 같으면 식별최소선 직경은 농도 D에 의해서 결정된다.

다음으로 γ선을 사용하는 경우는 선원으로서 X선을 사용할 경우와 같이 식별최소선 직경을 구할 수 있으며 식별한계 콘트라스트 $\Delta D_{\min}$은 그림 5-24 및 그림 5-25에서 주어지고 있다. ^{192}Ir과 ^{60}Co 감마선원를 사용한 경우의 농도 D와 식별최소선 지름 $d_{\min}$과의 관계는 그림 5-32(a), (b)에 나타내고 있다.

두 그림에서 parameter는 γ선 에너지가 선원에 의해 특정되어 있으므로 산란선비 n만을 쓰고, 농도와 식별최소 선지름과의 관계는 X선에 의한 식별최소선 지름을 준 그림 5-31에서 선질 μ_p를 일정 값으로 생각한 경우와 같은 경향을 나타내고 있다.

2. γ선을 적용하는 시험체의 최소두께

산란비를 고려하고 두께와 식별최소두께와의 관계를 구한 결과를 그림 5-33에 보인다. 그림 5-33에서 파선은 시험체 두께의 2.0%의 투과도계 두께를 나타낸다. 그림 5-34를 보면 ^{192}Ir을 사용한 경우, 투과도계의 두께가 시험체 두께의 2.0%로서 1T, 2T 및 4T의 직경의 구멍이 식별 가능한 것은 두께가 각각 46 mm, 26 mm, 및 16 mm 이상의 경우이다.

^{60}Co의 경우는 직경이 1T의 구멍을 식별할 수 있는 것은 두께 100 mm 이상, 2T 및 4T의 구멍을 식별할 수 있는 것은 두께 60 mm 이상이다. 그리고 그림 5-34는 ^{192}Ir 및 ^{60}Co 감마선원에서 강판의 두께와 산란비와의 관계를 나타내고 있다.

^{192}Ir 및 ^{60}Co를 사용하는 방사선투과시험에 있어서 바늘형 투과도계의 식별최소선 직경이 두께 2.0%이하 및 유공형 투과도계의 식별도 2-1T, 2-2T 및 2-4T를 만족하는 강판 시험체의 최소 적용두께를 적용하면 표 5-20 및 표 5-21와 같이 된다. 이것은 선원 크기의 영향 및 상의 확대를 무시한 조건이다. 보통 촬영방법에서의 최소 적용 두께는 표 5-19(a) 및 표 5-20(a)나타내고 있다. 표 5-19(a)에 의하면 X선 필름 입상성이 양호한 것을 선택하면 최소 적용 두께는 작게 된다.

나아가서 이들의 최소적용 두께는 평판 시험체를 최적농도로 촬영한 경우에 대해서 구하였다. 이에 대해서 모양이 복잡한 시험체에 대해서는 동일두께에 있어서도 산란비가 크게 되며, 이와같은 경우의 최소적용 두께는 평판 시험체 보다 크게 고려할 필요가 있다.

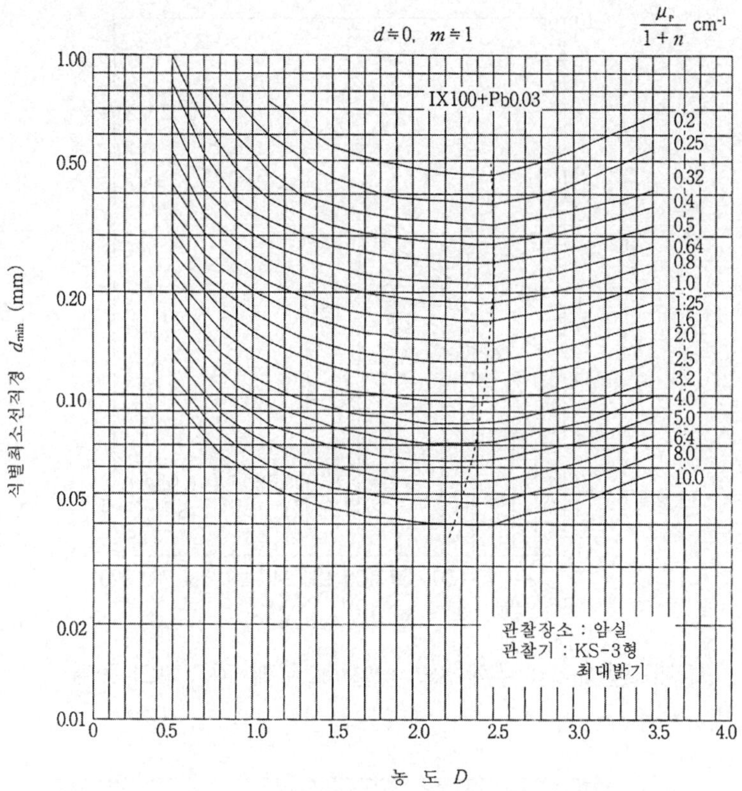

〔그림 5-31〕 농도와 식별최소 선지름과의 관계(parameter $\mu_p/(1+n)$)

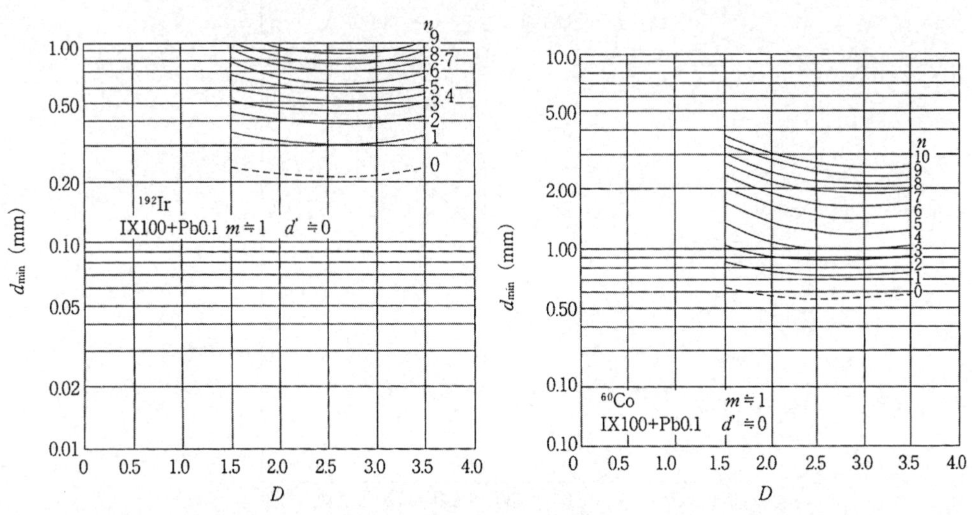

〔그림 5-32〕 농도 D와 식별최소선 직경 d_{min}과의 관계

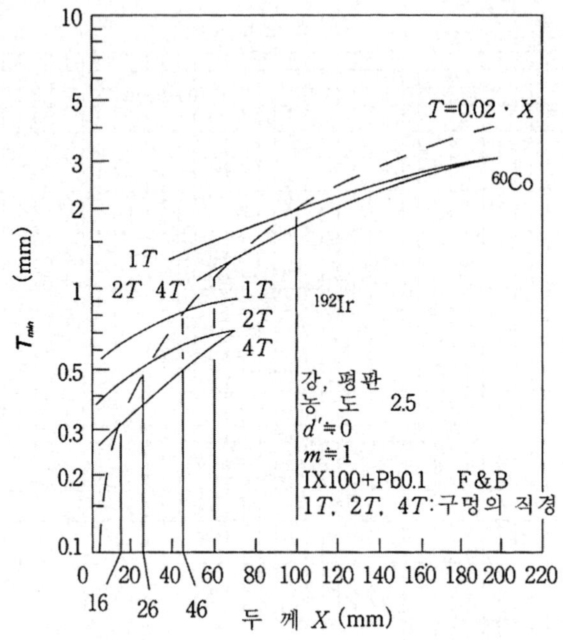

〔그림 5-33〕 두께 X와 식별최소두께 $T_{\min}$과의 관계

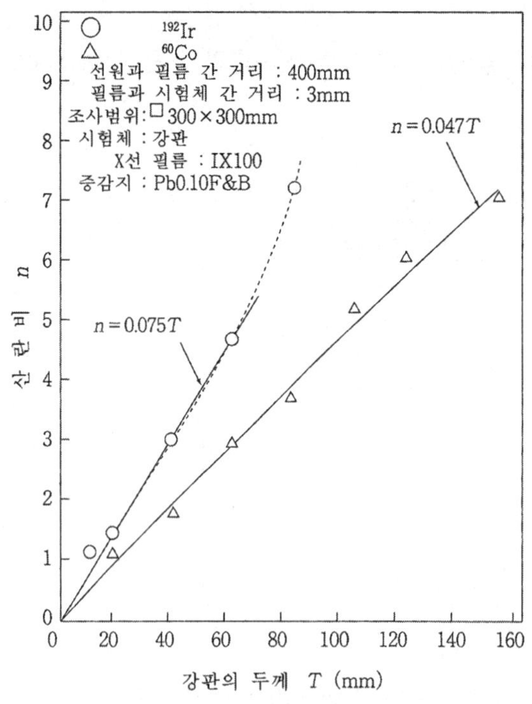

〔그림 5-34〕 강판의 두께와 산란비와의 관계(^{192}Ir^{60}Co)

표 5-19 바늘형 투과도계를 기준한 최소적용두께(강)

(a) 산란비가 그림 5-34에 보인 값의 경우

선원	X선 필름	계산상의 최소 적용두께(㎜) d_{min}(㎜)	투과도계의 식별최소 선지름 d_{min}(㎜)	최소 적용 두께(㎜)
^{192}Ir	IX100	18.0 [0.36]	0.40	20.0
	IX80	15.0 [0.30]	0.32	16.0
	IX50	12.5 [0.25]	0.25	12.5
^{60}Co	IX100	43.5 [0.87]	1.00	50.0

(b) 산란비가 0인 경우

선원	X선필름	계산상의 최소적용두께(㎜) d_{min}(㎜)	투과도계의 식별최소 선지름 d_{min}(㎜)	최소적용 두께(㎜)
^{192}Ir	IX100	11.5 [0.23]	0.25	12.5
	IX80	10.0 [0.50]	0.20	10.0
	IX50	9.0 [0.18]	0.20	10.0
^{60}Co	IX100	27.5 [0.55]	0.64	32.0

표 5-20 유공형 투과도계를 기준한 최소적용두께(선원측 투과도계 D=2.5)

(a) 산란비가 그림 5-34에 보이는 값의 경우

선원	상질	최소적용두께(㎜)
^{192}Ir	2-1T	46
	2-2T	26
	2-4T	16
^{60}Co	2-1T	100
	2-2T	60
	2-4T	60

(b) 산란비가 0인 경우

선원	상질	최소적용두께(㎜)
^{192}Ir	2-1T	21.5
	2-2T	15.5
	2-4T	11.0
^{60}Co	2-1T	37.5
	2-2T	27.5
	2-4T	20.0

3. 용접 덧붙임이 식별 최소 선지름에 미치는 영향

평판 시험체의 촬영에 있어서 식별최소 선지름은 투과사진의 농도 D와 μ_p / (1+n)을 파라메터로 하고 그림 5-31에서 주어진 농도 2.5 근방에서 식별최소선 직경이 최소로 되고 있다.

따라서 덧붙임을 삭제한 용접이음부에 대해서는 농도가 약 2.5가 되도록 촬영조건을 선정하여 식별최소선 직경을 보다 작게 할 수 있다.

그러나 일반적으로는 덧붙임을 삭제하지 않는 경우가 많으므로 덧붙임 부분과 모재의 농도 및 μ_p / (1+n)이 달라 식별최소 선지름도 다르다. 즉 용접부의 덧붙임 중앙부의 농도는 모재부의 최저농도 보다 작고 덧붙임 부분 중앙의 산란비 n은 덧붙임 높이가 높을수록 커지므로 용접부의 식별최소 선지름은 모재부의 식별최소선 지름보다 크다.

표 5-21에 모재의 두께 15 mm, 덧붙임의 폭 20 mm의 용접부에 대해서 여러 가지의 덧붙임 높이에 대한 산란비 n의 일예를 나타낸다. 표에서 밝혀진 대로 덧붙임 높이가 높을수록, 또한 실효에너지가 낮을수록 산란비는 크게 된다.

표 5-22 산란비에 미치는 덧붙임 높이와 실효에너지 관계

실효에너지(keV) / 여분높이(mm)	100	120	140	160	180	200
0	13.5	1.35	1.35	1.35	1.35	1.35
2	1.62	1.60	1.57	1.56	1.55	1.54
4	2.05	1.91	1.83	1.78	1.77	1.75
6	2.51	2.25	2.11	2.03	2.00	1.97
8	3.14	2.71	2.40	2.28	2.23	2.20
10	-	3.23	2.71	2.54	2.45	2.43

(주) 모재 두께 15mm, 덧붙임의 폭 20mm

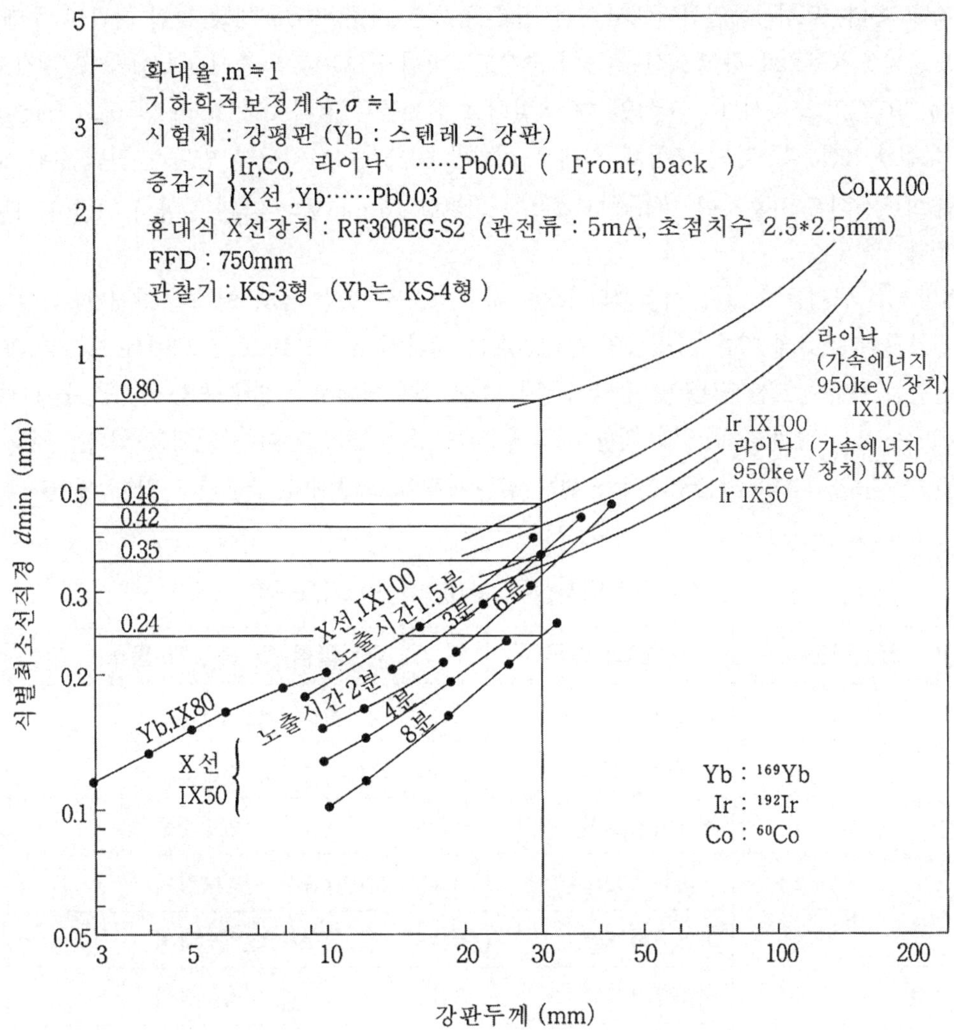

〔그림 5-35〕 방사선 에너지에 따른 강판의 두께와 식별최소선 지름

4. 선원과 감광재료 조합에 의한 식별최소 선지름

실제로 사용하는 선원과 감광재료의 조합에 대해서 실용적인 노출시간을 추가해서 식별최소선지름을 구한 결과는 그림 5-35와 같다.

그림 5-35에서 X선 필름으로 중감도, 미립자 필름(IX 100)을 사용한 경우, 예를 들면 강판의 두께가 30mm의 경우, 선원 ^{60}Co , 직선가속장치(가속에너지 : 950keV), ^{192}Ir 및 X선(노출시간 : 3분)의 순서로 식별최소 선지름은 각각 0.80 mm, 0.46 mm, 0.42 mm 및 0.35 mm

로 작게 된다. 또한, 동일선원에서 X선 필름 종류를 바꾼 경우, 예를 들면 강판의 두께 30 mm, 선원을 X선으로 하고 X선 필름이 중감도 · 미립자(IX100, 노출시간 : 3분) 및 저감도 · 초미립자(IX50, 노출시간 : 8분)일 때 식별최소 선지름은 각각 0.35 mm 및 0.24 mm이다. 즉, 선원과 X선 필름과의 조합에 의해서 식별할 수 있는 선지름의 범위가 정해진다. 또한 ^{169}Yb의 γ선원을 사용하면 ^{192}Ir에서 적용이 곤란한 10 mm보다 얇은 강판의 식별이 가능하게 된다.

식별최소 선지름의 값은 시험체의 모양, 치수 및 관찰조건 등의 영향을 받지만, 선원과 X선 필름과의 조합에 따른 상질과의 상대관계는 변하지 않으므로 표 5-22에서 보는 바와 같이 선원의 종류와 X선 필름 및 증감지 종류의 조합에 의해서 기술구분을 설정할 수가 있다.

이것은 각종 강판의 두께에 대한 실험에 의해 표 5-23와 같이 확인되고 있다.

방사선 투과시험의 기술구분이 선원과 감광재료의 조합에서 구분되고 있는 예이다.

표 5-22 방사선투과시험방법의 기술구분

기술구분		선원의 종류	X선 필름 및 증감지 종류
A		저에너지 X선[1]	저감도 X선 필름[2]과 연박증감지
B	a	저에너지 X선	중감도 X선 필름[3]과 연박증감지
	b	저에너지 X선	중감도 X선 필름과 금속형광증감지
	c	이리듐 192	저감도 X선 필름과 연박증감지
	d	고에너지 X선	저감도 X선 필름과 연박증감지
C	a	이리듐 192	중감도 X선 필름과 연박증감지
	b	고에너지 X선	중감도 X선 필름과 연박증감지
D	a	이리듐 192	중감도 X선 필름과 금속형광증감지
	b	저에너지 X선	고감도 X선 필름[4]과 금속형광증감지
	c	코발트60	중감도 X선 필름과 연박증감지

주 1) 저에너지 X선 : 관전압, 500kV 이하의 X선
2) 저감도 X선 필름 : Fuji #50상당
3) 중감도 X선 필름 : Fuji #100상당
4) 고감도 X선 필름 : Fuji #400 상당

표 5-23 선원과 감광재료 조합에 대응하는 식별 최소 선지름

강판두께 (mm)	선원 종류	실효 에너지 (keV)	X선 필름	증감지	식별최소 선지름(mm)	KS B 0845 A급	KS B 0845 B급	기술구분의 예	
10	X선	130	IX50	Pb0.03	0.125	○	○	A	
	X선	110	IX100	Pb0.03	0.16 (0.16)	○	○	B	a
	^{192}Ir	400	IX50	Pb0.10	0.25	×	×		c
	^{192}Ir	400	IX100	Pb0.10	0.32	×	×	C	a
20	X선	190	IX50	Pb0.03	0.25 (0.20)	○	○	A	
	X선	150	IX100	Pb0.03	0.25 (0.28)	○	○	B	a
	X선	130	IX100	SMP308	0.32	○	×		b
	^{192}Ir	400	IX50	Pb0.10	0.32 (0.29)	○	×		c
	X선	400	IX100	SMP303	0.40 (0.37)	○	×	D	a
30	X선	200	IX50	Pb0.03	0.25 (0.23)	○	○	A	
	X선	200	IX100	Pb0.03	0.32 (0.37)	○	○	B	a
	^{192}Ir	400	IX50	Pb0.10	0.32 (0.33)	○	○		c
	^{192}Ir	400	IX100	Pb0.10	0.50 (0.42)	○	×	C	a
	라이낙	850	IX100	Pb0.10	0.50 (0.46)	○	×		b
	^{60}Co	1250	IX100	Pb0.10	0.80 (0.80)	×	×	D	c
39	X선	200	IX50	Pb0.03	0.32 (0.26)	○	○	A	
	X선	200	IX100	Pb0.03	0.40 (0.41)	○	○	B	a
	X선	200	IX100	SMP308	0.40	○	○		b
	^{192}Ir	400	IX50	Pb0.10	0.40 (0.37)	○	○		c
	^{192}Ir	400	IX100	Pb0.10	0.50 (0.47)	○	○	C	a
	^{192}Ir	400	IX100	SMP303	0.50	○	○	D	a
51	X선	200	IX100	Pb0.03	0.40 (0.47)	○	○	B	a
	X선	200	IX100	SMP308	0.50	○	○		b
	^{192}Ir	400	IX100	Pb0.10	0.50 (0.52)	○	○	C	a
	^{192}Ir	400	IX100	SMP303	0.64	○	○	D	a
	X선	180	IX400	SMP308	0.80	○	○		b
70	^{60}Co	1250	IX100	Pb0.10	1.0 (1.1)	○	×	D	c

주(1) 확대율≒1, d'≒0 농도 : 약 2.5~3.5 현상 : 탱크현상
(2) Pb : 연박증감지　SMP : 금속형광증감지
(3) (　) 내는 계산값
(4) 필요조건을 만족하는 경우 ○ 합격, 만족하지 않는 경우 X 불합격
(5) WES 2004-1986(강용접부의 비파괴 시험용 통칙)

【익 힘 문 제】

1. 방사선투과사진을 판독시 판독자에게 영향을 주는 인자들을 나열하고 설명하시오

2. 투과사진의 관찰방법이 판독에 미치는 영향을 설명하시오

3. 강관의 원둘레용접 이음부의 투과사진을 KS B 0845에 따라 상질을 판독할 때에 확인하여야할 필요조건을 나열하고 설명하시오

4. 투과도계의 바늘상에 대한 콘트라스트 ΔD에 영향을 주는 관계식을 쓰고 각각을 설명하시오.

5. 식별한계 콘트라스트(ΔD)를 구하는 순서를 쓰시오

6. 방사선투과사진의 겉보기 콘트라스트(ΔD_a)란 무엇이며, 투과사진의 콘트라스트(ΔD)와의 관계를 설명하시오.

7. 용접부 투과사진의 투과도계 식별 최소 선지름에 영향을 미치는 인자를 나열하고 설명하시오

8. 용접 덧붙임이 식별 최소 선지름에 미치는 영향을 쓰시오

9. 필름 관찰기의 특성과 구비조건을 설명하시오

10. 다음 용어를 설명하시오

(1) density strip(농도 필름)
(2) SMD(scanning micro densitometer)
(3) Jaeger test chart
(4) 계조계의 값
(5) 관찰기 밝기의 단위

제 6 장 투과사진의 결함

제 1 절 투과사진의 인공 지시

1. 결함지시와 의사 지시

가. 결함지시

방사선투과검사에서 결함 여부를 결정하기 위하여 판독이 요구하는 투과사진상의 흔적 또는 모양을 지시(指示 : indication)라 하며, 결함지시와 의사지시로 구분한다. 결함지시는 시험체내에 실제 존재하는 불연속부로서 검사 목적 대상이 되는 시험체 정보이다.

그러나 의사지시(疑似指示 : nonrelevant indication) 는 결함 이외의 원인으로 나타나는 지시로 무관련지시, 거짓지시 또는 의사결함(疑似缺陷)이라고도 한다. 이는 검사 목적에 원하지 않는 비정보원으로서 결함 평가에 나쁜 영향을 끼치므로 .가능한 투과사진상에 나타내지 않도록 해야 한다. 비정보원이 사진상에 나타난 것을 결함지시와 구별할 수 있어야한다. 시험체 내에서 불연속을 이루는 결함의 존재는 때때로 재료와 구조물 파괴의 원인이 된다. 시험체 결함부위는 대부분 시험체 단면의 감소와 응력집중으로 다른 부위보다 취약하기 때문이다. 그러므로 결함지시와 의사지시의 구별은 매우 중요하다. 의사지시는 촬영자나 현상처리자 등의 인공적 원인으로 발생하는 경우에는 인공결함(人工缺陷 : artifact)이라고 한다.

여기서는 방사선투과사진의 판독자가 참고하도록 의사지시 및 실제 불연속지시의 일부를 나타내었다.

방사선투과사진의 판독은 수년간의 경험을 가진 기량을 갖춘 필름 판독자라 하더라도 불연속의 본성과 그들의 위치를 잘못 판단할 수 있다. 이 장에서 나타낸 설명과 사진은 판독과정에서 쉽게 만나는 지시를 식별하는데 도움이 되는 참조용으로써만 사용되며, 판정의 기준으로 사용해서는 안된다.

나. 의시지시

방사선 투과검사를하는 결과는 투과사진상에서 결함지시를 발견하는 것이라 할 수 있다. 그러나 투과사진상에 실제 결함이 아닌데 결함처럼 나타나는 지시가 있는데 이를 의사지시라 한다. 의사지시의 원인은 여러 가지가 있으나 재료와 방사선에 따른 물리적 현상 등에 의한 의사결함상과 촬영자나 현상처리자의 인공적 원인으로 발생하는 인공결함으로 분류하여 알아보고자 한다.

방사선투과검사 과정은 부주의한 필름의 취급이나 오염에 대단히 쉽게 영향을 받는다. 필름을 홀더에 넣거나 빼는 행위나 현상처리 과정 등에서 인공결함(artifacts)을 초래할 수 있다.

판독에 신중하지 못하면 이러한 인공결함을 인지하지 못하게 된다. 감광유제의 스크래치(scratch)는 판독 오류를 범하는 가장 일반적인 원인이다. 스크래치에 의한 결함은 필름의 양면을 반사광을 이용하여 비춰봄으로 쉽게 찾아낼 수 있다.

이중 필름기법(double film technique)은 관심이 되는 부위를 두 필름을 통해 비교할 수 있으므로 인공결함을 확인하는 가장 효과적인 방법이다. 지시가 한쪽 필름에만 있고 다른 필름에 없다면, 동일한 장소에서 나타나지 않는다거나 모양이 다르다면, 그것을 인공결함으로 판단한다.

인공결함에는 많은 형태가 있으므로 몇몇은 실제 불연속과 혼동되기도 한다. 따라서 이러한 의사지시를 식별하여 필름 판독보고서에 기록하는 것은 대단히 중요하다. 관심부위에 인공결함이 존재하는 경우에는 다시 촬영해야 한다. 그러므로 인공결함을 최소화하기 위해 가능한 모든 절차를 따르는 것이 매우 중요하다.

2. 현상처리 전에 발생된 인공결함

가. 구겨짐 표시(crimp mark)

구겨짐 표시는 필름을 필름홀더에 넣거나 뺄 때 필름을 갑자기 구부림으로 발생한다. 필름이 노출되기 전에 주름이 잡히면 주변보다 낮은 농도의 초생달 형태로 나타난다[그림6-1(a)]. 노출 후에 구겨지면 주위보다 짙은 농도를 나타낸다. [그림6-1(b)]

나. 눌림 표시(pressure mark)

필름이 국부적으로 심하게 눌리어 발생한다. 예를 들면 필름홀더 위에 어떤 물체가 떨어지는 경우 나타난다. 현상 처리된 필름에 낮은 농도로 나타난다. (그림6-2)

다. 필름 스크래치(film scratch)

필름의 감광유제는 아주 민감해서 쉽게 스크래치가 발생된다. 필름을 홀더에 넣거나 뺄 때 손톱에 의하거나 거친 취급에 의해 스크래치가 생긴다. 필름상의 스크래치는 필름면에 대해 비스듬히 비추는 반사광으로 쉽게 식별할 수 있다. (그림 6-3)

라. 증감지 표시(screen mark)

납증감지의 스크래치는 방사선의 강도를 강화하여 방사선 투과사진상에 뚜렷한 지시로 나타난다. 이는 납증감지를 포함한 있는 필름 카세트를 시험체의 형상에 맞추기 위해 구부렸을 때 특히 현저하다. 형광증감지의 먼지와 같은 오염은 빛이 필름으로 투과하는 것을 방해하여 현상 처리된 필름에는 저농도로 나타난다. 증감지의 모서리부분에 고유 일련번호를 새겨 넣어 손상된 증감지를 식별할 수 있어야 한다.

필름과 형광스크린 또는 납증감지 사이에 먼지, 담뱃재, 종이 또는 비듬과 같은 미세한 이물질이 있으면 흰 반점으로 나타난다. 증감지로 부터의 의사지시를 최소화하기 위해 증감지를 청결히 하는 것이 절대 필요하다. 또한 플라스틱 방호용 코팅이 되어 있으면 사용 전 제거되어 있는지 확인해야 한다. 그림 6-3은 전방증감지에 「FRONT」, 후방증감지에 「BACK」 이라고 스크래치를 한 결과를 나타낸 것이다. 또한 희게 나타난 것은 필름과 증감지 사이에 머리카락이 개채되어 나타난 것이다.

마. 광선 노출(light exposure)

현상 안된 필름을 빛에 노출하거나 빛이 새는 필름 카세트에 필름을 넣는 경우 발생한다. 불이 켜진 암실에서 필름 통을 개봉해서는 안된다, 필름 홀더는 주기적으로 점검해야 한다. 그림 6-4은 필름 카세트의 불량으로 광선이 필름에 노출되어 검게 나타났다.

바. 정전기 표시(static mark)

필름을 거칠게 취급하거나 필름 홀더에 넣거나 뺄 때, 급히 취급할 때 일어나는 정전기

방전이 원인이다. 또한 간지를 필름으로부터 급격히 제거하는 경우에도 발생할 수 있다. 정전기 표시의 형태는 그림 6-5와 유사한 나뭇가지 모양의 수지상 정전기 표시, 그림 6-6과 같은 막대기 형태의 봉모양 정전기 표시 그리고 그림 6-7에 나타난 별모양의 정전기 표시들로서 검게 나타난다.

사. 뿌염(fog)

현상처리 안된 필름이 저준위의 방사선에 조사되거나, 습도나 온도가 높거나, 허용강도 이상의 안전등에 조사되었을 때 필름 전체에 나타나는 뿌연 안개현상을 말한다. 안전등의 강도한계에 대한 정보는 필름 제조사로부터 얻어야 한다. 그림 6-8은 보관된 필름 상자 속에 X선이 경사방향으로 노출되어 검게 감광되었음을 나타내고 있다.

3. 현상 과정 중 발생한 인공결함

수동현상에 대한 일반법칙을 주의 깊게 따르지 않으면 여러 가지 형태의 결함이 나타난다. 일반적으로 나타나는 현상과정에서의 결함은 줄무늬(streak)와 반점(mottle)이다. 이들은 주로 다음의 원인에 의해 발생된다.

① 현상 중 필름을 충분히 교반하지 않은 상태에서 현상을 하면 얼룩이 생긴다(그림 6-9). 그리고 현상 탱크 내에 너무 많은 필름 걸개를 넣어 이웃하는 필름사이에 적절한 공간을 확보하지 못하여 필름끼리 부착할 경우(그림 6-10)
② 정착 전에 물로써 충분히 헹구지 않았거나 필름을 충분히 교반하지 않은 경우
③ 수명이 다한 정지액을 사용하거나 정지액에서 필름을 적절히 교반하지 않은 경우
④ 정착액에 필름을 넣은 직후 충분히 교반해 주지 않는 경우 등이다.

다른 결함으로는 현상용액이 튀어서 생긴 검은 반점(dark spot), 정전기방전, 지문 자국 및 현상액이 묻은 상태에서 안전등 아래에서 장시간 관찰함으로 생기는 검은 줄무늬(dark streak)가 있다. 따라서 건조되기 전에 안전등 아래에서 필름을 장시간 관찰해서는 안된다.

또 다른 형태의 결함으로는 'fog(뿌염)'가 있는데 이는 방사선에 의해 조사되지 않은 할로겐화은 입자가 현상되는 것을 의미한다. 이는 대단히 골치 아픈 현상으로 빛, *X*선 또는 방사성물질에 의한 우연한 노출, 오염된 현상 용액, 너무 높은 온도에서의 현상, 부적절한 조건 아래에서의 저장, 또는 유효기간이 경과한 필름의 사용 등이 원인이 된다.

가. 용액에 의한 줄무늬(chemical streak)

수동현상처리과정에서 앞서의 용액이 필름 행거 등에 묻은 상태로 다음 단계로 이동하면 필름에 줄무늬(streak)를 나타낸다(그림 6-12). 필름이 정지액을 거치지 않고 직접 수세용 물에 넣게 되면 줄무늬가 생길 수 있다. 정착액으로 옮겨온 현상액이 또한 필름전체에 줄무늬를 나타내기도 한다. 줄무늬를 방지하기 위해 현상과정에서 필름 행거를 충분히 교반해 주어야 한다.

나. 반점(spotting)

정지액이나 정착액이 현상 처리 전에 필름에 묻게 되면 그림 6-13에서와 같이 밝은 반점이 된다. 그러나 현상 전에 물방울이나 현상액이 필름에 묻으면 그림6-14에서와 같이 검은 반점으로 나타난다. 또한 필름 건조시에 필름 표면에 물방울이 묻어 있으면 주변의 다른 부위보다 건조하는데 더 많은 시간을 요하게 되어 원형의 뚜렷한 반점을 만든다(그림 6-11).

다. 공기 방울(air bell)

현상 용액에 필름을 넣을 때 필름 표면에 붙어있는 기포에 의해 필름상에 흰 반점으로 나타난다. 기포를 제거하기 위해 필름 행거를 탱크 상단부에 탁탁쳐주거나 교반하여 준다.

라. 오염 물질

먼지등과 같은 오염물질이 현상액, 정지액 및 정착액에 집적되면 필름에 지저분한 형상으로 나타난다. 수세용 물이 적절히 되지 않는 경우에도 같은 결과가 초래된다. 수세탱크로 주입되는 물이 더럽고 적절히 여과되지 않으면 같은 결과를 초래할 수 있다. 반사광으로 필름을 관찰함으로 식별할 수 있다.

마. 주름(frilling)

너무 온도가 높거나 오염된 정착액에 의해 필름의 기저부분으로부터 감광유제가 들뜨는 현상을 주름이라 한다.

바. 망상형 주름(reticulation)

현상처리 과정에서 온도가 갑자기 변함에 따라 필름 표면이 주름이 가거나 그물모양으로 되는 모양을 말한다.

4. 현상 후에 발생한 인공 결함

현상 후에도 필름을 거칠게 취급하면 스크래치가 발생한다. 비록 현상이 되었다 해도 감광유제는 약하기 때문에 조심스럽게 취급해야 한다.

판독과정 등에서 필름에 지문이 나타날 수 있다. 지문을 방지하기 위해 면이나 나일론으로 된 장갑을 끼고 필름을 취급해야 한다.

이외에 필름이 방사선에 노출후에 물방울이 현상전에 묻으면 이부분은 현상이 잘이루어지지 않아 얼룩이 진다(그림 6-15). 그리고 노출된 필름에 손톱 자국의 구부림(그림 6-16)이나 필름이 꺾이거나(그림 6-17), 필름에 충격이 있을 때(그림 6-18)에는 주위보다 검게 나타난다.

5. 투과사진에 나타난 인공 결함 사진

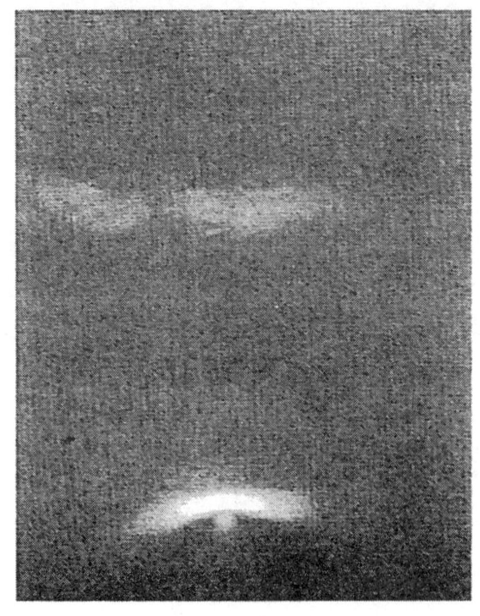

(a) 노출 전

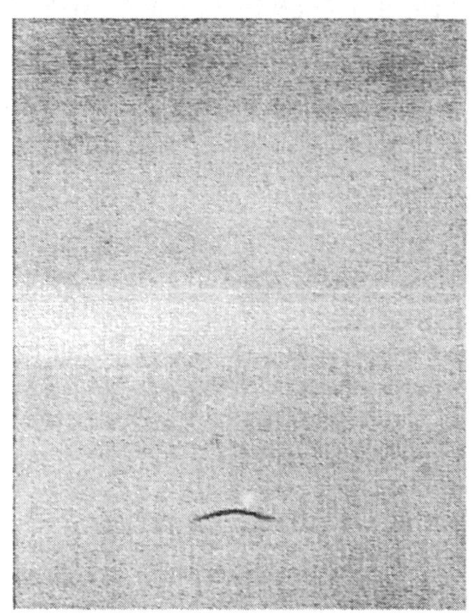

(b) 노출 후

〔그림 6-1〕 구겨짐 표시(crimp mark).

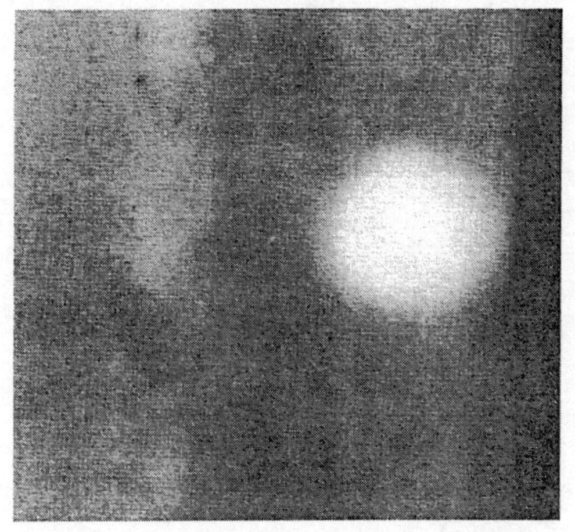

〔그림 6-2〕 눌림 표시
(pressure mark)

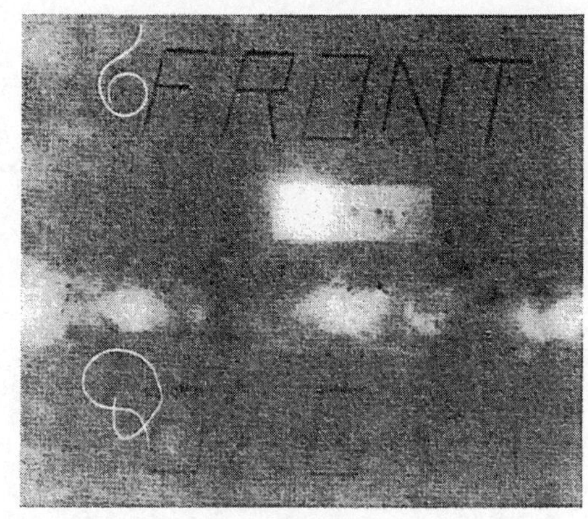

〔그림 6-3〕 증감지의 스크래치 및 필름과
증감지 사이의 이물질 표시

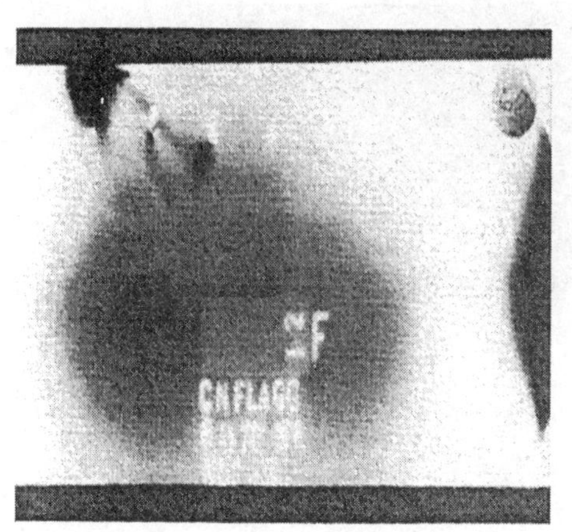

〔그림 6-4〕 빛 노출에 의한 표시

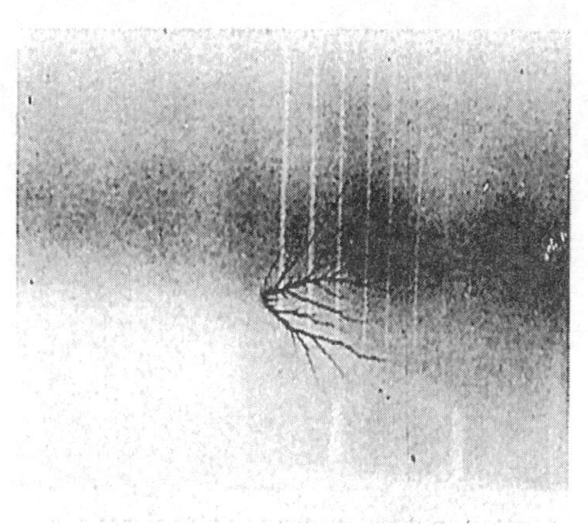

〔그림 6-5〕 나뭇가지 모양의
정전기 표시

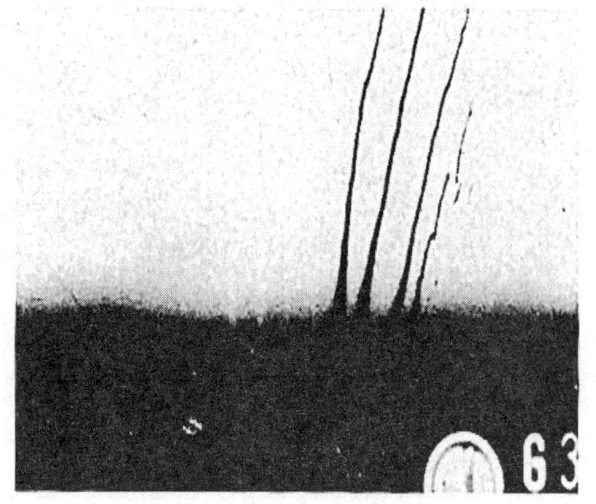

〔그림 6-6〕 봉모양의 정전기 표시

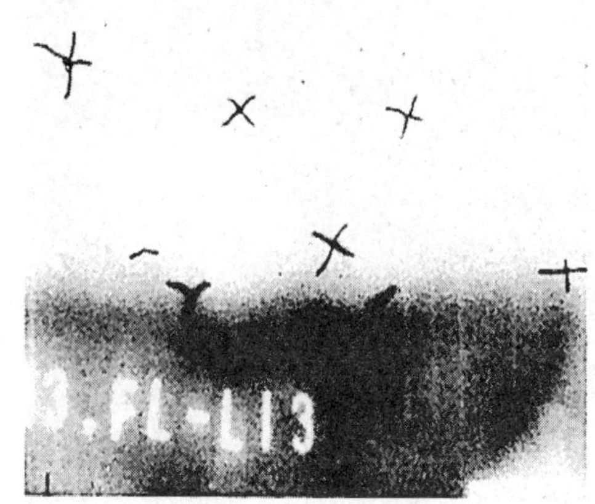

〔그림 6-7〕 별모양의 정전기 표시

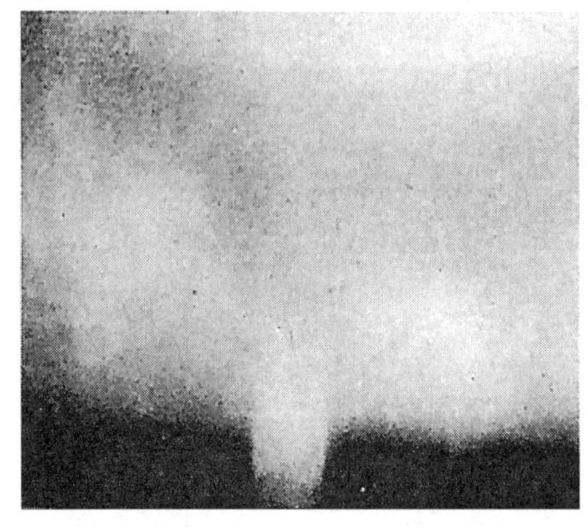

〔그림 6-8〕 방사선에 의한 뿌염
(필름 상자속에 경사방향으로 X선 노출)

〔그림 6-9〕 현상얼룩

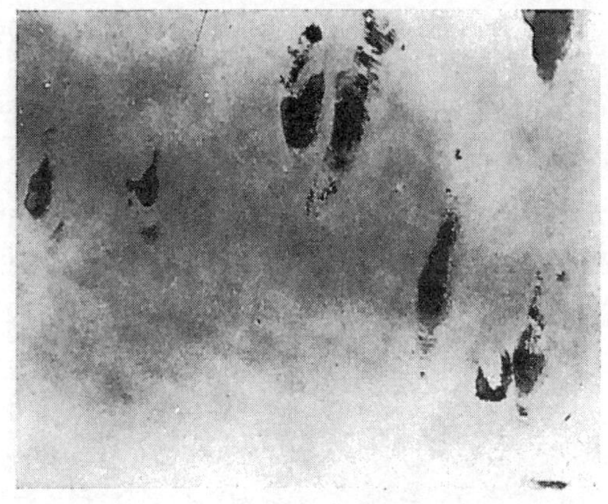

[그림 6-10] 현상중에 필름끼리 부착한 표시

〔그림 6-11〕 건조 얼룩 (건조 후 물방울 부착)

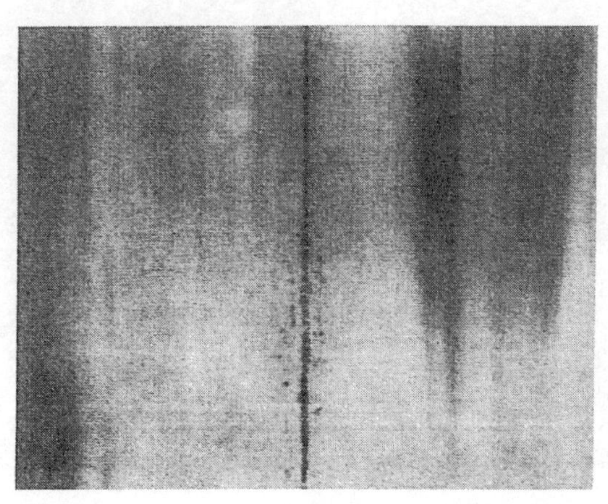

〔그림 6-12〕 필름 행거의 청결불량으로 인한 줄무늬

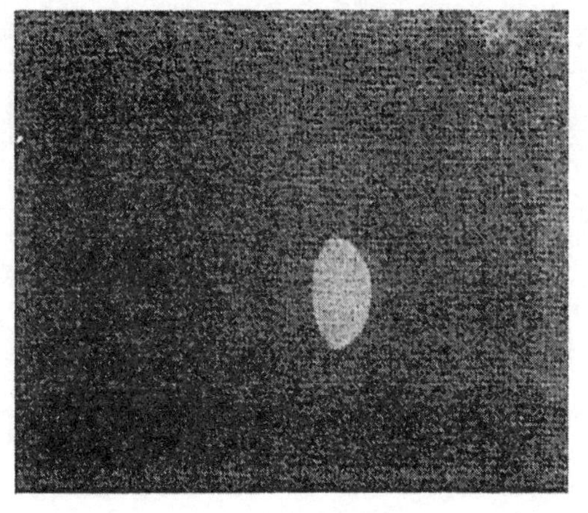

(a) 정지액

(b) 정착액

〔그림 6-13〕 현상전 필름에 묻은 밝은점

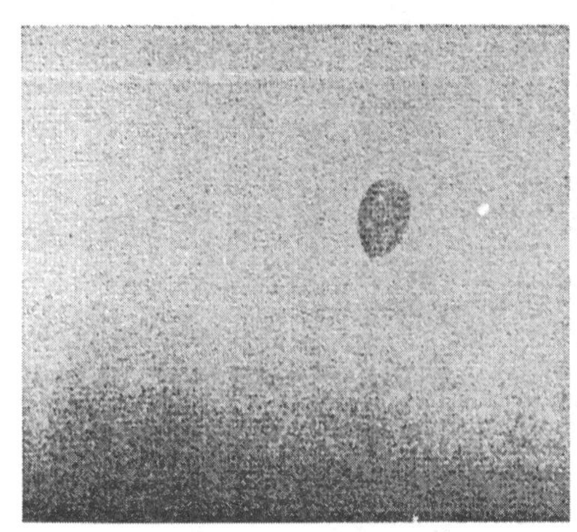

(a) 물

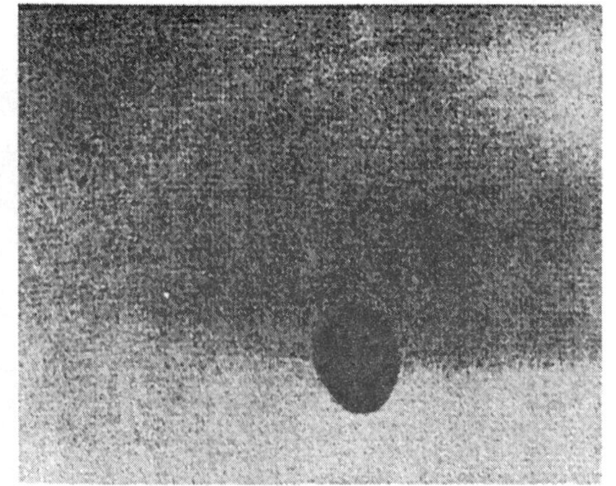

(b) 현상액

〔그림 6-14〕 현상전 필름에 묻은 검은점

〔그림 6-15〕 현상전에 물방울 부착
(노출 후)

〔그림 6-16〕 손톱자국의 구부림
(노출 후)

〔그림 6-17〕 노출 후에 구부림

〔그림 6-18〕 노출 후에 충격

6. 부적절한 투과사진의 원인과 대책

가. 너무 높은 사진농도

(1) 노출량 과다

필름에 방사선 노출량이 과다인 경우로서 노출 상태를 점검하고 노출량을 줄이어야 한다. 고농도의 흑화도는 빛의 강도가 높은 관찰기로 관찰하여야 하고, X선인 경우는 관전압, 관전류 및 노출시간을 조절하고, γ선인 경우는 노출 시간을 조절하여야 한다.

(2) 과잉 현상

현상액 온도가 높거나 현상 시간이 길게 되면 사진 농도가 높아짐으로 조절하여야 한다.

(3) 뿌염(fog)

안개낀 것 같이 뿌연 현상은 산란선 영향 및 현상과정 등 여러 원인이 될 수 있으므로 원인을 파악하여 제거하여야 한다(바항 참조)

나. 너무 낮은 사진 농도(low density)

(1) 노출이 너무 부족할 때 : 노출 시간과 방사선의 강도에 따른 노출상태를 점검하고, 노출을 적절하게 증가한다.

(2) 현상이 부족할 때 : 현상시간이나 현상온도를 증가시킨다. 그리고. 현상액 성능이 저하된 현상액은 교체한다.

(3) 증감지와 필름 사이에 어떤 물체가 끼어 있을 때 : 끼어 있는 물체를 제거한다.

다. 높은 콘트라스트(high contrast))

(1) 시험편의 콘트라스트가 클 때 : *X*선 관전압(KVp)을 증가시킨다.

(2) 필름 콘트라스트가 높을 때 : 콘트라스트 특성이 낮은 필름을 사용한다.

라. 낮은 콘트라스트(low contrast)

(1) 시험편의 콘트라스트가 작을 때 : X선 관전압(KVp)을 낮춘다.

(2) 필름 콘트라스트가 낮을 때 : 콘트라스트 특성이 높은 필름을 사용한다.

(3) 현상이 부족 할 때 : 현상시간이나 현상온도를 증가시킨다. 그리고 성능이 저하된 현상액을 교체한다.

마. 불선명도(unsharpness)

(1) 시험편과 필름간의 간격이 너무 떨어져 있을 때 : 가능한 한 시험편과 필름간의 거리를 줄이도록 한다. 여의치 못할 경우에는 선원과 필름간 거리를 증가시킨다.
(2) 선원과 필름간의 거리가 너무 짧을 때 : 선원과 필름간 거리를 증가시킨다.
(3) X선 초점이나 감마선원의 크기가 너무 클 때 : 크기가 작은 선원을 사용하거나 선원과 필름간의 거리를 증가시킨다.

바. 뿌염(fog) 현상

(1) 증감지와 필름이 밀착되어 있지 않을 때 : 증감지와 필름의 밀착 상태를 꼭 확인하고 밀착시킬 것.
(2) 필름의 입상이 너무 조대할 때 : 미세한 입상의 필름을 사용
(3) 암실 내에 스며드는 빛이 있을 때 : 암실의 불을 모두 끈다. 그리고 암실 주위에 있는 이웃 방들의 불을 모두 켜놓은 상태에서 암실에 빛이 스며드는지를 점검하고 완전히 차광시킨다.
(4) 암등으로 인한 노출이 있을 때 : 암등의 출력을 줄이고 적정한 필터를 사용할 것.
(5) 필름 보관이 방사선으로부터 적절히 방어되고 있지 않을 때 : 필름이 들어 있는 필름 홀더에 납으로 된 스트립을 부착시켜, 필름 보관 장소에 2, 3주간 걸어 놓는다. 그리고 현상 후 납 스크린의 모양이 필름 영상에 나타날 경우에는 방사선에 대한 차폐를 완벽하게 개선할 것.
(6) 필름이 열, 습기, 화학적 분위기의 기체 등에 노출되었을 때 : 필름을 서늘하고 건조한 장소에 보관할 것. 단, 기체나 증기가 존재하는 곳은 금한다.

제 2 절 용접부 투과사진의 의사 결함상

오스테나이트계 스텐레스강이나 알루미늄 합금의 용접부 및 주물의 방사선 투과사진에는 결함이 실제로는 존재하지 않음에도 불구하고, 결함과 같은 모양의 의사결함(疑似缺陷 : nonrelevant defect)상(像 : image)이 나타날 수가 있다. 오스테이나트계 스텐레스강 용접부에 대해서 처음으로 보고된 것은 1963년이다. 이들의 의사 결함상의 원인에 대해서는 과거 여러 가지 관점에서 많은 보고가 있었다. 그 보고에서는 ① 의사조직으로부터의 회절상 ② 성분 분석에 의한 투과상 ③ 미소한 공기구멍의 집적에 따른 투과상 등의 학설이 나왔다.

최근에 의사결함상의 직접적인 원인을 X선의 회절현상에 바탕을 둔 연구와 실험이 이루어졌으나, 현재는 이론과 실험을 통해서 의사결함상은 응고조직에 의한 X선의 회절선이 있는 것으로 실증되고 있다.

그러나 의사결함상이 실제의 구조물 검사에서 발생한 경우에, 그 의사 결함상을 결함이라고 판정, 또는 그 판정이 곤란한 경우에는 생산자와 사용자의 사이에서 자주 문제가 되어 큰 논쟁의 원인이 되기도 한다.

KS D 0237-1989(스테인리스강 용접부의 방사선투과시험방법 및 투과사진의 등급분류방법)에서 의사결함상은 결함과는 무관한 금속의 응고조직에 기인하는 회절상을 일으키기 때문에 의사결함상을 "결함의 분류" 대상으로 하지 않고, "의사결함상"과 실제의 "결함상"과의 판별방법에 대해서 지침을 내리고 있다.

따라서 금속조직에 기인하는 선상 또는 반점상의 음영은 강도의 저하에 미치는 영향이 거의 없으므로 등급분류에 포함하지 않는다. 다만 , 용입부족 및 블로우 홀 등의 결함과 혼동하지 않도록 의사결함상의 판별방법 및 그 원인에 대해서 충분히 검토해야 한다.

1. 의사결함상의 형태와 동작

용접부에 나타난 의사결함상(疑似缺陷像 : nonrelevant defect image)은 복잡하지만 그 형태는 선모양(line shape), 부러쉬 모양(brush shape), 반점 모양(mottle shape)의 3종류로 크게 나눈다. 그러나 의사결함상은 단독으로 나타나는 경우도 있으나 서로 섞여서 나타나는 경우가 많다.

가. 선모양의 의사 결함상

의사결함상에 대해서 가장 문제가 되는 것은 선모양의 의사 결함상이다. 한 예를 그림 6-19에 보인다. 선모양의 의사결함상은 일반적으로 용접부의 중앙부근에 하얀 선상의 상이 인접해서 나타나며, 융합불량, 세로 균열, 또는 슬래그(slag) 등의 결함상과 유사하며, 비교적 판 두께가 얇은 경우에 많이 볼 수 있다. 이와 같은 상은 불명료하지만 반점모양의 의사결함상이 선상으로 이어져있기 때문에 선모양의 의사결함상으로서 관찰할 경우가 있다.

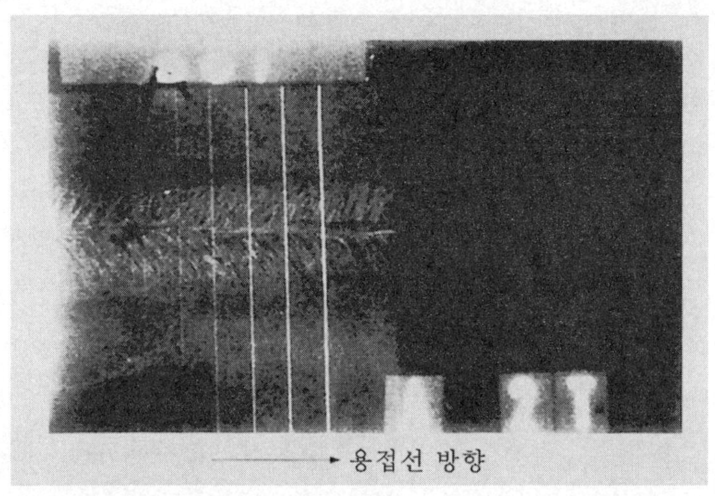

〔그림 6-19〕 선모양과 부러쉬모양의 의사 결함상

나. 부러쉬 모양의 의사 결함상

부러쉬(brush)모양의 의사결함상은 그림 6-20과 같이 용접부 중앙부근에서 모재부로 향해서 부러쉬로 쓸어낸 것 같은 모양을 보인다. 이 의사 결함상은 용접에서는 빈번하게 일어난다. 또한 부러쉬모양의 의사결함상은 마치 모재료부에서 용접부 중앙부로 향해서 응고된 주상조직(柱狀組織 : columna structure)의 macro 조직과 유사한 형태의 것이 많이 보인다. 이 상의 방향은 용접조건에 따라서 다르게 된다.

다. 반점상의 의사 결함상

그림 6-21과 같이 블로우 홀(blow hole)이나 기공(porosity) 상의 가느다란 반점이 용접부 전역에 걸쳐서 똑같이 나타나는 경우가 많다.

보통 이들의 반점상의 의사결함상은 다른 선상이나 부러쉬의 의사결함과 섞여서 나타나는 수가 있다.

이상의 의사결함상은 용접조건으로서는 수동용접, 자동용접, 단층싸임, 다층싸임 등 어느 경우에도 발생한다.

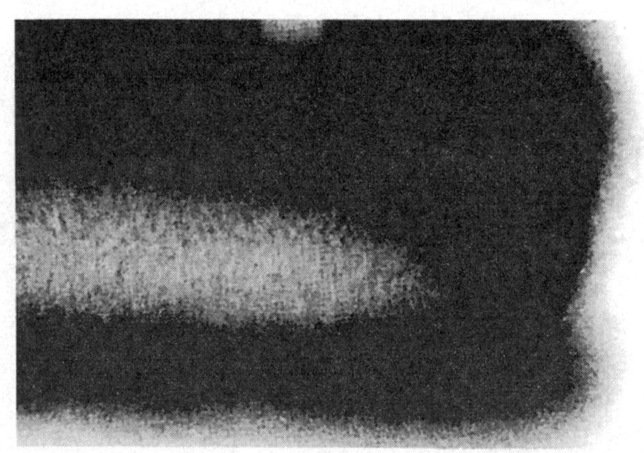

서브마지드 용접, 판두께 12.4 mm
재질 SUS 304
(a) Brush상, 반점상의 유사흠집상

서브마지드 용접, 판두께 12.4mm
재질 SUS 304
(b) 단면의 마크로 사진

〔그림 6-20〕 부러쉬모양과 반점모양의 의사결함상 및 단면의 마크로사진

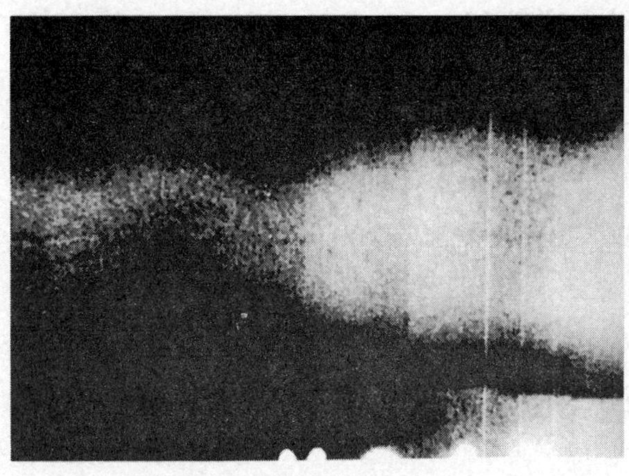

〔그림 6-21〕 선모양의 의사결함상과 반점모양의 의사결함상

2. 의사 결함상의 성질과 거동

이상과 같이 의사결함상은 여러 가지 형태를 가지나, 투과사진을 촬영할 경우에 촬영조건을 변화시키면 의사결함상의 형태도 변화된다. 또한 그 형태는 용접부의 두께 및 응고조직과 밀접한 관계가 있다.

따라서 이들의 여러 성질을 자세하게 검토하는 것이 의사결함상의 원인 해명과 결함상의 판별법을 밝혀내는 데 중요한 수단이다.

가. 의사 결함상의 발생부위

일반적으로 의사 결함상은 판 두께가 두꺼울수록 콘트라스트가 감소되나 한편, 의사결함상은 예로서 그림 6-22에서 보는 바와 같이 용접부 각 부, a, b, c에서 같은 양상으로 발생하는 것은 아니고, 용접부의 응고조직에 크게 의존하고, a, b, c 각 부위 중에서 의사결함상의 발생에 크게 기여하는 부위와 그다지 기여하지 않는 부위도 존재한다.

나. 촬영조건과 의사 결함상

의사결함상은 촬영조건에 따라서 변화되지만, 촬영 조건으로서 다음 3가지 조건, 즉 ① X선 입사각 ② 시험편 - 필름간 거리 ③ 입사 X선의 선질 조건을 각각 변화시킨 경우에 의사결함상의 형태는 크게 변화된다.

(1) X선의 입사각에 의한 변화

두께 12mm의 용접부시험편에서 그림 6-23과 같이 2 mm의 두께로 채취한 시험편을 이용, 촬영한다. 용접부는 SUS 316의 모재에 316L의 wire로 TIG용접을 한 것으로 한다. 모재 및 wire의 화학성분은 표 6-1과 같다.

그림 6-20(b)와 같이 X선 빔의 입사각 ϕ을 -30°, -20°, -10°, 0°, 10°, 20°, 30°로 경사지게 하여 각각 투과사진을 촬영한다.

각 입사각에 있어서 투과사진은 그림 6-24(a)~(g)와 같다. 각 사진의 오른쪽 아래 흰선은 의사결함상의 위치를 확인하기 위하여 시험편의 표면에 0.1mm 강선을 놓는다. 이 일련의 사진 (a)~(g)에서 용접선의 거의 중심선상의 선상 및 부러쉬 모양의 의사결함상의 형태가 입사각도 ϕ의 근소한 변화에 대해서 보다 크게 변화되며, 확실한 검은 선상의 음영은 소실된다.

이러한 변화는 진짜 결함상에는 전혀 볼 수 없는 현상이다.

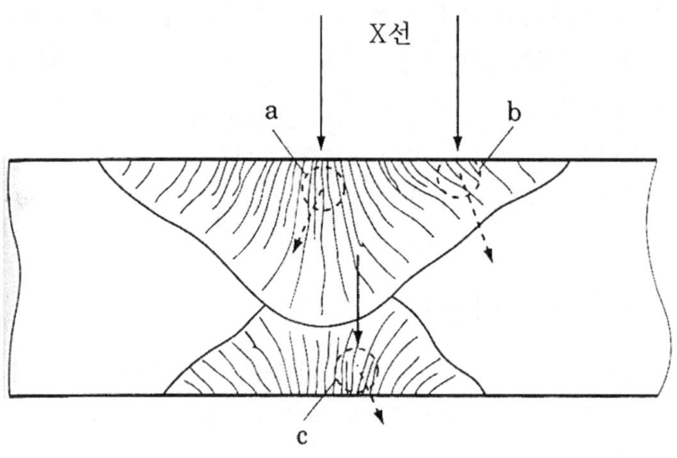

〔그림 6-22〕 응고조직과 의사결함상

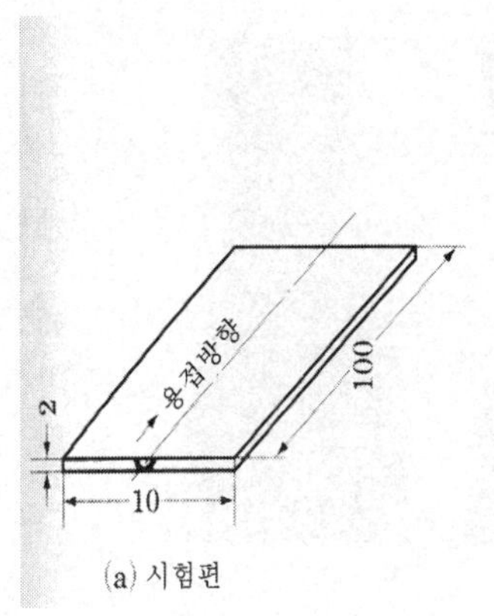

(a) 시험편

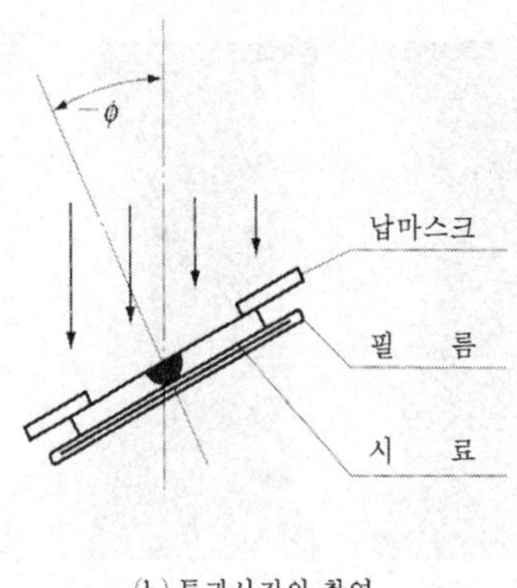

(b) 투과사진의 촬영

촬영조건
장 치 : RF 100 GS
관 전 압 : 70 KV
관 전 류 : 5 mA
필 름 : Fuji #100
증 감 지 : Pb 0.03(후면)
초 점 - 필 름 : 600 mm
노출시간 : 5 min

〔그림 6-23〕 X선의 입사각과 의사 결함상

표 6-1 모재료 및 Wire의 화학성분

모재료	C	Si	Mn	P	S	Ni	Cr	Mo
	0.012	0.69	1.48	0.032	0.003	14.00	17.07	2.59

Wire	C	Mn	Si	P	S	Cu	Ni	Cr	Mo	N
	0.010	6.10	0.22	0.12	0.01	0.04	16.10	18.54	2.60	0.03

(2) 시험편과 필름간 거리에 의한 변화

시험편-필름간 거리를 바꾸면 흰 선모양과 의사결함상은 분리해서 이동한다. 그림 6-19의 시험편을 이용하여 그림 6-25와 같은 촬영배치에서 시험편-필름간 거리 D를 3 mm에서 40 mm까지 바꾸어 투과사진을 촬영한다. 그의 한 예는 그림 6-26과 같다. 용접선의 중앙부근에 나타난 흰 선상에서 검은 의사결함 상의 중심까지의 거리를 이동거리 X로 하면 시험편-필름간 거리 D에 대해서, X는 그림 6-27과 같이 변화된다.

이 결과는 시험편-필름간 거리 D와 이동거리 X는 비례관계이며, 의사 결함상을 일으키는 X선은 입사X선의 방향에 대해 시험편 내에서 일정각도, 굽어지고 있는 것을 나타내고 있다.

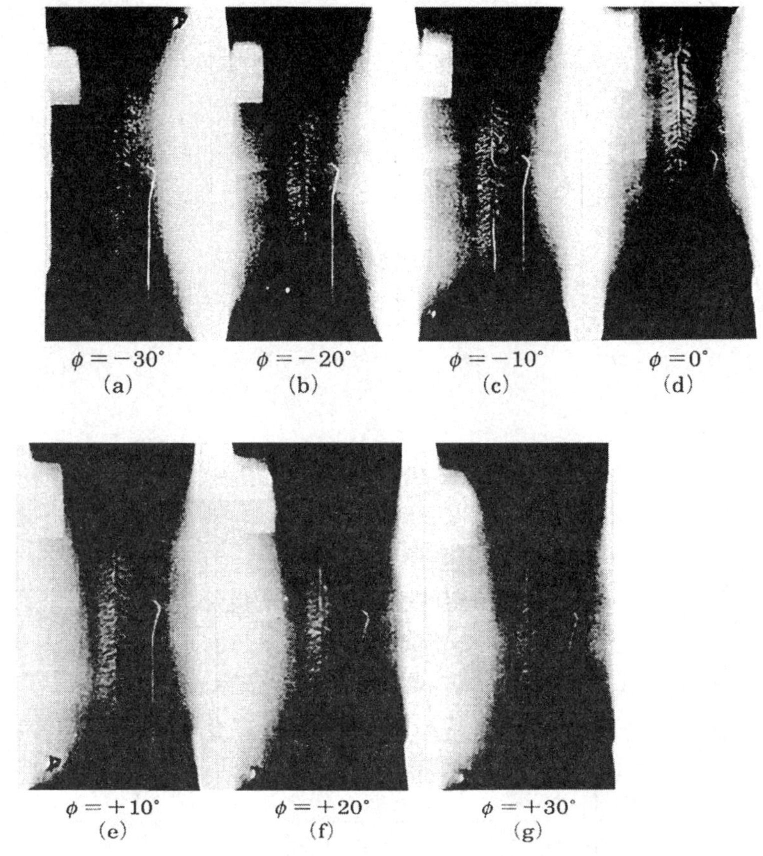

〔그림 6-24〕 각도에 의한 의사결함상의 변화

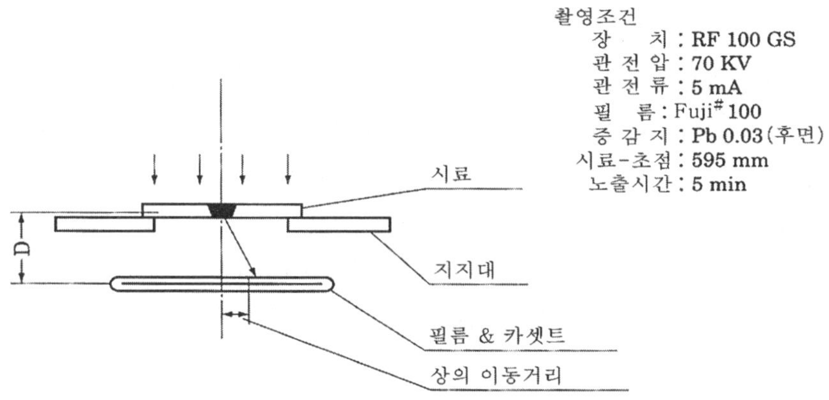

〔그림 6-25〕 시험편-필름간 거리와 의사결함상

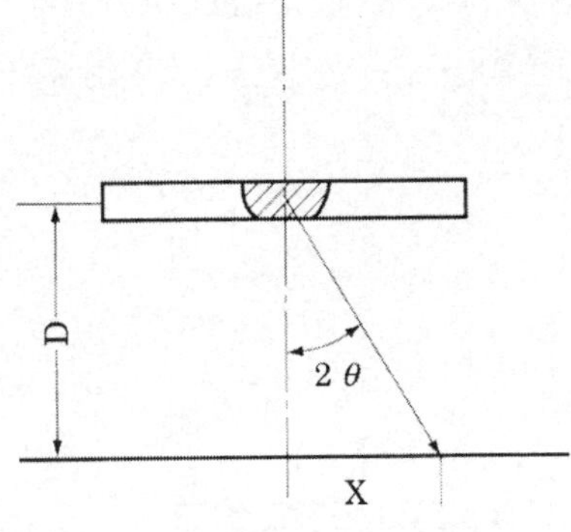

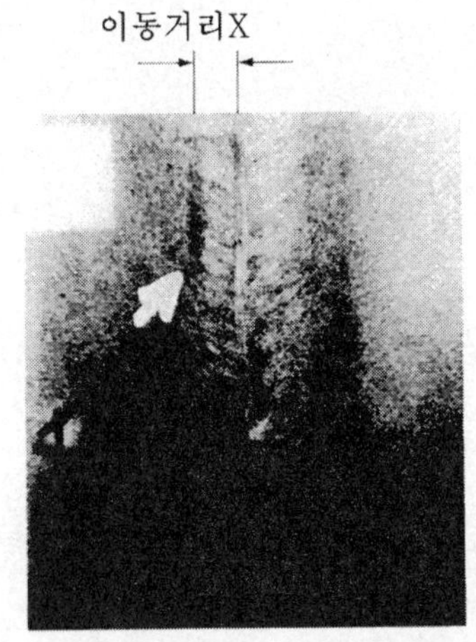

〔그림 6-26〕 의사결함상의 이동거리 측정

$\tan^{-1}\frac{X}{D}=6.4°$

이동거리 X mm

시험편 – 필름 간 거리 D mm

〔그림 6-27〕 시험편 필름간거리에 따른 의사결함상의 이동거리 측정

이상의 현상은 의사결함상이 X선의 회절에 따른 것을 나타낸다.

그림 6-28(a)에 있어서 시험편 내부의 검은 부분(bc간)에서 X선 빔의 일부가 회절에 의해 굽어진 경우 필름상에서 사진농도 분포를 고려할 수 있다.

용접부 a-f간에 있어서 투과선 강도를 I로 한다. 한편 bc간에서는 투과선의 일부가 시험편 내에서 회절에 의해 굽어지고, 그 굽어진 X선 강도를 ⊿I로 하면 bc간에서는 투과선 강도 I_1-⊿I로 된다.

de간에서는 투과선 강도 I_1에 굽어진 X선 ⊿I가 더해지면서 그 X선 강도는 I_1+⊿I로 된다. 따라서 ⊿I에 의해서 생기는 X선 필름상의 농도차를 ⊿D, a-b간의 농도를 D_1으로 하면, bc간의 사진농도는 그림 6-28(b)와 같이 농도차가 일어나며 의사결함상이 된다.

즉 인접해서 나타나는 선모양의 흰선 상의 폭은 bc에 상당하고, 검은 의사결함상의 폭은 de에 상당한다. 따라서 시험판-필름간거리 D를 바꾸면, 흰선은 움직이지 않으나 검은 의사결함상만 이동한다.

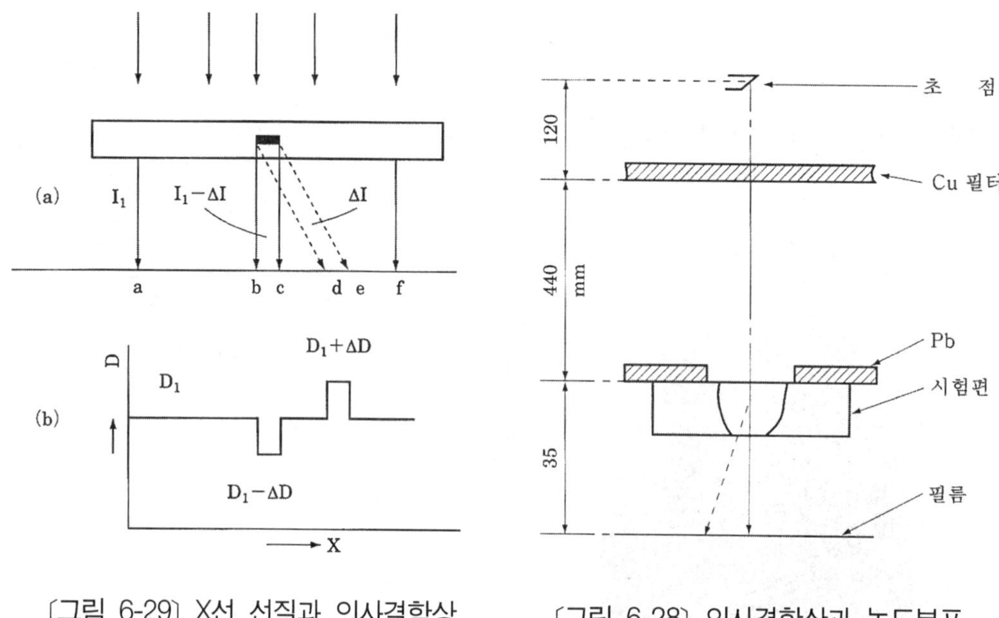

〔그림 6-29〕 X선 선질과 의사결함상

〔그림 6-28〕 의사결함상과 농도분포

(3) X선 선질과 의사결함상

X선 선질(에너지, 파장)을 변화시켜서 촬영하면, 일반의 참 결함상도 변화되나, 의사결함상의 변화는 대단히 뚜렷하게 나타난다.

그림 6-29의 촬영배치에서 X선장치의 관전압과 동판 필터두께를 여러 가지로 바꾼 X선 선질을 변화시켜 촬영한 결과의 한 예를 그림 6-30에서 나타내고 있다. 이들 사진에서 밝혀진 것같이 관전압과 필터를 조합시켜 선질을 증가시키면 부러쉬모양의 의사결함상 및 중앙부근에 있는 선상 의사결함상의 콘트라스트는 차츰 작게 되어 대부분 소멸한다.

그러나 사진상의 화살표에서 나타난 선상 의사결함상의 콘트라스트는 저하되나 소멸되지는 않는다. 이것은 X선 선질의 영향을 받기 쉬운 의사결함상과 그렇지 않은 의사결함상이 존재하는 것을 나타내고 있다. 이상의 촬영조건 변화 (1),(2),(3)에 의한 의사결함상의 변화는, 의사결함상이 용접부의 응고상태와 촬영조건과 밀접히 관계되고, 그 원인이 X선의 회절현상에 기인하고 있는 것을 나타낸다.

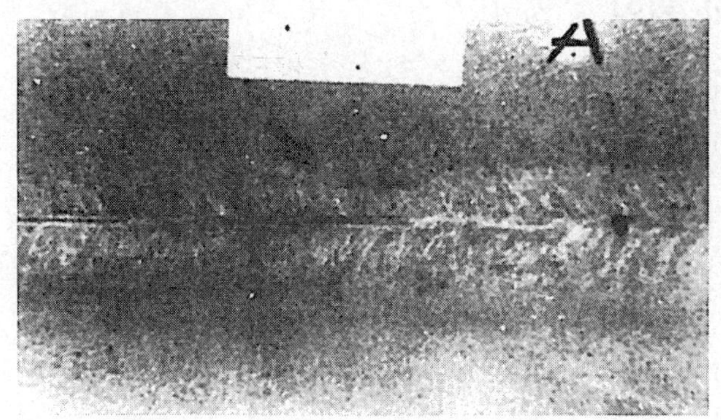

(a) 관전압: 70 KV
필터 : 0 mm

(b) 관전압: 85 KV
필터 : 2 mm

(c) 관전압 : 100 KV
필터 : 6 mm

〔그림 6-30〕 X선의 선질과 의사결함상(시험편-필름간 거리 35mm)

3. 의사 결함의 원인

일반적으로 의사결함상이 나타나는 원인은 다음과 같다.

① 용접의 응고시의 성분분석

② 용접금속의 주상결정에 기인

③ 결정입자에 저밀도불순물이나 보이드(void)가 존재하므로 저밀도입자계설

④ 결정에 의한 X선 회절

이상 4가지의 의사결함상의 원인에 대한 내용을 알아보면 다음과 같다.

첫째, 의사 결함상의 편석과의 관련성

X선 입사방향에 대해서 의사결함상의 부분과 의사 결함상을 일으키지 않는 부분에서는, 의사 결함상을 일으키는 필요한 투과 X선량의 차, 즉 X선 흡수정도의 차에 대응하는 편석량이 원소정량 분석의 결과로서 나타난다. 거기서 의사결함상이 뚜렷이 생긴 용접부를 절단하여 끊어낸 시험편에 대해서 X선 micro-analyzer를 사용해서 분석한 결과 어떤 뚜렷한 차이가 없었다. 또한 의사결함상의 편석에 의하면 의사결함상을 일으킨 시험편에 대해 용체화(容體化) 처리를 하면 편석은 개선되고 의사결함상은 소멸할 것이다. 그러나 1050℃～1100℃에서 용체화 처리를 한 결과에서 전 의사결함상의 변화는 인정되지 않았으며, 의사결함상과 편석과는 직접적인 관계는 없었다.

둘째, Dendritic Void설(저밀도 입계설)

용접 금속의 응고가 시작하면 모재로부터 응고 중앙부를 향해서 주상결정을 형성한다. 이 때 의사결함상은 마치 주상결정 모양과 똑같이 기둥상 결정에 연이어서 나타나는 경우가 많다. 이것은 입계에 공동, 보이드(void) 또는 저밀도 개재물이 존재하기 때문이다. 그러나 현재까지 여러 분석의 결과, 주상결정에 붙여진 의사 결함상에 대응한 부분에 저밀도부 또는 보이드의 존재는 모두 얻을 수 없었다.

셋째, 결정에 의한 X선 회절 현상

의사결함상이 X선 회절에 따른다는 생각은 이전부터 있어왔다. 투과사진의 촬영결과 의사결함상이 X선 회절을 뒷받침하는 현상으로서 다음과 같이 열거할 수 있다.

투과사진의 촬영[2. 나(1)(X선 입사각에 따른 의사 결함상)]에서 기술하는 바와 같

이 결함상의 상대적 위치는 그다지 변화하지 않으나, 의사결함상의 경우에는 그 상의 위치가 여러 가지로 변화된다. 시험편과 필름간 거리에 따른 의사 결함상에서 설명한 바와 같이 의사결함상을 일으키는 X선은 입사X선의 방향에 대해서 어느 각도로 굽어져 있는 것을 나타내고 있어 회절현상임을 알 수 있다.

그러나 이러한 현상만으로 의사결함상이 반드시 결정에 의한 회절현상이라고 설명할 수는 없다. 의사결함상이 회절현상이라고 하면, 그의 거동이 브래그회절 조건식을 만족하고 있다는 것을 나타낼 필요가 있다.

가. 의사결함상과 회절조건

의사결함상이 X선의 회절상이라면 의사결함상이 출현하는 촬영조건에 있어서 식(6-1)에 나타낸 브래그의 회절 조건식을 만족해야 한다.

$$n\lambda = 2d \cdot Sin\theta \quad \cdots\cdots (6\text{-}1)$$

여기서, λ : 회절에 관여하는 X선 파장(nm)
d : 회절에 관여하는 격자면의 면간격(nm)
θ : 회절각(°)
n : 반사차수

그림 6-31은 결정면에 대해서 어느 각도로 입사한 경우에 브래그의 조건(Bragg diffraction equation)을 만족하는 방향으로 회절이 생기는 것을 나타내고 있다.

나. 면간격 측정 및 격자면의 결정

의사결함상에 관한 식 (6-1)의 각 인자, 파장 λ, 면간격 d, 회절각 θ를 실측함에 따라 면 간격 d을 구할 수 있다.

그림 6-32의 측정배치에 의해 X선 회절장치를 이용해서 회절에 관여하는 격자면의 면간격 d를 측정하고 격자면의 면지수를 구할 수 있다.

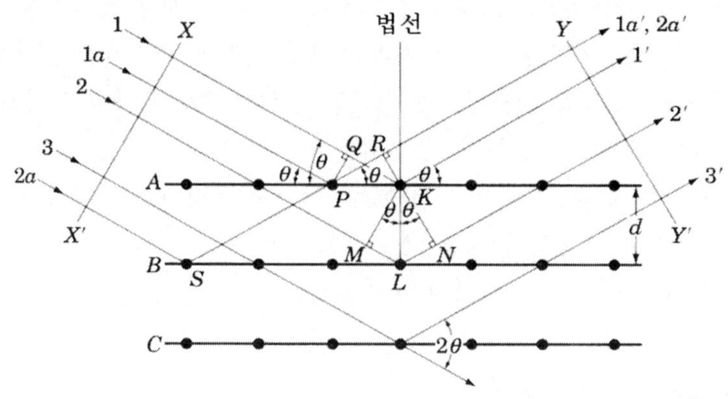

〔그림 6-31〕 결정에 의한 X선 회절

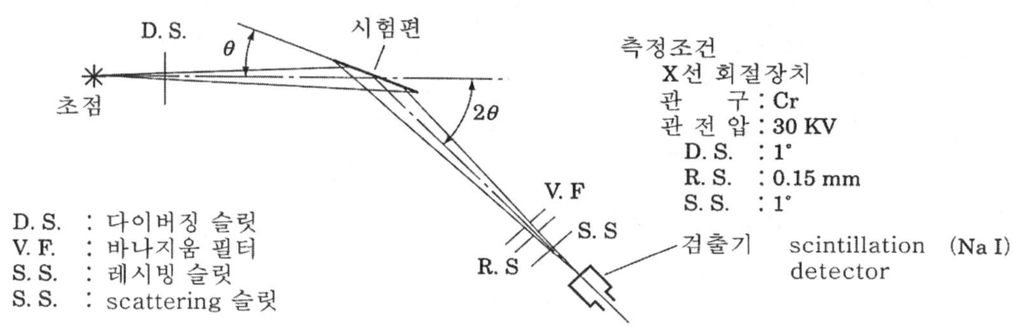

〔그림 6-32〕 X선 회절장치에 의한 면간격의 측정

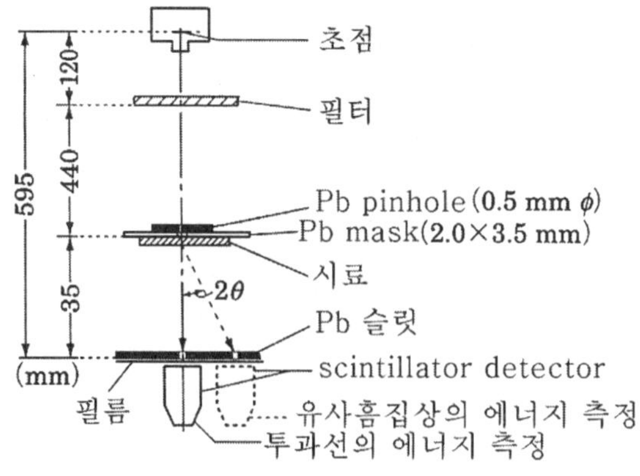

〔그림 6-33〕 선질(에너지 spectrum) 및 회절각의 측정배치

다. X선 에너지와 파장의 측정

그림 6-33에 나타난 배치에 따라 섬광검출기(scintillation detector)와 다중 파고분석기를 이용해서, 투과 X선 및 의사결함상의 X선 에너지 스펙트럼을 측정하고 파장을 구한다. 파장 λ와 에너지 E와는 식 (6-2)의 관계가 있다.

$$\lambda = 1.24(E) \qquad \cdots\cdots (6\text{-}2)$$

여기서 λ는 (nm), E는(keV)로 나타낸다. 투과선 및 의사결함상의 X선 에너지 스펙트럼 측정결과의 한 예를 그림 6-34, 그림 6-35에 나타내고 있다.

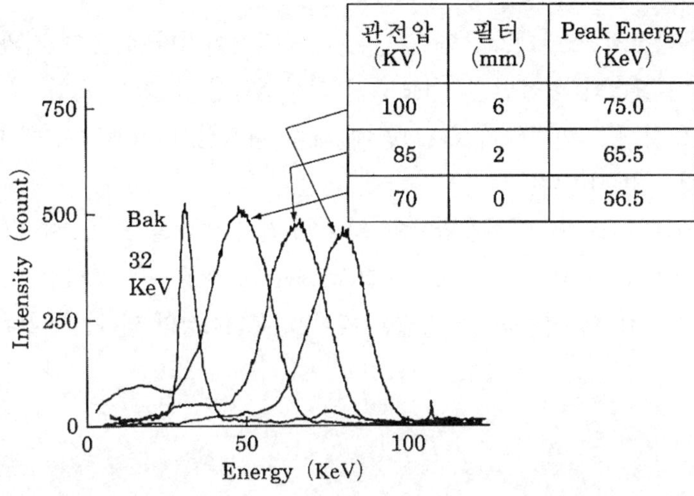

관전압 (KV)	필터 (mm)	Peak Energy (KeV)
100	6	75.0
85	2	65.5
70	0	56.5

〔그림 6-34〕 투과선의 에너지 spectrum(filter 이용)

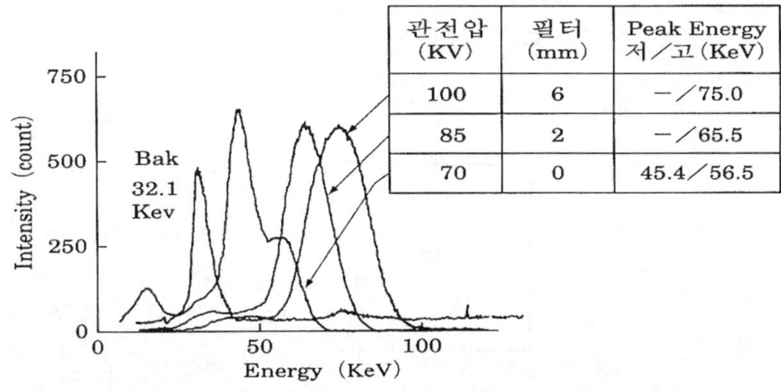

관전압 (KV)	필터 (mm)	Peak Energy 저／고 (KeV)
100	6	－／75.0
85	2	－／65.5
70	0	45.4／56.5

〔그림 6-35〕 선모양의 의사결함상의 energy spectrum

라. 의사 결함상의 회절각 측정

그림 6-33의 측정배치에 있어서 납마스크의 납 핀 홀(pin hole)판을 빼고, 검출기 상면의 위치에 필름을 놓고, 그림 6-36과 같이 투과사진을 촬영한다. 촬영한 투과사진에서 직접투과선을 통하는 위치와 의사결함상의 위치까지의 이동거리 X를 구하고, 시험 편-필름간거리 D와 이동거리 X와의 관계식으로부터 회절각 θ를 다음과 같이 구할 수 있다.

$$\theta = \frac{1}{2}\tan^{-1}\left(\frac{X}{D}\right) \quad \cdots\cdots (6\text{-}3)$$

오스테나이트계 스텐레스강의 결정은 입방결정이지만 이상의 결과에서 의사결함상을 생성하는 결정의 회절면은, 선모양의 의사결함상, 부러쉬 모양 밑 반점상의 의사결함상의 어느것에도 면지수가 (111)면에 의한 회절선이 지배적이며, 다음으로 (200)면에 의한 것이 밝혀졌다.

선모양(line shape)의 의사결함상의 회절 조건의 일예를 표 6-2에 나타낸다. 표중의 θ_m,d_m은 실측치를 나타내고, (Å)은 옹그스트롬(angstrom)단위로서 1Å는10^{-8}m이다. 대상 시험편은 SUS 316의 평판을 TIG용접한 것이며, 부러쉬상의 의사결합상의 경우에 서도 같은 결과이다.

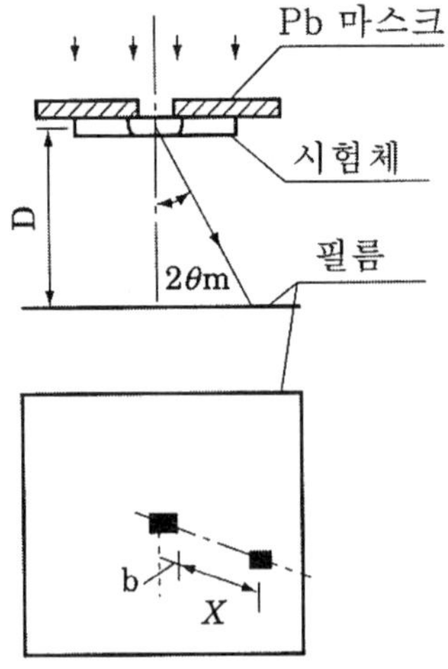

〔그림 6-36〕 의사결함상의 회절각 측정

표 6.2 선상의 의사결함상의 회절조건

관전압(kVp)/filter(mm)	70/0	85/2	100/6
peak값의 energy(keV)	56.5	65.5	75.0
회절각θ_m(°)	3.0	2.6	2.2
면간격d_m (Å)	2.10	2.09	2.15
면간격 d (Å)	2.08		
추정면지수(hkl)	(111)		

4 용접부의 응고조직과 의사결함상과의 관계

의사 결함상에는 사진 6-30에 나타낸바와 같이 선모양 및 부러쉬모양의 의사 결함상는 X선의 특정선질(에너지)에서 선택적으로 나타난다. 선질을 변화시키면 소멸하는 의사결함상과 선질을 변화시켜도 X선의 넓은 에너지 범위에서 회절조건을 만족하는 방향으로 나타나는 의사결함상도 있다. 그러므로 응고조직중의 결정의 방향과 결정입자내에서 불완전하게 관계한다. 일반적으로 실제 금속 결정조직의 각 결정체의 결정방향은 모자이크모양이다. 결정의 방향의 불완전성(방향의 방위차) ±dθ이므로 X선이 결정면에 입사각 θ로 입사해도 실제의 입사각은 모자이크 폭을 고려하면, θ±dθ의 범위로 입사한 것으로 된다. 따라서 모자이크폭에 대응해서 의사결함상의 폭은 넓혀지며, 또한 의사 결함상을 일으키는 에너지폭도 크게 된다.

에너지의 넓은 범위에서 나타나는 의사결함상은, 선모양, 부러쉬모양, 어느 경우도 (111)면에 의한 회절각이 작은 경우에 나타난다.

가. 선상의 의사결함상과 응고조직

상의 의사결함상이 나타난 시험편의 용접부 표면, 횡단면 및 용접부의 중앙부근 종단면의 현미경사진의 한 예이다. (그림 6-37)

이들의 사진에서 용접부 중앙부근, 용접선에 거의 평행으로 2개의 셀(cell)조직이 발달해 있다.

이 시험편의 투과사진에서는 용접부의 중앙부근, 용접선에 이어서 명료한 선상의 의사결함상이 얻어지므로 의사결함상의 발생원은 셀(cell)조직이란 것으로 알려졌다. 또한 회절면으로서는 (111)면에서 상이있는 것이 확인되었다.

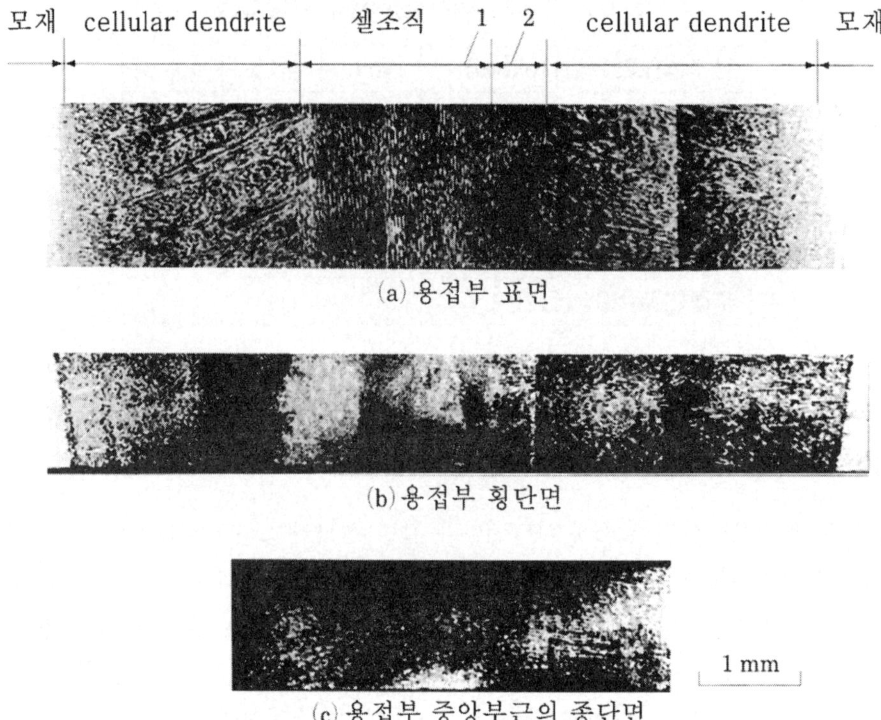

〔그림 6-37〕 선상 의사결함이 얻어진 용접부의 현미경 사진

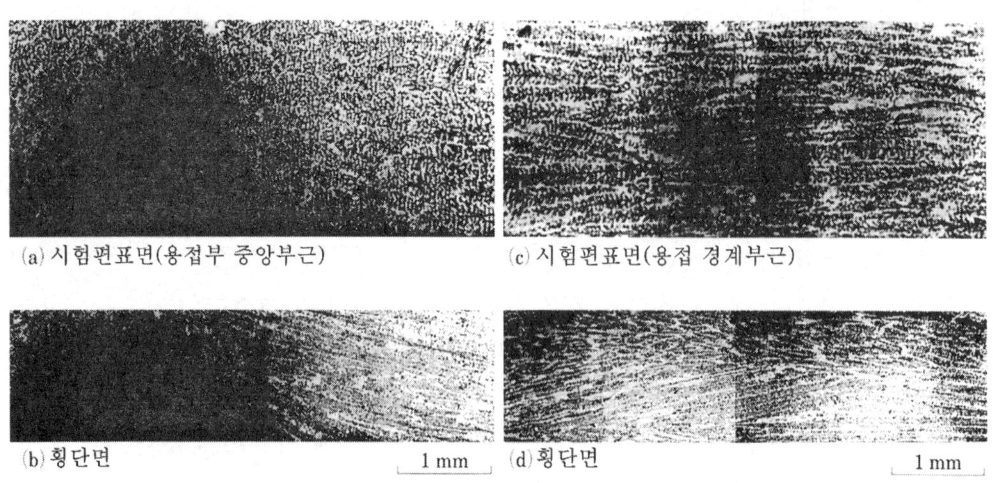

〔그림 6-38〕 Brush상의 의사결함상의 발생부위에 대한 현미경 사진

나. 부러쉬상의 의사결함상과 응고조직

부러쉬(brush)모양의 의사결함상을 얻은 시험편에 대해서 의사결함상의 발생부 부근 시험편의 표면 및 횡단면 현미경사진의 일예를 그림 6-38에 나타낸다. 이사진에서 모재부에 가까운 용접 경계부 부근으로, 용접방향에 대해서 거의 수직으로, 시험편의 표면에 대해서는 거의 평행으로 cellular dendrite가 성장하고 있는 것을 알 수 있다.

5. 의사결함상의 판별방법

실제로 의사결함상이 발생한 경우, 그들의 상이 진짜인가 의사결함상인가를 판별하는 방법을 명확히 하는 것이 공업에서는 대단히 중요하다.

거기서 그 의사 결함상을 판별하는 방법으로서 크게 나누면 2가지 방법을 열거할 수 있다. 그 하나는 의사결함상의 원인이 회절현상인 것을 명확히 하기 위하여 회절현상에 기초로 특징적인 거동을 이용해서 객관적으로 촬영기법에 의해 판별하는 방법이 있다.

제2방법은 의사결함상은 응고조직과 밀접한 관계가 있으므로 경험적으로 용접조건에 따라 발생하기 쉬운 의사 결함상을 예상하고 실제 각종 용접조건에 의해 발생한 의사결함상의 투과사진을 형태적으로 분류해서 그것을 참고 사진으로 하며, 그 참고사진과의 대비로부터 판별하는 방법이다.

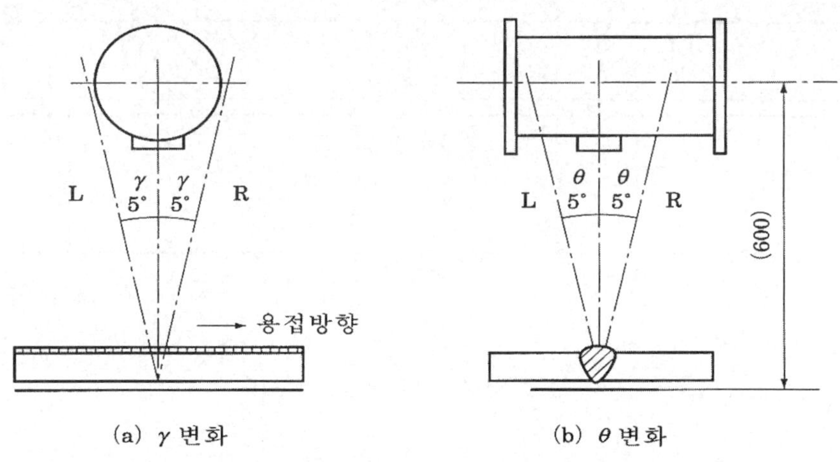

〔그림 6-39〕 각도법의 촬영배치

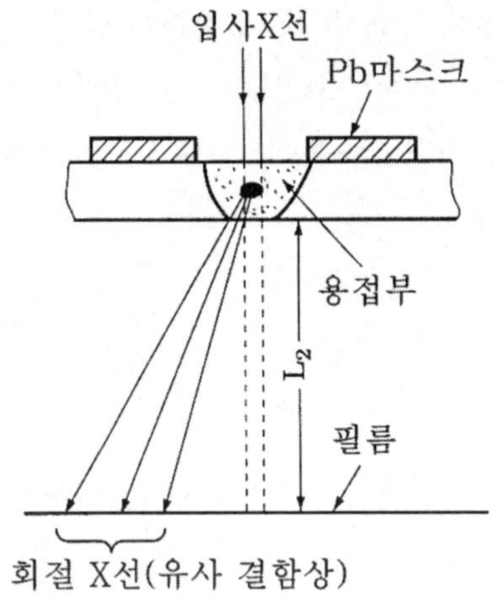

〔그림 6-40〕 확산법의 원리도

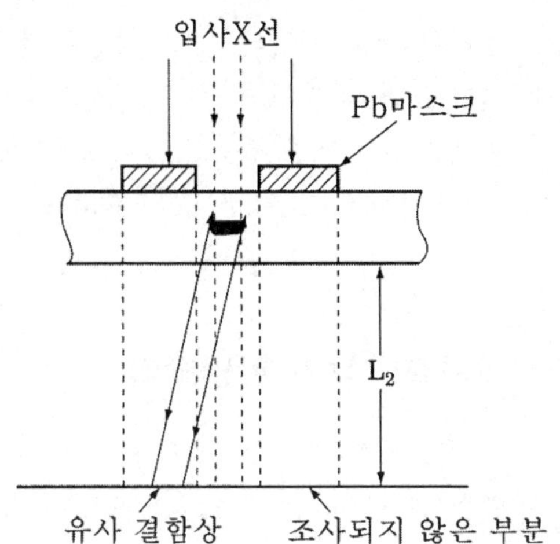

〔그림 6-41〕 마스크법의 원리도

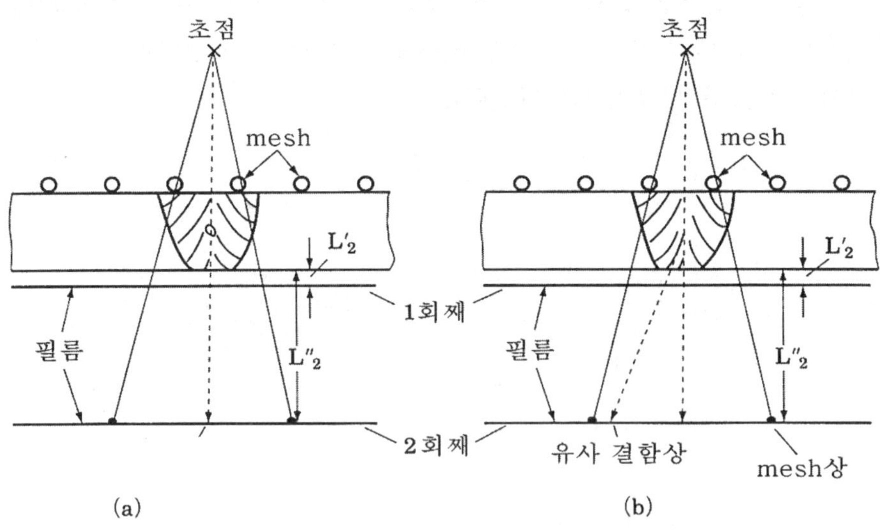

〔그림 6-42〕 메쉬법의 원리도

가. 촬영기법에 의한 객관적인 판별방법

촬영기법에 따른 판별방법은 다음 6종류가 있다.

(1) 각도법

의사결함상은 응고조직의 결정면과 입사 X선이 브래그(Bragg)의 조건식 $n\lambda = 2d\sin\theta$를 만족할 때만 나타난다. 따라서 입사 X선의 결정면과 각도의 근소한 변화에 대해서 회절 조건을 만족하지 못하여 의사결함상은 소멸하든지, 또는 새로운 의사결함상이 생기면 형상이 변화된다.

각도법은 그 성질을 이용하기 때문에, 촬영배치의 일례를 그림 6-39와 같다. 용접선의 방향에 대해서 용접선에 이어서 조사각을 작은 각도 $\pm\gamma°$ 변화시키는 방법과 용접선과 직각방향으로 조사각을 $\pm\theta°$변화시키는 방법이 있다. 이것은 용접부의 용입 불량이나 가로균열 및 세로균열 등의 판별에 유효하다.

(2) 확산법

확산법의 원리도는 그림 6-40과 같다. 결정은 모자이크 폭을 갖기 위해 의사결함상이 많은 미세한 의사결함상의 집합으로 형성하고 있는 것에서 시험편과 필름과의 거리 L_2를 크게함에 의해, 의사결함상은 확산되어 점차 보기 어렵게 되며 거의 중앙의 흰부분만 보이게 된다.

이 경우, 거리 L_2를 크게함에 따라 결함 검출도의 저하를 보강하기 위해, 납 마스크를 이용하여 좁은 조사야 촬영을 하여야 한다.

(3) 마스크법(mask method)

의사결함상이 생기는 방향이 입사X선 방향에 대해서 어느 각도를 갖는가를 이용하는 방법이다. 그림 6-41와 같이 가는 슬리트(slit)를 설계한 Pb 마스크(mask)를 시험부위에 놓고, 시험편과 필름간 거리 L_2를 크게 해서 촬영하며, 투과사진상의 마스크한 부분에 회절상으로서 의사결함상이 나타나는가 아닌가에 따라서 판별하는 방법이다.

(4) 메쉬법(mesh method)

원리적으로 마스크(mask)법과 같으나 그림 6-42와 같이 흡수가 큰 Pb 등의 메쉬(mesh : 그물 눈금상) 격자를 시험부위에 놓고, 시험편-필름간 거리 L_2를 0에서 변화시키면서 2~3매 촬영한다.

그 투과사진을 관찰하고 메쉬의 격자상과 의사결함상과의 상대적 위치관계가 변하는가 아닌가에 따라 판별하는 방법이며, 상의 진짜 결함상이면 그림(a)와 같이 거리 L_2를 L'_2에서 L''_2로 바꾸어도 메쉬의 격자상과 결함상과의 상대적인 위치관계는 변화되지 않으나 상이 의사결함상의 경우는 그림 (b)와 같이 메쉬의 격자상과 의사결함상과의 상대적 위치가 변화되므로 판별이 가능하게 된다.

(5) 격자법(grid method)

이 방법은 그림 6-43과 같이 시험편과 필름 사이에 흡수가 큰 Pb 등의 판으로 만든 평행 또는 cross상의 격자(grid)를 놓고 촬영하는 방법이다. 의사결함상으로 생각되는 상이 발생한 시험편에 격자를 적용해서 촬영한 경우, 상이 없어지면 그 상은 의사결함상이 있는 것을 나타내고 상이 없어지지 않는 경우는 그 상은 실제 결함상이 있는 것을 나타낸다.

(6) 선질 변화법

원리적으로는 브래그 조건식의 파장 λ(광자 에너지 좌우)을 바꿈으로 의사결함상을 소멸시키는 방법이다. 일반적으로는 필터를 부가하고 관전압을 바꿈에 의해 선질을 변화시킨다.

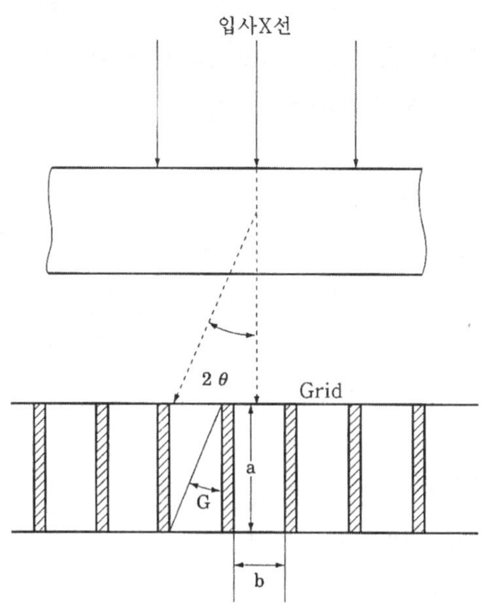

〔그림 6-43〕 격자법의 원리도

나. 의사결함상의 형태 분류에 의한 판별방법

의사 결함상을 형태적으로 분류한 참고 사진과 대비하거나 경험 등으로 판별하는 방법이다. 형태적으로는 선 모양, 부러쉬 모양, 반점 모양의 3가지로 크게 나눈다.

(1) 선모양의 의사 결함상

선상의 의사 결함상에는 두가지 경우가 있다. 첫째 경우는 그림 6-44와 같이 용접선의 중앙에 선명한 것처럼 보이는 것도 용입 불량이나 세로 균열과 유사한 결함으로 나타난다. 이것은 비교적 판두께가 얇고 자동용접의 경우에 잘 나타난다.

이 의사결함상은 응고시의 용접부 중앙부근에 평행으로 성장한 덴드라이트에 따른 회절상인 것도 있으며 투과사진의 관찰만으로는 판별이 곤란한 경우가 있다. 그와 같은 경우에는 마스크법이 유효하게 된다.

두 번째 경우는 그림 6-45와 같이 용접선의 중앙부근에 가느다란 반점이 선상으로 집적한 것이 있으며, 융합불량이나 슬래그말림(slag inclusion)과 유사한 형태이다.

이 의사 결함상에는 같은 형태를 한 흰 선모양의 상이 인접해서 존재하는 경우가 많다. 이 선모양의 의사결함상의 원인은 용접금속의 중앙부근에서 판이 두꺼운 방향으로 길게 성장한 덴드라이트에 따른 회절선의 반점상이 집적해서 나타나는 것도 있다.

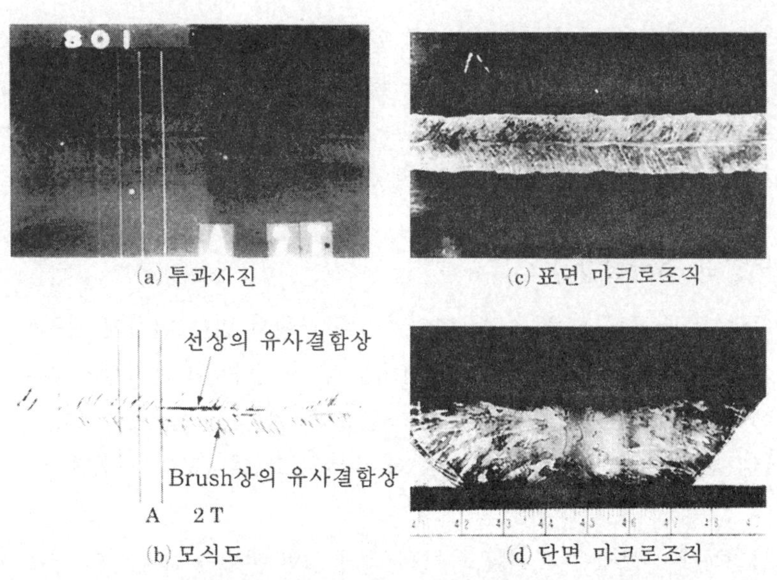

(a) 투과사진
(c) 표면 마크로조직
(b) 모식도
(d) 단면 마크로조직

〔그림 6-44〕 선모양의 의사결함상(용입부족이나 세로균열과 유사)과 부러쉬모양의 의사결함상

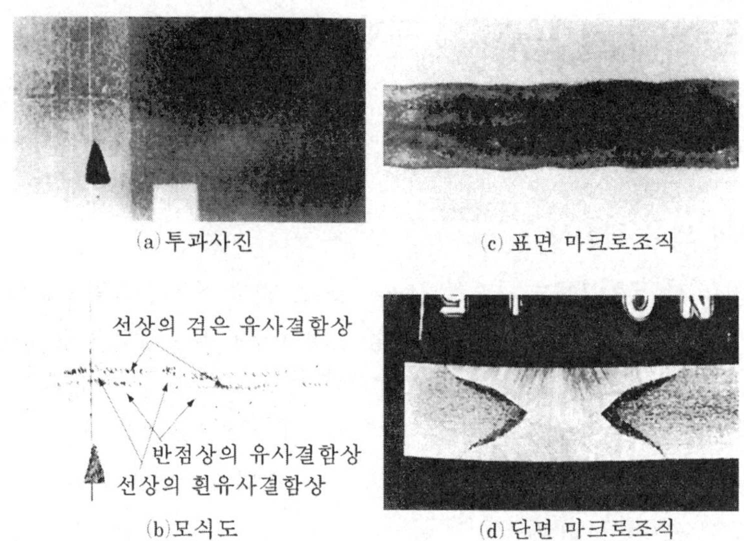

〔그림 6-45〕 선상의 의사결함상(슬라그 말림과 유사)와 반점상의 의사결함상

(2) 부러쉬모양의 의사 결함상

부러쉬모양의 의사결함상은 이미 설명한 바와 같고, 가장 빈번히 나타나는 상으로서 그림 6-46에 한 예를 보이고 있다.

용접부의 용접경계부로부터 용접금속 중앙부로 향해서 성장한 덴드라이트에서 회절상이 나타난다. 덴드라이트 성장방향은 용접속도가 빠른 경우는 용접선에 거의 수직이므로 의사결함상 방향도 수직방향이 된다. 또한 용접속도가 늦어지게 되면 부러쉬상의 의사결함상 방향은 용접선에 경사진 방향이 된다.

(3) 반점모양의 의사결함상

반점모양의 의사결함상은 용접금속의 중앙부근에서 넓은 범위에 걸쳐서 가느다란 브로홀이나 파이프등의 흡집과 유사한 형태를 주게 된다. 이 반점상의 의사 결함상 원인은 앞에서 설명한 선상의 두 번째 경우와 같이, 판 두께방향으로 성장한 각각의 덴드라이트로 부터의 회절상이다. 이들의 의사결함상의 하나하나는 대단히 미세하고 개수도 많다.

투과사진상에서 브로우 홀이나 파이프 등의 결함 판별는 대부분의 경우, 상의 콘트라스트 대소에 따라 판별하게 되지만 기술적인 촬영기법에 의한 경우에는 확산법이 가장 유효하다.

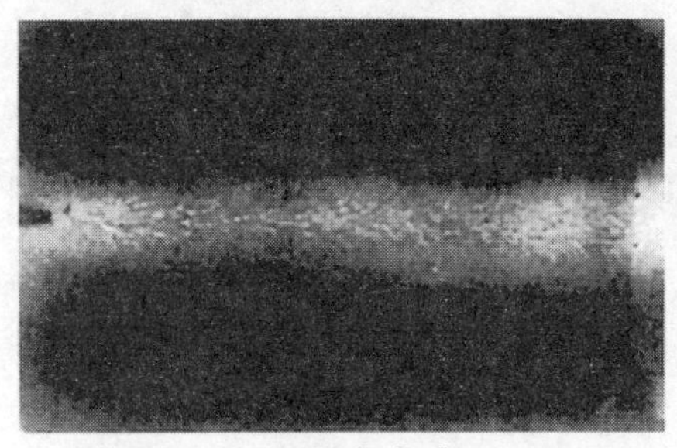

(a)투과사진

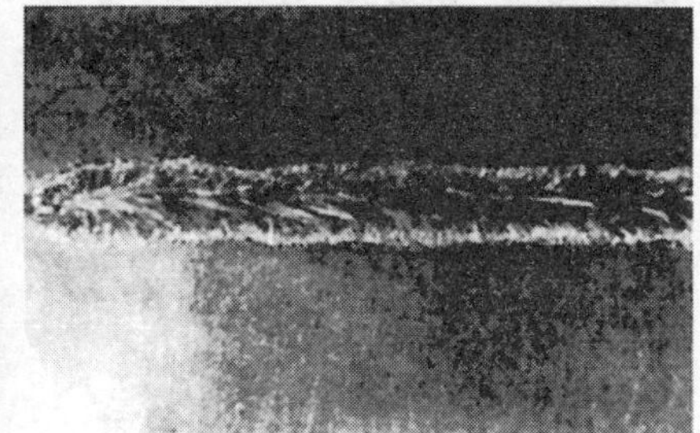

(c)표면마크로 조직

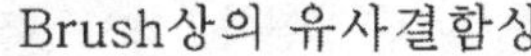

(b)모식도

〔그림 6-46〕 부러쉬모양의 의사결함상

6. 결함과 의사 결함상의 판별순서

의사결함상의 판별에는 객관적인 촬영기법에 의한 판별방법과 주로 참고 사진과의 대비와 경험에 의한 판별방법이 있으나, 그 의사결함상의 종류와 원인에 의해서 그 판별방법은 다르고 그 방법의 선택은 복잡하지만 후자에 따른 참고사진과의 대비와 경험에 의한 방법으로 하는 것이 판별가능하다. 그러나 객관적인 판별, 또는 판별의 증명이 필요한 경우에는 의사결함상의 종류와 그 판별의 필요도에 따라 적절한 촬영기법으로 판별방법의 적용이 중요하다.

이상과 같이 각종판별방법의 적용결과를 고려하고 의사결함상이 나타나는 경우의 최적하고 더욱 효과적이라 생각되는 판별순서(안) 그림 6-47과 같다.

다음은 판별순서에 대해서 설명한다.

가. 참고사진과의 대비

판두께 및 용접조건이 유사한 참고사진을 선택, 의사결함상의 형태를 비교하는 것으로 판별한다.

나. 확산법의 적용

참고사진의 대비에서는 판별할 수 없는 경우는 먼저 확산법을 적용한다.
최초의 투과사진과 확산법으로 촬영한 투과사진을 비교하는 것에 의해, 결함상인가, 의사결함상인가를 판별한다.

다. 각도법과 마스크법의 적용

참고사진과의 대비에서 의사결함상으로 판정한 경우에도 입회검사등에 있어서 객관적인 증명이 필요한 경우, 또는 확산법을 적용해서도 흡집인가, 의사흡집인가의 판별이 곤란한 경우에는 다음으로 각도법을 적용한다. (그림 6-47 실선)
단, 마스크법이 적용가능하면 의사결함상의 형태 등에서, 마스크법이 각도법보다 유효하다고 생각되는 경우에는, 마스크법을 적용한다. (그림 6-47 실선)

라. 정밀 관찰

이상에서 얻은 투과사진(최초의 투과사진, 확산법의 투과사진, 각도법 또는 마스크법에 의한 투과사진)을 정밀하게 관찰하고, 종합적으로 평가, 흡집의상이 의사결함상인가를 판별한다.

이 단계에서는 대부분 판별가능하나, 그 결과에 대해서도 판별이 곤란한 경우에는 결함으로서 취급한다.

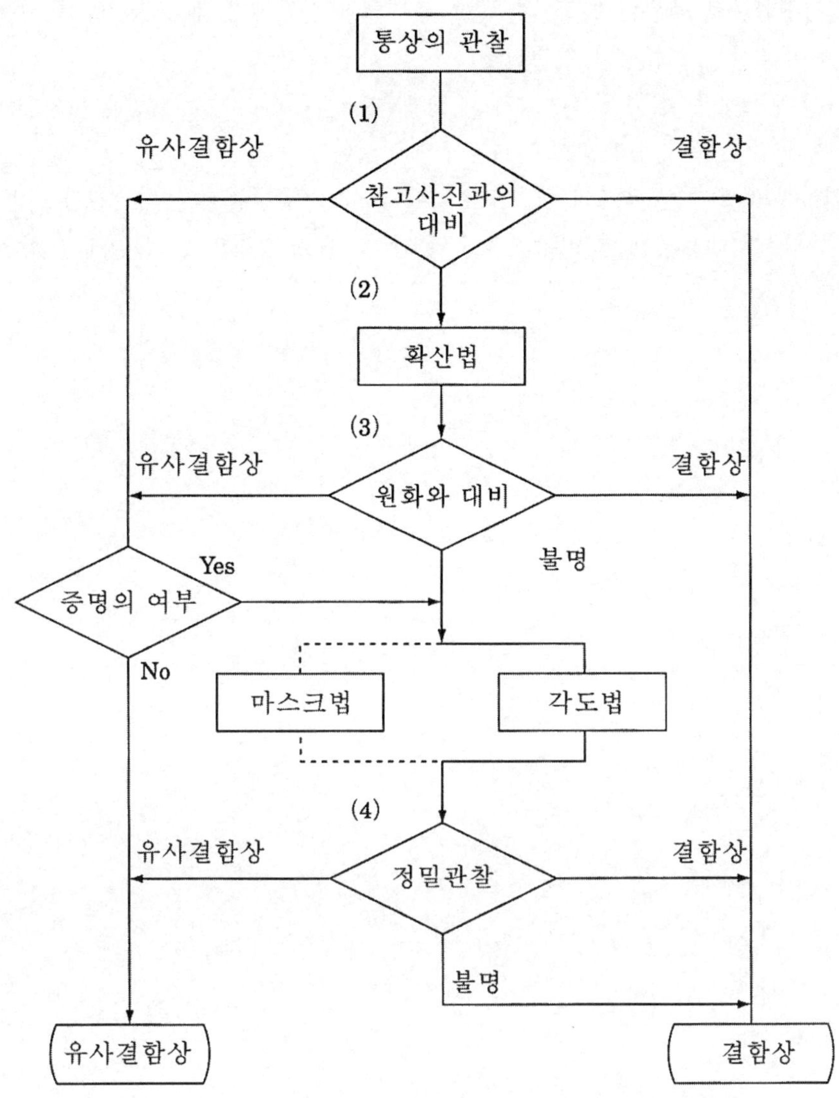

〔그림 6-47〕 의사결함상의 판별순서

[참고] 오스테나이트계 스텐레스강 주물의 의사결함상

오스테나이트계 스텐레스강의 용접부에 나타난 의사결함상에 대해서 기술하였으나, 오스테나이트계 스텐레스강 주물에 대해서도 의사결함상의 발생이 인정된다.

주물 강제품의 경우, 판두께가 두껍고, Co-60과 같은 고에너지 감마선원을 사용한 경우에는 의사결함상의 발생은 인정되지 않으나 비교적 판두께가 얇고, Ir-192를 사용하는 경우에는 의사결함상의 발생이 인정된다.

나아가서 오스테나이트계 스텐레스강 주물에서도 판두께가 얇고, X선을 사용한 경우에는 용접부의 경우와 같이 명확한 의사결함상이 인정된다.

의사결함상의 형태는 응고의 마크로조직에 혹사한 부러쉬상의 의사결함상이 많이 인정된다. 원인에 대해서는 용접부의 경우와 같이, 주로 결정의 (111)면에서 회절상이 지배적이다.

제 3 절 방사선 투과사진의 결함

1. 용접 결함

용접은 금속을 접합시키는 것으로 탄소봉과 금속봉을 전극으로 사용하는 아아크 용접(arc weld)과 여러 가지 가스의 연소열을 이용하는 가스 용접(gas weld) 그리고 특수용접인 테르밋(thermit) 용접이나 수소 용접 등이 있다. 이들 용접은 단시간에 고온을 수반하는 복잡한 금속학적 방법이기 때문에 재질의 변화, 변형 및 수축, 잔류 응력 등에 따른 여러 가지 용접 결함이 생길 수 있다. 강용접에서 일반적으로 많이 생성되는 용접 결함에 대하여 알아본다.

가. 기공(porosity)

기공(氣孔)은 용융금속이 응고하는 과정에서 가스가 밖으로 못나오고 갇혀 있는 공간을 말하며 블로우 홀(blow hole)이라고도 한다. 기공은 구형(spherical)이 일반적으로 많으나 늘어진(elongated) 형태로 나타나기도 한다. 기공은 랜덤하게 분산되어 나타나기도 하고, 일정 부위에 포도송이 같이 집중(cluster)하여 나타나기도 하며, 여러 개의 기공이 일렬로 선형(linear)으로 나타난다. 가스구멍의 형태가 배관(pipe)이나 벌레(worm)와 같이 길게 늘어진 기공을 파이프(pipe) 또는 웜-홀(worm hole)이라고 한다. 이러한 형태는 길이가 아주 작은 것부터 긴 것까지 다양하다. 이와 같이 늘어진 기공이 루트패스(root path) 중심부에 발생한 것을 중공(中空)비드(hollow bead)라고 한다.

그림 5-33(a),(b)은 양면(X 개선) 피폭 아크 용접에서 저수소계 용접봉으로 용접을 시작할 때에 발생한 집중기공의 투과사진과 단면사진을 보이고 있다. 그림 6-53(a), (b)은 편면(V개선) 피폭 아크 용접을 시작할 때에 발생한 기공의 투고사진과 단면사진을 나타내고 있다. 이들 기공은 용접봉 건조가 불충분하거나 운봉(運棒)이 부적절할 때에 보통 발생한다. 그림 6-54은 용접 밑면에서 발생한 단독의 큰 기공으로서, KS B 0845에 따르면 기공의 긴 길이가 모재두께의 1/2를 초과하면 4류가 된다. 그림 6-55과 그림 6-56은 용접 밑면에 발생한 늘어진 형태의 기공인 파이프(pipe) 또는 웜-홀(worm hole)을 나타내고 있다.

나. 슬래그개재(slag inclusion)

슬래그 개재는 용접 패스(pass) 사이 또는 용접패스와 모재 사이에 있는 비금속 개재물을 말한다. 슬래그개재는 다양한 모양과 크기를 갖지만 상대적으로 좁고 길게 투과 사진상에 나타나는 것이 대부분이기 때문에 선형 결함으로 보통 분류한다. 슬래그 개재는 크기, 양 및 길이를 기준으로 평가한다.

그림 6-49(a), (b)는 양면 용접에서 슬래그 개재물의 투과사진과 단면사진이고, 그림 5-57은 한면 용접에서 첫 번째와 두 번째 용접 패스사이에 발생한 층간 슬래그 개재물의 투고사진과 단면사진을 나타내고 있다.

다. 융합 불량(incomplete fusion or lack of fusion)

융합 불량은 용접 패스 사이 또는 용접 패스와 모재의 측면이 융합(합착)되지 않은 상태를 말한다. 주로 용접법이 부적절하거나 이음부의 설계 불량으로부터 기인된다. 융합 불량의 대부분은 상대적으로 틈이 좁고, 용접부에서 경사지게 위치함으로 방사선투과검사에 의해 쉽게 검출되지 않는 불연속이다. 이와 같은 불연속은 용접선 방향으로 선형으로 나타나는 것이 보통이다.

그림 6-50(a),(b)은 양면 용접의 개선면에 용접 금속과 모재가 붙지 않은 상태의 투과사진과 단면사진을 나타내고, 그림 6-58은 한면 용접의 개선면에 용접 금속과 모재가 융합되지 않은 융합 불량의 상태를 나타내고 있다.

라. 용입 부족(용입 불량 : incomplete penetration or lack of penetration)

용접금속의 용입이 부족한 현상을 말한다. 한면 용접의 경우 루트부에서 용입 부족이 나타나기 쉽고, 양면 용접의 경우에는 용접부 중앙에서 나타나기 쉽다. 용접열이 불충분하거나 이음부설계의 잘못, 부적절한 fit-up 또는 용접절차의 잘못 등으로 인해 발생된다. 이 형태의 불연속은 응력집중부가 되기 때문에 기공이나 슬래그 개재의 경우보다 더 심각한 불연속이 된다. 용입 부족은 보통 용접선에 대해 평행되고 중심부에 똑바르고 명료하게 나타남으로 쉽게 식별할 수 있다.

그림 6-51(a), (b)는 양면용접의 중앙부분에 용접 금속이 완전히 침입되지 않은 상태의 투과사진과 단면사진이고, 그림 6-59(a),(b)는 한면 용접의 루트부에 용접 금속이 완전히 채워지지 않은 용입부족을 나타내고 있다.

마. 균열(crack)

균열은 용접급속의 인장강도를 초과하는 국부적인 응력에 의해 용접금속이 파단하거나 깨지는 것을 말한다. 고온균열(hot crack)은 용접금속이 가소 성형상태(plastic condition)에서 깨지는 것을 말하며, 저온균열(cold crack)은 용접금속이 냉각된 후에 발생하는 균열로 때로는 지연균열(delayed crack)이라 부르기도 한다.

균열은 발생위치나 형상에 따라 여러 가지로 분류된다. 용접선에 따라 길이 방향으로 나타나는 균열을 종 균열(longitudinal crack)이라 하고, 종축에 대해 수직으로 나타나는 균열을 횡 균열(transverse crack)이라 한다. 열영향부에 나타나는 균열을 비드 밑 균열(underbead crack)이라 하고, 용접부의 지단(toe)에서 시작하여 최대 응력면을 따라 진행하는 균열을 지단균열(toe crack)이라 한다. 루트부에 위치한 것을 루트균열(root crack), 크레이터부에 생긴 것을 크레이터균열(crater crack)이라 한다. 크페이터 균열은 다시 크레이터 종균열, 크레이터 가로터짐 및 스타 균열(star crack)으로 형상에 따라 분류된다.

그림 6-52(a), (b)는 양면 용접의 중앙부에 세로로 터진 종균열의 투과사진과 단면사진을 보이고 있으며, 그림 6-60은 한면 용접의 루트에 세로로 터진 종균열의 투과사진과 단면사진을 나타내고 있다.

바. 하이-로우(Hi-Low) 또는 정렬 불량(mismatch)

맞대어진 용접부 양쪽의 모재 배치가 어긋난 상태로 용접한 경우를 말한다. 그림 6-61(b)의 단면 사진에서와 같이 모재 높이가 어긋난 상태에서 용접한 부분을 촬영한 영상은 그림 6-61(a)와 같이 두께차이가 난 것과 같이 두층으로 음영이 나타난다.

사. 이면 오목(裏面凹 :, internal concatity)

그림 6-62(b)의 용접 단면사진에서와 같이 한면 용접의 루트 밑면이 오목한 형태로 용접된 경우를 말한다. 이 불연속은 요구되는 용접부의 두께를 현저히 감소하는 경우를 유발할 수 있다. 그러므로 그림 6-62(a)와 같이 용접선 중앙부의 루트부분이 검게 나타난다.

반면에 용접부의 외부면이 완전히 채워지지 않은 상태를 덧살 부족(underfill)이라 한다. 이러한 형태는 방사선투과사진에서 농도가 주변보다 검게 나타는데, 이를 외부 오목(外部凹, external concavity)이라 부르기도 한다

아. 과잉 침투(excessive penetration)

그림 6-63(b)의 용접 단면사진에서와 같이 한면 용접에서 루트패스를 적용할 때에 압열량이 지나치게 많아 용접금속이 모재보다 많이 튀어나간 상태를 과잉 침투 또는 오버-랩(over lap)이라 한다. 과잉침투가 단속적으로 짧게 나타나는 경우를 “고드름(icicle)"이라고도 하며, 그림 6-63(a)와 같이 주위보다 투과두께가 두껍기 때문에 매우 밝게 나타난다. 이때에 부분적으로 용접금속이 떨어져 나가는 경우가 있는데 이를 용락(burn-through)이라 하며, 두께가 감소하여 투과사진에서 주위보다 검게 나타난다. .

자. 언더컷(undercut)

용접부 표면에서 용접부와 모재와의 연결부에 파인 홈으로 용접 중 모재부분이 녹아 달아남으로써 발생한다.

그림 6-64(b)는 한면 용접의 표면 양쪽에 모재가 녹아서 두께가 얇아졌기 때문에 그림 5-49(a)의 투과사진상에는 용접선 중앙 루트 주위가 모재보다 어둡게 나타난다. 보통은 방사선투과검사가 시행되기 전에 육안검사로 확인해야 한다.

차. 텅스텐 혼입(tungsten inclusion)

텅스텐 혼입은 불활성 가스 용접에서 발생하는 결함으로 텅스텐 전극봉의 일부가 떨어져 용접금속에 혼입한 상태를 말한다. 텅스텐 전극봉 조각이 용융되지 않고 용접 금속내에 갇힌 상태이다.

그림 6-65는 텅스텐이 혼입된 상태의 투과사진으로. (a)는 보통강의 MIG용접 (b)는 티탄판의 MIG용접 (c)는 알루미늄판의 MIG용접에서의 투과사진이다. 텅스텐은 금속 모재보다 원자번호와 밀도가 높아 X선 흡수가 많기 때문에 투과 사진상에 용접부의 음영보다 밝은 형태로 나타나게 된다.

2. 용접부 결함의 투과사진과 단면사진

가. 양면 용접

(1) 기공(porosity)

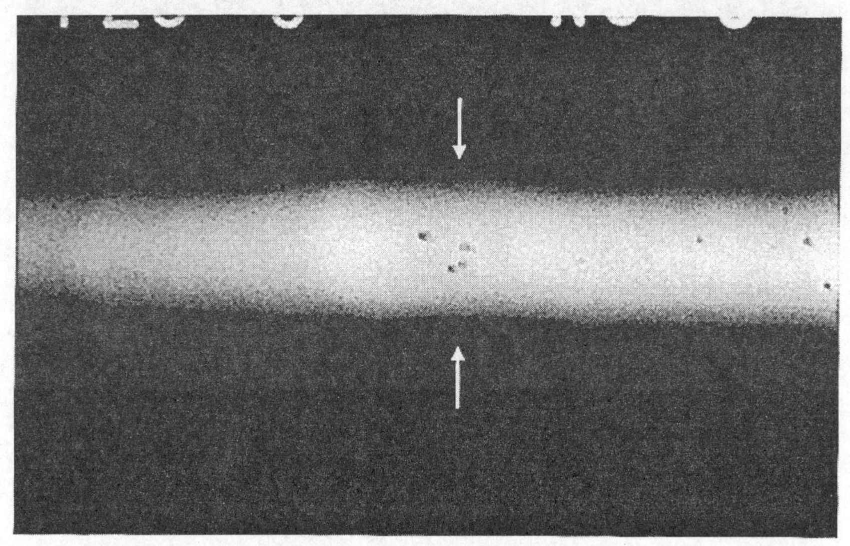

〔그림 6-48(a)〕 기공의 투과사진

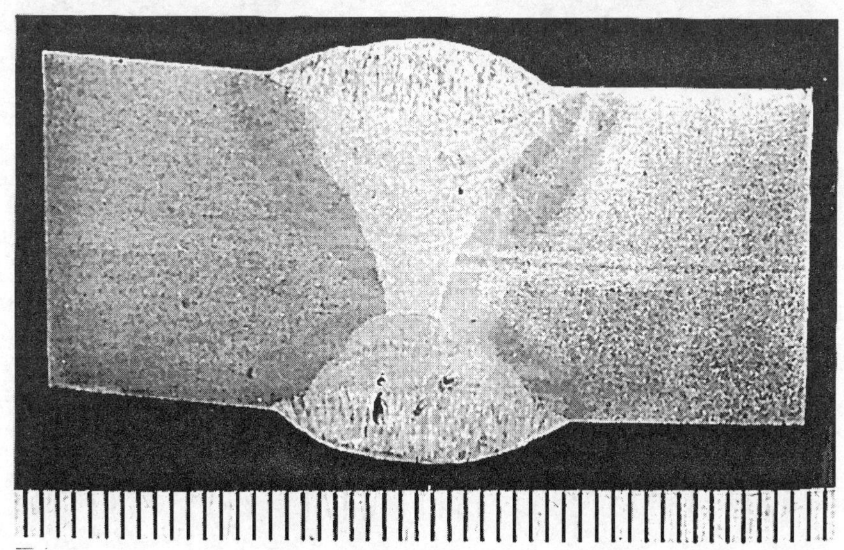

〔그림 6-48(b)〕 기공의 단면사진

(2) 층간 슬래그 개재(slag inclusion)

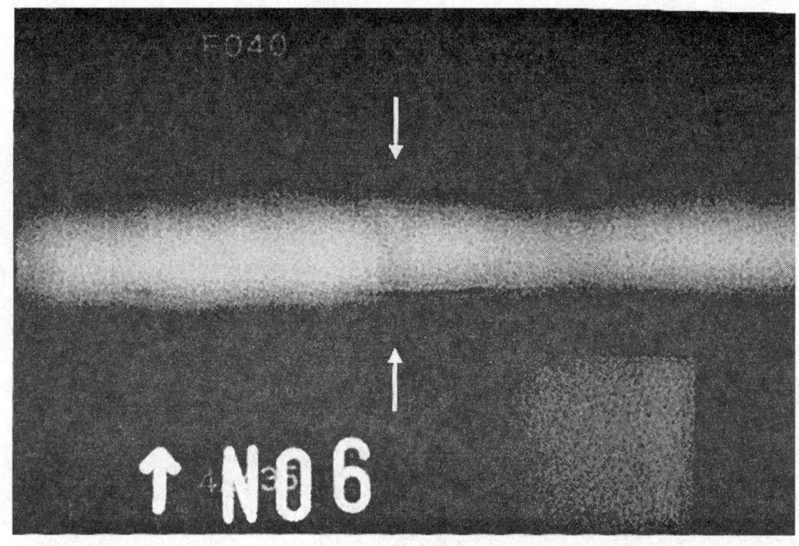

〔그림 6-49(a)〕 층간 슬래그 개재물의 투과사진

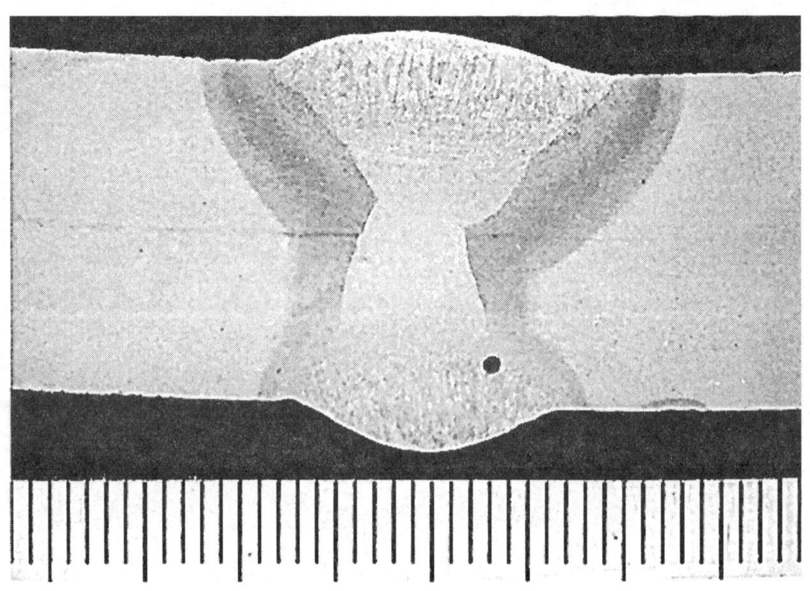

〔그림 6-49(b)〕 층간 슬래그 개재물의 단면 사진

(3) 개선면의 융합 불량 (incomplete fusion)

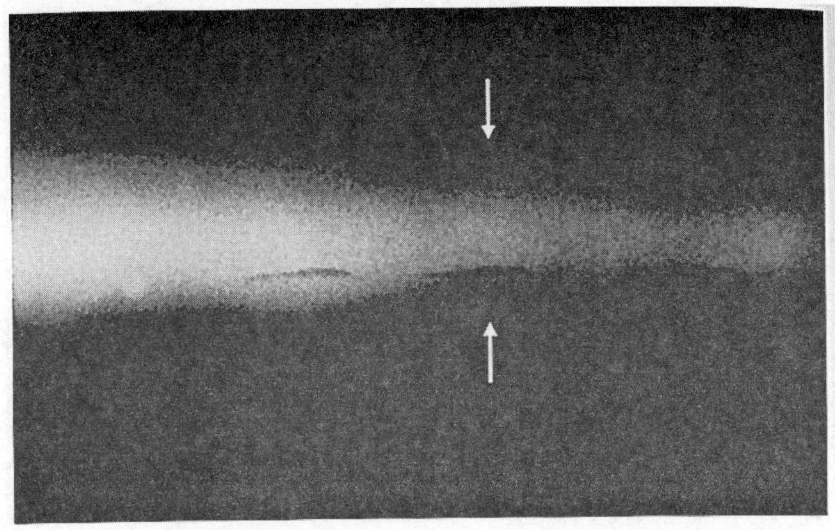

〔그림 6-50(a)〕 개선면에 있는 융합부족의 투과사진

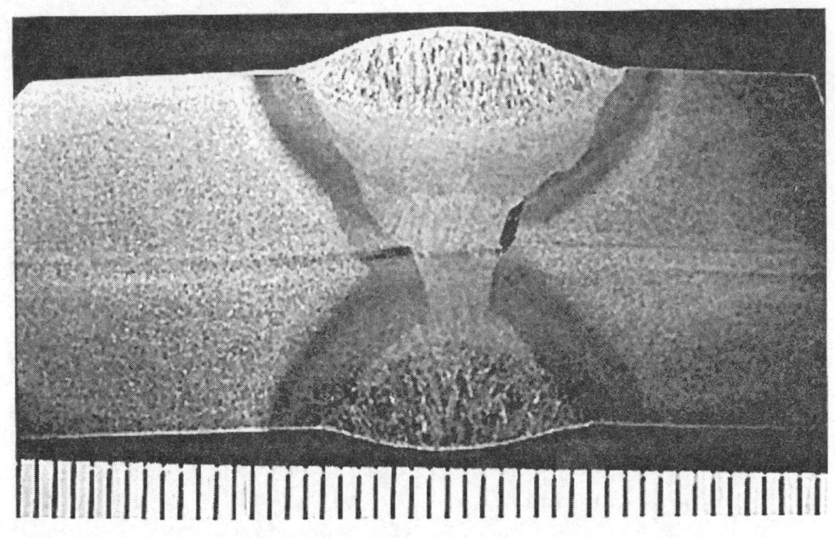

〔그림 6-50(b)〕 개선면에 있는 융합부족의 단면사진

(4) 용입 부족 (inadequate penetration)

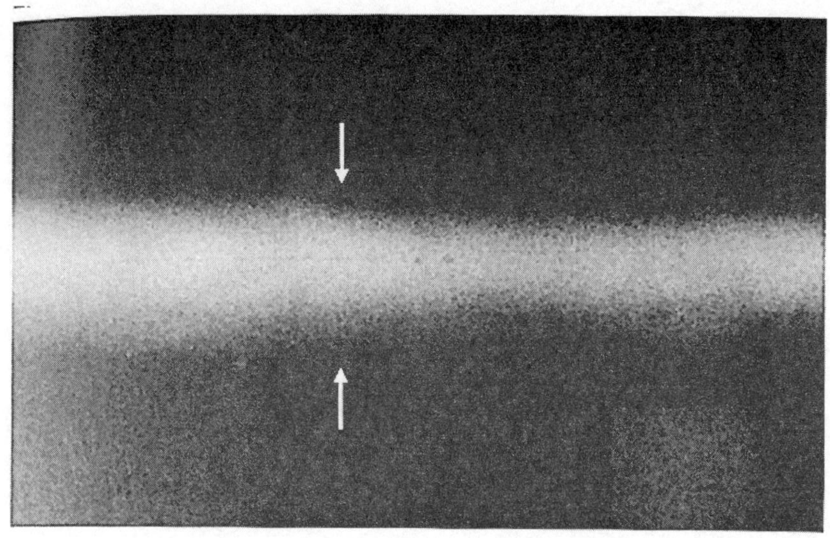

〔그림 6-51(a)〕 용입 부족의 투과사진

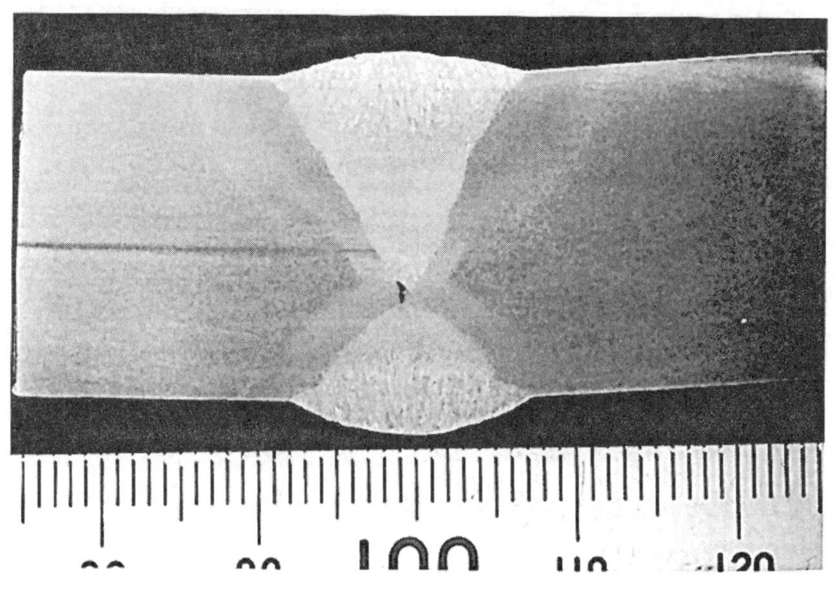

〔그림 6-51(b)〕 용입 부족의 단면사진

(5) 종균열 (세로터짐 : longitudinal crack)

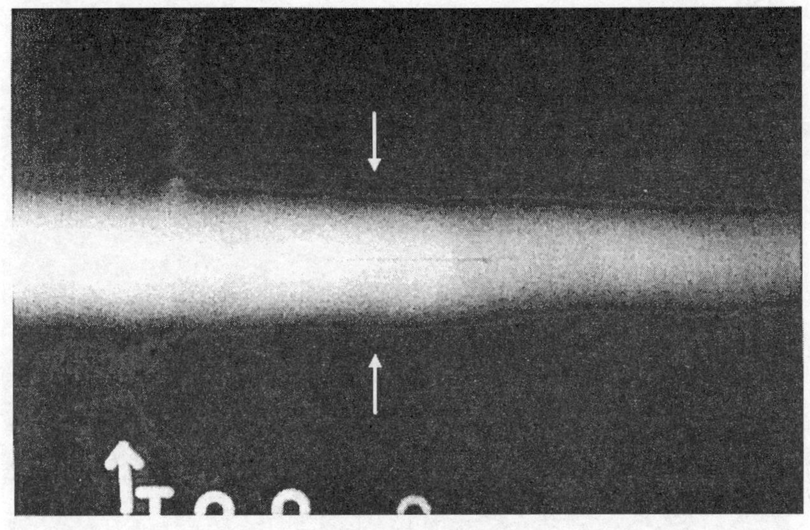

〔그림 6-52(a)〕 종균열(longitudinal crack)의 투과사진

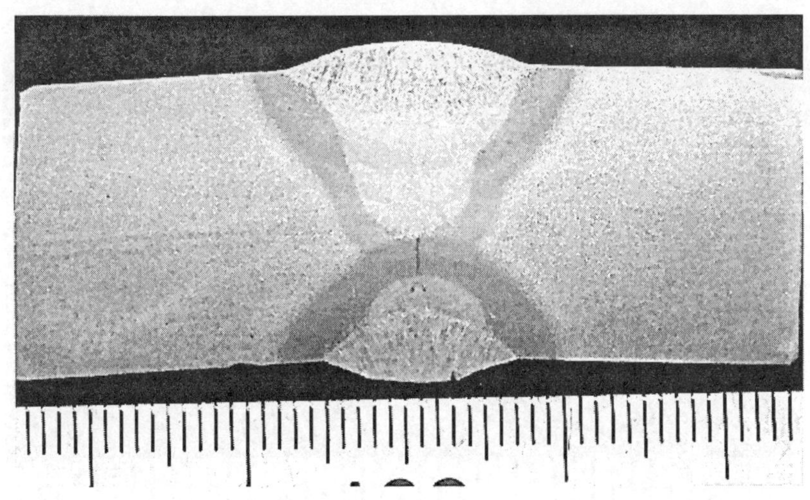

〔그림 6-52(b)〕 종균열(longitudinal crack)의 투과사진

나. 한면 용접부 (V용접)

(1) 기공(porosity)

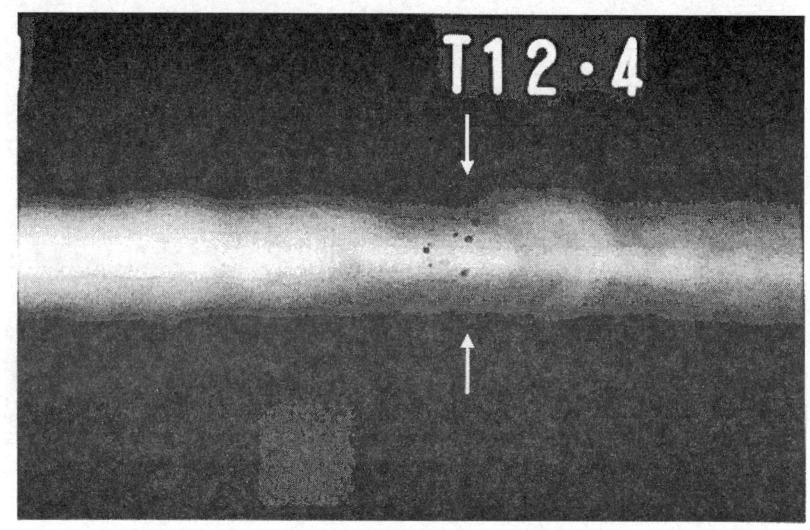

〔그림 6-53(a)〕 기공의 투과사진

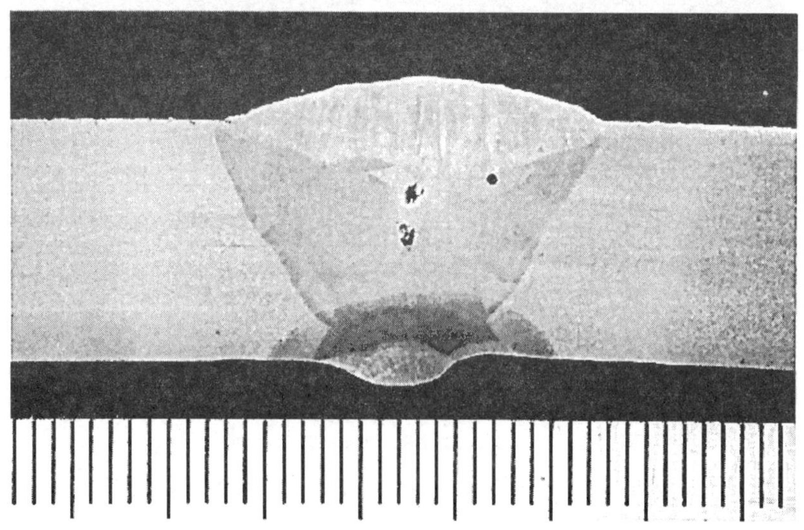

〔그림 6-53(b)〕 기공의 단면사진

(2) 기공(porosity)

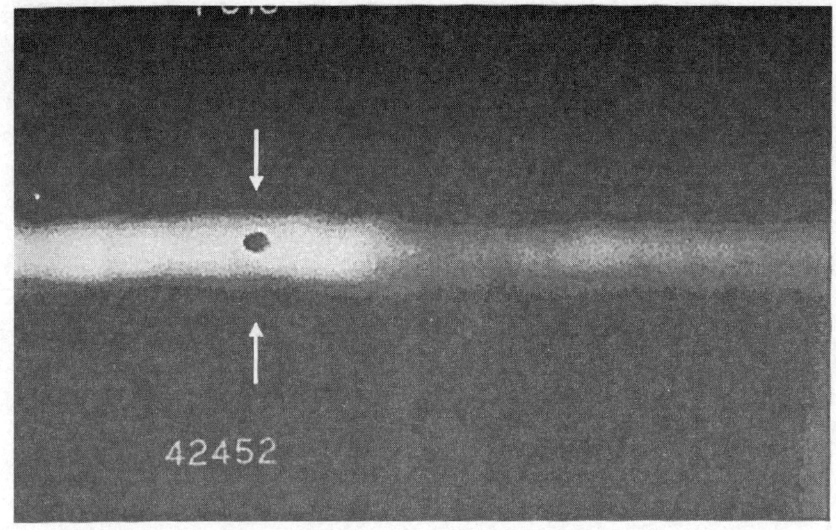

〔그림 6-54(a)〕 기공의 투과사진

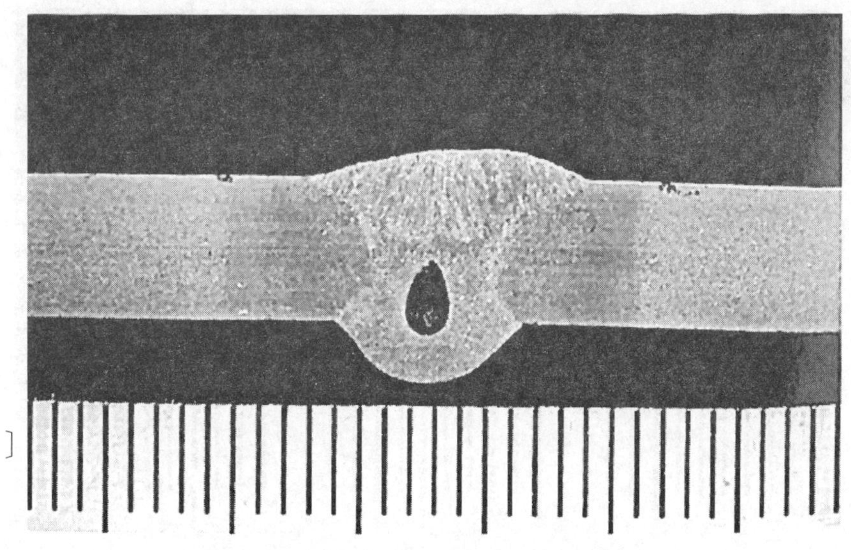

〔그림 6-54(b) 기공의 단면사진

(3) (가) 파이프(pipe)

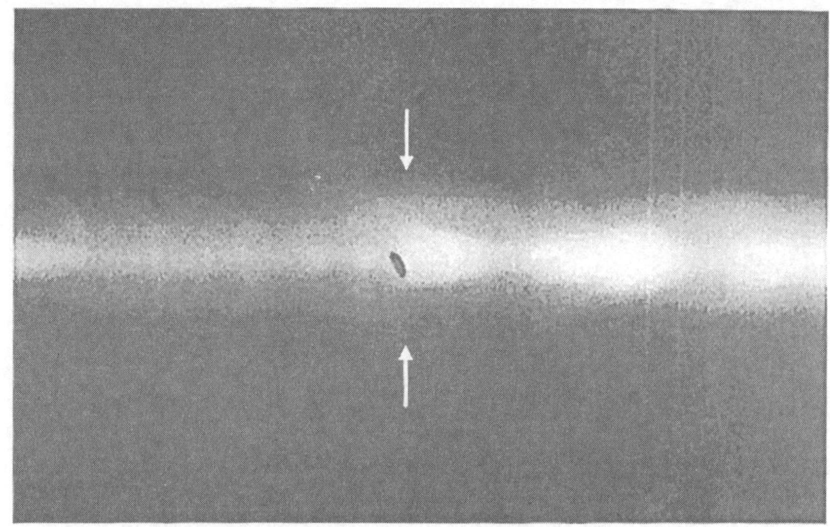

〔그림 6-55(a)〕 파이프(pipe : worm hole)의 투과사진

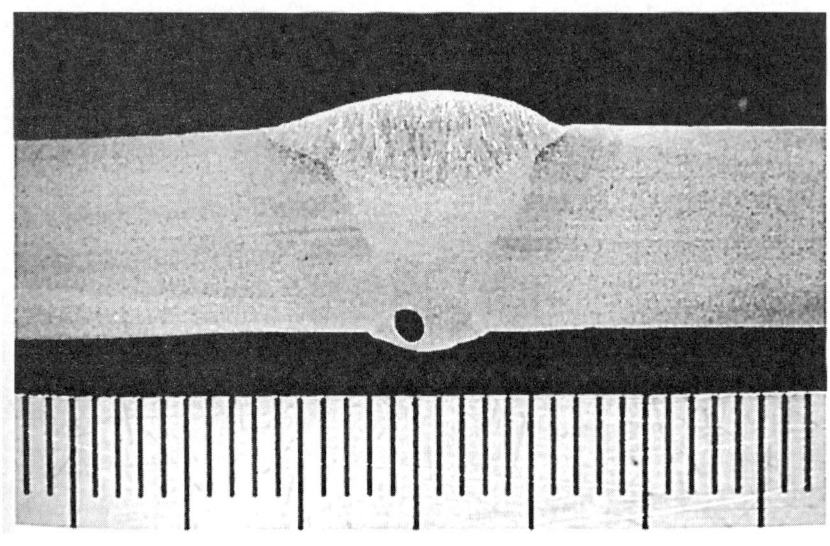

〔그림 6-55(b)〕 파이프(pipe : worm hole)의 단면사진

(4) (나) 파이프(pipe)

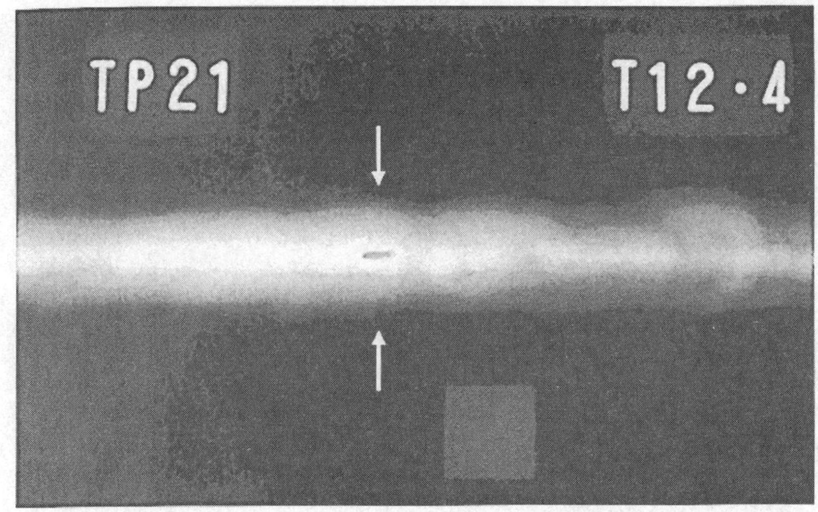

〔그림 6-56(a)〕 파이프(pipe : worm hole)의 투과사진

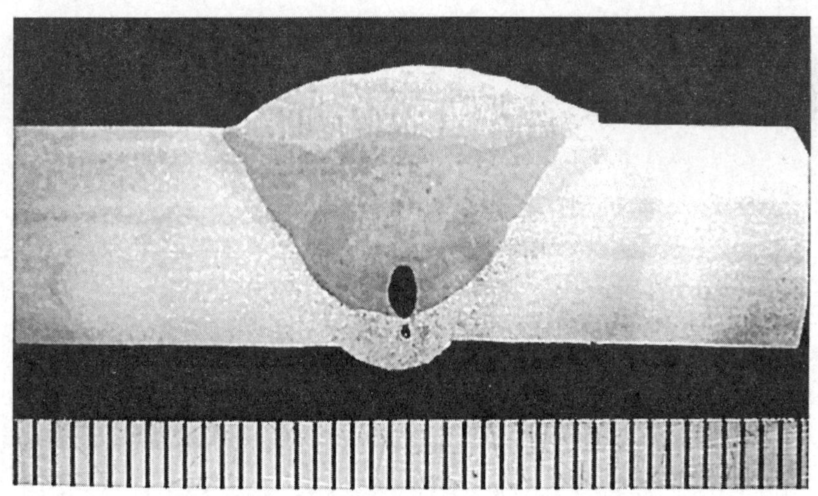

〔그림 6-56(b)〕 파이프(pipe : worm hole)의 단면사진

(5) 층간 슬래그 개입 (slag inclusion)

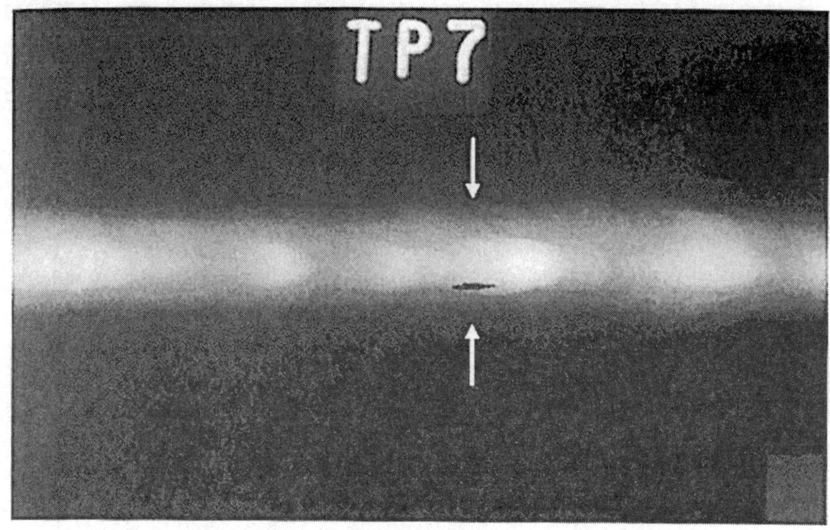

〔그림 6-57(a)〕 층간 슬라그 개재물의 투과사진

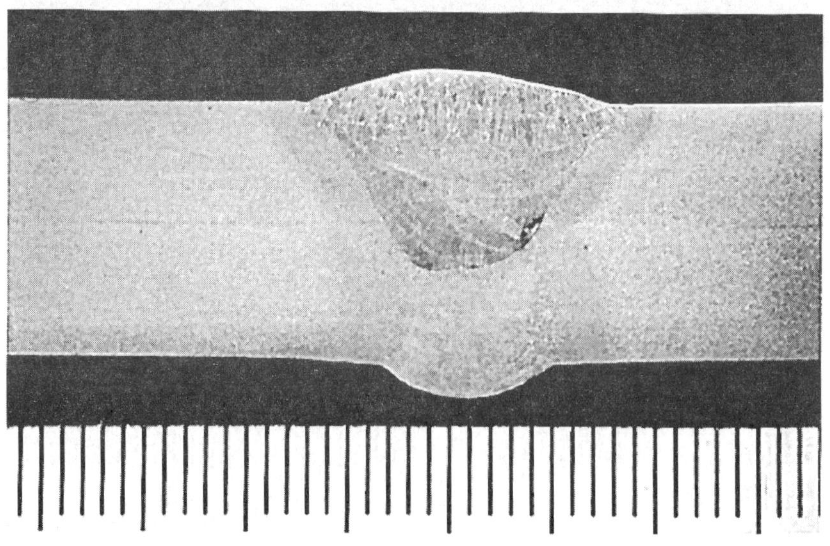

〔그림 6-57(b)〕 층간 슬라그 개재물의 단면사진

(6) 개선면의 융합 불량 (incomplete fusion)

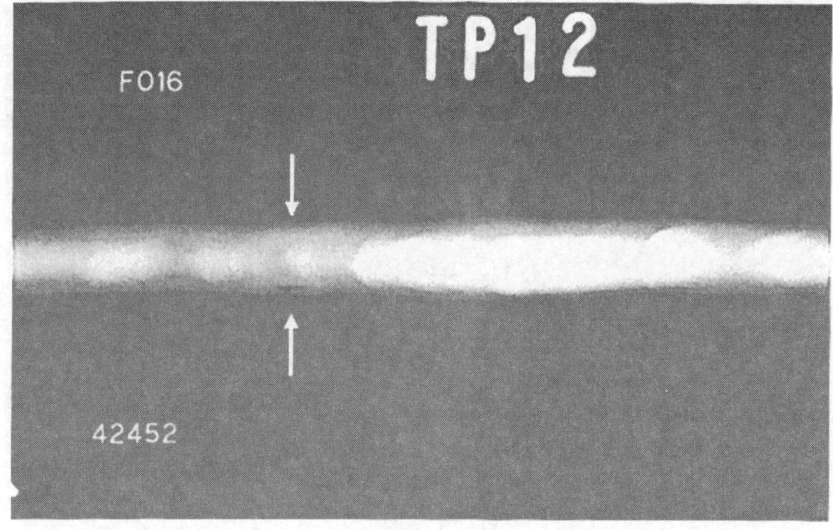

〔그림 6-58(a)〕 개선면에 있는 융합 불량(incomplete fusion)의 투과사진

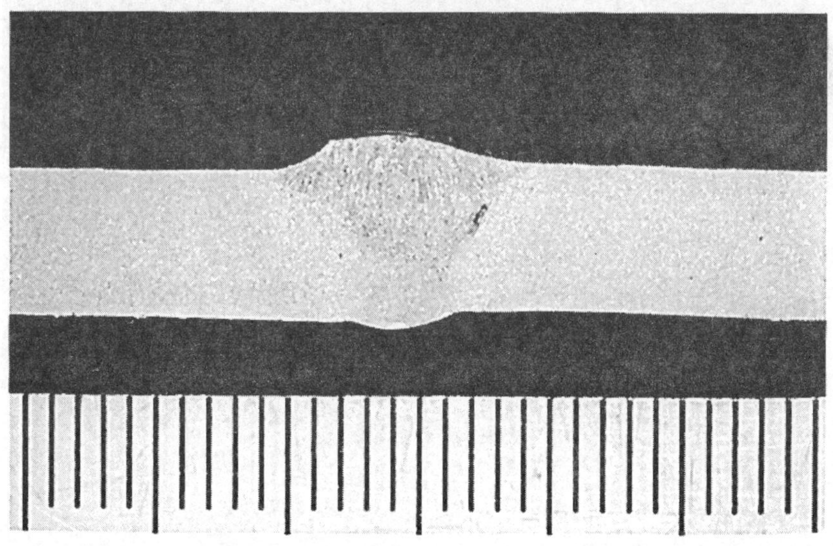

〔그림 6-58(b)〕 개선면에 있는 융합 불량(incomplete fusion)의 단면사진

(7) 용입 부족 (inadequate penetration)

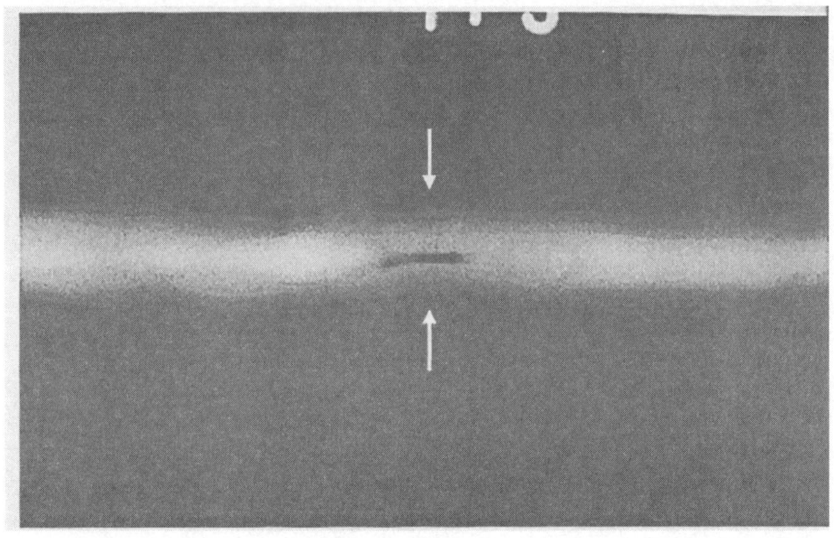

〔그림 6-59(a)〕 용입 불량(inadequate penetration)의 투과사진

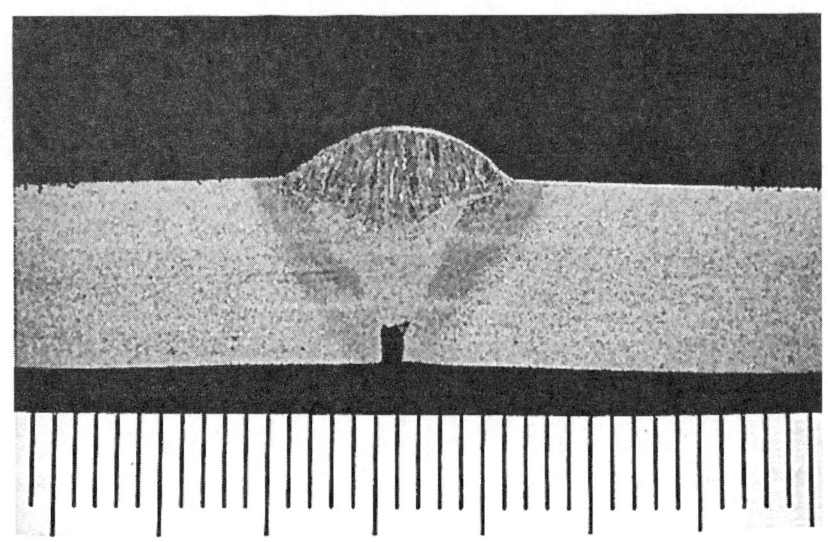

〔그림 6-59(b)〕 용입 불량(inadequate penetration)의 단면사진

(8) 종균열 (세로 터짐 : longitudinal crack)

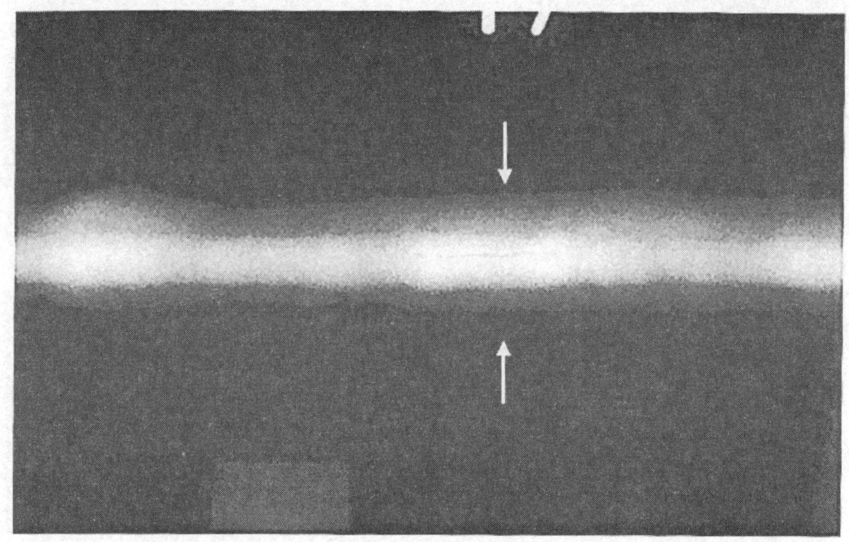

〔그림 6-60(a)〕 종 균열(longitudinal crack)의 투과사진

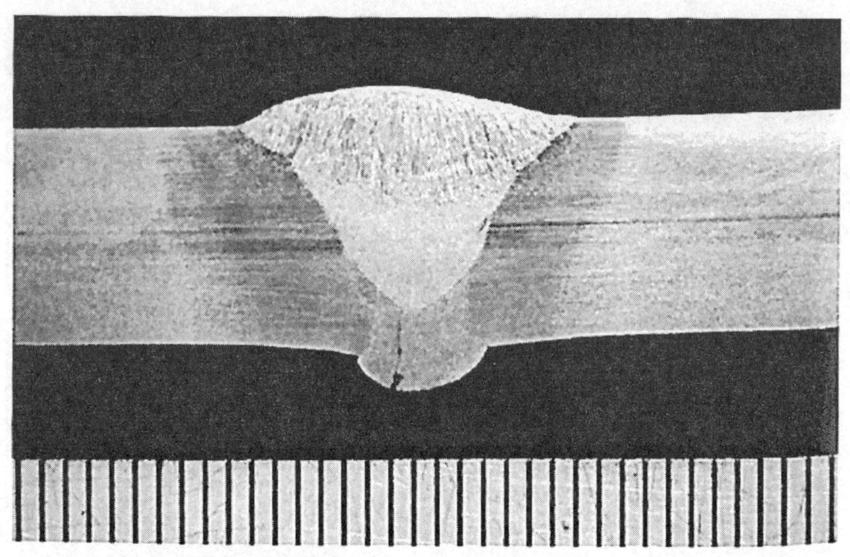

〔그림 6-60(b)〕 종 균열(longitudinal crack)의 단면사진

(9) 하이-로우 또는 정렬 불량(high-low or mismatch)

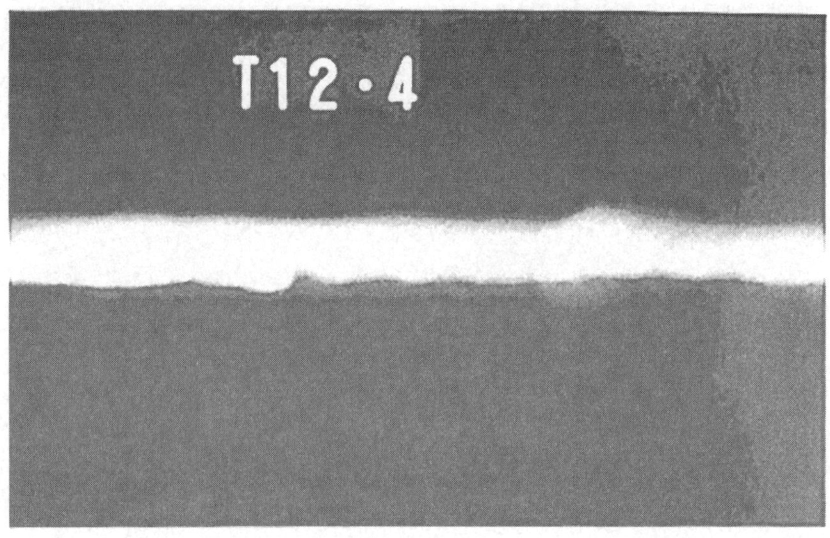

〔그림 6-61(a)〕 하이-로우(high-low)가 있는 투과사진

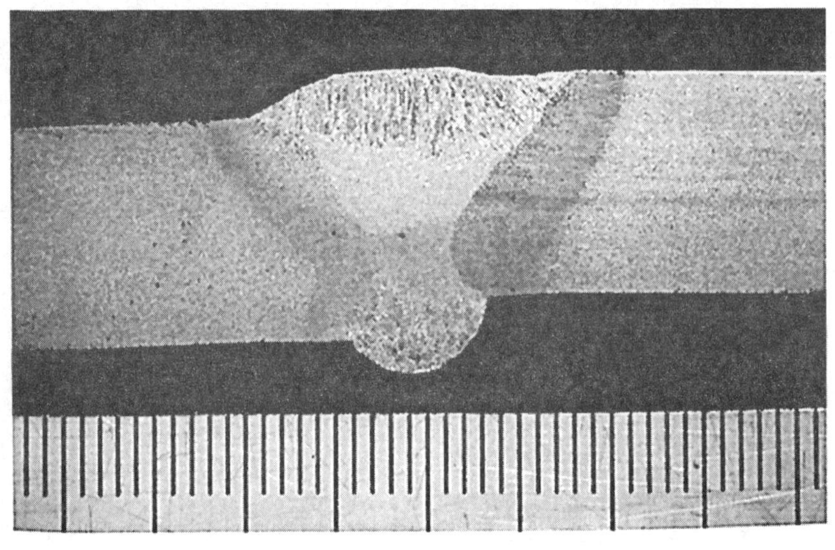

〔그림 6-61(b)〕 하이-로우(high-low)가 있는 단면사진

(10) 이면 오목 (裏面 凹 : internal concavity)

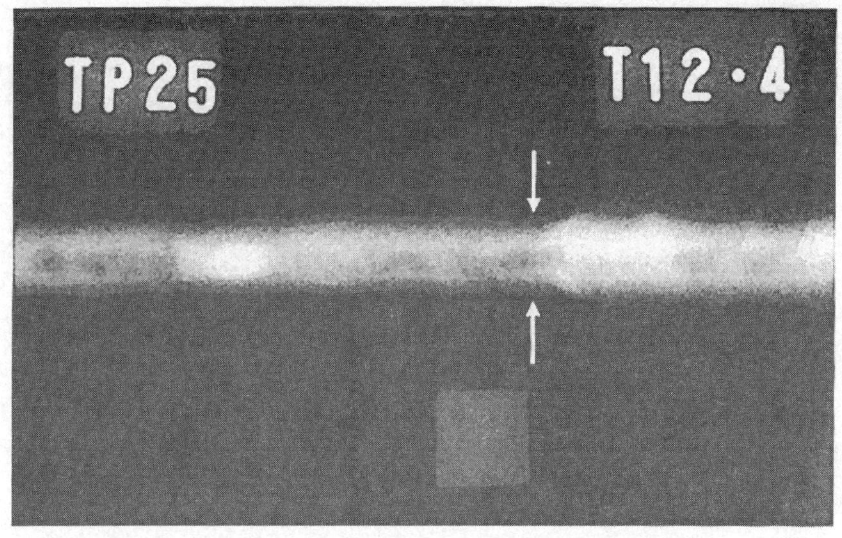

〔그림 6-62(a)〕 이면 오목(internal concavity)의 투과사진

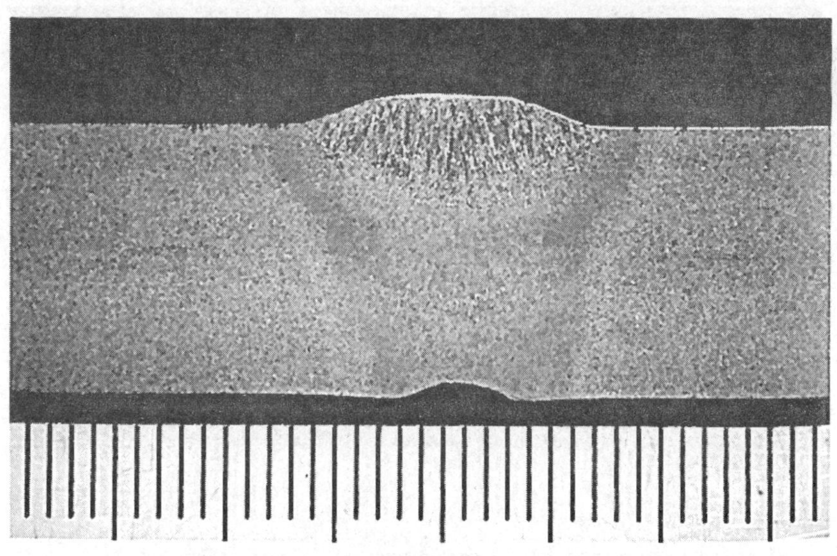

〔그림 6-62(b)〕 이면 오목(internal concavity)의 단면사진

(11) 과잉 침투 (exceessive penetration)

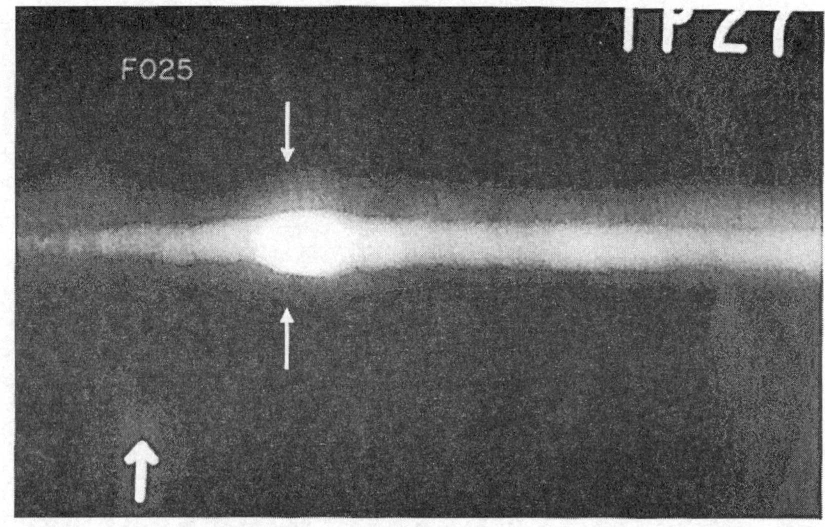

〔그림 6-63(a)〕 과잉 침투(over lap)의 투과사진

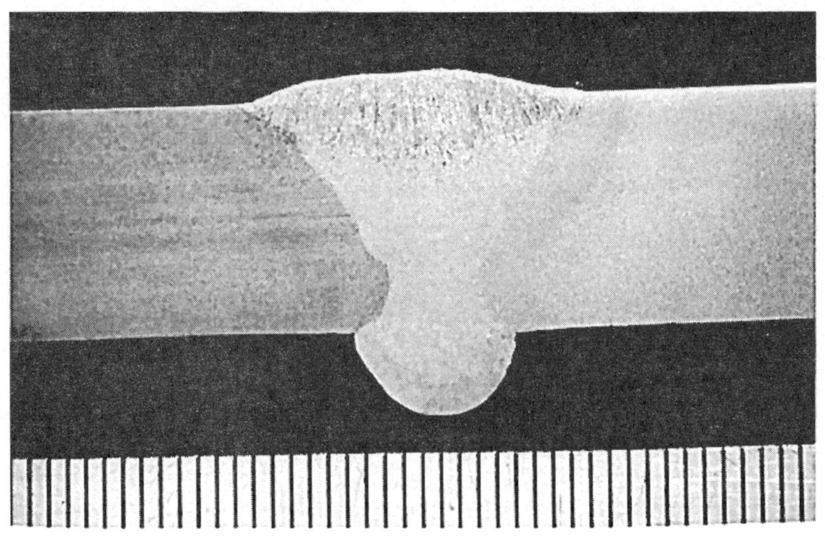

〔그림 6-63(b)〕 과잉 침투(over lap)의 투과사진

(12) 언더컷 (undercut)

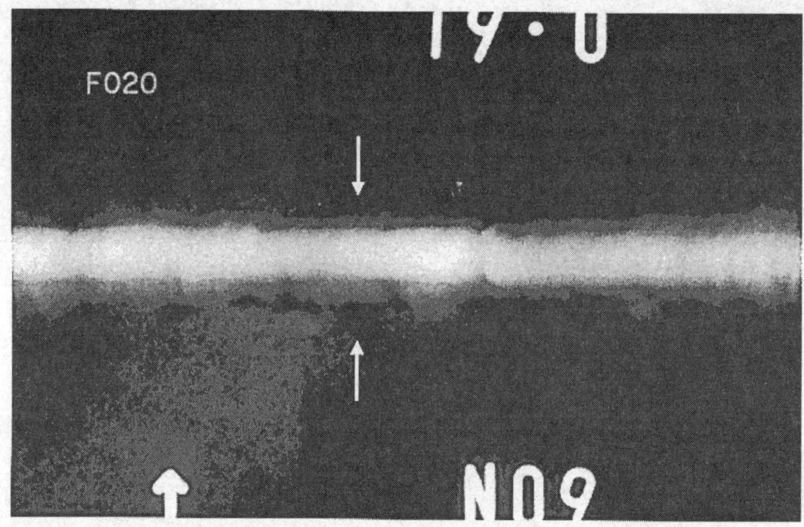

〔그림 6-64(a)〕 언더컷(undercut)의 투과사진

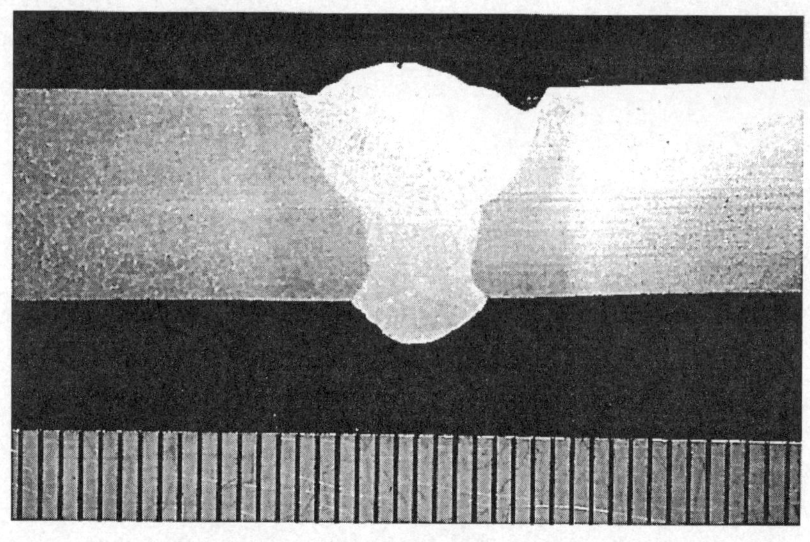

〔그림 6-64(b)〕 언더컷(undercut)의 단면사진

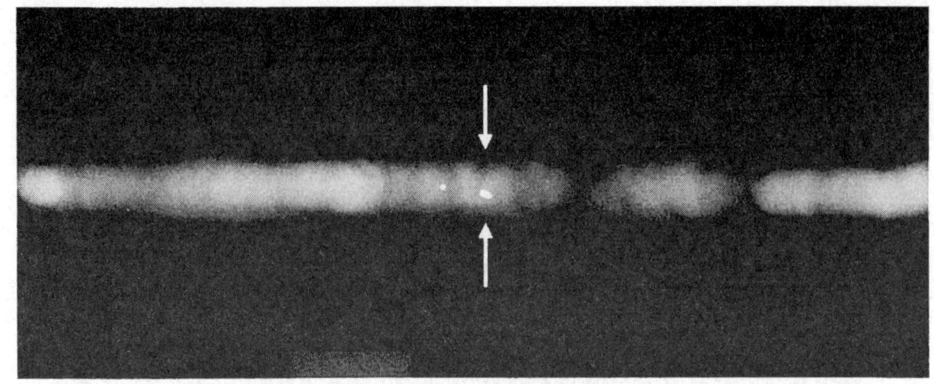

(a) 보통강의 TIG 용접

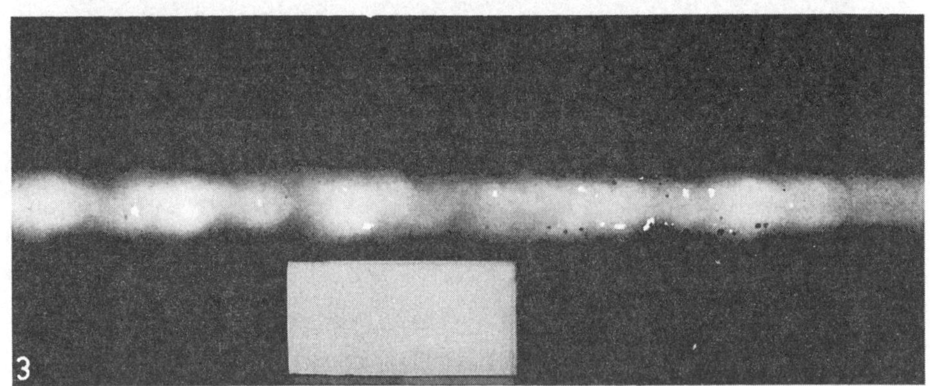

(b) 티탄판의 TIG 용접

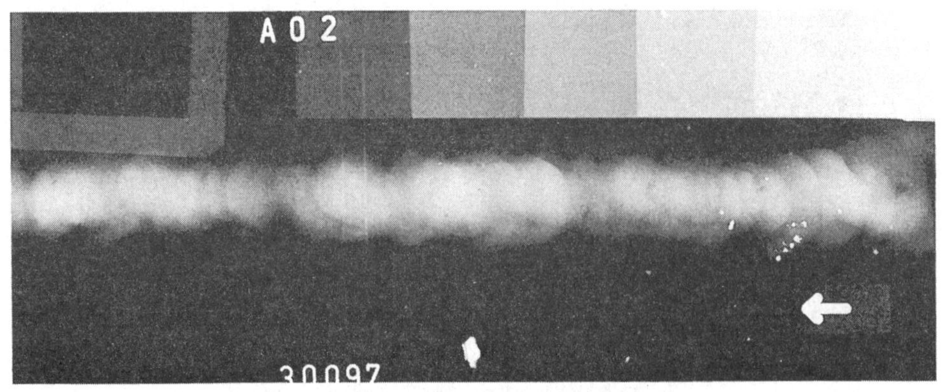

(c) 알미늄 합금판의 TIG 용접

〔그림 6-65〕 텅스텐 혼입

3. 주강품 결함

주조품은 금속을 용해하여 일정한 공간에 채워 넣은 후 냉각 응고시킨 것을 말한다. 일정한 공간의 형태를 주형(鑄型 : mold)이라 하며 모래 주형, 영구 주형 그리고 금속 다이(die)나 금형 주형에 금속을 분사시켜 주조하는 법등이 있다. 주조품은 알루미늄이나 마그네슘 같은 경합금이나 철, 청동 및 황동 같은 중합금으로 만들어진다. 주조품의 재질과 제조 방법에 따라 주형 안에 용해된 금속이 고체로 응고하는 과정에 다양하고 많은 결함을 발생하기도 한다. 여기서는 탄소강 주조품의 일반적인 결함에 대하여 알아본다.

가. 블로우 홀 (gas porosity)

블로우 홀은 용융금속을 주형에 주입할 때에 형성된 가스가 밖으로 빠져나오기 전에 응고하여 갇힌 상태를 말한다. 이때의 가스는 용융금속 또는 주형으로부터 생성된 것이다. 블로우 홀(blow hole)은 기공(gas porosity)이나 가스 홀(gas hole)의 용어가 사용되고 있으나, 모두 주조품 내에 갇힌 가스 상태를 말한다. 즉 생성된 기체가 주형 밖으로 빠져나가지 못하고 주조품 자체에 남은 상태이므로 단면적을 감소시킨다.

기공은 크기와 분포가 다양하며, 미세한 가스 상태를 마이크로 기공(micro porosity), 가스 형태가 커서 공동(cavity) 같은 것을 블로우 홀 또는 가스 캐비티(gas cavity)라고도 한다. 그림 6-66(a)은 21mm두께를 X선으로 촬영한 것으로 선상 수축공 같이 보이나, 농도차가 다르고 표면부근이 고리 형태를 보이고 있다. 이는 그림 6-66(b)의 결함단면 사진에 나타나듯이 주물의 중앙부근에 발생한 가스가 응고 과정중에 표면쪽으로 늘어나면서 밖으로 나오지 못하고 표면에 큰 공동을 형성하고 있는 상태이다.

그림 6-67은 60mm두께를 Co-60으로 촬영한 투과사진으로 오른쪽 화살표 음영은 모래이고, 왼쪽 화살표가 지시하는 음영은 기공을 나타내고 있다. 결함 단면 사진에서도 오른쪽은 모래가 혼입된 상태이고 중앙과 왼쪽 상단은 속이 빈 기공 상태이다.

그림 6-68은 70mm두께를 Co-60으로 촬영한 투과사진으로 편평(扁平: 넓접한 평면) 가스 공동으로 큰 원형으로 나타나고 있다.

나. 모래 및 개재물(sand and inclusion)

모래 혼입은 모래주형으로부터 모래가 떨어져 들어간 것이다. 방사선 투과사진상에서는 덩어리모양의 모래주머니로 나타난다.

슬래그 개재물은 용융금속과 더불어 주형에 들어간 불순물이다. 또한 금속이 응고되기 전에 표면으로 나오지 못한 산화물이나 불순물이 원인이 되기도 한다. 고밀도 개재물(dense inclusion)은 코어 와이어(core wire)나 금속 조각과 같은 고밀도의 물체가 용융주조 금속으로 들어가 생긴다. 이 개재물은 투과사진상에 밝게 나타난다.
그림 6-69(a),(b)은 18mm 두께의 주강품을 X선으로 촬영한 투과사진과 단면사진으로 모래 및 슬래그개재물이 혼입된 투과사진이다.

다. 수축 공(shirinkage cavity)

수축공(收縮孔 : 슈링키지 : shirinkage)은 주형에 주입한 용탕이 응고할 때에 외부부터 응고가 시작하여 내부로 진행한다. 이 때 최후로 응고되는 내부는 먼저 응고 수축된 부분에서 끌어 당겨서 빈 공간이 생긴 것을 말한다. 다시 말하면, 용해 금속이 냉각 응고함에 따라 국부적으로 수축하여 발생한 것으로 주물의 체적은 고온일수록 팽창하고 저온으로 갈수록 수축한다. 이러한 수축이 균일하면 양질의 주조품을 얻을 수 있으나, 냉각 온도 차이로 수축이 균일하지 못하여 빈 공간이 생긴 것을 말한다. 수축공의 형태에 따라 마이크로 수축공(micro shrinkage), 스폰지 수축공(sponge shrinkage), 필라멘트 수축공(filamentary shrinkage), 선모양 수축공(line shirinkage) 및 나뭇가지 모양 수축공(dentritic shrinkage)로 분류하고 있다.

KS D 0227(2001)에서는 선모양과 나뭇가지 모양의 수축공으로 분류하여 선모양은 길이로, 나뭇가지 모양은 면적으로 결함을 산정하여 평가한다.

그림 6-70(a)은 35mm두께를 베타트론으로 촬영한 투과사진으로 선상 수축공의 음영을 보이고 있으며, 그림 6-70(b)은 단면 결함을 나타내고 있다.

그림 6-71(a), (b)은 40mm 두께를 Co-60으로 촬영한 투과사진과 결함단면 사진으로 선모양의 수축공을 나타내고 있다.

그림 6-72(a), (b)는 21mm 두께를 X선으로 촬영한 것으로 블로우 홀이 혼재한 나뭇가지 모양의 수축공을 나타내고 있다.

그림 6-73(a), (b) 및 그림 6-74(a), (b)는 40mm 두께를 Co-60으로 촬영한 것으로 나뭇가지 모양의 수축공을 나타내고 있다.

라. 균열(crack)

핫 테어(hot tear)는 주조품이 냉각함에 따라 발생된 높은 응력으로부터 기인하여 터진 형상을 말한다. 보통 두께가 변하는 hot spot부에서 발생한다. 방사선투과사진에서 검고 들쭉날쭉한 선형지시로 나타나며, 대단히 심각한 결함이다. 균열은 보통 하나의 선형지시로 나타나며, 핫 테어보다 쉽게 구별된다(그림 6-75).

마. 기타 주조불연속

용융금속의 두 흐름이 주조품 내에서 금속학적으로 접합되지 않은 불연속을 콜드 셧(cold shut)이라 한다. 방사선투과검사시에 융합 불량면에 방사선빔에 평행하지 않으면 쉽게 검출되지 않는다.

챠프릿(chaplet)은 주형내부에서 코어(core)를 받혀주는 금속으로 된 장치이다. 이는 보통 주조품과 동일한 재질로 만들어져서 용융금속이 그들과 접촉하여 소멸된다. 이것이 소멸되지 않은 것을 “unfused chaplet"라 한다.

주형의 중자는 주조품 내에 필요한 형과 크기의 공동을 만들기 위해 사용된다. 용융금속을 주입할 때 이 코어의 위치가 변동되는 경우가 있는데 이를 “core shift"라 한다(그림 6-76).

주형이 용융금속으로 완전히 채워지지 않아 생기는 공동을 “misrun"이라 한다. 이는 갇혀진 가스, 주형이 완전히 채워지지 않은 상태에서 일부의 응고, 또는 주형내에 주입된 용융금속이 너무 작은 경우에 발생한다.

4. 주강품 결함의 투과사진과 단면사진

(1) 불로우홀(blow hole)

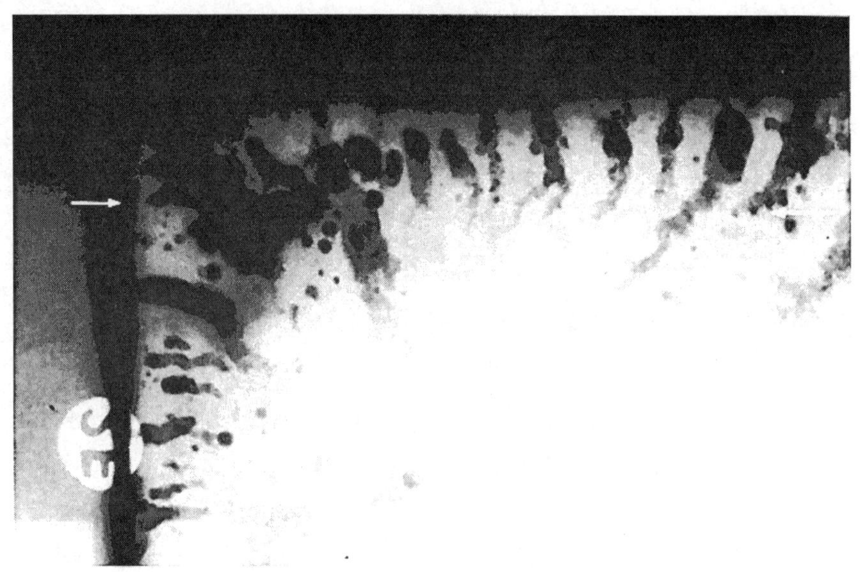

〔그림 6-66(a)〕 블로우홀(blow hole)의 투과사진

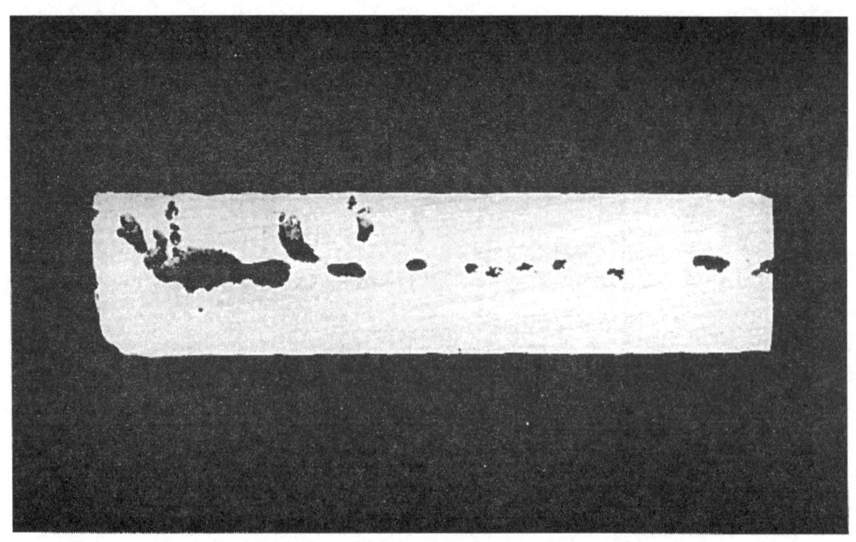

〔그림 6-66(b)〕 블로우홀(blow hole)의 단면사진

(2) 블로우홀(blow hole)

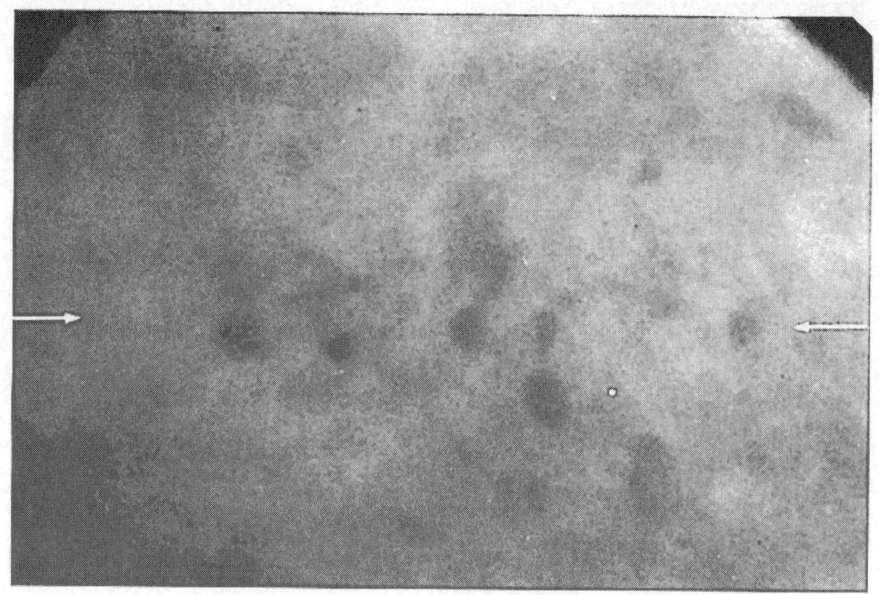

〔그림 6-67(a)〕 블로우홀(blow hole)의 투과사진

〔그림 6-67(b)〕 블로우홀(blow hole)의 단면사진

(3) 블로우홀(blow hole)

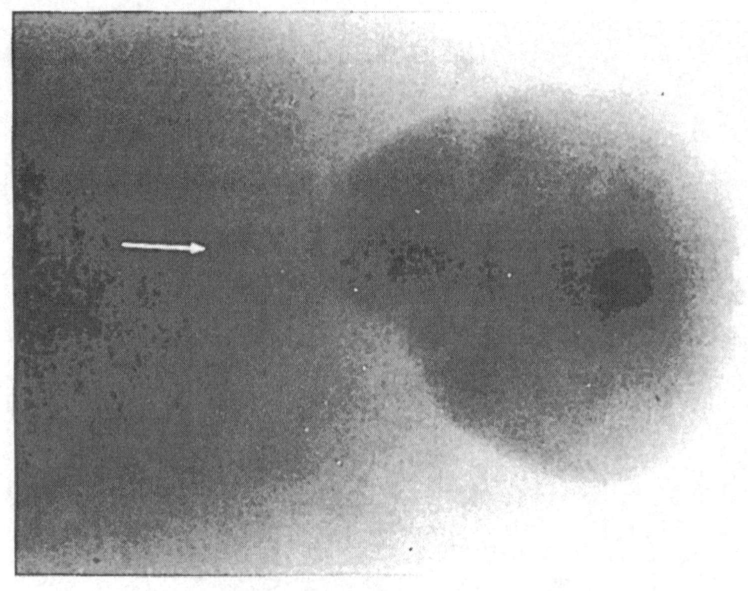

〔그림 6-68(a)〕 블로우홀(blow hole)의 투과사진

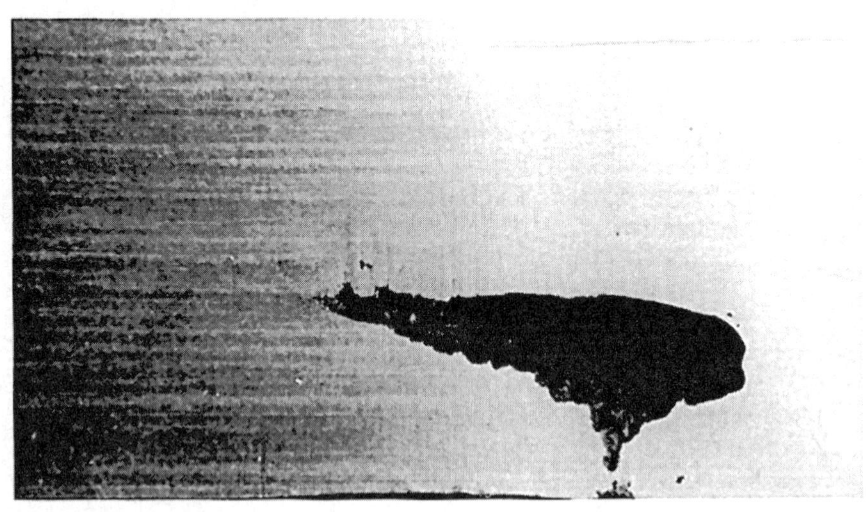

〔그림 6-68(b)〕 블로우홀(blow hole)의 단면사진

(4) 모래 및 개재물 (sand & inclusion)

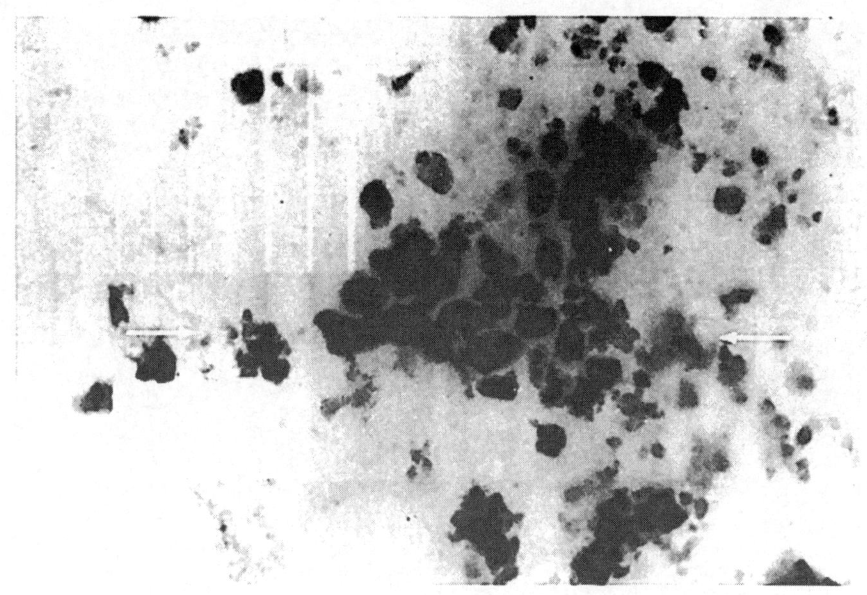

〔그림 6-69(a)〕 모래 및 개재물(sand & inclusion)의 투과사진

〔그림 6-69(b)〕 모래 및 개재물(sand & inclusion)의 단면사진

(5) 선상 수축공(linear shirinkage)

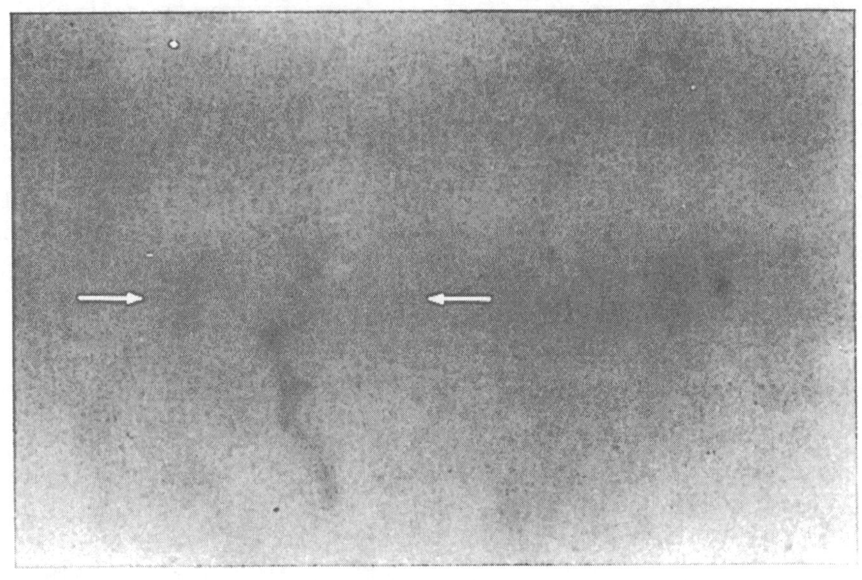

〔그림 6-70(a)〕 선상 수축공(linear shirinkage)의 투과사진

〔그림 6-70(b)〕 선상 수축공(linear shirinkage)의 단면사진

(6) 선상 수축공(linear shirinkage)

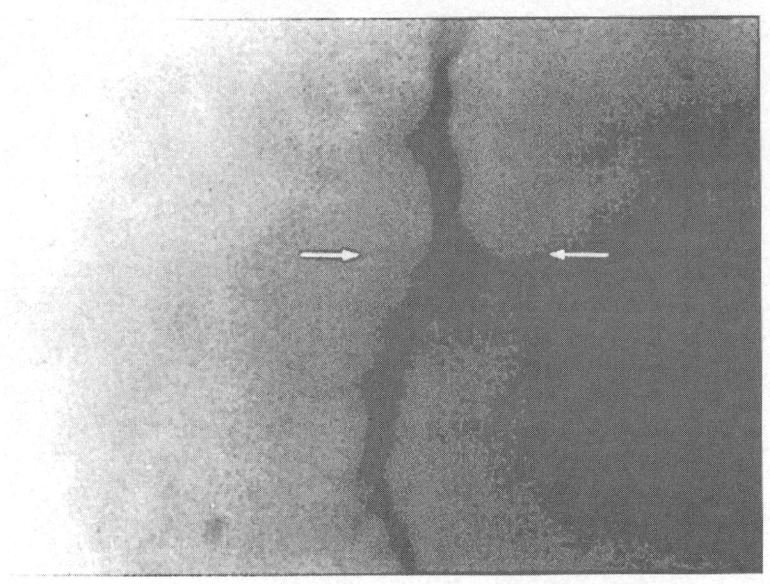

〔그림 6-71(a)〕 선상 수축공(linear shirinkage)의 투과사진

〔그림 6-71(b)〕 선상 수축공(linear shirinkage)의 단면사진

(7) 수지상 수축공(dendritic shirinkage)

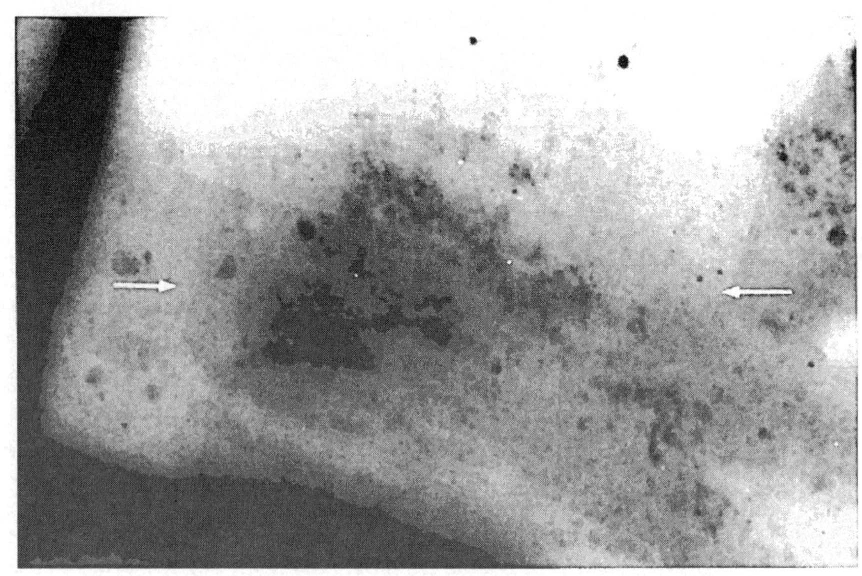

〔그림 6-72(a)〕 수지상 수축공(dendritic shirinkage)의 투과사진

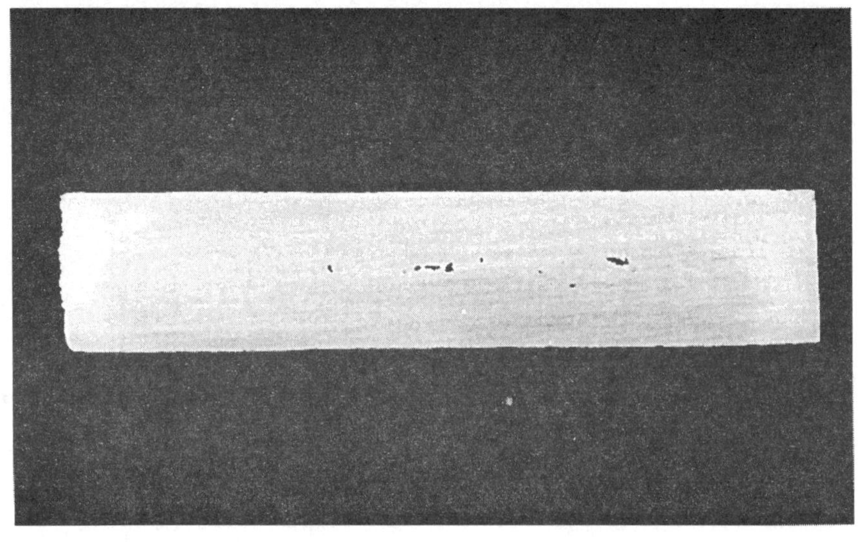

〔그림 6-72(b)〕 수지상 수축공(dendritic shirinkage)의 단면사진

(8) 수지상 수축공(dendritic shirinkage)

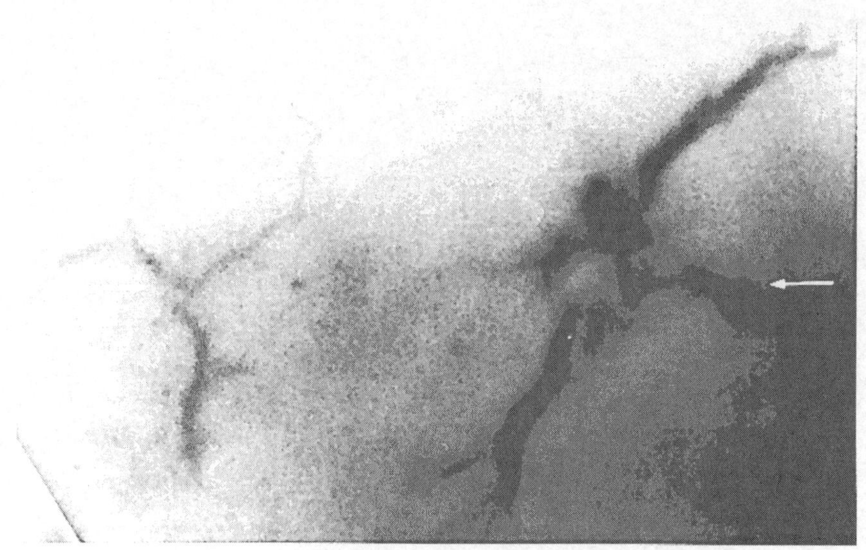

〔그림 6-73(a)〕 수지상 수축공(dendritic shirinkage)의 투과사진

〔그림 6-73(b)〕 수지상 수축공(dendritic shirinkage)의 단면사진

(9) 수지상 수축공(dendritic shirinkage)

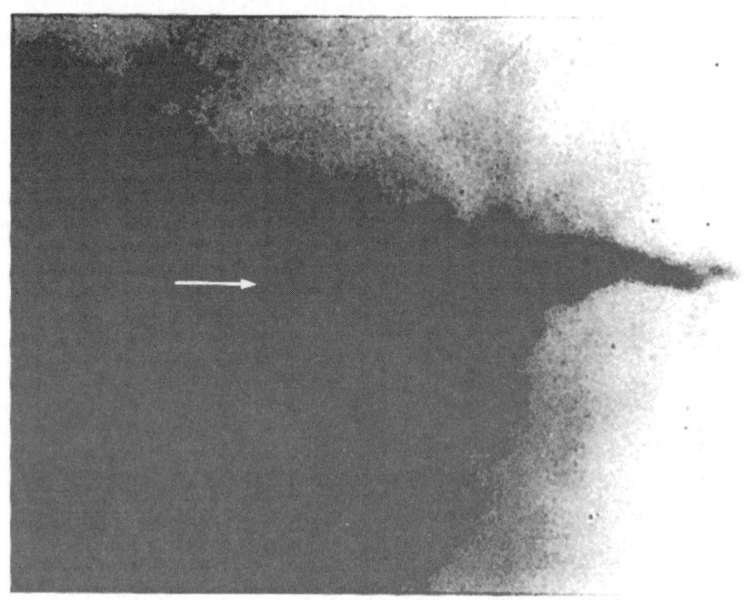

〔그림 6-74(a)〕 수지상 수축공(dendritic shirinkage)의 투과사진

〔그림 6-74(b)〕 수지상 수축공(dendritic shirinkage)의 단면사진

(10) 균열 (터짐 : crack)

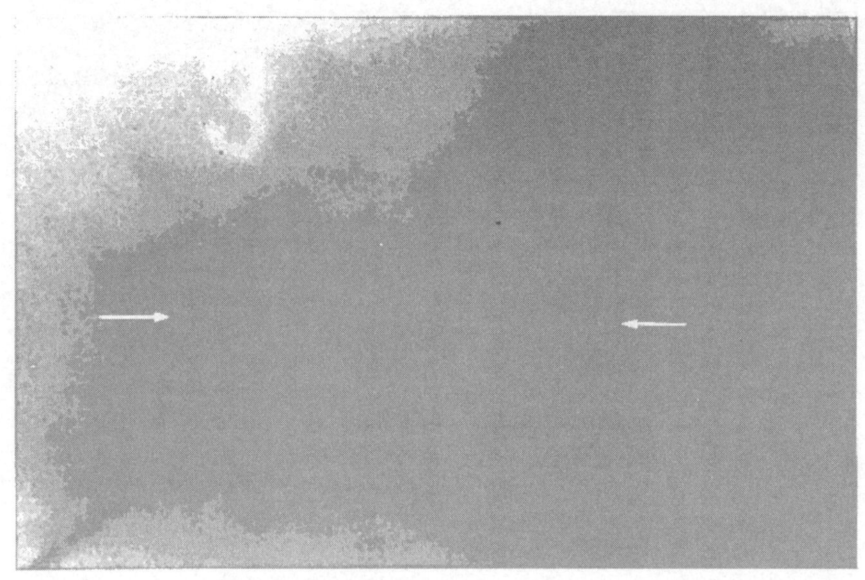

〔그림 6-75(a)〕 터짐(균열 : crack)의 투과사진

〔그림 6-75(b)〕 터짐(균열 : crack)의 단면사진

(11) chaplet or insert 주위의 불용착부

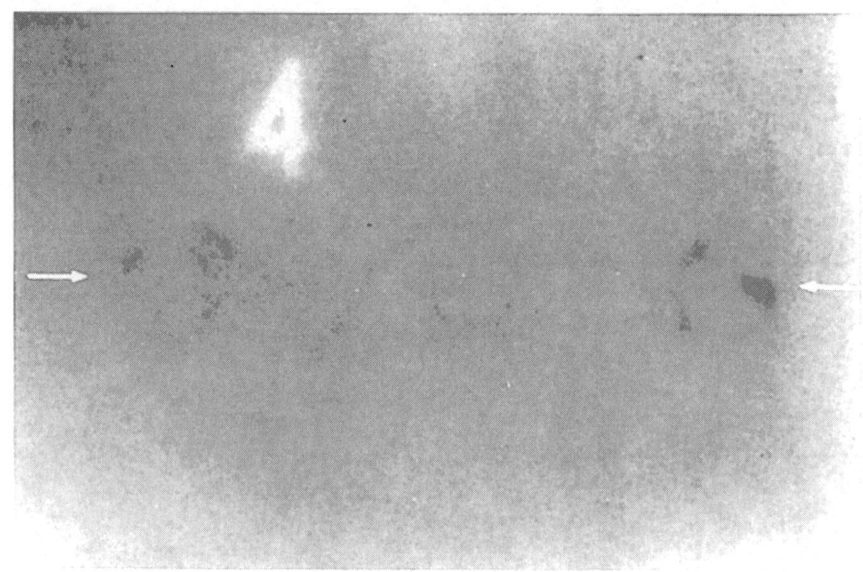

〔그림 6-76(a)〕 Inset주위의 불용착부 투과사진

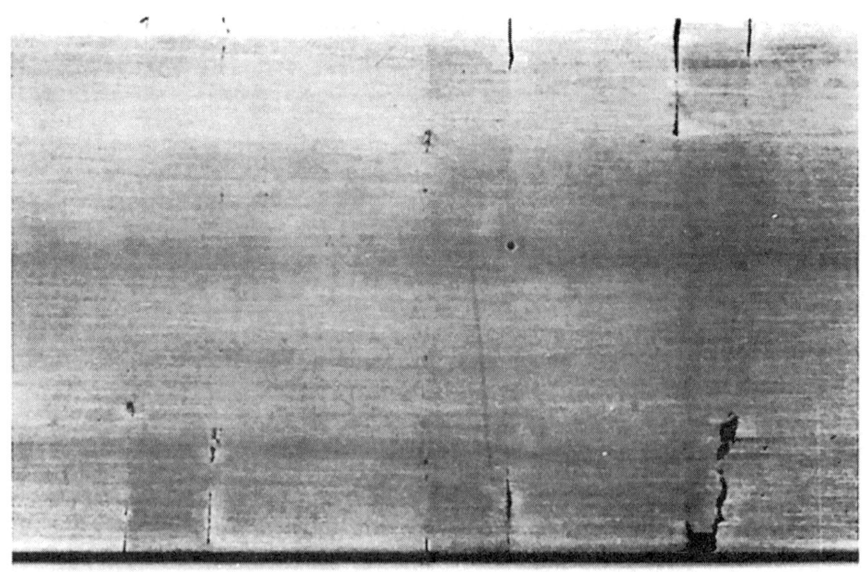

〔그림 6-76(b)〕 Inset주위의 불용착부 단면사진

【 익 힘 문 제 】

1. 방사선투과 사진상의 결함지시(defect indication)와 의사지시(nonrelevant Indication)에 대하여 설명하시오

2. 부적합한 사진농도와 콘트라스트의 원인과 대책을 설명하시오

3. 방사선에 노출전 필름과 노출후의 필름이 어떤 압력으로 구겨졌을 때에 투과사진상에 각각 어떻게 나타나는지 비교 설명하시오!

4. 현상 과정중에 발생할 수 있는 인공결함을 나열하고, 투과사진상에 어떻게 나타나는지 설명하시오

5. 의사결함(nonrelevant defect)의 원인을 나열하고 설명하시오

6. 스텐레스강 용접부의 의사 결함상((疑似缺陷像)의 판별 방법을 나열하고 각각을 설명하시오

7. 결함과 의사 결함상의 판별 순서를 쓰시오.

8. 강용접의 결함을 나열하고 투과사진상에 어떻게 나타나는지 설명하시오

9. 주강품의 결함을 나열하고 투과사진상에 어떻게 나타나는지 설명하시오

10. 다음 용어를 설명하시오

(1) 브래그(Bragg) 회절 조건식

(2) 주상결정(柱狀結晶: columna crystal)

(3) Å(angstrom)

(4) 격자(grid)

(5) 주형(mold)

제 7 장 디지털 방사선투과 영상 기법

제 1 절 디지털 영상 개요와 특징

1. 디지털 영상 개요

신호처리, 정보통신기술, 계산기의 눈부신 발달과 함께 영상의 디지털화가 급속히 진전되고 있다. 방사선투과검사에서도 디지털 검사기술의 이해와 대응이 필요하게 되었으므로 이 장에서 자세히 기술하고자 한다.

디지털 방사선투과검사(이하 Digital Radiography : DR이라 한다)는 종래의 사진 필름을 사용한 투과시험방법을 아나로그(analog) 방사선투과검사로 생각하였다면, 이에 대한 영상을 디지털적으로 취급한 디지털 영상기술을 모두 포함한 광범위한 영상화 기술의 총칭을 말한다.

DR는 실시간으로 움직이는 TV 영상에서부터 사진필름에서 취급하는 영상, 빛의 펄스(pulse)신호를 시간 적분하여 얻어진 아주 약한 빛 영상에 이르기까지 종류가 많고 다양하다. 따라서 검사자는 종래의 필름법에 한정하지 않고 여기서 나타내는 바와 같은 각종 다양한 영상화 기술에도 지식을 가지고, 시간과 경우에 따라 좋은 검사방법을 선택하는 능력을 함양하는 것이 바람직하다.

방사선투과검사기술의 분야에서 「디지털 방사선투과사진(Digital Radiograph)」의 단어가 나타나기 시작한 것은 1980년에 이메이징 프레이트(Imaging Plate : IP)라고 하는 영상 디바이스와 그 획기적인 촬영기술이 발표된 시점이다. 그 이전에 이미 영상 증배관(Image Intensifier :이하 I.I 로 표기)이나, 비디콘(vidicon), image orthicon 등의 촬상관이라 부르는 진공관형의 촬상 장치가 발명되어 의료에서는 위장 등의 투시촬영이 시행되어 왔다. 그 후 autodiode나 반도체 박막으로 된 CCD(Charge Coupled Device) 등, 고체 촬상 소자가 급속히 발전되고, 현재는 대부분 촬상관을 대신하여 사용되고 있다. 이것은 2차원의 영상 디바이스 이지만 1차원의 고체 촬상 디바이스도 진보되고 라인센서(line sensor) 카메라의 등장으로 이어지고 있다.

DR 기술은 의료에서는 CT(Computed Tomography : 전산화 단층촬영, 電算化斷層撮影)나 MRI(Magnetic Resonance Imaging : 자기공명영상), PET(Positron Emission Tomography : 양전자방출 단층촬영), 감마신티(gamma scinti)카메라 등의 급속한 발전에 따라서 검사 영상을 전자기술로 검출, 처리, 표시 및 보존한다는 것이 보편화되었다. 공업적인 비파괴검사에서도 이들의 DR 기술을 더욱 적극적으로 도입하여 이용할 필요가 있다.

2. DR의 일반적 특징

일반적으로 DR은 사진 필름 기술과 비교하면 영상취득 과정에 따라 각각의 특징을 가지고 있다. 그러나 한번 영상이 디지털 정보로서 성립하면 대부분 같은 영상처리기법을 적용할 수가 있다.

이 장에서는 먼저 DR 영상화 시스템의 특징을 기술하고, 다음에 디지털 영상처리에 대해서 다루어 본다.

① 고속으로 실시간 영상 제공

특히 종래 의료분야에서도 투시법이라고 하는 X선 TV는 1초마다 30프레임(frame)의 영상을 연속적으로 실시간 영상을 제공한다. 필름 촬영에서도 고속사진이 존재하지만 영상을 표시하기까지 시간이 걸리고 실시간으로 볼 수 없다. 단, 비파괴검사에서는 TV의 실시간 상은 보통 사용하지 않고, 적분 기억영상 처리 한 후의 영상을 일반적으로 이용하고 있다.

② 높은 방사선감도와 넓은 조사량 범위

영상을 인간의 눈으로 인식하기 위해서는 단위 면적당마다 일정 이상의 영상정보가 존재하지 않으면 안된다. 영상정보는 검출기가 방사선을 포획하고 신호를 발생시키는 것으로 성립된다. 사진 필름에도 고감도인 필름이 개발되고 있으나, 디지털 디바이스에는 그보다 높은 방사선감도를 갖는 것이 있기 때문에 단시간 촬영이 가능하다. 또한 사진 필름에서는 일정 이상의 방사선을 조사하면 필름 농도가 포화하고 영상이 소실되는 등 영상화에 유효한 조사량 범위(dynamic range)가 존재하지만, 디지털 디바이스 중에는 필름의 수천배에 해당하는 노출량 범위(dynamic range)를 가진 것도 있다.

③ 영상처리와 보존이 용이

이 특성은 모든 DR에 기대하고 있는 특징이다. 영상정보를 디지털화하여 얻기 때문에 그 후의 각종의 영상처리, 표시, 보존에 있어서 목적 · 용도에 따라서 간단한 조작에서부터 최신 기술을 구사하는 여러 가지 기법, 기술의 전개를 기대할 수 있다. 그리고 보존 · 관리 공간이 작고, 검색이 용이하며, 열화가 적은 점이 중요하다. 또한 여러 가지 디바이스 사이의 데이터 교환이나 공통이용이 가능하다.

④ 원격조작에 의한 촬영 영상의 전송이 가능

사람의 접근이 곤란한 장소나 조건에서도 영상을 취득할 수 있다. 또한 때로 는 먼거리 검사센터로 영상을 전송할 수도 있다. 이들의 단점은 장치 가격이 높고, 장치의 견고성이 낮으며, 취급에 주의가 필요하고, 화질이 균일하지 않는 등, 여러 가지 문제도 있다. 그러나 검사의 목적에 따라 취급하는 전문가가 있어야 하는 등, 검사자의 자질을 높이면, 이를 극복할 수가 있다.

이들의 특징이 표 7-1에 나타내고 있으며, 이들의 성능은 앞으로 계속 발전하여 변화할 것이다.

표 7-1 DR 장치 시스템의 특징

시스템	I.I. 투시 TV	라인 카메라	반도체 평판형 검출기	CR(image plate 방식)	film digitizer
리얼타임성	◎	◎	○	×	×
방사선감도	◎	◎	○	○	△
공간분해능	○	○	○	○	○
콘트라스트 분해능	○	○	◎	◎	○
Dynamic range	△	△	◎	◎	○
이동성	△	△	◎	◎	◎
작업 공간	△	△	◎	◎	◎
안정 · 내구성	◎	◎	○	◎	◎
가격	◎	◎	△	△	◎

제 2 절 영상증배관(I.I) 방식의 투시시스템

1. 원리와 시스템 구성의 개요

이 시스템의 특징은 TV 방식의 실시간성에 있다. 그림 7-1은 일반적인 투시 시스템 전체의 구성도이고, 그림 7-2는 X선 영상 증배관(Image Intensifier : I. I) 및 TV 카메라의 구성 사진이다. X선 영상 증배관(I.I)은 그림 7-3(a)와 같은 구조로서 입력창(Al, Be 등의 합금)의 내부에 입력형광면과 광전면을 Al(알루미늄) 기판에 증착하고 있다. 입력형광면의 발광을 받아 광전면에서 광전자가 방출된다. 이 광전자를 전자 렌즈에 의해 가속하고 집속하여 출력 형광면에 충돌하게 된다. 같은 그림 7-3(b)와 같이 입력형광면은 X선 감도를 높이고 발광을 분산하며 공간해상도가 열화 처리되지 않도록 기둥상 결정의 CsI, CsSb 등의 중원소 형광체로 되어있다.

출력 형광상은 입력 형광면에 비교해서 면적이 적게 축소되고, 전자 빔의 가속에너지에 맞추어서 10^4배 이상의 발광휘도가 얻어진다. 그러므로 X선상의 미약한 발광 휘도를 증강시킬 수가 있기 때문에 형광 증배관 또는 I.I의 명칭이 사용되고 있다.

초기에는 I.I의 뒤에 고감도의 사진 카메라를 접속하여, 2차 형광면의 사진필름 촬영ㄹ을 시행하였으나, 현재는 CCD 카메라 등의 공업용 TV 카메라를 접속하고 있다. 이 시스템의 timing range는 보통 2항 정도로 되어있다. 여기에는 I.I 후미에 있는 TV 카메라의 성능이 크게 관계하고 있다. 또한 2차 형광면과 TV 카메라 접속 방법도 초기에는 구경이 큰 전용렌즈를 이용한 고가인 방식이 쓰여졌으나, 최근에는 카메라 렌즈가 경량화 되어 시스템 전체가 소형화되고 고감도로서 이동의 특성이 증가하고 있다. 한편 고감도 CCD나 고분해능 TV 카메라를 접속한 경우도 있어 사용자 요구에 따른 선택이 가능하여 졌다. 특수 목적으로는 냉각형 CCD 등이 사용되고, 고에너지 X선이나 중성자선, 대면적 영상을 목적으로 하는 경우에도 이용하고 있다.

CCD 카메라에서 취득한 영상신호는 보통 1/30초마다 1화면씩 영상을 전송하고 표시하므로 움직이는 상태의 촬영이 가능하다. 그러나 이 1화면(image frame: 영상 프레임이라고 부름)상은 영상으로서 많은 랜돔 잡음(random noise)을 포함하고 있으므로 그림 7-1과 같은 영상처리장치내에 있는 AD(Analog Digital) 변환기(converter)에서 영상신호를 디지털화하고 영상 메모리에 다수의 영상 프레임을 시간 적산한다.

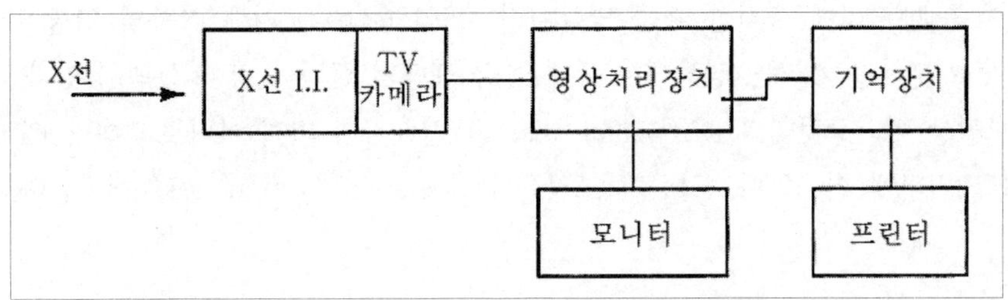

〔그림 7-1〕 투시시스템의 구성

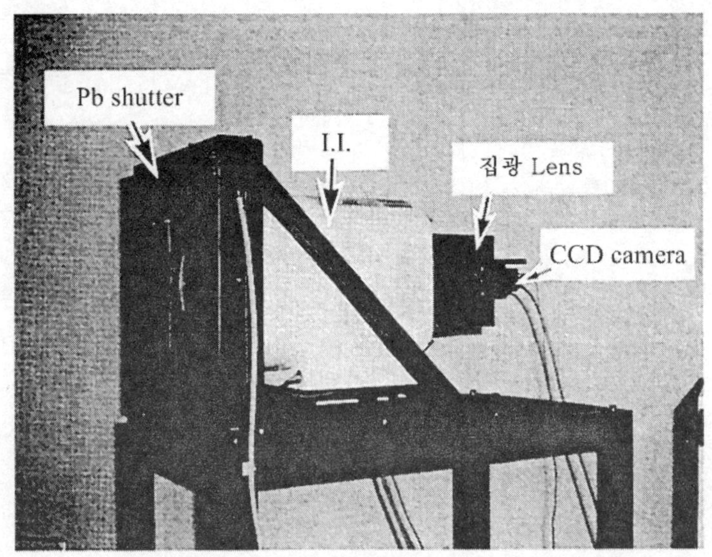

〔그림 7-2〕 X선 영상 증배관(I.I.)과 CCD 카메라의 구성

이에 따라 위치적, 시간적으로 랜덤한 정보를 평균화하고, 잡음을 대폭 경감할 수가 있다. 축적에는 시간이 걸리므로 수 프레임을 평균화해서 연속적으로 표시하며, 실시간으로 추종할 수 있는 것도 있다.

영상신호(휘도, 흑백계조)의 디지털화는 AD 변환기의 비트(bit) 기능에 따라서 시행된다. 보급형의 영상처리장치에서는 8비트 기능이 많고, 이 경우 휘도계조는 256레벨로 디지털화되고 있다.

이전에는 육안으로 6비트(64계조) 가까이 맞추어 계조의 식별이 어려웠으며, 영상표시 TV 모니터 성능도 여기에 맞추어 8비트(256계조)가 선택되었다. 그러나 최근에는 영상강조 등, 영상처리가 실행되는 것이 많아져 10비트, 12비트의 영상처리도 시행되고 있다.

영상신호를 메모리에 축적한 후는 영상처리 소프트(soft)에 의해 각종의 영상처리가 가능하다. 가장 기본적인 처리는 영상에서 흑백 농담 레벨의 선택과 감마 선택이 있다. 영상처리 신호는 재영상 처리장치내의 DA(Digital-Analog) 변환기에 의해 아나로그화된 TV 모니터에 표시되고 프린터에 인쇄한다. 일련의 조작은 PC(personal computer)로 제어한다.

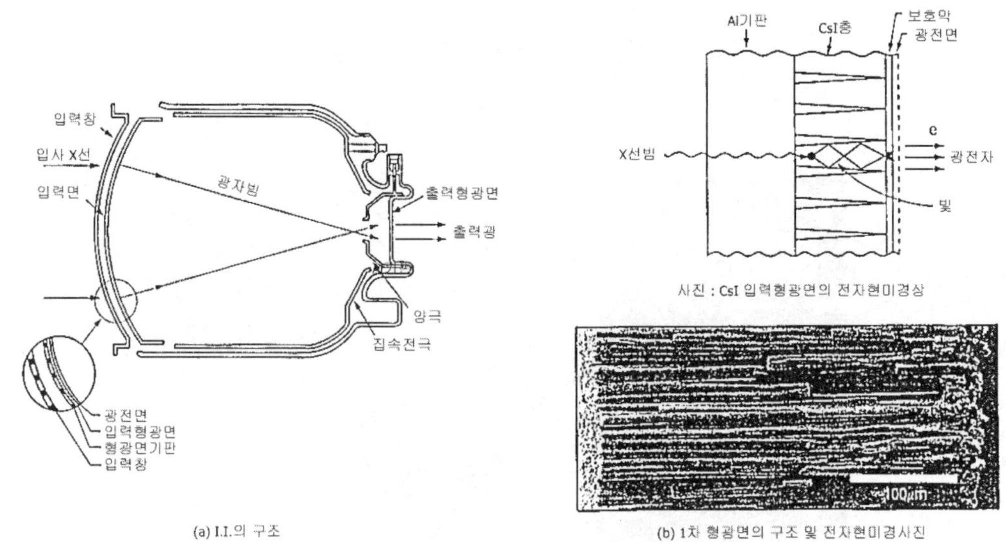

〔그림 7-3〕 I.I.의 구조와 1차 형광면의 구조 및 전자 현미경 사진

2. 장치의 특성과 성능평가 방법

I.I 시스템의 주된 특성은 표 7-2과 같다. 수광 크기(size)는 필름 크기에 해당하며 촬영시야를 결정하는 중요한 특성이다. 4인치~12인치가 보통 사용되고 있다. 이 가운데 4인치~6인치형에 대해서는 경량, 소형으로서 이동형도 있다.

9인치 이상은 중량이 커서 거치형이다. 출력상의 치수는 2차 형광면의 직경으로서 큰 쪽은 분해능이 올라가지만 휘도는 떨어진다. 뒤에 접속하는 TV 카메라와 매칭(matching)을 고려할 필요가 있다.

분해능은 일반적으로 중심부분과 주변에서는 성능의 차이가 있으며, 보통 카탈로그에서는 중심부의 분해능을 표기하고 있다. lp(line pair)/cm는 공간 주파수의 단위이다. 공간주파수는 영상을 구성하고 있는 휘도(사진 필름에서는 농도)의 변화를 거리에 대하여 주파수로 나타내고(전파에서 시간에 대한 전압변화를 주파수 Hz로 나타내는 것과 유사), 단위 길이 당 얼마간의 미세한 휘도변화가 있음을 나타낸다. 구체적으로는 lp/cm는 1cm의 길이 당 3~4개의 백흑 line pair가 존재하는 것을 나타내고 있다.

해상도 lp/cm은 식별할 수 있는 한계의 공간주파수 lp/cm를 나타낸다. 예를 들면 50lp/cm의 분해능은 1cm당 50개의 백 · 흑 line, 따라서 폭 0.1mm의 백 · 흑선을 식별할 수 있는 것을 의미한다. 시스템의 분해능으로서는 I.I의 값에 렌즈, TV 카메라의 분해능을 곱하기 때문에 이에 따라서 약간 낮은 값이 된다. 이 표에서 나타낸 해상도(공간분해능)는 식별한계의 공간주파수를 나타내는 것이 되지만 식별한계에 달하기까지의 공간주파수에 있어서 영상이 그와 같은 특성을 가지고 있는 것을 나타내기 위하여 MTF(Modulation Transfer Function) 해석을 한다.

MTF는 다음식으로 정의한다.

$$MTF(w) = \frac{R(w)}{R(o)}$$

여기서 $R(o)$는 공간주파수 0 lp/cm에 있어서 백 · 흑의 휘도차(contrast 차), $R(w)$는 공간주파수 w lp/cm에 있어서 콘트라스트 차이다.

표 7-2 I.I.의 특성(대표예)

특성 항목	단 위	개요 · 수치
수광 크기	직경 : mm	4(100mm)~12(310mm)인치등이 있다.
출력상치수	직경 : mm	15mm~25mm가 있다.
변환계수	cd/m2/mR/sec	50~200
중심해상도	lp/cm	50~70
해상도(MTF)	%	Graph에 표시됨
콘트라스트비		20~30
양자검출효율(QDE)	%	50~60
영상 뒤틀림	%	10%이하

그림 7-4는 MTF의 일예이다. 공간 주파수가 크게 되므로서 MTF가 저하된다. 앞서 설명한 공간분해능은 식별한계이고, MTF가 5% 부근의 주파수에 상당한다. 그러나 MTF 평가를 이용하면 식별한계 이전의 중간의 공간주파수에 있어서 영상이 어느 정도로 표현되는 가를 수치적으로 알 수가 있다.

예로서 영상의 선예도는 중간 주파수에서의 MTF가 높으면 좋아지고, MTF가 낮으면 콘트라스트가 낮은 상이 된다. 또한 MTF는 영상전달시스템의 전달함수이므로 각 전달요소의 각각의 MTF를 알게 되면, 시스템 전체의 MTF를 구할 수가 있다. 시스템의 영상전달에서 어느 요소가 문제가 되는 등, 시스템 해석에 이용된다.

변환계수는 X선 입력량에 대해 출력 형광면에서의 발광 휘도비이며, I.I의 X선 감도를 나타낸다. 즉 이 값이 클수록 I.I는 밝다고 말할 수 있다.

콘트라스트비는 X선 조사에 의한 시험체가 없는 I.I 중앙부의 최대휘도(A)와 그 부분에 납차폐를 이용한 경우의 최소휘도(B)의 비 A/B에서 콘트라스트 분해능에 영향을 주는 값이 된다.

양자검출 효율은 영상의 S/N비를 평가하는 항목이며, 거의 100% X선을 흡수하는 NaI 형광체를 평가하는 I.I.를 동일조건에서 X선 조사를 한 경우의 S/N비의 2승의 비로 한다. 즉 입사 X선의 몇%를 검출할 수 있는가 나타내고 있다.

영상의 뒤틀림은 I.I.관, 창의 곡면 등, 광학적인 뒤틀림의 발생을 평가하는 항목이며, 영상계측을 화면상에서 하는 경우에 고려해야 할 값이다.

검사에 사용할 때 시스템 전체의 특성이 중요하다. 사용자의 입장에서 비교적 간편하게 측정할 수 있는 특성으로서 다음과 같은 특성이 있다.

1) X선량 감도 : X선 발생장치의 조건, X선원에서의 I.I.까지의 거리, 휘도 측정장치(보통 영상처리장치)의 측정조건을 일정하게 하고, 휘도를 측정한다.
2) X선 감도의 직선성 : X선 발생장치의 관전압, 관전류를 변화시켜, 휘도의 변화, 직선성을 측정한다.
3) 공간분해능 : 해상도용 차트(chart)를 촬영하고, 식별한계의 공간주파수 lp/cm를 구한다.

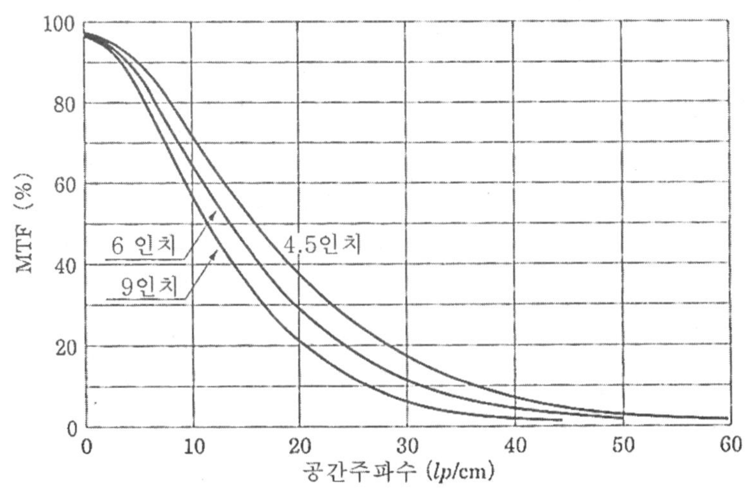

〔그림 7-4〕 X선 Image Intensifier의 MTF 예

4) MTF : 해상도용 chart를 촬영하고, 각 line의 lp/cm에 대한 휘도변화를 측정하고, 0.5lp/cm의 휘도변화에 대한 값을 정의식과 같이 계산하여 그래프에 그린다.
5) 콘트라스트 비 : 전면에 납 차폐체를 배치하고 차폐 유·무에 따른 휘도비를 구한다.

이들의 특성을 정기적으로 측정함에 의해 선원이나 시스템의 상태를 모니터링 할 수가 있다. 또한 시험에 있어서 어떤 특성에 기초하여 시험하였는가도 알 수 있다.

3. I.I. 투시시스템에 의한 촬영 예

I.I. 투시시스템은 시료대로서 X,Y,Z의 축이동, 회전, 경사 등 5, 6축의 움직임이 가능한 시스템을 준비하고 있는 경우가 많다. 시료를 여러 가지 방향에서 연속적으로 관찰·촬영하는 것이 특징이다. 다음은 촬영한 예이다. 그림 7-5는 판두께 9mm의 강 용접선의 투과영상이다. 적산처리는 단순한 시간 적산상(積算像)으로 사진 필름 상에 상당한다. 차분(差分)처리상은 오른쪽 방향으로 1cm, 카메라를 이동한 후 감산처리해서 얻은 영상으로 콘트라스트 분해능이 크게 향상되었다.

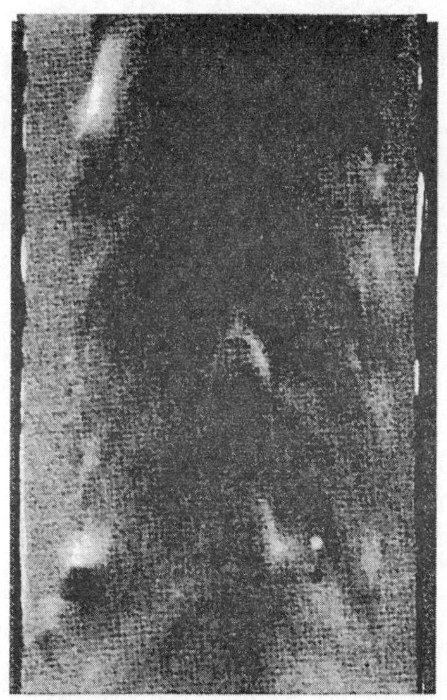

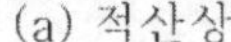

(a) 적산상 (b) 차분처리상

〔그림 7-5〕 강 용접부의 투시상(재료두께 9mm :2배확대)

적산상에서는 볼 수 없었던 용접라인중의 작은(0.5mm 이하) 기포가 다수 검출되고 있다. X선원은 소초점(minifocus) X선이다.

그림 7-6은 질화규소의 재료두께 10mm 중의 약 20㎛의 기공을 검출한 예이다. X선원은 미소초점(microfocus) X선이며, 확대율 30배로 촬영하였다. 그림 7-7은 전자기판의 스루볼의 검사 예이다. X선원은 미소초점 X선으로 확대율 약 100배에서 촬영하였다. 이와 같은 투시 시스템을 확대촬영 함에 따라 대단히 높은 분해과, 식별도를 얻게 되었다.

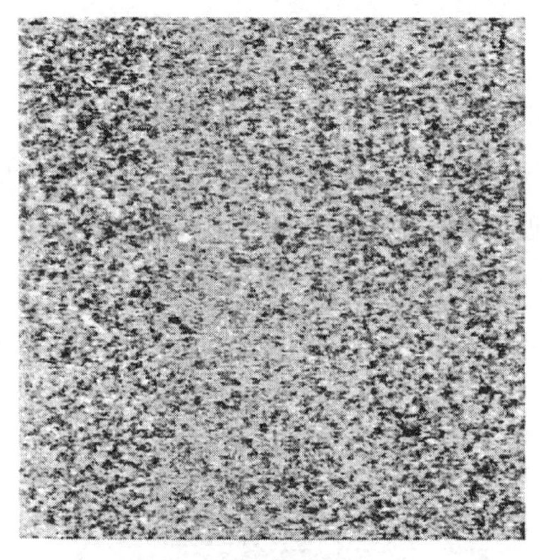

〔그림 7-6〕 질화규소중의 기공의 차분상
(백 ,흑 pair)
(재료두께 : 10mm, 기공치수:20㎛,
확대율 약 30배)

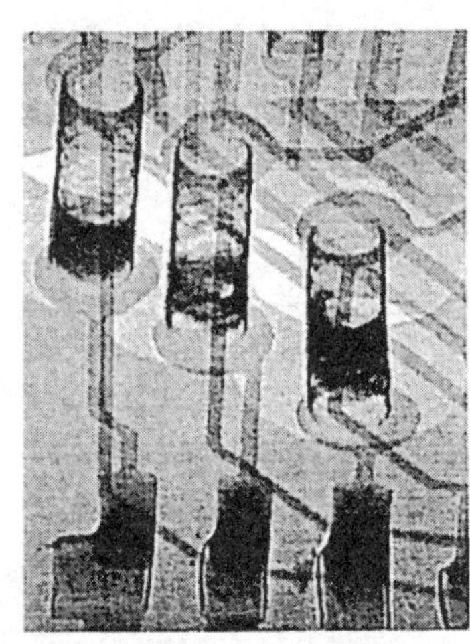

〔그림 7-7〕 전자기판의 스루볼상
(확대율 약100배)

제 3 절 X선 라인센서 방식의 투시 시스템

1. 특징

최근 반도체부품 제조나 식품제조에 있어서 제품관리의 중요성이 높아지고 있다. 식품의 안전성 확보에 있어서도 비파괴검사의 역할은 중요한 것으로 예상된다.

이전에는 육안으로 할 수 없었던 검사를 라인에 설치한 고속의 X선 검사법에서 자동판정을, 적합/부적합으로 나누어 할 수 있게 되었다.

그 기술은 라인센서(line sensor) 방식의 X선 투시장치이다. 특징은 이전의 시각적 또는 광학방식에서는 할 수 없었던 제품 내부의 검사를 가능하게 하여 제품의 품질과 안전관리는 비약적으로 향상되었다.

이 방식에서는 X선을 사용하므로 법적 규제나 초기 설비 경비가 높은 것 등의 불편도 있었다. 그러나 다음의 설명과 같이 X선의 안전관리 조사에 의한 식품안전에 영향은 현행 장치의 정상 주사에서 염려하지 않아도 될 기술이 확립되어 있어 더욱 많이 사용될 것으로 기대된다.

이 시스템의 심장부인 X선 라인센서는 그림 7-8의 개략도와 같다. 표면을 X선으로 발광하는 신티레이션(scintillation) 형광막을 증착한 광전변환 소자를 간격없이 일렬로 나란히 두고, X선-빛-전기신호로 변환시키는 1차원의 넓은 검출영역을 가진 X선 센서이다. 1차원 센서로 제품을 영상으로 검사하는 것이 센서의 특징이며, 제품자체를 제조 라인과 같이 이동하는 테이블(table)에 두고, 라인센서와 피시험물체가 상대적으로 이동하는 상태로서 영상 데이터의 수집을 한다.

영상수집의 주기는 시험체의 치수와 테이블의 이동에 적합하도록 자유도를 넓게 가지고 있다. X선을 라인센서에 맞추어서 팬빔(fan beam)상으로 조정(collimation)하고 넓은 부분을 조사하지 않으면서 산란X선 영향에 의한 영상의 S/N비 저하가 적고, X선의 차폐도 쉽게 된다. 투시영상의 화질은 X선 필름과 동등하게 얻는 것도 가능하다. 이 시스템의 특징을 X선 I.I.(Image Intensifier)를 이용한 에리아 센서(area sensor) 방식과 비교하면 표 7-3과 같다.

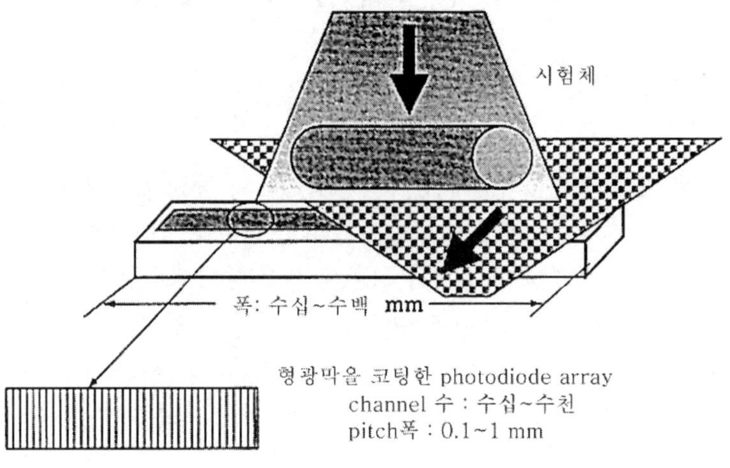

〔그림 7-8〕 X선 라인센서 투시시스템의 개략도

표 7-3 라인센서 방식과 에리아센서 방식의 특징 비교

비교항목 \ 방식	라인센서 방식	에리아센서 방식 (X선 I.I. 방식)
1. Data 수집계의 구성	연속 X선의 X선장치와 라인센서, 계산기(영상처리부 포함), 영상메모리에 영상데이터 기억	연속 X선의 X선장치와 I.I., CCD 카메라, 영상처리부, 영상 메모리에 영상데이터 기억
2. X선 빔	fan beam	cone beam
3. 데이터 수집주기	0.5 ~100msec/Line	CCD 카메라의 데이터 수집주기 통상 33.3msec/frame
4. 영상의 특징	이동물체에서 영상의 떨림이 적고, 화질의 열화가 적으나, 정지물체에서는 데이터 수집계를 이동할 필요가 있다.	이동물체에서 영상의 떨림이 많고 화질이 떨어지나, 정지 상태에서 영상화 가능
5. 인라인 대응	인라인에 적합	온라인 가능
6. 영상성능	영상수집조건에서 화질조정가능 (에리아센서 방식과 동일)	이동물체에서 떨림이 생길가능성이 있다. 정지물체에서는 고화질 가능
7. 영상표시	정지영상 또는 스크롤	TV 카메라 주기에서 실시간 표시 또는 정지영상

2. 시스템 구성과 동작

시스템 구성과 신호처리시스템은 그림 7-9와 같다. 영상 데이터수집 시스템은 X선관과 라인센서를 대향해서 배치하고, 그 사이를 물체가 통과하고 빼 수 있도록 구성한다.

물체를 투과한 X선은 라인센서에서 정기적인 전기신호로 검출한 데이터 수집부(DAS : Data Acquisition System)를 개재시켜서 중앙제어 장치에 입력한다. 물체의 두께와 그 물질의 재질에 따라서 X선의 강약신호는 전류출력으로서 검출하지만, 그 신호를 전류/전압 변환한 아나로그량에서 디지털의 신호로 변환(AD변환 : Analog to Digital conversion)하고, 영상 메모리에 저장된다. Sys라인센서의 신호자체는 일렬의 라인 데이터이며, 물체가 이동하면서 정하는 pitch로 데이터 수집을 하므로 물체의 전역에 대한 투시영상을 얻는다.

이 시스템는 영상처리에 따른 결함의 자동검출과 영상표시를 하는 구성이다. 영상처리는 프로세서(processor)를 사용하였으나, 현재는 계산기의 처리속도가 향상되어, 대부분 소프트웨어에 의한 판정으로 하고 있다.

가. X선 빔의 형상과 효과

X선관에서는 방사상으로 X선이 방사되지만 중금속으로 제작된 슬릿(slit)에서 X선은 센서의 넓은 방향으로만 통과한다.

이 빔의 형상은 얇고 넓어서 팬빔(fan beam)이라 한다. 물체에 조사된 X선 면적을 작게 하고, 산란 X선의 발생을 대폭 감소시킨다. 이로 인해 영상의 S/N비가 높고, 더욱 X선 차폐를 용이하게 하는 효과가 있다.

나. 영상 데이터의 구조와 영상의 표시

영상 데이터의 구조는 X선 라인센서의 소자수와 라인 수로 결정된다. X선 라인센서의 소자는 512, 640, 1024 등이 이용되고 있다.

영상 데이터는 보통 512 또는 480 라인의 데이터를 취급한 것이 많다. 휘도계조의 디지털 변환은 8비트(256 계조)에서 12비트(4096 계조)가 많이 이용되고 있다.

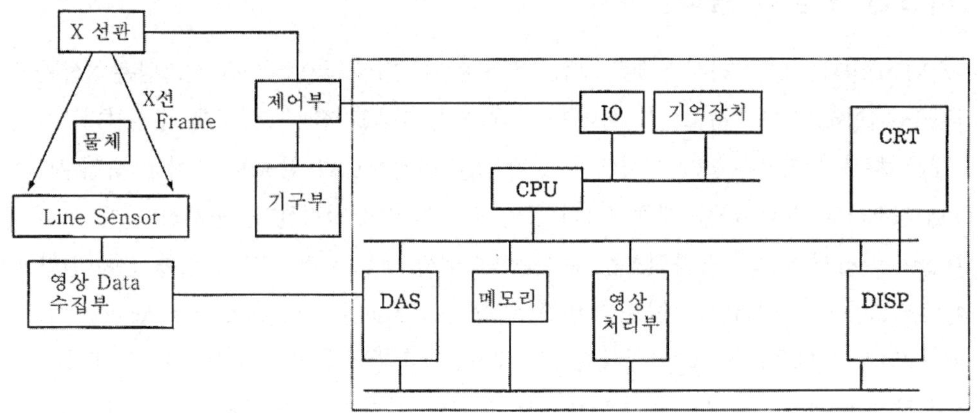

〔그림 7-9〕 X선 라인센서 투시시스템의 구성과 신호처리계

단 8비트를 초과하는 데이터를 취급하는 경우도 필요한 계조만 윈도우(window) 처리를 하는 경우가 많고, 영상표시도 육안으로 디스프레이(display)의 계조 분해능 디지털 변환은 8비트로 하는 것이 보통이다.

윈도우처리의 개념은 그림 7-10과 같다. 실선부가 통상의 변환을 나타내고, 계조의 중심값 WL(Window Level)과 폭 WW(Window width)을 지정하며 DA변환(디지털 to Analog Conversion)을 8비트로 한다.

기억한 영상 데이터(ADC 레벨)가운데서, 주목하는 계조의 데이터를 빼내서 표시할 수 있다. WW를 좁히면 콘트라스트를 강조할 수 있게 된다.

기억영상 데이터의 전 레벨을 DA변환하고 표시하면, 파선과 같이 전역에 표시되며 콘트라스트가 더욱 없는 영상이 된다.

양화와 음화는 1점 고리 선에서 나타난 변환을 하므로서 바뀔 가능성이 있다. 또한 비선형의 변환특성을 가지고 있으므로 본래 데이터의 밝은부, 어두운부, 중간부를 선택하고 강조나 압축을 할 수 있다.

다. 영상의 기하학적 성질

화소치수는 X선 기하학적 시스템과 라인의 데이터 피치(pitch)로 결정된다. X선 빔의 형태는 1차원의 팬빔(fan beam)이므로, 센서의 1차선 어레이(array)방향에는 X선 기하학적 시스템에 의한 확대가 있고, 그대로 각각의 물체이동 방향은 데이터의 (sampling pitch)가 지배적이다. 따라서 정방형의 화소치수는 가까운 영상 데이터를 잡기위하여 X선 초점, 물체, 센서위치 및 라인마다 데이터 샘플링주기에 이동하는 물체의 반송속도를 고려할 필요가 있다.

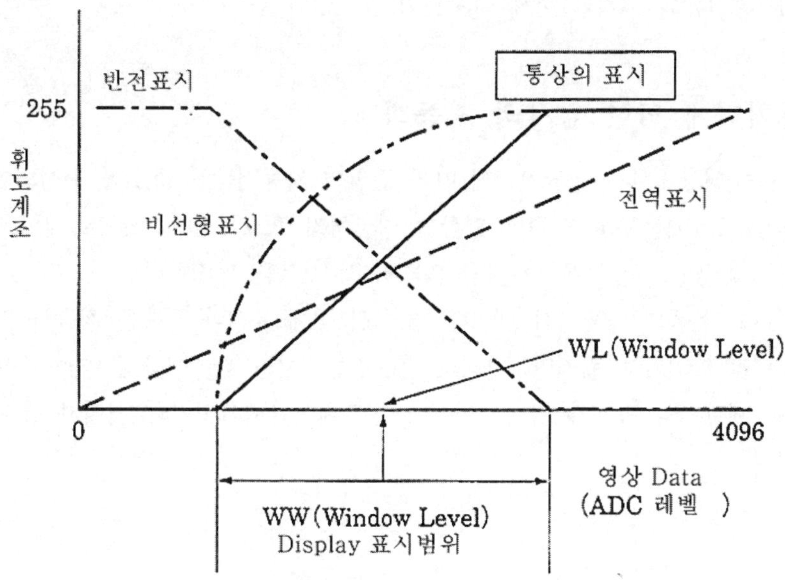

〔그림 7-10〕 영상의 윈도우 처리 개념도(12비트 데이터)

라. X선 라인센서

보통의 X선 라인센서의 동작영역(dynamic range)는 1비트(2048)이상이며, 두께 변화가 심한 물체나 복합재료로 구성하는 대상물에서도 데이터 수집조건을 크게 변화시키는 것은 아니고 윈도우(window) 최저의 WL, WW로 cover하는 특징이 있다.

검출기는 주로 고체 센서와 가스 센서의 2종류가 있으나, 산업용에서는 고체 센서를 이용한다. 고체 센서는 형광체(scintillator)와 광음극(photodiode)으로 구성된 검출소자를 1차원에 배치한다. X선 라인센서에서는 센서 자체의 구성 가운데서 AD변환까지 한다. 디지털 신호를 전송하므로 외래 잡음에 강하고 전송에 따른 신호의 열화가 적다.

마. X선 발생장치

X선 라인센서 방식 투시장치에 쓰이는 X선 발생장치는 데이터 수집의 주기에 대해서 충분한 X선 출력의 안정도가 요구된다.

라인센서 방식에서는 TV 카메라 데이터 수집 주기가 보통 33.3msec/영상으로 늦어지므로, 그다지 큰 문제가 안되는 것 같은 X선 변동이, 라인센서에서는 10배 이상의 빠른 영상 데이터를 취입해야 하므로 영상의 명암의 교란이 나타난다. 물체의 재질, 두께에 의한 X선 관전압, 관전류의 출력과 함께 안정도가 중요하다.

바. 영상처리에 의한 검사의 자동화

그림 7-9는 영상표시와 영상처리에 따른 결함의 자동검출을 하도록 구성되어 있다. 인터페이스(interface)를 두고 입력한 영상은 영상처리 프로세서나 소프트 웨어(software)에서 검출물체의 농도, 형상의 특징량을 측정하고, 적부를 판정한다.

그림 7-11는 식품의 이물검사 예이다. 초콜릿 중에 유리나 금속을 검출한 것으로 모노그램 영상이라 알기가 어렵지만, 원래의 칼라영상에서는 검출이물의 영역을 색깔로 표시하고 있다. 계산기의 속도가 향상되어서 소프트웨어안에서도 영상처리가 충분히 가능한 경우가 많다.

〔그림 7-11〕 이물판정영상 검출된 이물을 색깔로서 원래의 영상에 표시됨 (인쇄에서는 단색으로 찍혀있음)

3. X선 라인센서 투시 시스템에 대한 검사결과

X선 라인센서 방식의 투시장치는 영상 데이터를 디지털화하므로 양자화의 사양이나 정밀도에 의해 얻어진 영상의 특성이 변화된다.
다음에 비파괴 검사에 이용되는 장치로서 모든 확인 항목에 대해 기술한다.

가. 검사목적의 확인

미세한 콘트라스트 표현을 요구하는 결함검출이나 미세구조를 분별하는 공간분해능을 요구하는가 또는 그 양쪽을 분석하고 요구 성능, 사양을 만족하는 장치사양을 결정한다. 검출 기법, X선장치, 센서의 특성에 따른 검사성능이 다른 것에 유의한다.

나. 검사의 속도

장치특성이 다르므로 데이터 수집에 있어서 피검사물체의 영상 떨림 허용범위를 규정한다. 이동물체의 데이터 수집에는 라인 센서를 이용한 장치가 적합하지만 영상성능과 검사효율을 포함해서 종합적으로 검사성능을 평가하고 결정한다.

다. 영상 표시

앞의 (1)항의 목적을 만족하나, 검사의 처리능력이나 사람의 판정시간을 고려한다. 영상은 정지영상표시가 영상의 성질에 따라 보기가 다른 경우가 있으므로 주의해서 선택한다. 검사를 위하여 육안으로 필히 유사 색깔 표시가 적당한지를 알 수 없는 것을 고려하고, 영상 SN비에 따라서 monochrome이 색(color)를 선택한다.

라. 영상처리

육안으로 시각성을 높이기 위하여 유효한 영상처리를 하는 것이 바람직하다. 검사를 자동화하는 경우는 결과의 출력, 기록의 사양을 명확히 한다.

마. 영상、성능

X선 라인센서의 성능, 데이터 수집의 조건이 있으나 일반적으로는 재질의 두께 1~5%의 콘트라스트 표현은 가능하다. S/N비가 우수한 센서에서 충분한 데이터 수집시간이 걸

리면 X선 필름과 함께 영상을 촬영하는 것도 가능하다.

바. 데이터 취급

영상의 하드 카피(hard copy : 필름처럼 손에 잡히는 영상)로 데이터를 취급한 경우는 하드 카피의 장치 사양을 명확히 해둔다. 이와 같이 디지털 영상 데이터에서 정보 교환하는 경우에 원 데이터가, 영상처리 후의 데이터가, 포멧(format)은 무엇인가를 명확히 한다.

데이터 통신망에서 데이터를 취급하는 경우, 보안 검색에 관해서도 명확히 한다.

제 4 절 평판형 반도체상 검출기 시스템

1. 원리와 시스템 구성의 개요

평판(flat panel)형 반도체상 검출기는 영상 증배기(I.I : Image Intensifier)와 같이 실시간성과 필름 카셋(cassette)에 가까운 얇은 경량의 형상이며 취급이 쉽고 대촬영 면적을 겸하는 새로운 방사선 촬영 디바이스이다.

a-Si(amorphous-Si)의 박막을 이용, 특히 의료에서의 수요를 기대하고 개발된 시스템이다. a-Si 감광체는 1965년에 a-Si:H막이 발표된 이래 활발한 연구가 진행되어 왔으나, 기술적 문제, 제조비용의 문제에서 최근까지 시판레벨의 제품화는 곤란하였다.

1997년 여름, 미국메이커가 의료분야에서 대량 판매를 계획하고 발표한 이래 급속히 보급되어 왔다. 시판장치의 일례는 그림 7-12과 같다. 외형치수는 500×366×46mm이다. 원리는 센서에 직접 X선을 감응시키는 a-Se과 형광 스크린을 접층하고 X선상을 빛으로 변환하고 감응하는 a-Si의 2종류가 있다.

모두 대면적의 검출기로서 유리기판상에 a-Si 또는 a-Se의 박막(얇은 막)을 형성하고, 액정 디스플레이와 같이 픽셀 스위치(pixel switch)로서 기능하는 박막 트랜지스터(thin flat transistor : TFT)와 광다이오드(photodiode : PD)의 배열을 구성하고 있다. 그림 7-13에 1픽셀의 현미경 사진을 나타낸다.

PD나 TFT가 게이트 라인(gate line), 데이터 라인 및 바이아스 라인(bias line)에 의해서 어레이상으로 배열하고 있다.

그림 7-14에 센서 어레이의 회로도를 나타내고 있다. 게이트회로에 의해서 TFT 배열을 제어하고 PD에 축적된 전하량 신호를 전하증폭기에 송출한다. 전하신호는 증폭기에서 연속적으로 비디오(video)신호로서 송출하며, 비디오 모니터로 표시하는 외에 디지털화하여 기록한다.

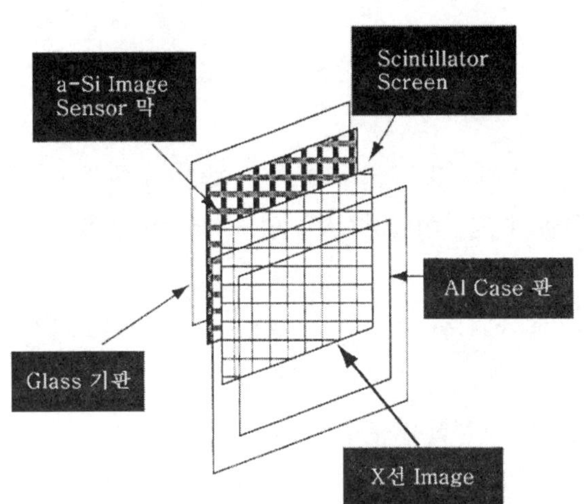

〔그림 7-12〕 평판형 반도체상 검출기의 외관 및 원리도

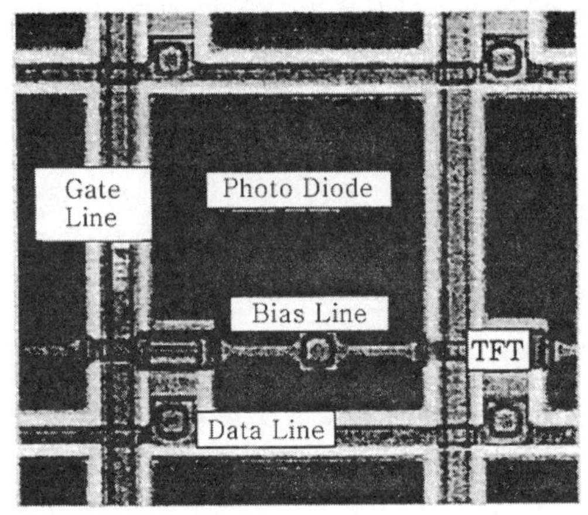

〔그림 7-13〕 a-Si 어레이의 픽셀의 현미경 사진

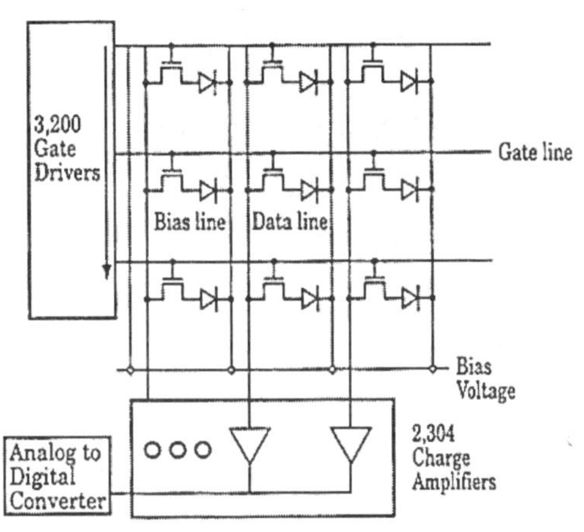

〔그림 7-14〕 평판형 반도체 스크린 어레이 회로도

〔그림 7-15〕 장치 시스템 구성도

이 디바이스의 경우, 1 픽셀의 크기는 127㎛×127㎛이며, 2304개의 데이터 라인과 신호증폭기, 3200개의 게이트 라인과 드라이버(driver)가 접속하고 배열 픽셀수는 7,372,800이다.

촬영 면적은 282×406mm의 대면적이 되고 있다. X선, 중성자선 등에 감응하는 각종의 형광 스크린을 근접시키면 여러 가지 특성의 방사선상을 촬상할 수 있다.

시스템으로서는 상검출기 외에 제어와 표시, 메모리용의 노트형 컴퓨터가 있으면 좋고, 이동성이 크다. 그림 7-15에 장치의 구성도를 나타낸다.

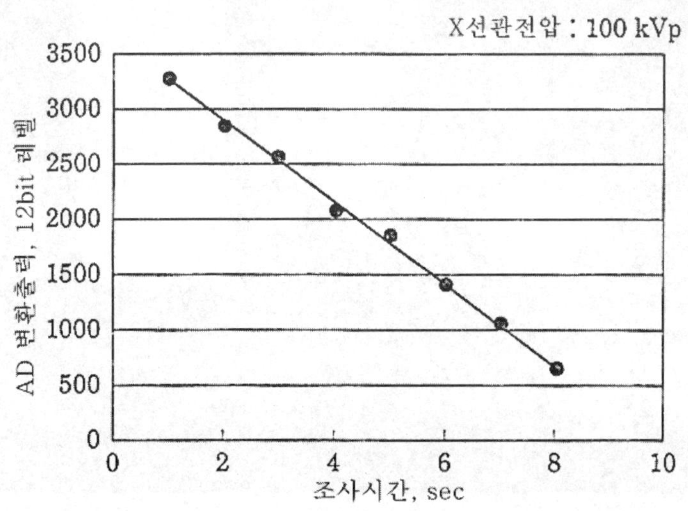

〔그림 7-16〕 평판형 반도체 검출기의 dynamic range

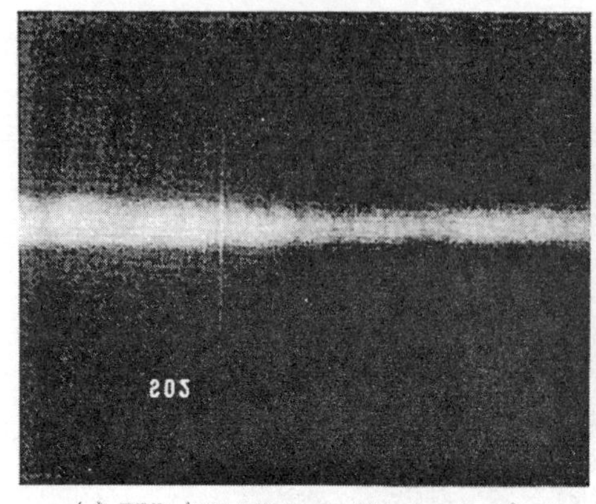

(a) FPD (150 kV, 3 mA, 600 mm, 2 sec)

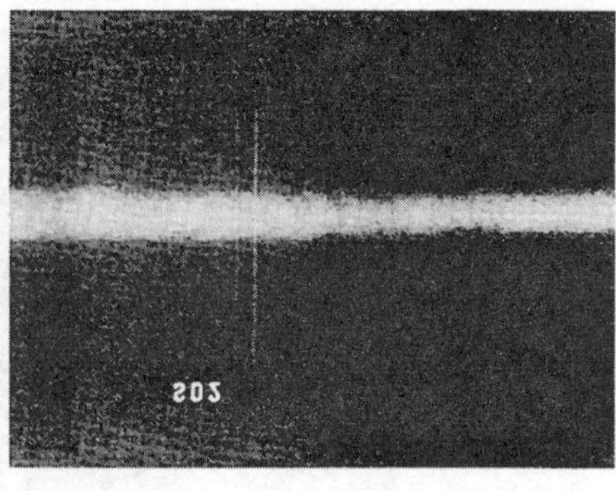

(b) AGFA Film (150 kV, 3 mA, 600 mm, 60 sec)

〔그림 7-17〕 평판형 반도체상 검출기와 필름 사진에 의한 SUS304 (재료두께 5mm)의 용접선과 SO2 투과도계의 촬영의 비교

2. 평판형 반도체 검출기의 특성

〔그림 7-18〕 평판형 반도체 검출기에 의한 CD player 촬영 예

평판형 반도체 검출기의 TFT는 1㎂ 이상의 큰 작동전류에 의해서 PD에 축적된 광전하를 읽어내며 한편 PD의 off 전류는 충분히 낮으므로(0.1A 이하) 읽어내지 못한 픽셀에서의 잘못된 신호을 충분히 낮게 억제할 수 있다.

나아가서 PD의 전하 축적능력이 크므로, 높은 동작 영역(dynamic range)를 얻을 수 있다.

신호처리용의 AD 변환기(converter)는 12비트가 사용되며 그림 7-16에 나타난 바와 같이 ADC 레벨에서 500~3500 사이의 직선성이 보이며, 3000 ADC 레벨 이상의 직선 범위가 있다. 공간분해능은 픽셀 크기 외에 사용하는 형광 스크린에 의존한다. 거의 상증배기(I. I.)와 같은 분해능을 나타내고 있다.

그림 7-17은 용접선과 SO2 침금형 투과도계의 촬영 예로서, 사진 필름에 의한 영상과 비교하였다. 촬영시간이 1/30임에도 불구하고 거의 동등한 영상이 얻어지고 있다. 또한 그림 7-18에 CD player의 투과 영상으로 가느다란 회로 부품이 선명하게 촬영되어 있다.

제 5 절 CR(Computed Radiography)

1. CR의 개발과 현황

의료분야에서 종래의 X선 사진 필름에 의한 촬영시간의 단축, 현상 등 사진화처리의 간소화, 팽대한 의료 데이터 보존과, 관리에 있어서 획기적인 개선을 위한 요구가 1980년대부터 시작되었다. 이 문제에 대처하기 위해 종래의 은염사진필름에서 탈피하고, 급속히 발전되었던 계산 기술과 영상신호처리 기술을 결합한 새로운 계산기로 지원하는 촬영시스템이 구축되기에 이르렀다. 촬영형태는 X선 필름 방식과 같고, 출력에 있어서 영상의 상태도 X선 네가(nega) 필름에 가까운 것을 목표로 개발이 이루어졌다.

CR(Computed Radiography)은 일본의 후지사진필름이 1983년에 FCR(Fuji Computed Radiography)의 명칭으로 개발되었으며, X선 필름을 대신하여 휘진성 형광체 판(sheet)를 이용, 촬영 후에 레이저 빔을 조사해서 X선 영상 데이터를 읽어내고, 영상 데이터는 전자 파일로 보존하며, 출력영상은 CRT(Cathode Ray Tube : 브라운관) 디스플레이(display)에 출력한다.

휘진성 형광체 판은 상을 소거한 후, 반복촬영에 사용할 수 있다.

이에 따라서 소모품으로서의 X선 필름이 불필요하며, 그 처리를 위하여 화학적인 약품이나 처리 과정이 불필요하고, 출력영상도 CRT 디스플레이로 관찰하므로 인화지나 필름 같은 하드 카피(hard copy)가 불필요하다.

영상 데이터는 전자 파일로 간편하게 보존되며, 컴퓨터 상에서 신속하게 관리한다. 이와 같이 종래의 필름사진을 바꾸는 획기적 발명으로 등장한 것이 CR이다.

CR 시스템은 그 후 후지 사진필름에 이어서 Eastman Kodak, Agfa Gevert, Konica 등 세계 각국의 사진필름 메이커에서도 판매되고 있다.

한편 공업용으로서의 CR은 1988년 Fuji 사진 필름에서 시판되고, 이어서 미국 Liberty, 독일의 Agfa Gevert에서도 개발, 판매되었다.

휘진성 형광체 판(sheet)은 사진필름과 같은 모양의 촬영 디바이스로서, 넓은 야외 검사나 좁은 공간에서도 촬영이 적합하다. 이 특성을 살펴서 최근에는 차량 탑재형의 검사시스템도 개발되었으나 사진 필름법에 비교해서 초기 비용이 과다하므로 현재의 보급률은 의료에 비해서 늦어지고 있다.

CR법은 방사선투과검사 이외에도, 생물, 의학 등을 대상으로 한 자동방사선투과사진(autoradiography), 각종의 X선 회절장치에도 이용이 넓어져 가고 있다. 특히 X선 회절에서는 뒷장에서 설명하는 넓은 동작 범위(dynamic range)의 특성에서부터 현재 주류를 이루고 있는 X선량 검출 디바이스로서 이용되고 있다.

2. CR의 원리와 구성

그림 7-19에 CR법의 개략적인 구성을 나타낸다. 촬영 디바이스는 IP라고 부르는 휘진성 형광체 판이다. CR법의 핵심인 이 획기적인 디바이스의 상품명은 IP(Imaging Plate)라고 하며, 따라서 CR법은 IP법이라고 부른다.

IP는 그림 7-20에 나타낸 것과 같은 양질의 비슷한 형광체 판(sheet)으로서 형광체에 휘진 형광(photostimulated luminence) 특성을 가진 물질을 사용한다.

휘진발광으로는 그림 7-21과 같이 X선 등에 의해 여기 자극이 끝난 후의 발광이 감쇠과정에서 발광파장보다 장파장의 빛을 다시 조사하면, 먼저 조사한 X선 등의 선량에 비례한 발광을 얻게 되며, 보다 엄밀하게는 선량에 비례해서 감쇄했던 발광이 비례해서 일시적으로 증가하는 성질을 가지고 있다.

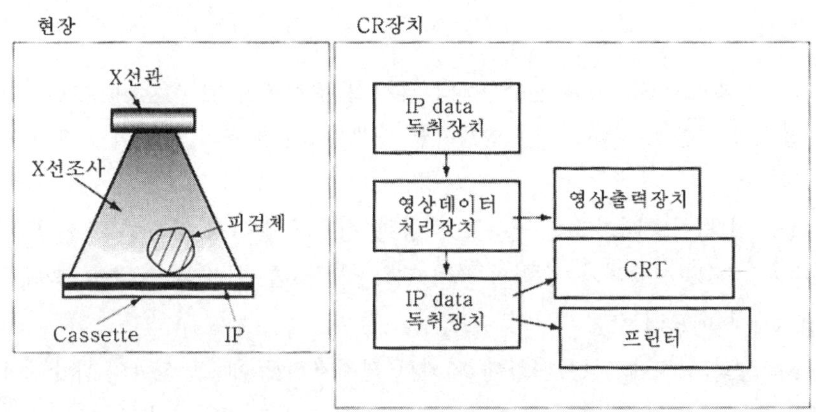

〔그림 7-19〕 CR법의 구성도

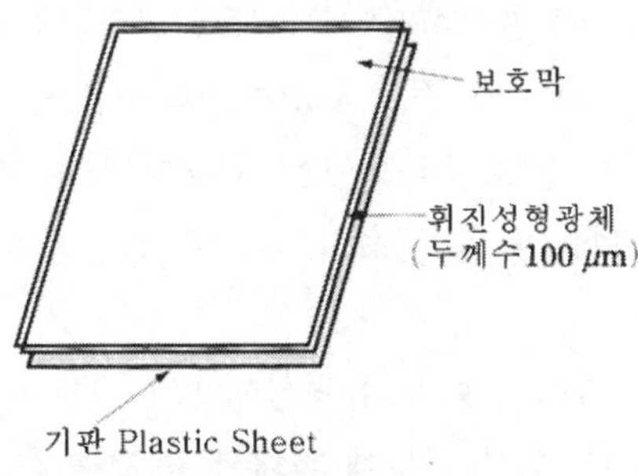

〔그림 7-20〕 IP의 구조

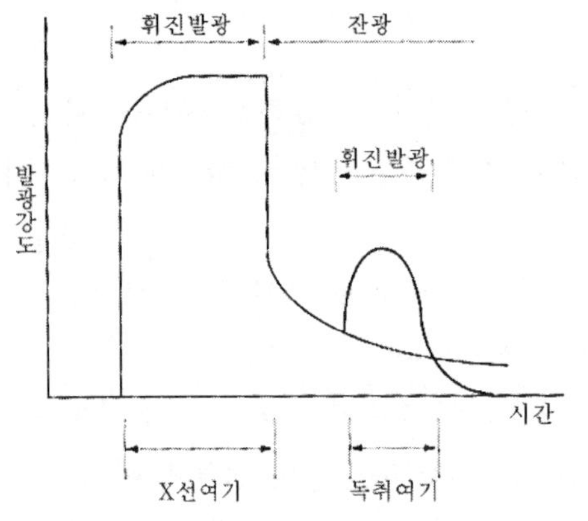

〔그림 7-21〕 IP(BaFBrI : Eu)의 발광 스펙트럼과 휘진발광 스펙트럼

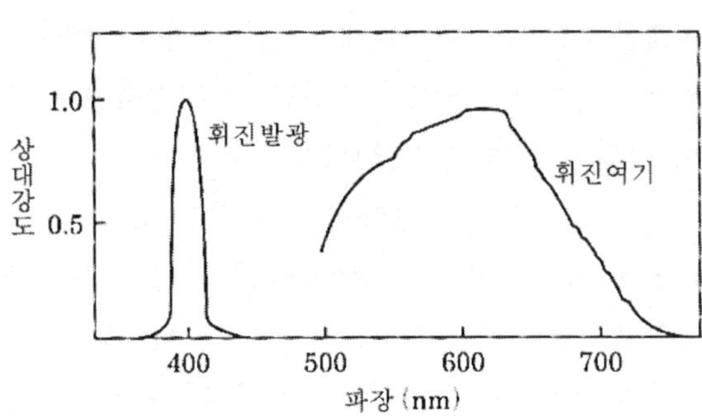

〔그림 7-22〕 휘진성 형광체의 발광개념

IP는 휘진성 형광체로서 $BaFBrI:Eu^{2+}$이나 유사의 물질을 쓰고 있으며, 그림 7-22와 같이 400 nm의 청색 발광을 나타내고, 이 형광체를 수백 ㎛의 두께의 플라스틱 지지체에 2차원 분포하고 있다.

CR법의 촬영 형태는 종래의 X선 필름을 이용한 경우와 같아서 차광된 알루미늄이나 플라스틱 카셋내에 넣고 시험체의 뒤쪽에 놓는다. 시험체를 투과한 X선에 의해 투과상이 IP(Image Plate)에 메모리된다.

X선상은 X선량의 위치에 따른 변화에 의해서 생기기 때문에 그 선량의 대소가 IP에 메모리된다. 이 IP를 그림 7-23와 같이 스캐너(scanner)라고 부르는 데이터 판독(reading) 장치에 걸고, X선량 데이터를 2차원적으로 해독한다.

IP 표면을 레이저가 100㎛ 이하의 spot로 주사하여 IP에 메모리된 X선량을 발광량으로 바꾼다. 발광량은 집광광학계로 광전변환소자에 모으고, 전기신호로 콤퓨터로 들어간다.

스캐너에 의해 X선 데이터의 해독이 종료된 IP는, 형광체면을 충분한 빛을 조사시킴으로서 판독(reading)에서 남은 정보가 소거되고, 반복촬영에 사용할 수 있다. 촬영 후의 미해독된 IP에 빛이 닿지 않도록 피해야 할 필요가 있으나 촬영전의 IP는 밝은 곳에서 취급할 수 있다.

IP는 필름과 같이 유연성이 있어 시험체의 형상에 맞추어서 구부려서 촬영할 수도 있다. 또한 납증감지에 의한 증감효과는 X선 필름에 비해서 작으나, 산란선 제거에 대한 상질향상을 위하여 적당한 두께의 납증감지를 형광체면 측에 조합시켜서 사용하는 것이 바람직하다.

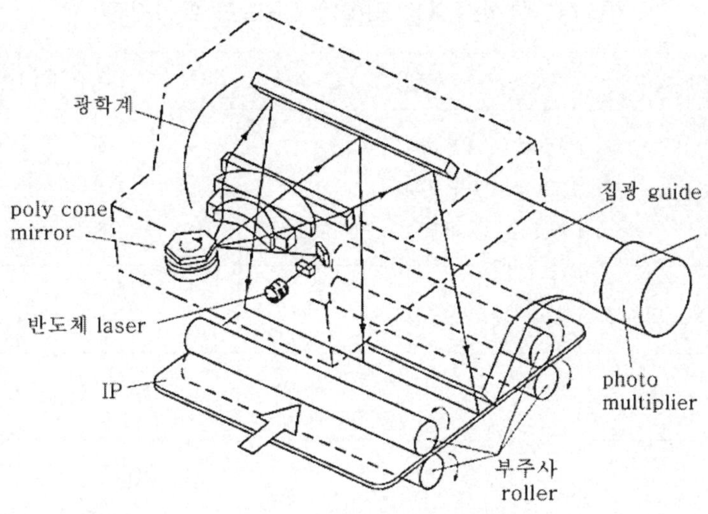

〔그림 7-23〕 IP 데이터 해독장치(FCR의 스캐너)의 구조

3. CR의 특성과 촬영 예

표 7-4에 X선 필름과 CR의 특성을 비교하고 있다. 비교하는 사진 필름은 공업용 IX150이다. 특징의 첫 번째는 X선량 감도가 높고, IX100 필름에 비교해 거의 수배에서 10배의 감도가 있는 점에서, 즉 촬영시간을 그만큼 단축할 수 있다. 두 번째는 그림 7-24와 같이 IP의 X선 조사량에 대하여 휘진발광의 응답이 좋다는 점에서 즉, X선량에 대한 동작 범위(dynamic range)가 넓다.

X선량에 대해 휘진발광량의 직선성은 대단히 폭넓고 미약한 X선량에서 강한 X선량에 이르기까지 신호량을 보존한다.

이러므로 다음의 2가지 효과가 발생한다. 그 하나는 시험체가 두께변화 등 커다란 X선량 변화가 있는 시험체의 경우이고, 필름법은 1매의 필름에서는 기록할 수 없고, 조건을 바꾸어서 수회촬영을 요구하는 경우에서도, IP는 1회의 촬영에서 전체를 기록할 수가 있다.

그림 7-25 및 그림 7-26은 두꺼운 주강품의 촬영결과이다. 그림 7-25는 종래의 X선 필름에 의한 것이며, 그림 7-26은 동일한 시험체를 CR로 촬영한 영상이다.

표 7-4 통상의 X선 필름과 CR과의 특성비교

특성	CR	IX100Film
X선량감도	150kV : 약10배 300kV : 약 5배 Ir-192, Co-60: 2~5배	1배 1배 1배
X선량 dynamic range	1:10,000	약1:100
공간분해능	50~100μm	50~100μm
콘트라스트 분해능	콘트라스트 강조가 가능	콘트라스트 강조가 불가(Film digitizer를 사용하지 않는 경우)

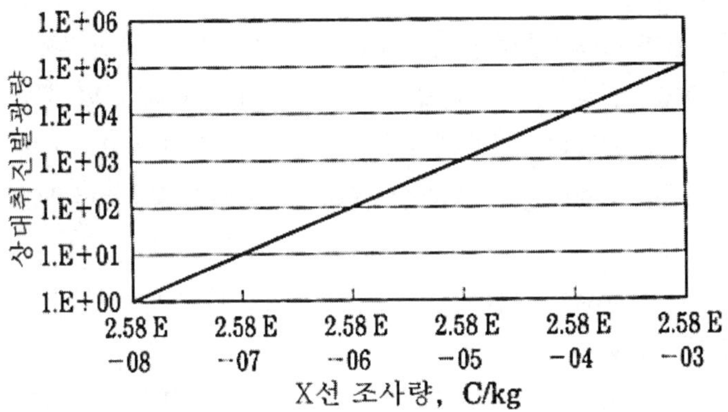

〔그림 7-24〕 IP의 X선 조사량에 대한 휘진발광의 응답

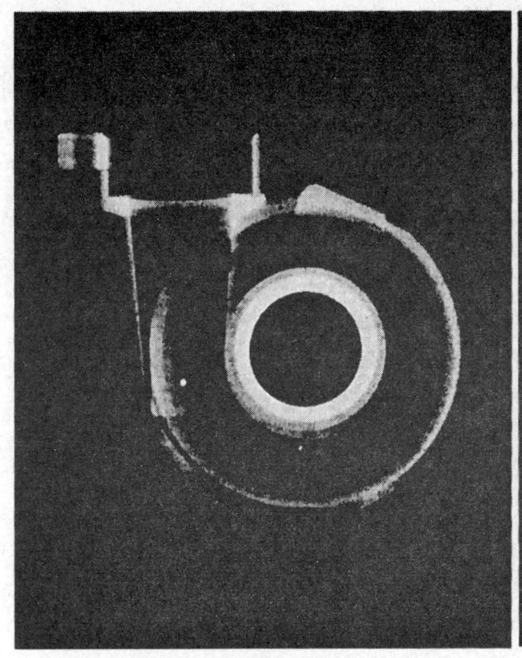

〔그림 7-25〕 종래의 X선 필름에 의한 주강품의 촬영

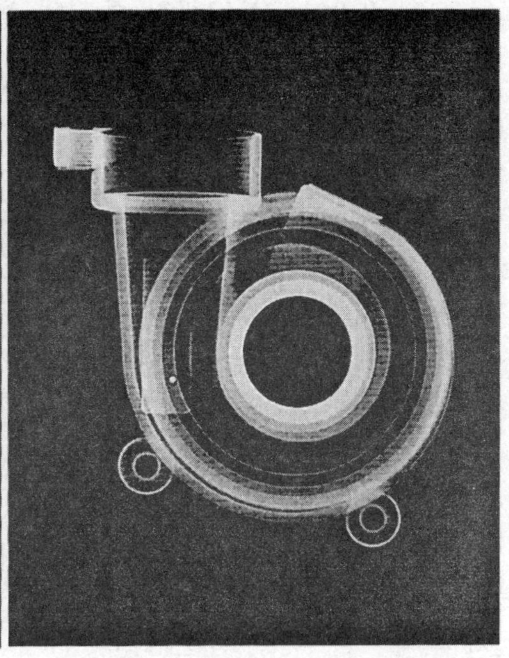

〔그림 7-26〕 왼쪽의 그림과 같은 주물을 CR을 이용해서 촬영한 영상

그림 7-26에서는 두꺼운 것일 때도, 얇은 것일 때도, 1영상중에 선명하게 표시될 수 있다는 것을 알 수 있다.

다른 한가지는 촬영 시의 조사조건이 적은 변동에서도, X선 필름과 같이 농도가 변동해서 재촬영이 필요하게 되는 현상은 일어나지 않는다. 예로서 촬영조건을 알 수 없는 시험체에서도 추정에 의한 조건에서 촬영하면 어느 정도의 영상을 얻을 수 있다.

단, IP가 받는 X선량이 적으면 영상은 잡음이 많은 느낌으로 되고, 극단적인 경우는 미세한 상처를 지나치는 원인이 될 가능성이 있다.

IP에서는 기록된 X선량 변화의 1:10,000의 범위의 정보를 콤퓨터에 수록한다. 그 정보를 즉시 해석하고 X선량의 변화, 실제로 영상정보를 가지고 있는 X선량의 범위만을 영상으로서 나타낸다. 이 기능 때문에 농도, 콘트라스트가 일정 범위에 들어있는 영상을 얻을 수가 있다.

4. CR에 있어서 영상처리 효과와 응용

CR은 디지털 방사선투과검사의 1 시스템이며, 표시하고 있는 영상의 영상처리 조건의 변경 등은 용이하고, 1회의 촬영에서 목적에 맞는 농도, 콘트라스트가 다른 영상을 얻을 수가 있다.

그림 7-25는 종래의 X선 필름에 의한 영상에 비교하였으며, 그림 7-26의 CR 영상은 시험체의 두꺼운 부위와 얇은 부위가 동시에 표시되고 있다. 이것은 CR상이 필름상보다도 콘트라스트가 낮다는 것을 의미한다. 그러나 CR상이 콘트라스트가 부족하다고 생각되지 않는다. 이것은 CR상이 윤곽 강조의 영상처리에 의해 시각적으로 콘트라스트 부족을 보충할 수 있기 때문에, 영상처리의 효과를 나타낸다.

CR은 이외에도 단순히 영상을 표시하는 것만이 아니고, 각종의 영상 데이터를 해석, 연산이 가능하므로 계측에 이용할 수 있다.

이들의 특성을 살려서 최근에는 광범위한 지역을 커버할 수 있도록 현장용 차량 탑재형 장치나 바이오공학에서의 실용화로 나아가고 있다. 특히 X선 회절분야에서는 2차원 검출기로서 주류를 차지하기에 이르고 있다.

제 6 절 필름 디지타이징법

1. 필름 디지타이저의 특징과 구성

영상의 디지털화 기술의 보급에 따라 종래 X선 사진 필름을 판정 · 보존하고 있는 영상을 디지털화 하여 컴퓨터에 입력하고, 전자 파일(file)로 보존하는 것을 고안하였다. 이와 같이 촬영한 방사선투과사진으로부터 디지털 영상을 얻는 방법을 필름 디지타이징(film digitizing)법이라 한다.

특히 의료분야에서는 영상 데이터의 효율적 관계와 다른 진료기관과의 호환성 등의 관점으로부터, 전자처리 · 보존 등이 가능하다. 공업 분야에서도 배관의 부식에 따른 감육 측정 등, 영상계측에 이용되며, 단순한 결함 검출이상의 정보를 얻는 검사방법으로서 채용되고 있다.

이 방식의 특징은 그 명칭이 나타내는 바와 같이 영상촬영 디바이스로서 종래의 X선 사진 필름을 사용하면서, 그 영상을 디지털화 할 수 있도록 디지털 영상기술을 구사한다.

영상촬영 디바이스는 사진 필름에 의존하므로, 필름 손실의 이점은 없으나, 반대로 필름의 좋은 점과 디지털영상 기술의 좋은 점을 맞추어 가지는 이점이 있다. 즉, 디바이스는 가격이 저렴하고, 취급도 종래의 검사법과 다르지 않다.

필름을 디지타이저(digitizer)에 걸고 영상을 컴퓨터에 넣은 후에 영상 확대와 콘트라스트 강조 등, 각종의 영상처리을 실행하며, 영상계측도 고속으로 할 수 있다.

마지막으로 영상보존은 CD로 완료한다. 본래 사진 필름의 보존 여부 등은 검사에 따라서 정하고, 영상 관리의 부담이 없다.

이 방식의 특징을 가능하게 하는 필름영상의 디지털화는 필름 디지타이저에 의해서 실행하게 된다. 촬영한 X선 사진 필름에 형광 또는 레이저 빛을 가하고 투과광의 세기를 CCD(전하결합형 고체소자 카메라) 또는 광전자증배관(photo-multiplier tube) 센서로서 전기신호로 변환하고 영상의 농도정보를 디지털화 한다. 필름 스캐너(digitizer) 내장의 ADC(Analog Digital Converter)에 의해 영상신호는 디지털화 되고, 그 디지털 영상정보는 널리 쓰이는 방식의 범용형 컴퓨터에 전송된다. 컴퓨터상에서 디지털 영상정보는 메모리에 기억되고 여러 가지 영상처리를 가능하게 하며, 디스플레이상을 나타나게 한다. 또한 프린터로서 출력할 수 있다.

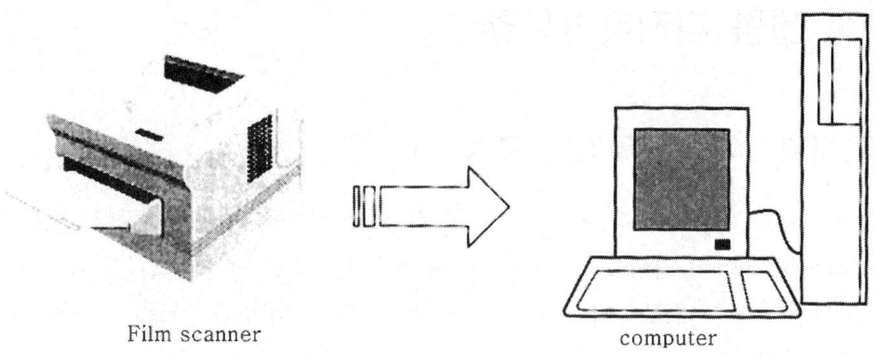

〔그림 7-27〕 film digitizing 방식의 system 구성

이 시스템의 구성은 그림 7-27과 같다. 필름 사진을 스캐너에 장착하고 영상을 읽어내어 디지털 데이터로 바꾼다.

읽어낸 영상 데이터는 컴퓨터 내의 영상메모리에 저장된다. 영상처리 소프트웨어(application program)에 의해서 영상처리 · 해석되어 디스플레이 상에 표시된다. 투과사진의 관찰은 이 디스플레이상, 또는 프린터에 출력한 영상으로 할 수 있다. 영상 데이터의 보존은 CD-R, MO 등의 일반적인 데이터 기록 디바이스로 한다.

필름 해독(解讀 : film reading)의 조건은 다음의 항목이 있으며 대표적인 사양도 다음과 같다.

- 농도계조수 : 8~12 비트
- 분해능 : 300~500 dpi
- 해독 농도범위 : 0~4.0(최대)
- 해독 필름 크기 : 공업용 크기~14"×17"

여기서 농도 계조수는 해독시의 AD 변환 비트수이고, 8비트면 보통이 필름 농도계에 가까운 판독이 된다. 12비트는 계조수 4096에 대해 반응하고 농도가 높은 필름에 적용한다. 해독 분해능이 300dpi(dot per inch)는 보통의 PC에서 사용하는 영상 스캐너의 해독과 비교하면 더욱 정밀하다.

필름의 농도범위는 중요한 요소로서 농도가 낮아지면 입상성이 나쁘고, 잡음이 많으며, 정밀하게 읽어낼 수 없다.

한편, 농도가 높게 되면 스캐너의 광량의 부족을 일으키고, 해독에 한계가 있다. 따라서, 촬영 시에 농도의 제한은 충분히 생각해 두어야 한다.

2. 필름 디지타이저의 성능과 특성

디지타이저(digitizer)에 걸린 X선 영상은 종래의 투과시험 방법을 이용해서 촬영한 X선 필름의 투과사진 영상이다. 공업용의 필름에서는 광학적 농도가 4.0정도까지의 고농도를 고려해야 되므로 투과광의 광원으로는 레이저 빛 등의 강력한 광원을 사용하는 전용의 필름스캐너로 디지털화 할 필요가 있다. 전용 스캐너에서는 투과광량을 측정하는 광검출기는 고감도인 광전자 증배관(photo multiplier tube : PM tube)이 사용되어 미약한 광량을 양호한 직선성의 전기신호로 바꾼다.

디지털화 할 때에 영상의 공간분해능은 스캐너의 주사조건으로 설정된다. 통상 정밀한 디지털 영상을 얻기 위해서는 300~500dpi의 분해능으로 설정하고 주사(scan)한다. dpi는 영상표시의 분해능 단위로서 1인치 마다의 표시점수이다.

예로서, 500dpi에서는 1mm중에 약 20개의 표시점이 있는 것을 의미하며 이것은 약 50㎛의 화소에서 영상이 구성되고 있는 것을 나타낸다. 즉, 해독 분해능을 50㎛로 설정하게 되면, 이 화소 크기는 약 1×100class의 사진필름의 화소 크기와 같은 정도이다. 그러므로 사진 필름에 담고 있는 영상 데이터를 거의 완전하게 취합하고, 디지털화 할 수 있다. 나아가서 정밀하게 취합하는데 시간이 요구되지만 14"×17" 크기의 사진필름을 이 분해능으로서 약 6초의 고속으로 디지털화 하는 것이 가능하다.

디지털화에 있어서 농도 분해능(계조도)은 더욱 중요한 인자이다. 종래의 사진농도계에서 농도는 소수점이하 2항을 읽고 있다. 즉, 2.00의 방식으로 된다. 디지타이저에서 농도분해능을 유지하기 위해서는 최저 8비트에서 AD 변환해야 한다. 이 경우의 계조수는 256으로 표시된다.

전용의 디지타이저는 보다 높은 계조분해능을 갖추고 있어서 광전자 증배(photomultiplier) 신호의 직선성을 고려하고, 12비트(4096 계조)class가 준비되고 있다. 따라서 농도분해능은 사진필름의 직접관찰이나 농도 계측점보다 높고, 미소한 농도변화를 감지하는 것이 원리적으로는 가능하다.

실제로는 사진필름 자체의 본질적인 농도 분해능, 특히 몰드(mold)나 입상성에 따른 한계로서 결정하지만, 최근의 전용 디지타이저는 사진필름이 가지고 있는 농도분해능을 충분히 할 수 있는 능력을 가지고 있다. 그러므로 용접이음부의 투과사진 등, 엄밀한 영상조건에도 충분히 감당하는 성능이 있다.

영상표시는 보통 컴퓨터로 영상처리를 한 후에 이루어진다. 각각의 영상을 최상으로 보고 싶은 것을 보기 쉽게, 때로는 영상 확대와 같은 영상처리를 한 후 표시, 또는 프린트 할 수 있다. 보이는 곳의 좁은 농도계조를 표시할 때에는 256계조로 확대하고 눈으로 식별할 수 없는 농도차를 보도록 할 수가 있다.

종래의 사진 필름의 직접관찰에서는 검출할 수 없었던 미세한 것을 검출한 예도 많다. 현재 영상 촬영 디바이스로서 필름가치는 점차 떨어진다고 볼 수는 없다. 그러나 영상의 디지털화는 필수이며, 앞으로 한층 더 보급될 것으로 기대된다.

3. 사용상의 주의할 사항

필름을 디지타이저에 걸면 투과사진의 농도가 0.5정도의 저농도에서도 영상데이터를 얻을 수 있으나, 양호한 영상처리 결과를 확보하기 위해서는 농도 1.0 이상이 바람직하다.

저농도의 투과사진 영상 데이터를 복수매(두장) 가산해서 고농도를 얻는 것도 가능하지만, 이 경우에서도 본래사진의 농도는 적어도 0.5이상인 것이 바람직하다. 시험에 즈음해서는 먼저 투과시험의 목적에 따라서 촬영하는 필름의 농도범위를 사전에 협의해 두는 것도 바람직하다.

4. 영상처리의 적용 예

필름 디지타이저는 콘트라스트 강조, 영상부호 확대 등, 영상처리의 적용을 전제하고 있다. 그림 7-28은 농도 히스토그램(histogram) 범위가 좁은 범위에 있는 원영상(본래영상, 왼쪽그림)을, 히스토그램 변환을 시행하므로서 광범위하게 확대하고 영상 콘트라스트를 강조한 예가 있다. 최적 촬영조건에서 조금 떨어진 사진필름영상에서도 이 예와 같이 충분히 영상을 변환 할 수가 있다.

특히 피사체의 두께가 크면, 충분한 X선 조사량을 얻을 수가 어렵게 되어 필름농도를 희생하지 않으면 안 될 경우가 있다. 이와 같은 경우, 뒤에 하는 영상처리는 대단히 유효한 힘을 발휘하게 된다. 현재 KS규격에서는 필름 디지타이징 방식은 규격으로서 인정되지 않고 있으나 공간분해능도 충분히 만족하고 검사에서의 적용을 가능하게 하며, 보다 판별성이 높은 검사를 실시할 수 있다. 또한 검사비의 측면에서도 유리할 것으로 기대되고 있다.

그림 7-29는 농도범위의 선택이 가능한 것을 보여주는 예로서 1매의 검사 필름에서 부터 몇 개의 검사부분에 최적한 농도를 각각 선택하여 나타낸 예이다. 왼쪽 그림은 배관 부분의 농도를 최적화한 것이며, 오른쪽 그림은 프랜지 부분의 농도를 최적화한 것이다. 이 최적화를 올바르게 적용하여 검사의 신뢰성이 손실되지 않고 검사비를 절감할 수 있다. 표시의

사양에 여러 가지 다른 영상이 나타나는 것은 검사영상의 신뢰성에 문제가 있으나 적절한 개소에 적당한 투과도계를 배치하는 등, 촬영에 심중을 기함으로서 충분히 대응할 수 있다.

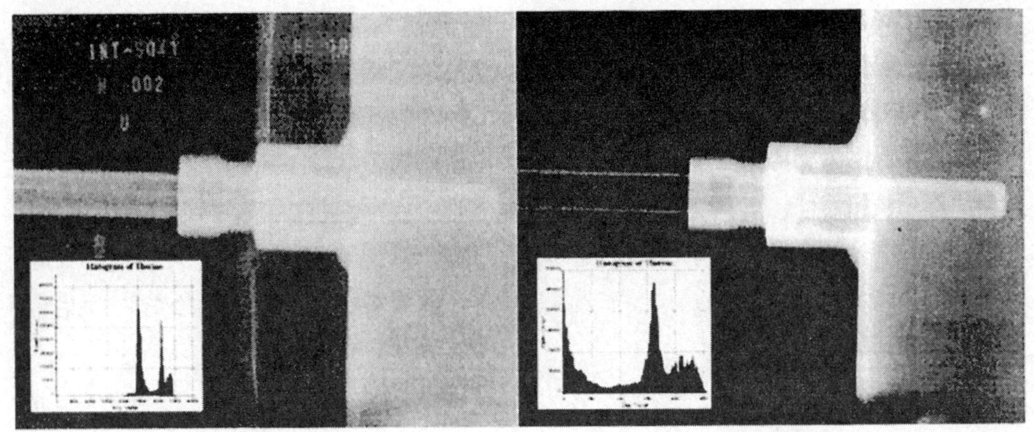

〔그림 7-28〕 농도 히스토그램 변환에 의한 영상 콘트라스트 강조

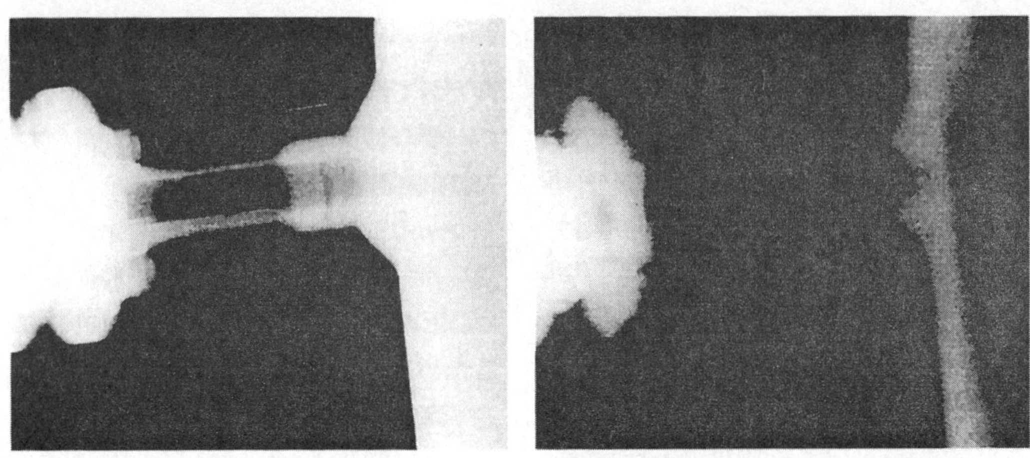

〔그림 7-29〕 판정에 최적한 농도범위의 선택

제 7 절 광자계수법

광자계수법을 이용해서 투과시험을 하는 방법은 아주 미약한 방사선원을 이용하는 2차원 광자계수장치와 고에너지 X선이나 γ선상을 검출하는 반도체 라인센서(line sensor)를 이용한 방법이 있다.

그림 7-30은 2차원 광자계수장치의 개략도이다. 방사선을 형광판에서 빛으로 바꾸고 그 빛을 받은 광전면이 광전자를 발생시키는 것은 형광증배관과 유사하다.

형광증배관과의 차이점은 광전자를 2차 형광면에 투사하는 것이 아니고, 직접 2단의 MCP(micro-channel plate) 도입으로 전자를 증폭하여 신호강도를 증폭하는 것이다.

방사선이 미약하므로 한번에 다수의 방사선을 받는 것이 아니고 증폭한 전자 펄스(pulse)를 X-Y 위치검출기로 위치정보와 함께 계수하여, 영상 프레임(frame)에 기록한다. 수초에서 수분이 걸려 1매의 영상을 얻는다.

실시(real time)성이 없는 정지영상을 얻는다. 그러나 원리적으로는 단일광자(single photon)도 감응할 수 있으며, 카메라가 미치지 않는 어둡거나 아주 낮은 조도에서도 영상을 포착할 수 있다.

그림 7-31의 시스템을 이용해서 미약한 중성자선원에서 촬영에 이용되는 예를 그림 7-32에 보이고 있다.

다음으로 고에너지 X선용으로 개발된 고효율의 GaAs 화합물 반도체검출기에 대해서 기술한다. 그림 7-33는 화합물반도체 검출기를 이용한 고에너지 CT의 구성도로서 X선 검출기가 500-1000개정도로 세밀하고 넓게 배열되어 있다. 40×3.8×0.45치수의 아주 넓은 소자도 만들어지고 있다.

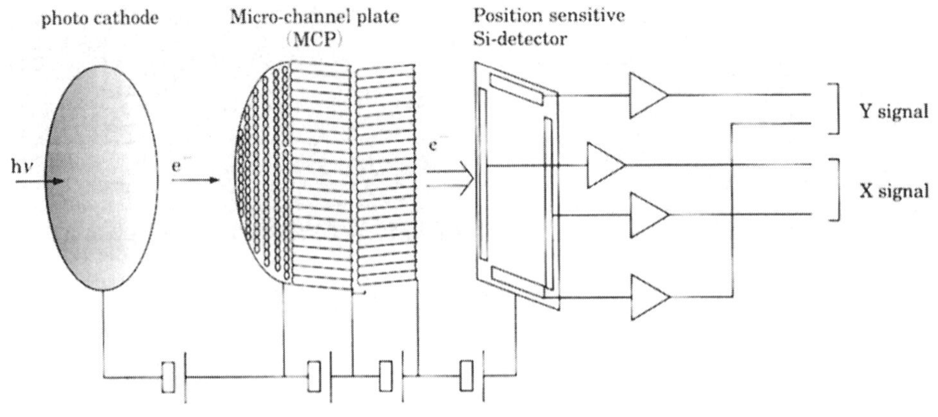

〔그림 7-30〕 2차원 광자계수장치의 개념도

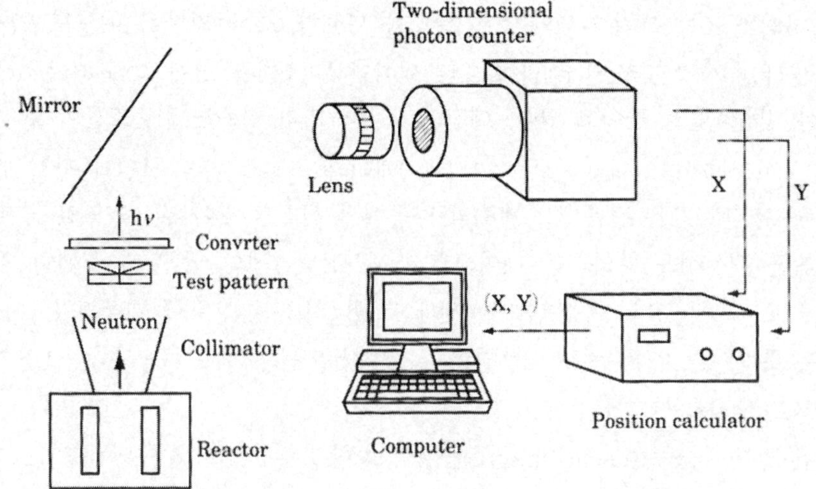

〔그림 7-31〕 2차원 광자계수장치에 의한 중성자 영상화 시스템

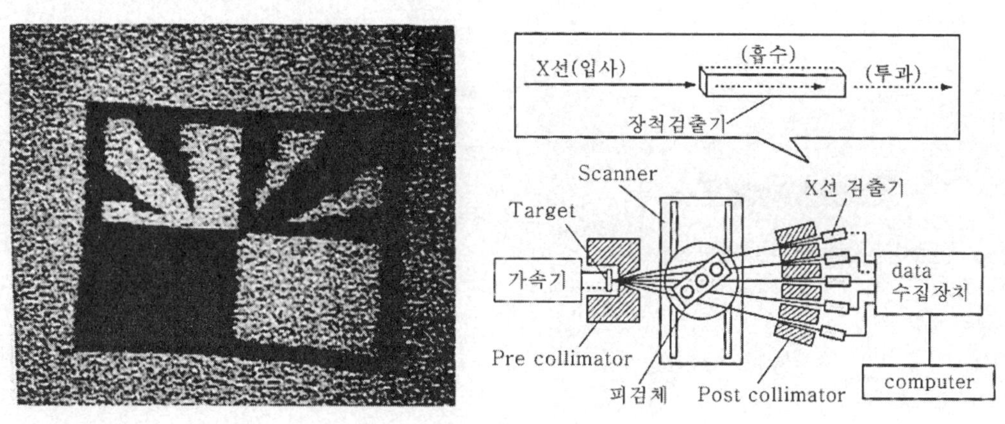

〔그림 7-32〕 미약한 중성자 선원에 의한 촬영 예. Cd판 test pattern의 상 (중성자속 $1.3\times10^{3}n/cm^{2}/sec$, 계수시간 10분)

〔그림 7-33〕 고에너지 X선 CT와 반도체 검출기

GaAs 소자의 구조는 그림 7-34와 같이 탄소을 도포한 GaAs 기판에 Si를 도포한 N^{+}층과 Zn을 열확산시킨 P^{+}층으로 된 p-n접합으로 되어있다. 소자를 크게 함에 따라 고에너지-방사선에 대한 검출효율을 높이고 있다. 예전의 Si 검출기의 경우는 검출효율이 로 %, timing range가 10^5 이상이지만, GaAs에서는 그의 1.5배이다. γ선과 같은 선원의 펄스 모드(pulse mode)계측과 X선과 같은 전류 모드계측의 양쪽에서 신호를 잡아 낼 수가 있다. 이 소자의 방사선에 대한 직선성을 나타내는 데이터로서, 6 MeV X선의 납 투과에 관한 값이 그림 7-35과 같이 보고되어 있다. 이 검출기는 원래 고에너지 X선 CT용에 개발되었으나 CT의 회전 테이블을 축방향으로 주사하고, 2차원의 투영영상을 얻는 것도 가능하다. 그림 7-36은 자동차용 turbo charge의 CT상이다.

이와 같은 선형 어레이(linear array) 센서에 의한 고 에너지 방사선 검출기로서 형광체에 붙은 광다이오드(photodiode : PD) 어레이에 의한 것도 발매되고 있다. 예를 들면 6인치 폭에서 64채널의 검출기가 8인치 길이를 모터로 이동할 수 있는 형태도 있다. 가볍고 이동성이 있으며, ^{60}Co를 선원으로 하는 현장용의 검사 장치로서 사용하고 있다.

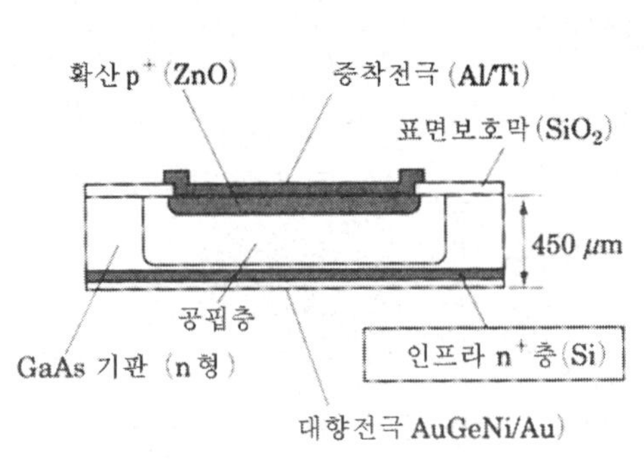

〔그림 7-34〕 GaAs 소자의 p-n 접합구조

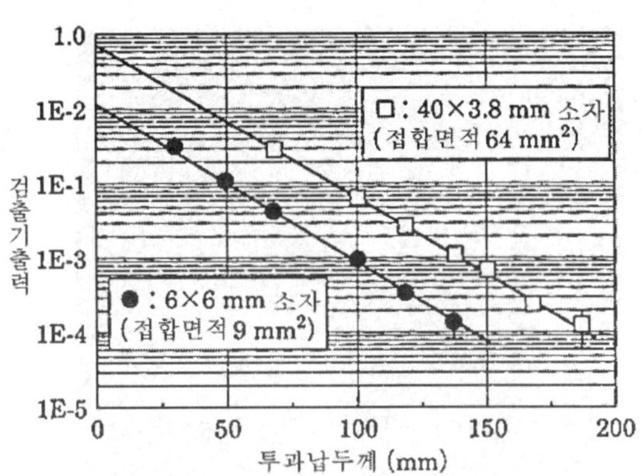

〔그림 7-35〕 6 MeV X선에 대한 검출기의 감도

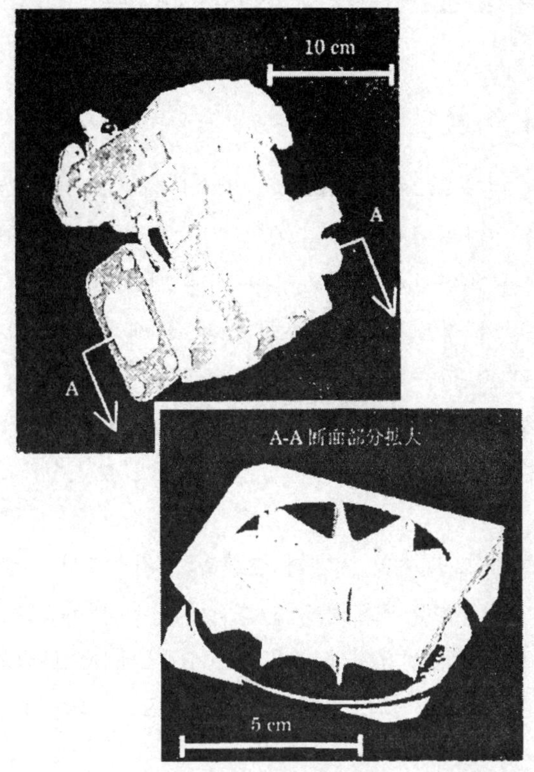

〔그림 7-36〕 자동차 Turbo charge의 3차원 CT상

제 8 절 비파괴에 있어서 영상처리기술

1. 영상처리기술의 적용

비파괴검사에 있어서 영상처리의 목적이 두 가지가 있는데, 첫 번째는 영상을 보기 쉽게 식별성을 높이는 것, 즉 인간의 육안검사를 지원하며 그 신뢰성을 높이기 위함이며, 두 번째는 얻어진 영상 데이터를 바탕으로 자동판정을 하는 것이다.

즉 기계 시스템이 사람의 역할을 대신하는데 있다. 본래 사람의 시각은 대단이 우수한 생체 센서이며, 순간적으로 판단까지 가능한 슈퍼 컴퓨터를 조합한 기능을 가지고 있다. 그 자체로서 대단히 광범위하고 우수한 영상처리 판단을 하게 된다.

제 1의 목적은 이 시각의 능력을 더욱 확대, 강화하는 「보조수단」으로서 영상처리로 생각된다.

제 2의 목적은 나아가서 판정까지 기계가 수행하는 것으로서 사람을 지원한다.

영상처리의 방법은 기본적으로 비교적 단순한 것에서부터 복잡한 방법까지 다양한 각종의 방법이 있다. 여기서는 검사현장에서 실용상 중요한 내용으로서 취득한 디지털 영상에 대해서 범용 컴퓨터를 사용하고 신뢰할 수 있는 방법으로서 영상처리기법을 적용하는 방법에 대해서 기술한다.

2. 영상의 종류와 양자화

영상처리로는 영상을 1차원, 2차원, 3차원 등의 위치에 관한 데이터(흑 · 백 농도, 칼라)의 집합을 고려하여 데이터를 계산기에 입력한다. 그리고 수학적 알고리즘(application software)을 이용하여 영상처리를 함으로서 목적하는 출력영상을 얻는다.

2차원영상은 예를 들면 x-y좌표로서 생각하며 좌표 (x, y)에 대한 영상 데이터를 f(x, y)와 같이 함수로 주고 있다. 이 영상 데이터 f(x-y)가 0과 1의 2값 이외 값을 가지지 않을 때, 영상은 2값화 영상이라 말한다.

한편, 그 이외에 폭넓은 값을 가지는 경우의 영상을 농담영상이라 부른다.

이 농담의 정도가 계조도와 같이 양자화하고 있는 경우 영상은 디지털영상이라 한다. 디지털 영상은 영상 데이터를 아나로그-디지털 변환기로 양자화하고 메모리소자를 (x, y)좌표에 배열한 영상 메모리(frame라고도 부른다.)의 각 (x, y)위치에서 기억한다. 양자화(量子化)는 비트라고 부르는 0과 1의 2진법으로 행한다. 즉 4비트면 16계조, 8비트면 256계조(16×16)

로 양자화 된다. 육안적으로는 6비트/64계조의 계조식별이 한계이다. 예전의 영상처리에는 그것을 cover하는 8비트/256계조가 사용되었다. 그러나 계산기의 발전과 영상계측, 기타 영상 데이터이용이 확대됨에 따라서 최근에는 12-16비트까지도 많이 이용하기에 이르렀다. 좌표 (x, y)에 f(x, y)이외에 복수의 데이터, g(x, y), h(x, y)등이 존재하는 경우 컬러영상이라 부른다. 방사선영상에서는 보통 단색의 백/흑 영상이지만, 영상처리 후 농도계조를 컬러영상으로서 나타내는 것(유사 컬러화)도 많이 이용하고 있다.

3. 영상처리의 종류와 순서

가. 영상처리의 종류

비파괴검사에서 중요한 영상처리 역할에는 다음 몇 가지의 종류가 있다.

(1) 검사영상을 보다 보기 쉬운 영상으로 변환하는 영상처리 및 영상강조

(2) 얻어진 영상의 보존과 다른 장치로 전송을 위한 영상압축

(3) 압축영상의 풀기, 또는 왜곡이나 뿌염(fog)영상의 수복(修復)과 복원

(4) 영상판정을 위한 영상 패턴(pattern) 인식

본서에서는 검사현장에서 가장 중요한 1)에 대해서 설명한다.

나. 영상처리의 순서

영상의 디지털 데이터를 취득한 후, 영상처리 조작은 그림 7-37과 같이 진행한다.

(1) 영상화 시스템으로부터의 디지털영상 데이터의 출력

(2) 영상적분계산 : TV 화면 등에서는 1 프레임에서는 시간적 랜덤 잡음이 많기 때문에 시간 적분하고 평균화해서 제거한다.
평활화는 한정된 1 픽셀(pixel : 화소) 주위와 큰 차이가 있는 데이터가 부여되었을 때에 주위의 화소 데이터를 내삽하거나 치환하고 특이한 잡음을 감소시킨다.

(3) 시험체에서 관심 있는 부분을 선택하고, 확대 축소한다.
그 부분의 휘도(농도)의 최적화를 도모한다. 이때에는 농도 중심(밝기 또는 강도)을 선택하거나 농도 히스토그램을 변환 하는 경우가 있다.

(4) 영상을 보면서 최적의 콘트라스트를 선정한다. 콘트라스트가 강하면 영상잡음이 낮아도 상이 흐려져 식별성이 저하된다.

(5) 윤곽 강조, 선예화 처리, 필터 처리 및 2값화 처리 등 필요한 처리를 한다.

(6) 얻어진 영상은 원 영상과 함께 CD-R등에 보존한다. 필요에 따라서 전송이나 자동판정 평가에 전송한다.

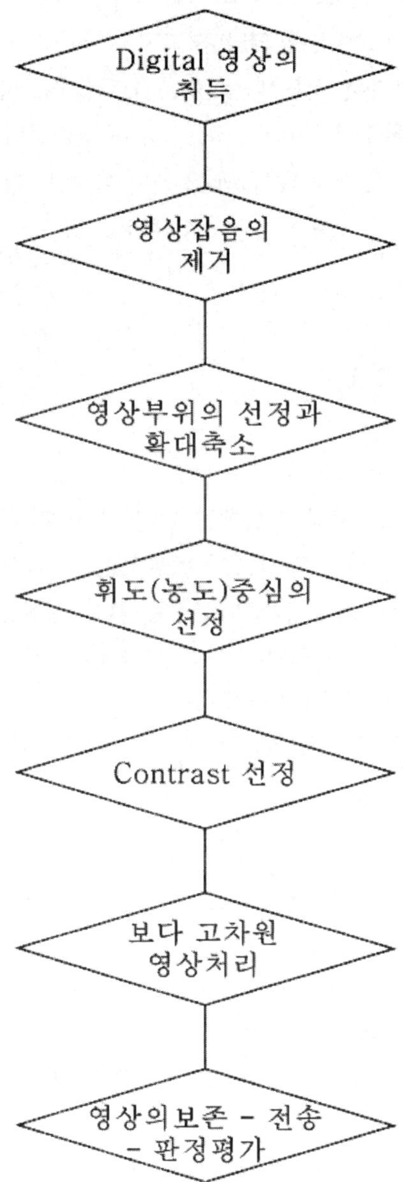

〔그림 7-37〕 영상처리의 순서

이상의 순서로 나타난 영상처리에 대해서 덧붙여 설명한다.

* 평활화(平滑化 : smoothing) : 세밀한 선이나 점상의 잡음이 존재할 때에 인접하는 화소의 평균농도로 치환하는 내삽법이다. 영상을 퓨리에(fourier)변환하고, 강조 스펙트럼(power spectrum)으로 잡은 점(spot)을 제거하는 방법

* 희끗 희끗한 잡음 : 흰점(white spot)잡음과 같이 고립점의 농도가 이상하게 높은 경우이다. 부근의 농도로 치환하는 등 여러 가지 방법이 있으나 잡음과 실상과의 구별이 확실하지 않고 에쥐(edge)의 뿌염(fog)이 큰 경우가 있으므로 주의가 필요하다.

* 평균화(averaging) : TV 영상과 같이 여러 매의 영상이 시간적으로 연속해서 얻는 경우, 시간과 위치에 따라 랜덤(random)하게 발생한 잡음에 대해서 영상을 적산하여 평균화함으로서 잡음을 저감시킬 수 있다. 통상의 X선 TV의 적분조작에 해당한다. 실시(realtime)성을 가지기 위해 수매 적산한 후, 영상을 취합한 동일 매수의 오래된 영상을 버리는 추적 적산를 한다.

* 필터 처리(filtering) : 영상 중에서 보고자하는 부분이나 상(像)을 강조하기 위하여 영상을 퓨리에(fourier)변환한 후, 공간주파수가 있는 부분을 강조하도록 필터(filter)함수를 곱해서 연산하여 영상의 선예도를 개선한다. 고영역 강조 필터, 메디안 필터(median filter) 및 저영역 필터 등을 이용한다.

* 선명화(sharpening) : 영상의 열화가 주로서 뿌염(fog)이 있을 때에 미분연산이나 라프라시안 연산을 3×3, 5×5등의 매트릭스(matrix)로 하여 뿌염이 적은 선명한 영상으로 변환시킬 수 있다. 에쥐(edge)검출이나 라프라시안 필터가 유명하다.

* 농도 히스토그램 변환 : 영상의 농도분포가 좁은 범위에 고정시키면서 분포가 아닌 영역을 넓히게 되는 경우에 균일하게 분포되도록 농도변환을 시행한다. 히스토그램을 균일하게 넓혀가는 것에 따라서 보기 쉬운 영상으로 되어, 콘트라스트 분해능을 대폭적으로 증가시킬 수 있다. 보고자하는 부분의 농도를 중심으로 갖고 올수가 있으며, 식별판단이 쉽게 된다.

* 기하학적 보정 : 광학적인 왜곡이 발생하므로 보정을 하는 경우가 있다.
* 영상 간 연산 : 가급적 같은 영상을 위하여 화소간의 4칙 연산을 하는 경우가 있다. 오차분 처리는 그 대표적인 방법이다. 영상처리가 종료된 후 마지막으로 영상 데이터에 기초한 계측과 판정을 한다. 이와 같은 계측을 위하여 1~3차원 해석용 소프트웨어가 있다.

4. 영상처리용 소프트웨어

윈도우 OS의 영상처리로서 잘 사용하는 응용을 소개한다.

- Adobe Photoshop
- IP Lab
- NIH Image
- Photo 공방 Ver3.0

5. 영상처리 시스템

영상처리에 필요한 하드웨어(hardware) 시스템으로서는, 예로서 CRT로서도 대단히 고가인 전용 디스플레이로부터 여러 가지가 있다. 또한 PC의 오퍼레이션(operation) 시스템으로는 윈도우(windows)와 맥킨토시(macintosh)의 두 OS가 있다. 여기서는 OS로 윈도우를 탑재한 DOS/V기를 대상으로 소개한다.

필요한 시스템 구성으로서는 다음과 같다.

① 윈도우를 탑재한 PC
② 고해상도 디스플레이
③ 영상처리 응용 소프트웨어
④ 프린터
⑤ 보존 디바이스

PASCOM은 고속 CPU를 탑재하고 대용량의 확장메모리를 갖춘 것을 사용하는 것이 이상적이다. 영상처리의 대상이 되는 파일의 데이터 크기에도 500MHz이상의 CPU, 64 Mbyte이상의 확장 메모리를 탑재하면 실용적이다.

디스플레이는 최저로도 1024x768픽셀, 가급적 1280x960픽셀 이상의 해상도의 것을 사용해야 한다.

영상처리 응용(application)으로서는 영상처리의 대상으로 하는 데이터의 농도계 (8-14비트)에 대응한 어플리케이션이 필요하다. 싼 것은 8비트 데이터밖에 대응하지 못하는 주의가 필요하다.

영상데이터는 통상, 수 Mbyte에서 수 10 Mbyte가 되므로 보존 디바이스로서는 광자기 디스크(MO) · CD-ROM · CD-RW등, 대용량이 필요하다.

6. 컬러 매칭(color matching)

DR영상의 판정은, 통상 검사시에 현장에서 디스플레이상으로 하는 경우가 많으나 이것을 프린트 출력하고, 인쇄 화면에서 평가할 경우도 많다. 그 경우, 가장 주의할 것은 시스템의 color matching이 충분하지 않으면 영상에서 긁힌 상이 소실하는 경우가 있다.

비파괴검사대상은 gray scale(백/흑)데이터이며, 칼라 정보는 갖고 있지 않다. 그러나 영상처리에 사용하는 컴퓨터 시스템은 의료 용도 등의 특수한 것을 제외하고는 칼라 영상을 취급하도록 제조하고 있어, 영상 데이터의 입력에서 출력까지 입출력 주변기기에서 간간히 볼 수 있는 것이 중요하다 (what-you-see-Is-what-you-Get, WYS/WYG)

이것을 올바로 조정하지 않으면 디스플레이에서 보이는 얼룩이 print out되면 보이지 않지만, 디지털 데이터로서는 보존되고 있어도 디스플레이에 표시되지 않은 것처럼 보인다.

color matching이 올바로 조정되어 있으면 8gray scale영상에서도 기기간의 차이를 흡수하고, 보다 바른 출력을 할 수 있게 된다.

7. 영상처리의 구체적인 예

다음은 방사선투과사진에 대한 영상처리 및 해석기법의 구체적 방법 예이다. 필름 digitizer에 대한 예이나 다른 시스템에도 공통적으로 적용된다.

가. 잡음 제거

디지털화한 직후의 영상 데이터에는 물리적 변동, 광원의 불균일 등이 원인이 되는 잡음 성분을 포함하고 있다. 이것을 제거하는 방법으로서 이동평균법, 메디안 필터 및 선택적 국소 평균화 등의 기법이 있다.

이동평균법은 알고리즘이 간단하여 처리속도가 빠르나, 데이터의 피크(peak)가 찌부러지는 결점이 있다. 선택적인 국소평균화는 고도의 처리로 시간이 걸린다. 메디안 필터에서는 처리시간이 짧아서 데이터 왜곡이 적다.

메디안 필터는 주목하고 있는 픽셀을 중심으로 한 3x3 영역의 중앙값(median)과 영역의 중심을 주목하고 있는 픽셀을 치환하는 것으로 실현할 수 있다(그림 7-38). 어느 쪽의 기법을 이용해도 미세한 콘트라스트를 가진 결함이나 작은 고립된 점등은 평탄화에 의해서 데이터를 잃어버리는 것도 있으므로 신중히 적용해야한다.

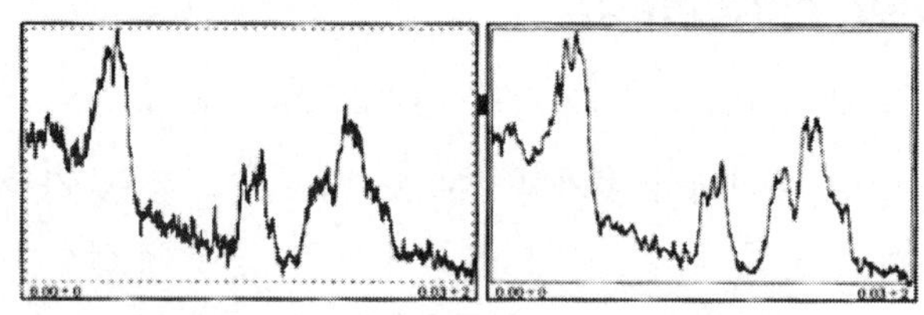

〔그림 7-38〕 Median filter 적용 예

나. 콘트라스트 강조

얻어진 영상의 농도값이 피크 범위(12비트 등)의 일부밖에 분포하고 있지 않은 경우 그대로 디스플레이에 표시하려면 인간의 눈에서는 콘트라스트가 낮고 내용의 판단이 어려운 영상으로 인식된다.

콘트라스트를 변경하기에는 입력한 영상에 대해서 전체의 막대그래프(histogram)를 구한다. 데이터에 분포하고 있는 범위만을 디스플레이에 표시함으로서 보는 눈의 콘트라스트를 바꿀 수가 있다. 이 조작은 6장 .3절에서 기술하고 있는 윈도우 레벨과 윈도우 폭의 강조 설정과 공통하고 있다.

다. 농도범위의 선택 표시

발브(valve)의 투과사진과 같이 1매의 필름상에 투과두께가 두꺼운 부분과 얇은 부분이 있는 것에서 표시하는 농도 계조범위를 각각의 두께에 맞추어 선택함으로서 인식하기 쉬운 영상이 된다.

예를 들면 배관의 관부분과 프랜지부와 같이 피사체 두께와 크기가 다른 경우에도 배관의 부분에 콘트라스트를 맞춘 영상과 프랜지부에 콘트라스트를 맞춘 영상을 동일사진 필름으로부터 얻을 수 있다. 또한 경제적이며 신뢰성이 높은 사진판정이 가능하다, 이처리의 결과는 8장6절. 그림 7-28, 그림 7-29와 같다.

라. Edge 검출

배관부식의 정도를 계측하는 경우, 두꺼운 부분의 상을 그 주위의 상으로부터 구별해서 추출할 필요가 있다. 상(像 : image)의 엑쥐(edge)를 강조함에 따라서 경계를 명확히 하고 계측하는 범위를 함께 결정할 수가 있다. Edge는 농도의 불연속부에 있으므로 검출하기 위해서는 공간미 실행하면 좋다.

디지털영상에서는 미분을 차분으로 표현하므로 필터 매트릭스(filter matrix)에 edge검출 operator 계수를 넣어서 보내는 것으로 edge검출 필터가 될 수 있다. Edge검출 필터를 고립점이나 잡음에 민감하므로 앞 공정에서 메디안 필터 등으로 잡음을 제거해 두는 것이 좋다. 종횡의 edge검출 필터 매트릭스와 그의 적용에는 그림 7-39과 같다.

마. 차분법(unsharp mask)

본래영상의 복제영상을 작성하고 각각에 각종의 영상처리를 한 후에 차분을 해야한다. 이에 따라서 여러 가지 효과를 만들어 낼 수가 있다.

한 예로서 복제영상에 대해서 가우스 분포하는 잡음을 가한 본래 영상과의 차분을 계산한다. 여기에 의해 윤곽장조, 계조의 압축, 영상얼룩의 삭제, base농도의 균일화 등의 효과를 얻을 수 있다. (그림 7-40) 또한 영상간의 콘트라스트, 밝기, 더해지는 잡음의 정도를 여러 가지로 바꿈에 따라서 차분후의 영상을 변화한다.

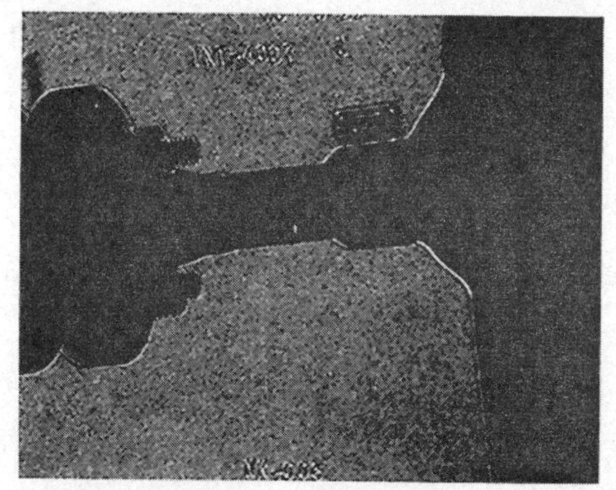

1	0	−1
1	0	−1
1	0	−1

1	1	1
0	0	0
−1	−1	−1

〔그림 7-39〕 Edge filter와 그 적용 예

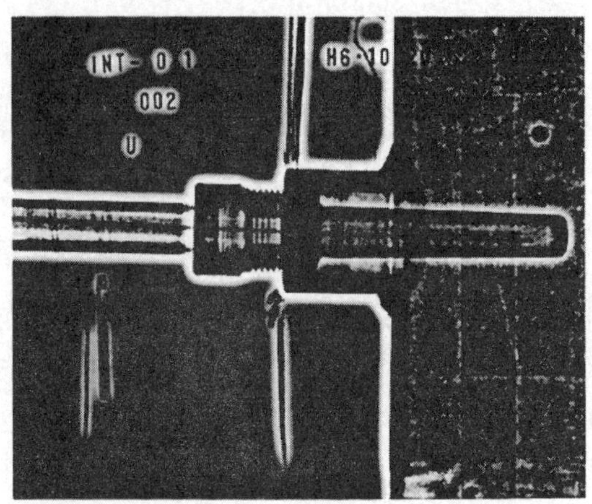

〔그림 7-40〕 Unsharp mask의 예

바. 농도의 평탄화 (equalizer contrast)

농도계로 히스토그램(histogram)이 거의 평탄하도록 look up table이 영상데이터를 변환한다.

그 방법은

1) 영상의 histogram을 계산한다.
2) Histogram의 적분 분포를 얻는다.
3) 적분분포를 규격화해서 8비트에 mapping한다.
4) mapping의 결과를 영상판은 look up table에 적용한다.
5) 이결과, 데이터의 히스토그램이 거의 균등한 새로운 영상을 얻어서 콘트라스트가 최적하게 개선된다.

사. 이중 필름법(double film method)

동시에 촬영한 저농도의 투과사진을 2매 겹쳐서 필름 관찰기로 관찰하는 방법이 이중 필름법이지만 디지털영상에도 이것을 응용할 수 있다.

콘크리트의 투과사진등과 같이, 투과 두께가 크고 실용적인 조사시간 내에는 저농도의 사진밖에 얻을 수 없는 경우, 각각의 영상 데이터를 가산 연산함으로서 영상을 개선할 수 있다.

방사선은 확률 현상이 있으며, 광자가 필름의 유제와 반응해서 잠상을 만든다.

따라서 필름에 도달하는 방사선량이 적은 경우에는 농도가 하나같이 엷게 되는 것은 아니고 농도얼룩이 있는 사진이 된다. 이와 같은 필름을 디지털화해서 같은 영상 데이터를 가산 연산해도 효과는 없다. 동일 카세트내에 들어간 2조의 필름에서 얻어진 영상을 겹쳐서 이 문제를 개선할 수 있다. 필름상에 2개의 위치마크를 새겨두면 영상해석 및 어프리케이션(application) 마크가 일치하도록 영상 데이터를 회전, 확대축소해서 연산을 한다.

아. 최근의 차분처리 촬영법

이하의 차분처리법은 영상처리법에서 시작되고, DR의 특유한 새로운 촬영법으로서도 생각하지만 여기서 간단히 설명한다.

- 위치차분 처리법 : 재료중의 미세한 기공등, 식별도로서 1%이하의 결함을 검출하기 위해 개발한 기법이며, 투시법의 적산상을 얻은 후, 시험체의 위치를 시야중에서 약간 이동하고, 그 상을 적산상에서 감산 처리한다.
  시험체 중의 결함위치만 근소하게 이동시키고, 나머지의 상태는 거의 이동전후와 같이 하기 위해 상쇄시키며, 결함상만 나오게 된다.
  이것을 이용하여 영상강조를 걸면 결함에 대하여 대단히 강한 콘트라스트를 얻을 수 있다. 식별도로서 0.1%에 도달한 어느 보고가 있다. 그림 7-41에 질화규소, 볼(ball)중의 텅스텐구의 차분상, 그림 7-42에 질소규소 재료두께에 대하여 기공의 식별도(공기구멍 직경/재료두께, %)의 실측 결과를 나타내고 있다.

자. 방사선판별 또는 에너지 판별차 분석

γ선과 중성자 선이 혼재하는 경우에서의 촬영은 동일 영상 스크린에서 γ선과 중성자선에 대한 각각의 다른 신호를 잡음으로서 각각 γ선, 중성자선 방사선투과검사를 얻음과 함께 그의 차를 연산하는 것에 의해 양쪽의 특성이 다르게 된다. 예를 들면 수소 등의 가벼운 원소에 대한 영상 콘트라스트를 현격하게 개선할 수 있다.

최근 2색 발광의 형광스크린이 개발되어 컬러 TV를 적용한 연구가 되고 있다. 또한 X선의 흡수단을 이용해서 고에너지와 저에너지의 2종의 검출기를 준비하고 각각의 영상을 촬영하면 양측의 차분을 잡는것에 의해 영상 중에서의 원소분포를 조사하는 방법도 연구되고 있다.

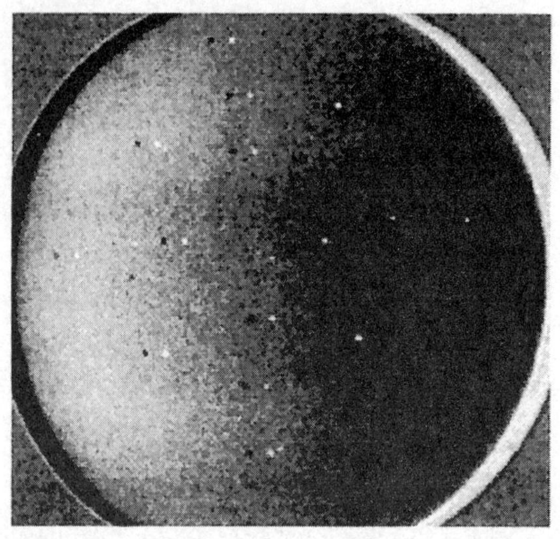

〔그림 7-41〕 질화규소 볼(직경 10mm)중의 텅스텐 구(30㎛)의 차분처리상

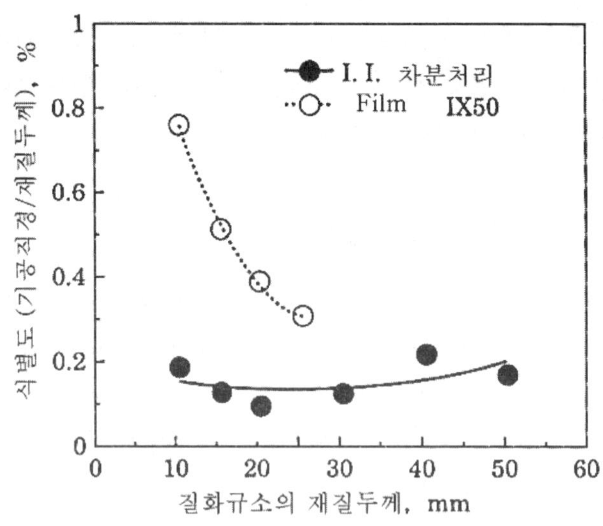

〔그림6-42〕 질화규소의 기공에 대한 식별도

제 9 절 영상의 평가 방법

1. 개요

필름 촬영법에서 상의 질을 평가하기 위해 쓰이고 있는 상질계로서는 MTF 테스트 차트(test chart), 해상력 테스트 차트, 계조계, 침금형 투과도계, 유공형 투과도계 등이 있다. 어떤 상질계도 디지털 방사선투과검사에 의해서 얻은 영상 평가의 적용은 가능하지만 필름 촬영법의 경우와 다른 특징이 나타날 수 있다. 그러므로 상질계에 의해서 시스템의 성능평가 또는 시험의 품질평가를 하는 경우에는 다음과 같은 DR에 적용에 나타나는 각 상질계의 특징 및 평가방법을 충분히 고려하고 목적에 따라 상질계를 선택해야 한다.

그림 7-43 (a) ~ (f)에 대표적인 상질계를 나타낸다.

2. DR의 상질계 특징 및 평가법

가. MTF test chart 및 해상력 test chart (a) (b)

(1) 특징

해상력의 정량적 평가를 할 수 있는 유일한 상질계이다. 콘트라스트 강조, 강조처리나 윤곽강조(주파수) 처리에 의한 상질의 변화도 어느 정도 잡을 수가 있으나 적용할 수 있는 범위가 한정된다.

(2) 평가 방법

계측기 눈금상의 line pair의 분해정도로서 평가한다.

나. 계조 또는 스텝 웨지[step wedge(c)]

(1) 특징

콘트라스트 강조처리에 의한 상질의 변화를 어느 정도 잡을 수 있으나 윤곽강조처리에 의한 상질의 변화는 잡을 수 없고, 해상력의 측정도 할 수 없다.

(2) 평가방법

상의 중심부와 그의 부근의 original part의 농도차 또는 그 농도차를 original part의 농도로 나눈 값(농도차/농도)으로 평가한다.

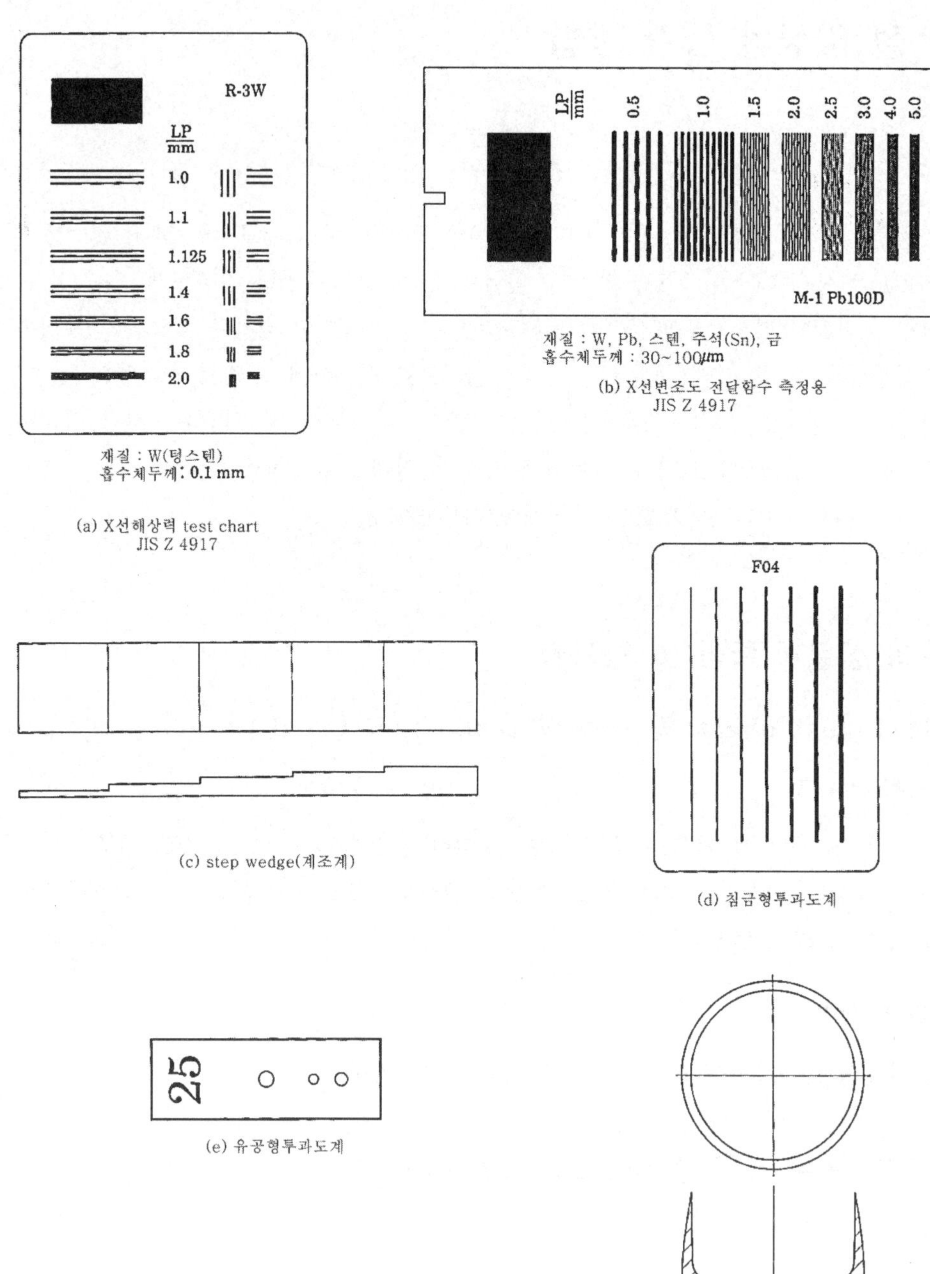

(a) X선해상력 test chart
JIS Z 4917

(b) X선변조도 전달함수 측정용
JIS Z 4917

(c) step wedge(계조계)

(d) 침금형투과도계

(e) 유공형투과도계

(f) 공중원통형상질계

〔그림 7-43〕 각종의 상질계

다. 침금형 투과도계(d)

(1) 특징

해상력을 시각적으로 정성적인 평가를 한다. 윤곽 강조처리에 의해서 식별도가 다소 변화하지만 상질을 평가하는데는 곤란하다. 또한 콘트라스트 강조처리에 따른 상질의 변화도 잡을 수가 없다.

(2) 평가방법

육안으로 식별할 수 있는 최소선의 직경 또는 식별도[(식별 최소선 직경/판두께)×100(%)]로 평가한다.

라. 유공형 투과도계(e)

(1) 특징

해상력을 시각적으로 정성적인 평가를 하지만 콘트라스트 강조 및 윤곽강조에 의한 상질의 변화를 잡을 수 없다.

(2) 평가방법

시각에 의해서 식별할 수 있는 구멍직경과 그 때의 판두께(투과도계 번호와 구멍직경)에 의해서 평가한다.

마. 가운데 빈(median cavity) 원형 상질계(Rotationally Symmetric Image Quality Indicator)(f)

(1) 특징

DR 영상용으로 시험 제작 된 상질계이며 콘트라스트 강조 및 윤곽강조 된 DR 영상을 정량적으로 평가한다. 단, 해상력의 측정은 할 수 없다.

(2) 평가방법

상질계의 edge부 또는 중앙부의 콘트라스트, 또는 잡음(noise) 폭에 따라서 평가한다.

3. 시스템의 성능평가

DR 시스템의 성능은 기본적으로는 공간분해능, 콘트라스트 분해능 및 SN비에 의해서 평가한다.

공간분해능은 MTF(Modulation Transfer Function)에 의해서 측정 가능하지만 측정 장치의 준비 및 측정에 많은 노력과 시간이 필요하므로 현장에서는 어렵다. 또한 콘트라스트 분해능 및 SN비의 측정에 대해서도 마찬가지다.

그리고 실용적인 평가방법으로서 X선 변조도 전달함수 측정용 테스트 차트(MTF test chart) 또는 X선용 해상력 테스트 차트를 사용하고 시각적으로 해상력(line pair : LP/mm))을 구하며 다음으로 스텝 웨지(step wedge) 또는 계조계를 사용하여 시각에 의한 한계 콘트라스트 표현력을 확인하는 방법이 추천된다.

한계 콘트라스트는 영상의 SN비로 변하기 때문에 이 방법은 정성적이지만 공간분해능, 콘트라스트 분해능 및 SN비를 동시에 확인하는 것도 거의 같다.

측정 조건은 기록에 남기고 촬영배치, 촬영조건 및 데이터 수집조건 등, 동일조건에서 경시적인 변화를 추적 가능하게 한다. 이들의 측정결과는 시스템의 변화가 생기는 경우에 열화된 장치(unit) 및 부품의 분석이나 추정자료로서 활용할 수가 있다.

4. 시험부의 상질평가

DR에 있어서 종래의 필름 촬영법으로 적용하는 투과도계를 이용할 경우, 시스템의 차이 또는 영상처리의 차이에 따라서 콘트라스트나 입상성 등이 복잡하게 변화하므로 절대적인 상질의 평가를 하는 것은 곤란하다.

그러나 동일의 시스템에서 동일의 영상 취입조건에서 얻어진 본래 영상정보를 관찰하는 것으로 하면 시험체, 방사선에너지, 촬영배치, 산란선 등에 따른 상질의 변화(방사선상의 상질의 변화)를 상대적으로 잡는 것은 가능하다.

그러므로 시험부의 상질평가에는 영상표시 장치에 따른 관찰에 있어서 재현성이 높다고 하는 침금형 투과도계를 종래의 필름 촬영법과 같은 요령으로 이용하는 것이 추천된다.

디지털 방사선투과검사의 적용이 인정되고 있는 ASME 규격이나 API 규격에 있어서는 line pair 눈금(X선 test chart), 스텝 웨지 및 종래의 필름 촬영법에서 쓰고 있는 투과도계를 상질 평가방법으로 규정하고 있다.

【 익 힘 문 제 】

1. 필름 방사선투과검사에 비교하여 디지털 방사선투과검사의 특징을 기술하사오

2. 영상증배관(Image Intensifier)의 구성과 각 기능을 설명하시오

3. DR시스템에서 정기적으로 측정하여야 할 항목 5가지를 기술하시오

4. 방사선투시시스템에서 라인센서(line sensor) 방식과 에리아센서(area sensor)방식을 비교 설명하시오

5. DR(Digital Radiography)과 CR(Computed Radiography)의 영상 형성 절차를 비교 설명하시오

6. DR의 영상처리 순서를 기술하시오

7. 광자계수 장치와 형광증배관의 차이점을 쓰시오

8. 평판형 반도체 검출기 시스템의 구성원리와 특징을 기술하시오

9. DR 상질계의 특징 및 평가법을 기술하시오

10. 다음 용어를 설명하시오
(1) MTF(Modulation Transfer Function)
(2) 50 line pair/cm
(3) 500 dpi
(4) PM(photomultiplier) tube
(5) Film Digitizer

제 8 장 특수 방사선투과 시험법

제 1 절 중성자 투과검사 (Neutron Radiography)

1. 원 리

중성자 투과검사(中性子透過檢査 : Neutron Radiography : NR)는 중성자와 물질과의 상호 작용 현상을 이용한 것으로 중성자선을 시험체에 조사하면 투과물질의 두께와 흡수단면적(충돌 단면적)에 따라 중성자의 투과 강도의 차이가 생긴다. 이것은 X선이나 감마선투과검사와 원리가 비슷하다. 그러나 전자파 방사선(X선, γ선)은 물질의 원자와 상호작용(광전효과, 컴프턴 효과, 전자쌍생성)하는 반면에 중성자선은 물질의 핵과 상호 작용(탄성 산란, 비탄성 산란 및 중성자 포획)하면서 흡수된다는 점이 다르다. 전자파 방사선은 필름을 직접 감광시키나 중성자선은 필름 유제를 전리시키지 못하므로 필름을 직접 감광시키지 못한다. 그러므로 중성자 투과 강도의 차이를 필름에 감광시키기 위해서는 필름 유제를 전리시킬 수 있는 방사선(α, γ 전자선 등)으로 바꾸어 주는 핵반응체가 있어야한다. 이 핵반응체를 전환막(轉換膜 converter : 컨버터 또는 변환자)라 한다. 이와 같이 시험체를 투과한 중성자선이 전환막과 충돌하여, 원자핵반응으로 방출되는 2차 방사선이 필름을 감광시켜 시험체 내부의 결함을 알 수 있는 것을 중성자 투과검사라 한다.

2. 중성자 선원

중성자는 전기적으로 중성이면서 질량이 양성자와 비슷한 입자로서 운동에너지에 따라서 표 8-1과 같이 중성자의 명칭이 다르다.

중성자 발생원은 원자로, 가속기 및 방사성동위원소의 3종류가 있다. 원자로는 핵연료가 분열시 평균 2.5개의 중성자가 방출함으로 어느 시점에 많은 중성자가 있게 된다. 가속기는 양자나 중양자 등의 양이온이나 전자를 전기장이나 자기장내에서 가속하는 장치이다. 일반적으로 중성자투과검사에 이용하는 가속기는 사이크로트론이 이용된다. 사이크로트론(cyclotron)은 양이온을 베릴리움(Be)이나 트리튬(Tritium ; ^{3}H) 타겟에 충격하여 중성자를 발생시킨다. 표 8-2은 양이온 가속기에서 발생하는 중성자선원의 특징을 비교한 것이다. 그리고 그림 8-1은 중성자를 방출하는 동위원소로서 ^{252}Cf와 Am-Be의 특징을 나타내고 있다.

표 8-3은 원자로, 가속기 및 ^{252}Cf의 중성자속의 장단점을 비교한 것이다.

표 8-1 에너지에 따른 중성자의 분류

명 칭	에너지 범위
냉중성자(cold neutron)	0.01 eV 이하
열중성자(thermal neutron)	0.01~0.3 eV
열외중성자(epithermal neutron)	0.3~10 keV
속중성자(fast neutron)	10 keV~20MeV

표 8-2 양이온 가속기의 비교

구 분	양이온 가속에너지	평균 전류(μA)	원리 구조상		핵반응
			장 점	결 점	
콕크로프트	~ 1.0	~2500	고전압부에 가동부 있어 대전류, 가반식	대전류는 체적이 크고, 가속에너지 낮다	T(d,n)He
반데그라프	1.0~4.0	50~400	양이온, 전자 가속, 안정도 좋다	고압탱크내 가동부 있다. 전하벨트 교환이 가끔 필요. 대형	T(d,n)He Be(d,n)B
사이크로트론	5.0~200	1~100	고전압부에 가동부, 이온원 교환 간단. 가속에너지 높다	대전류가 아니고, 소비전력 크다	Be(d,n)B Be(p,n)B

핵종 / 제원	252 Cf	Am-Be
반응형식	자발핵분열	(α,n)
반감기	2.65년	458년
중성자수율	4.3×10^9 n/sec/Ci	3×10^6 n/sec/Ci
형상, 크기 (영국 RCA 제)	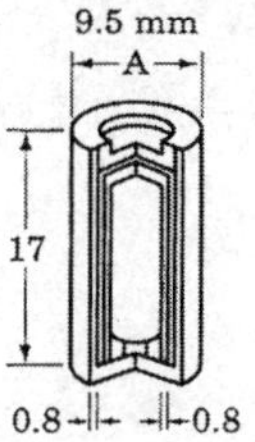 9.5 mm A 17 0.8 0.8 1 mg (≒ 1.85×10^{10} Bq = 0.5 Ci)	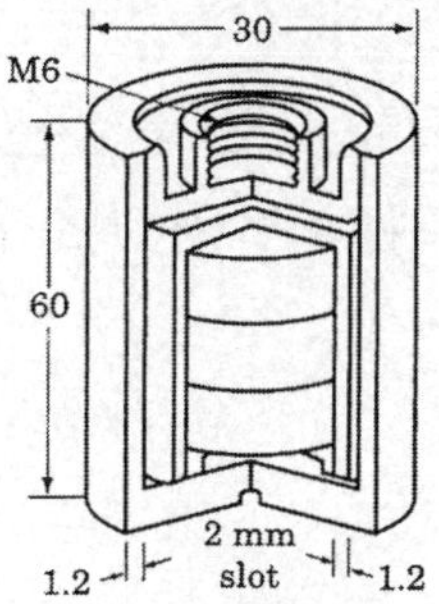 30 M6 60 2 mm slot 1.2 1.2 10 Ci (≒ 3.7×10^{11} Bq)

〔그림 8-1〕 동위원소 중성자원

표 8-3 중성자 발생원의 비교

	원 자 로	가 속 기	동위원소(^{252}Cf)
속중성자속 열중성자속 콜리메이션 후 열중성자속	 $\sim 10^{10} \sim 10^{14}$n/cm^2 S $\sim 10^7 \sim 10^{11}$n/cm^2 S	$\sim 10^{10} \sim 10^{13}$n/cm^2 S $\sim 10^7 \sim 10^{10}$n/cm^2 S $\sim 10^4 \sim 10^7$n/cm^2 S	2.3x$10^8 \sim$2.3x10^{10}n/cm^2 S $10^6 \sim$10n/cm^2 S $10^3 \sim 10^5$n/cm^2 S
장 점	1.속밀도가 다른 발생 원보다 크다 2.출력이 커서 양호란 상질 얻음 3.일정량의 연료로 장 시간 연속 발생가능	1.구입비 원자로보다 싸다 2.동위원소보다 출력 크다 3.가동비가 원자로보다 싸다	1.출력은 선원량에 따르기에 안정한 선속을 얻는다 2.소형 경량이다 3. 위험성이 낮다
단 점	1.설비가 고가 2. 핵연료 취급이 매우 위험 3.오염폐기물 처리시설 필요 4. 법률, 설비 수속 복잡. 각종 자격 필요	1. 고정식 설치건물 필요 2.타겟수명 짧다(T) 3.원자로보다 출력 적다 4.감마선영향 크다 5.설치, 운전에 자격증 필요	1.선원이 고가(반감기 2.7년) 2.출력이 적어 고감도 상 검출 시스템 필요 3. 설치, 운전 자격증이 필요

3. 특 성

중성자선의 강도 I가 t 두께의 시험체를 투과하였을 때의 중성자선의 강도 I는

$$I = I_0 e^{-\mu_0 t}$$

가 된다. 여기서 μ_0 는 중성자선 에 대한 선흡수계수(linear absorption coefficient)로서 단위는 Cm^{-1}이다. 어떤 한 원소에 대한 선흡수계수를 μ_n라면

$$\mu_n = \rho \frac{N\sigma}{A}$$

의 관계가 된다. 여기서 ρ 는 시험체의 밀도(g/cm^3)이고, N은 아보가드로수 6.02×10^{23} mol^{-1}, σ은 한개 원자당 총 단면적(cm^2), A는 부피당 시험체의 중량(원자량)을 표시한다.

*X*선 또는 γ선과 같은 전자파 방사선은 시험체 구성원소의 전자와 상호작용하여 흡수 또는 산란되며, 시험체의 질량흡수계수(㎠/g)는 원자번호(Z)에 따라 증가하므로, 두께가 동일한 시험체의 경우 원자번호와 밀도가 클수록 감쇠가 커진다.

그러나 중성자선은 시험체 구성원소의 원자핵과 상호작용하여 흡수 또는 산란되므로 원소의 질량흡수계수는 원자핵 고유의 값이다.

표 8-4 중성자 선 흡수계수

원 소	선형흡수계수 $\mu(Cm^{-1})$	원 소	선형흡수계수 $\mu(Cm^{-1})$
가돌리늄(Gd)	1354.00	스텐레스(SUS)	0.900
카드뮴 (Cd)	136.00	구리 (Cu)	0.811
수은 (Hg)	13.70	베릴륨 (Be)	0.624
인듐 (In)	5.63	우라늄 (U)	0.541
금 (Au)	4.65	크롬 (Cr)	0.447
나일론(nylon)	3.14	탄소(고밀도)	0.369
은 (Ag)	2.95	납 (Pb)	0.286
아크릴(acryle)	2.61	아연 (Zn)	0.220
물 (water)	2.51	유리 (glass)	0.206
니켈 (Ni)	1.60	마그네슘(Mg)	0.135
텅스텐 (W)	1.07	알루미늄(Al)	0.087
철 (Fe)	1.02	황 (S)	0.040

표 8-4는 원자핵에 대한 중성자 선흡수계수를 나타낸 것이다. 중성자선은 X선 이나 γ선에 비해 상대적으로 텅스텐, 우라늄, 납과 같은 무거운 원소(높은 원자번호)에 대해서는 투과력이 크고, 수소, 산소, 질소, 탄소 등과 같은 가벼운 원소(낮은 원자번호)에 대해서는 투과력이 작으므로 원자번호가 비슷한 원소로 구성된 시험체 또는 비금속, 경금속, 중금속 등이 혼합되어 구성된 시험체에 중성자 투과검사가 적합하다.

4. 방 법

중성자투과검사 방법은 X선 또는 γ선 방사선 투과검사와 거의 유사하나 중성자선는 직접 필름을 감광시키지 못하므로, 시험체를 투과한 중성자선이 전환막을 통해 얻어지는 2차 방사선으로 필름을 감광시킨다. 이 과정에서 필름을 전환막에 직접대고 촬영하는 직접법과 시험체를 투과한 중성자선에 전환막을 노출시킨 후 전환막을 필름에 대고 감광시키는 전사법(또는 간접법) 그리고 형광막을 이용하여 TV카메라 및 화상처리장치를 통해 TV모니터로 검사하는 실시간법 등이 있다.

가. 직접법

직접법(direct-exposure method)이란 필름을 전환막(conversion screen)에 대고 시험체를 투과한 중성자선원에 직접 노출시켜 전환막에서 발생되는 2차 방사선으로 필름을 감광시키는 방법이다.

전환막으로 사용되는 물질에는 Gd(gadolinum), Rh(rhodium), In(indium) 및 Cd(cadmium)이 있다. 전방스크린(전면 전환막)과 후방스크린(뒷면 전환막)으로는 각각 Gd 0.00025in.와 Gd 0.002in. 또는 Rh 0.010in와 Gd 0.002in.의 조합이 가장 만족스런 상질을 나타낸다. 전환막은 중성자가 조사될 때만 핵반응을 일으키어 생성된 2차방사선(α선, 전자선, γ선 등)이 필름을 감광시킨다.

나. 전사법

전사법(transfer method 또는 간접법 : indirect method)은 In(indium), Dy(despors-ium) 및 Au(gold)등으로 된 전환막을 사용하여 시험체를 투과한 중성자선에 노출시키면 전환막은 방사화하여 방사능 물질이 된다. 방사화된 전환막은 반감기를 지니고 γ선 또는 β^-선을 발생시키는데 이 전환막을 필름에 접촉시켜 투과사진을 얻는다. 이때 전환막에서 발생하는 방사능의 강도는 투과한 중성자선의 강도에 비례하며 반감기는 비교적 짧다(반감기 In :

54분, Dy : 2.35시간). 0.010인치 두께의 Dy 스크린이 가장 빠른 속도를 가지며 0.003인치 Au스크린의 경우에 가장 좋은 상질을 나타낸다. 필름과 변환자는 변환자의 방사성물질의 반감기의 3~4배 정도 동안 밀착시켜 놓는 것이 효과적이다. 필름은 보통의 공업용 X선 필름이 사용되는데 이는 감광유제가 변환자로부터의 감마선 또는 베타선에 의해 조사되기 때문이다. 경X선에 대해 중간정도의 속도를 갖는 필름이 중성자 투과검사법에도 대체로 만족스럽다

전사법은 핵연료봉과 같이 높은 방사성물질의 경우에 적용할 수 있다. 전환막이 핵연료봉 자체로부터 방출되는 강한 베타선 및 감마선에 의해 영향 받지 않기 때문에 투과영상은 단지 연료봉에 입사된 중성자의 차등감쇠에 의해서만 형성된다.

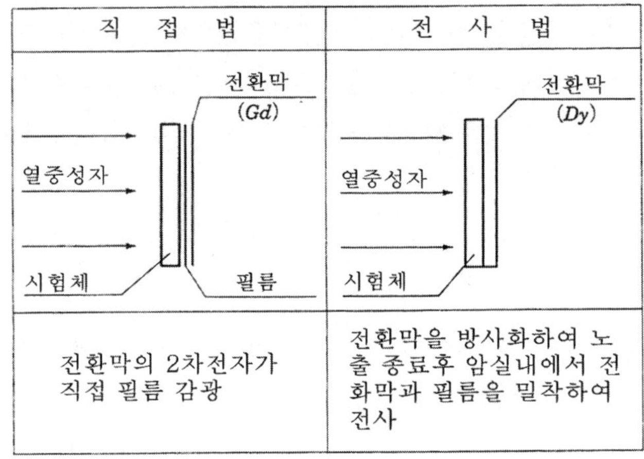

〔그림 8-2〕 직접법과 전사법

표 8-5 전환막의 종류

종 류	핵 반 응
Gd (25μ두께)	^{157}Gd+n → ^{158}Gd+e
Gd_2O_3S(Tb)	^{157}Gd+n → ^{158}Gd+e
LiF-ZnS (Ag)	^{6}Li+n → T+α+4.97 MeV
Li-CeO	^{6}Li+n → T+α+4.97 MeV
Gd_2O_3-ZnS (Ag)	^{157}Gd+n → ^{158}Gd+e
Dy (100μ두께)	^{164}Dy+n → ^{165}Dy+e

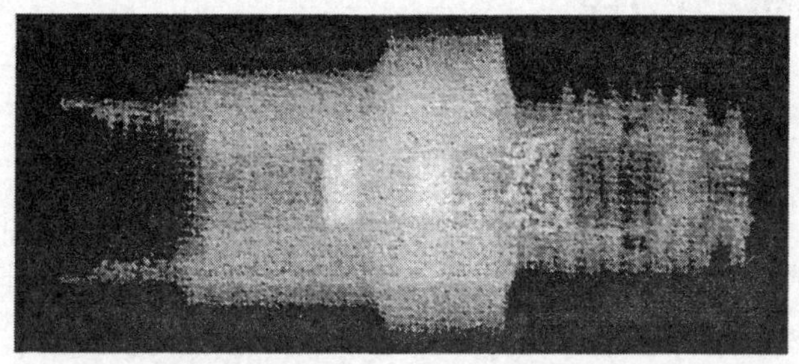

중성자투과사진 전환막 SR, Gd스크린

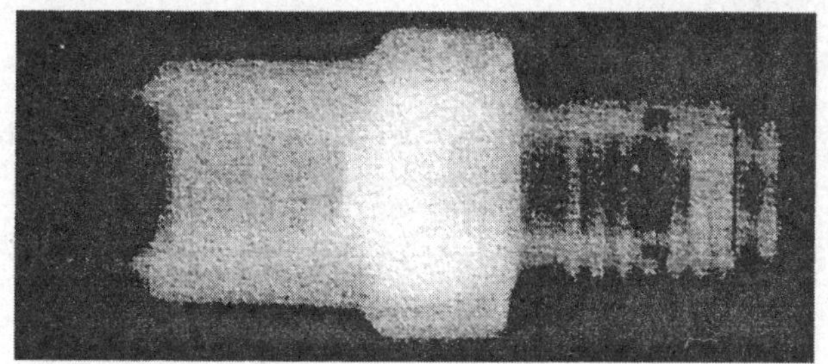

X선투과사진 200kV, 5 mA, FFD600 mm, 후지 IX100, 0.03Pb

〔그림 8-3〕 중성자와 X선 투과사진의 비교(로겟 화공품)

다. 실시간법

실시간법(real-time imaging)은 중성자선과의 충돌로 형광체에서 발생하는 빛을 TV카메라로 관찰하는 방법으로 발생되는 빛의 강도가 낮기 때문에 영상증배관으로 증폭하여 관찰한다.

밀폐된 시험체에서 유체흐름에 대한 관찰 또는 주조시 주형 내에서 금속의 흐름을 관찰할 때 유용하게 적용되고 있다.

제 2 절 형광 검사법

1. 형광 투시검사(螢光透視檢査 : fluoroscopy)

일반 방사선 투과검사는 필름에 영상을 형성시키는데 반해, 형광투시검사(螢光透視檢査 : fluoroscopy)는 형광 스크린 상에 영상을 형성시켜 관찰하는 방법으로 그림 8-4와 같다. 그리고 검사효율을 증가시키기 위하여 형광판에 영상 증배관(Image Intensifier)을 사용하여 영상을 증폭시켜 관찰하기도 한다.

형광투시법은 X-선이 쉽게 투과될 수 있는 경금속 또는 두께가 얇은 시험체에 주로 적용되며 현상과정 등이 필요하지 않기 때문에 검사 속도는 빠르나, 선명도가 떨어진다. 그러므로 높은 상질을 요구하는 검사에는 적용하지 않는다. 형광투시법의 장단점을 나열하면 다음과 같다.

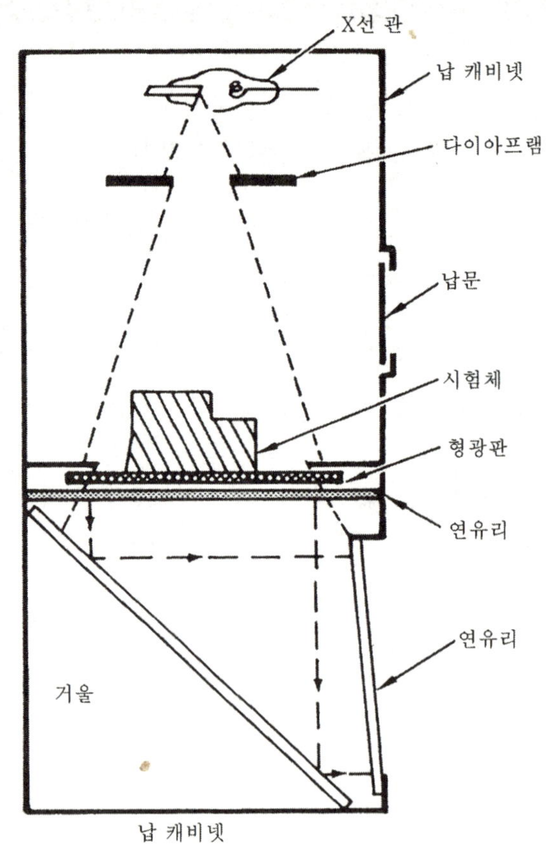

〔그림 8-4〕 형광투시법

가. 장 점

① 검사 속도가 빠르다.
현상과정이 필요 없으므로 즉시 판정이 가능하다.

② 검사 비용이 저렴하다.
검사장치의 설치비용은 일반 방사선 투과검사 장비에 비하여 고가이나 소모 자재 등이 거의 필요 없기 때문에 검사비용이 저렴하다.

나. 단 점

① 원자번호가 큰 재질로 되어있거나 두꺼운 시험체는 적용이 곤란하다.
투과된 X선량이 너무 작아 형광 스크린에서 형성되는 시험체 영상의 밝기가 충분하지 못하다.

② 감도가 낮다.
스크린에 나타나는 영상이 방사선투과 필름에서 보다 콘트라스트가 낮고, 형광스크린의 입상성이 조대하다. 그러므로 형광스크린 밝기를 유지하기 위해서는 상대적으로 X선원과 스크린 사이의 거리를 짧게 해야 하므로 불선명도가 커지며 상이 찌그러져 나타나기 쉽다.

③ 검사원에 대한 방사선 피폭이 많아진다.
TV를 이용하여 관찰하는 경우에는 방사선 피폭을 줄일 수 있으나, 형광 스크린을 직접 관찰하여 판정하는 경우에는 방사선 피폭이 많아진다.

④ 검사원을 자주 교체해야 한다.
형광 스크린에 나타나는 영상의 감도가 낮고, 이에 따른 눈의 피로, 집중력 감소로 인한 판정의 부정확해짐을 방지하기 위해 검사원을 자주 교체하는 것이 바람직하다.

⑤ 검사결과에 대한 영구적인 기록이 없다.

2. 영상 증배관(image amplifier)

그림 8-5와 같은 영상 증배관(映像增配管)을 형광 투시에 이용하면 효율이 증가하게 된다. 시험편을 투과한 방사선이 형광판(1차 형광 스크린)에 부딪치면 형광(광자)을 발한다. 이 형광이 광전층에 충돌하면 전자를 발생한다. 이 전자는 정전렌즈에 의하여 축소되고, 관찰 시스템의 형광층(2차 형광 스크린)에 도달하여 가시선으로 바뀌어 눈으로 영상을 관찰할 수 있다.

2차 형광 스크린은 1차 형광 스크린에 비해 수백배 밝기를 가진다. 이는 1차에 비해 크기가 적고 증배관의 가속 전압으로 에너지가 증가되었기 때문이다.

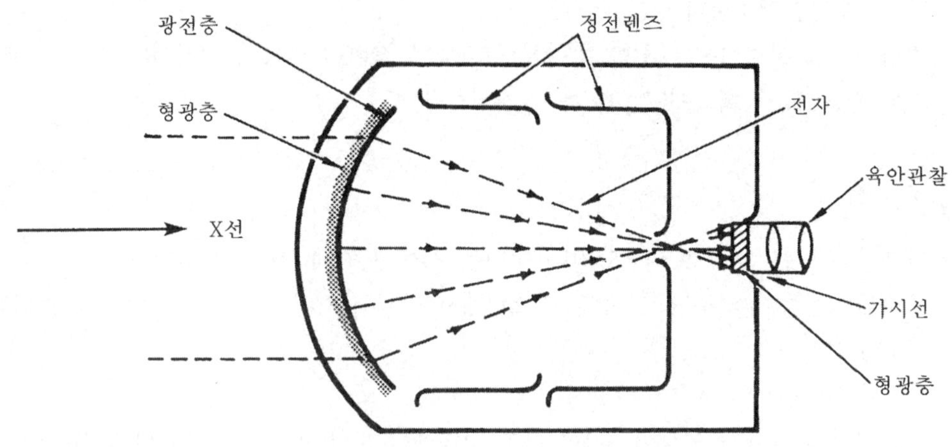

〔그림 8-5〕 영상 증배관의 구조

3. 간접 촬영(photofluorography)

그림 8-6은 간접 촬영 시스템의 구성도로서 시험체를 투과한 방사선이 형광판에 부딪쳐 발광한 형광은 암(暗) 박스에서 축소되어 카메라 렌즈를 통해 카메라 필름을 감광시킨다. 감광시킨 카메라내의 필름은 현상 처리하여 투과영상을 얻게 된다. 이와 같은 촬영법을 간접 촬영(間接撮影)이라 한다.

간접초라영은 의료분야에서 많은 인원을 짧은 시간에 검사하기 위한 집단 촬영에 많이 이용한다. 간접촬영은 필름이 카메라 필름 크기로 작기 때문에 확대경을 통해 보통 관찰한다. 그리고 형광투시법보다 상질이 우수하나 통상의 필름을 이용한 방사선투과검사보다 상질이 떨어진다.

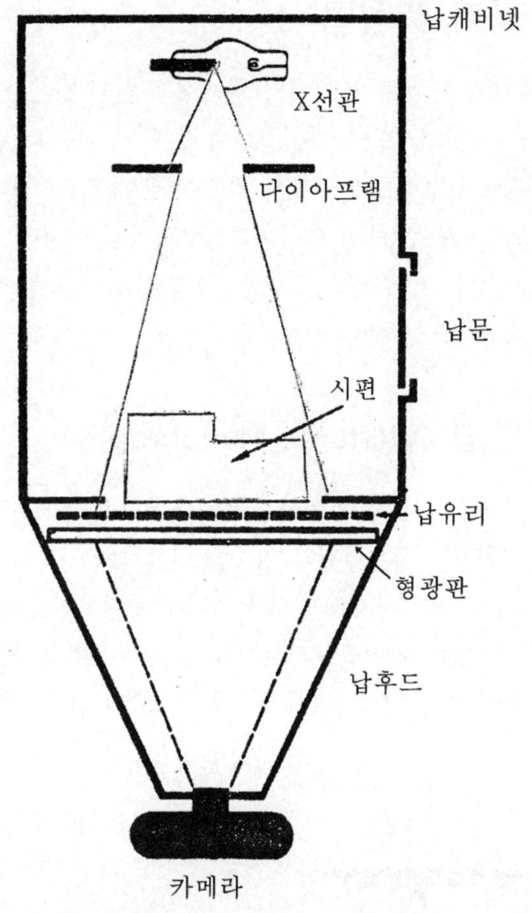

〔그림 8-6〕 간접 촬영법

제 3 절 결함 깊이 측정법

방사선투과검사에서 결함 깊이를 측정하기 위해서는 입체 방사선 투과시험법과 파라렉스 법이 있다. 시험체라는 입체적인 3차원 정보에 있는 결함을 2차원에서 결함 위치를 알려면, 서로 다른 방향에서 촬영한 2개 이상의 필름 영상이 필요하게 된다. 입체 방사선 투과검사(stereo radiography)는 두 개의 영상이 눈에 비쳐짐에 따라 결함의 위치를 입체적으로 확인할 수 있는 방법이다. 그러나 실제로 결함의 위치 확인에는 주로 파라렉스 법(parallax method)이 이용되고 있다.

1. 입체 방사선투과 검사법(stereo radiography)

시험체의 영상이 나타난 두 장의 방사선 투과사진과 거울 또는 프리즘을 그림 8-7에서와 같이 배열하여 판독자가 투과사진의 영상을 입체적으로 느끼게 한 것이다. 두 장의 방사선 투과사진은 각각 다른 위치에 있으나 각각의 투과사진은 판독자의 눈으로부터 동일거리에 놓고, 오른쪽 눈은 오른쪽 투과사진의 영상만, 왼쪽 눈은 왼쪽 투과사진만을 관찰할 수 있도록 배열한 후 두 장을 동시에 관찰함으로써 입체감을 느낄 수 있도록 하는 방법이다.

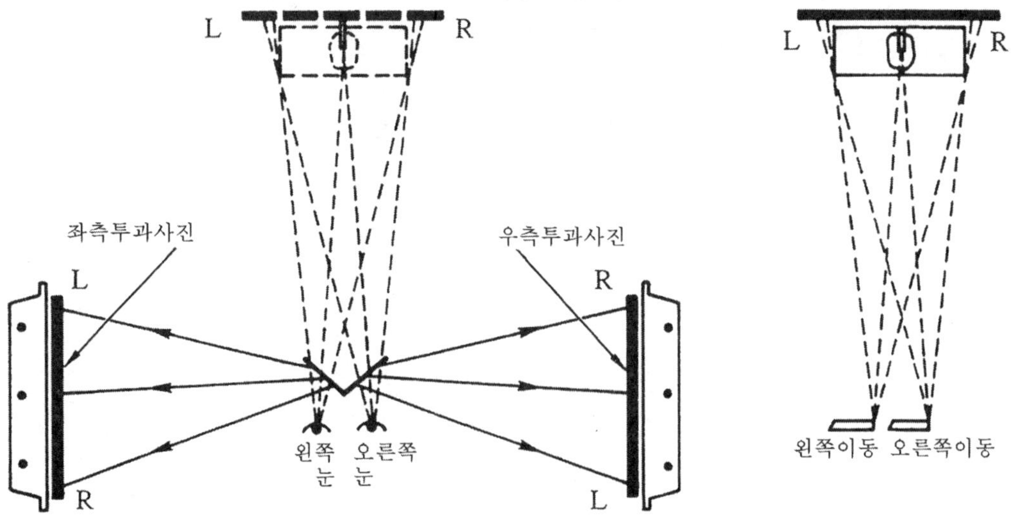

〔그림 8-7〕 입체 방사선투과검사법

2. 파라렉스 법(parallax method)

파라렉스 법은 그림 8-8에서와 같이 X선 초점을 F_1에서 F_2로 이동하여 2회 노출한다. 2회 노출로 이동한 결함상의 위치를 기하학적으로 계산하여 결함 깊이를 아는 방법이다.

X선을 시험체에 조사 하였을 때에 필름 면과 인접한 결함 부분은 필름 영상에서 위치가 거의 변하지 않는 반면 선원 쪽에 위치한 결함은 이동 거리가 크게 된다. 이때의 이동 거리는 시험체와 초점간의 거리에 비례한다.

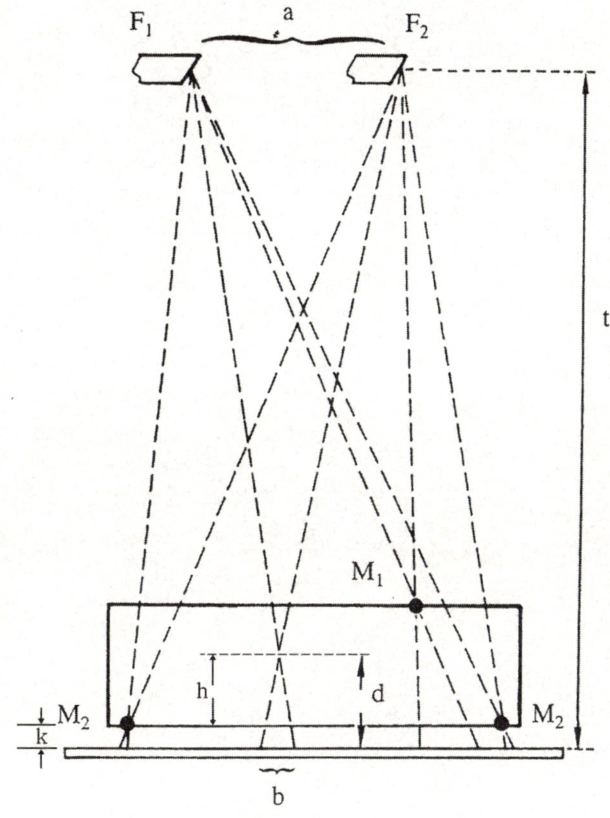

〔그림 8-8〕 파라렉스 기법

그림 8-8에서 $\dfrac{a}{t-d} = \dfrac{b}{d} = \dfrac{a+b}{t}$ 임으로

$$d = \frac{b\,t}{a + b}$$

$$h = d - k$$

$$= \frac{b\,t}{a + b} - k$$

가 된다. d는 필름면에서 결함까지의 거리, h는 필름 쪽 시험편 표면에서 결함 까지의 거리, a는 선원 이동거리, b는 결함 이동거리이다.

제 4 절 전자 방사선 투과검사법(electron radiography)

전자 방사선 투과검사법(electron radiography)에는 투과법과 전자방출법 등이 있는데 주로 두께가 얇고 방사선 흡수가 매우 적은 재질로 구성된 시험체의 검사에 적용된다.

1. 투과법

전자투과법(電子透過法 : electron transmission technique)은 방사선이 시험체를 투과한 후 필름에 영상을 형성시키는 방법으로, 일차 방사선보다 증감지를 투과할 때 발생되는 2차 전자에 의해 영상이 형성된다.

대부분의 물질은 X선 등의 전자파 방사선이 투과할 때 물질과의 상호작용을 통해 투과력이 매우 낮은 전자를 발생시킨다. 이때 발생된 전자를 이용하여 매우 얇은 시험체를 검사할 수 있다. 그림 8-9는 전자방사선 투과법 중 투과법으로 검사할 때의 원리를 나타내고 있다. 즉, 종이 위의 물 자국, 섬유의 분포, 잉크의 겹침, 우표의 진품 여부 등은 일반 방사선 투과 검사로는 방사선의 투과력에 비해 시험체의 흡수력이 너무 낮아 검사할 수 없게 된다.

이와 같은 경우 그림 8-9에서와 같이 일반적으로 사용하는 X-선(200kV 정도)에 구리(Cu)/알루미늄(Al)으로 된 필터를 놓고 이를 투과하여 여과된 방사선이 연박 스크린을 투과하면 많은 2차 전자가 발생하게 되고 이 발생된 전자는 필름의 감광효과가 높아 얇은 시험체를 투과하여 필름을 감광시키게 된다. 이때 X선관의 관전압은 필터로 조정하여 일차방사선이 필름을 직접 감광시키게 되는 것은 무시할 수 있다.

2. 전자 방출법

전자 방출법(電子放出法 : electron emission technique)은 필터를 투과한 방사선이 필름을 투과한 후 시험체와 충돌하였을 때 발생되는 2차 전자가 필름을 감광시키는 방법이다.

그림 8-9에서 볼 수 있는 바와 같이 투과법과 동일한 방법으로 방사선을 여과하여 정제된 강한 X선이 필름을 투과하여 시험체에 닿으면 시험체에서 발생되는 2차 전자로 인해 필름이 감광되어 시험체의 방사선 투과사진을 얻을 수 있다.

이 방법에서는 시험체와 필름의 접촉이 완벽해야 검사 감도가 높아진다.

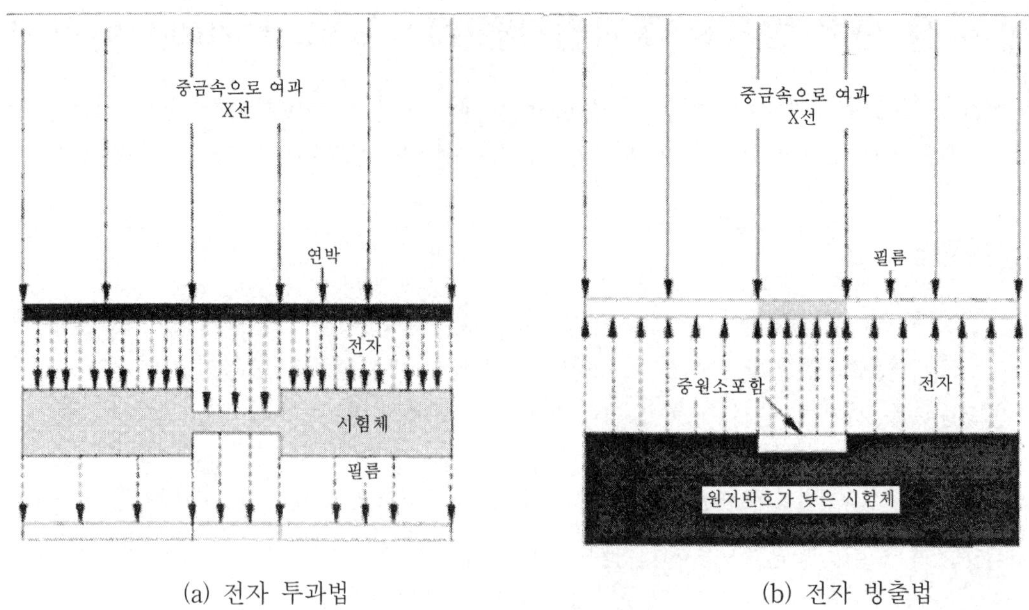

〔그림 8-9〕 전자 방사선 투과법

제 5 절 단층 촬영 (tomography)

단층촬영법(斷層撮影法 : tomography)은 시험체의 단면을 영상화시키는 방법으로 검사하고자 하는 단면 부분만을 명료하게 나타나도록 검사하는 방법이다. 최근에는 컴퓨터와 연결하여 보다 정확한 검사가 가능하도록 개발되어 흔히 CT(Compueed Tomography: 전산화단층촬영) 검사라고 한다.

단층촬영에 사용되는 에너지원으로는 방사선원 이외에도 초음파, 전자, 양성자, 레이저(laser), 마이크로웨이브(microwave)등이 사용될 수 있는데 주로 방사선원을 이용한 단층촬영을 많이 이용하고 있다.

1. 원리

방사선원을 시험체 주위로 회전시켜 투과한 방사선이 감쇠된 것을 방사선원과 동일면상에 필름을 위치시켜 시험체의 단면을 검사하는데 각도를 변경시켜가며 단면 형상을 분석하게 된다. 그림 8-10은 단층촬영법의 원리를 나타내고 있는데, X선관의 이동각이 시험체의 촬영 단층의 두께를 좌우한다. 이동각이 클수록 단층 두께는 얇아져서 선명도가 떨어지며, X선관 초점이 작을 수록 선명도가 좋아진다.

그림 8-11은 시험체 A, B, C, D중 C 단층을 촬영한 예를 나타내고 있다.

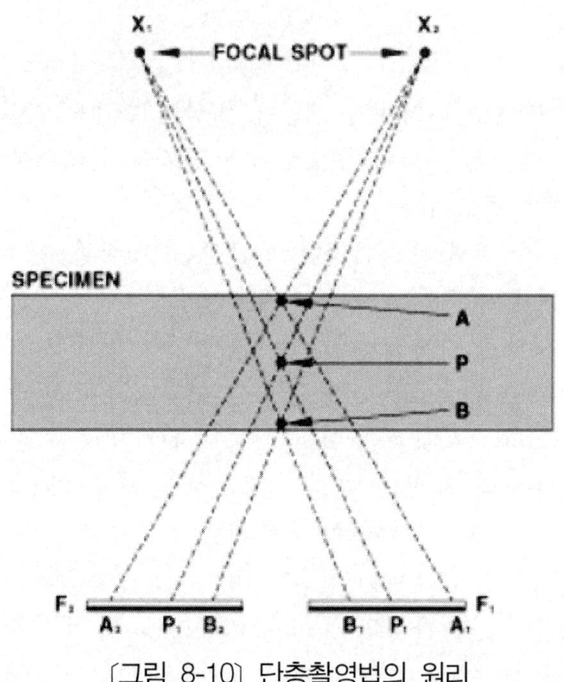

〔그림 8-10〕 단층촬영법의 원리

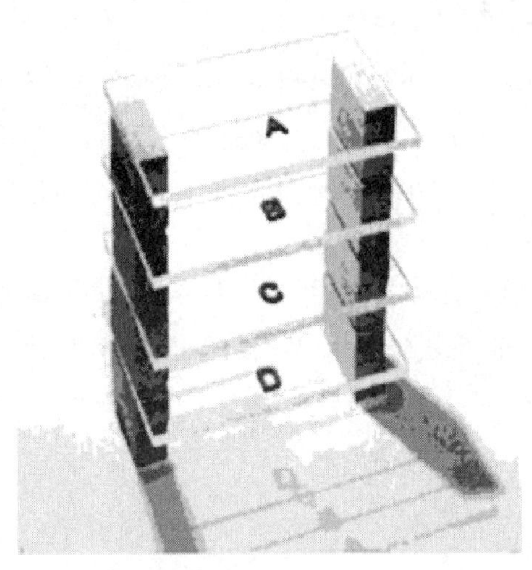

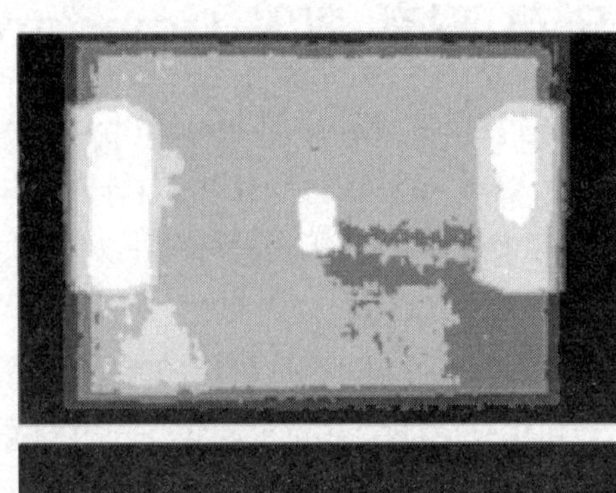

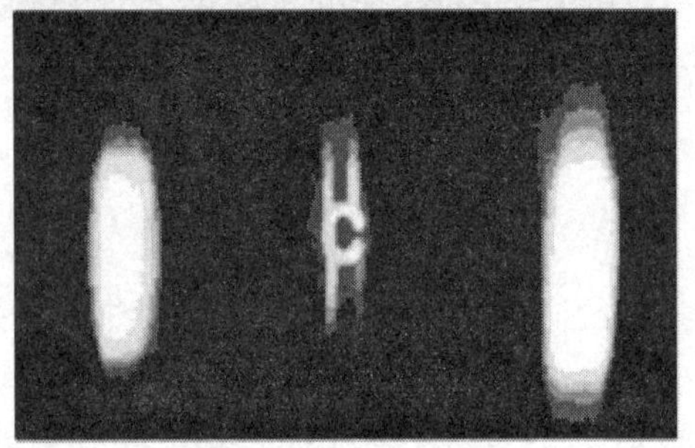

〔그림 8-11〕 C층을 단층촬영한 방사선투과사진

2. 한계

시험체의 얇은 단면을 나타내기 때문에 영상의 현태는 3차원적이며 또한 국부적으로 나타나기 때문에 시험체 주요부위에 결함의 존재여부와 시험체 보수방법을 결정하는데 매우 중요하다.

검사감도를 높이기 위해서는 안정한 방사선원, 정확한 기계작동장치, 고감도의 필름이 있어야 하는데 이중 감도에 가장 큰 영향을 미치는 것은 선원과 필름을 정확한 속도로 이동시키는 기계장치이다.

기계장치가 매우 고가이어서 일반 방사선 투과검사를 수행하는 정도의 목적에 모두 적용할 수는 없으나, 일반 방사선 투과검사에 비하여 공간분해능 및 영상의 명암도가 매우 우수하여 균열과 같은 미세결함은 물론 복잡한 형태의 재질분석, 유체공학 이외에 아주 정밀한 분야의 검사에도 컴퓨터의 발전과 함께 많이 적용되고 있다.

그림 8-12는 컴퓨터 단층촬영(computed tomography, CT) 시스템의 구성도로서 시험체의 평면 X선 이미지로부터 2차원과 3차원 단면 이미지를 얻을 수 있는 비파

괴검사 기법이다. 컴퓨터 단층촬영 시스템은 방사선원과 화상시스템 사이에 시험체를 위치시킨다. 그리고 화상시스템은 컴퓨터와 연결하고 특수 컴퓨터 프로그램을 이용하여 시험체의 단면 형상을 만들어 낸다.

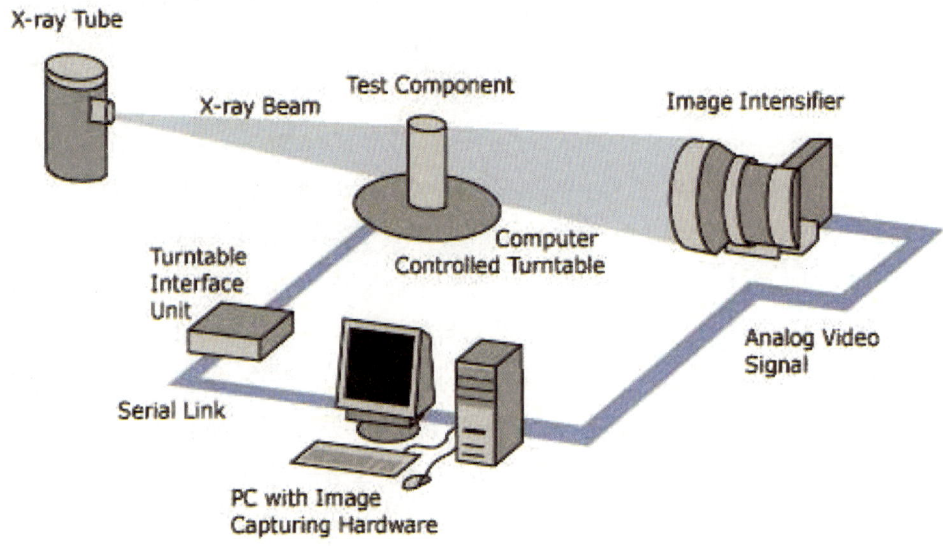

〔그림 8-12〕 컴퓨터 단층 촬영(CT) 시스템

제 6 절 미소초점 방사선투과검사(micro focus radiography)

미세 결함을 조사하기 위해서는 점광원에서 퍼져 나가는 X선이 시료를 통과한 후, 이를 검출하는 과정에서 검출기의 분해능을 높이거나 검출기의 위치를 멀리하여 확대된 상을 얻는 것 이외에는 다른 좋은 방법이 없다. 따라서 분해능을 높이기 위해서는 광원의 크기를 가능한 줄여서 영상의 선명도를 높여야 하기 때문에 초점이 매우 작은 미소초점(微小焦點 : micro focus) X선 장치가 필요하다. 미소초점 X선 장치는 고해상도 구현이 가능하나, 에너지가 상대적으로 작아 투과력이 크지 못하므로 반도체와 같은 소형 재료의 검사에 국한된다.

미소초점 X선관은 쌍음극 상의 전자초점을 아주 작게 하여 휘도가 높은 X선을 발생시키는 X선관이다. 초점크기를 작게 하면 쌍음극의 냉각효과가 증가하고, 단위면적당 관전류를 증대시킬 수 있으므로 10~30배의 휘도를 지닌 X선을 얻을 수 있다. 회절실험에서 흔히 사용되는 보통 X선관의 초점크기는 1×10mm 정도인데, 미소초점 X선관에서는 0.05×0.5mm 이하로 할 수 있다. 초점크기를 작게 하면 쌍 음극의 냉각효과가 증가하고, 단위면적당 관전류를 증대시킬 수 있으므로 10~30배의 휘도를 지닌 X선을 얻을 수 있다. 작은 결정의 회절실험, 소각 산란법, 집중법 X선 카메라, X선 회절투영법 등에 이용된다.

미소초점 방사선투과법은 보통 0.1 mm 이하의 작은 초점을 가진 X선관을 이용하는데 초점의 크기가 0.002 ~ 0.025 mm 일 때 좋은 검사결과를 얻을 수 있다. 2 μm 이하의 분해능을 가진 정밀 위치확인 시스템으로 시험체의 위치를 정확히 조정할 수 있다. 마이크로미터 수준의 이동 분해능으로 상의 확대 비율을 정확하게 계산할 수 있다.

상증배관과 CCD카메라를 이용하여 실시간 방사선 촬영을 할 수 있으며 필름 방사선투과검사에 필요한 정렬을 할 수 있다. 별도의 TV카메라를 설치하면 조사실을 관찰할 수 있다. 필름을 사용할 때는 상증배관 앞에 필름을 놓는다.

그림 8-14는 미소초점 X선관의 구조이며, 그림 8-13은 텅스텐 미소초점 X선 투과검사 시스템으로 금속-세라믹 튜브를 사용하였으며, 집점 크기 직경은 20 μm인 제품을 나타낸 것이다.

미소 초점 방사선투과검사법은 실시간 검사법(real time radiography)과 필름검사법을 동시에 이용하면 얇은 반도체 소자로부터 10 mm 두께에 이르는 강 구조물까지 미세한 검사를 할 수 있다. 미소초점 방사선투과검사법에서 확대(zooming) 기술은 매우 중요하다.

그림 8-15은 전자제품에 대하여 미소초점 방사선투과검사 결과로서 확대한 것과 하지 않은 경우를 비교한 것이다.

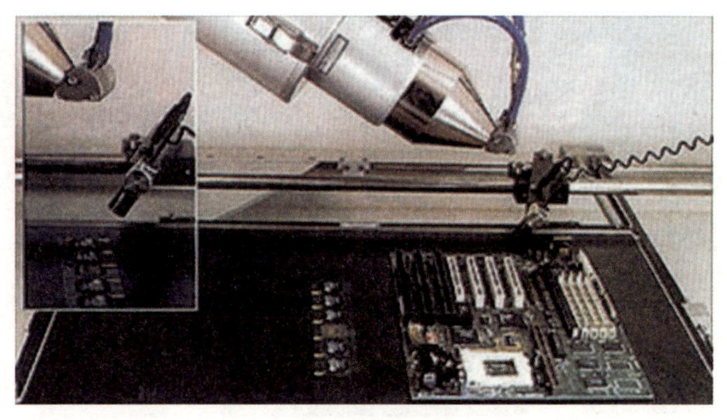

〔그림 8-13〕 미소초점 X선 투과검사 시스템

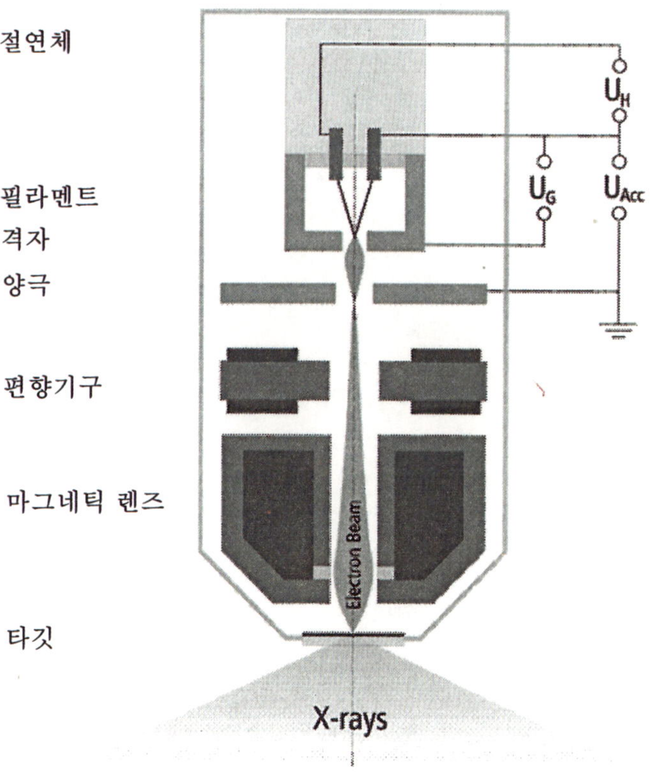

〔그림 8-14〕 미소 초점 X선관 구조

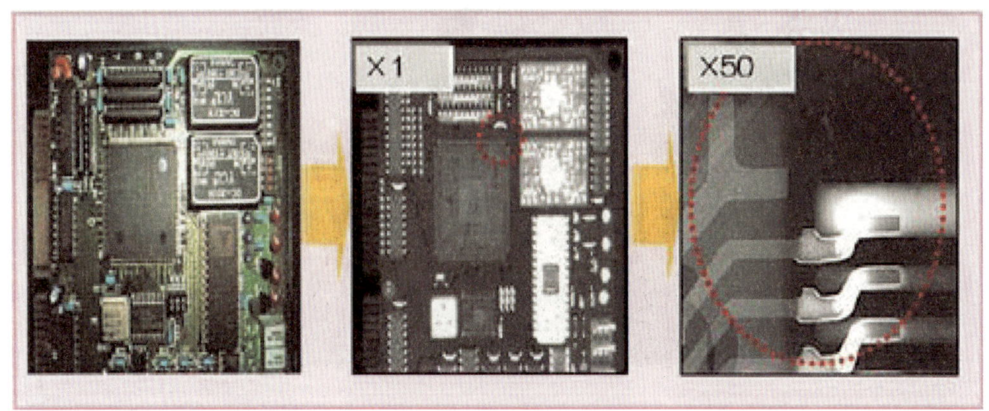

〔그림 8-15〕 미소 초점 방사선투과검사 확대 비교

제 7 절 기타의 방사선투과검사

1. 이동 방사선 투과검사법(in-motion radiography)

일반적인 방사선 투과검사가 선원, 시험체, 필름을 고정시킨 상태에서 촬영하는 방법임에 반해서, 이동 방사선 투과검사법(in-motion radiography)은 노출시간 동안 방사선원, 시험체 또는 필름중 일부 또는 전체가 움직이면서 촬영하는 것을 말하며 특수한 목적에 많이 사용되고 있다. (그림7-17)

운전중 촬영방법에는 여러 가지 예가 있는데 그중 대표적인 예가 시험체의 이음 용접부가 긴 경우에 선원 또는 시험체를 이동시키면서 검사하는 방법이다. 즉 용접부 전체를 검사하기 위해서는 여러 구간으로 나누어 검사해야 한다. 이 때에 용접부 전체에 필름을 동시에 부착시켜 놓고, 방사선원을 용접부 길이 방향으로 등속도 이동시키면 방사선이 시험체 각 부분에 조사된 시간 동안만 방사선에 노출되게 된다. (그림7-18)

이 방법은 방사선원이 이동하기 때문에 기하학적 불선명도가 커져 선원-필름간 거리가 먼 경우에만 사용할 수 있으며 가능한 방사선 빔의 폭을 줄일 수 있도록 조리개 등을 사용해야 한다. 노출시간은 방사선원에 대한 노출도표를 구할 수 있으나 선원이 이동해야 하므로 방사선원 빔의 폭과 선원의 이동속도에 따라 결정되기 때문에 구해진 노출시간을 이용하여 적절한 선원의 이동속도를 결정해야 한다.

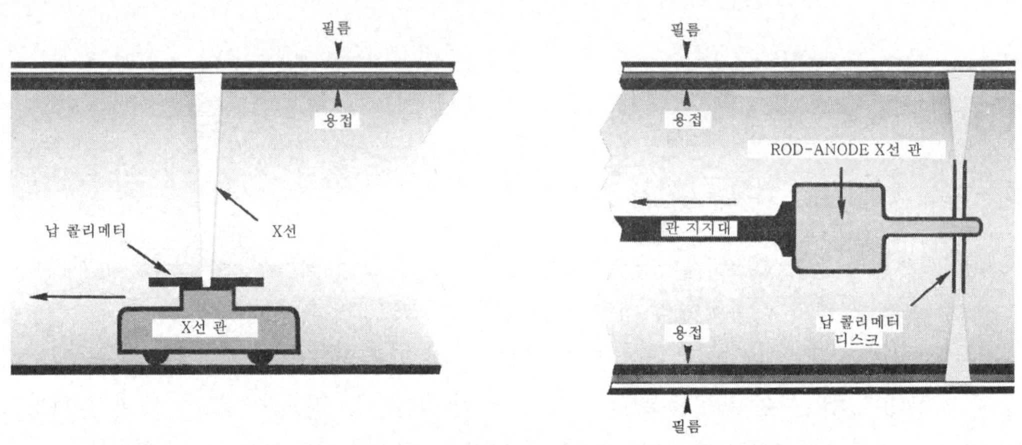

〔그림 8-17〕 긴 용접선에 대한 X선 이동촬영

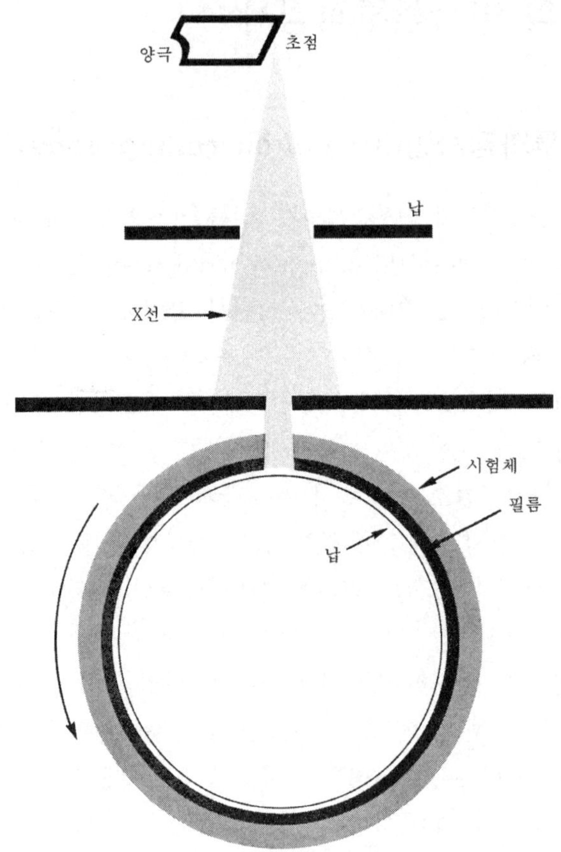

〔그림 8-18〕 이동하는 시험체의 X선 촬영

이를 식으로 나타내면

$$V = \frac{W}{T}$$

가 된다. 여기서 W는 빔의 폭, T는 노출시간, 그리고 V는 선원의 이동속도를 나타낸다.

노출시간은 선원의 이동속도로 바꾸어 나타낼 수 있고, 필름 흑화도(농도)를 높이기 위해서는 선원의 이동속도를 낮추어야 한다. 필름 흑화도에 영향을 주는 요인으로는 시험체 재질, 시험체 두께, 선원의 이동속도, 증감지, 선원-필름간 거리 등이 있다. 또한 불선명도는 선원이 이동하기 때문에 다소 다르게 나타나게 되는데 이를 식으로 나타내면

$$Um = \frac{t \cdot w}{d}$$

가 된다. 여기서 Um은 이동불선명도, d는 선원-시험체간 거리, t는 시험체두께 그리고 w는 시험체의 선원측에서 측정한 방사선 빔의 폭이다.

운전중 촬영방법의 장점으로는

첫째, 시험체의 길이에 관계없이 검사가 가능하고

둘째, 조리개의 사용으로 방사선 위험이 적으며

셋째, 시험체의 영상이 한 장의 연속적인 투과사진에 기록될 수 있다.

2. 건식 방사선 투과검사(xeroradiography)

건식 방사선 투과검사(xeroradiography)는 필름 대신 종이에 영상을 형성하는 검사방법이다. 셀렌(selenium) 등의 반도체 뒤에 금속판을 대고 균일한 전하를 준 후 시험체를 투과한 방사선에 노출되면 방사선의 강도에 따라 반도체의 저항이 작아지고, 전하가 이동하여 방전하게 된다. 여기에 반대 전하를 도포하면 육안으로 확인할 수 있는 영상이 형성되고, 여기에 적절한 수지를 도포함으로써 영상을 형성시킨다. (그림 8-17)

형성되는 영상은 일반 방사선 투과사진의 경우는 음화(negative)로 나타는데 반하여, 건식 방사선 투과사진은 양화(positive)로 나타나며, 시험체 콘트라스트가 낮고 결함 및 두께가 다른 경계면이 강조되어 나타난다.

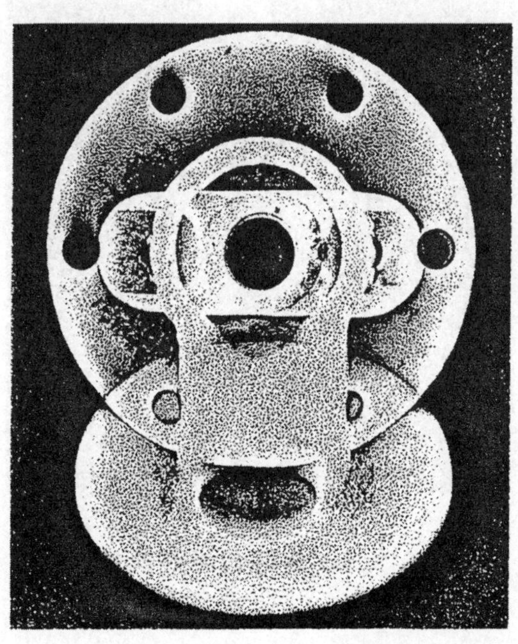

〔그림 8-17〕 건식방사선투과사진

3. 고속방사선 투과검사법(high speed radiography)

고속 방사선 투과검사(高速放射線透過檢査 : high-speed radiography)는 X-선 발생장치와 카메라 그리고 비디오(video)를 결합하여 시험체를 검사하는 방법이다.(그림 8-18)

시험체를 투과한 방사선의 강도를 영상 변환기를 통해 빛으로 바꾸고, 이 빛이 광전면에 닿으면 전자로 바뀐다. 여기서 생성된 전자를 가속시키고, 이를 고속 비디오 카메라로 촬영하여 화면을 재생하며 관찰한다. 고속 비디오는 초당 2000화면(full frame) 정도를 녹화할 수 있으며, 초당 60화면 정도의 화면 재생이 가능하다.

응용범위는 대단히 넓으나 공업용 방사선 투과검사에는 별로 적용되지 않는다. 적용은 작은 구형의 파괴구조, 시계 또는 압축기의 기계적인 작동 등 매우 국부적이고 미세한 부분의 검사에 적용된다.

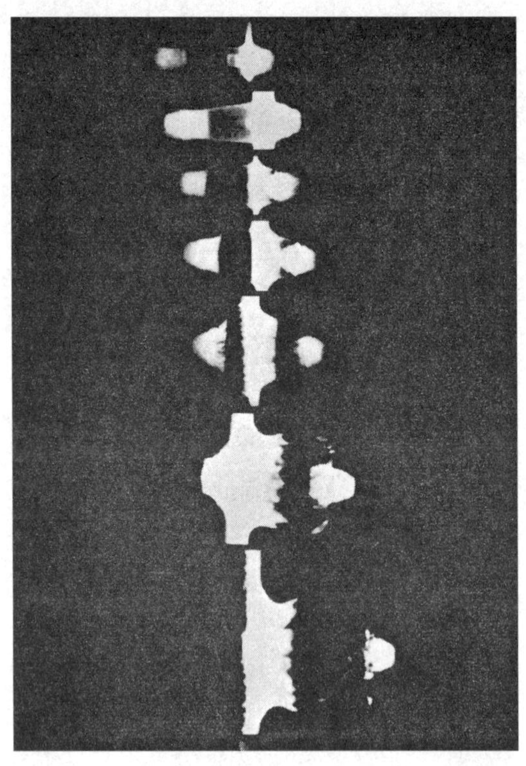

〔그림 8-18〕 20mm HEI shell의 고속촬영

4. 자동 방사선 투과검사법(autoradiography)

자동방사선투과검사(自動放射線透過檢査 : autoradiography : 오토라디오그라피)란 방사능 분포상태를 사진유제의 흑화도를 통하여 아는 방법을 말한다.

방사능 분포를 사진 흑화도에서 육안으로 관찰하는 방법을 거시 자동방사선투과검사(macro autoradiography)이며, 흑화도를 현미경 등으로 미세한 방사능 분포를 아는 것을 미시 자동방사선투과검사(micro autoradiography)라 한다. 그리고 하전입자의 비적(飛跡 : 날아간 자취)을 사진 유제의 흑화도를 통하여 방사성동위원소의 거동이나 위치를 아는 것을 비적 방사선투과검사(track autoradiography)라 한다

검사방법은 시험체 표면에 필름을 붙여놓고 일정시간 노출시킨 후 현상하여 필름상을 관찰하며, 투과사진의 선명도를 높이기 위해서는 시험체와 필름을 가능한 밀착시켜야 한다. 핵연료봉의 누출검사, 동식물의 생리 작용 상태 등에 이용한다.

5. 순간 방사선투과검사법(flash radiography)

순간 방사선 투과검사(flash radiography)는 강도가 매우 높은 X-선을 0.1~1μsec정도 노출시켜서 마치 플래시(flash)를 터트리는 정도의 노출시간으로 방사선투과검사하는 방법이다.

특별한 X선관을 사용하여 음극에 수천 암페어(Amp)를 걸어 강도(intensity)를 극대화하고 관전압은 일반적으로 50~2000KV를 사용한다.

일반적으로 순간 방사선 투과검사에서는 텅스텐(tungsten)증감지를 사용하고 경우에 따라서는 연박 증감지를 사용하기도 한다.

일반적으로 군용 유도탄 또는 폭발물질 연구에 많이 사용되며 이 검사방법의 장점은 연기 또는 섬광에 관계없이 투과사진 영상을 얻을 수 있다.

【 익 힘 문 제 】

1. 전자파 방사선(X선, γ선)과 중성자선이 물질을 투과하는 기전을 비교 설명하시오

2. 중성자투과검사에서 직접법과 간접법을 비교 설명하시오

3. Stereo radiography와 Parallex법의 차이점을 설명하시오

4. 형광투시법(fluoroscopy)의 장단점을 쓰시오

5. 영상증배관(image amplifier)의 구조와 기능을 설명하시오

6. 단층촬영(tomography)의 원리와 장점을 기술하시오

7. 자동방사선투과검사(autoradiography)의 종류를 나열하고 설명하시오

8. 미소초점 방사선투과검사(micro focus radiography)를 설명하시오

9. 두께가 40mm인 어떤 알미늄 시험체를 초점-필름간거리 60cm에서 초점을 30cm이동하여 두번 X선 촬영한 결과, 필름에 나타난 결함음영이 2cm이동하였다면 시험체 표면에서 몇mm 깊이에 있는 결함인지 계산하시오(단, 필름과 시험체 밑면과의 거리는 1cm임)

10. 다음 용어을 설명하시오

(1) CCD camera
(2) Conversion screen(전환막)
(3) Mortion unsharpness(Um)
(4) Photofluorography(간접촬영)
(5) Flash Radiography(순간촬영)

제 9 장 방사선 안전관리

제 1 절 방사선 장해

1. 방사선 피폭

방사선이 인체에 피폭되면 인체의 조직을 파괴하여 장해를 일으킨다. 특히 인체 내에는 수분이 많으므로 수분이 파괴되면 화상과 같은 현상이 나타나는데, 따라서 방사선 장해로 나타나는 가장 기본적인 현상은 방사선 화상이며, 피폭의 정도에 따라서 장기의 기능이 저하되며 아주 많은 양의 방사선 피폭을 받으면 사망할 수도 있다.

방사선 피폭원은 자연방사선과 직업상 피폭, 의료상 피폭 그리고 사고 피폭으로 나눌 수 있다.

자연방사선(自然放射線 : natural radiation)은 외계에서 오는 우주선, 지각 또는 공기 중에 존재하는 천연 방사성 동위원소로부터 나오는 방사선, 우주선에 의하여 지구상의 원소가 분열되어 생성된 방사성 동위원소로부터의 방출되는 방사선 등이 있다. 이는 지구상의 지역에 따라 큰 차이가 있으나 세계 평균은 연간 2.4mSv(UNSCEAR=UN방사선영향과학위원회, 2000년도 보고)정도로 평가하고 있다. 이중 우주선에 의한 외부피폭이 0.39 mSv, 지각의 방사성 핵종 0.48 mSv, 라돈 등의 흡입에 의한 피폭 1.26 mSv, 음식물 섭취에 의한 피폭 0.29 mSv이다. 가장 큰 피폭요인은 ^{238}U 및 ^{232}Th의 방사성 붕괴계열 핵종으로 전체의 70%정도를 차지하고 있다. 자연방사선은 그 피폭을 방어하기 어렵기 때문에 일반적으로 방사선 방어의 대상으로 보지 않는다.

직업상 피폭은 방사선 종사자가 방사선작업으로 어쩔 수 없이 받는 피폭을 말한다. 예를 들어 방사선투과 검사시 검사원이 받는 방사선 피폭은 직업상의 피폭이 되며, 이는 방사선 방어의 대상으로 조직적인 관리를 하여야 한다.

의료상 피폭은 진단이나 치료 등 의료상의 목적으로 받는 방사선피폭을 말한다. 이는 피폭으로 인한 모든 이익이 환자에게 돌아오기 때문에 의료상 피폭은 일반적인 피폭과는 분리하여 방사선 방어의 대상으로 보지 않는다.

사고피폭은 긴급작업이나 사고의 진압 등 방사선 피해의 확대를 방지하기위해 불가피한 작업에 참여한 사람이 받는 피폭이다. 긴급 작업시 유효선량은 0.5 Sv, 피부의 등가선량은 5 Sv까지 허용한다.

2. 방사선 영향의 분류

방사선이 인체에 미치는 영향은 여러 가지로 분류할 수 있으나, 여기서는 장해효과의 발생시기, 장해가 발생하는 개체, 장해의 발현 메카니즘에 따라 구분하여 설명한다.

가. 신체적 영향과 유전적 영향

사람의 신체를 구성하는 세포는 생식세포와 체세포로 구분한다. 생식세포는 정자 와 정소 및 난자와 난소에 있다. 이외의 세포는 모두 체세포로 신체의 각 장기 조직을 구성한다. 방사선에 의한 생식 세포의 손상 또는 염색체의 변화가 원인이 되어 생기는 것이 유전적 영향(遺傳的影響 : genetic effect)이고, 체세포에서 일어난 손상 변화를 신체적 영향(身體的影響 : somatic effect)이라 한다.

다시 말하면 방사선 피폭을 받은 개체에서 직접 방사선 장해 효과가 발생하는 것을 신체적 영향이라 하고, 피폭 받은 자손에 방사선 장해 효과가 나타나는 것을 유전적 영향라고 한다.

나. 급성 영향과 만성 영향

방사선 영향의 발생 시기를 기준으로 하여 방사선 피폭 후 수주일 이내에 방사선 장해효과가 나타나는 것을 급성 영향(急性影響 : acute effect)이라 하고, 피폭 후 수개월 또는 수 십년 후에 나타나는 방사선 장해 효과를 만성 영향(晩性影響 : chronic effect)이라 한다. 방사선 영향이 나타날 때까지의 시간을 잠복기라 한다.

(1) 급성영향

급성영향은 주로 단시간에 많은 방사선량을 피폭 받았을 때 나타나는 증상으로서 피폭자 개인에 따라 상당한 장해 정도의 차이가 있을 수 있다. 급성영향은 대략 3단계로 진행되는데 오심과 구토가 나는 전초기, 별다른 증상이 나타나지 않는 잠복기, 그리고 증상이 현저하게 나타나는 발병기로 나눠진다.

일반적으로 전초기는 방사선 피폭 후 수일 이내에 나타나며 수일 내지 수주일의 잠복기를 거쳐 발병하게 된다.

체세포를 방사선에 대해 민감한 순서대로 나타나면 백혈구, 적혈구, 위장 내면세포, 재생기관 세포, 표피세포, 혈관세포, 피부, 뼈, 근육, 신경세포 등의 순으로서, 방사선에 의한 영향이 가장 민감하게 나타나는 것은 혈액세포의 변화이므로 방사선 작업종사자는 정기적으로 혈액검사를 실시하여야 한다.

사람이 짧은 시간내에 전신에 피폭되었을 때 0.25 Sv이하에서는 거의 증상이 없으나 0.5 Sv이상이 되면 림프구의 일시적 감소가 일어난다. 치사선량을 LD(Lethal Dose)라 하는데, 피폭 후 1개월간에 50%의 사망률이 되는 LD_{50}은 4 Sv정도로 알려져 있고, 1개월 이내에 100%가 사망하는 LD_{100}은 7 Sv정도로 알려져 있다. 표 9-1은 X선이나 γ선을 일시에 전신을 피폭하였을 때에 나타나는 일반적인 증상을 나타내고 있다.

(2) 만성 영향

만성장해의 증세는 피폭 후 장시간 경과한 후 나타난다. 일반적으로 만성 영향은 방사선 피폭을 받지 않고 다른 원인에 의해서도 발생 될 수 있는 증세이기 때문에 방사선 피폭과의 구별이 뚜렷하지 않다. 만성영향이라고 간주하는 증세에는 백혈병, 악성종양, 재생 불량성 빈혈, 백내장, 수명단축 및 유전적 영향 등이 있다.

방사선 피폭에 따른 발암의 잠복기간은 피폭된 기간, 조직의 종류, 피폭 당시의 연령, 피폭 선량 등에 따라 차이가 있으나, 대체로 10~30년 정도로 추정하고 있다. 방사선 피폭에 의한 암의 발생확률은 기관, 조직, 연령에 등에 따라 차이가 있으나, ICRP에서는 10 mSv를 전신에 피폭되었을 때에 치사성 암의 발생 확률을 1만분의 1로 추정하고 있다.

표 9-1 피폭선량에 따른 급성 영향

피폭선량	급성영향의 증상
0.25 Sv(25rem) 이하	임상적 증상이 거의 없음
0.25~1.5Sv(25~150rem)	대체로 증상 없음
	미세한 혈액변화 가벼운 현기증, 구토, 피로
1.5~4.0Sv(150~400rem)	급성장해증상이 나타남
	구토, 오심, 피로
4.0~6.0Sv(400~600rem)	반치사선량(LD_{50})
	심각한 증상, 소화기관 장해 징후
6.0~10.0Sv(600~1000rem)	급성장해증상이 심하게 나타남
	생명에 지장이 있음
수십 Sv(수천 rem)	대부분 사망

다. 결정론적 영향과 확률적 영향

(1) 결정론적 영향

방사선 영향을 ICRP Pub. 26(1977년)에서는 비확률적영향(非確率的影響 : non-stochastic effect)과 확률적영향(確率的影響 : stochastic effect으로 구분하였으나, ICRP Pub. 60(1990)에서는 비확률적 영향을 결정론적 영향으로 개정하였다.

결정론적 영향(決定論的 影響 : deterministic effect)은 장해의 심각성이 피폭선량에 따라 달라지며 발단선량(發端線量 : threshold dose)이 존재하는 경우를 말한다. 예를 들어 수정체의 혼탁, 불임과 같은 영향은 인체에 따라 차이가 있기는 하지만 피폭선량이 일정수준을 초과하는 경우에만 발생한다. 발단선량이하로 피폭선량을 제한한다면 결정론적 영향은 예방할 수 있다. 발단선량을 초과하는 피폭에서 나타나는 급성영향으로는 피부 홍반, 탈모, 백혈구 감소 등과 만는 피폭으로 백내장이 있다. 장해의 정도는 피폭선량이 증가함에 따라 더욱 심하게 나타나고 발생확률도 커진다.

방사선 방어의 기본 목표에 결정론적 장해를 방지하도록 되어있으며, 표 9-2는 결정론적 영향에 대한 대략적인 발단선량을 나타내고 있다.

표 9-2 결정론적 영향에 대한 발단선량 (1회 급성 조사)

조 직	영 향	발단 선량
생 식 선	남성 영구 불임	3.5 ~ 6.0 Gy
	여성 영구 불임	2.5 ~ 6.0 Gy
수 정 체	수정체 혼탁	0.5 ~ 2.0 Gy
	백내장	5.0 Gy
피 부	제1도 ; 탈모	3.0 Gy
	제2도 : 홍반, 색소 침착	5.0 Gy
	제3도 : 물집 형성	7.0 Gy
	제4도 : 궤양 형성	10 Gy 이상

(2) 확률적 영향

확률적 영향(stochastic effect)은 방사선 피폭으로 인한 장해의 발생확률이 피폭 받은 선량과 함수관계를 가지며 발생된 장해의 심각성은 피폭선량의 양과 무관한 경우를 말한다.

확률적 영향이란 발단선량이 없으나 피폭선량의 증가에 따라 영향의 발생확률은 증가한다.

확률적 영향으로는 암, 백혈병, 유전적 영향 등이 있는데, 이는 비록 적은 양의 방사선피폭으로도 장해가 발생할 수 있으며, 일단 장해가 발생하면 장해의 심각성은 피폭선량의 양과는 무관하게 나타나는 장해를 말한다.

3. 방사선 장해 발생에 영향을 주는 요소

방사선 투과검사시 예상될 수 있는 상황으로만 장해 발생에 영향을 주는 요소를 살펴보면 다음과 같다.

가. 인체에 조사된 방사선의 총량

인체에 대한 흡수선량과 장해 발생과의 상관관계는 복잡하고 불확실한 점이 있으나, 인체의 방사선 장해는 인체가 흡수한 방사선의 총량에 비례하여 발생한다는 것이 가장 지배적이다.

나. 흡수선량의 시간적 분포(흡수 선량률)

방사선 흡수로 손상을 받은 세포일지라도 신진대사 작용으로 회복 또는 재생 능력을 가진다. 그러므로 단시간의 피폭으로 치명적인 선량 준위도 장기간 나누어 피폭되면 중대한 장해를 받지 않을 수 있다.

다. 방사선의 피폭범위

전신이 피폭 받는 경우가 부분적으로 피폭 받는 경우보다 장해발생 확률이 높다. 즉, 위험에 처한 조직의 양이 전신피폭의 경우가 많기 때문이다.

라. 피폭조직의 방사선 감수성

신체조직의 방사선 감수성은 세포나 조직의 종류에 따라 다르다. 일반적으로 세포분열의 빈도가 높은 조직일수록 감수성이 크다. 그러므로 태아 및 유아는 물론 완전히 성숙하지 않은 사람에게서는 방사선 장해가 더 쉽게 일어날 수 있다. 그러므로 방사선종사자의 최저 연령을 만 18세로 제한한다.

마. 선량 분포와 선질

선량분포가 집중될수록 장해 효과는 커진다. 즉, 동일 흡수선량이 특정장기에 균등분포 되었을 때보다 장기 일부에 집중 피폭 될 때에 장해 발생은 커진다.

방사선의 선질에 따라 등가선량이 달라짐으로 방사선 장해의 정도도 달라진다.

바. 각 개인에 따른 생물학적 인체구조 차이

피폭된 방사선의 양이 과도한 경우라도 피폭자의 건강상태 및 생물학적 인체구조차이로 인해 치명적인 영향을 받을 수도 있고 아닐 수도 있다.

이외에도 여러 가지 인자들의 영향을 받게 되며, 위와 같이 방사선량은 작업 종사자의 인체에 영향을 주는 요인이 된다. 방사선 작업종사자에게 방사선 장해는 중요한 문제이므로 방사선 작업종사자에 대해서는 선량한도를 표 9-7과 표 9-8과 같이 설정하고 있다.

4. 방사선 방어에 관련된 단위

가. 선량당량

피폭으로 인한 위험의 객관적인 평가척도는 흡수선량뿐만 아니라 방사선의 종류에 따라서 인체의 장해가 다르다. 이것을 보정한 양이 선량당량(線量當量 : dose equivalent)이다. 선량당량 H[Sv]는

H = D Q N

이다. D은 흡수선량(Gy)이고, Q는 선질 계수(線質係數 : quality factor)이다. N은 분포(수정)인자로서 외부 피폭에서는 1이다. 선질 계수는 선질이 서로 다른 방사선의 상대적 위험도를 나타내는 인자이며, 근사값은 표 9-3과 같다. 선량당량의 단위를 과거에는 rem(렘)을 사용하였으며, 1 Sv는 100 rem이다. 그리고 현재 선질계수는 방사선가중치로 바뀌어 선량당량을 사용하지 않고, 등가선량과 유효선량을 사용하고 있다.

표 9-3 선질계수 근사값

방사선의 종류	선질계수
X-선, γ-선, β-입자선	1
양성자, 중성자	10
α입자	20

나. 등가 선량

등가선량(等價線量 : equivalent dose)은 인체의 피폭선량을 나타낼 때 흡수선량에 당해 방사선 가중치를 곱한 양이다.

등가선량 H_{TR} 은

$$H_T = \sum D_T \cdot W_R$$

와 같이 나타낸다. D_{TR}은 흡수선량이고, W_R은 방사선 가중치이다. 방사선가중치(放射線加重値 : radiation weighting factor)는 방사선 종류에 따른 장해정도의 차이를 보정하는 계수로서 선질 계수(Q)에 비해 중성자를 에너지 별로 더 세분화 하였다. 표 9-4은 ICRP Pub. 60에서 권고한 방사선가중치이며, 등가선량 단위로 시버트(Sievert ; Sv)가 사용된다.

표 9-4 방사선 가중치(ICRP 60 및 국내 원자력법)

방사선 종류 및 에너지 범위	방사선 가중치
광자, 전자 및 뮤온, 전에너지 범위*	1
중성자 < 10 keV	5
10 keV - 100 keV	10
100 keV - 2 MeV	20
2 MeV - 20 MeV	10
> 20 MeV	5
양자, 반조양자 제외, 에너지 > 2 MeV	5
알파입자, 핵분열 파편 및 무거운 원자핵	20

* DNA결합에너지에서 방출되는 오제(auger)전자는 제외

다. 유효선량

유효선량(有效線量 : effective dose)은 인체 내 조직간 선량 분포에 따른 위험 정도를 하나의 양으로 나타내기 위하여, 각 조직의 등가선량에 해당 조직의 조직 가중치를 곱하여 이를 모든 조직에 대해 합산한 양을 말하며,

유효선량 H_E는

$$H_E = \sum_T H_T \cdot W_T$$

$$= \sum_T W_T \cdot \sum_T D_T \cdot W_R$$

로 나타낸다. W_T 는 조직가중치(組織加重値 : tissue weighting factor ; 조직하중인자)로서 전신 조직에 대한 리스크(risk)계수의 총합과 어떤 특정 조직의 리스크 계수의 비이다. ICRP Pub. 60에서 조직 가중치는 표 9-5와 같으며, 각 조직의 조직가중치의 총합은 1이다.

이와 같이 유효선량은 인체에 미치는 방사선영향을 나타내는 것으로 신체의 조직 및 장기에 따라 방사선 영향이 각각 다르므로 등가선량에 조직가중치를 고려하게 된다. 단위는 등가선량과 동일한 Sv(시버트)을 사용한다.

표 9-5 조직가중치(ICRP 60 및 국내 원자력법)

조직 또는 기관	조직가중치(WT)
생식선	0.20
적색골수	0,12
결 장	0.12
폐	0.12
위	0.12
방 광	0.05
유 방	0.05
간 장	0.05
식 도	0.05
갑상선	0.05
피 부	0.01
골표면	0.01
나머지 조직	0.05

라. 집단 선량

다수의 사람이 피폭되는 경우에 그 집단의 개인피폭 방사선량의 총합을 집단선량(集團線量 : collective dose equivalent)이라 한다. 집단선량 S는

$$S = \int_0^{\infty} HP(H)\, dH$$

이다. 집단선량(S)의 단위는 사람-시버트(man-Sv)로 나타내며, P(H)dH은 H와 H+dH사이에 있는 개인의 사람 수이다.

그 하한선량을 de minimize라고 하여 확정된 값은 없으나, 단기적으로는 50 μSv/yr이고 장기적으로는 10 μSv/yr이다.

마. 예탁 선량

예탁선량(預託線量 : committed dose : H_{50})은 체내에 존재하는 방사성핵종으로 인하여 그 사람이 일정기간 받게 되는 내부피폭 방사선량을 말한다. 예탁선량은 예탁 등가선량이나 예탁 유효선량으로 나타낼 수 있으며, 피폭을 고려하는 기간이 사전 지정되어 있지 아니할 경우에 일정기간은 성인에 대해서는 50년, 아동에 대해서는 70년으로 한다.

즉, 방사성동위원소를 체내에 섭취하였을 경우 그것이 물리적 붕괴 또는 신진대사에 의해 배설되어 소멸될 때까지 내부 피폭을 당하게 되는데, 그 후 50년간 어떤 조직이나 장기가 피폭 받게될 총 선량이라 할 수 있다.

바. 유효반감기

방사성동위원소 등을 체내에 섭취하였을 경우, 인체 내에서 방사성핵종이 상실되는 것은 생물학적 과정에 의한 배설과 동위원소 자체 붕괴로 인한 방사능이 감소되는 결과이다. 체내의 방사능의 양이 반으로 줄어들 때까지 소요되는 시간을 유효반감기(有效半減期 : effective half life, T_{eff})라 하며, 이를 식으로 나타내면 다음과 같다.

$$\frac{1}{T_{eff}} = \frac{1}{T_p} + \frac{1}{T_b}$$

여기서, T_{eff} : 유효반감기, T_p : 물리적 반감기(동위원소 반감기) 및 T_b : 생물학적 반감기이다.

생물학적 반감기(生物學的半減期 : biological half life)와 유효반감기는 핵종에 따라 일정한 상수로 나타나는 것이 아니고 개인에 따라서도 달라지며, 동일한 사람일지라도 때에 따라 또는 신체의 상태에 따라 달라진다.

제 2 절 방사선 방어

1. 방사선 방어 관련 기관

1928년에 설립된 방사선방어에 대하여 권고하고 자문하는 국제단체로서 국제 방사선 방어위원회(International Commission on Radiation Protection : ICRP)가 있다. ICRP는 방사선 안전에 대한 방사선 방어기준을 제정하여 권고하고 있다. 이 권고안은 각 국가에서 방사선에 관한 법을 제정할 때에 강력한 영향이 미친다. 국가의 상황에 따른 가장 적합하고 상세한 기술적 규정 또는 시행규칙을 마련하여 국가차원에서 관리한다.

우리나라의 방사선 방어 규범은 원자력법, 원자력법 시행령, 원자력법 시행규칙, 방사선안전관리등의 기술기준에 관한 규칙 및 교육과학기술부 고시로 구성되어 있다.

원자력의 평화적 이용을 증진시키기 위하여 UN의 특별기구로 설립된 국제 원자력기구(International Atomic Energy Agency : IAEA)는 국제 방사선 방어위원회 권고의 실제적 이용에 관심을 두고 있다.

2. 방사선 방어의 목적

국제 방사선 방어위원회(ICRP)에서는 방사선 방어에 관한 많은 권고를 하고 있다. ICRP 26에 따른 방사선방어의 목표는 "방사선피폭에 의한 비확률적 영향의 발생을 방지하고, 확률적 영향의 발생확률을 합리적으로 달성할 수 있는 한 낮게 유지한다."로 요약할 수 있다. 여기서 언급하고 있는 "합리적으로 달성할 수 있는 한 낮게"라는 서술은 이른바 ALARA(As Low As Reasonably Achievable)라는 방사선방어 개념으로서 "정해진 선량당량 한계를 절대로 초과 해서는 안 된다는 조건을 지키면서 모든 것에 정당화할 수 있는 피폭을 경제적 사회적 요인을 고려하여 합리적으로 달성할 수 있는 한 낮게 유지하는 것" 을 의미하며, 그 변천과정은 표 9-6과 같다.

표 9-6 피폭선량 제한목표에 대한 시대적 변천

년 대	사 고	설 명
1945년	to the lowest possible level (가능한한 최저 수준까지 낮게 유지)	전리방사선에 의한 피폭을 가능한 최저수준까지 낮추는데 모든 노력을 기울일 것
1958년	as low as practicable (실행 가능한 낮게 유지)	최대 허용선량은 최대치로서 모든 피폭총량을 실행 가능한 낮게 유지하며, 불필요한 피폭을 피할 것
1965년	as low as readily achievable (쉽게 달성 가능한 낮게 유지)	경제적 및 사회적인 인자를 고려하여 모든 피폭선량을 쉽게 달성 가능한 낮게 유지할 것
1977년	as low as reasonable achievable (합리적으로 달성 가능한 낮게 유지)	피폭선량을 경제적 및 사회적인 인자를 고려해서 합리적으로 달성 할 수 있는 한 낮게 유지할 것

3. 방사선 방어의 원칙

방사선 방어의 원칙은 행위의 정당화, 방어의 최적화 그리고 선량한도를 초과해서는 안된다.

가. 정당화(正當化 : justification)

방사선 피폭을 수반하는 행위로부터 얻어지는 이익이 이때 수반되는 피폭의 위해에 비해 순이익을 가져오지 않으면 그 행위는 인정되지 않는다.

예를 들어 방사선 투과검사의 경우 예상되는 검사원의 방사선 피폭의 위해에 비해 방사선 투과검사로 인한 시험체의 품질의 향상, 원가절감 등으로부터 얻어지는 이득이 크다고 인정된다면 방사선 투과검사는 정당화된 방사선 작업이라 할 수 있다.

나. 최적화(最適化 : optimization)

정당화된 행위도 설계, 계획, 집행에 있어서 방사선 피폭을 경제적, 사회적 인자를 고려하여 합리적으로 달성 가능한 낮게(ALARA) 유지하여야 한다.

예를 들어 방사선투과검사 할 때에 선량이 적은 불필요한 방사선도 가능한 받지 말아야 한다는 것이다.

다. 선량 한도(線量限度 : dose limit)

어떠한 개인도 위원회가 권고하는 선량한도를 초과해서는 안된다. 국제 방사선 방어위원회에서는 선량한도를 직업상 피폭자와 일반인에 대하여 분리해서 권고하고 있는데, 표 9-7은 ICRP에서 권고한 작업자 및 공중의 방어기준의 추세이며, 표 9-8은 국내 원자력법규에서 규정하고 있는 선량한도로서 ICRP Pub. 60의 권고를 채택하고 있다.

표 9-7 방사선작업종사자 및 공중의 방어기준 추이(ICRP)

구 분	방사선 작업종사자	일 반 공 중
1958년(Pub 1) (최대허용선량)	① 조혈장기, 생식선, 수정체: D=5(N-18)rem 및 3 rem/주 ② 피부:8 rem/13주(30 rem/년) ③ 손, 팔, 발, 복상뼈 : 20 rem/13주(75 rem/년) ④ 기타장기:4 rem/주(15 rem/년) ⑤ 유전선량:5 rem/30년	생식선, 조혈장기, 수정체 0.5 rem/년
1965년(Pub 9)	① 조혈장기, 생식선:5 rem/년 3 rem/13주, D=5(N-18) ② 피부, 뼈, 갑상선:30 rem/년 ③ 손, 팔, 발, 복상뼈:75 rem/년 ④ 기타장기:15 rem년	0.5 rem/년
1977년(Pub 26) (선량당량한도)	① 실효선량당량 한도:50 mSv/년 ② 조직선량당량 한도: - 수정체 : 150 mSv/년 - 기 타 : 500 mSv/년	① 실효선량당량 한도: 1 mSv/년 ② 조직선량당량 한도: (수정체, 피부) 50 mSv/년
1990년(Pub 60) (유효선량)	① 유효선량한도:20mSv/년(결정 된 5 년간의 평균), 단 어느 1년 에 50mSv를 초과해서는 안된다. ② 년간등가선량한도 - 눈의 수정체 : 150mSv - 피부, 손, 발 : 500mSv	1mSv/년, 단 특별한 상황에서도 5 년간의 평균선량이 1mSv/년을 초과해서는 안된다. 15mSv 50mSv

표 9-8 선량 한도(국내 원자력법규)

구 분		방사선 작업종사자	수시출입자 및 운반종사자	일반인
유효선량한도		50mSv/년 넘지 아니하는 범위에서 5년간 100mSv	12mSv/년	1mSv/년
등가선량 한도	수정체	150mSv/년	15mSv/년	15mSv/년
	손, 발 및 피부	500mSv/년	50mSv/년	50mSv/년

4. 방사선 방어

가. 외부피폭 방어의 3 원칙

외부 방사선으로부터의 피폭을 외부피폭이라고 하는데, 방사선 투과검사에 사용하는 방사선은 X선, 감마선 그리고 중성자선임으로 외부 피폭방어만 고려하면 된다. 방사선 투과검사 중에 방사선 피폭을 줄이기 위해서는 외부피폭의 "3대 방어원칙"을 적절히 병행하여 합리적으로 피폭선량을 가능한 낮게 유지해야 한다.

방사선 작업을 할 때 그림 9-1과 같이 외부 피폭선량을 낮추기 위해서는 피폭 시간을 줄이고, 선원으로부터 멀리 떨어져야 하며, 선원과 작업자 사이에 차폐체를 이용하여야 한다.

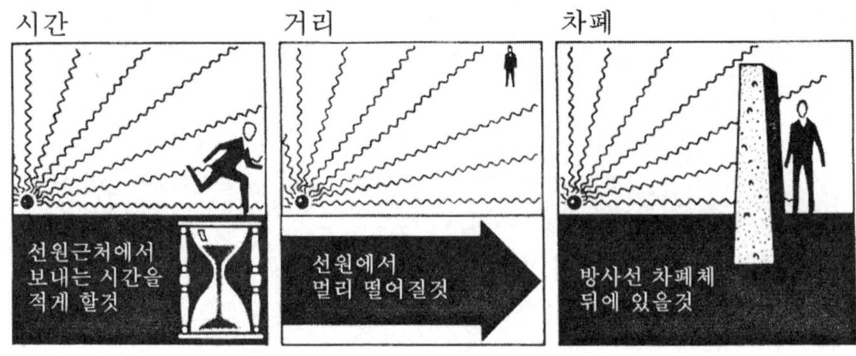

〔그림 9-1〕 외부피폭의 방어

(1) 시간

우선, 선량과 선량률의 개념을 구분할 필요가 있다. 선량률(線量率 : dose rate)이란 단위 시간당 조사선량(mR/hr, R/hr)으로서 어떤 작업자가 피폭 받은 양을 표현하는 것이 아니고, 어떤 주어진 위치에서의 방사선장의 세기를 나타낸다.

그러나 피폭선량은 어떤 방사선장내에서 일정시간 동안 체류하면서 받은 피폭의 양을 의미하므로 동일한 방사선장의 조건에서 작업을 하더라도 작업시간을 줄인다면 피폭선량을 줄일 수 있다. 그러므로 일정 선량률의 작업 환경하에서 작업하는 사람의 집적선량은 그 작업시간에 비례한다. 즉, 피폭시간과 피폭선량은 비례관계가 있다. 따라서 그 사람이 받은 선량은 그 장소에 있는 시간으로 조절이 가능하다. 이것을 식으로 표현하면

피폭선량(D) = 선량률(R/hr) x 시간(hr)

이 된다. 따라서 방사선을 취급하는 시간을 가능한 짧게 해야 한다.
피폭시간을 줄이기 위해서는 작업계획을 철저히 세우고 모의 훈련, 기능 숙달 등으로 작업 능률 등을 높여 피폭량을 줄일 수 있다.

예제) 방사선 작업종사자의 단 1년간 피폭 선량한도가 50 mSv를 넘지 않도록 되어 있다. 이것은 1주에 약 1 mSv에 상당한다. 이 작업 종사자가 평균 선량율 50 $\mu SV/hr$의 장소에서 매주 작업 가능한 시간은 얼마인가?

풀이) 피폭선량(D) = 선량률(R/hr) x 시간(hr)

1,000 μSv = .50 μSv x 시간

$$\text{작업시간} = \frac{1,000\,\mu Sv}{50\,\mu Sv/hr} = 20\,hr$$

(2) 거리

선원과 방사선 작업종사자와의 거리를 의미하며, 선원으로부터 거리를 멀리하면 할수록 방사선량(률)은 거리제곱에 반비례하여 감소한다. 그러므로 방사선 작업을 할 때에는 방사선원으로부터 가능한 거리를 멀리 하여야만 인체에 피폭되는 방사선량을 줄일 수 있다.

방사선이 공간을 진행하는 성질은 빛과 같기 때문에 선원(광원)으로부터 거리가 가까우면 피폭의 정도가 크고(밝고), 거리가 멀면 피폭량이 낮아(어두워)진다는 원리와 같이 선원에서 멀리 떨어질수록 피폭량은 적게 된다. 그림 9-2은 방사선 피폭 선량의 거리 영향을 나타낸 것으로 선원으로 거리가 가까울 수 록 더 많은 방사선이 부딪히고 있음을 보여주고 있다. 물질에 의한 감약을 무시한다면, 점선원으로 부터 방사선의 선량(률)은 거리 제곱에 반비례한다.

거리가 r_1인 곳의 선량(률)을 X_1, 거리가 r_2인 곳의 선량(률)을 X_2로 하면

$$X_1 \quad r_1^{\,2} = X_2 \quad r_2^{\,2}$$

$$\frac{X_2}{X_1} = \left(\frac{r_1}{r_2}\right)^2$$

로 된다.

감마선원을 취급할 때에 선원으로 부터 1 Cm와 1 m(100Cm)와의 피폭량 차이는 10,000배의 차이가 된다. 그러므로 거리를 잡기 위한 용구인 원격 집게(remote tongs), 핀셋트(pincette) 및 도가니집게 등을 사용한다. 그리고 감마선을 이용한 방사선투과검사의 선원도 원격 조작을 하고 있다.

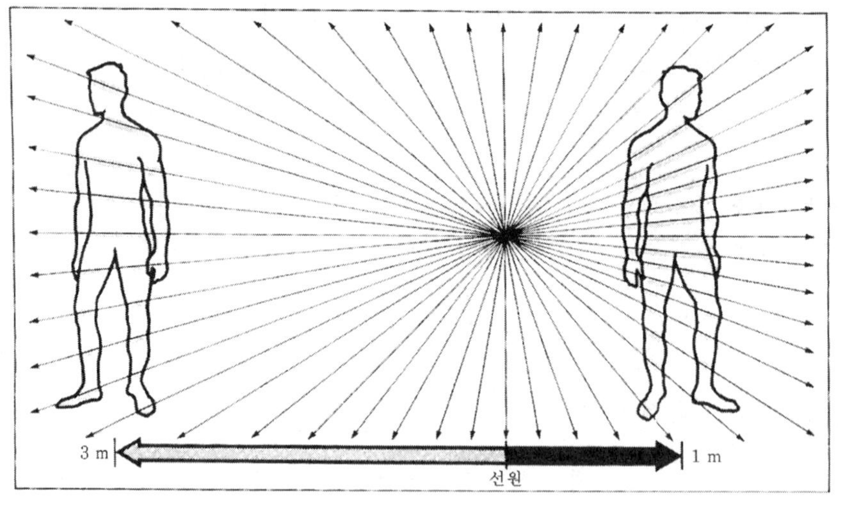

〔그림 9-2〕 외부피폭 선량의 거리 효과

예제) ^{192}Ir 10 Ci(370 GBq) 점선원으로 부터 4 m거리 지점의 선량률이 300 mR/hr이다. 10 mR/hr의 선량률이 되려면 선원으로 부터의 거리는 얼마나 되어야 할까?(차폐체가 없는 공간 선량임)

풀이)

$$r_2 = \sqrt{\frac{X_1\ (r_1)^2}{X_2}} = \sqrt{\frac{300\,mR/hr \times (4\,m)^2}{10\,mR/hr}} = \sqrt{480m^2} = 21.9\,m$$

(3) 차폐

체외로 부터의 방사선 피폭을 줄이는데 선원으로 부터 거리를 멀리하고, 작업시간을 단축하는 것에 대해 알아보았다. 그러나 높은 방사선 준위에서 장시간 작업을 수행할 때에는 거리와 시간은 한계가 있게 된다. 그러므로 방사선원과 피폭자 사이에 적절한 차폐체(遮蔽体 : shield material)를 설치하여 방사선이 피폭자에 도달하는 것을 줄이는 것이다. 다시 말하면, 인체가 받을 피폭량을 설치한 차폐체가 대신 받는 것이 된다.

차폐체의 설치는 선원 자체에 행하는 경우로서 선원 용기나 콜리메터(collimator)가 있다. 작업자 측에 행하는 경우는 납 장갑, 납 앞치마(apron), 방어용 안경 등이 있고, 선원과 작업자 사이에 차폐벽을 설치하는 경우는 작업 상항이나 경제성을 고려하여 적절히 한다. 차폐체는 가능한 한 선원측에 가깝게 설치하는 것이 차폐 재료가 적게 들고 방사선의 확산을 막을 수 있어 효율적이다.

전자파 방사선(X선, 감마선)의 차폐는 제1장의 식 (1-42)와 식 (1-46)에서 알아본바와 같이 어떤 흡수체(두께 χ, 선흡수계수 μ)를 투과후의 강도 I와 투과전의 강도I_0와의 비는

$$\frac{I}{I_0} = B\ e^{-\mu\chi} = \frac{B}{2^n}$$

가된다. 여기서 B은 축적인자이고 n은 반가층의 갯수이다. 선흡수계수 μ와 흡수두께χ가 클수록 차폐효과는 크다. 원자번호와 밀도가 높을수록 선흡수계수가 크므로 고갈 우라늄, 납, 텅스텐, 철판, 콘크리트 등이 차폐 재료로 이용한다.

그러나, 광자 에너지가 높은 400 KvP이상의 고에너지 X선이나 γ선은 납과 콘크리트와의 흡수계수차가 적어져서 구조적인 차폐 재료로서 납보다 콘크리트가 매우 경제적이다. 표 9-9은 X선 관전압과 감마선원의 종류에 따른 납과 콘크리트의 반가층을 나타내고 있다. 여기서 50 KvP에서 반가층이 납은 0.05mm 콘크리트는 0.17인치이나, 400 KvP에서의 반가층은 납 2.2 mm 콘크리트 1.299인치로서 차이가 줄어들고 있다. 즉, 관전압이 높아질수록 납과 콘크리트의 반가층의 차이가 적어짐을 알 수 있다.

표 9-9 X선 관전압과 감마선원에 따른 반가층의 비교

구 분		납의 반가층		콘크리트의 반가층	
		mm	inch	mm	inch
X선(KV)	50	0.05	0.002	4.32	0.170
	70	0.15	0.006	8.38	0.330
	100	0.24	0.009	15.10	0.594
	125	0.27	0.011	20.30	0.799
	150	0.29	0.011	22.35	0.880
	200	0.48	0.019	25.40	1.000
	250	0.90	0.035	27.95	1.100
	300	1.40	0.055	31.21	1.229
	400	2.20	0.087	33.00	1.299
	500	3.60	0.142	35.55	1.400
	1000	7.90	0.311	4.45	1.750
	2000	12.70	0.500	63.50	2.500
	3000	14.70	0.579	73.60	2.898
	4000	16.50	0.650	91.40	3.598
	6000	17.00	0.669	104.00	4.094
	10000	16.50	0.650	116.80	4.598
감마선원	Radium-226	16	0.65	69	2.7
	Cobalt-60	12	0.49	66	2.6
	Cesium-137	6	0.25	48	1.9
	Iridium-192	6	0.24	41	1.6

표 9-10은 X선 관전압에 따라 변하는 X선 강도로서, X선 초점으로부터 1m 떨어진 지점에서 1mA당 KSv/min.와 R/min.을 나타내고 있다. 예로서 50 KV, 1mA 및 초점에서 1m지점의 선량률이 0.005 KSv/min.(0.05 R/min)이라는 의미이다.

표 9-10 X선 관전압에 따른 X선 강도

최고 전압(MV)	1m(40 in.) 에서의 강도	
	$\cdot KSv\cdot min^{-1}\cdot mA^{-1}$	$R\cdot min^{-1}\cdot mA^{-1}$
0.050	0.005	0.05
0.070	0.01	0.1
0.100	0.04	0.4
0.250	0.2	2.0
1.000	2.0	20
2.000	28	280
5.000	500	5000
10.000	3000	30000
15.000	10000	100000
20.000	20000	200000

표 9-11은 방사선투과검사에 사용되는 감마선원의 원자번호, 반감기, 에너지 및 감마상수(Γ *constant*)를 나타내고 있다. 특히 γ선은 핵종 마다 고유의 에너지를 지니기 때문에 방사능 강도에 따라 선량률이 정해져 있다.

그러므로 γ선원은 핵종마다 감마상수가 있다. 감마상수 단위는 $mSv\cdot GBq^{-1}\cdot m^2\cdot h^{-1}$ 또는 $R\cdot Ci^{-1}\cdot m^2\cdot h^{-1}$ 로 나타낸다. 한 예로서, Ir-192 1GBq선원 1m지점의 선량률은 0.135 mSv/hr이고, 1 Ci선원 1m지점의 선량률은 0.5 R/hr임으로 감마상수는 0.135 ($mSv\cdot GBq^{-1}\cdot m^2\cdot h^{-1}$)및 0.5 ($R\cdot Ci^{-1}\cdot m^2\cdot h^{-1}$)이다. 종래에는 $R\cdot Ci^{-1}\cdot m^2\cdot h^{-1}$ 단위를 RHM(Roentgen per Hour at 1 Meter)이라고도 하였다. 즉, 감마선 핵종 1 Ci로 부터 1m 떨어진 곳에서의 선량률(R/hr)을 말한다.

감마선원을 취급할 때에 감마상수를 알면 미리 예측 선량률을 알게 되어 피폭선량을 예측하고 방어 할 수 있으므로, 안전관리 측면에서 매우 유용하게 활용한다.

표 9-11 감마선원

핵 종	원자 번호	반감기	에너지 (MeV)	감마상수	
				$mSv \cdot GBq^{-1} \cdot h^{-1}$ at 1m	$R \cdot Ci^{-1} \cdot h^{-1}$ at 1m
Cesium-137	55	30년	0.662	0.086	0.320
Cobalt-60	27	5.3년	1.17, 1.33	0.351	1.300
Iridium-192	77	74일	0.136, 1.065	0.135	0.500
Radium-226	88	1622년	0.047 - 2.4	0.223	0.825
Selenium-75	34	119.8일	0.066-0.401	0.055	0.204
Ytterbium-169	70	32일	0.063-0.308	0.034	0.125
Thulium-170	81	129일	0.084	0.00038	0.0014

예제) 어떤 X선 발생장치 사용실에서 벽(wall)을 향하여 200KvP, 5mA에 3분간 노출하였을 때에 벽 외부의 표면을 서베이메터로 측정한 선량률이 800mR/hr이었다. 그리고 X선 초점과 서베이메터간 거리는 120 Cm이었다(단, 납의 반가층 0.48mm, 축적인자는 무시).

(1) 벽 외부의 표면 선량은 얼마인가?

(2) 2.5mA 6분간으로 노출 조건을 바꾸면 벽 외부 표면 선량률(mR/hr)과 선량(mR)은 얼마가 될까

(3) 800mR/hr를 20mR/hr로 줄이기 위해서는 몇 mm의 납판을 추가로 보강하여야 하나?

풀이) (1) 시간당 800 mR이므로 3분간 노출에는

$$800 \text{ mR/hr} \times \frac{3}{60} = 40 \text{ mR}$$ 이 된다.

(2) 선량률은 mA에 비례하고, 노출시간과는 무관함으로

$$800\,mR/hr \ X \ \frac{2.5\ mA}{5.0\,mA} = 400\ mR/hr$$ 의 선량률이 된다

선량은 mA와 노출시간에 비례하므로

$$400\ \text{mR/hr}\ \text{x}\ \frac{6}{60} = 40$$ mR의 선량이 된다

(3) 1/40로 줄이기 위한 반가층수는

$$\frac{20\ \ mR/hr}{800\,mR/hr} = \frac{1}{2^n}$$

$$n = \frac{\log 40}{\log\ \ 2} = \frac{1.602}{0.301} = 5.17$$ 개의 반가층이 필요하다.

필요한납두께 = 반가층 X 반가층수

= $0.48mm\ X\ \ 5.17 \ \ \fallingdotseq\ \ 2.5\,mm$ 가된다

예제) ^{192}Ir 감마선원 740GBq(20 Ci)로 강용접부를 1매 촬영할 때에 콜리메터 없이 공기중에 10분간 노출하였다. 다음 물음에 답하시오? (단, Γ상수는 0.135 mSv•GBq^{-1}•h^{-1}•m^2)

(1) 노출된 선원으로부터 7m지점에 작업종사자가 있었다면 1매 촬영당 피폭선량은 몇 mSv인가.

(2) 100매 촬영하는 동안 노출 선원 10m지점에 작업종사자가 1mSv이하로 피폭을 줄이기 위해서는 납차폐체나 콜리메터를 몇 mm이상 배치하여야 하는가?

풀이)

(1) 1GBq이 1m 떨어진 지점의 선량률이 0.135 mSv/hr이므로 7m지점에서 10분간의 피폭선량은

$$0.135\ (\text{mSv}\cdot\text{GBq}^{-1}\cdot\text{h}^{-1}\cdot\text{m}^2)\ \text{x}\ 740\text{GBq}\ \text{x}\ \frac{10분}{60분}\ X\ \frac{(1m)^2}{(7m)^2}$$

= 0.34 mSv 가 된다.

(2) 10m지점에서 100매 촬영시의 피폭선량은 같은 방법으로

$$0.135\ \text{x}740\ \text{GBq}\ \text{x}\ \frac{10분}{60분}/매\ X\ 100매\ X\ \frac{(1m)^2}{(10m)^2} = 16.65\ \text{mSv}$$가된다.

16.65 mSv를 1 mSv를 줄이기 위한 반가층수는

$$\frac{1}{2^n} = \frac{1\ mSv}{16.65\ mSv}$$

$$n = \frac{\log 16.65}{\log 2} = \frac{1.2214}{0.3010} = 4.058$$ 가 필요하다.

그러므로 필요한 차폐체 두께는

4.058 x 6 mm = 24.35mm의 납두께가 필요하다

나. 내부피폭 방어 원칙

내부피폭이라 함은 방사성 물질이 경구, 호흡기 및 피부를 통하여 인체 내로 흡수되어 발생되는 피폭을 말한다. 내부피폭은 주로 밀봉되지 않은 선원, 기체상태의 방사성 동위원소, 인체의 뼈에만 선택적으로 흡수되는 항골성 핵종(^{35}S, Hg 등) 등을 취급할 때 특히 주의해야 한다.

내부피폭을 방어하는 기본적인 방법은 방사성 물질이 인체 내에 흡수되지 않도록 하는 것이고, 완벽한 방지가 불가능할 때에는 체내섭취량을 최대한으로 줄이는 것이다.

내부피폭 방어의 원칙으로는

첫째, 방사성물질을 격납하여 외부로 유출되는 것을 방지한다.

격납설비의 예로는 원자력 발전소의 격납용기, 글로브 박스(glove box), 후드(hood) 등이 있다.

둘째, 방사성물질의 농도를 희석한다.

일반적으로 방사성 물질의 완벽한 격납은 불가능하므로 오염방지가 불가피한 경우가 많은데, 이와 같은 경우 공기중 오염도를 낮추기 위하여 공기정화설비 또는 배기설비 등을 설치하여 농도를 희석시킨다.

셋째, 내부 오염 경로를 차단한다.

안전한 작업환경의 유지가 어려운 경우에는 방독면이나 방호복을 착용하여 인체 내부로 피폭되는 경로를 차단한다.

넷째, 화학적 처리를 한다.

사고 등의 원인으로 이미 방사성 물질을 섭취한 경우에는 화학적 처리 등에 의해 처리하고 배설 촉진(설사제, 맥주 등)을 위한 조치를 한다.

제 3 절 방사선 검출과 측정

1. 방사선 검출기의 원리

방사선은 오감으로 느낄 수 없으므로, 방사선과 물질과의 상호작용으로 나타난 현상을 이용하여 방사선의 양 및 에너지를 검출한다. 즉, 예를 들면 방사선이 검출기 내에 들어오면 검출기 내의 물질과 상호작용을 하게 된다. 이때 물질의 이온화 과정에서 전자가 발생되게 되는데, 검출기 내에 전위차를 주면 전자가 한쪽으로 이동하게 되고, 전자의 흐름이 전류이므로 검출기에서 흐르는 전류의 양을 측정함으로써 검출기내에 들어온 방사선량을 알 수 있게 된다.

2. 방사선 검출기의 종류 및 특성

검출기의 종류는 여러 가지로 분류되지만 검출원리에 따라 분류하면 기체 전리를 이용한 검출기, 고체 전리를 이용한 검출기, 발광을 이용한 검출기 및 기타로 크게 분류할 수 있다.

기체의 전리작용을 이용한 검출기에는 전리함식(ion chamber) 비례계수관(proportional counter), G-M계수관(Geiger-Muller counter) 등이 있고 고체검출기로는 반도체 검출기(semi-conductor detector)가 있다.

가. 기체의 전리작용을 이용한 검출기

검출기 내에 있는 기체를 방사선이 이온화시키면 그림 9-3과 같은 원리로 이온화된 음이온(- 전자)과 양이온(+ 원자)이 전극으로 이동하게 된다.

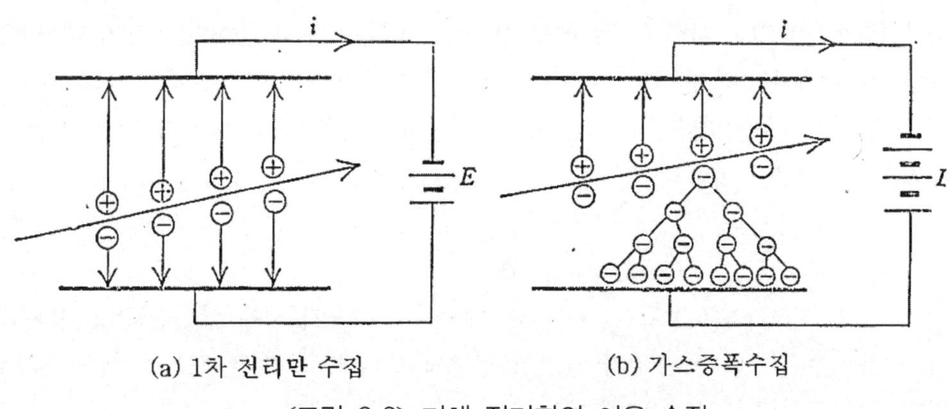

〔그림 9-3〕 기체 전리함의 이온 수집

기체의 전리작용은 검출기에 걸어준 전위차 즉, 인가전압에 따라 양극에 수집되는 전자의 수는 다르게 나타나는데 그림 9-4와 같이 구분된다.

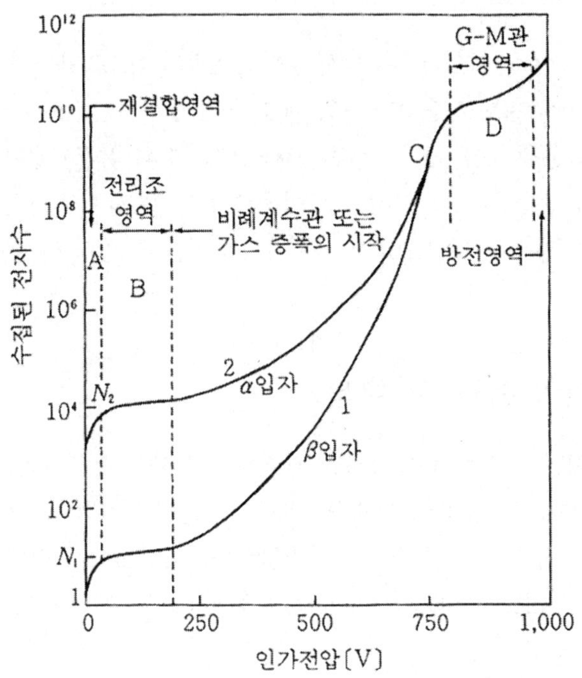

〔그림 9-4〕 인가전압과 수집되는 전자수와의 관계

그림 9-4에 대하여 설명하면

A. 재결합 영역(A : recombination region)

인가전압이 30V정도 이하인 경우에는 방사선이 검출기 내에 들어와 검출기 내에 있는 기체를 이온화시켜도 인가전압이 낮으므로 전자가 전극에 도달하기 전에 재결합하여 전하가 중화되는 영역을 말한다. 즉, 검출기로는 사용할 수 없는 영역이 된다. 인가전압이 높아질수록 재결합율은 낮아진다.

B. 전리조 영역(B : ionization region)

인가전압이 30V~220V정도인 경우에는 방사선이 검출기 내에 있는 기체를 이온화시키며, 이온화된 전자(1차 전리)가 완전히 전극에 모인다. 이 영역에서는 전압을 높여도 출력 펄스의 크기(전류의 변화)에는 영향이 적고, 출력전류가 매우 적다. 방사선으로 전리된 전자가 모두 전극에 수집되므로 방사선의 선량 측정에 용이하다.

C. 비례 계수 영역(C : proportional counter region)

인가전압이 220V~850V 정도인 경우에 1차 전리에서 발생한 전자는 전압의 증가로 더 큰 운동에너지를 얻어 이동하는 동안 중성원자를 전리시킬 수 있게 된다. 이 결과 2차 전자가 급격히 증가(전자 사태)하여 양극에 수집되는 전자의 수는 인가전압에 비례하게 된다. 인가전압을 일정히 하면 2차전자의 증가율도 일정하여 1차 전자수에 비례한 이온쌍을 수집할 수 있는 영역을 비례계수관 영역이라한다. . 인가전압의 증가에 따라 2차 전자수는 증가하여 기체 증폭도는 커진다. 생성된 이온수 또는 출력전류가 전리조 영역보다 크다. 1차 전리수와 전극에 수집되는 전자수는 비례하므로 입사에너지를 측정할 수 있다. 그러므로 전리작용이 다른 α선과 β선을 구분하는 선종분석과 에너지 측정으로 핵종분석이 가능하다.

D. G-M 영역 (D : Geiger Muller region)

인가전압이 850V~1050V 정도가 되면 1차 전리수와는 관계가 없는 일정한 많은 수의 전자가 양극에 수집되어 외부 회로에 흐르는 전류량이 일정하다. 즉 발생된 전자의 증폭은 매우 크나 증폭에 대한 비례가 성립하지 않는다.

그리고 인가전압이 1050V~1400V 정도인 경우에는 방사선이 검출기 내에 있는 기체를 이온화시키면 발생된 전자의 양이 매우 증폭되어 출력전류가 매우 크다. 방사선 에너지는 측정할 수 없으나 방사능은 측정할 수 있다..

E. 방전 영역(discharge region)

인가전압이 1400V 정도 이상인 경우에는 전압이 너무 강해 발생된 전자 상호간에 방전이 일어나 전자사태가 발생하기 때문에 계측기로는 사용할 수 없다.

즉, 이상에서 살펴보면 검출기로 사용할 수 있는 영역은 전리조 영역(B), 비례계수 영역(C), G-M 영역(D)이다.

따라서 이 영역에서 사용되는 검출기의 종류별 특성은 다음과 같다.

(1) 전리조(ion chamber)

1차 전리만 이용한 전리조 영역에서 동작하는 검출기로서 전리기체는 보통 공기를 사용한다. X선 등이 조사되면 전리조의 공기 구성원자와 상호작용으로

생성된 2차 전자들(광전자와 컴프턴 전자)이 공기 원자를 전리하기 때문에 이들의 2차

전자가 만드는 이온들을 수집하거나 계수하면 조사선량이나 흡수선량을 측정할 수 있다.

전리조(電離槽)에는 X선 및 γ선의 조사선량(률), 흡수선량(률) 또는 선량분포 등을 측정할 수 있는 직류 전리조와 중하전입자선의 계수측정이나 에너지를 측정할 수 있는 펄스 전리조가 있다. 비례계수관이나 GM계수관에 비해 출력과 분해능은 낮으나 선질특성이 우수하여 선량측정에 적합하다

(2) 비례계수관(proportional counter)

비례계수관(比例計數管)은 비례계수영역에서 동작되는 검출기로서 출력펄스의 크기는 1차 이온수에 비례한다. 최대 증폭도는 대략 10^4배 정도까지 증가하며 전자의 증식상태 즉 전자사태(electron avalanche)가 발생한다.

입사 방사선 에너지와 펄스의 파고 사이에 비례가 성립하므로 에너지 측정이나 전리능이 다른 방사선의 종류(α, β)를 구별할 수 있다. 에너지 의존성이 좋고 검출효율이 높아 에너지가 낮은 방사선측정에 적합하다.

비례계수관의 종류로는 X선용 비례계수관, 4π BF_3비례계수관 (중성자 측정용), ^3He 비례계수관 (열중성자 및 고속중성자 측정)등이 있으며, α선 측정시에는 창이 없는 (windowless)비례계수관을 사용한다.

(3) G-M 계수관 (Geiger-Mueller Counter)

G-M 영역에서 동작되는 검출기로서 1차 생성 이온쌍의 수에는 비례하지 않고 방사선에너지의 대소에 관계없이 거의 일정한 출력펄스가 나타나기 때문에 방사선의 종류나 에너지는 식별할 수 없고, 방사능을 측정할 수 있다.

전자사태에 의한 연속방전이 발생하는 것을 방지하기 위하여 계수 기체에 소멸 기체(消滅氣體 : quenching gas)를 사용해야 한다. 주로 사용되는 전리기체로는 He, Ar 등의 할로겐 기체가 이용되고, 소멸 기체로는 에틸알코올, 개미산알코올 등의 유기기체를 사용한다.

G-M 계수관은 β선에 대해 고감도이며 단창형을 많이 사용한다. 그러나 에너지가 낮은 β선이나 α선의 측정은 곤란하다. 그리고 G-M계수관의 분해시간과 플래토우(plateau)에 따라 계수 특성이 다르다.

(가) 분해시간

검출기에 방사선이 입사하면 계수를 위한 작동이 되고, 이 사이에 다른 방사선이 또

다시 입사하는 경우 다음의 펄스가 계수될 때까지의 시간을 분해시간(分解時間 : resolving time)이라고 하는데, 이는 검출기의 검출효율에 영향을 미치게 된다.

검출기의 검출효율이란 실제 방사선의 참계수율(dps : 매초당 붕괴수, dpm : 매분당 붕괴수 등으로 나타남)에 대한 검출기에서 측정된 실측된 계수율(cps : counts per second, cpm : counts per minute)을 의미하는데 이를 식으로 나타내면 다음과 같다.

$$검출효율(\%) = \frac{실측한\ 계수율(m)}{참계수율(n)} \times 100$$

예문) 검출효율이 50%인 검출기로 미지의 시료를 측정한 결과 100cps를 얻었다. 시료의 방사능 세기는 몇 Ci인가?

풀이) $50\% = \frac{100cps}{n} \times 100$

따라서 시료의 참계수율은 200dps 이다.

1Ci = 3.7×10^{10} dps 이므로
시료의 방사능 세기는
200dps $\div$ 3.7×10^{10} dps /Ci ≒ 5.4×10^{-9}Ci
= 0.0054 μCi이다

검출기의 분해시간으로 인한 영향도 고려되어 검출효율이 결정되는데 실제 분해시간이 긴 경우에는 이 시간 동안 많은 계수손실이 발생하게 된다.

계수손실이란 분해시간 동안 입사한 방사선이 계수되지 않는 것 n - m을 말한다. 따라서 방사선 측정을 하는 경우에는 계수손실에 대한 보정을 다음과 같이 해주어야 한다.

$$n - m = n\ m\ \tau$$

$$n = \frac{m}{1 - m\tau}$$

이 된다. 여기서 τ는 분해시간이다.

예제) 분해시간이 400 μsec의 GM계수관으로 어떤 시료를 측정하여 30000 cpm을 얻었다. 이때 시료의 방사능 세기는 얼마인가?

풀이) 여기서 m = 30000cpm = 500cps 이고

τ = 400μsec = 4×10^{-4}sec 이므로

$$n = \frac{m}{1 - m\tau} = \frac{500}{1 - 500 \times 4 \times 10^{-4}} = 625 \text{ dps}$$

(나) 플래토우

플래토우(plateau)는 안정한 측정을 얻기 위한 계수영역이다. 즉, 계수률의 변동이 없는 전압 범위를 말하며 전압(Volt)으로 나타낸다. .

일반적으로 플래토우가 길고 수평에 가까울수록, 계수 개시전압이 일정할수록 좋은 G-M 계수관이다.

그림9-5는 GM계수관의 계수율 특성으로 상한 전압에서 시동전압을 빼준 것이 플래토우이다. 플래토우는 경사가 낮고 길수록 좋다. .

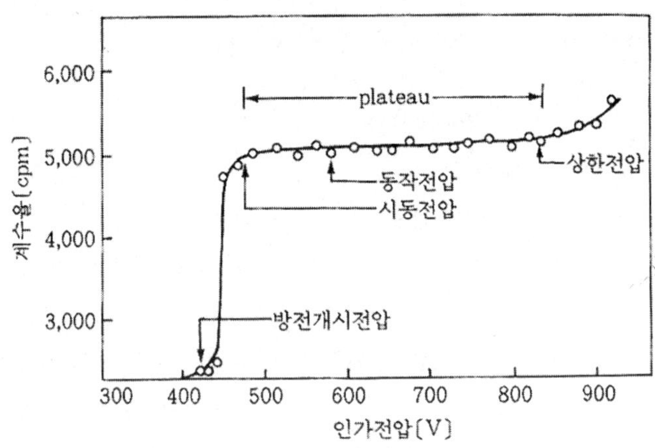

〔그림 9-5〕 G-M 계수관의 계수율 특성

나. 반도체 검출기

방사선이 절연체나 반도체와 같은 고체속을 통과할 때 전자(e^-)와 정공(e^+:양전자)을 생성하는데 이는 방사선에 의해 여기되어 구속된 전자가 이동하며, 전자의 구멍에 해당되는 정공(e^+)이 남은 구멍에 따라서 입사한 방사선으로 인해 하전된 전자와 양공의 양을 측정하면 방사선량을 측정할 수 있는데, 이를 고체검출기(固體檢出器 : solid state detector), 즉 반도체검출기(半導體檢出器 : semi-conductor detector)라고 한다.

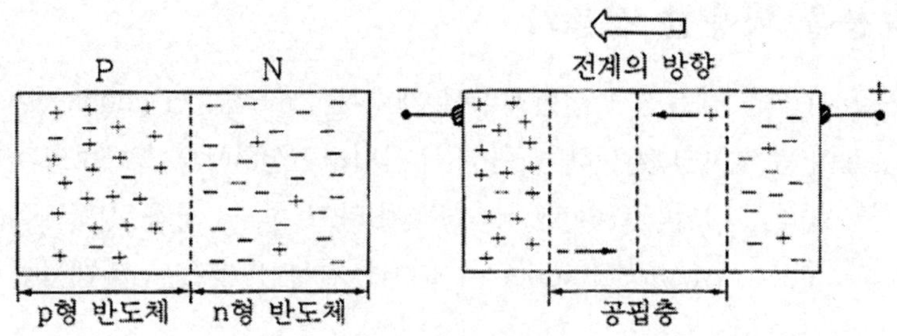

(a) Si pn 접합체(불순물로서 우측은 p, 좌측은 n을 혼입)

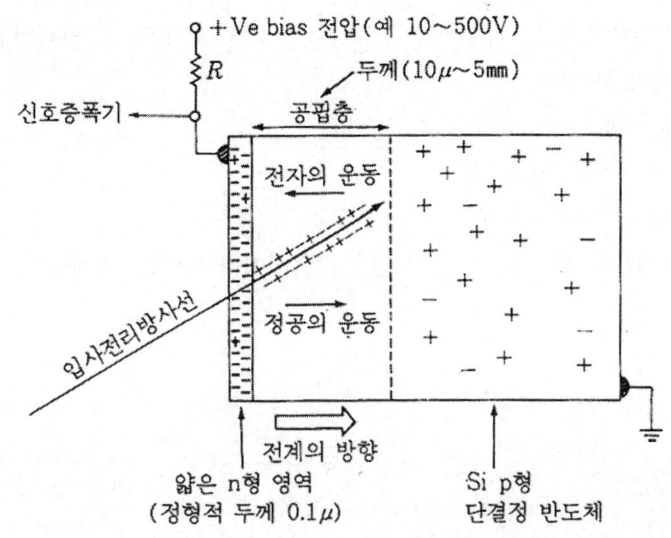

(b) Si pn 접합 반도체 방사선 검출의 모양

〔그림 9-6〕 반도체 검출기의 원리

그림9-6은 반도체 검출기의 원리를 나타내고 있다.

특징으로는 전자, 정공 쌍을 만드는데 필요한 에너지가 1/10정도이므로, 동일한 에너지의 방사선이 입사해도 기체의 경우보다 10배 정도의 전하를 만들 수 있다. 이는 기체의 경우 이용쌍생성에 필요한 에너지가 약 30eV 정도임에 반해 반도체(Ge:2.9eV, Si:3.6eV)의 경우는 3eV정도이다. 전자와 양공이 전극에 수집되는 시간은 기체 계수관에서의 이온쌍 수집시간에 비해 100배 정도 빠르다. 신호의 통계적 변화가 작으므로 에너지 분해능이 높다. 단점으로는 열에 매우 약하다.

다. 발광작용을 이용한 검출기

여기 작용을 이용한 검출기는 신틸레이션 계수관(scintillation counter)이 있다. 하전입자가 어떤 물질에 부딪치면 발광하는 현상을 신틸레이션(섬광)이라 하고 이와 같은 발광을 발하는 물질을 신틸레이터(scintillator: 형광체)라고 한다. 상을 신틸레이터에 광전증배관(光電增倍官 : Photo Multiplier tube : PMT)과 결합한 것을 신틸레이션 계수관이라고 한다.

신틸레이터에서 발광한 빛은 그림 9-7에서 볼 수 있는 바와 같이 광전자증배관의 광전면을 통과하며 광전자로 바뀌어 10~14 단계의 다이노드(dynode)를 거쳐 전자가 증폭되어 최종적으로 10^6배 정도로 증폭되어 양극에 도달하게 된다. 신틸레이션 계수관의 종류로는 다음과 같은 것이다.

- X, γ선 검출에 우수 : NaI(T1), CsI(T1)
- α선 검출에 우수 : ZnS(Ag)
- β선 검출에 우수 : 안트라센
- α, β선 스펙트럼 및 계수 : 플라스틱 신틸레이터, 액체 신틸레이터 :

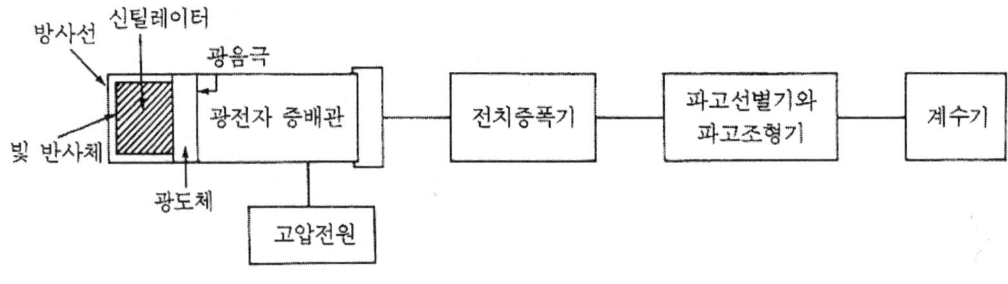

〔그림 9-7〕 신틸레이션 계수기의 구조

라. 화학작용 이용한 검출기

방사선조사 결과 생긴 화학변화량을 측정하여 그 값에서 흡수선량을 측정하는 선량계로서 흡수선량이 큰 경우에 적합하다.

예를 들어 프리케 선량계(Fricke dosimeter)는 황산 제1철이 산화하여 황산 제2철로 되는 것을 이용하여 측정하는 것으로 철선량계(鐵線量計)라고도 한다. 그리고, 셀륨선량계(Cerium dosimeter) 는 황산 제2세륨이 환원하여 황산 제1세륨이 되는 것을 이용하여 측정하는 것이다.

3. 방사선 투과검사에 사용되는 검출기

방사선 투과검사시 사용되는 방사선 측정기기는 개인피폭관리용 측정기와 관리용 방사선 측정기로 분류한다. 개인피폭선량계는 필름배지(film badge), 열형광선량계(TLD), 형광유리 선량계(PLD), 포켓도시메터(pocket dosimeter) 및 경보계(alarm monitor)를 많이 사용하고, 관리용으로는 서베이메터(survey meter)를 이용한다.

가. 필름배지(Film Badge)

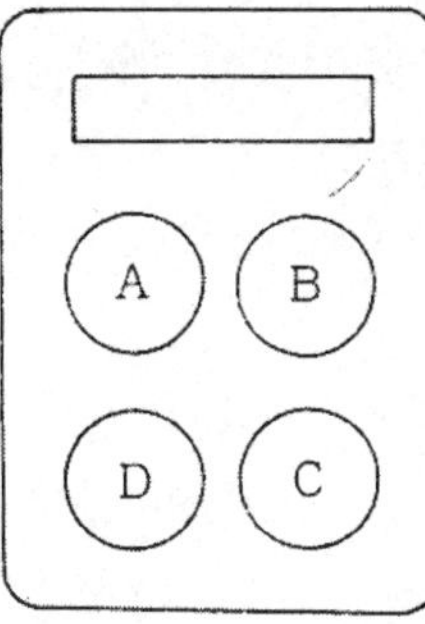

A : 필터 없음
B : 1mmAl 필터
C : 0.2mmCu+0.8mmAl 필터
D : 0.6mmCu+4.0mmAl 필터

〔그림 9-8〕 필름 배지의 한 예

필름배지는 방사선에 의한 사진작용 즉, 필름에 방사선을 노출하면 필름의 흑화도가 변하게 되므로 필름배지의 흑화도를 읽어 피폭된 방사선량을 측정하는 개인 피폭선량 측정기이다. 감도는 수십 mR정도로서 비교적 양호하고, 또한 소형으로서 가지고 다니기가 편리한데다, 필름자체의 가격이 저렴하기 때문에 많이 사용한다. 선질 특성은 그다지 좋지 않으나, 필터나 금속 흡수판을 사용하여 선질 특성을 개선할 수 있다. 또한 결과의 보존성이 있고, 비교적 장기간의 피폭선량을 측정할 수 있어, 국내에서 방사선 작업종사자의 피폭선량 관리에 필름배지를 사용하고 있다. 실제적으로 측정 가능한 최저 선량치는 10 mR이다.

그리고 열과 습기에 약하고, 방향의존성, 선질 의존성, 잠상퇴행, 현상조건 등이 측정에 영향을 미치기 때문에 오차가 비교적 큰 편이다.

나. 열형광 선량계(TLD)

열형광 선량계(熱螢光線量計, Thermo Luminescent Dosimeter : TLD)는 열형광소자, 홀

더(holder) 및 판독기(reader)로 구성되어 있다. 형광 고체소자에 방사선을 조사하면 가전자대의 전자가 불안정한 포획 중심에 걸린다. 포획 중심수는 방사선의 조사선량에 비례한다 이 형광소자를 판독기에서 가열하면 포획 중심수에 해당하는 광자를 방출한다. 이광자를 열형광이라 한다. 열 형광은 광전증배관(PM tube)을 통하여 소자를 착용한 기간 동안의 축적 선량을 측정할 수 있다.

측정 범위(0.1-10^7 mR)가 넓고, 사용한 TLD소자는 열처리하여 반복 사용하며, 에너지 의존성도 좋고, 필터를 이용하여 방사선의 선질도 알 수 있다. 그러나 필름 배지와 같이 방향 의존성이 있고, 퇴행성도 있어 장기간의 사용시 주의하여야 한다. BeO와 LiF,은 인체의 원자번호와 비슷하여 많이 사용하나 감도가 낮으며, CaF_2,와 $CaSO_4$는 감도는 우수하나 에너지 특성이 나쁜 경향이 있다. 그리고 판독후에 재사용하기 위해서는 열처리(annealing)를 하여야 한다.

다. 형광유리선량계(PLD)

형광유리선량계(Photo Luminescence Dosimeter : PLD)의 소자인 은활성 인산유리에 방사선이 조사되면 전자와 정공이 생성되고, 이들이 Ag^+ 이온에 포획되어 안정한 형광중심(fluorescence center)이 생긴다. 형광 중심수는 방사선 조사량에 비례한다. 유리내에 형성된 형광 중심은 자외선으로 여기하면 형광을 발한다. 이 형광을 광전증배관을 통하여 유리소자를 착용한 기간의 축적선량을 알 수 있다.

PLD는 퇴행 현상도 작고 선량 측정범위가 넓어(10mR-10 R) 장기간의 축적 선량 측정이 가능하다. 그러나 에너지 의존성이 크고 형광의 재생 때문에 피폭 후 즉시 측정할 수 없고 유리 세정을 하여야하는 불편이 있다. TLD는 열처리로 원점에서 반복사용이 가능하나, PLD는 형광 중심수가 계속 축적되기 때문에 사전선량(pre-dose)을 알아야 한다. 예를 들어 현재(3월31일) 측정값이 150 mR이고 다음번(4월 30일) 측정 값이 250mR이라면, 4월 1개월간의 피폭 선량은 250mR - 150mR = 100 mR이 된다.,

라. 포켓 선량계(pocket dosimeter)

포켓선량계는 피폭된 선량을 즉시 알고자할 때 바로 그 피폭선량을 측정할 수 있는 개인 피폭 선량계를 포겟 도시메터(**Pocket Dosimeter : PD**)라고 한다. 원리는 공기를 채워 넣은 전리조에서 기체의 전리작용에 의한 전하의 방전을 이용한다. 방전된 도시메터를 다시 사용하고자 할 때에는 도시메터를 충전기에 접촉하고 0점으로 조정하여 사용한다. 포켓 도시메터는 선질 특성이 매우 좋고, 직접 피폭선량을 알 수 있어 긴급 조작시 피폭선량의 측정에 있어서 매우 유리하기 때문에 방사선 작업종사자의 피폭선량 관리에 많이 사용하고 있다. 그러나 선량의 눈금 역할을 하는 검전기(수정사) 부분이 예민하여 사소한 충격에도 지침이 벗어나며, 습도와 온도에 영향을 받기 쉽기 때문에 측정오차가 매우 크다. 포겟선량계와 경보계는 피폭관리 보조용 측정기기로 사용한다.

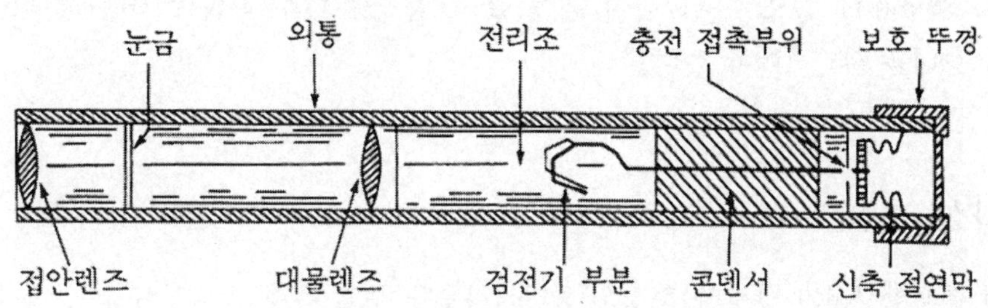

〔그림 9-9〕 포켓 선량계의 구조

전자기술의 발달로 포겟 선량계의 검전기 수정사 눈금을 읽는 대신 디지털화하여 숫자로 나타낸 전자선량계를 사용하기도 한다. 전자선량계를 방사선작업 종료후 지정된 보관 랙에 꽂으면 선량 기록이 자동적으로 컴프터로 입력되어 피폭관리 할 수 있는 시스템을 ADR(automated dosimetry record)이라 하며, 작업종사자가 많이 근무하는 시설에 유용하다

마. 경보기(alarm monitor)

경보기(警報器 : alarm monitor : 일람모니터)는 방사선이 외부에 유출되면 경보음이 울리는 장치로서 일반적으로 방사선 유출량이 커질수록 경보음 간격이 짧아지게 된다. 경보는 선량이나 선량률 값으로 설정할 수 있으며 청각, 시각 및 진동으로 선정할 수 있다. 소형 GM관이나 반도체 실리콘 다이오드를 많이 사용하며, 소형으로서 휴대하기가 편리하고 실제 방사선 작업시 사고 및 이상 유무를 가장 쉽게 알 수 있는 기기이다. 그러나 경보기 이상젠량적인 측정을 하는 장치가 아니며 고장 및 건전청각이상 유무를 항시 점검해야 한다.

바. 서베이 메터(survey meter)

서베이메터는 가스충전식 튜브에 방사선이 들어오면 기체의 이온화 현상 및 기체 증폭

강치를 이용하여 방사선을 검출, 측정하는 일반 방사선 관리용 측정기를 말하며 현재 G-M형이 많이 사용되고 있다.

서베이메터는 측정 위치에서의 방사선량률을 측정할 수 있어 방사선 작업시 방사선 구역설정 또는 선원의 유출상태를 확인할 수 있는 측정기이다.

대개 아날로그 형태이나 디지털형도 많이 사용하고 있다. 측정단위는 주로 μSv/hr, cpm/hr 및 mR/hr 등으로 나타나게 되어 있다. 충격에 매우 약하며 작동 전에는 반드시 건전지 상태를 확인하여야 한다.

4. 방사선 측정

방사선 투과검사시의 방사선 측정은 공간선량률을 주로 측정하는 것이지만, 방사선 측정에 대한 전반적인 방법은 공간선량률 측정, 오염의 측정, 배기 및 배수의 측정으로 구분할 수 있다. 여기서는 공간선량률의 측정 및 오염의 측정에 대해서만 설명한다.

가. 공간선량률 측정

공간선량률이란 공간의 방사선량률을 의미하며, 방사선 투과검사시에는 공간 선량률을 측정한다. 일반적으로 방사선작업 환경에 대해서는 서베이메터 (survey meter)를 사용하여 측정하고, 개인피폭에 대해서는 필름배지, 열형광 선량계, 포켓도시메터 및 경보계 등을 사용하여 측정한다.

나. 오염의 측정

오염은 작업환경의 표면 오염, 공기중 오염이 있고, 개인피폭에 관해서는 피부 오염과 내부피폭으로 인한 내부 오염으로 나눌 수 있다.

(1) 작업환경의 표면 오염

표면에서 직접 오염의 정도를 측정하는 표면 오염 검사계가 있으며, 간접법으로는 오염된 표면중 대표되는 곳을 깨끗한 헝겊 등으로 닦은 후 이 헝겊의 오염도를 측정하여 전체적인 오염도를 간접적으로 측정하는 스메어(smear)법이 있다.

(2) 작업환경의 공기중 오염

작업환경의 오염된 공기를 집진기로 채취하여 이를 방사선 측정 장치로 오염도를 측정한다.

(3) 피부 오염

표면 오염 검사계를 사용하여 피부의 오염 정도를 직접 측정하는 방법과, 손과 발의 오염이 규정을 초과하는 경우 경보음이 울리는 손발 오염 모니터(hand foot monitor)로 측정하는 방법이 있다.

(4) 내부피폭에 의한 오염

인체의 내부피폭 오염의 측정방법은 배설물을 분석하여 인체내부의 오염도를 측정하는 바이오 어세이(bioassay)와 체외에서 직접 검출기를 이용하여 측정하는 전신 계측기(全身計測器 : whole body counter)가 있다.

제 4 절 방사선 사고와 조치

1. 방사선 사고의 원인

대부분의 방사선 사고는 방사선 투과검사시 안전관리 규정을 제대로 따르지 않았기 때문에 발생한다. 안전관리규정은 작업종사자가 안전하고 효율적인 작업을 할 수 있도록 필요한 기준을 정해 놓은 것이다.

안전관리규정을 지키지 못하는 이유는 작업의 완료를 지나치게 독촉받아 서둘러 처리할 때, 작업이 귀찮아질 때, 몸이 불편할 때, 개인 신상문제 등이 복잡할 때, 연속근무로 지나치게 피곤할 때, 의사소통이 잘 안될 때, 교육이 안되었을 때 등 여러 가지 요인이 있다.

가. 선원 분실 · 도난 사고

방사성동위원소의 사용, 운반 및 보관 등은 정해진 절차에 따라 엄격하게 이루어져야한다. γ선 조사장치는 저장함에 보관하며, 출고 사실을 쉽게 판별할 수 있도록 하여야한다. 작업 종료 후 작업자나 보관 책임자는 기록장부와 조사기의 이상 유무를 확인하는 것도 중요하다. 그리고 운반 · 운송 중에는 운반 절차에 따라 운반함으로부터 조사기가 이탈하지 말아야하고, 2인 1조가 되어 조사기로부터 운반자가 없어서는 안된다. 저장함이나 운반함의 열쇠관리도 철저히 하여야 한다.

나. 선원 탈락 사고

방사성 동위원소 선원이 조사장치 외부로 빠진 경우로서 이는 선원과의 연결 고리가 빠진 경우와 원격조작 케이블이 절단된 경우에 많이 발생한다.

이와 같은 경우에는 주로 선원이 안내 튜브 맨 끝에 위치하게 되고, 방사선 투과검사시 선원의 위치를 조절할 때 이 부위를 손으로 쥐고 맞추어야 하기 때문에 주로 손가락 부위에 치명적인 사고를 당하게 된다.

따라서 방사선 투과검사시에는 수시로 서베이메터(survey meter)를 사용하여 선원의 탈락여부를 확인해야 하는데, 실제로는 반복되는 연속검사시 확인을 소홀히 하기 쉽기 때문에 방사선이 유출되면 경보음이 울리는 알람모니터(경보기)를 착용함으로써 이와 같은 사고는 쉽게 방지할 수 있다.

다. 조사 장치를 잠그지 않았을 때

대부분의 조사 장치는 선원이 차폐 위치에 제대로 있지 않으면 잠기지 않는다. 일반적으로 자물쇠 고리를 회전시키는 동작이 쉽게 되면, 선원이 완전히 차폐위치에 있음을 작업자에게 확신시켜 주는 것이다. 자물쇠 장치를 작동시키기가 어렵다면 선원이 노출되어 있다는 것을 나타낼 수도 있는 것이다. 추가로 선원을 제위치에 있게 하고 잠근 것은 선원이 나중에 차폐된 위치에서 미끄러져 나올 수 없다는 것을 보증하는 것이다. 방사선작업자가 조사 장치를 잠그지 않고 운반하다가 선원이 차폐용기에서 흘러나와 피폭되는 사례도 있었다. 또한 작업자의 실수원인으로 조사기 및 원격조작 케이블과 안내튜브 등과 같은 검사 장비 불량과 방사선 취급 등에 대한 교육 부족 등이 있으므로 유의해야 한다.

라. 선원 확인 측정을 하지 않은 경우

방사선원을 조사기 내부에 끌어들인 후 반드시 수행해야 할 방사선 측정을 생략하거나 잊은 경우로서, 방사선 측정을 적절히 했을 때에는 노출된 선원을 재빨리 발견할 수가 있다.

만약 선원이 노출된 것을 감지하면 과피폭은 있을 수 없다. 그러나 실제로 연속감시 확인 측정을 소홀히 하기 쉽기 때문에 경보기(알람모니터)만을 착용하여도 과피폭을 방지할 수 있다.

2. 사고 대응 조치

방사선의 사고가 발생하거나 발생의 우려가 있는 경우에는 첫째, 인명 및 신체적 안전을 도모한다(안전보호의 원칙), 둘째, 부근에 있는 사람, 사고 현장의 책임자 및 방사선장해방지의 관계자(안전관리자) 등에 반드시 알린다(통보의 원칙),
셋째는 방사성 물질의 오염이나 방사선 피폭이 확대를 방지를 한다(확대방지의 원칙)는 순서를 참조하여 조치를 취한다.

우선 노출된 선원으로부터 작업종사자 및 주위 사람들을 대피시킨다. 선원으로부터의 거리가 멀어질수록 방사선량은 거리의 제곱에 비례하여 줄어들기 때문에 가능한한 멀리 대피해야 한다. 그리고, 긴장을 풀고 평온을 되찾고 흥분해서는 안된다. 작업자가 선원으로부터 어느 정도 거리만 떨어져 있어도 무엇을 해야 하는가에 대해 생각할 시간을 갖게 된다. 선원을 즉시 차폐할 수 없는 경우에도 흥분해서는 안된다.

또한 제한구역을 설정하고 아무도 선원에 접근하지 못하도록 한다. 만약 제한구역을 설정하지 않았다면 줄, 띠 등으로 제한구역을 설정하고 아무도 제한구역 내에 접근하지 못하도록 해야 한다. 제한구역이 적절하게 설정되었는가를 서베이메터로 측정해야 한다.

그리고 주위 사람이나 관련 기관에 협조를 요청하며, 노출된 선원을 방치한 채 현장을 떠나서는 안된다. 협조를 구할 사람이 없을 경우에는 가능한 그곳에 머물러 있어야 하지만, 그렇다고 선원에 너무 근접해서는 안된다. 작업자는 그러한 상황에서 해야 할 일에 대해 훈련받지 않았을 경우 어떠한 행동도 취하려 해서는 안된다. 어떠한 상황에서도 작업자는 누구에게 도움을 청해야 하는지를 알고 있어야 한다.

비상시 작업절차서의 일반적인 요구사항은 방사선 안전관리자에게 연락하는 것이다. 만약 경찰과 연락이 된다면 작업자는 가능한 그들에게 많은 정보를 제공하고 보조하는 것이 중요하다. 작업자는 그 상황에 대해서 가장 많이 알고 있으며, 다른 사람에게 이야기할 수 있는 유일한 사람이기 때문이다.

제 5 절 안전 취급

1. 사용기준

가. 방사성 동위원소 및 방사선 발생장치의 사용은 반드시 허가받은 사용시설 또는 방사선 구역 내에서만 한다.

나. 방사선 장비의 정상 작동 상태를 확인하다.

다. 방사선 구역의 경계에서의 방사선량률은 0.4 mSv/주(40 mrem/주)이하로 하고, 그 경계는 사람이 함부로 출입할 수 없도록 설비를 설치한다.

라. 방사선 작업시는 개인피폭선량계 이상 유무를 확인한 후 착용한다.

마. 방사선 작업 전후 및 작업 중에는 방사선 구역 등에 대한 방사선량률을 측정한다.

바. 방사선 구역에는 무단출입을 금하는 조치를 강구한다.

2. 운반기준

가. 운반할 때에는 방사성 동위원소의 종류 및 수량을 표시한 방사능 표지를 필히 부착한다.

나. 침투, 부식, 전복되기 어려운 용기에 넣어 봉입 운반한다.

다. 포장표면의 방사선량률이 다음과 같은 선량 이하일 때만 운반을 허용한다.

(1) 포장표면에서 2 mSv/hr(200 mrem/hr) 이하

(2) 포장표면으로부터 1m거리 지점에서 0.1 mSV/hr(10 mrem/hr) 이하

3. 이동사용

방사성동위원소등을 이동사용하는 경우의 기술기준(방사선 안전관리등의 기술 기준에 관한 규칙 제52조)은 다음과 같다.

(1) 사용시설 또는 방사선 관리구역 안에서 사용할 것

(2) 정상적인 사용 상태에서는 밀봉선원이 개봉 또는 파괴될 우려가 없도록 할 것

(3) 다음 각목에 해당하는 조치를 함으로써 방사선작업종사자 또는 수시출입자의 피폭방사선량이 선량한도를 초과하지 아니하도록 할 것

(가) 전용작업장을 설치하거나, 차폐벽 또는 차폐물에 의하여 방사선을 차폐할 것

(나) 원격조작장치 · 집게 등을 사용하여 방사성동위원소와 인체 사이에 적당한 거리가 확보되도록 할 것

(다) 면밀한 작업계획, 숙달 · 훈련 등을 통하여 인체에 방사선이 피폭되는 시간을 단축할 것

(4) 사용시설 또는 방사선 관리구역의 눈에 띄기 쉬운 장소에 방사선장해방지에 필요한 주의사항을 게시할 것

(5) 사용시설에는 사람의 출입을 제한하고, 방사선 작업종사자외의 사람이 출입하는 경우에는 방사선작업종사자의 지시에 따르도록 할 것

(6) 방사선구역 사용시설이라는 규정된 방사선 표지를 부착할 것

(7) 밀봉선원을 사용한 직후에는 그 방사성동위원소의 분실 및 누설 등 이상 유무를 점검하고, 이상이 판명되는 경우에는 탐사 기타 방사선장해방지를 위하여 필요한 조치를 취할 것

(8) 감마선조사장치를 사용하는 경우에는 콜리메터(collimator)를 장착하고 사용할 것

(9) 방사선조사장치 1대당 측정범위가 작업현장에 적합한 방사선측정기 1대 이상을 휴대하고 이상 유무를 점검하여 활용할 것

(10) 방사선작업, 작업대기 및 휴식 중에는 방사선조사장치의 도난 · 분실 등을 예방하기 위하여 항상 감시인을 배치하여 감시할 것

(11) 방사선작업은 반드시 2인 이상을 1조로 편성하여 작업을 수행하고 각 개인에 대한 직무를 분담하되, 조장은 다음 각목의 1에 해당하는 자일 것

(가) 방사성동위원소취급자일반면허 또는 방사선취급감독자면허 취득자

(나) 과학기술부장관이 정하여 고시하는 비파괴검사 종사자 자격교육을 마친 자

(12) 현장에서 방사선안전을 책임지는 자는 방사선 작업 전에 반드시 작업현장을 확인하고 그 현장 환경에 적합한 작업방법, 절차 및 방사선장해방지에 필요한 사항들을 정하여 방사선작업종사자에 대하여 충분한 교육을 실시할 것

(13) 방사선조사장치의 정상작동상태를 확보하고 안전한 작업을 수행하기 위하여 감마선조사장치에 대한 점검 절차서를 정하고 그 절차서에 따라 점검을 실시한 후 작업을 수행할 것

(14) 야간 방사선작업을 수행하는 경우에는 작업수행에 필요한 다음 각목의 기구 등을 확보할 것

(가) 방사선 관리구역의 경계를 쉽게 식별할 수 있는 기구

(나). 작업수행에 필요한 조명기구

(다) 기타 작업수행에 필요한 기구

(15) 방사선작업을 종료하는 경우에는 방사선조사장치 등의 안전성 여부를 확인하기 위하여 다음 각목의 조치를 할 것

(가) 감마선조사기의 방사성동위원소 정상상태를 확인할 것

(나) 개인피폭선량계를 확인할 것

(다) 기타 안전장구 등에 대하여 안전상태를 점검할 것

(16) 일시적 사용장소에 사용을 폐지한 선원을 보관하지 아니할 것

【 익 힘 문 제 】

1. 방사선에 의한 장해를 분류하시오?

2. 방사선방어 체계를 순서대로 설명하시오?

3. 기체전리를 이용한 검출기에서 인가전압에 따른 이온 수집도를 도해하고, 각각을 설명하시오?

4. 개인 피폭선량계를 나열하고 설명하시오?

5. ^{131}I의 생물학적 반감기는 5일이고, 물리적 반감기는 8일이다 유효반감기는 얼마인가?

6. 30 Ci의 Ir-192 감마선원으로 발전소내의 보일러 튜브의 용접부를 방사선투과 촬영 할 때에 피폭방지를 위한 방법들을 기술하시오

7. 400KV이상의 높은 X선의 구조적 차폐체로서 원자번호가 높은 납보다 콘크르트를 많이 사용하는 이유를 설명하시오

8. 20 Ci(740GBq)의 ^{60}Co를 장전한 감마선조사장치가 있다. 1주간 노출시간은 10시간, 1/10가층 차폐체를 콜리메터로 사용할 때에 선원으로부터 몇 m 범위를 방사선 관리구역으로 설정하여야 하는가? (단, 관리구역 : 0.4 mSv/주,

Γ상수 : 1.3 R hr^{-1} m^2 Ci^{-1} 또는 0.351 mSv hr^{-1} m^2 GBq^{-1}

9. 야외에서 20 Ci(740GBq)의 ^{192}Ir선원으로 50 Cm떨어진 위치에 두께 20mm 강판의 막대기 용접부품을 투과 촬영하였다.[단, Γ상수는 0.5(R hr^{-1} m^2 Ci^{-1}), 반가층은 10mm]

① 2.0의 사진농도를 얻기 위한 투과선량이 500 mR라면 1장당 노출 시간은 몇 분인가?
② 선원과 시험체의 조사 부분의 중심을 연결하는 선상에서 선원으로부터 전방에 20m 떨어진 위치를 방사선 관리구역 경계로 하기위해서는 1주일에 최대 몇 장까지 촬영 할 수 있는가?[방사선 관리구역 경계선량 0.4 mSv/주(40 mR/주)]
③ 1주일간의 촬영 매수를 80매라면 관리구역 경계는 선원과 시험체 조사부분의 중심

을 연결하는 선상에서 선원에서 전방에 몇 m 떨어진 곳이 되는가?

10. 다음 용어를 간략히 설명하시오?

가. ALARA(As Low As Reasonably Achievable)

나. 등가 선량(Equivalent dose)

다. 유효선량(Effective Dose)

라. 감마상수(Γ constant)

마 선량한도(Dose Limit)

제 10 장 규격 요약

제 1 절 KS B 0845 (2005)
(강 용접 이음부의 방사선 투과시험 방법)

1. 요구사항

1) 강용접부에 대하여 용접 이음부의 모양에 따라 다음 부속서를 적용한다.

부속서 1. 강판의 막대기 용접 이음부의 촬영 방법 및 투과사진의 필요조건
2. 강관의 원둘레 용접 이음부의 촬영 방법 및 투과사진의 필요조건
3. 강판의 T용접 이음부의 촬영 방법 및 투과 사진의 필요조건

2) 투과사진 상질

투과사진의 상질의 적용 구분

용접부 모양	촬영방법	상질의 종류
강판(맞대기)	-	A급, B급*
강관(원둘레)	내부 선원 촬영 방법	A급, B급*, P1급**
	내부 필름 촬영 방법	A급, B급*, P1급**
	2중벽 편면 촬영 방법	A급*, P1급, P2급**
	2중벽 양면 촬영 방법	P1급, P2급**
강판(T용접)	-	F급
주 * 높은 검출 감도를 필요로 하는 경우에 적용한다. ** 통상의 촬영 기술의 적용이 곤란한 경우에 적용한다.		

2. 투과도계 (KS A 4054)

1) 투과도계의 종류

a. 바늘형 ① 일반형 : 지름이 다른 7개의 선으로 구성
(제2장 그림 2-44, 표 2-4참조)
② 띠 형 : 동일 지름의 9개의 선으로 구성(배관 Girth 활용)
(제2장 표 2-5참조)

b. 유공형 투과도계 = ASTM E 1025 인용, 제2장 표 2-2, 그림 2-42참조

c. 유공 계단형 투과도계 = ISO 1027 인용

2) 투과도계의 사용

a. 배치는 선원쪽을 원칙으로 한다. 투과도계와 필름간의 거리를 식별 최소 선지름의 10배 이상 떨어지면 투과도계를 필름에 둘 수 있다. 이 경우에는 각각의 투과도계에 "F" 글자를 부착한다.

b. 시험부 유효길이가 투과도계 나비의 3배 이하인 경우 중앙에 1개만 배치

3. 계조계

1) 계조계의 종류 : 15형, 20형, 25형(제2장 그림 2-45, 제5장 그림 5-15)

2) 계조계의 사용 (제3장 표 3-4, 제5장 표 5-8 참조)

a. 강판(맞대기) : 모재두께 50mm이하의 용접부에 적용.

b. 강관(원둘레) : 외경 100mm이상의 원둘레 용접부에 대해 상질의 종류가 A급 또는 B급의 경우

4. 투과사진의 필요조건

1) 투과도계의 식별 최소 선지름

<table>
<tr><th rowspan="2">모재의 두께</th><th colspan="5">상질의 종류</th></tr>
<tr><th>A급</th><th>B급</th><th>P_1급</th><th>P_2급</th><th>F급</th></tr>
<tr><td>4.0이하</td><td>0.125</td><td rowspan="2">0.10</td><td rowspan="2">0.20</td><td rowspan="2">0.25</td><td rowspan="3">-</td></tr>
<tr><td>4.0초과 5.0이하</td><td rowspan="2">0.16</td></tr>
<tr><td>5.0초과 6.3이하</td><td>0.125</td><td>0.25</td><td>0.32</td></tr>
<tr><td>6.3초과 8.0이하</td><td rowspan="2">0.20</td><td rowspan="2">0.16</td><td rowspan="2">0.32</td><td rowspan="2">0.40</td><td rowspan="2">0.20</td></tr>
<tr><td>8.0초과 10.0이하</td></tr>
<tr><td>10.0초과 12.5이하</td><td>0.25</td><td rowspan="2">0.20</td><td>0.40</td><td rowspan="2">0.50</td><td>0.25</td></tr>
<tr><td>12.5초과 16.0이하</td><td>0.32</td><td>0.50</td><td>0.32</td></tr>
<tr><td>16.0초과 20.0이하</td><td>0.40</td><td>0.25</td><td>0.63</td><td>0.63</td><td>0.40</td></tr>
<tr><td>20.0초과 25.0이하</td><td rowspan="2">0.50</td><td>0.32</td><td>0.80</td><td>0.80</td><td rowspan="2">0.50</td></tr>
<tr><td>25.0초과 32.0이하</td><td>0.40</td><td>1.0</td><td rowspan="3">-</td></tr>
<tr><td>32.0초과 40.0이하</td><td>0.63</td><td>0.50</td><td>1.25</td><td>0.63</td></tr>
<tr><td>40.0초과 50.0이하</td><td rowspan="2">0.80</td><td>0.63</td><td>106</td><td rowspan="2">0.80</td></tr>
<tr><td>50.0초과 63.0이하</td><td rowspan="2">0.80</td><td rowspan="3"></td><td rowspan="3"></td></tr>
<tr><td>63.0초과 80.0이하</td><td>1.0</td><td>1.0</td></tr>
<tr><td>80.0초과 100이하</td><td rowspan="2">1.25</td><td rowspan="2">1.0</td><td>1.25</td></tr>
<tr><td>100초과 125이하</td><td colspan="3" rowspan="6"></td></tr>
<tr><td>125초과 160이하</td><td rowspan="2">1.6</td><td rowspan="2">1.25</td></tr>
<tr><td>160초과 200이하</td></tr>
<tr><td>200초과 250이하</td><td rowspan="2">2.0</td><td rowspan="2">1.6</td></tr>
<tr><td>250초과 320이하</td></tr>
<tr><td>320을 초과하는 것</td><td>2.5</td><td>2.0</td></tr>
</table>

2) 투과 사진의 농도 범위

상질의 종류	농도범위
A급	1.3이상 4.0이하
B급	1.8이상 4.0이하

*시험부의 결함의 상 이외 부분의 사진 농도는 위 표시범위를 만족하여야 한다.

3) 계조계의 농도 값 (단위:mm)

<table>
<tr><th rowspan="3">모재의 두께</th><th colspan="2">농도차</th><th rowspan="3">계조계의 종류</th></tr>
<tr><th colspan="2">상질의 종류</th></tr>
<tr><th>A급</th><th>B급</th></tr>
<tr><td>4.0이하</td><td>0.15</td><td rowspan="2">0.23</td><td rowspan="8">15형</td></tr>
<tr><td>4.0초과 5.0이하</td><td rowspan="2">0.10</td></tr>
<tr><td>5.0초과 6.3이하</td><td>0.16</td></tr>
<tr><td>6.3초과 8.0이하</td><td rowspan="2">0.081</td><td rowspan="2">0.12</td></tr>
<tr><td>8.0초과 10.0이하</td></tr>
<tr><td>10.0초과 12.5이하</td><td>0.062</td><td rowspan="2">0.096</td></tr>
<tr><td>12.5초과 16.0이하</td><td>0.046</td></tr>
<tr><td>16.0초과 20.0이하</td><td>0.035</td><td>0.077</td></tr>
<tr><td>20.0초과 25.0이하</td><td rowspan="2">0.049</td><td>0.11</td><td rowspan="3">20형</td></tr>
<tr><td>25.0초과 32.0이하</td><td>0.092</td></tr>
<tr><td>32.0초과 40.0이하</td><td>0.032</td><td>0.077</td></tr>
<tr><td>40.0초과 50.0이하</td><td>0.060</td><td>0.12</td><td>25형</td></tr>
</table>

4) 시험부의 유효길이

a. 1회 촬영에서의 시험부의 유효길이 L_3은 투과도계의 식별 최소 선지름, 투과 사진의 농도 범위 및 계조계의 값을 만족하는 범위로 한다.

b. 강관에서 시험부에서의 가로 터짐의 검출을 특별히 필요로 하는 경우, 아래의 촬영 방법에 대해 그 제한 사항도 만족하여야 한다.

촬영 방법	시험부의 유효 길이
내부 선원 촬영 방법(분할 촬영)	선원과 시험부의 선원 쪽 표면 사이 거리 L_1의 ½ 이하
내부 필름 촬영 방법	관의 원둘레 길이의 1/12 이하
2중벽 편면 촬영 방법	관의 원둘레 길이의 1/6 이하

5. 투과사진의 촬영 방법

1) 강판의 맞대기 용접부

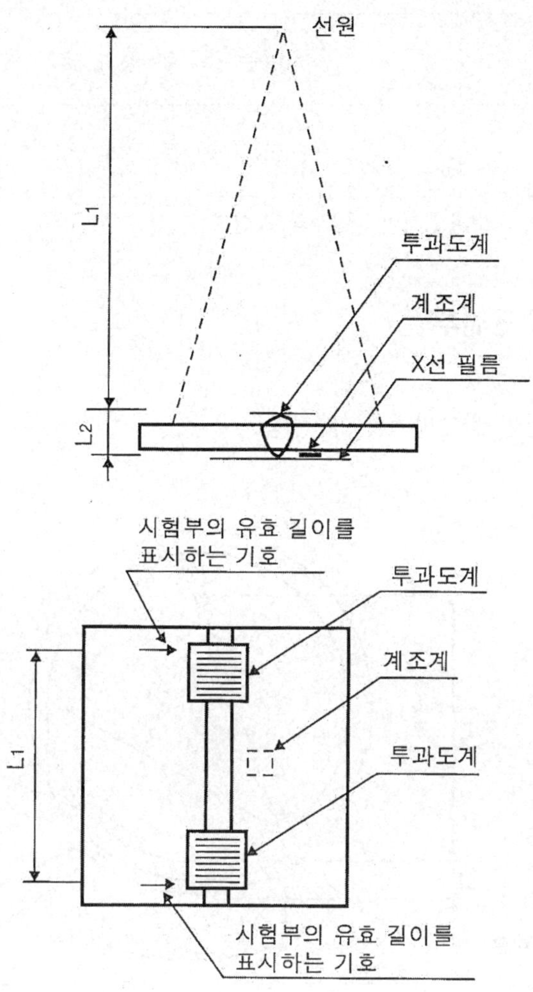

a. 투과도계의 개수

2개의 투과도계를 시험부 유효길이 L_3의 양끝단부에 투과도계의 가는선이 바깥쪽으로 향하도록 둔다. 단, L_3가 투과도계 나비의 3배 이하인 경우 투과도계는 중앙에 1개 둘 수 있다.

b. 선원필름간 거리 (SFD)의 조건

$L_1+L_2 \geqq mL_2$ 또는 $L_1 \geqq nL_3$

상질의 종류	계수 m	계수 n
A급	$\frac{2f}{d}$ 또는 6의 큰 쪽의 값	2
B급	$\frac{3f}{d}$ 또는 6의 큰 쪽의 값	3

*f:선원치수, d:투과도계의 식별 최소 선지름

2) 강관의 원둘레 용접부

a. 촬영방법

① 내부선원 촬영방법(분할 촬영)

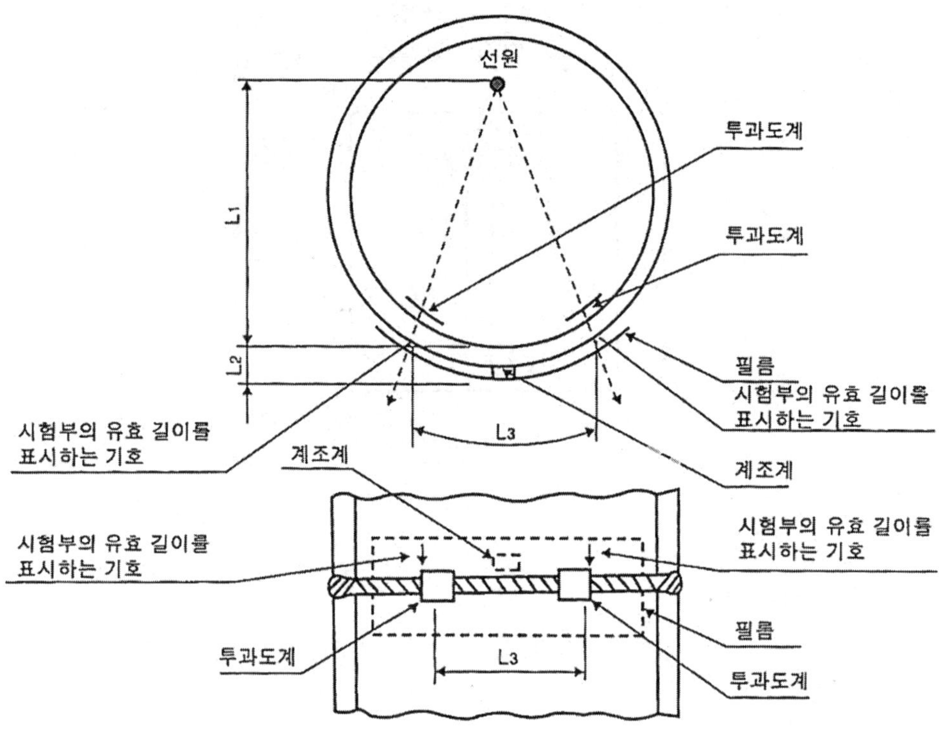

② 내부선원 촬영방법(전둘레 동시촬영)

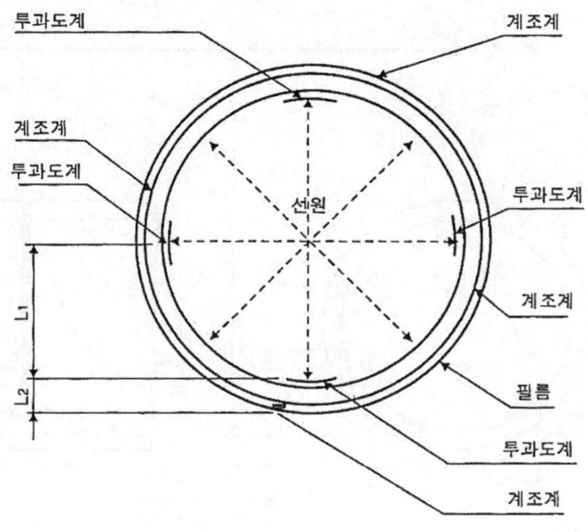

③ 내부필름 촬영방법

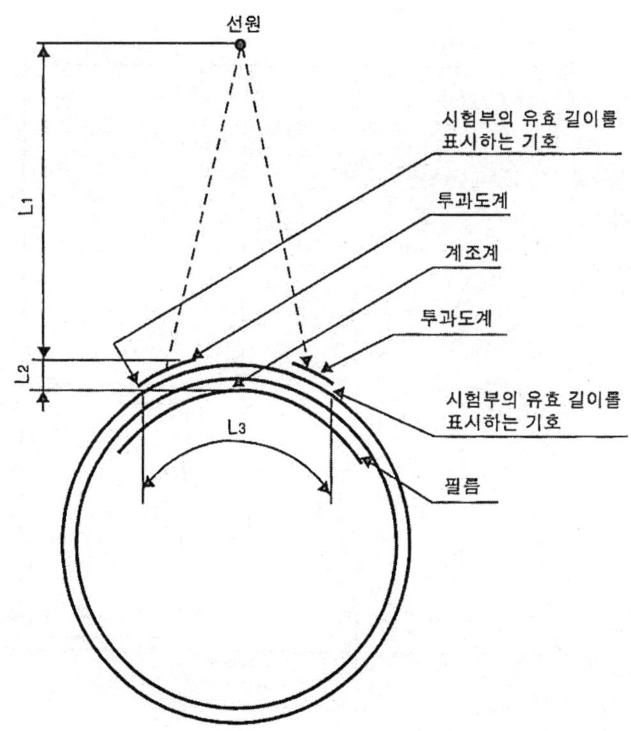

④ 2중벽 편면 촬영방법

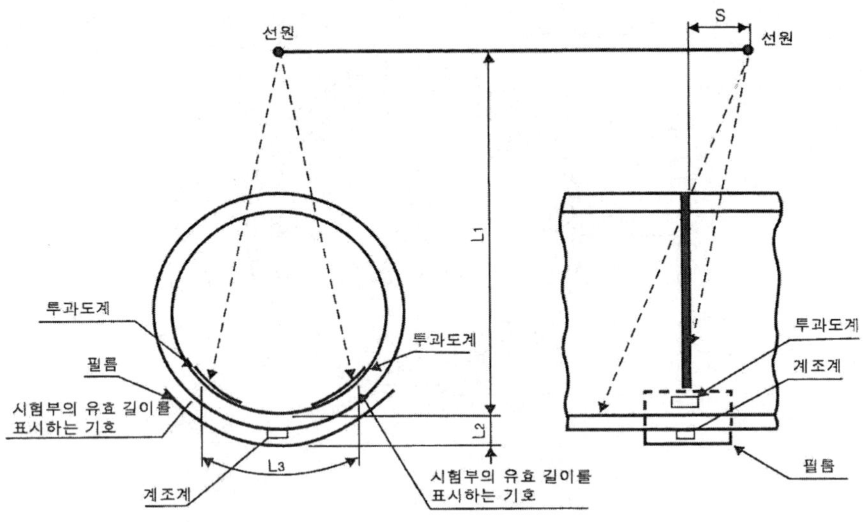

⑤ 2중벽 양면 촬영방법

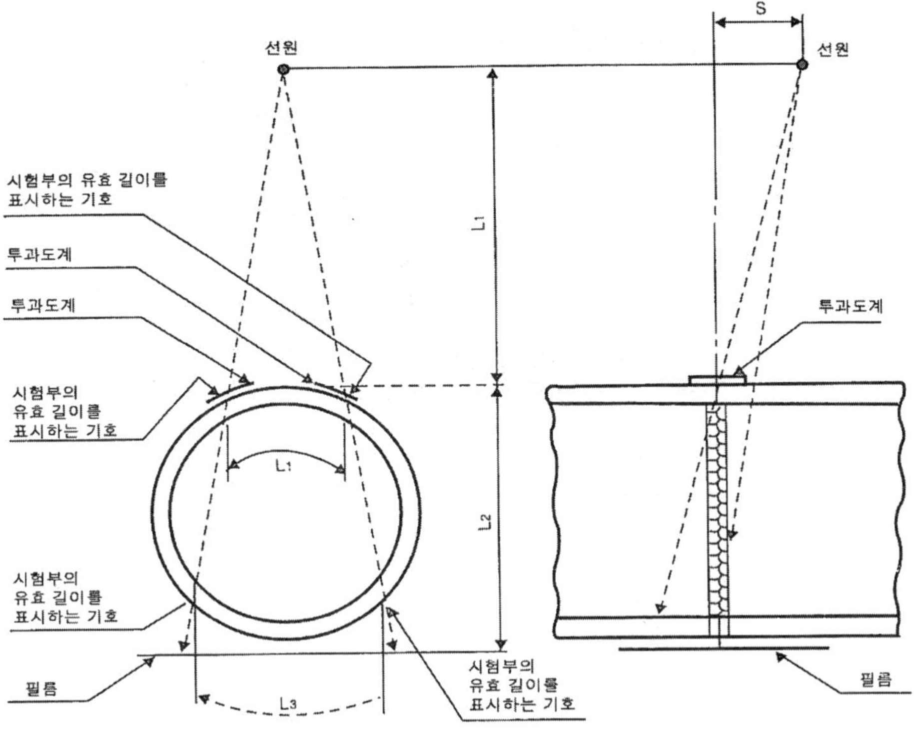

b. 투과도계의 개수

① 2개의 투과도계를 식별 최소 선지름이 각각 시험부의 유효길이 L_3의 경계선 상 또는 바깥쪽이 되도록 하고, 투과도계의 가는 선이 바깥쪽으로 향하도록 둔다. 단, 시험부의 유효길이 L_3내에 2개의 투과도계를 둘 수 없는 경우에는 중앙에 1개를 둔다.

② 전둘레 동시촬영에는 4등분하여 4개의 투과도계와 계조계를 둔다.

비고 : 2중벽 양면 촬영방법에서는 띠형 투과도계 사용을 원칙으로 한다.

c. 선원필름간 거리(SFD)의 조건

$L_1+L_2 \geqq mL_2$, 여기서 m=f/d (단, IQI 식별규정 만족 시에는 예외)

3) 강판의 T용접부

a. 촬영방법

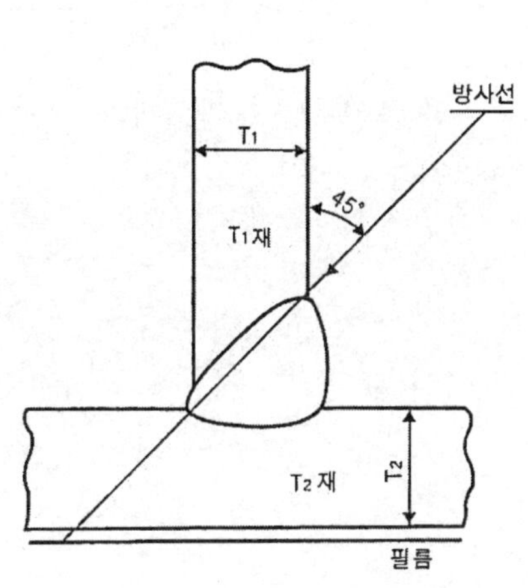

그림① 1방향에서의 촬영

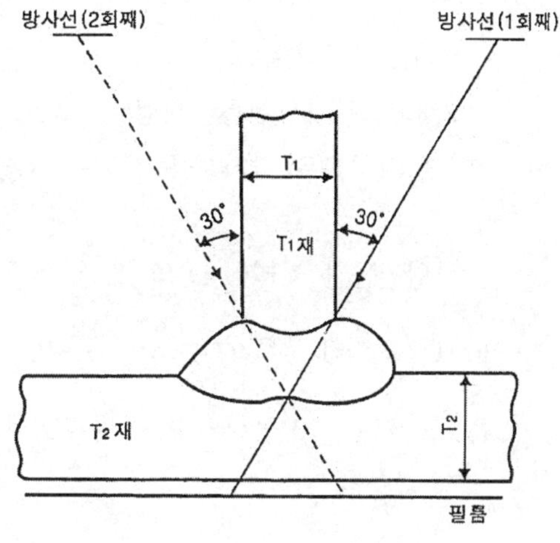

그림② 2방향에서의 촬영

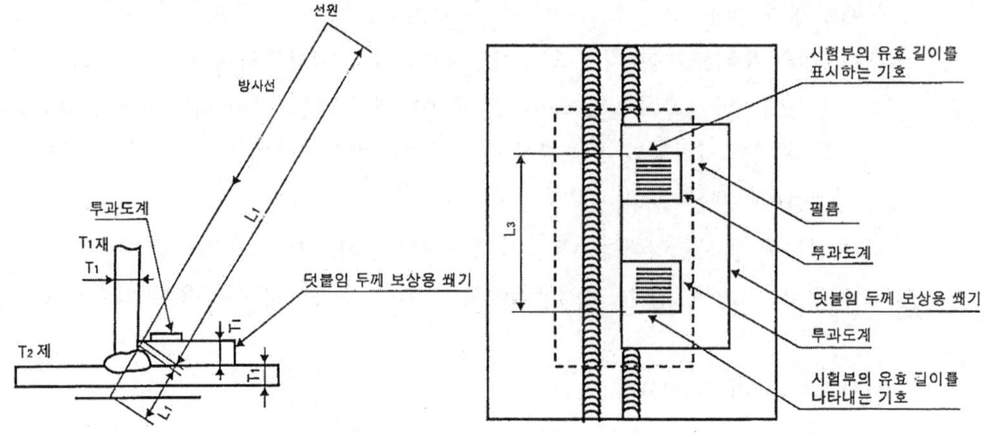

b. 덧붙임 두께 보상용 쐐기를 사용하지 않아도 되는 경우

- 그림①의 T1재의 두께가 T2재 두께의 $\frac{1}{4}$ 또는 5mm 중 작은 값 이하
- 그림②의 T1재의 두께가 T2재 두께의 $\frac{1}{3}$ 또는 8mm 중 작은 값 이하

c. 투과도계의 개수

2개의 투과도계를 시험부 유효길이 L_3의 양끝단부에 투과도계의 가는선이 바깥쪽으로 향하도록 선원측 또는 필름측에 둔다.

d. 선원필름간 거리(SFD)의 조건

$L_1+L_2 \geqq mL_2$ 여기서, m은 $\frac{2f}{d}$ 또는 6 중 큰 쪽의 값

$L_1 \geqq 2L_3$ (f:선원치수, d:투과도계의 식별 최소 선지름)

6. 투과사진 상의 결함 분류

1) 결함의 종별

결함은 다음의 4종으로 구별하고, 제1종/제2종 결함의 구별이 곤란한 결함에 대해서는 제1종/제2종 결함으로 각각 분류하고 그 중 분류 번호가 큰쪽을 채택한다.

결함의 종별	결함의 종류
제 1 종	둥근 블로홀 및 이와 유사한 결함
제 2 종	가늘고 긴 슬래그 혼입, 파이프, 용입불량 용합불량 및 이와 유사한 결함
제 3 종	갈라짐 및 이와 유사한 결함
제 4 종	텅스텐 혼입

2) 결함 점수

a. 결함 점수는 시험 시야를 설정하여 측정한다. 결함이 시험 시야의 경계선 위에 걸리는 경우는 시야 외의 부분도 포함시켜 측정한다.

b. 시험 시야는 시험부의 유효 길이 중에서 결함 점수가 가장 커지는 부위에 적용한다.

c. 제 1종의 결함이 1개인 경우의 결함 점수는 결함의 긴지름의 치수에 따른 결함 점수표의 값을 사용한다. 다만 결함의 긴지름이 결함 점수표에 나타 내는 값 이하인 것은 결함 점수로서 산정하지 않는다.

d. 제 4종 결함은 제 1종 결함과 마찬가지로 a, b 및 c의 방법에 따라 점수 를 구한다. 다만 결함 점수는 결함의 긴지름의 치수에 따라 결함 점수표 값의 $\frac{1}{2}$로 한다.

e. 결함이 2개 이상인 경우의 결함 점수는 시험 시야 내에 존재하는 각 결함 점수의 총합으로 한다.

f. 제1종 결함과 제 4종 결함이 동일 시험 시야 내에서 공존하는 경우는 양자의 점수의 종합을 결함 점수로 한다.

〈시험시야의 크기〉 [단위 : mm]

모재의 두께	25이하	25초과 100이하	100을 초과하는 것
시험 시야의 크기	10×10	10×20	10×30

〈결함 점수〉 [단위 : mm]

결함의 긴지름	1.0이하	1.0초과 2.0이하	2.0초과 3.0이하	3.0초과 4.0이하	4.0초과 6.0이하	6.0초과 8.0이하	8.0을 초과
점수	1	2	3	6	10	15	25

〈산정하지 않는 결함의 치수〉 [단위 : mm]

모재의 두께	농도범위
20 이하	0.5
20초과 50이하	0.7
50을 초과하는 것	모재 두께의 1.4%

3) 결함 길이

결함 길이는 제2종의 결함의 길이를 측정하여 결함의 길이로 한다. 다만 결함이 일직선상에 존재하고, 결함과 결함의 간격이 큰 쪽의 결함의 길이 이하인 경우는 결함과 결함과의 간격을 포함시켜 측정한 치수를 그 결함군의 결함 길이로 한다.

4) 결함의 분류

a. 제 1종 및 제 4종의 결함의 분류

투과 사진에 의해 검출된 결함이 제 1종 및 제 4종의 결함인 경우의 분류는 아래 표의 기준에 따라 실시하는 것으로 한다. 표 안의 숫자는 결함 점수의 허용 한도를 나타낸다. 다만 결함의 긴지름이 모재 두께의 $\frac{1}{2}$을 초과할 때에는 4류로 한다. 또한 결함의 긴지름이 산정하지 않는 결함의 치수 이하의 것이라도 1류에 대해서는 시험 시야 내에 10개 이상 없어야 한다.

〈제1종 및 제 4종의 결함의 분류〉 [단위 : mm]

분 류	시험 시야				
					10×30
	10이하	10초과 25이하	25초과 50이하	50초과 100이하	100을 초과 하는 것
1 류	1	2	4	5	6
2 류	3	6	12	15	18
3 류	6	12	24	30	36
4 류	결함 점수가 3류 보다 많은 것				

b. 제 2종의 결함의 분류

투과 사진에 의한 제 2종의 결함인 경우의 분류는 아래 표 기준에 따라 실시하도록 한다. 표 안의 값은 결함 길이의 허용 한도를 나타낸다. 다만 1류로 분류된 경우에도 용입불량 또는 융합불량이 있으면 2류도 한다.

〈제1종 및 제 4종의 결함의 분류〉 [단위 : mm]

분류	시험 시야		
	25 이하	1 초과 48 미만	48 이상
1 류	1	모재 두께의 ¼이하	12 이하
2 류	3	모재 두께의 ⅓이하	16 이하
3 류	6	모재 두께의 ½이하	24 이하
4 류	흠 길이가 3류 보다 긴 것		

c. 제3종의 결함의 분류

검출된 결함이 제3종 결함인 경우의 분류는 4류로 한다.

d. 총합 분류

시험부의 유효 길이를 대상으로 하여, 결함의 종류별로 분류종류결과를 토대로 결정하는 총합분류는 다음 총합른다.

① 결함의 종별이 1종류인 경우는 그 분류를 종합 분류로 한다.

② 결함의 종별이 2종류 이상인 경우는 그 중의 분류 번호가 큰 쪽을 종합분류로 한다. 다만 제 1종의 결함 및 제 4종 결함의 시험 시야에 분류대상으로 한 제 2종의 결함이 혼재하는 경우로 결함 점수에 의한 분류와 결함의 길이에 의한 분류가 모두 같은 분류라면 혼재하는 부분의 분류번호를 하나 크게 한다. 이때 1류에 대해서는 제 1종과 제 4종의 결함이 각각 단독으로 존재하는 경우 또는 공존하는 경우의 허용 결함 점수의 ½ 및 제2종의 결함의 허용 결함 길이의 ½을 각각 초과한 경우에만 2류 로 한다.

제 2 절 KS D 0227 (2005) (주강품의 방사선 투과 시험방법)

1. 요구사항

1) 주강품의 X선 또는 r선에 의한 결함의 검출을 목적. 국제 규격 : ISO 5579

2) X선 관전압 및 방사선원의 선택

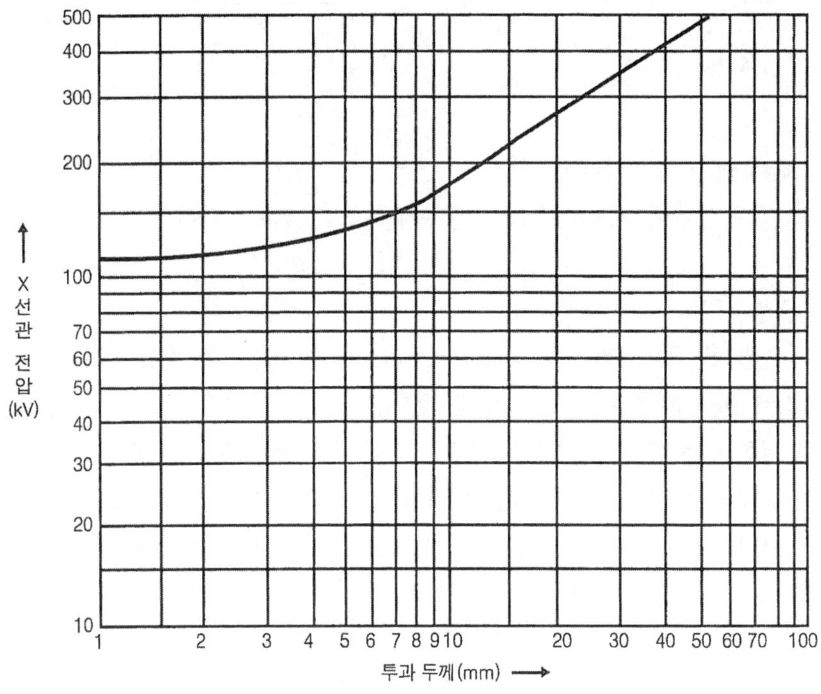

500kV 이하의 X선 장치에 대한 투과 두께와 최고관 전압과의 관계

〈 γ선 및 1 MeV를 넘는 X선 장치에 대한 적용 투과 두께 〉

방사선원	적용 투과 두께 (㎜)	
	A급	B급
^{192}Ir	20이상 100이하	20이상 90이하
^{60}Co	40이상 200이하	60이상 150이하
1MeV 이상 4MeV이하의 X선 장치	30이상 200이하	50이상 180이하
4MeV 이상 12MeV이하의 X선 장치	50이상	80이상
12MeV 를 넘는 X선 장치	80이상	100이상

3) 필름시스템 및 증감지 조합선택

<table>
<tr><th rowspan="2">방사선원</th><th rowspan="2">투과두께
(mm)</th><th colspan="2">필름 시스템
등급(1)</th><th colspan="2">금속박 증감지의 종류 및 두께</th></tr>
<tr><th>A급</th><th>B급</th><th>A급</th><th>B급</th></tr>
<tr><td>100kV 이하의 X선 장치</td><td rowspan="3"></td><td rowspan="3">T3</td><td rowspan="3">T2</td><td colspan="2">사용하지 않거나 프런트,백 모두 0.03mm끼지의 납박 증감지</td></tr>
<tr><td>100kV 초과 150kV 이하의 X선 장치</td><td colspan="2">프런트, 백 모두 0.15mm 이하의 납박 증감지</td></tr>
<tr><td>150kV 초과 250kV 이하의 X선 장치</td><td colspan="2">프런트, 백 모두 0.02~0.15mm의 납박 증감지</td></tr>
<tr><td rowspan="2">250kV 초과 500kV 이하의 X선 장치</td><td>50 이하</td><td rowspan="2">T3</td><td>T2</td><td colspan="2">프런트, 백 모두 0.02~0.2mm의 납박 증감지</td></tr>
<tr><td>50 초과</td><td>T3</td><td colspan="2">프런트0.1~0.3mm의 납박 증감지(2)백 0.02~0.3mm의 납박 증감지</td></tr>
<tr><td rowspan="2">^{192}Ir</td><td rowspan="2"></td><td rowspan="2">T3</td><td rowspan="2">T2</td><td>프런트 0.1~0.3MM의 납박 증감지(2)</td><td>프런트 0.1~0.2mm의 납박 증감지(2)</td></tr>
<tr><td colspan="2">백 0.02~0.2mm의 납박 증감지</td></tr>
<tr><td rowspan="2">^{60}Co</td><td>100이하</td><td rowspan="2">T3</td><td rowspan="2">T3</td><td rowspan="2" colspan="2">프런트, 백 모두 0.25~0.7mm강 또는 동박 증감지(3)</td></tr>
<tr><td>100초과</td></tr>
<tr><td rowspan="2">1MeV 이상 4MeV 이하의 X선 장치</td><td>100이하</td><td rowspan="2">T3</td><td rowspan="2">T2</td><td rowspan="2" colspan="2">프런트, 백 모두 0.25~0.7mm 강 또는 동박 증감지(3)</td></tr>
<tr><td>100초과</td></tr>
<tr><td rowspan="3">4MeV 초과 12MeV이하의 X선 장치</td><td>100이하</td><td>T2</td><td>T2</td><td rowspan="3" colspan="2">프런트 1mm 이하의 구리, 강 또는 탄탈(4)
백 1mm 이하의 구리 또는 강 및 0.5mm 이하의 탄탈(4)</td></tr>
<tr><td>100초과 300이하</td><td rowspan="2">T3</td><td>T2</td></tr>
<tr><td>100초과</td><td>T3</td></tr>
<tr><td rowspan="3">12MeV를 넘는 X선 장치</td><td>100이하</td><td>T2</td><td>-</td><td rowspan="2" colspan="2">프런트 1mm 이하의 탄탈(5) 백은 사용하지 않는다.</td></tr>
<tr><td>100초과 300이하</td><td rowspan="2">T3</td><td>T2</td></tr>
<tr><td>300초과</td><td>T3</td><td colspan="2">프런트 1mm 이하의 탄탈(5) 백 0.5mm 이하의 탄탈</td></tr>
</table>

주(1) 보다 양호한 필름 시스템의 등급을 사용하여도 상관없다.

(2) 0.03mm끼지의 전면 납박을 넣은 레이백 필름은 0.1mm의 납박을 시험체와 필름 사이에 추가하면 사용하여도 상과없다.

(3) A급에서는 0.5~2.0mm 납박 증감지를 사용하여도 상과없다.

(4) A급에서는 인수・인도 당사자 사이의 협정에 따라 0.5 ~ 1mm의 납박 증간지를 사용하여도 상관없다.

(5) 텅스템 증감지는 인수・인도 당사자 사이의 협정에 따라 사용하여도 상관없다.

4) 투과사진 상질

상질	적 용	필름시스템 등급*	
		Ir-192	Co-60
A급	제품의 모양이 복잡하고 시험부의 살 두께 변화가 큰 것. (일반적인 촬영방법)	T3	T3
B급	두께 변화가 작고 평판 시험체에 가까운 것.	T2	T3
주* 보다 양호한 필름등급 시스템을 사용하여도 된다.			

2. 투과도계

KS A 4054에서 규정하는 일반형의 F형 또는 S형의 투과도계 사용한다

3. 투과사진의 필요조건

1) 투과도계의 식별 최소 선지름

투과 두께				식별 최소 선지름	투과 두께				식별 최소 선지름
A급		B급			A급		B급		
	5미만		6.4미만	0.10	50이상	63미만	56이상	70미만	1.00
5이상	6.4미만	6.4이상	8미만	0.125	63이상	80미만	70이상	90미만	1.25
6.4이상	8미만	8이상	10미만	0.16	80이상	100미만	90이상	120미만	1.60
8이상	10미만	10이상	13미만	0.20	100이상	140미만	120이상	150미만	2.00
10이상	13미만	13이상	16미만	0.25	140이상	180미만	150이상	190미만	2.50
13이상	16미만	16이상	20미만	0.32	180이상	225미만	190이상	240미만	3.20
16이상	20미만	20이상	26미만	0.40	225이상	280미만	240이상	300미만	4.00
20이상	26미만	26이상	32미만	0.50	280이상	360미만	300이상	380미만	5.00
26이상	32미만	32이상	45미만	0.63	360이상		380이상		6.30
32이상	50미만	45이상	56미만	0.80					

2) 투과사진의 농도 범위

상질의 종류	A급	B급
농도 범위	1.0이상 4.0이하	1.5이상 4.0이하
복합필름촬영 포개어 관찰시	0.8이상 4.0이하	0.8이상 4.0이하
*시험부의 결함의 상 이외 부분의 사진 농도는 위 표시범위를 만족하여야 한다. 단, 투과도계의 식별 최소 선지름의 규정을 만족하는 경우는 예외로 한다.		

4. 투과사진의 촬영 방법

1) 투과도계의 개수

a. 투과두께의 변화가 작은 경우에는 그 투과두께를 대표하는 곳에 1개를 놓는다.

b. 투과두께의 변화가 큰 경우에는 두꺼운 부분을 대표하는 곳 및 얇은 부분을 대표하는 곳에 각각 1개씩 놓는다.

c. 관 모양의 시험체 전체를 동시 촬영하는 경우에는 4등분하는 위치에 4개의 투과도계를 놓는다.

2) 선원필름간 거리(SFD)의 조건

a. A급의 경우 : $L_1/f \geqq 7.5{L_2}^{2/3}$

b. B급의 경우 : $L_1/f \geqq 15{L_2}^{2/3}$

c. 위의 촬영 배치 규정을 만족하지 않더라도 투과도계의 식별 최소 선지름을 만족하는 경우는 예외로 한다.

5. 투과사진의 등급분류

1) 블로홀, 모래 박힘 및 개재물

a. 판독 요령

① 시험부 전체면적 중 결함점수가 가장 많은 부분의 시험시야 내를 대상으로 한다.

② 세지 않는 결함의 결정에는 결함의 농도가 높은 부분만 측정하고 주위의 흐림은 측정범위에 넣지 않는다.

③ 결함이 2개 이상일 경우는 결함점수의 총합으로 구하고, 시험시야의 경계에 걸리는 경우는 시야 밖의 부분도 포함하여 측정한다.

〈호칭 두께와 시험시야의 크기〉 [단위:mm]

호칭두께	10이하	10-20	20-40	40-80	50-120	120초과
시험시야(지름)	20	30	50		70	

〈결함치수와 결함점수〉 [단위:mm]

결함치수	2.0 이하	2.0-4.0	4.0-6.0	6.0-8.0	8 . 0 - 10.0	10.0-15.0	15.0-20.0	20.0-25.0	25.0-30.0
결함점수	1	2	3	5	8	12	16	20	40

〈세지 않는 결함의 최대 치수〉 [단위:mm]

적용구분 \ 두께	10이하	10초과 20이하	20초과 40이하	40초과 80이하	80초과 120이하	120초과
1류	0.4	0.7	1.0		1.5	
2류 이하	0.7	1.0	1.5		2.0	

b. 블로홀, 모래 박힘 및 개재물의 등급분류

1류에 대해서는 1류에 허용된 블로홀이 없어야 한다.

〈블로홀 등급분류〉

적용구분 \ 시야 \ 두께	10이하	10초과 20이하	20초과 40이하	40초과 80이하	80초과 120이하	120초과
	20	30	50		70	
1류	3	4	6	8	10	12
2류	4	6	10	16	19	22
3류	6	9	15	24	28	32
4류	9	14	22	32	38	42
5류	14	21	32	42	49	56
6류	결함점수가 5류 보다 많은 것. 호칭 두께의 1/2 또는 15mm를 초과하는 치수의 결함이 있는 것.					

〈1류에 허용된 블로홀의 최대치수〉 [단위:mm]

적용구분 \ 두께	10이하	10초과 20이하	20초과 40이하	40초과 80이하	80초과 120이하	120초과
블로홀의 최대치수	3.0		4.0	5.0	7.0	9.0

c. 모래 박힘 및 개재물의 등급분류

〈1류에 허용된 블로홀의 최대치수〉

적용구분 \ 시야 \ 두께	10이하	10초과 20이하	20초과 40이하	40초과 80이하	80초과 120이하	120초과
시야	20	30	50		70	
1류	5	8	12	16	20	24
2류	7	11	17	22	28	34
3류	10	16	23	29	36	44
4류	14	23	30	38	46	54
5류	21	32	40	50	60	70
6류	결함점수가 5류 보다 많은 것. 호칭 두께또는 30mm를 초과하는 치수의 결함이 있는 것.					

〈1류에 허용된 모래혼입 및 개재물의 최대치수〉 [단위:mm]

호칭두께	10이하	10초과 20이하	20초과 40이하	40초과 80이하	80초과 120이하	120초과
모래박힘/개재물의 최대치수	6.0		8.0	10.0	14.0	18.0

2) 슈링키지의 결함길이 및 결함면적

a. 판독 요령

① 선 모양 슈링키지의 결함길이는 연속으로 간주되는 결함의 최대길이로 하며, 결함이 2개 이상일 때는 총합을 결함군의 결함길이로 하고, 경계선에 걸치는 경우는 시야밖의 부분도 포함시켜 측정한다.

② 나뭇가지 모양의 슈링키지의 결합면적은 연속으로 간주되는 결함의 최대길이 및 그것과 직교하는 나비치수의 상승곱으로 하며, 결함이 2개 이상일 때는 총합을 결함군의 결함면적으로 한다. 결함이 경계선에 걸치는 경우는 시야밖의 부분도 포함시켜 측정한다.

③ 나뭇가지의 슈링키지에 선 모양의 슈링키지가 혼재하고 있는 경우, 길이 ⅓인 값을 나비로 생각하여 나뭇가지 모양의 슈링키지로 취급하고, ⅓의 값은 mm 단위로 정수 값으로 끝맺음한다.

〈시험부의 호칭 두께와 시험시야의 크기〉 [단위:mm]

호칭두께	10이하	10-20	20-40	40-80	50-120	120초과
시험시야(지름)	50		70			

〈시험부의 호칭 두께와 시험시야의 크기〉 [단위:mm]

호칭 두께,mm / 적용 구분		10이하	10초과 20이하	20초과 40이하	40초과 80이하	80초과 120이하	120초과
1급	선 모양mm	5					
	나뭇가지모양 mm²	10					
2급	선 모양 mm	5		10		20	
	나뭇가지모양 mm²	30		50		90	

b. 슈링키지의 결함의 분류

〈선 모양의 슈링키지의 결함의 분류〉 [단위:mm]

두께 / 시야 / 적용구분	10이하	10초과 20이하	20초과 40이하	40초과 80이하	80초과 120이하	120초과
	50		70			
1류	12		18	30		50
2류	23		36	63		110
3류	45		63	110		145
4류	75		100	160		180
5류	120		145	230		250
6류	5류 보다 긴 것					

〈나뭇가지 모양의 슈링키지의 결함의 분류〉 [단위:mm]

두께 / 시야 / 적용구분	10이하	10초과 20이하	20초과 40이하	40초과 80이하	80초과 120이하	120초과
	50		70			
1류	250		600	800		1000
2류	450		900	1350		2000
3류	800		1650	2700		3000
4류	1600		2700	5400		8000
5류	3600		6300	9000		12000
6류	5류 보다 긴 것					

* 비고 : 분류의 규정 값은 결함 면적(mm^2)의 허용한도를 나타낸다.

3) 등급의 결정

a. 2종류 이상의 결함이 혼재할 때 결함의 종류별로 각각 분류하고, 이들 중 가장 하위의 종류를 종합류로 한다.

b. 동일 시험시야 내에서 가장 하위의 종류가 2개 이상인 경우에도 그 종류보다 하나 아래의 등급을 종합류로 한다.

c. 1류라도 결함점수, 결함길이 및 결함면적의 허용한도의 ½을 넘는것이 두 종류 이상 있을 경우에만 2류로 한다.

d. 1류에 허용된 최대치수 또는 세지 않는 결함의 최대치수의 적용 구분이 2류로 된 것은, 따로 혼재하는 결함이 2류라도 3류로 할 수 없다.

e. 결함이 갈라짐인 경우는 모두 6류로 한다.

제 3 절 ASME Sec. V, Art. 2 (2010) (Radiographic Examination : 방사선투과시험)

1. 기자재

1) 필름

필름은 공업용 필름을 사용함.

ASTM 분류	Description			필름의 종류	비 고
	속도	Contrast	입상성		
Special	-	-	-	Kodak:DR25 Fuji :IX25	강화플라스틱, 세라믹에 적합
I	Low	Very High	Very Low	Kodak:MX125, T200 Fuji :IX50, IX80	↑ 상질 요구시
II	Medium	High	Low	Kodak:AA400 Fuji :IX100	
III	High	Medium	High	Kodak: - Fuji :IX150	↓ 속도 요구시

2) Screen

특별한 요구가 명시되지 않은 경우 납증감지를 사용.

3) 투과도계(IQI)

a. 유공형 투과도계 : ASTM E 1025 규격에 따라 제작된 것.

b. 선형 투과도계 : ASTM E 747 규격에 따라 제작된 것.

〈유공형 투과도계의 식별번호, 두께 및 홀의 직경〉

IQI 식별번호	IQI 두께, in(mm)	1T Hole 직경, in(mm)	2T Hole 직경, in(mm)	4T Hole 직경, in(mm)
5	0.005(0.13)	0.010(0.25)	0.020(0.51)	0.040(1.02)
7	0.0075(0.19)	0.010(0.25)	0.020(0.51)	0.040(1.02)
10	0.010(0.25)	0.010(0.25)	0.020(0.51)	0.040(1.02)
12	0.0125(0.32)	0.0125(0.32)	0.025(0.64)	0.050(1.27)
15	0.015(0.38)	0.015(0.38)	0.030(0.76)	0.060(1.52)
17	0.0175(0.44)	0.0175(0.44)	0.035(0.89)	0.070(1.78)
20	0.020(0.51)	0.020(0.51)	0.040(1.02)	0.080(2.03)
25	0.025(0.64)	0.025(0.64)	0.050(1.27)	0.100(2.54)
30	0.030(0.76)	0.030(0.76)	0.060(1.52)	0.120(3.05)
35	0.035(0.89)	0.035(0.89)	0.070(1.78)	0.140(3.56)
40	0.040(1.02)	0.040(1.02)	0.080(2.03)	0.160(4.06)
45	0.045(1.14)	0.045(1.14)	0.090(2.29)	0.180(4.57)
50	0.050(1.27)	0.050(1.27)	0.100(2.54)	0.200(5.08)
60	0.060(1.52)	0.060(1.52)	0.120(3.05)	0.240(6.10)

〈선형 투과도계의 선 직경 및 선의 식별번호〉

Set A	
선경 in.(mm)	선의 식별번호
0.0032(0.08)	1
0.004(0.10)	2
0.005(0.13)	3
00063(0.16)	4
0.008(0.20)	5
0.010(0.25)	6

Set B	
선경 in.(mm)	선의 식별번호
0.010(0.25)	6
0.013(0.33)	7
0.016(0.41)	8
0.020(0.51)	9
0.025(0.64)	10
0.032(0.81)	11

Set C	
선경 in.(mm)	선의 식별번호
0.032(0.81)	11
0.040(1.02)	12
0.050(1.27)	13
0.063(1.60)	14
0.080(2.03)	15
0.100(2.54)	16

Set D	
선경 in.(mm)	선의 식별번호
0.100(2.54)	16
0.126(3.20)	17
0.160(4.06)	18
0.200(5.08)	19
0.250(6.35)	20
0.320(8.13)	21

4) 관찰시설

투과사진을 판독하기 위해 사용되는 필름관찰기는 규정된 농도 범위내에서 확인되어야 할 투과도계 홀 또는 선을 볼 수 있을 정도로 충분히 밝아야 함

2. 투과도계의 선정과 사용

1) 재질

투과도계의 재질은 가능한 한 SE-1025 또는 SE-747에서 구분한 것과 같이 동일 합금군 또는 등급을 선택하거나 검사 재질보다 방사선 흡수가 작은합 금군 또는 등급을 선택한다.

2) 선정

공창단벽두께범위 in.(mm)	IQI			
	선원측		필름측	
	유공형 식별번호	선형 필수 선경	유공형 식별번호	선형 필수 선경
Up to 0.25(6.4), incl.	12	5	10	4
Over 0.25(6.4)-0.375(9.5)	15	6	12	5
Over 0.375(9.5)-0.50(12.7)	17	7	15	6
Over 0.50(12.7)-0.75(19.0)	20	8	17	7
Over 0.75(19.0)-1.00(25.4)	25	9	20	8
Over 1.00(25.4)-1.50(38.1)	30	10	25	9
Over 1.50(38.1)-2.00(50.8)	35	11	30	10
Over 2.00(50.8)-2.50(63.5)	40	12	35	11
Over 2.50(63.5)-4.00(101.6)	50	13	40	12

a. 투과도계 선정기준=공칭단벽 두께+허용 덧살두께(보강판 두께는 제외)

b. 용접금속이 모재와 다른 방사선 흡수성질을 가진 합금군 또는 등급인 경우, 투과도계의 재질은 용접금속을 기준으로 선정한다.

3) 위치

a. 투과도계를 선원쪽에 놓기가 불가능할 경우를 제외하고는 선원쪽에 놓아야 한다. 필름쪽에 놓을 경우는 "F"문자를 투과도계 위에 또는 투과도계에 인접하여 놓는다.

b. 유공형 투과도계는 용접부 위나 인접 모재에 놓으며 선형 투과도계는 용접부위에 투과도계선이 용접부와 수직이 되게 놓는다.

4) 투과도계의 수

a. c항의 특별한 경우를 제외하고, 각 필름에 최소 한 개의 투과도계를 사용한다.

b. 6.2)항의 요구조건을 만족하기 위해 한 개 이상의 투과도계를 사용해야하는 경우, 한 개는 주관찰부위의 가장 밝은 곳을, 다른 하나는 가장 어두운 곳을 대표해야 하며, 투과사진상의 대표되는 농도사이의 농도는 허용할 수 있는 농도로서 간주한다.

c. 특별한 경우

원통형 또는 구형 용기의 Girth 용접부를 1회의 촬영으로 검사할 때,

1회의 촬영조건	투과도계수, 배치
- 전 원 주용접부 - 240°이상의 Girth 용접부 부분	3개, 120°간격
- 120°초과, 240°미만인 원주용접부(1장의 필름 사용) - 240°미만인 Girth 용접부(복수의 필름 사용)	3개, 중심에 한 개, 양끝에 각각 1개씩
* 상기의 Girth와 교차되는 LONGI 용접부를 동시에 촬영할 경우에는 Girth용접부로부터 가장 먼 LONGI 용접부 끝에 추가로 투과도계를 배치.	

3. 선원 필름간 거리

1) 기하학적 불선명도(Ug) 계산식

$$Ug = F\ d\ /\ D$$

F : 선원 최대크기, D : 선원-시편상단까지의 거리, d : 시편의 상단-필름까지의 거리

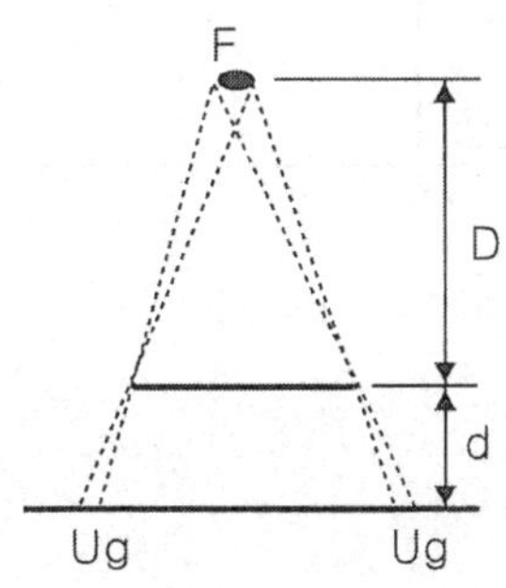

2) 기하학적 불선명도(Ug)의 한계치

재료두께 in.(mm)	최대허용 Ug 값 in.(mm)
2(50) 미만	0.020 (0.51)
2(50) 이상 3(75)까지	0.030 (0.76)
3(75) 초과 4(100)까지	0.040 (1.02)
4(100) 초과	0.070 (1.78)

* 재료두께는 투과도계가 놓여 있는 위치에서의 두께를 말한다.

4. 촬영기법

1) 단벽 단면 촬영(Single Wall Single Viewing)

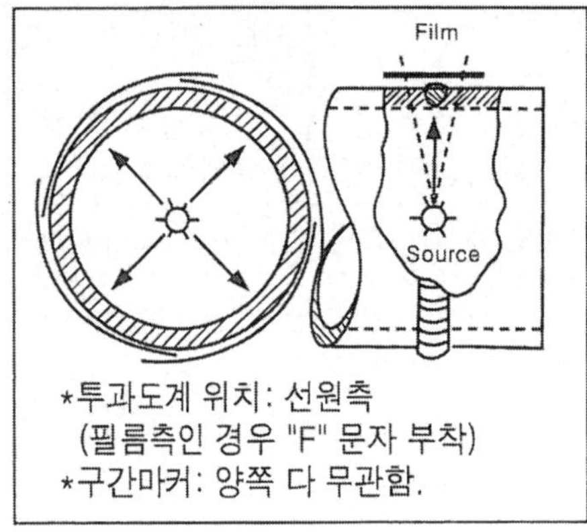

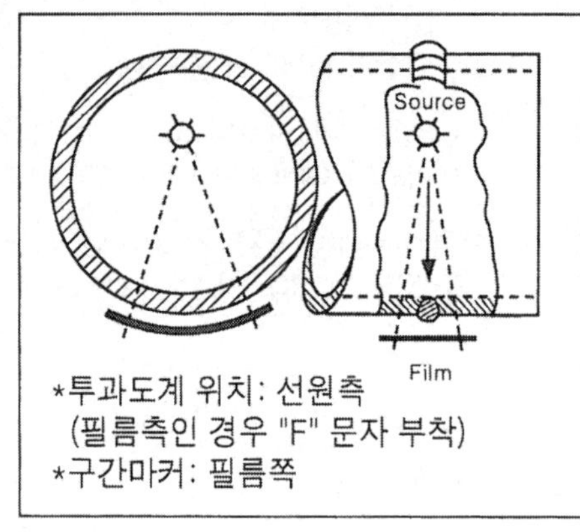

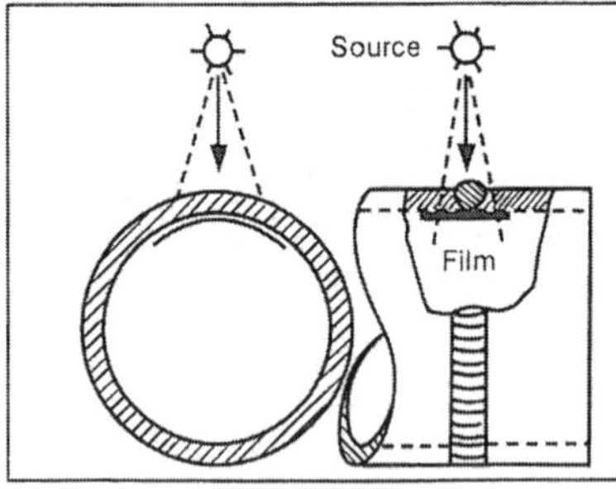

*투과도계 위치: 선원측
(필름측인 경우 "F" 문자 부착)
*구간마커: 선원쪽

2) 이중벽 단면 촬영 (Double Wall Single Viewing)

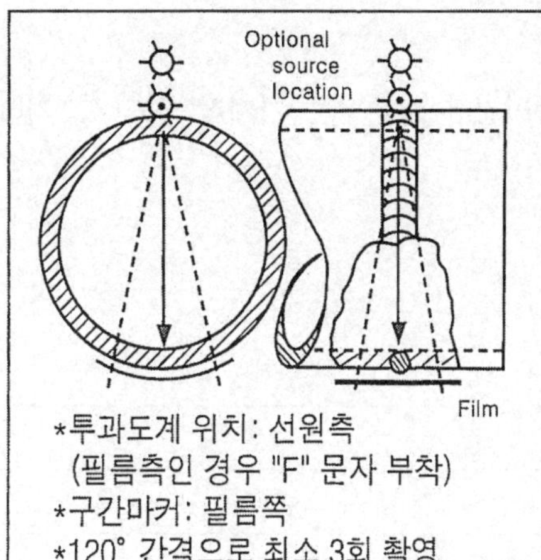

*투과도계 위치: 선원측
(필름측인 경우 "F" 문자 부착)
*구간마커: 필름쪽
*120° 간격으로 최소 3회 촬영.

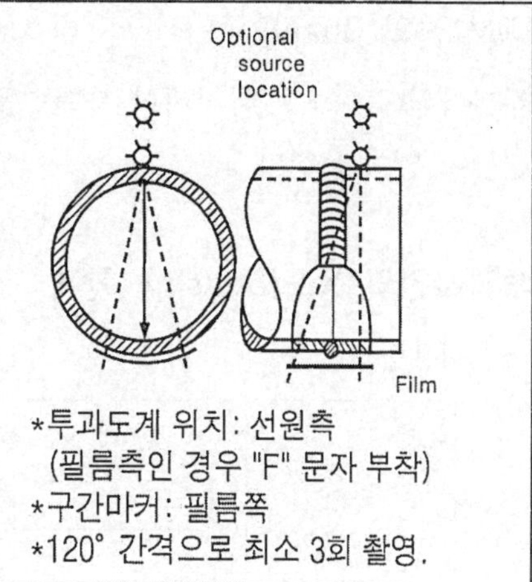

*투과도계 위치: 선원측
(필름측인 경우 "F" 문자 부착)
*구간마커: 필름쪽
*120° 간격으로 최소 3회 촬영.

3) 이중벽 양면 촬영법 (Double Wall Double Viewing)

공칭외경이 3½(88mm)이하인 경우에만 적용.

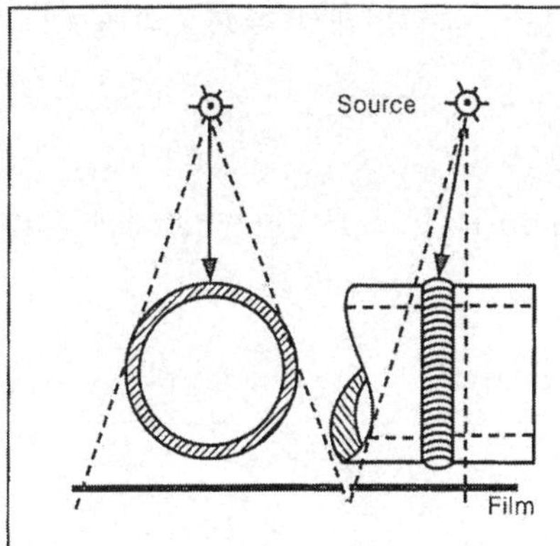

*투과도계 위치: 선원측
*구간마커: 촬영마다 최소한 1개를 인접 용접부에 놓음.
*서로 90° 방향으로 최소 2회 촬영.
*선원측과 필름측의 상이 분리되어 나타나도록 타원형으로 촬영

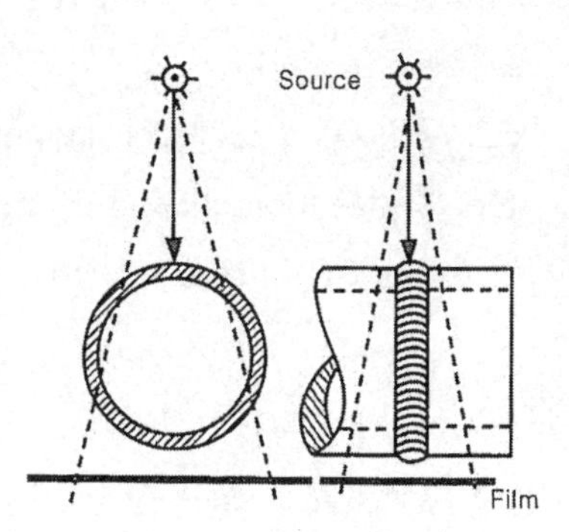

*투과도계 위치: 선원측
*구간마커: 촬영마다 최소한 1개를 인접 용접부에 놓음.
*서로 60° 또는 120° 방향으로 최소 3회 촬영.
*선원측과 필름측의 상이 중첩되어 나타나도록 촬영

5. 투과사진의 평가

1) 투과사진의 Quality

투과사진에는 주관찰 부위의 불연속을 가리거나 혼돈되는 기계적, 화학적, 기타 인공 결함이 없어야 한다.

2) 투과사진의 농도(Density) 한계

a. 허용범위

최소	x-ray	1.8
	r-ray	2.0
	다중필름 촬영시 : 각장 1.3 합 2.6	
최대	x, r-ray	4.0 (단일이나 중첩 필름 공통)

b. 최대/최소 허용 농도 범위 내에서 주관찰 부위의 일부분이 투과도계 부분의 농도보다 -15% 또는 +30%의 범위를 벗어날 경우, 그 부분에 투과도계를 추가하여 재촬영.

c. 심을 사용하여 촬영할 경우 최대/최소 허용농도 범위 내에서 요구된 투과도계 감도를 얻을 수 있다면 주관찰부위의 농도가 투과도계상 흑화도의 +30% 범위를 초과해도 무방하다.

d. 농도 측정 및 농도계(densitometer)의 보정
Step Wedge Comparison Film(Strip Film)을 갖고 보정한 농도계에 의해 측정.
(허용오차범위 : ±0.05 이내)

3) IQI감도

a. 선형 투과도계 : 필수 선경 기준.

b. 유공형 투과도계: 2T Hole 기준

4) 후방 산란방사선 점검

카세트 뒤에 부착한 납문자 "B"로 확인하며, 필름에 "B" 문자가 나타나면 산란요인을 제거 후 재촬영한다.

[("B"의 크기 : 높이 ½″(13mm) × 두께 1/16″(1.5mm)이상]

제 4 절 ASME Sec. III (2010) (Nuclear Components : 원자력 구성품)

1. 일반사항

1) 용접부 제작규정 (NX-4420)

a. 배관에 사용한 받침링(Backing ring)은 용접후 제거 (NB)
(제거후 루트부 내면은 MT 또는 PT)

b. 용접표면: NDT 판독에 적합하도록 거친 리플, 홈, 겹침 등은 제거. 언더컷은 1/32in. (0.8mm)초과시 보수.

c. 용접덧살(Reinforcement)

〈 용기, 펌프 및 밸브(Class 1,2,3,NE,NG〉

공칭두께 in.	최대 덧살두께 in.
1 이하	3/32
1 초과 2 이하	1/8
2 초과 3 이하	5/32
3 초과 5 이하	7/32
4 초과 5 이하	1/4
5 초과	5/16

〈 배관(Class 1,2,3) 〉

호칭두께 in.	최대 덧살두께 in.	
	1열	2열
1/8 이하	3/32	3/32
1/8 초과 3/16 이하	1/8	3/32
3/16 초과 1/2 이하	5/32	1/8
1/2 초과 1 이하	3/16	5/32
1 초과 2 이하	1/4	5/32
2초과	1/14in.와 용접부 폭의 1/8배 중 큰 값	5/32
*X 홈 용접부는 양쪽 모두 1열의 덧살두께를 적용하고, V홈 용접부는 외면 -1열, 내면-2열을 적용함.		

d. 비구조 부착물 : 제거 시에는 제거후 MT 또는 PT (NB/NC/NG)

2) 검사기준

a. 촬영기법은 ASME Sec.V Art. 2에 따름

b. NB & NC의 경우, 투과도계의 선정은 다음 표에 따른다.

재질두께(in.)	투과도계			
	선원측		필름측	
	식별 번호	Essential Hole	식별 번호	Essential Hole
UP TO ¼ ,Incl.	5	4T	5	4T
Over ¼ - ⅜	7	4T	7	4T
Over ⅜ - ½	10	4T	10	4T
Over ½ - ⅝	12	4T	12	4T
Over ⅝ - ¾	15	4T	12	4T
Over ¾ - ⅞	17	4T	15	4T
Over ⅞ - 1	20	2T	15	2T
Over 1 - 1¼	25	2T	17	2T
Over 1¼ - 1½	30	2T	20	2T
Over 1½ - 2	35	2T	25	2T
Over 2 - 2½	40	2T	30	2T
Over 2½ - 3	45	2T	35	2T
Over 3 - 4	50	2T	40	2T
Over 4 - 6	60	2T	45	2T
Over 6 - 8	80	2T	50	2T
Over 8 - 10	100	2T	60	2T
Over 10 - 12	120	2T	80	2T

2. 판정규정 (NB, Nc, ND, NE, NF-5320)

1) NB, NC, NE-5320: ASME Sec. VIII, UW-51(전수검사) 기준과 동일

2) ND-5320: ASME Sec. VIII, UW-52(발췌검사) 기준과 동일

3) NF-5320: 원형지시를 합부판정에 고려치 않으며 그 외 사항은 ASME Sec. VIII, UW-51 (전수검사) 기준과 동일.

제 5 절 ASME Sec. VIII (2010) (Pressure vessel : 압력 용기)

1. 일반사항

1) 전수검사 대상(UW-11(a) 참조)

a. 독성물질을 취급하는 용기의 동체 및 경판의 모든 맞대기 용접부.

b. 얇은 부재의 두께가 $1\frac{1}{2}''$ (38mm)이상인 용기의 모든 맞대기 용접부.

c. 압력 50psi(350kPa) 이상인 Unfired Steam Boiler의 모든 맞대기 용접부.

d. 용기 동체/경판에 붙는 노즐, 연결실의 모든 맞대기 용접부.

e. Joint Efficiency에 적합한 부재로서 용기/경판의 범주 A 및 D인 모든 맞대기 용접부.

f. Electrogas 용접에서 1패스가 $1^1/_2''$ (38mm)를 초과하는 모든 맞대기 용접부와 Electroslag 용접의 모든 맞대기 용접부 (UT에 해당)

2) 발췌검사의 최소 선정범위

가. 각 용기에 대해 50ft(15m)마다 또는 그 나머지를 1Point 검사. (단, 용접장이 50ft 미만인 용기는 1Point만 검사)

나. 용접사별로 1Point씩 추가 적용. 단 동일 용접부를 복수의 용접사가 용접한 경우에는 예외로 함.

다. 발췌검사 지점(및 추가검사 지점)은 공인검사자가 선정하는 것을 원칙으로 하며, 한 지점의 검사 길이는 최소 6in.로 한다.

라. 발췌검사에서 허용할 수 없는 결함이 나타나면 해당 용접부의 50ft (15m)내에서 최초 검사지점과 떨어진 2지점을 추가로 검사.

마. 추가검사 2지점 중 1지점이라도 불량이면 해당 용접부의 50ft 전체를 전수검사

3) 용접덧살(Reinforcement)

맞대기 용접부의 덧붙임은 다음의 두께를 초과하지 않아야 한다. (양쪽 덧붙임인 경우 2배 적용)

모재두께, t 인치(mm)	최대 덧살두께. 인치(mm)	
	범주 B/C의 맞대기 용접부	이외의 용접부
t ＜ $^{3}/_{32}$(2.4)	$^{3}/_{32}$(2.4)	$^{1}/_{32}$(0.8)
$^{3}/_{32}$(2.4) ≤ t ＜ $^{3}/_{16}$(4.8)	$^{1}/_{8}$(3.2)	$^{1}/_{16}$(1.6)
$^{3}/_{16}$(4.8) ≤ t ＜ $^{1}/_{2}$(13)	$^{5}/_{32}$(4.0)	$^{3}/_{32}$(2.4)
$^{1}/_{2}$(13) ≤ t ＜ 1(25)	$^{3}/_{16}$(13)	$^{3}/_{32}$(2.4)
1(25) ≤ t ＜ 2(51)	$^{1}/_{4}$(5)	$^{1}/_{8}$(3.2)
2(51) ≤ t ＜ 3(76)	$^{1}/_{4}$(6)	$^{5}/_{32}$(4)
3(76) ≤ t ＜ 4(102)	$^{1}/_{4}$(6)	$^{7}/_{32}$(6)
4(102) ≤ t ＜ 5(127)	$^{1}/_{4}$(6)	$^{1}/_{4}$(6)
5(127) ≤ t	$^{5}/_{16}$(8)	$^{5}/_{16}$(8)

2. 검사기준

1) 촬영기법: ASME Sec.V. Art.2에 따름.

2) 전수검사(Full Radiography, UW-51)

가. 균열, 용입부족, 융합부족은 불합격.

나. Elongated Slag (긴 개재물)로서 다음의 길이를 초과하는 것은 불합격.

검사체 두께, t	허용 지시크기
$^{3}/_{4}$in.(19mm)이하	$^{1}/_{4}$ in.(6mm)
$^{3}/_{4}$in.(19mm)이상 - 2$^{1}/_{4}$in.(57mm)이하	(1/3)t
2$^{1}/_{4}$in.(57mm)초과	$^{3}/_{4}$ in.(19mm)

비고 : t는 얇은 쪽의 모재두께 완전용입, 팔렛용접부의 경우에는 필렛의 목두께를 포함한다.

다. 결함간 거리가 6L이내인 선상배열 지시군의 총 길이가 용접장 12t에서 t를 초과할 때. (L=군집에서 가장 긴 결함길이)

라. 원형지시

① 관련지시

검사체 두께. t(in.)	지시크기
- 1/8인치(3mm) 미만	(1/10)t 초과
1/8 이상 - 1/4 (6mm) 이하	1/64인치 (0.4mm) 초과
1/4 초과 - 2 (50mm) 이하	1/32인치 (0.8mm) 초과
2인치 (50mm)초과	1/16인치 (1.6mm) 초과

② 원형지시의 최대허용크기

(1/4)t 또는 5/32 인치.(4mm)중 작은 값. 단, 이웃 지시와 1인치 이상 떨어진 독립된 지시는 (1/3)t나 $^1/_4$ 인치(6mm)중 작은 값으로 한다. t가 2인치를 초과할 때 독립된 지시의 최대허용크기는 $^3/_8$인치.(10mm)로 한다.

③ 선상배열 원형지시

용접길이 12t내에서 선상 원형지시 길이의 합이 t보다 작아야 한다. 선상배열 원형지시군은 다음에 따른다.

지시군의 최대 길이		지시군 간의 최소 거리
공치 두께	길이	
- $^1/_3$인치 미만	$^1/_4$인치	3L
$^3/_4$인치. 이상 - $2^1/_4$인치 이하	($^1/_3$)t in.	(L: 두 이웃한 지시군
$2^1/_4$인치. 초과	$^3/_4$in.	길이중 긴 길이 기준)

④ 원형지시 Chart

t가 $^1/_3$인치.(3mm)이상인 용접부에 대해 산재되거나 군집된 원형지시의 최대 허용 밀집도는 Round Indication Chart를 준한다. 각 두께범위에 대한 Chart는 실제 6인치(150mm)길이를 나타내며 확대 또는 축소해서 평가되어서는 안 된다.

⑤ $^1/_8$인치 미만의 용접두께

허용 원형지시의 최대 개수가 용접장 6in.내에서 12개를 초과하면 안 된다. (6인치 이하의 용접장에서의 허용 개수는 비례적으로 적용)

⑥ 군집 지시

군집지시는 산재된 지시에서 나타난 것보다 4배정도 많이 나타난 지시로, 인치 또는 2t중 작은 값을 초과하지 않아야 한다. 1개 이상의 군집지시 군이 존재할 때는 군집지시군의 길이의 합이 6인치(150mm)용접장에서 1인치(25mm)를 초과하지 않아야 한다.

3) 발췌검사 (Spot Radiography, UW-52)

가. 모든 형태의 크랙, 융합불량, 용입불량은 불합격.

나. $^{2}/_{3}$t를 초과하는 개재물이나 Cavity는 불합격.

다. 상기 조건에서 지시간 거리가 3L이상인 선상배열 지시는 그 총길이가 용접장 6t 내에서 t를 초과하지 않으면 합격이다.(6t 이하의 용접장에서는 비례적으로 적용). 지시의 두께에 관계없이 합격으로 한다. (L은 가장 긴지시의 길이),

라. 원형지시는 합부판정 대상으로 고려하지 않는다.

제 6 절 ASME Sec. IX - 2010 (Welding and Brazing Qualification)

WPQ 또는 용접사 또는 자동용접사 자격시험을 방사선투과검사로 실시할 때 다음의 크기이상일 때는 불합격으로 한다.

1. 선형지시

1) 모든 형태의 크랙, 용입불량, 융합불량

2) 다음의 길이보다 긴 길이의 슬래그 개재물

두께, t	허용 지시크기
3/8 인치(10mm)이하	1/8 인치(6mm)
3/8인치(10mm)이상-2 1/4 in.(57mm)이하	$(\frac{1}{3})$t
2 1/4 인치(57mm)초과	3/4 인치(19mm)

3) 선상배열 슬래그 군집으로 총 길이의 합이 용접장 12t 내에서 t보다 길때, 단, 지시 사이의 거리가 6L이상 떨어져 있을 때는 제외.(L은 군집 중 가장 긴 지시의 길이)

2. 원형지시

1) 지시의 최대 허용크기는 1/8 인치(3mm) 또는 t의 20% 중 작은 값

2) 1/8 인치(3mm)미만인 t에 대해 허용 원형지시의 최대 허용 개수는 용접장 6인치내에서 12개를 초과하지 않아야한다. 단, 용접장 6in.이내의 경우에는 비례적으로 적용.

3) 1/8 인치(3mm)이상인 t에 대해 Chart에 나타난 군집, 산재 또는 분리된 여러 형태의 원형지시의 최대허용크기에 따른다. 원형지시의 크기가 1/32인치(0.8mm)보다 작을 경우는 용접사시험 합격기준에 고려하지 않는다.

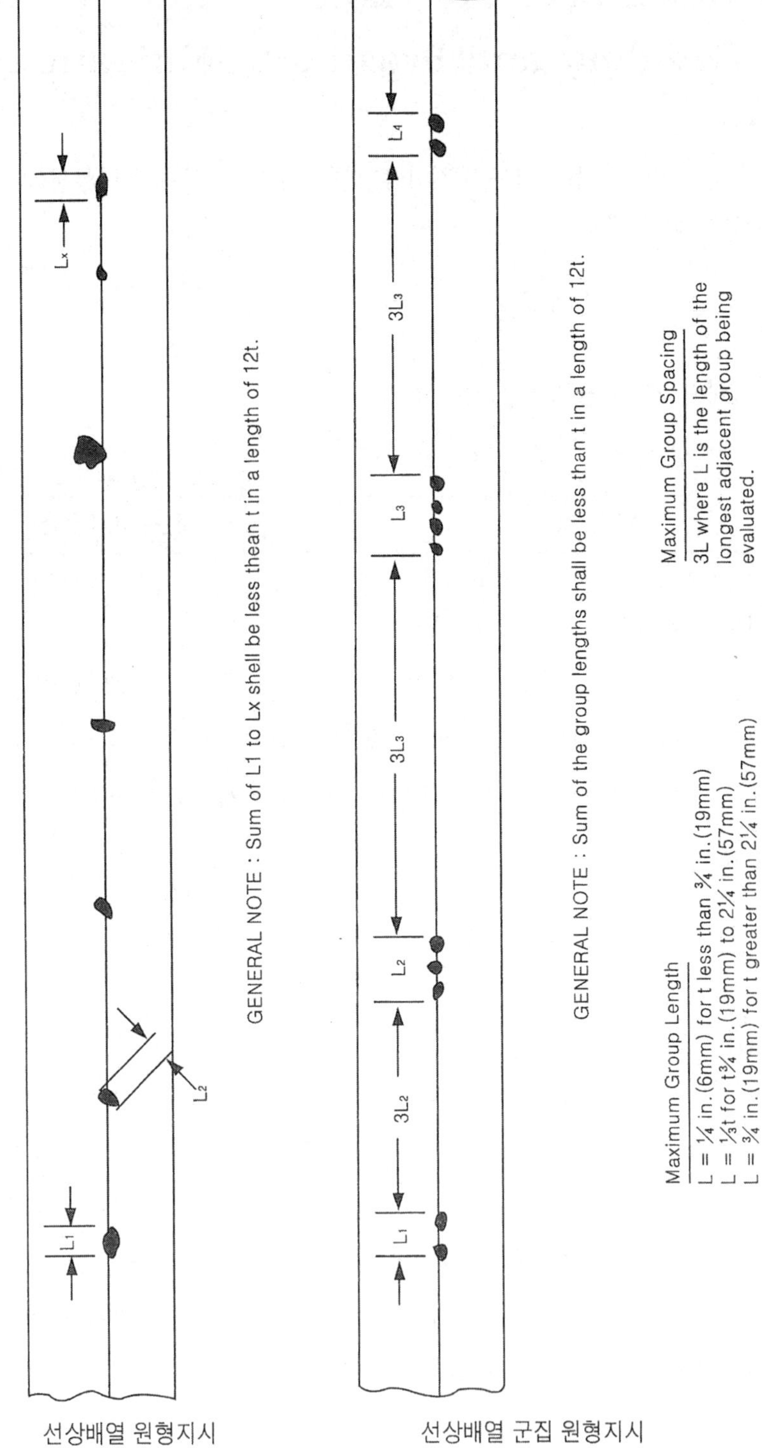

선상배열 원형지시　　　　　선상배열 군집 원형지시

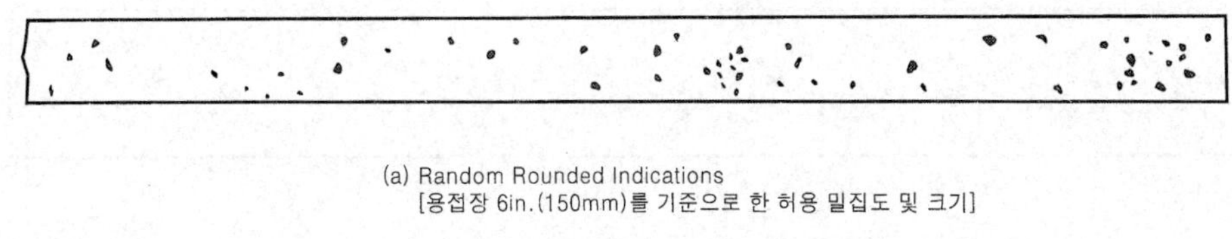

(a) Random Rounded Indications
[용접장 6in.(150mm)를 기준으로 한 허용 밀집도 및 크기]

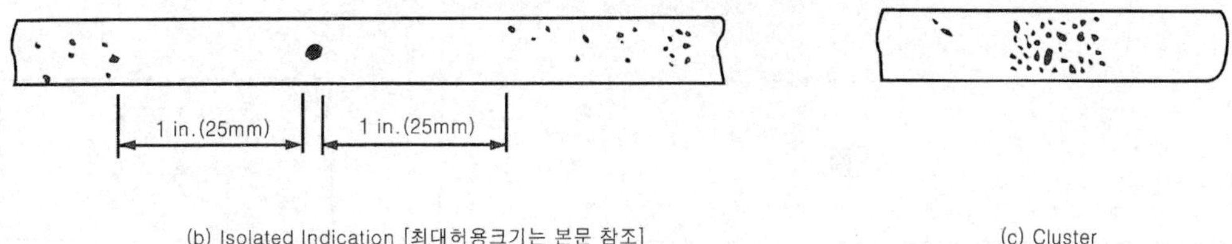

(b) Isolated Indication [최대허용크기는 본문 참조]

(c) Cluster

〈두께 1/8인치(3mm)이상 - 1/4인치(6mm)이하 원형지시 CHART〉

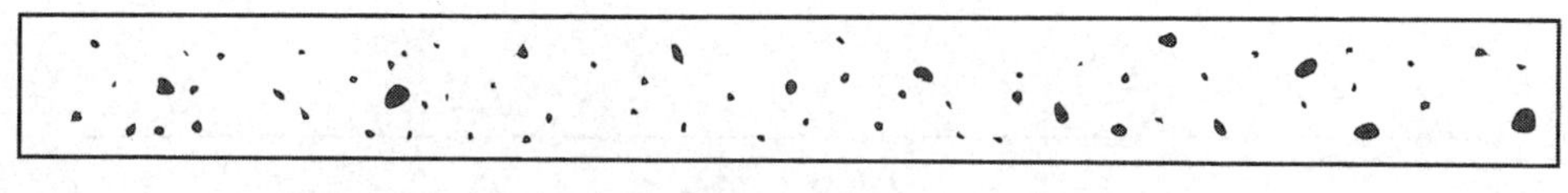

(a) Random Rounded Indications
[용접장 6in.(150mm)를 기준으로 한 허용 밀집도 및 크기]

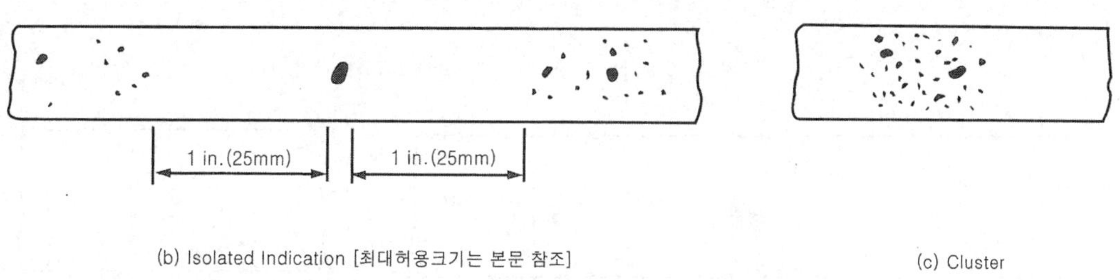

(b) Isolated Indication [최대허용크기는 본문 참조]

(c) Cluster

〈두께 1/4인치(6mm)초과 - 3/8인치(10mm)이하 원형지시 CHART〉

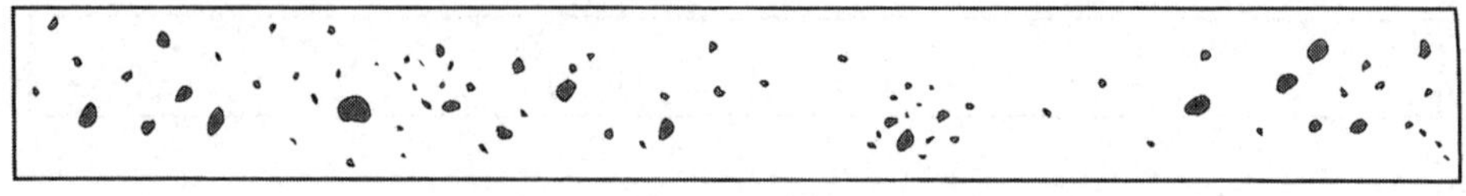

(a) Random Rounded Indications
[용접장 6in.(150mm)를 기준으로 한 허용 밀집도 및 크기]

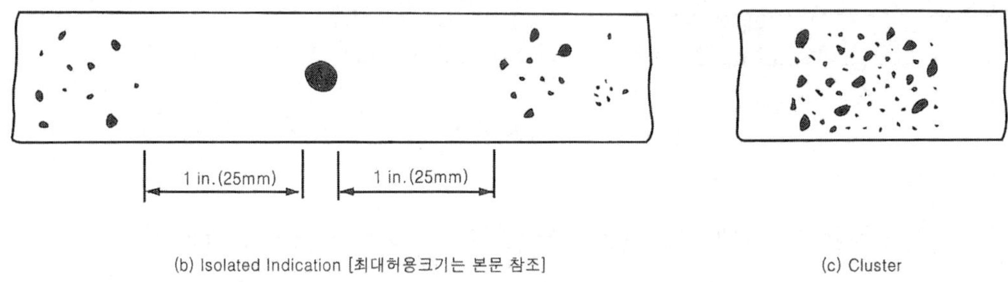

(b) Isolated Indication [최대허용크기는 본문 참조]

(c) Cluster

〈두께 3/8인치(10mm)초과 - 3/4인치(19mm)이하 원형지시 CHART〉

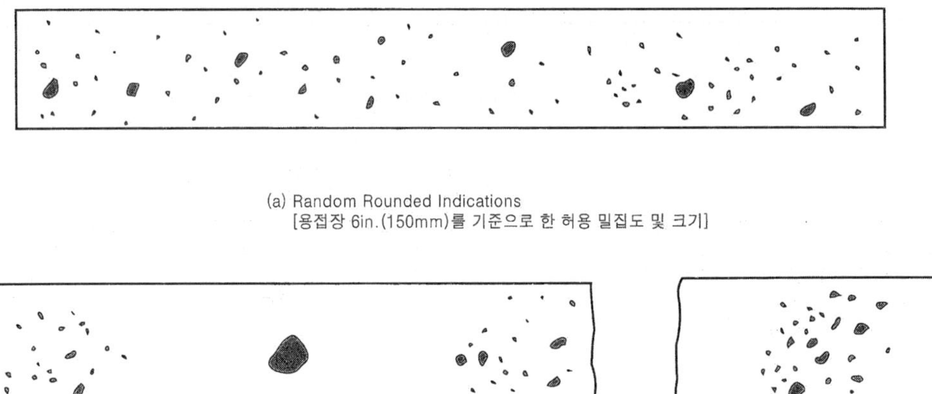

(a) Random Rounded Indications
[용접장 6in.(150mm)를 기준으로 한 허용 밀집도 및 크기]

(b) Isolated Indication [최대허용크기는 본문 참조]

(c) Cluster

〈두께 3/4인치(19mm)초과 - 2인치(50mm)이하 원형지시 CHART〉

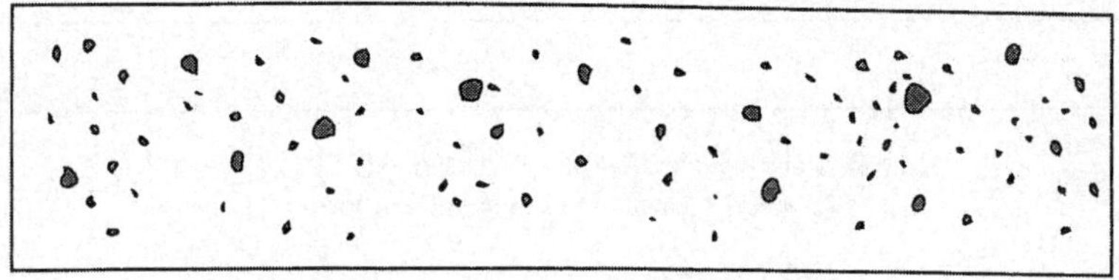

(a) Random Rounded Indications
[용접장 6in.(150mm)를 기준으로 한 허용 밀집도 및 크기]

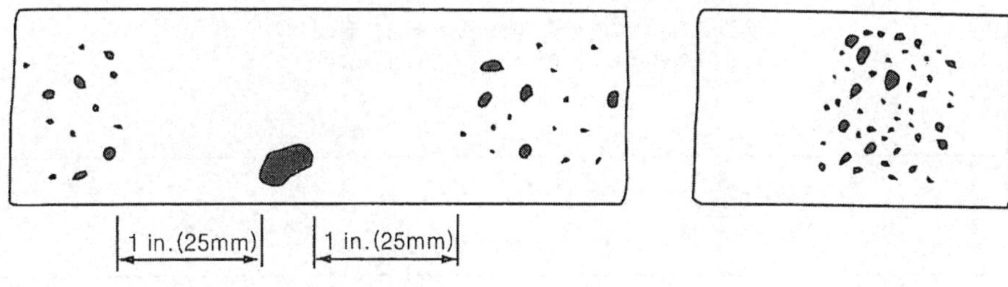

(b) Isolated Indication [최대허용크기는 본문 참조]

(c) Cluster

〈두께 2인치(50mm)초과 - 4인치(100mm)이하 원형지시 CHART〉

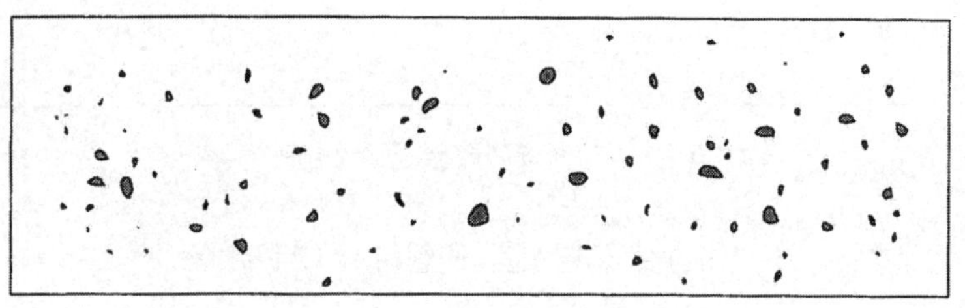

(a) Random Rounded Indications
[용접장 6in.(150mm)를 기준으로 한 허용 밀집도 및 크기]

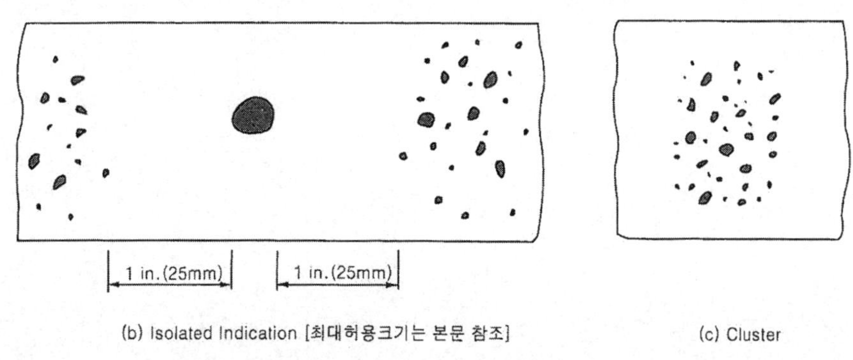

(b) Isolated Indication [최대허용크기는 본문 참조]

(c) Cluster

〈두께 4인치(100mm)초과 원형지시 CHART〉

용접장 6in.(150mm)를 기준으로 한 허용 수령 및 크기
[두께범위 1/8in.(3mm) - 1/4in(6mm)이하]

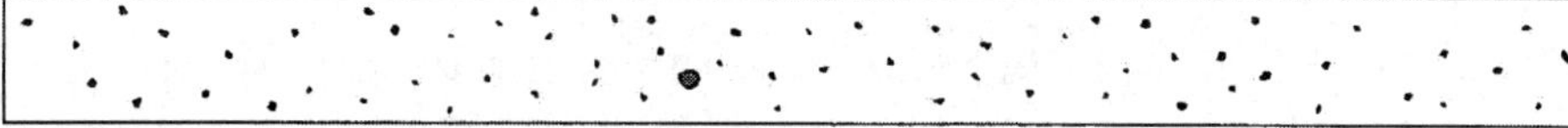

용접장 6in.(150mm)를 기준으로 한 허용 수령 및 크기
[두께범위 1/4in.(6mm) - 1/2in(13mm)이하]

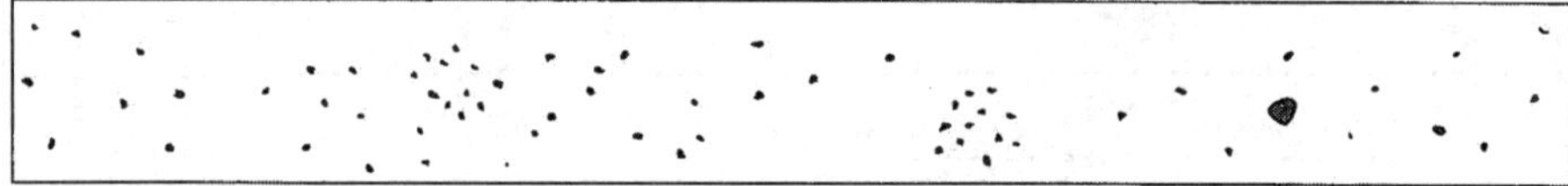

용접장 6in.(150mm)를 기준으로 한 허용 수령 및 크기
[두께범위 1/2in.(13mm) - 1in(25mm)이하]

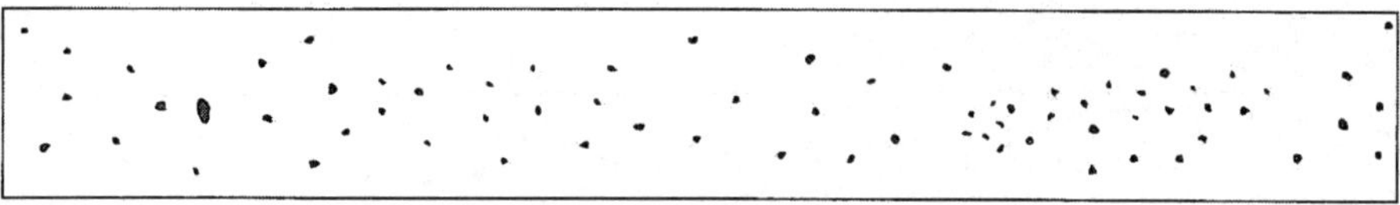

용접장 6in.(150mm)를 기준으로 한 허용 수령 및 크기
[두께범위 1in.(25mm)초과]

〈용접사 기량시험 원형지시 CHART〉

제 7 절 ASME B

1. ASME B – 31.1(POWER PIPING)

1. 검사기준 : ASME Sec.V를 적용.

단, 기하학적 불선명도는 0.07in.(2.0mm)이하이면 무방하다.

2. 판정규정 : ASME Sec.VIII, Div.1, UW-51의 전수검사 판정규정과 동일.

루트오목-투과사진 상에서 과도한 농도 차를 보이면 불합격.

Porosity-ASME Sec.I, Appendix A-250의 Porosity Chart에 따름.

2. ASME B – 31.3 (PROCESS PIPING)

1. 일반사항

1) 검사기준

ASME Sec.V, Art.2 적용.

2) 검사범위의 구분

a. 100% Radiography : 전수검사

b. Random Radiography : 부분검사

c. Spot Radiography : 발췌검사

① Grith 용접부에 대해

- DN65(NPS $2\frac{1}{2}$)이하 : Girth 전체를 타원형 형상으로 1회 촬영.
- DN65(NPS $2\frac{1}{2}$)초과 : Girth 25% 또는 152mm(6in.) 중 작은 값.

② LONGI 용접부에 대해 최소 용접장 152mm(6in.)를 검사.

3) 최소 검사범위

a. Normal Service

① Girth 용접부에 대해서 5%이상 RT 또는 UT로 실시한다.

② 검사 지점은 모든 용접사가 포함되도록 선정하며, LONGI 용접부와의 교

차지점이 최대한 포함되도록 한다.

b. Severe cyclic conditions

① Girth 및 아래와 같은 분기관 용접부에 대해서 100% RT 또는 100% UT 실시한다.

② RT를 실시하지 않는 소켓 용접부 및 분기관 용접부는 MT 또는 PT를 실시한다.

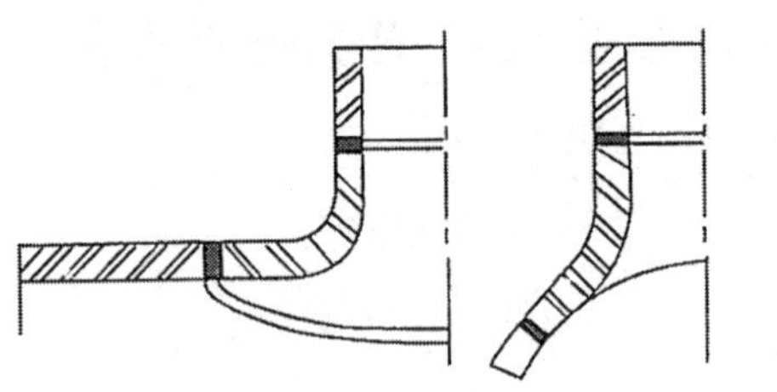

(1) Contour Outlet Fitting

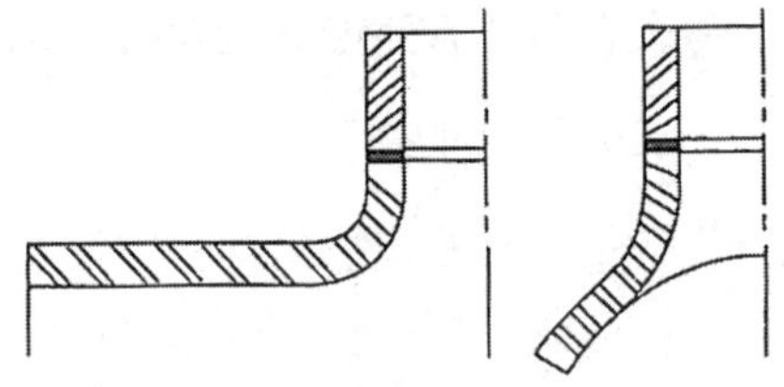

(2) Extruded Header Outlet

4) 추가검사

부분검사 또는 발췌검사에서 결함이 발견되었을 때,

a. 동일 용접사가 용접한 용접부에 대해 2지점 추가검사를 실시한다.

b. 추가 검사된 2지점이 모두 합격판정을 받는다면, 결함이 있는 부재를 보수하거나 교체하고 재검사한다. 추가검사로 대표되는 모든 부재는 합격으로 처리한다.

c. 추가 검사된 2지점 중에 결함이 있으면 a.항과 동일한 방법으로 2지점에 대해 추가검사를 실시한다.

d. 상기 c.항에서 요구된 모든 검사가 합격으로 판정되면, 결함이 있는 부재를 보수하거나 교체하고 재검사한다. 추가검사로 대표되는 모든 부재는 합격으로 처리한다.

f. 상기 c.항의 추가검사에서 어느 한 부재라도 불합격되면, 추가검사에 의해 대표되는 모든 부재에 대하여 전수검사를 실시하고 결함이 있는 부재에 대하여 보수하거나 필요하다면 교체하고 재검사를 실시한다.

5) 보충 검사 규정

a. LONGI 용접부에 대한 발췌검사

용접이음효율 Ej=0.9인 LONGI 용접부에 대해 용접사별로 30m(100ft)마다 최소 300mm(1ft)를 검사하고 Normal Fluid Service의 합격기준을 적용한다.

b. Girth 및 기타 용접부

용접사별로 매 20개마다 1회 이상 촬영하고 Normal Fluid Service의 합격기준을 적용한다.

2. 판정규정

1) 주물 합격기준

재료두께, T	적용 규격	합격 등급	합격 가능한 결함 유형
Steel T≤ 25mm(1in.)	ASTM E 446	1	Types A, B, C
Steel 25mm≤T≤51mm(2in.)	ASTM E 446	2	Types A, B, C
Steel 51mm≤T≤114mm(4½in.)	ASTM E 186	2	Categouies A, B, C
Aluminum & Magnesium	ASTM E 280	2	Categouies A, B, C
Aluminum & Magnesium	ASTM E 155	…	대비 투과사진 참고
Copper, Ni-Cu	ASTM E 272	2	Codes A, Ba, Bb
Bronze	ASTM E 310	2	Codes A, B

ASTM

E 155 Reference Radiographs for Inspection of Aluminum and Magnesium Castings

E 186 Reference Radiographs forHeavy-Walled(51-144mm) Steel Castings

E 272 Reference Radiographs for High Strength Copper-Base and Nickel-Co-pper Castings

E 280 Reference Radiographs for Heavy-Walled(114-305mm) Steel Castings

E 310 Reference Radiographs for Tin Bronze Castings

E 446 Reference Radiographs for Steel Castings up to 51mm

2) 용접부의 합격기준

결함종류	Normal Service				Severe Cyclic				Category D Fluid			
	G^1	L^2	F^3		G^1	L^1	F^3		G^1	L^2	F^3	BC^4
균열	A	A	A	…	A	A	A	…	A	A	A	A
용합부족	A	A	A	…	A	A	A	…	C	A	NA	A
용입부족	B	A	NA	…	A	A	NA	…	C	A	NA	B
내부 기공	E	E	NA	…	D	D	NA	…	NA	NA	NA	NA
내부 개재울	G	G	NA	…	F	F	NA	…	NA	NA	NA	NA
언더컷	H	A	H	…	A	A	A	…	I	A	H	H
표면 기공 또는 슬래그	A	A	A	…	A	A	A	…	A	A	A	A
표면 거칠기	NA	NA	NA	…	J	J	J	…	NA	NA	NA	NA
루트오목(Suck-up)	K	K	NA	…	K	K	NA	…	K	K	NA	K
용접덧살 또는 내부돌기	L	L	L	…	L	L	L	…	M	M	M	M

기호	측 정	허 용 치
A	결함정도	허용하지 않음
B	용입부족의 깊이 용입부족의 총 길이	1mm(1/32")이하 또는 0.2T_W 이하중 작은 값 용접장 150mm(6")내에서 38mm(1.5")이하
C	용합부족 및 용입부족 LF 및 IP의 총 길이	0.2T_W 이하 용접장 150mm(6")내에서 38mm(1.5")이하
D	내부기공의 크기 및 분포	ASME Sec.VIII, Div. 1, 부록 4.
E	내부기공의 크기 및 분포 내부기공의 크기 및 분포	$T_W \le$ 6mm(1/4")인 경우, 허용치는 D와 동일 $T_W \le$ 6mm(1/4")인 경우, 허용치는 1.5D
F	슬래그, 텅스텐 개재물 - 개개의 길이 - 개개의 폭 - 총 길이	 T_W/3 이하 2.5mm(3/32")이하 또는 T_W/3 이하중 작은 값. 용접장 12Tw 내에서 T_W 이하.
G	슬래그, 텅스텐 개재울 - 개개의 길이 - 개개의 폭 - 총 길이	 2T_W 이하 3mm(1/8")이하 또는 T_W/3이하중 작은 값. 용접장 150mm(6")내에서 4Tw이하
H	언더컷의 깊이[5]	1mm(1/32")이하 또는 T_W/4이하중 작은 값
I	언더컷의 깊이[5]	1.5mm(1/16")이하 또는 T_w/4이하중 작은 값
J	표면 거칠기[5]	최소 Ra 500이하 (ASME B46.1 참조)
K	루트오목의 깊이	용접부 두께가 T_w이상이어야 함.
L	덧살 또는 내부 돌기[5] 용접금속은 모재표면과 부드럽게 이어져야 한다.	T_w mm(in.) 높이, mm(in.) $T_W \le$ 6(1/4)인 ≤ 1.5(1/16) 6(1/4) < T_W ≤ 13(1/2) ≤ 3(1/2) 13(1/2) < T_W ≤ 25(1) ≤ 4(5/32) 25(1) < T_W ≤ 5(3/16)
M	덧살 또는 내부 돌기[5]	상기 L의 허용 값의 2배

주 1. G : Girth and Miter Groove & Branch Connection
2. L : Longitudinal Groove (Spiral seam을 포함한다.)
3. F : Fillet (Socket 및 Seal 용접부를 포함한다.)
4. B.C : Branch Connection
5. 육안검사에서의 판정기준에 해당한다.

【익 힘 문 제】

1. KS B 0845(2005)에서 용접 이음부에 따라 투과사진의 상질 종류를 구분하시오!

2. KS B 0845(2005)에 따른 강판의 맞대기 용접 이음부의 촬영에서 투과도계와 계조계의 촬영배치도를 도해하고 설명하시오!

3. KS B 0845(2005)에 따른 강판의 원둘레 이음부의 촬영방법을 나열하고 선원과 필름간 거리 관계를 설명하시오!

4. 방사선 투과사진의 결함 종별에 따라 결함을 분류하시오[KS B 0845(2005)]

5. 주강품의 방사선투과사진의 판정 절차를 KS D 0227에 따라 기술하시오

6. ASME Sec. Ⅷ Art.2(2010)에 따라 압력용기의 방사선투과사진의 결함 판정 기준을 설명하시오!

7. KS D 0227(2005)에서 방사선원의 종류에 따라 적용 투과 두께를 어떻게 적용하고 있는가!

8. ASME Sec. Ⅴ Art. 2(2010)에서 기하학적 불선명도를 설명하고, 시험체 두께별 제한치를 쓰시오!

9. ASME Sec. Ⅷ Art.2(2010)에서 언더컷(undercut)을 어떻게 판정하는지 기술하시오!

10. 다음 용어을 설명하시오

(1) 제4종 결함)
(2) 4T Hole
(3) strip film
(4) B letter
(5) A 급(KS D 0227)

부 록

부록 Ⅰ. 그리스 문자

대문자	소문자	문자의 명칭		대문자	소문자	문자의 명칭	
A	α	alpha	알파	N	ν	nu	뉴
B	β	beta	베타	Ξ	ξ	xi	크사이
Γ	γ	gamma	감마	O	o	omicron	오미크론
Δ	δ	delta	델타	Π	π	pi	파이
E	ϵ	epsilon	입실론	P	ρ	rho	로우
Z	ζ	zeta	제타	Σ	σ	sigma	시그마
H	η	eta	에타	T	τ	tau	타우
Θ	θ	theta	시타	Y	υ	upsilon	웁실론
I	ι	iota	이오타	Φ	ϕ	phi	화이
K	κ	kappa	캅파	X	χ	chi	카이
Λ	λ	lambda	람다	Ψ	ψ	psi	프사이
M	μ	mu	뮤	Ω	ω	omega	오메가

부록 Ⅱ. 접두어 일람

명	칭	기 호	크 기	명	칭	기 호	크 기
엑사	exa	E	10^{18}	데시	deci	d	10^{-1}
페타	peta	P	10^{15}	센티	centi	c	10^{-2}
테라	tera	T	10^{12}	밀리	milli	m	10^{-3}
기가	giga	G	10^{9}	마이크로	micro	μ	10^{-6}
메가	mega	M	10^{6}	나노	nano	n	10^{-9}
킬로	kilo	k	10^{3}	피코	pico	p	10^{-12}
헥토	hecto	h	10^{2}	펨토	femto	f	10^{-15}
데카	deca	da	10	아토	atto	a	10^{-18}

부록 III. 물 리 상 수 표

명 칭	기 호	수 치	단 위	
			S I	cgs 단위계
만유인력상수	G	6.6720	$\times10^{-11}$ $N \cdot m^2 \cdot kg^{-2}$	$\times10^{-8}$ $dyn \cdot cm^2 \cdot g^{-2}$
진공중의 광속도	c	2.99792458	10^8 $m \cdot s^{-1}$	10^{10} $cm \cdot s^{-1}$
1원자량의 질량	u(amu)	1.6605655	10^{-27} kg	10^{-24} g
원자의 정지질량	me	9.109534	10^{-31} kg	10^{-28} g
양자의 정지질량	mp	1.6726485	10^{-27} kg	10^{-24} g
중성자의 정지질량	mn	1.6749543	10^{-27} kg	10^{-24} g
전기소량(轉記素量)	e	1.6021892	10^{-19} C	[10^{-20} emu]
	e*	4.803242		10^{-10} esu
전자의 비전하(比電荷)	e/me	1.7588047	10^{11} $C \cdot kg^{-1}$	[10^7 $emu \cdot g^{-1}$]
	e*/me	5.272764		10^{17} $esu \cdot g^{-1}$
Loschmidt 수	L0	2.6870	10^{25} m^{-3}	10^{19} cm^{-3}
Plank 상수	h	6.626176	10^{-34} $J \cdot s$	10^{-27} $erg \cdot s$
	$\hbar=h/2\pi$	1.0545887	10^{-34} $J \cdot s$	10^{-27} $erg \cdot s$
Avogadro상수	NA	6.022045	10^{23} mol^{-1}	10^{23} mol^{-1}
Boltzmann상수	k	1.380662	10^{-23} $J \cdot K^{-1}$	10^{-16} $erg \cdot K^{-1}$
기체상수	R=NAk	8.31441	$J \cdot mol^{-1} \cdot K^{-1}$	10^7 $erg \cdot mol^{-1} \cdot K^{-1}$

부록 Ⅳ. 방사선에 관한 각종 단위

물리량	명칭	기호	SI 와의 관계
길이	Angstrom	Å (A)	0.1 nm, 1×10^{-10}m
	Fermi	F	1 fm, 1×10^{-15}m
	X선 단위	X	0.1002pm, 1.002×10^{-10}m (X선의 파장)
질량	원자질량단위	u	1.6605655×10^{-27} kg (^{12}C 원자 질량의 1/12)
단면적	Barn	b	10 fm^2, $1\times10^{-28}m^2$
에너지	전자볼트	eV	1.6021892×10^{-19}J
방사능	매초붕괴	dps	$1s^{-1}$ (1초당 1개의 핵종 붕괴)
	매분붕괴	dpm	$1min^{-1}$ (1분당 1개의 핵종 붕괴)
	Becquerel	Bq	$1s^{-1}$ (1초당 1개의 핵종 붕괴)
	Curie	Ci	$3.7\times10^{10}s^{-1}$,3.7×10^{10}Bq(≒라듐 1g의 방사능)
조사선량	Röntgen	R	$2.58\times10^{-4}C\cdot kg^{-1}$
흡수선량	Gray	Gy	1 $J\times kg^{-1}$
	Rad	rad	10^{-2}Gy, 0.01 $J\cdot kg^{-1}$
선량당량	Rem	rem	10^{-2} $J\cdot kg^{-1}$
	Sievert	Sv	1 Sv= 1 $J\cdot kg^{-1}$(=100rem)=1 Gy

부록 V. 원소의 주기율표

1																	2
H																	He
3	4											5	6	7	8	9	10
Li	Be											B	C	N	O	F	Ne
11	12											13	14	15	16	17	18
Na	Mg											Al	Si	P	S	Cl	Ar
19	20	21	22	23	24	25	26	27	28	29	30	31	32	33	34	35	36
K	Ca	Se	Ti	V	Cr	Mn	Fe	Co	Ni	Cu	Zn	Ga	Ge	As	Se	Br	Kr
37	38	39	40	41	42	43	44	45	46	47	48	49	50	51	52	53	54
Rb	Sr	Y	Zr	Nb	Mo	Tc	Ru	Rh	Pd	Ag	Cd	In	Sn	Sb	Te	I	Xe
55	56		72	73	74	75	76	77	78	79	80	81	82	83	84	85	86
Cs	Ba		Hf	Ta	W	Re	Os	Ir	Pt	Au	Hg	Ti	Pb	Bi	Po	At	Rn
87	88		(104)	(105)													
Fr	Ra																

Lanthanide	57 La	58 Ce	59 Pr	60 Nd	61 Pm	62 Sm	63 Eu	64 Gd	65 Tb	66 Dy	67 Ho	68 Er	69 Tm	70 Yb	71 Lu
Actinide	89 Ac	90 Th	91 Pa	92 U	93 Np	94 Pu	95 Am	96 Cm	97 Bk	98 Cf	99 Es	100 Fm	101 Md	102 No	103 Lr

부록 VI. 원소의 알파벳 순서

Element	Symbol	Element	Symbol	Element	Symbol	Element	Symbol
Actinium	Ac	Erbium	Er	Mercury	Hg	Samarium	Sm
Aluminum	Al	Europium	Eu	Molybdenum	Mo	Scandium	Sc
Americium	Am	Fermium	Fm	Neodymium	Nd	Selenium	Se
Antimony	Sb	Fluorine	F	Neon	Ne	Silicon	Si
Argon	Ar	Francium	Fr	Neptunium	Np	Silver	Ag
Arsenic	As	Gadolinium	Gd	Nickel	Ni	Sodium	Na
Astatine	At	Gallium	Ga	Niobium	Nb	Strontium	Sr
Barium	Ba	Germanium	Ge	Nitrogen	N	Sulfur	S
Berkelium	Bk	Gold	Au	Nobelium	No	Tantalum	Ta
Beryllium	Be	Hafnium	Hf	Osmium	Os	Technetium	Tc
Bismuth	Bi	Helium	He	Oxygen	O	Tellurium	Te
Boron	B	Holmium	Ho	Palladium	Pd	Terbium	Tb
Bromine	Br	Hydrogen	H	Phosphorus	P	Thallium	Tl
Cadmium	Cd	Indium	In	Platium	Pt	Thorium	Th
Calcium	Ca	Iodine	I	Plutonium	Pu	Thulium	Tm
Californium	Cf	Iridium	Ir	Polonium	Po	Tin	Sn
Carbon	C	Iron	Fe	Potassium	K	Titanium	Ti
Cerium	Ce	Krypton	Kr	Praseodymium	Pr	Tungsten	W
Cesium	Cs	Lanthanum	La	Promethium	Pm	(Wolfram)	
Chlorine	Cl	Lawrencium	Lr	Protactinium	Pa	Uranium	U
Chromium	Cr	Lead	Pb	Radium	Ra	Vanadium	V
Cobalt	Co	Lithium	Li	Radon	Rn	Xenon	Xe
Copper	Cu	Lutetium	Lu	Rhenium	Re	Ytterbium	Yb
Curium	Cm	Magnesium	Mg	Rhodium	Rh	Yttrium	Y
Dysprosium	Dy	Manganese	Mn	Rubidium	Rb	Zinc	Zn
Einsteinium	Es	Mendelevium	Md	Ruthenium	Ru	Zirconium	Zr

【 찾아보기 】

ㄱ

ㅅ

ㅇ

ㅋ

ㅌ

ㅎ

기 타

| 참고 문헌 |

1. Nondestructive Testing Handbook, Vol. 4(Radiographic Testing), 3rd ed., ASNT, 2002
2. Nondestructive Testing Handbook, Vol. 3(Radiography & Radiation Testing), 2nd ed., ASNT, 1985
3. Metals Handbook Vol. 17, Nondestructive Evaluation and Quality Control, ASM, 1989
4. Radiography in Mordern Industry, 4th ed. Eastman Kodak Co., 1980
5. Nondestructive Testing(radiographic testing), General Dynamics, 1967
6. Industrial Radiography, Agfa-Gevaert N.V,
7. Industrial Radiography Manual, U.S Atomic Energy Commission, 1968
8. Gamma Radiography Radiation Safety Handbook, Amersham Corporation, 1986
9. Gamma Radiation Safety Study Guide, Joe Bush, ASNT, 1999
10. Woking Safely in Gamma Radiography, U.S NRC, 1995
11. Gamma Radiography Radiation Safety Handbook, Tech/Ops Inc.,
12. 放射線透過試驗 Ⅰ, 日本非破壞檢查協會, 2006,
13. 放射線透過試驗 Ⅱ, 日本非破壞檢查協會, 2006,
14. 放射線透過試驗 Ⅲ, 日本非破壞檢查協會, 2002,
15. 放射線透過試驗技術に關する寫眞及び解說,日本非破壞檢查協會,,2006
16. 放射線の安全取扱, 日本非破壞檢查協會, 1996
17. 新非破壞檢查便覽, 日本非破壞檢查協會, 日刊工業新聞社, 1992
18. 放射線像情報學, 神田幸助, 日本放射線技術學會, 1988
19. 放射線物理學, 朱光泰외 2인, 高文社 1986
20. 放射線感光學, 李相奭외 2인, 青丘文化社, 1991
21. 방사선투과검사, 이의종, 비파괴검사학회, 도서출판 골드, 2001
22. 非破壞檢查의 基礎(방사선투과검사), 李勇, 世進社, 1988
23. 비파괴검사용어사전, 한기수, 동양검사기술(주), 2008

■ 著者略歷 ■

주 광 태

- 이학박사 (한남대 물리학 졸업)
- 비파괴검사기술사
- 방사선취급감독자

現, 고려공업검사(주) 대표이사
한국비파괴검사학회 이사 / 교육분과위원장

비파괴검사 이론 & 응용 ❷
방사선투과검사

발 행 일 | 2012년 1월 10일
재 판 | 2016년 2월 10일
저 자 | 한국비파괴검사학회
주광태
발 행 인 | 박승합
발 행 처 | 노드미디어
등 록 | 제 106-99-21699 (1998년 1월 21일)
주 소 | 서울특별시 용산구 한강대로 320
전 화 | 02-754-1867, 0992
팩 스 | 02-753-1867
홈페이지 | http://www.enodemedia.co.kr
ISBN | 978-89-8458-252-1-94550
978-89-8458-249-1-94550 (세트)

정가 45,000원

*낙장이나 파본은 교환해 드립니다.